国家自然科学基金项目(70773015)

教育部"985"三期哲学社会科学创新基地
和辽宁省高校人文社会科学重点研究基地项目

技术科学前沿图谱与强国战略

MAPPING OF FRONTS OF TECHNOLOGICAL SCIENCES AND CHINA STRATEGY

刘则渊　陈　悦　侯海燕　等著

人民出版社

责任编辑:陈寒节

责任校对:湖　催

图书在版编目(CIP)数据

技术科学前沿图谱与强国战略/刘则渊 等著

–北京:人民出版社,2012.11

ISBN 978-7-01-011151-3

Ⅰ.①技… Ⅱ.①刘… Ⅲ.①科技政策–研究–中国 Ⅳ.①G322.0

中国版本图书馆 CIP 数据核字(2012)第 194979 号

技术科学前沿图谱与强国战略

JISHU KEXUE QIANYAN TUPU YU QIANGGUO ZHANLÜE

刘则渊　　陈　悦　　侯海燕　等著

人 民 出 版 社 出版发行

(100706　北京市东城区隆福寺街 99 号)

北京中科印刷有限公司印刷　新华书店经销

2012 年 11 月第 1 版　2012 年 11 月北京第 1 次印刷

开本:710 毫米×1000 毫米　1/16　印张:33

字数:648 千字　印数:0,001—2,000 册

ISBN 978-7-01-011151-3　定价:150.00 元

邮购地址:100706　北京市东城区隆福寺街 99 号

人民东方图书销售中心　电话:(010)65250042　65289539

《科技哲学与科技管理丛书》总序

科技、哲学、管理，这是呈献在读者面前的这套丛书的三个关键词。这三个不同的概念通过标识这套丛书的"科技哲学"和"科技管理"两个截然不同的知识领域而联接在一起。

纵观人类文明史，我们看到科技、哲学、管理三者各自相对独立，又彼此渗透交叉，构成绚烂的历史画卷与交响的知识乐章。

科技，是贯穿人类文明史特别是近现代文明史的强大动力。从哥白尼革命到20世纪中叶的四个多世纪，是科学和技术超过以往五千年人类文明史的大时代。人类不独通过一次接一次的自然科学革命，认识了我们的太阳系、宇宙的历史与起源，揭示了物质组成的原子、基本粒子的结构与起源，而且唤起一场又一场技术革命和产业革命，从地下的黑色煤炭、石油和原子核内部获取巨大的能量，让灿烂的光明照亮整个世界；人类社会仿佛从科学技术获得一种无穷的力量而走上翻天覆地的道路，欧洲摆脱黑暗的中世纪而大踏步前进，而曾登上封建时代科学技术顶峰的中国迅速衰落，新兴资产阶级借助科学技术造就强大的生产力，炸毁了封建骑士制度，把资本主义扩张到全球范围；正是在19世纪自然科学、技术与社会的伟大变革中，马克思主义横空出世，掀起一场社会科学的理论革命，揭示了人类社会的发展规律，把社会主义从空想变为科学，并且在20世纪上半叶社会主义又从理论变为现实，震撼全世界，而资本帝国主义却在两次世界大战中从强盛走向衰败。20世纪中叶分子生物学革命以来的半个世纪里，整个世界进入现代科学技术更加迅猛发展的新时代。人类的视野进一步向物质世界的宇观和微观两极拓展，解开了生命的奥秘和遗传的密码，一系列高技术变革改变了整个世界面貌，人类的指头可以随时指点江山瞬息尽收天下奇闻，人类的脚步开始走出地球踏上月宫，迈向探索和进入宇宙的漫漫征程。现代科学技术进步加快了经济全球化的进程和世界经济的发展，而日益显露的一系列全球问题：人口膨胀与两极分化，资源短缺与环境恶化，严重威胁着人类的生存与发展。同时，也是这半个世纪，世界历史又发生了戏剧性的逆转，帝国主义经营几个世纪的世界殖民主义体系土崩瓦解，而衰落的资本主义凭借日新月异的科学技术优势竟奇迹般地焕发出空前的活力；亚非拉新兴独立的发展中国家刚刚走上迅速发展的道路，却又很快地拉大了与发达国家的差距；世界社会主义阵营奇迹般地崛起，而传统社会主义模式竟然在不可思议的苏联解体、东欧巨变中宣告失败，唯有贫穷落后的中国奇迹般地迈向小康社会，走出一条中国特色社会主义的新路子。

哲学，是人类智慧的结晶，社会文明的象征和时代精神的精华。哲学作为孕育科学胚胎的母体，科学作为哲学思想的基础，二者有着不解的亲缘关系。从古希腊的哲人到古华夏的圣贤，他们颇富哲理魅力的经典，凝结了欧亚大陆东西两端古代文明和科学幼芽的精髓，也成为撒播到全世界的文明种子。自从近代科学从哲学母体中分离出来和从神学枷锁中解放出来，科学走上独立发展的道路，不仅成为社会进步的强大动力，而且变成反哺哲学的肥沃土壤。科学技术每一个划时代的突破，都引起哲学思想的深刻变革。而哲学对科学活动的抽象与反思，又为科学活动提供了探索的方法与指南。正如爱因斯坦所说，"哲学的推广必须以科学成果为基础。可是哲学一经建立并广泛地被人们接受以后，它们又常常促使科学思想的进一步发展，指示科学如何从许多可能的道路中选择一条路。"① 近代历史分析与统计分析表明，世界哲学高潮与科学中心的转移呈现出有趣的对应关系②。人文主义与文艺复兴运动，打破宗教神学对科学的桎梏，使意大利成为近代世界第一个科学活动中心；弗朗西斯·培根的归纳哲学及对实验科学的倡导，导致世界科学中心转移到英国；法国百科全书派与启蒙运动的兴起，为法国科学后来居上、领先世界发挥了先导作用；从康德到黑格尔的哲学革命，给保守落后的德国注入辩证思维的活力而一跃成为19世纪世界科学中心；富兰克林的哲学学会活动与实用主义哲学思想，广泛吸纳欧洲人才与科技，催生了美国科学的崛起，使美国成为20世纪世界科学的中心。

管理，作为一种活动，自古以来就存在于人类社会之中，是关于组织自我调节与控制的行为和过程；作为一门学科，则发端于近代科学方法在工业生产管理中的应用，是研究人类社会各种管理活动规律与方法的知识体系。管理学领域不断引入数学与自然科学、人文与社会科学，并与管理实践相结合，引起管理学理论的变革与发展。19世纪末20世纪初，工业革命从欧洲向北美转移，工业企业管理实践对提高生产效率的追求，导致"经验管理"走向"科学管理"。20世纪上半叶，单纯追求生产效率的传统"科学管理"对工人身心的摧残，引起人们对工作条件、人际关系等人性化的因素在管理中的重要性的关注，促进了管理学向管理心理学和组织行为学的转向。20世纪下半叶，是管理实践与管理学科及理论急剧变革和发展的新时期。50年代到60年代，大科学的兴起，以及生产规模的扩大对管理整体运作的需要，而运筹学及系统科学的发展恰好适应这一需求，从而导致运筹学在管理中的应用和狭义管理科学的诞生，同时市场经营环境的复杂多变，使得管理学进一步从行为科学到战略管理的延展；20世纪80年代以来，尤其是90年代以后，经济全球化和科技进步的加

---

① A. 爱因斯坦、L. 英费尔德，物理学的进化，上海科学技术出版社，1979，第39页。

② 刘则渊、王海山. 近代世界哲学高潮和科学中心关系的历史考察，科研管理. 1981年第1期。

快，知识经济时代的来临，可持续发展观的形成，引发管理学学科与理论的一系列变革，从组织变革理论和竞争战略管理，到科技管理、创新管理和知识管理。

进入 21 世纪，现代科学技术前沿领域——信息科学与技术、生命科学与技术、纳米科学与技术、环境科学与技术、清洁能源科学与技术，呈现更加活跃、突飞猛进的新态势，并不断引发一系列创新成果，推进新一轮产业结构的转换，有可能导致一次新的世界经济浪潮的来临。人们估计，其对全球的影响将可能大大超过科学技术对 20 世纪下半叶世界面貌的巨大改观。然而，这些当代科技前沿问题到底是否酝酿着新的重大突破，能否引起一场新的技术革命和产业革命，它们将会对全球人类、社会和自然环境造成什么样的、多大程度的后果，某些领域对人的发展、伦理、心理和行为又将产生什么样的、多大程度的影响，中国在现代科学技术前沿的世界版图中处在什么位置，对我国提升自主创新能力、建设创新型国家与可持续发展的和谐社会将会起到多大作用，我们怎样合理有效地对这些前沿领域进行规划与布局，如何抢占它们前沿的生长点与制高点，应当采取什么样的战略、政策与举措，等等，都值得从哲学的高度与管理的视角加以关注、思考、分析和评估。

这正是我们力主把"科技哲学"和"科技管理"两个跨学科的知识领域联接起来，编辑出版"科技哲学与科技管理丛书"的背景与初衷。

作为"985 工程"教育部哲学社会科学创新基地暨辽宁省人文社会科学重点研究基地，大连理工大学科技伦理与科技管理研究中心创建之时，依托于我校"科学技术哲学"和"科学学与科技管理"两个博士点。我们注意到，当代科学技术及其社会应用的活动，愈来愈成为一个"二次方程式"，其数学解之根总是一正一负：正根就是"第一生产力"，而负根便是"社会破坏力"。因此，对科学技术活动及其后果，一方面需要进行哲学的反思与伦理的调控，另一方面需要展开科学学的探索与管理学的导向，从而既充分发挥科学技术的第一生产力功能，同时又避免科学技术应用的负作用。这应当是我们基地建设、学科建设与学术研究的出发点和归宿。基于这一认识，我们创新基地建立伊始，就规划设想把基地的研究成果以学术专著形式出版，汇集成"科技哲学与科技管理丛书"奉献给读者。这一设想得到了人民出版社的高度重视与大力支持。对此，我们表示诚挚的感谢。

现在，这套丛书终于面世了。至于丛书是否符合我们的初衷，是否起到应有的作用，就有待广大读者来评判了。我们期待以这套丛书为桥梁，与科技界、哲学界、管理界及广大读者建立广泛的联系，为我国科技发展、哲学繁荣和管理进步而携手共进，贡献力量。

2006 年 12 月 15 日

目　录

第一章　技术科学的基本理论问题

第二章　技术科学的战略功能分析

第三章　基于技术科学的前沿知识图谱

第四章 中国在技术科学领域的研究和作用

第五章　促进前沿技术创新的技术科学强国战略

第六章　实施技术科学强国战略的主要对策

前　言

　　技术科学,是与自然科学和社会科学既相区别、又相联系的科学门类,也是介于基础科学和工程技术之间起桥梁作用的中介科学。它在现代科学技术体系中的地位和对经济社会发展的作用,极其重要。胡锦涛主席在 2006 年的两院院士大会上指出,"要高度重视技术科学的发展和工程实践能力的培养, 提高把科技成果转化为工程应用的能力"。这是继 1957 年毛泽东主席关于领导干部要学习马克思主义、学习技术科学、学习自然科学的号召(《毛泽东选集》第 5 卷第 479 页)之后,中央领导再次把"技术科学"放在突出的位置。胡锦涛主席对技术科学的高度重视,对于我国加快技术科学发展、建设创新型国家和科技强国,具有深远的战略意义。

　　本书以贯彻落实中央关于高度重视技术科学发展、增强国家自主创新能力的决策为宗旨,以《国家中长期科学和技术发展规划纲要》所列的前沿技术为研究对象,把技术科学作为前沿技术的学科基础,通过深入探讨技术科学的若干理论问题,进一步阐明技术科学的内涵特征,确认技术科学在现代科学技术体系中的学科地位,揭示了技术科学的战略功能,特别是推动自主创新的独特功能。运用当代科学计量学最新的科学知识图谱方法,以国际权威论文数据库为数据来源,从"技术科学—重点前沿技术—核心技术"三个层次,绘制了 9 大技术科学领域的一系列知识图谱,展现了基于技术科学的前沿技术发展态势,进而构建了引领前沿技术创新的技术科学强国战略新框架,阐明了发挥技术科学在提高自主创新能力和建设创新型国家中的基础作用, 这对于国家科技规划纲要的具体实施具有辅助决策的参考价值。

　　本书的主要内容,包括以下六个部分:

　　第一部分　技术科学的基本理论问题

　　第二部分　技术科学的战略功能分析

　　第三部分　基于技术科学的前沿技术知识图谱

　　第四部分　中国在技术科学领域的研究和作用

　　第五部分　促进前沿技术创新的技术科学强国战略

　　第六部分　实施技术科学强国战略的主要对策

　　以上六个部分可进一步归为三个问题:1.技术科学的理论与功能;2.前沿技术知识图谱及中国科学家的地位;3.技术科学强国战略及其实施对策。本书是在国家自然科学基金项目报告"基于技术科学的前沿技术知识图谱分析与强国战略研究"的基础上,经进一步的精简和提炼而完成的。尽管本书中的一些结果和结论尚需进一步的检验,但整个科学研究的过程是具有开拓性和学习性的,我们大致将这个过程分为三个阶段,每个阶段都对所要研究的问题有更精准的认识和更深入的理解,而且这个过程并没有因为这本书的出版而结束。

第一阶段,在广泛搜集材料和调研的基础上,着重研究了技术科学的若干理论与创新功能,用当时的基于多维尺度的第一代知识图谱方法及技术,对重大前沿技术的技术科学基础进行了总体上的可视化分析,由此提出了技术科学的强国之道及实施策略。这阶段创新性研究成果主要是:1.按照钱学森的技术科学思想,深化了技术科学的概念内涵,提出了技术科学的三个双重性特征——中介性和独立性、基础性和应用性、广谱性和纵深性;2.通过九个领域知识图谱的初步分析,揭示了前沿技术本质上是技术科学前沿的生长点,确认了技术科学具有引领前沿技术发展的功能特性;3.运用社会网络分析的 K 核分析,分别绘制了以科学技术为对象的科学计量文献和专利计量文献的共词网络图谱,得到近乎惊人相似的结果,引出技术科学的强国战略结构——核心战略、企业战略、国家战略和全球战略。

第二阶段,主要应用美国德雷塞尔大学著名信息可视化专家、大连理工大学长江学者讲座教授陈超美开发的国际领先水平的动态引文网络分析 CiteSpace 可视化软件,绘制一系列重点前沿技术知识图谱,以及若干技术科学领域核心技术知识图谱,进一步引出创新性的结论:1.展示了前沿技术的演化历程,再次确认了前沿技术只有在技术科学研究前沿的基础上形成和演进;2.明确了核心技术的选择,视不同情况由如下指标判别,它作为该领域引文网络各个聚类所反映的研究前沿中介中心性最大;或者为引文网络各个聚类所代表的各个知识群中关联度最大的知识单元,即各个聚类广泛存在同类关键词或主题词;或者为文献的共词网络中频次最大的研究热点;或专利文献网络中介中心性最大的节点技术。

第三阶段,也就是 2010 年,按照课题设计的内容与目标,进行整个项目的补充、完善、部分超越和全面汇总。1.在技术科学的基本理论部分,借鉴德国著名技术史家沃尔夫冈·柯尼希(Wolfgang König)关于从认知层面和社会层面考察技术科学史的观点与相关材料,补充了技术科学的发展历程与形成机制,其中世界技术科学的发展历程侧重认知层面分析,中国技术科学的发展历程侧重科技工作和社会层面分析,而形成机制则把认知层面和社会层面统一起一来加以分析。2.对于基于技术科学的前沿技术知识图谱,除个别保留多维尺度分析知识图谱外,完全更新了全部文献数据,全面采用最新版本的多视角共引分析 CiteSpace 软件,重新绘制"技术科学—重点前沿技术—核心技术"三个层次的知识图谱,进而统一用文献共被引、自动术语标识、时间线三种形式的CiteSpace 知识图谱,分析中国科学家在国际技术科学领域的研究状况与地位。3.新增和扩充了引领前沿技术创新的技术科学强国战略新格局,其中关于建设基于技术科学、网络支持的国家发现—创新体系,实现"发现—创新"一体化的三螺旋模式,基于会聚科学的前沿技术融合创新,造就以纳米技术之父为典范的"科学家—发明家—企业家"集成式科技转化型人才,都是在量化分析、充分论证基础上的战略建议。关于实施技术科学强国战略的对策建议,把直接间接咨询调研的科学院院士意见作为重要依据,并汇总了9大技术科学领域的前沿技术专项对策建议。

　　最后有必要指出,2007年至2008年初我们参与完成程耿东院士主持的中国科学院学部咨询建议项目《高度重视技术科学对建设创新型国家的作用》,为本项目研究奠定了充分的基础。同时,2007年至2009年我们主持和完成的大连理工大学人文社会科学研究重大项目《技术科学与工程技术前沿计量分析与对策研究》(结题评为优秀),及其成果之一的学术专著《科学知识图谱:方法与应用》(人民出版社,2008),对本研究起到培育和前期预研的重要作用。

　　技术科学作为与自然科学、社会科学同等重要的科学门类,要达到对其做出宏观和微观的、全面而深入的认识,仍有待于进一步开展大量的探索。要全面落实胡锦涛主席关于"高度重视技术科学的发展"的论述,尚需科技界继续努力。我们期待科技界和同行专家对本书提出批评意见与建议。

第一章　技术科学的基本理论问题

1.1　技术科学的形成和发展

1.1.1　世界技术科学的发展历程

一门科学学科的特点除了建制外,还包括共同的主题、方法和目标。在这个框架内,该门学科的科学家们用简洁的科学术语表达思想,在科学团体中达成共识,并且协力传播知识成果。因此,技术科学史既包含认知的成分,又包含社会的成分。

判断某个知识领域被确认为一个独立的科学领域的时间,取决于某种标准和确定的条件。如果从较为严格的标准看,从以技术实验和应用数学为基础、包含行业技术领域共性技术原理的知识体系看,技术科学始于1900年;但若以较为宽松的标准来看,只要是以经验技术为基础的系统性知识,那么技术科学的起源可以追溯到更早的时期。[①]从这个角度看,技术科学的史前史在许多世纪以前,甚至更古老的手工技术时代便开始了。

技术科学的起源与萌动时期。关于技术的有系统的思考,出现在数千年以前世界不同地区中的具有发达文化的乡镇或城市里。

在这个时期,工匠们建造了一些大型建筑以供重要的祭祀、象征和生活,只有藉由这些建筑物,我们才能了解对应的基础技术知识。在东方,早在春秋末战国初的中国就有一部堪称世界奇书的《考工记》,不仅记述了中国"百工"传统手工技术规范,而且还渗透了力学、物理、化学知识解释的某些技术原理。但中国一直处于经验形态的实用技术科学缓慢渐进过程。在欧洲,我们了解到古希腊在技术领域的科学方法,像亚里士多德(Aristotle,公元前384—公元前322年)这样的古典哲学家已经开始进行关于技术的伦理思考和相关的力学理论方法研究。之后来自罗马的现实导向的技术专家继承了古希腊文明中的专家的传统。

科学和技术从分离到汇合时期。这是以哥白尼日心说为开端的第一次科学革命和以蒸气动力技术为主导的第一次技术革命时期。

之前的文艺复兴运动,不但重现了古老时代的技术经典作品,而且高层社会对恢弘

---

① Wolfgang König. Geschichte der Technikwissenschaften. Gerhard Banse, Armin Grunwald, Wolfgang König, Günter Ropohl(Hg.). Erkennen und Gestalten: Eine Theorie der Technikwissenschaften Copyright 2006 by edition sigma, Berlin: 23—37.

和权力的追逐也给予了工程师越来越广泛的工作自由。技术制图已经达到一个新的水平，而且由此增进了技术团体之间的交流。弗朗西斯·培根(Francis Bacon,1561—1626)在17世纪初转移到理论层面上对技术进行思考。培根曾称自然科学为经验和技术的科学，犹如自然科学的应用。1660年后，一些研究院纷纷建立，其实都是对培根这一提议的响应。1800年后，这些研究院的官方目标发生了改变，它们已经成为了纯粹的科学机构，但却对技术不感兴趣。

17世纪，科学与技术仍处于分离发展的状态，牛顿出版了关于作为自然科学原理的经典力学理论体系的《自然哲学的数学原理》一书，力学尚未在技术上得到应用。18世纪的工业革命，是理论和实证自然研究发起挑战的时代，系统性的实验正在成为知识生产的中心。在法国成立了第一所专门的技术学校，随之欧洲其他国家也开始设立技术学校，许多数学家和自然科学家试着应用力学原理解决技术上的问题，产生了"技术力学"这门技术科学；力图从工业生产的经验技术中提炼共性技术问题开展研究，产生了区别于技术(Technik)、具有技术科学性质的工艺学(Technologie,技术学)；工艺学和力学在大学或科学院建制化，已确立为学科。这些为之后的技术理论研究奠定了重要的前期工作。但由于大多数技术问题太复杂以至于没办法借助理论或数学加以解决。

基于科学的新技术发展时期。 这是以电磁理论为高潮的第二次科学革命和以电气技术为主导的第二次技术革命时期。

1800年之后技术的结构已经改变，能量守恒与转换定律和电磁学理论的建立，为内燃机、电动机和发电机一系列新技术发明与创新提供了理论基础。基于科学的技术理论研究，标志技术科学的兴起与形成。

技术科学在19世纪的发展可以分为三个阶段：持续到1860年为技术实践的系统化阶段；直到1890年为理论的产生阶段；接着技术科学进入更高层次的实践阶段。费迪南德·雷腾巴赫尔(Ferdinand Redtenbacher)是当时技术实践系统化阶段最重要的一个人物。在19世纪后半叶，技术学院(Technische Hochschulen,Technical College)声称要被赋予"技术大学"这样一个称谓的权利。这在当时被称为"两种文化的斗争"，也就是说，是要实行实用教育还是要科学教育的问题。然而，技术学院已经进一步提高了运用数学和物理方法的水平，也就是他们将理论水平提高到了实用教育的层面。同样地，一些综合技术学校也开始成为技术学院，并且拥有培养博士生的教育权利。19世纪英国、法国和德国的技术大学广泛开展各门工业技术的理论与应用研究，分别产生了工业科学、工程师科学(Science des ingénieurs)、技术科学(Technikwissenschaft)的概念，工艺学变成技术科学的一部分，出现更专业的机械工艺学和化学工艺学，并纳入到课程体系中。但是到了19世纪末期，我们仍然发现一些技术科学家为了实用教育而作不懈的奋斗。同时，他们只是将数学视为协助科学发展的技术。

从科学与技术的关系看，19世纪技术开始以科学为基础。一批专业技术人员分别从发明家和科学家中分离出来,成立了自己的学术团体,技术科学也得以兴盛起来。尤其是19世纪下半叶到20世纪上半叶,技术知识从经验上升到理论,科学应用于实践形成技术原理,技术科学走上相对独立的发展道路而蓬勃发展起来,并显示出巨大的生产力功能。

技术科学相对独立发展时期。这是以量子力学和相对论为中心的第三次科学革命和以核技术和电子计算机技术为内容的第三次技术革命时期。

1900年,技术科学成为了一门具有实验经验的学科。学院实验室建立的结果丰富了技术知识。同时,产业界的技术研究也开始随着研究机构的建立与一些高校系所的发展而发展起来。现代技术运用数学和自然科学来协助技术科学的发展。除此之外,20世纪技术科学还拥有了独立的科学精神,独立的创造和解决问题的科学方法。其中,技术科学模型和理论的创造可以被看作是推动技术科学发展进程中的一个里程碑。

20世纪下半叶,技术的发展比以往更依赖于科学理论。核物理学通过核反应堆理论这门技术科学的中介桥梁,引起核技术革命,产生了核能工程;在光的受激辐射理论指导下,建立起激光技术原理,才有了激光技术的发展,而激光技术的突飞猛进,又促进了激光科学不断的丰富和发展;在生物物理、生物化学的基础上,DNA双螺旋结构的发现,引起分子生物学的革命,进而导致以基因工程为核心的生物技术革命,从而在作为基础科学层次的生物学和作为工程技术层次的生物工程技术之间,一门技术科学层次的生物技术科学发展起来了。在现代科学的基础理论重大突破中,在现代工业的技术基础不断变革中,一系列新兴技术科学不断地产生和发展起来。

从全球社会因素考察19世纪中叶到20世纪世界技术科学历程中的科技强国关系,是耐人寻味的。这一时期,德国在学习英法科学和引进英法技术的基础上,优先发展技术科学,成为世界科学活动中心,并支撑其迅速完成了工业革命而超越英法两国。迅速崛起的德国成为两次世界大战的发动者与战败者,亦随之退出世界科学中心的地位。战后德国再次依靠技术科学从废墟中重新崛起,这也是今日德国何以成为和保持制造业强国的奥秘所在。发端于德国的技术科学思想,在20世纪上半叶以不同的方式与途经传播到美苏两国,使两国先后分别从英国和欧美引进的工业技术水平得到提升,既反哺和带动基础研究,又支撑其工业化和军事工业发展,乃至演绎成20世纪后半叶两个超级大国在战略武器和太空领域上的激烈竞争与较量。美国在竞争中何以更胜一筹,一直保持着世界科技中心的地位和新学科新技术的主要策源地,成为世界上技术科学强国之道的典范。这是世界技术科学史上发人深思的重要篇章。

1.1.2　中国技术科学的发展历程

中国技术科学的兴起与发展,是与近现代科学技术在中国的传播与发展进程息息相关的。就近代科学技术在中国的兴起而言,又是同世界近代科学技术的兴起相呼应的。著名科学史家李约瑟博士在《世界科学的演讲:欧洲与中国的作用》(1967)一文中指出:"由于历史的巧合,近代科学在欧洲的崛起与耶稣会传教团在中国的活动大体同时(如利玛窦 Matteo Ricci,1610 年死于北京),因而近代科学几乎马上与中国传统科学接触。"①。从利玛窦 1852 年把西方科学带到中国伊始,迄今已近 160 年。我们可以划分为四个大的阶段②:西学东渐初兴时期(1582—1840)、官办洋务运动时期(1840—1895)、西学建制引进时期(1895—1949)和独立自主发展时期(1949—现在)。其间西方近代技术虽然在 19 世纪 60 年代开始引进到中国,但此时西方已从传统经验技术向基于科学的现代技术转型,或者说技术科学亦开始在西方兴起,而中国由于没有本国科学的支撑等诸多原因,这些技术并没有在中国引起工业革命。如果说严格意义上的技术科学,在欧洲诞生于 1900 年,那么在中国则是中华人民共和国诞生的 1949 年。中国技术科学的发展历程大致可分为三个阶段:

迅速兴起与发展严重受挫时期(1949—1977):1949 年新中国成立之际,建立中国科学院并设立技术科学学部,标志技术科学在中国的诞生。实际上技术科学在中国是沿着两条路径传播与兴起的。虽然 1928 年建立的中央研究院和北平研究院,聚集了一批中国科学精英,为新中国基础科学发展起到奠基性作用,但没有设立技术科学类机构。中国科学院设立技术科学部,是学习苏联科学院技术科学部的建制。而苏联这一建制又是俄罗斯科学院引入德国技术科学的结果。而科学一词的俄文 Hayka 和德文 Wissenschaft 所表达"知识系统"含义,使得自然科学、技术科学和社会科学在中国科学院获得并驾齐驱的发展。同时新建的一批高等学校亦向苏学习,工科院校技术基础课在课程体系中居核心地位,使技术科学在中国高校得到发展的空间,在一定程度上弥补了高校与科学院科教分离、自身理工分离、专业太窄的弊端。技术科学引入中国的另一条路径,实际上来自钱学森的技术科学思想。1948 年和 1955 年钱学森先后两次关于工程科学与技术科学的一系列演讲,在中国科学界产生了广泛的影响。而追踪来源,又回到靠技术科学起家的德国。在德国哥廷根大学由普朗脱(Ludwig Prandtl)创立应用力学所蕴涵的技术科学理念,由冯·卡门(Theodore von Karman)带到美国加州理工学院,师从冯·卡门的钱学森发展了技术科学的思想,并传播到中国。1957 年,在《论技术科学》③一文中,钱学森发挥了"技术科学"的学科概念,全面系统地论述了技术科学的基本性质、形成过程、学科地位、研究方法和发展方向,以及技术科学对工程技术、自然科学和社会科学的作用,特别是在制定国民经济规划中的作用。意味深长的是,这一年毛泽东主席发出了要学习马克思主义、学习技术科学、学习自然科学的号召④。更重要的是,技术科

① 李约瑟. 世界科学的演讲:欧洲与中国的作用[A]. 潘吉星主编,李约瑟文集[C],沈阳:辽宁科学技术出版.

② 刘则渊. 现代科学技术与发展导论[M]. 大连:大连理工大学出版社,2003:39—71.

③ 钱学森. 论技术科学[J]. 科学通报,1957(4):97—104.

④ 毛泽东. 毛泽东选集[C]. 第 5 卷. 北京:人民出版社,1977:479.

学在中国科学院和高等学校获得实质性的发展。1959年,我国制定了"技术科学远景发展规划",并和1956年制定的"十二年科技规划"和1960年制定的"科技十年规划"一起得以贯彻落实。"文革"十年动乱期间,我国技术科学和整个科教事业严重受挫,但建立在技术科学基础上的"两弹一星"工程,由于受到国家特殊保护、排除种种干扰而得以成功实现。

支撑引进与自主并行发展时期(1978—1999): 改革开放以来,伴随科学的春天,技术科学迎来新的发展机遇。1977年国家开始制定《1978—1985年全国科学技术发展规划纲要(草案)》(简称《八年规划纲要》),并在1978年3月的全国科学大会上审议通过。《八年规划纲要》虽然包含技术科学和工程技术的内容,但基础研究分量较大。这是由于"文革"期间自然科学基础理论的研究与教学受到严重冲击和削弱,一时出现优先发展与加强基础研究的呼声。此时,科技界也出现我国应当加快先进技术引进与创新、重视技术科学发展的主张。这突出反映在我国科技界对华裔美国技术科学家田长霖1979年到1983年间在中国一系列关于加强技术科学发展演讲的热烈反响[1]。田长霖以他长期在美国从事教育与科学工作的丰富经验,出于对祖国现代化建设的关切,针对中国科技发展现状,就中国如何加速技术科学的发展提出了许多独到见解和宝贵建议。他鲜明地指出,中国目前应当重点发展技术科学,而不是基础科学,先进技术固然要大力引进,但只有重视技术科学发展,加强技术科学教育,才能对引进的技术加以吸收,走上独立发展技术的道路。这实际上是钱学森的技术科学思想再度启蒙。对此,我国许多科学家始终坚持不渝[2],并结合我国航天科学技术发展实际,再次阐明技术科学的重要作用[3]。1986年启动的《高技术研究发展计划纲要》("863"计划),坚持"有限目标,突出重点"的方针,选择生物技术、航天技术、信息技术、激光技术、自动化技术、能源技术和新材料7个领域15个主题作为我国高技术研究与开发的重点。1990年代初,中国科学院再次致力于技术科学发展战略的探讨[4]。之后,1997年国家制定和实施《国家重点基础研究发展规划》(亦称973计划),紧紧围绕农业、能源、信息、资源环境、人口与健康、材料等领域国民经济、社会发展和科技自身发展的重大科学问题,开展多

---

① 田长霖. 对技术科学发展的几点看法[J]. 清华大学学报(自然科学版), 1979, (04). 田长霖. 重视技术科学发展技术科学教育[J]. 高等教育研究,1981,(03). 田长霖. 如何加强技术科学的发展——美国加州柏克莱加州大学副校长田长霖教授一九八三年十月在西安西北工业大学的报告[J]. 西北工业大学学报, 1984, (01).

② 叶渚沛. 谈谈现阶段在我国发展技术科学(工程科学)的意义[J].化工冶金, 1981, (03).

③ 陈芳允、杨嘉墀. 我国航天技术发展与技术科学[J].中国科学院院刊,1986,(04).

④ 蒋新松. 关于我院发展技术科学的探讨[J]. 中国科学院院刊,1991,(04). 薛明伦. 我院发展技术科学应建立合适的组织形式[J]. 中国科学院院刊,1991,(04). 严陆光、张厚英. 对我院技术科学发展战略的初步探讨[J]. 中国科学院院刊,1992,(01).

学科综合性研究,提供解决问题的理论依据和科学基础;同时部署相关的、重要的、探索性强的前沿基础研究。"863 计划"和"973 计划",虽然没有提及"技术科学",但这些高技术学科领域和重大应用导向的基础研究问题,实质上属于技术科学的范畴。这个阶段我国技术科学某些领域的发展,为我国技术进步从引进为主转向引进和自主并行发展提供了一定的支撑作用。

推进前沿技术自主创新时期(2000—现在):进入 21 世纪,中国科学院技术科学部院士们开展新一轮的技术科学探讨,获得一些新的认识,提出许多重要建议[①]。2005 年,国家制定和颁布了《国家中长期科学和技术发展规划纲要(2006—2020 年)》,提出了"自主创新,重点跨越,支撑发展,引领未来"的科技工作指导方针;把增强自主创新能力,建设创新型国家,作为我国科学技术发展的总体目标。该规划纲要亦未提及"技术科学",但若干重大专项、科学前沿,特别是 8 大领域的前沿技术,都包含有技术科学内容。2006 年胡锦涛主席在两院院士大会上关于"要高度重视技术科学的发展"的重要论述,标志着我国技术科学发展进入新阶段。

对此,我国科技领导部门如何贯彻落实,值得深刻反思。改革开放以来,我国几项国家重大科技规划虽与技术科学相关,但毕竟没有在规划上给予技术科学应有的定位,现在如何合理定位,调整规划;在科技体制的改革中,我国带有技术科学性质的工业部委所属研究院所转型进入工业企业,虽然增强了科研活力,却也造成行业共性技术研发的缺失,当前如何弥补纠正;我国自上世纪 50 年代制定和实施技术科学远景规划,特别是坚持重点发展"空间科学技术"这一由多学科交叉产生的技术科学而使我国航天工业及其产品跻身世界前列的成功经验,当前科技规划及其如何发扬光大,重点回归技术科学。这些都值得深入思考。

1.1.3 技术科学的一般形成机制

考察科学技术史特别是技术发展史,可以从科学和技术最初相互分离到彼此接近,由各自独立发展到相互渗透的过程,领略到在技术经验的基础上形成技术科学的雏形,进而在自然科学的理论基础上形成技术科学原理的机制[②]。科学最初源于哲学母体,专属于泰勒斯、毕达哥拉斯、德谟克利特及亚里士多德等贵族哲学家,而技术(技艺)最初源于生产经验,专属于奴隶和工匠,其二者互不相干。直到 18 世纪英国工业革命,尽管机器的发明制造还主要依靠工人的经验技艺,但力学知识已经开始起到辅助的作用。随着大机器工业生产活动的开展,机器制造、钢铁炼制,缺乏理论和数据仅凭经验难以有效地解决问题,这导致了以技术为对象的研究,从而产生了机械运动学和金属材料学等

① 王大中,杨叔子主编. 技术科学发展与展望——院士论技术科学[C]. 济南:山东教育出版社,2002.

② 刘则渊. 现代科学技术与发展导论[M]. 大连:大连理工大学出版社,2003:107.

技术科学的萌芽。19 世纪,技术开始以科学为基础。一批专业技术人员分别从发明家和科学家中分离出来,成立了自己的学术团体,技术科学也得以兴盛起来。尤其是 19 世纪下半叶到 20 世纪上半叶,技术知识从经验上升到理论,科学应用于实践形成技术原理,技术科学蓬勃发展,显示出巨大的生产力功能。电磁理论引发电器技术发明,电机工程发展又导致电工学理论的形成;飞机发明与制造,促进了空气动力学的产生,而空气动力学又为飞机设计制造提供了可靠的科学依据和数据支持。20 世纪下半叶,技术的发展比以往更加依赖于科学理论,科学发现迅速引起新的技术发明,并导致运用基础理论来分析和解决工程应用中的共性技术及其机理的一系列技术科学,得到更加迅速的发展。电子信息技术科学及计算机科学、材料科学、能源科学、海洋科学、航天科学,等等,都属于新兴的技术科学范畴。

马克思和恩格斯凭借着对近代科学、技术和工业的历史本质的深刻洞察,揭示了机器大工业生产方式导致早期技术科学发生与发展的模式。18 世纪工业革命发生的前提之一,是由于"大工业的真正科学基础——力学,在 18 世纪在一定程度上臻于完善"。"大工业的原则是,首先不管人的手怎样,把每一个生产过程分解成各个构成要素,从而创立了工艺学这门完全现代的科学。现代工业的技术基础是革命的,而所有以往的生产方式的技术基础本质上是保守的。现代工业通过机器、化学过程和其他方法,使工人的职能和劳动过程的社会结合不断地随着生产的技术基础发生变革。"[①]正是在现代工业的技术基础不断变革中,一系列新兴技术科学不断地产生和发展起来。

钱学森在《论技术科学》一文中从科学技术活动的主体层面揭示了作为科学活动主体的科学家与作为技术活动主体的工程师,在科学与技术的不同发展阶段是如何从一体到分工,又由分工到结合的历程,并明确指出,把自然规律应用到工程技术中,绝不是一个简单的推演过程,要使工程技术活动克服经验的限制,建立有科学基础的工程理论,就需要进行自然科学和工程技术的化合反应,即建立一个新的知识部门:技术科学,相应的就需要一种从事自然科学和工程技术综合工作的专业人才:技术科学家。

上述从三个方面分别从科学和技术相互作用的历史层面、生产方式的技术基础层面和科学技术活动主体层面,揭示了技术科学产生的必然与形成的机制,同时也表明技术科学的形成和发展是由两条途径逐渐汇合而成的,一条途径是工程技术的经验知识上升到理论形态的产物,另一条是自然科学向工程技术活动延伸的结果。如图 1-1 所示。

---

① 《马克思恩格斯全集》第 26 卷第 2 册,人民出版社 1972 年版,第 116 页。《马克思恩格斯全集》第 23 卷.人民出版社 1972 年版,第 533—534 页。

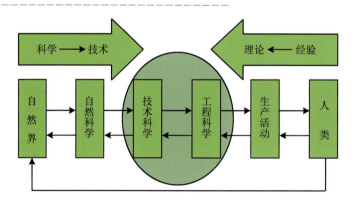

图 1-1　技术科学的形成路径

1.2　技术科学的基本性质与学科地位

技术科学作为一大学科门类，有着悠久的起源和和漫长的历史。但是系统完整的"技术科学"概念，却最早是由钱学森于 20 世纪中期，在总结德国哥廷根大学应用力学学派及其在美国加州理工学院的发展历程后，结合自己参与创新空气动力学和创立工程控制论的经验而提出来的[①]。50 年代中期，钱学森回到祖国，怀着为祖国效力的宿愿，提出了我国火箭导弹事业的组织方案、发展计划和具体措施，同时系统地阐释了技术科学的思想，并首次提出了"自然科学、技术科学和工程技术"三层次的观点[②]。我国"两弹一星"的研制成功，是技术科学应用于重大工程实践、实现自主创新的典范，也证明了技术科学的重要性；科学学的最新研究成果"新巴斯德象限"[③]和钱学森三个层次的观点也是完全一致的。今天重温钱学森的技术科学思想，可以进一步概括技术科学的特点以揭示其基本性质和学科地位。

(1) 技术科学的中介性与独立性。 钱学森明确指出，技术科学是介于自然科学与工程技术之间的一门独立的学科，也可称之为桥梁，它是从自然科学和工程技术的互相结合中所产生出来的，是为工程技术服务的一门学问。技术科学的形成和发展是沿两条途径并逐渐汇合的过程，一条途径是工程技术的经验知识上升到理论形态的产物，另一条是自然科学向工程技术活动延伸的结果。正是技术科学的中介性而导致三层次学科在

①　Hsue-Shen Tsien. Engineering and Engineering Sciences, C. I. E. Forum. Journal of Chinese Institute of Engineers, 1948.1—14；又收入：钱学森文集(1938—1956). 北京：科普教育出版社，1991：550—563.

②　钱学森.论技术科学[J]. 科学通报，1957(4)：97—104.

③　刘则渊，陈悦. 新巴斯德象限：高科技政策的新范式[J]. 管理学报，2007, 4 (3)：346—353.

互动中各自相对独立的发展。

(2) 技术科学的基础性与应用性。技术科学是关于人工自然过程的一般机制和原理的学科,它以基础科学理论为指导,研究多门工程技术中具有共性的理论问题,技术科学研究的成果往往可以应用于多个工程技术领域, 从而成为工程技术的科学基础。例如,技术科学为工程技术中必须遵循的各类规范规程提供理论基础。技术科学属于应用引发的基础研究和基础理论导向的应用研究并存的科学领域,其成果一般为人工自然规律和工程技术原理,往往不直接面向工程,却有着广阔的工程应用前景。它往往引发新技术,是引领和推进工程技术的力量,是创造新技术和技术创新所不可或缺的学问。

(3) 技术科学的纵深性与广谱性。由于技术科学的中介过渡特征,自然科学的发展和工程技术的进步,都推动技术科学的内涵不断深化,外延不断扩展,出现新兴、前沿和交叉的技术学科领域。20 世纪中叶以来,现代技术科学体系中不仅基于自然科学理论、作为工程科学共性基础的普通技术科学,向宇观微观两级纵深掘进,出现空间科学、微制造科学、纳米科学等新兴技术科学,而且由于现代科学技术整体化而导致技术科学的广谱化,涵盖着更广泛的一系列交叉科学,其中包括横向技术科学,综合技术科学和社会技术科学。它们以技术科学为纽带,横跨自然科学和社会科学;从其结构的核心层次看,它们基本上属于技术科学的范畴①。这进一步显示了现代技术科学的学科体系在现代科学技术知识体系中的重要地位。

1.3　技术科学的学科内涵及特点

据著名工程力学家钱令希回忆②,钱学森曾明确告诉他, 技术科学可以译为"engineering sciences"。这和国际上使用的技术科学英文一词"technological sciences"有所不同。在钱学森看来,他在 1940 年代提出的"engineering sciences"和 1950 年代提出的"技术科学"是等价的。他所说的"工程技术"属于工程的知识形态,即通常所说的工程学 (engineering)。为规范起见,"技术科学" 的英文术语采用国际通行的"technological sciences";将"工程技术"的知识形态称为"工程科学"("engineering sciences"),以区别于实践层次的工程技术活动③。

---

① 刘则渊,程耿东. 论技术科学的创新功能与强国战略. 中国科学学与科技技术管理研究年鉴《科学·技术·发展》2006/2007 年卷[A], 大连理工大学出版社, 2008: 7—18.

② 钱令希. 钱学森与计算力学. 刘则渊、王续琨主编. 中国技术哲学研究年鉴《工程·技术·哲学》2001 年卷[A]. 大连: 大连理工大学出版社, 2001.

③ 刘则渊. 现代科学技术与发展导论[M]. 大连理工大学出版社, 2003:110.

技术科学是关于人工自然过程的一般机制和原理的学科，是以自然科学为基础、为工程技术服务的学问。它以基础科学理论为指导，研究同类技术中共同性的理论问题，是各种工程技术和许多其他应用技术的科学基础。技术科学一方面从工程技术和生产技术出现的新问题进行分析，揭示其内在的机理，或者从各类工程技术中分离出来的具有共性的新问题加以研究，给以理论的回答；另一方面从自然科学基础理论中探寻应用于技术的可能性，把一般自然规律变为特定人工自然的技术原理。这就从两方面产生和形成了既不同于基础科学又别于工程技术的技术科学领域，因此技术科学属于应用引发的基础研究和基础理论为背景的应用研究二者并存的"新巴斯德象限"(见本书2.1节)。

我们以技术科学的典型学科——力学为例，来说明技术科学的学科内涵及特点。力学是研究力与运动的科学，其研究对象主要是物质的宏观机械运动[1]，与数学、物理学、化学、天文学、地学、生物学一样属于科学体系中的基础学科，称之为基础力学。同时力学还研究工程问题中的力与运动，有很强的应用背景，是工程技术的基础，在航天、航空、船舰、能源等工程技术领域中发挥着重要的作用，是为应用力学。应用力学作为现代力学的主体领域，是技术科学的典型学科，在自然基础学科与工程技术类学科之间发挥了重要的桥梁作用。

对66种SCI力学期刊的引文分析表明：66种力学期刊共引用了1,474种SCI非力学期刊，这些非力学期刊分布在147个学科中；而66种力学期刊却被169个学科中的2,729种SCI非力学期刊所引用。SCI期刊共有171个学科分类，除医学伦理学之外，其他学科对力学均有引用。

根据钱学森的技术科学思想，并考虑技术科学一些新发展方向与其涉及基础科学方面和工程技术方面的学科关系，按照"基础科学、技术科学、工程技术"三个层次的内涵界定(详见本研究报告"1.4 技术科学与基础科学、工程科学的区别")，将与力学在引文上存在近缘关系的前48个学科划分为"基础科学、技术科学、工程技术"三个层次(见表1-1)。

力学学科引用最多的学科有：应用数学、机械工程学、工程学(综合)、化学工程学、数学物理学、材料学(综合)、物理学(综合)、数学(各学科应用)、航空航天工程学、计算机科学(各学科应用)等学科，这些学科是力学的引用近缘学科(见图1-2)。力学学科被引用得最多的学科是：机械工程学、材料学(综合)、工程学(综合)、化学工程学、数学物理学、数学(各学科应用)、应用数学、热力学、物理学(综合)、计算机科学(各学科应用)、土木工程学等学科，这些学科是力学的被引近缘学科(见图1-3)。

以钱学森的技术科学思想为理论依据，在"基础科学、技术科学、工程技术"三个层

---

[1] 中国科学院力学研究所. 力学学科的地位与作用 [EB/OL]. http://www.imech.ac.cn/research/status.asp, 2007-11-21.

表 1-1　力学的引文近缘学科在三个层次上的划分

基础科学层次的学科	技术科学层次的学科	工程技术层次的学科
自然科学(综合)	自动控制与控制系统学	制造工程学
原子分子及化学物理学	运筹学与管理学	冶金学与冶金工程学
物理学(综合)	应用物理学	土木工程学
物理化学	应用数学	陶瓷材料学
天文学与天体物理学	水资源学	生物医学工程学
数学物理学	数学(各学科应用)	器械仪器学
声学	热力学	建筑技术学
气象学与大气科学	能源与燃料学	计算机科学(软件工程学)
凝聚态物理学	纳米科学与技术学	机械工程学
流体与等离子体物理学	计算机科学(理论与方法)	化学工程学
基础数学	计算机科学(各学科应用)	航空航天工程学
光学	环境科学	海洋工程学
地球科学(综合)	核科学与技术学	工业工程学
地球化学与地球物理学	海洋学	工程学(综合)
	高分子学	复合材料学
	材料学(综合)	电气电子工程学
		地质工程学
		材料学(特性与测试)

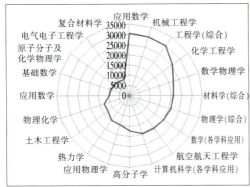

图 1-2　力学的引用近缘学科　　　图 1-3　力学的被引用近缘学科

次上,分别分析力学学科与其他学科之间的引文关系,考察力学学科的性质、地位与作用。运用引文分析法,将 66 种力学期刊作为研究对象,考察力学的引文近缘学科,列出与力学在引文关系上最紧密的一些非力学学科,从中选取前 48 门学科,在"基础科学、技术科学、工程技术"三个层次上考察它们与力学的引用与被引用关系。

在图 1-4 中,从基础科学的层次上看,48 门力学近缘学科中属于基础科学的有 14 门

(表 1-1)。其中,力学对物理学(综合)、声学、基础数学、原子分子及化学物理学、自然科学(综合)、气象学与大气科学、地球科学(综合)有较强的引用倾向,这些学科是力学的基础学科或支撑学科。可以看出,除生物学和天文学之外,力学与基础科学中的数学、物理学、化学、地学等学科存在着十分紧密的联系,但力学主要以物理学和数学为基础,物理学为力学提供了基础原理,而数学是力学研究中所不可或缺的工具和手段。从引文上看,力学对基础科学也有反馈作用,特别是对流体与等离子体物理学有较强的反馈作用。

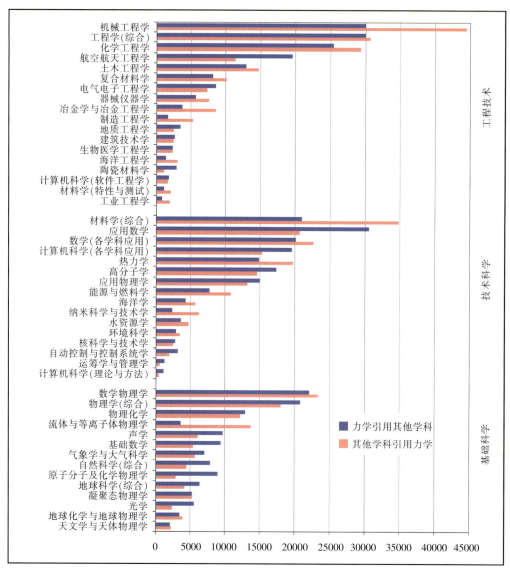

图 1-4　力学与其他学科之间的引文关系

从技术科学的层次上看,48门力学近缘学科中属于技术科学的有16门(表1-1)。其中,力学对应用数学、计算机科学(各学科应用)的引用倾向最强,这两门学科是力学的工具,它们也是大多数技术科学和工程技术学科的工具。除了这两门工具性的学科以及应用物理学、高分子学之外,材料学(综合)、热力学、能源与燃料学、纳米科学与技术学、海洋学对力学均有较强的引用倾向,力学是这些学科的基础。可以看出,力学与技术科学中的许多学科有较强的联系,是多门技术科学类学科的共同基础。

在48门力学近缘学科中,属于工程技术层次的学科有18门(表1-1)。其中,力学对航空航天工程学的引用倾向最强,毫无疑问航空航天工程学对力学有带动作用,极大地促进了力学的发展。除了航空航天工程学、电气电子工程学之外,机械工程学、工程学(综合)、化学工程学、土木工程学、复合材料学、冶金学与冶金工程学、器械仪器学对力学均有较强的引用倾向, 这些学科是力学的主要应用领域, 力学是这些工程技术类学科所必需的基础。可以看出,力学与工程技术类的多数学科有较强的联系,是它们共同的学科基础。

综上所述,力学作为技术科学中的典型学科,是根植于基础科学之上的,主要是以物理学的基本理论为指南,以数学和计算机科学为研究工具,为机械工程学、化学工程学、土木工程学、冶金学与冶金工程学、器械仪器学等工程技术类学科服务的一门学科;力学还是材料学、热力学、能源与燃料学、纳米科学与技术学、海洋学等技术科学的基础。可以说,除了基础科学之外,力学是技术科学和工程技术中大多数学科的共同基础。同时,力学对基础科学具有反馈作用,促进了流体与等离子体物理学的发展;而工程技术类学科对力学也具有反馈作用,如航空航天工程学带动了力学的发展。力学与基础科学、技术科学和工程技术中的大多数学科相互渗透、相互影响、相互促进。

由此可以判别,力学是基础科学和工程科学之间的中介学科,其主体成分为应用力学,属于技术科学的范畴。应用力学的技术科学属性,决定了它一方面主要以数学、物理学等基础学科作为理论基础和支撑,另一方面又被广泛应用于工程技术领域,解决工程中带共性的力学问题,成为工程技术的科学基础。同时,应用力学还是它同一技术科学层次的多门学科的共同基础。因此,应用力学是辐射性、渗透性、应用性极其广泛的技术科学,是联系基础科学和工程科学的纽带。

根据对力学的科学计量分析,可以将技术科学的特点归结为以下几点:

(1)技术科学研究的出发点是为了应用和开辟新的应用领域而进行的基础科学研究,其目的是改造世界而不仅仅停留在认识世界上;

(2)技术科学具有广谱性,一端与工程技术相连接,另一端和基础科学相连接,连接处互相交叉渗透,并无一成不变的严格界限。

(3)技术科学理论一般由三部分组成:基础科学的基本概念与基本原理,技术对象理想模型,工程实验和计算方法;

(4)技术科学理论逻辑构架是:有关基础科学的概念与理论转化成技术的物化原理,

建立技术对象理想模型,通过工程实验,修正理想模型,使其更切合实际,再运用数学工具建构技术科学的理论体系与结构;

(5)技术科学要求技术科学工作者要善于把应用中带有普遍性和创新性的问题提炼出来并加以研究。

1.4 技术科学与基础科学、工程科学的区别

按照钱学森的现代科学技术体系结构思想,如表 1-2 所示:自然科学部门的层次结构为:"马克思主义哲学—自然辩证法—基础科学(自然科学)—技术科学—工程科学—工程技术活动","基础科学—技术科学—工程科学"是相邻的三个层次,其抽象性、普遍性渐次减弱,而实践性、特殊性逐渐增强。三者之间,前者都是后者的理论基础,后者都是前者的具体应用。技术科学具有中介过渡的特征,在人类科学技术知识体系中占据着极其重要的地位,起着沟通的桥梁作用。

基础科学是关于自然界物质运动形式的普遍规律和理论的学问,是整个科学技术知识的基础理论;技术科学关于人工自然过程的一般机制和原理的学问,是各种工程技术和许多其他应用技术的科学基础;工程科学是关于设计和建造特定人工自然过程的技术手段与工艺方法的学问,是关于改造自然的各种专门技术的知识体系。工程科学是把基础理论科学与技术科学的原理应用到生产实践活动和工程技术活动所形成的各门学科的总称,技术科学与工程科学二者的区别在于两者的普遍性与特殊性相对程度不

表 1-2　基础科学、技术科学、工程科学的区别

	基础科学	技术科学	工程科学
对象	自然界	人工自然,技术活动	人工自然,工程建设活动
性质	知识形态生产力,知识的高度普遍性,整个自然科学的基石	基础科学知识向现实生产力转化的中介,工程技术的基础	解决直接现实生产力,知识的高度实用性与专业性
目的	认识自然,揭示自然规律	改造自然,认识人工自然规律,揭示同类技术的原理	改造自然,建造人工自然
学科	数学、物理学、化学、生物学、地质学、天文学等	应用力学、工程物理、电子学等;机械原理、化工原理等	机械工程学、化学工程学、电子工程学、水利工程学等
方法	科学实验,科学假说,直觉,数学、逻辑方法:个别到一般	科学实验,技术试验,数学,逻辑:一般到个别,特殊到普遍	工程试验,工程设计与建造,逻辑:一般到个别,普遍到特殊
成果	论文,发现自然现象,发现科学定律,假说	论文,技术原理,发明专利,实验报告,试验装置、模型	论文,专利,工程设计,工程建设方案,标准,工艺,技术产品
评价	实验标准:检验真理性,论文水平与被引次数,社会效果:影响世界观,原创性,同行评价	实验标准:检验原理正确性,论文学术水平与被引次数,广泛实用性,潜在经济价值	试验标准:工程可行性,专利转让,多元价值标准:经济效益、地域适宜、环境安全

同,但没有截然不同的界限。

现代技术科学除了基于自然科学理论、作为工程科学共性基础的普通技术科学外,还涵盖着广泛的科学学科领域。20世纪中叶以来由于现代科学技术的整体化而形成了一系列交叉科学:一是横跨自然科学、技术科学和社会科学的系统科学、复杂性科学等方法性的横向科学,也为技术科学提供一般技术理论与方法,亦可称为横向技术科学;二是以多学科方法研究综合对象的城市科学、环境科学、能源科学等综合科学;三是由自然科学、技术科学与社会科学相互交叉渗透形成的社会技术科学。"无论是横向科学、综合科学,还是社会技术科学,它们都是以技术科学为纽带的横跨自然科学和社会科学的大交叉科学;从其结构的核心层次看,也可以说它们基本上属于技术科学的范畴。"①除了综合技术科学外,可以将现代技术科学的学科体系及其在现代科学技术知识体系中的地位,用图1-5加以简略地表示。

从以上对自然科学(基础科学)、技术科学、工程技术三个层次的比较论述中,我们对关于技术科学的三个双重性基本特征:中介性和独立性,基础性和应用性,纵深性与

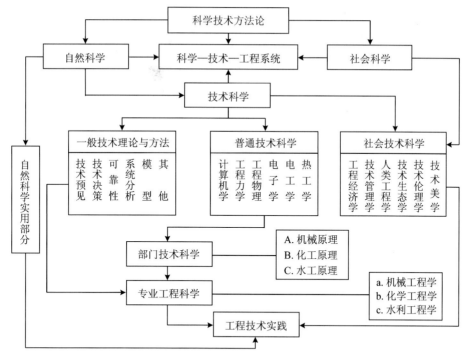

图1-5 现代技术科学的学科体系与学科地位

① 刘则渊,程耿东. 论技术科学的创新功能与强国战略. 中国科学学与科技技术管理研究年鉴《科学·技术·发展》2006/2007年卷[A],大连理工大学出版社,2008,7—18.

广谱性,认识得更加明确清晰了。

1.5 高度重视技术科学发展的背景与意义

1950 年代以来,由钱学森提出、得到中央领导高度重视的技术科学在我国两弹一星的成功研制中发挥了重要作用。在 21 世纪初,胡锦涛提出了"高度重视技术科学的发展"的观点,具有深远的战略背景和战略意义。

进入新世纪以来,国际形势继续发生深刻而复杂的变化,机遇和挑战并存的情况,不仅表现在经济、政治、文化等领域,也突出地表现在科学技术领域。世界科学技术前沿领域,特别是信息、生物、纳米等为代表的技术科学及其引领的前沿技术酝酿着新的突破,一场新的技术革命和产业革命正在孕育之中。未来科学技术前沿突破引发的重大创新,将会推动世界范围内生产力、生产方式以及人们生活方式进一步发生深刻变革,也将会进一步引起全球经济格局的深刻变化和利益格局的重大调整。这个发展趋势,必然对世界经济、科技发展和综合国力的国际竞争带来重大影响。

我国已经到了必须更多依靠增强自主创新能力和提高劳动者素质推动经济发展的历史阶段。要增强自主创新能力,只是在开发工程技术或产业技术的层面是不够的,而加强基础研究虽然对原始创新有潜在长远的意义,但基础研究并不能直接导致技术创新,这就需要发展和依靠以吸收基础研究理论成果、又为工程技术提供共性基础的技术科学。技术科学是提升自主创新能力的重要载体。在研制一批具有自主知识产权的重大装备和关键产品、攻克一批事关国家战略利益的关键技术,实现我国产业的跨越式发展过程中,我们要引进一大批重大技术,但是,要通过引进实现我们自主创新能力的提高,必须依靠技术科学,技术科学帮助工程技术人员不仅知其然,还知其所以然,从而为再创新提供基础。

同样,提高劳动者素质的重要方面,是培养和造就形成一支高水平的科技队伍与创新大军。技术科学的"纵深性和广谱性"使其既连接着纯粹的基础研究,又支撑着工程技术,既连接着自然科学,又交织着社会科学,成为复杂创新网络的知识纽带,它往往是生成原始性重大创新的基础与关键,在实现国家战略目标上扮演着不可或缺的重要角色。技术科学的基础性使得掌握技术科学知识的人视野开阔且追求创新性,技术科学的应用性使得掌握技术科学知识的人实事求是且富有责任感。因此,掌握技术科学的过程也培养了科技领军人才的基本素质。

当前,我们必须从建设创新型国家的战略愿景着眼,高度重视技术科学的发展。国家着力发展技术科学,是健全国家创新体系、提升自主创新能力的需要,是合理布局科学技术结构、完善研究开发体系的需要,也是造就技术科学人才、提高工程技术队伍素质的需要。在国家发展规划中,根据技术科学的特点,给予技术科学在基础研究、高技术研究和基础产业现代化研究各领域以足够的重视和发展空间,并分别制定相应的政策,意义十分重大。

第二章 技术科学的战略功能分析

技术科学的首要战略功能，在于它的研究成果揭示了多门工程技术带共性的规律与原理，其研究前沿能够引领前沿技术的发展。利用科学计量分析方法及信息可视化手段，我们绘制了9个技术科学领域的知识图谱(详见第三部分)，展现了这些学科前沿的若干知识群与技术热点，由此可以得出三点共同的结论：一是技术科学具有引领前沿技术发展的强大功能，技术科学既是前沿技术的生长点，也是前沿技术研发的基础，只有重视技术科学研究，才能进入前沿技术领域并取得重大进展；二是这些前沿技术热点与国家中长期规划纲要中有关前沿技术的战略布局一致或相近，这论证了我国依靠同行专家做出前沿技术总体规划与战略布局的正确性；三是必须充分发挥技术科学引领前沿技术的功能，培育和支持大批活跃在前沿技术各个领域的技术科学研究团队，在技术科学基础上实现前沿技术的突破与创新。

2.1 新巴斯德象限理论:技术科学战略功能的依据

关于技术科学的战略功能，不妨把钱学森关于"基础科学—技术科学—工程技术"的科学技术层次模型和美国学者司脱克斯的科学研究象限模型结合起来加以讨论。司脱克斯(Donald E. Stokes)[①]于1997年出版的《巴斯德象限——基础科学与技术创新》(*Pasteur's Quadrant: Basic Science and Technological Innovation*)著作中，针对布什(Vannevar Bush)[②]的技术创新源于基础研究的"科学研究线性模型"缺欠，提出了科学研究二维象限模型(图2-1)，认为技术创新并非直接来自纯基础研究的玻尔象限，而纯应用研究的爱迪生象限虽然能够直接产生技术发明与创新，然而由于主要依赖于经验技术的反复试错性试验，往往缺乏科学理论的导向而难免出现发明与创新的盲目性，因此强调应用引起的基础研究即巴斯德象限对于技术创新的基础作用，以提高发明和创新的自觉性和成功概率。

但是，巴斯德象限是基础研究和应用研究并存的象限，实际上并存着应用引发的基

---

① D.E.司托克斯.基础科学与技术创新:巴斯德象限[M].周春彦译.北京:科学出版社,1999. [Stokes, D. Pasteur's quadrant: basic science and technological innovation. Brookings Institution Press, Washington. 1997.]

② V. 布什.科学——无止境的前沿(1945)[M].北京:科学技术文献出版社,1985[Vannevar Bush. Science:the Endless Frontier[R].Washington D C: National Science Foundation,1945.]

研究起因		以实用为目的	
		否	是
以求知为目的	是	I 纯基础研究 （玻尔象限）	II 应用引发的基础研究 （巴斯德象限）
	否	IV 技能训练与经验整理 （皮特森象限）	III 纯应用研究 （爱迪生象限）

图 2-1　司脱克斯的科学研究象限图

础研究和基础理论为背景的应用研究，不妨称之为"新巴斯德象限 (new Pasteur's uadrant)"[①]。在这里，应用引起的基础研究，是研究和发现工程应用所需要的人工自然规律；基础理论导向的应用研究，是研究如何把基础科学理论中有关的自然规律变换为可以应用于工程实践的人工自然规律。因此，它们都可以概括为面向人类社会经济和社会发展需求的关于人工自然过程的技术基础研究。应当指出，技术基础研究也不完全等同于应用基础研究，因为后者中有的是在一定工程应用背景下探索自然规律，如巴斯德从发酵工艺中发现的微生物学规律。

　　如果把基于研究目的的象限模型转换为基于研发形态的科学技术象限模型，那么新巴斯德象限也就是技术科学象限(图 2-2)。显然，科学技术象限模型正是钱学森的科学技术层次模型。英国苏塞克斯大学科技政策研究所(SPRU)的德国学者 Martin Meyer[②]，以

研发动态		技术开发活动	
		否	是
科学研究活动	是	I 基础科学 （玻尔象限）	II 技术科学 （新巴斯德象限）
	否		III 工程技术（工程科学） （爱迪生象限）

图 2-2　科学技术象限模型的新巴斯德象限

①　刘则渊,陈悦.新巴斯德象限:高科技政策的新范式[J].管理学报,2007,4(3):346—353.

②　Martin Meyer. Knowledge Integrators or Weak Links? Inventor-Authors: An Exploratory Comparison of Patenting Researchers with Their Non-inventing Peers in Nano-science and Technology. Proceedings of ISSI 2005. Volume 1.Stockholm:Karolinska University Press.2005:34—44.

部分欧洲国家(英国、德国、比利时)在纳米科技领域(属技术科学)进行基础研究和开发研究的科技人员为研究对象,通过科学计量手段分析论文作者、专利发明者、著作者—发明者（既写论文又搞专利的科技人员）的关系来揭示科学与技术活动之间的互动关系。研究表明纳米技术的发展很大程度上依赖纳米科学的发展,它是来源于纳米理论背景的应用研究,位于科技象限中的新巴斯德象限。纳米科学本质上属于新巴斯德象限的技术科学范畴,它应用了原子—分子物理学和化学所揭示的原子—分子运动规律,却不属于基础科学,其任务和目的在于揭示从纳米材料、纳米器件到纳米制造各种纳米技术的共性规律。这就是纳米科技领域的著作者—发明者集成式人才,较单纯纳米论文作者和专利发明者更富于创造活力的缘由所在。

新巴斯德象限的总体特征表现为:既是技术,又是科学,既有明确的应用目的,也具有基本的认识职能,应用导向的基础研究与基础理论背景的应用研究密切结合,基于科学的技术和关于技术的科学同时并存,科学的技术化和技术的科学化同步发展,从而形成了科学和技术之间相互作用、相互结合、相互渗透、相互转化的新关系。当然,新巴斯德象限并没有消解科学和技术之间的界限与区别,而是开辟了科学和技术之间全新互动关系的新时代。

总之,新巴斯德象限理论向人们昭示,技术科学把基础科学导向的应用研究和技术应用导向的基础研究结合起来,在科学和技术的互动作用中,揭示出特定领域多门工程技术带共性的规律与原理,技术科学是前沿技术研发的基础,既是前沿技术的生长点,也是技术进步的原动力。只有重视技术科学研究,才能进入前沿技术领域并取得重大进展。因此,新巴斯德象限理论为技术科学的战略功能提供了理论基础。

技术科学的战略功能表现为,一方面技术科学的研究前沿是技术创新的理论源泉,具有引领前沿技术自主创新的强大功能,另一方面技术科学的诸多学科是各类工程专业的共性技术基础,具有支持理工科大学工程教育的强大功能。

2.2　技术科学促进自主创新的功能

技术科学的学科地位,决定了技术科学不仅具有一般科学的广泛社会功能,而且具有引领前沿技术的自主创新,推动生产力发展的独特功能。上述科学技术象限模型和科学技术层次模型相统一的"新巴斯德象限理论",对此提供了充分的理论根据。

新巴斯德象限理论告诉我们,基础科学与基础研究并不能直接导致技术创新,而仅仅在工程技术或产业技术的经验层次上又难以实现技术的自主创新,唯有在新巴斯德象限的技术科学领域以及作为工程技术知识形态的工程科学领域,一方面通过技术科学前沿研究获得前沿技术的新成果,另一方面借助相关的社会技术科学一系列学科的协同作用,才可能在工程科学与工程技术的层次上实现前沿技术的自主创新。

依据技术科学在科技象限模型和科技层次模型中的特殊地位,按照三种基本的自主创新模式,可以将技术科学引领前沿技术的自主创新功能分为如下几个方面(图2-3):

2.2.1 技术科学的原始创新功能

在技术科学前沿领域,把理论导向的应用研究和应用导向的基础研究结合起来,一方面可以在充分利用国内外现有基础研究成果的基础上,进行既有理论背景又有应用目的的应用技术研究,占领前沿技术的制高点,另一方面可以针对工程技术的共同理论基础开展研究,从而在把握技术科学原理的基础上取得前沿技术的重大突破、原创性发明,并进而实现前沿技术的原始创新。

由于20世纪自然科学基础理论的重大成就成为现代技术创新的理论源泉,人们往往认为只有基础科学才具有原始创新的功能。这实际上是一个误区。因为这忽略了基础科学成果,正是通过技术科学的中介作用,才得以实现技术的突破与创新。在技术科学前沿领域,把理论导向的应用研究和应用导向的基础研究结合起来,一方面可以在充分利用国内外现有基础研究成果的基础上,进行既有理论背景又有应用目的应用技术研究,占领前沿技术的制高点,另一方面可以针对工程技术的共同理论基础开展研究,从而在把握技术科学原理的基础上取得前沿技术的重大突破、原创性发明(original invention),并进而实现前沿技术的原始创新(original innovation)。

2.2.2 技术科学的集成创新功能

基础科学的研究方法以还原论为主,技术科学的研究方法则在采用还原论的同时

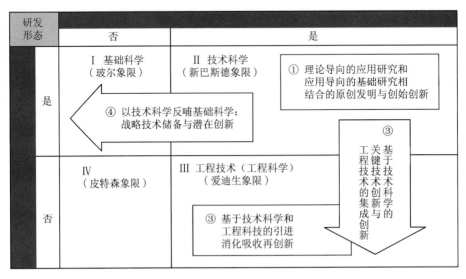

图2-3 科技象限模型:基于技术科学的前沿技术自主创新功能

重视整体论。只有在专业工程技术及其共同的技术科学理论基础上,才能实现关键技术及相关技术的集成创新。

就复杂的高技术产品创新而言,首先是在技术科学原理上解决并掌握高技术产品的关键技术,最终是围绕关键技术与关键零部件技术在工程科学与技术领域一系列配套的零部件及相关技术的系统集成,以及相应的各种资源、资本、人力、知识诸方面的创新要素集成。就最终产品的技术层面来说,只有在专业工程科学技术及其共同的技术科学理论基础上,才能实现关键技术及相关技术的集成创新(integrated innovation)。针对中国要素禀赋特点,要素集成应当走更多地利用人力、知识,节约资源、资本的创新之路。同时,基于技术科学的关键技术创新与相关工程技术的集成创新的功能,还表现为由一系列技术的集成创新引发以关键技术为核心的技术创新集群,带动基于创新集群的替代产业和新兴产业的集群式发展。

2.2.3　技术科学的二次创新功能

一般说来,对于引进的先进技术,仅仅在生产技术或工程技术层面上做到消化吸收再创新是不可能的,充其量只能对外来技术知其然,而难以知其所以然,结果往往陷入"引进—落后—再引进—再落后"的怪圈。只有从技术科学层面上全面剖析引进技术,才能揭示和把握引进技术及产品设备的结构与功能、设计与工艺、材料与加工的原理与方法等等,最终在工程科学层次上实现引进技术的二次创新,走上自主创新的道路。

这里,将二次创新(Quadratic innovation)在狭义上界定为技术的引进、消化、吸收、再创新(re-innovation)。要从引进技术为主转变为自主开发及创新为主,实现二次创新是一个关节点。对于引进的专利技术,首先应当借助知识产权制度的专利知识公开性,通过专利引文分析把握相关技术前沿,逐步全面剖析、揭示和把握引进技术及产品设备的结构与功能,设计与工艺,材料与加工,原理与方法等等,提升到技术科学的高度上知其所以然,从而在工程技术上实现引进技术的二次创新,包括初级的模仿型创新(imitational form innovation)、改良型创新(improved form innovation),到原理型创新(principium' form innovation),走上完全自主创新的道路。

2.2.4　技术科学的潜在创新功能

技术科学的创新功能不仅表现在上述显性的现实功能上,而且还表现出某些难以直接显示的潜在创新功能,一方面通过技术科学理论的技术预见,展望前沿技术的发展态势与潜在创新的可能前景;另一方面特别体现为以技术科学反哺基础科学而存在的战略技术储备功能。中国作为发展中大国,应当在自然科学基础理论上占有一席之地,通过基础研究,引领未来发展。技术科学具有促进与上升为基础科学的作用,只有高度重视和优先发展技术科学并反哺于基础科学理论研究,推进基于技术科学的高技术研究开发,在高技术产业高度发达的基础上,在自主开发高技术实验装备的前提下,才可能进入世界基础科学的理论前沿,取得基础理论的突破性进展,为引领未来的潜在技术创新提供战略储备。

2.3 技术科学支撑工程教育的功能

我国理工科大学尤其是研究型大学是科学技术的研发与创新平台,但首先是造就科学技术人才、特别是培养科技领军人才的教育基地。其中,技术科学学科在理工科大学的学科建设与发展中具有支柱学科的地位,它支持工程学科领域的技术进步与创新,也是改革和发展工程教育的学科支撑。技术科学的中介学科特性,使其在高等工程教育体系与课程体系中起到课程之间的衔接作用。技术科学课程,包括相应的数值模拟、实验和工程试验课程,是沟通基础理论课与工程专业课之间的桥梁,有助于培养工程研究能力、技术创新能力、科技成果向工程应用的转化能力。扎实的一门技术科学课程的基础,就能使学生在多门工程学科中举一反三。

国际工程教育研究前沿的知识图谱分析表明,开展工程教育研究最活跃的是三个热点领域:一是科学-技术-社会(STS)教育、工程教育与科学教育的关系等领域;二是工程心理健康教育、工程社会实践教育、工程教与学的互动关系、工程教育理论与工程课程等领域;三是有关应用力学、应用物理、电工学等技术基础课及技术科学教育的领域。这彰显出国际工程教育领域重视全面素质教育、注重STS教育、强调工程教育本身改革与工程实践教育、加强技术科学教育的发展趋势。

充分认识技术科学支撑高等工程教育的职能,深刻理解技术科学教育在理工科大学教育改革中的重要地位,有助于加强技术科学教育,把科学教育与工程教育统一结合起来;有助于重新认识理工科大学人才培养目标:所谓加强基础理论、扩大专业口径,通常强调加强人文科学和自然科学的基础,但是,对理工科大学的教育来说,还应该充分强调在技术科学层次上加强基础。技术科学基础的加强必然扩大了培养口径,有助于培养和造就技术科学基础好、工程应用能力强的科技转化型人才。技术科学通过支撑工程教育、造就高素质的技术科学人才与工程技术人才的功能,对我国建设创新型国家起到战略支持作用。

第三章 基于技术科学的前沿技术知识图谱

以《国家中长期科学和技术发展规划纲要》(2006—2020)(以下简称《纲要》)所列8大前沿技术及27项技术为研究对象,绘制基于技术科学的前沿技术知识图谱。考虑到环境科学与技术已成为当代世界最令人关注的研究前沿问题,我们在《纲要》中的8大前沿技术领域及27项技术之外,另行增加环境技术,具体如下:1.信息技术:智能感知技术;自组织网络技术;虚拟现实技术。2.生物技术:靶标发现技术;动植物品种与药物分子设计技术;基因操作和蛋白质工程技术;基于干细胞的人体组织工程技术;新一代工业生物技术。3.新材料技术:智能材料与结构技术;高温超导技术;高效能源材料技术。4.先进制造技术:极端制造技术;智能服务机器人;重大产品和重大设施寿命预测技术。5.先进能源技术:氢能及燃料电池技术;分布式供能技术;快中子堆技术;磁约束核聚变技术。6.海洋技术:海洋环境立体监测技术;大洋海底多参数快速探测技术;天然气水合物开发技术;深海作业技术。7.激光技术。8.空天技术。9.环境技术。

根据规划纲要关于前沿技术的阐释,按照技术科学与高技术、前沿技术的关系,把规划纲要中的8大前沿技术领域作为基础层次的技术科学领域,把27项技术称为工程应用层次的重点前沿技术(在本研究中有所选择),并以此作为本项目的研究对象,以国际权威的ISI的科学引文索引SCI数据库为主要数据来源,利用知识图谱方法绘制出9大前沿科学技术领域的科学知识图谱,并将此界定为对前沿技术起基础作用的技术科学知识图谱;进而分别绘制24项重点前沿技术知识图谱;在此基础上,进一步加以细化研究,找出其核心技术。这样,就形成了技术科学、重点前沿技术及其核心技术三个层次的知识图谱(见图3-1-1)。

科学知识图谱是以科学知识为对象,显示科学知识的发展进程与结构关系的一种图形。科学知识图谱研究,是以科学学为研究范式,以引文分析方法和信息可视化技术为基础,涉及数学、信息科学、认知科学和计算机科学诸学科交叉的领域,是科学计量学和信息计量学的新发展。科学知识图谱具有"图"和"谱"的双重性质与特征:既是可视化的知识图形,又是序列化的知识谱系,显示了知识元或知识群之间网络、结构、互动、交叉、演化或衍生等诸多复杂的关系。借助科学知识图谱,人们可以透视庞大的人类知识体系中各个领域的结构,理顺当代知识大爆炸形成的复杂知识网络,预测科学技术知识前沿发展的最新态势。其中陈超美(Derxel University,大连理工大学WISE实验室长江

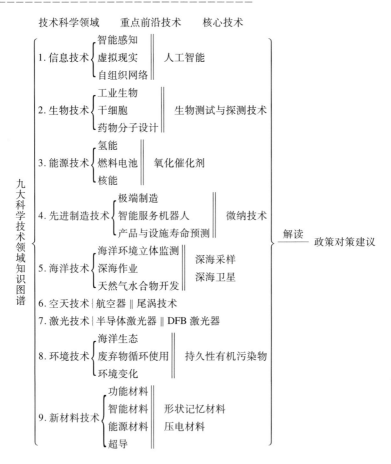

技术科学领域　　重点前沿技术　　核心技术

九大科学技术领域知识图谱

1. 信息技术 ｛智能感知，虚拟现实，自组织网络｝ 人工智能

2. 生物技术 ｛工业生物，干细胞，药物分子设计｝ 生物测试与探测技术

3. 能源技术 ｛氢能，燃料电池，核能｝ 氧化催化剂

4. 先进制造技术 ｛极端制造，智能服务机器人，产品与设施寿命预测｝ 微纳技术

5. 海洋技术 ｛海洋环境立体监测，深海作业，天然气水合物开发｝ 深海采样 深海卫星

6. 空天技术｜航空器 ‖ 尾涡技术

7. 激光技术｜半导体激光器‖DFB 激光器

8. 环境技术 ｛海洋生态，废弃物循环使用，环境变化｝ 持久性有机污染物

9. 新材料技术 ｛功能材料，智能材料，能源材料，超导｝ 形状记忆材料 压电材料

解读 —— 政策对策建议

图 3-1-1　研究的逻辑结构框架图

学者讲座教授)开发的 CiteSpace II①②③软件创造性地将信息可视化技术与科学计量学结合起来,形成了适于多元、分时、动态分析的可视化技术,把科技情报研究推进到以知识图谱与知识可视化基础的新阶段。

　　CiteSpace II 软件以科学文献数据为对象,可以对文献进行文献共被引、作者共被引、作者合作网络、文献耦合等各种分析,以及结合数据挖掘技术(例如 TF/IDF 算法、最

――――――――――

①　Chaomei Chen's Homepage. http://cluster. cis.drexel.edu/~cchen/citespace/.

②　C. Chen. CiteSpace II: Detecting and visualizing emerging trends and transient patterns in scientific literature. Journal of the American Society for Information Science and Technology,2005, 57(3):359—377.

③　C. Chen. Searching for intellectual turning points: Progressive knowledge domain visuali zation. Proceedings of the National Academy of Sciences of the United States of America (PNAS),2004:5303—5310.

大似然率、互信息等),可以对海量的科学文献进行文本挖掘,再通过知识图谱进行展示。在 CiteSpace II 软件运行出来的知识图谱中,每一个节点表示一篇引用的参考文献。当相关参考文献对的共被引强度大于或等于设定的阈值时,两点就被连接起来。

如图 3-1-2 所示,在 CiteSpace 生成的图谱中,节点代表统计分析的文献对象,出现次数(文献的被引次数)越多,节点越大。节点内圈中的颜色及厚薄表示不同时间段其出现的次数。点之间的连线则表示共现关系,其粗细表明共现的强度,颜色则表明节点第一次共现的时间。颜色从蓝色的冷色调到红色的暖色调表示时间从早期到近期的变化。研究前沿是文献中初露苗头的新动向,并非通常认为的已经显著的新趋势,而知识基础是研究前沿在文献中的引用轨迹。知识基础在文献共引网络中表现为共引文献的标题,而研究前沿则是通过 CiteSpace 软件运行生成的 terms by ti*idf 和 terms by loglikelihood 表征出来。terms by ti*idf 强调研究主流,我们称之为主流词;terms by loglikelihood 强调研究特点,我们称之为独特词,二者兼而有之,从中抽取共同信息,可谓对聚类的最佳诠释和界定。需要指出的是,CiteSpace 运行过程中,会自动生成主流词的加权值,并在主流词前显示出来。加权值越大,表明相应主流词越重要。用研究前沿命名的聚类称之为知识群。

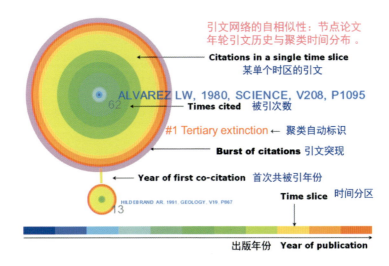

图 3-1-2　CiteSpace 软件中的知识图谱的解读

在以下的九个章节中,我们都是按照以下研究逻辑展开的。首先,将这九大科学技术领域中的某个领域作为一门综合性的技术科学,在美国科学情报研究所(ISI)开发的 WoS 中的科学引文索引中进行数据检索下载,形成初始的主题数据集,从时间分布、国家(地区)分布、机构分布三个方面对该科学技术领域进行总体的把握和宏观的认识,并结合可视化方法绘制该技术科学的总体知识图谱,分析其研究前沿;其次,以侧重文献共被引的方法着重绘制并分析重点前沿技术领域知识图谱,揭示其核心技术领域;然后,以侧重关键词共现分析的方法考察重点前沿技术领域的研究热点;同时对重点前沿技术领域中的核心技术,进行共被引分析及共词分析,分析核心技术的研究前沿与研究热点。最后,在上述研究结果的基础上,展望该科学技术领域在"技术科学—重点前沿技术—核心技术"三个层次的发展态势,提出促进该领域自主创新的战略建议。

3.1 信息技术科学领域及其前沿技术知识图谱

3.1.1 技术科学层次:信息领域的总体计量

依据 2007 年美国科学情报研究所发布的期刊引证报告(JCR),选取 Computer & information science and technology 学科类别中影响因子排名前 50 位的期刊(表 3-1-1)中 1999 年至 2008 年 10 年间发表的 16,661 篇"Articles"文献为数据来源,这 50 种期刊基本涵盖了人工智能、计算机科学、控制科学、通信、网络科学等信息科学的相关学科,并且能够代表该领域的最高水平。

表 3-1-1　信息科学领域数据来源期刊列表

No.	期刊名称	被引频次	影响因子	影响因子（近 5 年）	载文量	半衰期
1	Acm Computing Surveys	3273	9.92	14.672	12	9.1
2	Acm Transactions on Software Engineering And Methodology	729	3.958	4.293	23	7.8
3	Artificial Intelligence	7120	3.397	4.523	72	>10.0
4	Acm Transactions on Graphics	4083	3.383	4.997	107	4.7
5	Automatica	12382	3.178	4.013	388	8
6	Acm Transactions on Computational Logic	374	2.766		29	4
7	Annual Review of Information Science and Technology	477	2.5	2.954	13	6.5
8	Acm Transaction on Multimedia Computing Communications and Applications	155	2.465		27	2.6
9	Acm Transactions on Computer Systems	1069	2.391	3.649	10	>10.0
10	Archives of Computational Methods in Engineering	204	2.227	2.1	13	6.6
11	Acm Transactions on Mathematical Software	2111	2.197	3.361	38	>10.0
12	Autonomous Agents and Multi-Agent Systems	518	2.125	2.835	27	4.8
13	Artificial Intelligence in Medicine	1025	1.96	2.222	55	5.6
14	Biological Cybernetics	4259	1.935	1.987	77	>10.0
15	Applied Soft Computing	606	1.909		156	2.2
16	Advanced Engineering Informatics	354	1.848	2.431	41	3.5

续表

No.	期刊名称	被引频次	影响因子	影响因子（近5年）	载文量	半衰期
17	Acm Transactions on Database Systems	1404	1.613	3.651	27	>10.0
18	Autonomous Robots	1134	1.5	2.293	50	6.9
19	Acm Transactions on Information Systems	1455	1.472	6.306	23	7.7
20	Acm Transactions on Programming Languages and Systems	1500	1.444	1.782	39	>10.0
21	Advances in Engineering Software	897	1.188	1.048	90	6.4
22	Artificial Life	755	1.164	1.9	28	9
23	Adaptive Behavior	434	1.152	1.84	21	7.5
24	Annual Reviews in Control	365	1.109		20	4.9
25	Acm Transactions on Modeling and Computer Simulation	437	1.029		20	>10.0
26	Advances In Mathematics of Communacations	32	0.97	0.97	26	
27	Behaviour & Information Technology	606	0.915	1.249	45	7.7
28	Acm Transactions on Design Automation of Electronic Systems	407	0.848	1.303	61	5.4
29	Algorithmica	1530	0.825	1.222	74	10
30	Applied Artificial Intelligence	484	0.795	0.854	42	7.9
31	Acta Informatica	734	0.789	1.046	21	>10.0
32	Applied Intelligence	407	0.775	0.837	43	6.8
33	Annals of Mathematics and Artificial Intelligence	583	0.722	0.803	5	7.8
34	AI Magazine	814	0.691	1.419	24	>10.0
35	AI Communications	310	0.608	0.68	26	>10.0
36	Analog Integrated Circuits and Signal Processing	678	0.591	0.516	97	8
37	Asian Journal of Control	281	0.562	0.711	71	4.8
38	Applicable Algebra in Engineering Communication And Computing	253	0.5	0.6	28	7.9
39	Aslib Proceedings	196	0.493	0.462	39	6.8
40	Bell Labs Technical Journal	659	0.492	0.547	64	>10.0
41	AI Edam-Artificial Intelligence For Engineering Design Analysis And Manufacturing	274	0.477	1.049	24	7.2
42	Assembly Automation	205	0.382	0.426	36	5.9
43	Aeu-International Journal of Electronics And Communications	348	0.371	0.437	105	6.2
44	Annales Des Telecommunications-Annals of Telecommunications	238	0.333	0.293	53	6.8
45	Applied Computational Electromagnetics Society Journal	121	0.333	0.339	51	5.5
46	Advances in Computers	167	0.267	0.652	16	9.3
47	Automation and Remote Control	881	0.236	0.259	175	>10.0
48	Acm Sigplan Notices	846	0.163	0.219	228	8.9
49	Artificial Intelligence Review	482	0.119	1.062	0	9.4
50	Alcatel Telecommunications Review	28	0.015	0.098	0	

3.1.1.1　信息技术科学领域的总体分布

16,661 篇文献的时间分布图(图 3-1-3)显示,每一年在信息技术科学领域发表的科学论文总量基本持平。但是在 2002—2003 年和 2005—2006 年出现了两次快速的增长,2007 年的数量有所回落,但到了 2008 年文献数量又出现大幅了增长。从空间分布(图 3-1-4)来看,美国遥遥领先,以总发文量 30.22% 的绝对优势占据龙头位置;俄罗斯紧随其后但发文量不及美国的三分之一。而中国(仅大陆地区,不包括港、澳、台)紧随美国、俄罗斯、法国、英国、德国之后,占据着第五的位置;并一直保持着非常好的增长势头(如图 3-1-5)。

从信息科学领域的高产机构(图 3-1-6)来看,俄罗斯科学院依据绝对优势高居榜首,并且占俄罗斯总发文量的 49.9%,这表明了俄罗斯科学院在俄罗斯科研体系中重要的作

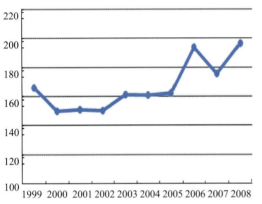

图 3-1-3　信息科学领域的总体时间分布图

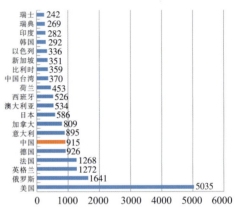

图 3-1-4　信息科学领域的高产国家(地区)分布

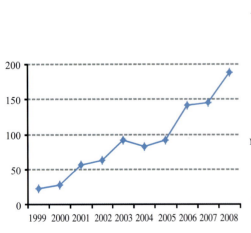

图 3-1-5　中国在信息科学领域发文量的增长

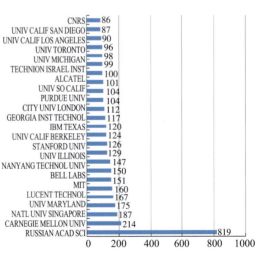

图 3-1-6　信息科学领域的高产机构分布图

用;接下来分别是卡内基梅隆大学和新加坡国立大学。值得注意的是在前25个高产机构中,有12所美国的高校,并且有贝尔实验室、朗讯、IBM、阿尔卡特四家企业,这与其他学科领域有所不同,可见信息技术科学与信息技术的联系非常紧密,也表明了企业在信息科学中的重要作用。此外,在高产机构中,中国的研究机构并没有出现,可见我国在信息科学技术领域的研究力量比较分散,没有形成规模效应。

3.1.1.2 信息技术科学领域的研究前沿

利用 CiteSpace 对信息技术科学技术进行总体可视化分析 (数据时间范围:1999—2008年),每两年为一个时间段,形成由三个主要知识群 A、B、C 构成的文献共被引图谱(图 3-1-7)。

图 3-1-7 信息技术科学领域的文献共被引图谱

知识群 A:控制理论与系统设计。主要集中为非线性控制系统理论与方法,及其稳定性与最优性等,如自适应控制、鲁棒控制、控制系统的凸优化等问题,并且专家系统、模糊控制等智能控制方法被引入非线性系统的控制当中。例如 2000 年 Mayne DQ 等(被引 70 次)提出了预测控制约束模型,并分析了其稳定性与最优性[1];2002 年 Khalil HK 出版了著作 (被引 40 次) 系统地介绍了非线性系统的理论与方法[2];2003 年 Jadbabaie A 等(被引 23 次)提出了一种自治 Agent 群聚行为的新理论模型[3]。

---

[1] Mayne DQ, Rawlings JB, Rao CV, et al., Constrained model predictive control: Stability and optimality, Automatica,2000,(36): 789—814.

[2] Khalil HK, Nonlinear System (2nd Ed.), 2002, New Jersey: Prentice-Hall, Inc.

[3] Jadbabaie A, Lin Jie, Morse, AS. Coordination of groups of mobile autonomous agents using nearest neighbor rules, IEEE Transactions on Atomatic Control, 2003, 48 (6): 988—1001.

知识群 B：机器学习与智能系统。主要是机器学习中的决策树、归纳推理、似然推理等基本问题，以及构建智能系统与知识系统的理论与方法。例如 2006 年 Angiulli F 等（被引 23 次）提出改进的孤立点检测算法，借此预测新的未知域的孤立点[①]；2007 年 Martens 等（被引 35 次）利用支持向量机的规则抽取建立了信用得分模型[②]；2007 年 Frey BJ 等（被引 203 次）通过节点之间的数据交互，建立了 AP 的聚类算法，提高了图像识别、文本挖掘等问题的聚类效率[③]。

知识群 C：遗传算法与智能计算。主要涉及机器学习的理论方法，包括遗传算法、粒子群算法等人工智能算法的研究，以及智能算法在数据挖掘、系统优化、模式识别等的应用。例如 2006 年 Konak A 等（被引 72 次）将遗传算法应用于工程实践中常见的多目标优化问题[④]；2008 年 Karaboga D 等（被引 57 次）利用模拟蜂群的智能行为提出了人工蜂群算法，并将其与多维数学问题中的粒子群优化、微分演化等进行比较[⑤]；2006 年 Paterlini S 等（被引 60 次）对模拟退火算法、遗传算法、微分演化等算法在分割聚类中的应用进行了比较[⑥]。

3.1.1.3　小结

从对信息技术科学领域整体研究文献的知识图谱分析结果来看，信息技术科学的研究前沿领域主要包括如下 3 个领域：控制理论与系统设计、机器学习与智能系统、遗传算法与智能计算。从三个前沿领域来看，控制理论与设计的研究主要还是集中在控制系统设计、稳定性、最优性以及鲁棒性等性能分析的核心问题上，同时由于系统非线性问题的凸显，非线性理论、智能控制等逐渐成为研究的热点；而在智能系统领域，机器学习异军突起，尤其是归纳推理、模式识别等问题发展迅速；此外，智能计算尤其是遗传算法、蜂群算法、粒子群算法等人工智能算法则为智能控制理论、机器学习提供了理论与方法基础。

---

① Angiulli F, Basta S, Pizzuti C. Distance-based detection and prediction of outliers, IEEE Transactions on Knowledge and Data Engineering, 2006, 18 (2): 145—160.

② Martens D, Baesens B, Van Gestel T, et al. Comprehensible credit scoring models using rule extraction from support vector machines, European Journal of Operational Research, 2007, 183 (3): 1466—1476.

③ Frey BJ, Dueck D. Clustering by passing messages between data points, Science, 2007, 315 (5814): 972—976.

④ Konak A, Coit DW, Smith AE. Multi-objective optimization using genetic algorithms: A tutorial, RELIABILITY ENGINEERING & SYSTEM SAFETY, 2006, 91 (9): 992—1007.

⑤ Karaboga, D, Basturk, B. On the performance of artificial bee colony (ABC) algorithm, APPLIED SOFT COMPUTING, 2008, 8 (1): 687—697.

⑥ Paterlini S, Krink T. Differential evolution and particle swarm optimisation in partitional clustering, COMPUTATIONAL STATISTICS & DATA ANALYSIS, 2006, 50 (5): 1220—1247.

3.1.2　重点前沿技术层次：智能感知、虚拟现实、自组织网络

3.1.2.1　智能感知技术

《纲要》指出，智能感知（Intelligent Perception）技术"重点研究基于生物特征、以自然语言和动态图像的理解为基础的"以人为中心"的智能信息处理和控制技术，中文信息处理；研究生物特征识别、智能交通等相关领域的系统技术"[①]。Qureshi 认为智能感知是在复杂动态世界中，精密独立操作系统的最基本的要求。对于一个全功能化的真实智能系统来说，智能感知也是其中的一项必要技术[②]。Faisal 的研究同时建立了两个实体化的，从事定向任务的视觉系统，这两种系统具有通过智能感知而呈现出来的自发的，智能的，目标驱动行为的特征。1991 年，《应用智能》期刊编辑部认为智能感知技术是人工智能（Artificial Intelligence）的一个重要研究分支。在那时，此观点主要用来强调智能感知技术可以作为解决包括高水平控制，海量数据管理，不同类型的信息、资源和活动的多样性，以及系统异常的监控、诊断和检修在内的的复杂问题。[③]

由于智能感知技术是人工智能领域中的一个重要分支，因此我们首先利用期刊引文索引报告中的期刊数据，检索出所有相关计算机科学中人工智能学科（Computer Science，Artificial Intelligence）的数据；其次，考虑到有小部分研究也采用"Intelligence Sense"作为智能感知的英文表达，我们选择"percept* or sens*"作为检索式，在第一步所得到的数据基础上进行主题词检索。我们以此检索到的 9 505 篇期刊论文和会议论文（时间范围：1989—2008 年）为分析对象。

(1)智能感知技术领域论文的整体分布情况

整体来看，从 1989 年至 2008 年，智能感知技术领域的研究论文数量变化除了 2000 年有小幅度的下降以外，总体呈持续增长态势，从 1998 年的 4 篇增长到 2008 年的 979 篇，增长速度十分迅速，结果如图 3-1-8 所示。图 3-1-9 显示论文占有量排名前 20 位的国家。从空间分布上来看，美国在智能感知技术领域发表论文 3 257 篇，占全部研究论文的 32.47%，远远高于其他国家的占有量。英国发表 815 篇，加拿大发表 520 篇，日本发表 518 篇，德国发表 515 篇。中国发表 507 篇排在第 7 位，处于中等发展水平。

在智能感知技术领域，排名前三的机构均来自美国，如图 3-1-10 显示。麻省理工学院是发表论文最多的机构，发表论文 130 篇；其次是卡内基梅隆大学，发表论文 119 篇；德克萨斯大学以 109 篇的论文发表数量排在第三位。值得注意的是，新加坡南洋理工大

---

① 　http://www.gov.cn/jrzg/2006-02/09/content_183787_5.htm

② 　F. Z. Qureshi, Intelligent Perception in Virtual Sensor Network and Space Robotics. Department of Computer Science. Toronto, University of Toronto. Doctor Thesis.

③ 　Editorial, Intelligent and Integrated Problem Solving Systems. Journal of Applied Intelligence, 1: 5—6, 1991.

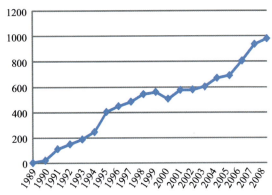

图 3-1-7　智能感知领域研究论文数量的增长

学以 87 篇的论文数量排在第四位，而中国大陆的高校或者科研院所没有进入前 20 名主要机构，香港理工大学排列 13 位。

(2)智能感知技术领域的研究前沿

利用 CiteSpace 信息可视化软件，形成由 263 个节点和 674 条连线构成的文献共被引网络(图 3-10)，以此呈现出智能感知技术领域的研究前沿。

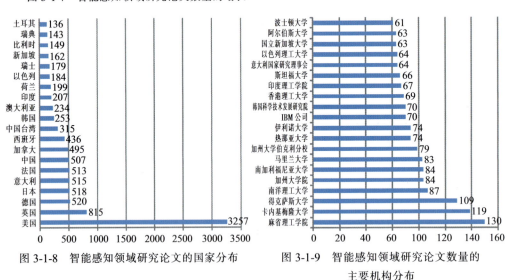

图 3-1-8　智能感知领域研究论文的国家分布　　图 3-1-9　智能感知领域研究论文数量的主要机构分布

　　网络中一共有 9 个聚类，其中最大成分包含 193 个节点，占网络所有节点数的 73.38%，网络中同时包含 47 个孤立节点，网络密度(Density)为 0.0196，Silhouette 均值为 0.8388，模块性 Q=0.7391。其中，Silhouette 均值(Mean Silhouette)[①]是用来评价不同聚类划分的一个定量指标，其值越接近 1，说明不同聚类的划分越好；网络的模块性(Modularity)是用来度量网络社区结构的一个重要参数，其大小与网络中节点之间相互连接的稀疏程度相关，网络的模块性越大表明网络的社区结构越明显[②]。智能感知技术

[①]　P. J. Rousseeuw, Silhouettes: A graphical aid to the interpretation and validation of cluster analysis. Journal of Computational and Applied Mathematics, 20(11):53—65, 1987.

[②]　杜海峰,李树茁,W.F.Marcus 等.小世界网络与无标度网络的社区结构研究.物理学报,56(12):6886—6893, 2007.

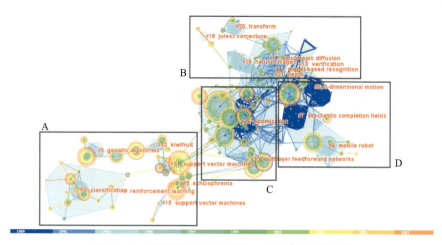

图 3-1-10　智能感知技术研究论文的共被引网络图谱

研究论文的共被引网络 Silhouette 均值与模块性均呈现较高值。

删除掉不具有代表意义的 47 个孤立节点与 8 个小的分散聚类(每个聚类所包含的节点数量小于等于 5),图 3-10 显示智能感知技术领域文献共被引网络中的最大成分,图中的红色标签是利用 CiteSpace 软件中内嵌的最优化聚类算法(Optimal clusters)和对文献关键词的对数似然率计算(LLR),从而对文献进行聚类以及聚类标识的结果。根据图谱网络结构、聚类结果、标识词以及对主要节点文章的题目与摘要的研究,将主题相近的聚类按照其在网络中的位置进行适当归并与划分,形成若干主要知识群,即知识群 A 到知识群 D。

知识群 A 主要是关于机器学习与支持向量机的研究。知识群 B 主要是关于神经网络与模式识别的研究。知识群 C 主要是关于图像处理领域的研究。知识群 D 主要是关于机器视觉,尤其是机器人视觉的研究。总体来看,智能感知技术领域的研究前沿主要集中在计算机视觉领域的研究。计算机视觉(Computer Vision)"作为一个科学学科,它研究相关的理论和技术,试图建立能够从图像或者多维数据中获取'信息'的人工智能系统。这里所指的信息指 Shannon 定义的,可以用来帮助做一个'决定'的信息。因为感知可以看作是从感官信号中提取信息,所以计算机视觉也可以看作是研究如何使人工系统从图像或多维数据中'感知'的科学。"[①]表 3-1-2 依据被引频次列出了整个网络中前十个核心文献在各个聚类中的分布。

(3)智能感知技术研究领域的研究热点

这里同样将 20 年的时间跨度平均分为 10 段,选择每段时间中前 80 篇高被引文献

---

① 　http://zh.wikipedia.org/zh-cn/%E8%AE%A1%E7%AE%97%E6%9C%BA%E8%A7% 86%E8%A7%89

表 3-1-2　智能感知技术领域关键词共现网络中重要节点

被引频次	中心性	出现年份	核心关键词	所在聚类
633	0.15	1990	algorithm	4
612	0.01	1991	neural networks	7
514	0.11	1990	model	10
477	0.02	1991	classification	7
425	0.02	1990	recognition	10
364	0.03	1990	perception	10
337	0.02	1991	systems	6
313	0	1991	system	8
291	0.01	1991	models	8
291	0.05	1991	vision	8

作为分析数据,对智能感知技术研究的 9,505 篇论文进行关键词的共现分析,得到关键词共现网络。统计来看,智能感知技术研究论文的关键词共现网络共有 237 个节点,562 条连线,其中最大成分节点数量为 176,网络密度为 0.0201,其 Silhouette 均值和网络模块性也呈现较高值,分别为 0.7248 和 0.7179。同样地,我们删除掉不具有代表意义的 49 个孤立点与 5 个所包含节点数为 4 以下的小聚类,整个网络中,最大成分的可视化结果见图 3-1-11。图中一共形成了 13 个聚类,将聚类按照位置和主题的相似性进行适当的归并,最后一共形成 4 个主要的热点知识群,与智能感知研究前沿分析所得到的结果颇

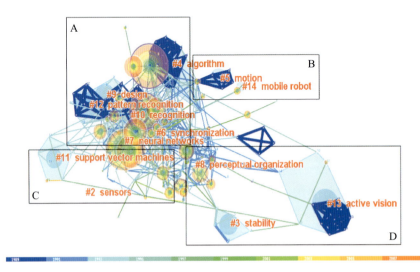

图 3-1-11　智能感知技术研究文献的关键词共现网络及聚类

为相似。

知识群 A 包含聚类 6,7,9 和 12,主要关于神经网络与模式识别研究。知识群 B 包含聚类 5 和 14,主要关于机器视觉,尤其是机器人视觉研究。知识群 C 包含聚类 2 和 11,主要关于支持向量机研究。知识群包含聚类 3,8 和 13,主要关于图像分析与处理。依据对各个关键词的出现频次统计,我们得到前十个核心关键词(表 3-1-2),其中有 7 个关键词所在聚类从属于知识群 A,即有关神经网络与模式识别研究,此研究在智能感知技术领域中属于重要的研究方向与研究热点。

(4)小结

从对智能感知技术研究文献的知识图谱分析结果来看,其研究前沿领域主要包括如下四个领域:神经网络与模式识别研究,机器视觉研究,支持向量机研究,图像分析与处理研究。这四个领域集中反映在计算机视觉领域的研究,从中我们不难发现,计算机视觉是目前智能感知技术的主要应用方向,如何进一步在这个领域内,尤其是以上四个方向上进行深度研究与创新是现今智能感知技术领域所面临的主要课题,也是将中国推向国际智能感知技术领域领先队伍中的重要发展方向。

3.1.2.2　虚拟现实技术

虚拟现实技术是指以计算机技术为核心的现代科技生成逼真的视、听、触觉等一体化的虚拟环境,用户借助必要的设备以自然的方式与虚拟世界中的物体进行交互,相互影响,从而产生亲临真实环境的感受和体验。这里所谓虚拟环境指计算机生成的具有色彩鲜明的立体图形,它可以是某一特定现实世界的真实体现,也可以是纯粹构想的虚拟世界。必要的设备指包括立体头盔式显示器、数据手套、数据衣等穿戴于用户身上的设备和设置与现实环境中的传感设备。自然交互是指用日常使用的方式对虚拟环境的物体进行操作并得到实时立体反馈,如手的移动、头的转动、人的走动等等[①]。虚拟现实为人们搭建了一个具有极强交互性的虚拟世界。在这个世界里可以感受到与真实世界极为相似的环境。人们除了利用这个环境进行娱乐、进行仿真模拟实验、展示科学研究结果之外,还可以开展许多过去无法实现的活动,诸如虚拟战场、远程手术、潜水训练等等。随着计算机软、硬件技术和网络技术的进一步发展,虚拟现实系统的性能必然会更加优异,其应用的范围正从航天、军事、医学、建筑等工程领域渗入媒体传播与娱乐领域,是一项有可能改变人类生存方式的重大技术[②]。正因为虚拟现实技术有着如此广泛的重大应用前景,因此在《纲要》中,虚拟现实技术被列为前沿技术中信息技术领域的三个主要攻关方向之一(其余两个分别是智能感知技术和自组织网络技术),重点研究电子学、心理学、控制学、计算机图形学、数据库设计、实时分布系统和多媒体技术等多学

---

①　胡小强.虚拟现实技术基础与应用[M].北京:北京邮电大学出版社,2010.

②　王峥,陈童.虚拟现实的概念及其技术系统构成[J].中国传媒大学学报,2007,4.

科融合的技术,研究医学、娱乐、艺术与教育、军事及工业制造管理等多个相关领域的虚拟现实技术和系统①。本小结的目的,就是希望通过科学计量学的研究方法,从量化的角度来观察虚拟现实技术当今的研究现状。

以 virtual reality(虚拟现实)和 virtual environment(虚拟环境)为关键词进行主题检索(1998—2007 年),共检索到 4278 篇有关虚拟现实的 SCI 论文。

(1)虚拟现实技术论文的整体分布情况

有关虚拟现实的主题论文呈逐年增长的趋势(图 3-1-12)。从 1998 年的 288 篇到 2006 年的 562 篇,几乎增加了 1 倍。虚拟现实主题论文的迅速增加显示出科学家对虚拟现实这门技术的关注程度在迅速增加。图 3-1-13 列出了虚拟现实论文最高产的前 30 个国家和地区,欧美发达国家,尤其是美国和英国在该领域占有举足轻重的地位。虚拟现实的概念就是发端于美国,在 1998—2007 的十年间,美国发表的相关 SCI 论文占全世界的四分之一强。1965 年,计算机图形学的奠基者 Sutherland 在一篇名为"The Ultimate Display"论文中提及了虚拟现实的初始概念②,他也因此被称为"虚拟现实技术之父"。20 世纪 80 年代初,美国 VPL 公司的创始人 Lanier 正式提出了"Virtual Reality"一词③。此外,美国宇航局(NASA)及美国国防部组织了一系列有关虚拟现实技术的研究,并取得了令人瞩目的研究成果,从而引起了人们对虚拟现实技术的广泛关注④。

英国是仅次于美国的虚拟现实技术研究大国,论文数量约为中国的两倍。亚洲地区表现比较突出的是日本、中国大陆和亚洲四小龙(韩国、中国台湾、中国香港、新加坡)。一个非常令人感到奇怪的现象是,印度竟然在虚拟现实方面没有发表太多的论文。

图 3-1-14 列出虚拟现实最高产的 20 个研究机构,伦敦大学学院和斯坦福大学名列前茅,中国的浙江

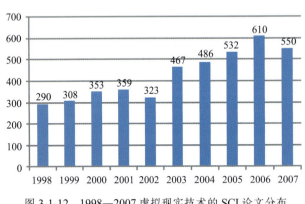

图 3-1-12　1998—2007 虚拟现实技术的 SCI 论文分布

①　国家中长期科学和技术发展规划纲要 (2002-2006)[EB/OL], 2006. http://www.gov.cn/jrzg /2006-02/09/content_183787.htm, 2008-7-16.

②　Sutherland IE. The ultimate display [C]. Proceedings of the IFIP Congress. 1965. p. 506—508.

③　Brief Biography of Jaron Lanier[EB/OL]. http://www.jaronlanier.com/general.html, 2008-7-16.

④　申蔚,曾文琪.虚拟现实技术[M].北京:清华大学出版社,2009.

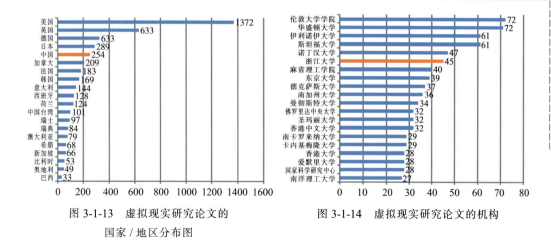

图 3-1-13　虚拟现实研究论文的
国家／地区分布图

图 3-1-14　虚拟现实研究论文的机构

大学也成绩斐然。伦敦大学学院的计算机系有一个虚拟环境与计算机图形学研究小组，同时设置了多个计算机图像处理以及人机交互技术的研究小组或研究中心，为该系从事虚拟现实研究奠定了雄厚的基础。此外，虚拟现实领域最重要的期刊之一Presence-Teleoperators and Virtual Environments 的主编 Mel Slater 教授就是该系虚拟环境研究所的主任[①]。浙江大学的计算机与图形学国家重点实验室已在国际虚拟现实研究领域占有一席之地。该实验室建于 1989 年，主要从事计算机辅助设计、计算机图形学的基础理论、算法及其相关的应用研究。虚拟现实技术是该实验室的重要研究课题之一，重点研究虚拟环境的高效建模，虚拟环境的感知信息合成，自然和谐的人机交互，分布式虚拟环境，增强现实技术等。2003 年，由该实验室牵头和其他几家单位联合申报的 2002 年度《国家重点基础研究发展规划》(即 973 项目)"虚拟现实的基础理论、算法及其实现"获批准立项[②]。事实上，美国国家航空暨太空总署(NASA)的 Ames Research Center 在虚拟现实领域有着举足轻重的地位。该研究中心是 NASA 十个主要分支机构之一，位于加利福尼亚的硅谷腹地。Ames Research Center 大约有 2300 多位研究人员，每年投入 30 亿美元从事空间科学技术。鉴于 NASA 的特殊地位，他许多成果并没有公开发表。因此从论文数量来看，成绩并不突出，但是我们决不能忽视该机构的存在。研究虚拟现实技术的机构除了著名信息技术研究单位，还包括一些医学研究机构。典型的代表包括斯坦福大学医学院、英国的圣玛丽医学院等。这些医学机构研究虚拟现实的主要目的是将虚拟现实技术应用于临床医师的外科技能培训。

---

① 　Mel Slater[EB/OL]. http://www.cs.ucl.ac.uk/staff/M.Slater/, 2008-7-16.

② 　虚 拟 现 实 的 基 础 理 论 、算 法 及 其 实 现 [EB/OL]. http://www.cad.zju.edu.cn/newweb/article Detail.jsp? type=17, 2008-7-16.

(2)虚拟现实领域的研究前沿

利用 CiteSpace 所形成的文献共被引图谱将虚拟现实的文献大致可以划分为 5 个知识群,即表征 5 个研究前沿。

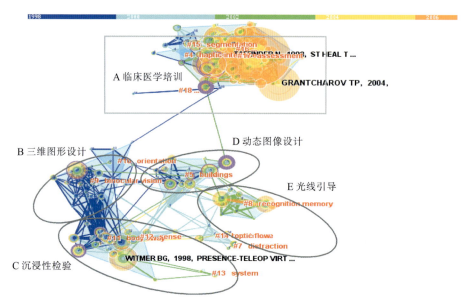

图 3-1-15　虚拟现实研究论文的共被引网络图谱

知识群 A:临床医学培训。5 个知识群中是文献数量最多的知识群,主要是围绕虚拟现实培训的效果或远程医疗与现实手术培训效果上的差异进行讨论。由于生物医学论文在 SCI 数据库中占有优势地位,使得该知识群成为文献数量最多的知识群。从知识群 1 的主要节点我们可以看到:使用虚拟现实技术对临床医师进行培训已经成为当前虚拟现实应用的一个重要方向。和传统的培训相比较,虚拟现实培训的成本较低。大量的实证案例已经证明,通过虚拟现实培训出来的医师与传统培训方法培训出来的医师,在临床手术技能上已经非常接近。

知识群 B:三维图形设计。主要由两方面知识构成,一是研究图形矩阵算法,研究如何将图像的三维坐标转化为两维坐标,呈现在 2 维显示屏上;二是从心理认知的角度研究如何展示图像,才能更加符合人的视觉认知。

知识群 C:沉浸性检验标准。主要是对沉浸性定义的不断丰富,以及对沉浸性的测度标准进行多方面的研究。其中具有标志性意义的文献有两篇:一篇是 Carolina Cruz-Neira 在 1993 年发表的 Surround-Screen Projection-Based Virtual Reality: The Design and Implementation of the CAVE,知识群 3 中被引频次最高的文献。这篇论文首次提到了多投影面沉浸式虚拟环境,这是一种支持多用户的虚拟环境。它能够提供高质量高解析度的立体影像,通过覆盖用户绝大部分视野范围以及其他与虚拟环境的交互手段,系统能够带给用户一种前所未有的沉浸感[①]。另一篇是 B. G. Witmer 的 Measuring Presence in Virtual Environments: A Presence Questionnaire,在 SCI 数据库中被引用了 175 次。Witmer 来自美国国防部下属的行为与社会科学研究所[②]。在这篇论文中,作者介绍了一种临场感的测度方法。临场感又称为遥现,是在中介环境中给用户形成"在那里"的主观感觉,它是由中介环境的交互性和丰富度引起的。为了便于测量临场感,Witmer 和 Singer 对临场感归纳了四大要素:控制、感官、注意力分散和仿真,每一要素又包含几个变量。

　　知识群 D:动态图像设计。具体来说是在设计图像的平移和旋转时,必须考虑到人类的记忆重构和视觉暂留因素,否则就会造成视觉延迟或重影等不良结果。

　　知识群 E:光线引导。人的视觉会受到光线的影响,如果设计不当,处于虚拟环境的人就会产生呕吐感等种种不适。R. S. Kennedy 在 Simulator Sickness Questionnaire: An Enhanced Method for Quantifying Simulator Sickness 一文中研究了人类在仿真环境中产生眩晕呕吐症状的原因[③]。Ruddle 在 Navigating buildings in desk-top virtual environments 一文中分析了影响人们方向感的一些视觉因素,在设计虚拟现实时可考虑这些因素,可以避免现实失真[④],该研究大量涉及了心理学、行为科学和认知科学的内容。

　　(3)虚拟现实技术的研究热点

　　表 3-1-3 展示了虚拟现实主题文献中出现频次最高的前 40 个关键词。除虚拟现实(virtual-reality)和虚拟环境(virtual environment)之外,出现频次较高的关键词还有仿真(simulation)、外科(surgery)、感知(perception)。图 3-1-16 展现的关键词共现网络的 4 大知识群,即研究热点,分别是临床医学培训、人机交互、人体感知以及虚拟现实编程。

　　其中,临床医学培训知识群中的聚类标签词汇包括核磁共振(magnetic-resonance)、健康护理(health-care)、支气管镜(bronchoscopy)等;人机交互的聚类标签词汇包括人机交互(human-computer interface)、沉浸性虚拟现实(immersive virtual reality)等;人体感知的聚类标签词汇包括感知(perception)、触觉(tactile)、盲视(blind)、深度模块(depth

---

　　① Cruz-Neira C, Sandin DJ, DeFanti TA. Surround-screen projection-based virtual reality: the design and implementation of the CAVE.In; 1993: ACM; 1993. p. 142.

　　② Witmer BG, Singer MJ. Measuring presence in virtual environments: A presence questionnaire [J]. Presence. 1998, 7(3): 225—240.

　　③ Kennedy RS, Lane NE, Berbaum KS et al. Simulator sickness questionnaire: An enhanced method for quantifying simulator sickness [J]. The international journal of aviation psychology. 1993, 3(3): 203—220.

　　④ Ruddle RA, Payne SJ, Jones DM. Navigating buildings in "desk-top" virtual environments: Experimental investigations using extended navigational experience [J]. Journal of Experimental Psychology: Applied. 1997, 3(2): 143—159.

表 3-1-3　虚拟现实高频关键词

频次	关键词	频次	关键词	频次	关键词	频次	关键词
240	Simulation 仿真	100	Visualization 可视化	66	Training 培训	47	Locomotion 移动
238	Performance 绩效	91	Skills 技能	61	Internet 互联网	45	Augmented Reality 增强现实
182	Surgery 外科	81	operating-room 手术室	57	surgical simulation 外科仿真	44	Haptics 触觉
152	System 系统	80	Simulator 模拟器	56	Motion 运动	44	Display 展示
146	Reality 现实	78	Acquisition 获得	56	Validation 确认	43	Laparoscopic Surgery 腹腔外科
118	Environments 环境	78	Navigation 导航	55	Memory 记忆	43	Surgical Skills 外科技能
113	Model 模型	74	Rehabilitation 复原	54	Experience 经验	43	Technology 技术
109	Design 设计	70	Information 信息	52	Laparoscopy 腹腔镜	42	Orientation 方向
109	Perception 感知	68	Vision 视觉	51	VRML 虚拟现实造型语言	41	Objects 目标
101	Education 教育	66	Models 模型	50	Knowledge 知识	40	Animation 动画

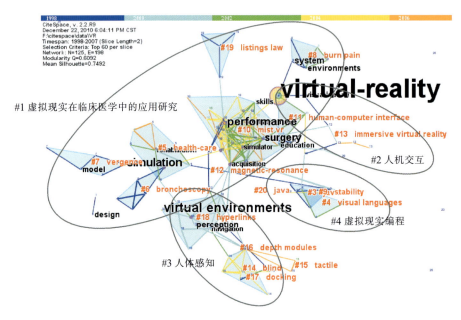

图 3-1-16　虚拟现实领域关键词共现网络

modules）等；虚拟现实编程则包括 java、可视化语言（visual languages）等。

结合高频关键词以及聚类标签，我们可以看到，虚拟现实技术的研究热点可以确定如下：视觉图像质量的改善、空间声学、非语言听觉、三维输入输出的方法、人机界面的设计要素以及虚拟现实的认知研究、开发满足虚拟现实建模要求的新一代造型工具、支持人类触觉的机械学研究、计算机图形学工具的研发。

（4）结　论

通过对虚拟现实领域的科学计量学分析，我们可以看到虚拟现实技术在最近十年有了飞速的发展。美国在该领域的处于领先地位，中国虽然和世界先进国家有一定的差距，但是也在快速跟进。从目前虚拟现实的主题论文来看，虚拟现实研究主要涉及三大方面：一是虚拟现实的基础理论研究，诸如人类的认识过程，主要涉及神经科学、心理学等领域；二是虚拟现实的实现，诸如如何调整虚拟环境，以使之适应人类的视觉等其他感知器官；三是虚拟现实的应用，从 SCI 论文来看，主要用于技能培训，降低实际培训成本。因此，我国要在该领域实现技术上的突破，三个分支方向都必须有所涉及。基于以上的分析，有四点建议提出：

第一，虚拟现实的基础理论更多的来自于研究人类自身的脑科学、心理学、认知科学等学科。因此，要实现虚拟现实前沿突破，需要让更多心理学以及认知科学领域的专家加入到该研究领域；

第二，国家要加大对虚拟现实相关技术领域的投资力度，设立一些专项基金来推动虚拟现实技术；

第三，需求是技术发展的推动要素。要真正推动虚拟现实技术的发展，还需要大力推广虚拟现实的实际应用。从虚拟现实主题论文来看，使用虚拟现实对临床医师进行技能培训以及实现远程医疗在发达国家已经逐步开展。随着全民医疗改革的推进，政府只要出台相关的优惠政策，相信虚拟现实技术必定会在医务人员培训以及远程医疗方面发挥自己独特的优势。这种政府引导的需求反过来就可以推进国内相关高科技企业在虚拟现实技术研发的投入。

3.1.2.3　自组织网络技术

随着通信技术的快速发展和人们对通信智能性要求的提高，自组织网络成为信息技术发展的重要方向之一。《纲要》中指出，自组织网络技术"重点研究自组织移动网、自组织计算网、自组织存储网、自组织传感器网等技术，低成本的实时信息处理系统、多传感信息融合技术、个性化人机交互界面技术，以及高柔性免受攻击的数据网络和先进的信息安全系统；研究自组织智能系统和个人智能系统。"[①]自组织网络原来只是特指无线自组织网络，但是随着 P2P 等具有明显自组织特性的网络出现，自组织网络

---

① 　http://www.gov.cn/jrzg/2006-02/09/content_183787_5.htm

的概念逐渐变得宽泛起来,除了特指的无线自组织网络以外,还包括具有自组织特性的 P2P 网络和 IP 网络。通过与其他技术的交叉与融合,目前在讨论自组织网络的时候还会涉及 RFID 网络、网格技术等①。

以 "TS="selforganize*" and (TS="network" or TS="P2P" or TS="IP" or TS="RFID") or TS="AD HOC" AND 文献类型 =(Article)" 为检索式,在 SCI 数据库中检索到 5801 条检索记录(时间范围:1999—2008 年)。

(1)自组织网络技术领域论文的整体分布情况

从 1999 年至 2008 年,自组织网络研究的论文从整体来看呈稳定增长的态势(图 3-1-17)。从 1998 年的 253 篇,增长到 2008 年的 919 篇,而 2007 年该领域的论文量最大,为 1033 篇。在自组织研究领域中,近十年国家地区的分布主要集中在 73 个国家和地区。其中美国发表论文数量为 2304 篇,意大利和英国分别发 595 篇和 379 篇,分列第 2 和第 3 位。中国以 352 篇文献位列第四(图 3-1-18)。从机构分布来看 (图 3-1-19),从 1999 年至 2008 年为止, 共有 3709 个机构致力于该

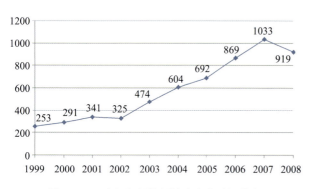

图 3-1-17　自组织网络领域论文的时间分布

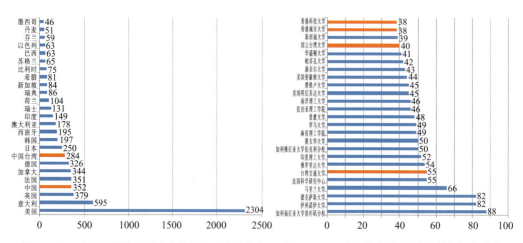

图 3-1-18　自组织网络领域论文的国家 / 地区分布　　图 3-1-19　自组织网络领域的研究机构分布

---

① http://www.cww.net.cn/article/article.asp?id=89093&bid=2789

领域的研究,论文数量最多的机构是美国加利佛尼亚大学洛杉矶分校,为 88 篇。位列第 2 的是伊利诺伊大学,发表 82 篇,并列第 2 位的是德克萨斯大学,马里兰大学以 66 篇文献位列第 4 位。

(2)自组织网络技术领域研究前沿

选择文献共被引网络作为自组织网络技术领域研究前沿的展现方法。在 CiteSpace 中选择文献共被引分析的时间为 1998—2008 年。

删除掉不具有代表意义的孤立节点与 2 个小的分散聚类(每个聚类所包含的节点数量小于等于 5),以及一个研究内容与信息技术领域中自组织网络技术不相关的噪音聚类,图 3-1-20 与图 3-1-21 显示自组织网络技术领域文献共被引情况,图中的红色标

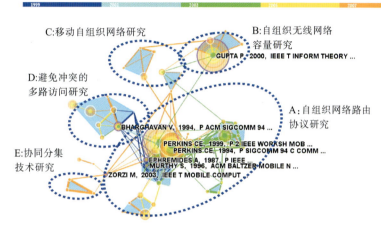

图 3-1-20　自组织网络研究的文献共被引知识图谱

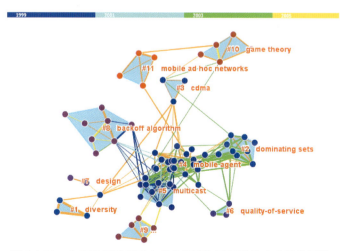

图 3-1-21　自组织网络领域文献共被引知识图谱的自动聚类标识

签是利用 CiteSpace 软件中内嵌的聚类算法和对文献关键词的 tf/idf 算法,文献进行聚类以及聚类标识的结果。根据图谱网络结构、聚类结果、标识词以及对主要节点文章的题目与摘要的研究,将主题相近的聚类按照其在网络中的位置进行适当归并与划分,形成五大主要知识群。

知识群 A:自组织网络路由协议研究。这是网络中最大的知识群,包含了聚类2,4,5,6 和 9。主要研究内容为自组织网络路由协议相关研究。路由技术是移动节点通信的基础,也是移动自组织网络的关键技术之一。与一般的蜂窝无线网络不同,移动自组织网络各节点间通过多跳数据转发机制进行数据交换,需要专门的路由协议进行分组转发操作。无线信道变化的不规则性、节点的移动、加入、退出等都会引起网络拓扑结构的动态变化。移动自组织网络路由协议就是在这样的背景下产生的,其主要作用是在自组织网络环境中,建立各节点的路由,同时,通过监控网络拓扑结构的变化来更新和维护路由。知识群 A 尤其侧重移动代理(Mobile Agent)路由,组播(Multicast)路由,自组织网络 QoS 路由以及相关安全 (Seicurity) 问题的相关研究。其中最主要的结点就是 PERKINS CE 于 1999 年的论文中对无线自组网按需平面距离矢量路由协议,并试图提出一种奇特的多路传送的性能。

知识群 B:自组织无线网络容量研究。网络容量是评估网络性能的一个重要指标,是网络设计和规划的重要依据。对于自组织网络容量的研究,目前主要集中在如何提高网络容量和如何对网络容量进行准确的快速估计。自组织无线网络为无线通信又一新的技术领域,它具有无需预先架设基础设施,可临时快速组网等优点,其容量问题也开始受到关注。自组织无线网络的容量是由网络平均每秒成功传输的数据量来衡量的。P. Gupta 的"无线网络的容量"一文不仅为该知识群中的高被引文献,同时也是与其他知识群相连接的重要节点。

知识群 C:移动自组织网络研究。这是一种移动通信和计算机网络相结合的网络,作为一种分布式网络,移动自组织网络是一种自治、多跳网络,整个网络没有固定的基础设施,能够在不能利用或者不便利用现有网络基础设施(如基站、AP)的情况下,提供终端之间的相互通信。

知识群 D:避免冲突的多路访问研究。MACA(multiple access with collision avoidance)避免冲突的多路访问,其基本思想是发送方刺激一下接收方,让他输出一个短帧,因此,接收方附近的站可以检测到该帧,从而在接下去的数据帧(较大)传输过程中它们不再发送数据了,MACAW 是指无线的 MACA(MACA for Wireless)。在 MACA 模拟研究的基础上,Bharghavan 等(1994 年)进一步改进了 MACA,提高了它的性能。

知识群 E:协同分集技术研究。主要是关于无线网络中协同分集技术的研究,对应聚类 1。协同分集是无线网络中的一种新型的分集技术,这种技术能在单天线的前提下有效对抗衰落,提高系统容量。

（3）自组织网络技术领域的研究热点

在 CiteSpace 中选择阈值为 Top 1.0%，即每年在所有出现的词中，前 1.0%的词会进入共现网络，绘制出由 85 个节点和 57 条连线构成的关键词共现图谱(图 3-1-22)，形成了 19 个聚类，删除孤立点、节点数量在 3 以下以及与信息技术领域自组织网络技术不相关的噪音聚类后，对余下的聚类进行相似归并，最后形成 6 个热点知识群，分别是：

热点知识群 A：自组织无线网络、移动自组织网络与传感网络研究，重要关键词有 mobile ad hoc network, sensor network, ad hoc wireless networks, packet radio networks 等；

热点知识群 B：无线路由协议研究，重要关键词有 protocol, wireless, performance 等；

热点知识群 C：自组织网络安全，重要关键词有 security；

热点知识群 D：广播与组播，重要关键词有 multicast 和 broadcast 等；

热点知识群 E：自组织网络容量与吞吐量，重要关键词有 capacity, throughput, ad hoc network 等；

热点知识群 F：移动计算，重要关键词有 mobile computing, routing, simulating 等。

图中最大的节点表征频次最高的关键词，即"ad hoc networks"(自组织网络)。其余频次较高的词还有 "wireless networks"(无线电网络)、"routing"(路径选择)、"protocol"(协议)、"systems"(系统)、"model"(模型)、"mobile ad hoc networks"(移动自组织网络)、"performance"(性能)等。

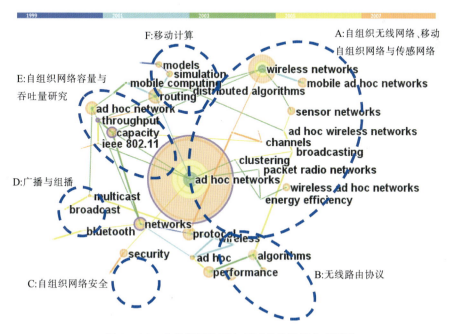

图 3-1-22　自组织网络研究领域的关键词共现图谱

(4)小结

从对自组织网络技术研究文献的知识图谱分析结果来看,其研究前沿领域主要包括如下五个领域:自组织网络路由协议研究,自组织无线网络容量研究,移动自组织网络研究,避免冲突的多路访问研究和协同分集技术研究。从对自组织网络技术研究关键词共现图谱结果来看,目前该领域的主要研究热点集中在关于自组织无线网络,移动自组织网络与传感器网络的研究。如何进一步在这个领域内,尤其是在以上方向上进行深度研究与创新是现今自组织网络技术领域所面临的主要课题。

3.1.3 核心技术层次:人工智能

从对信息技术科学整体知识图谱分析和其他前沿技术知识图谱(智能感知、虚拟现实技术、自组织网络的研究)分析中,我们注意到,关于人工智能的研究是信息技术科学技术中影响广泛而持久的核心技术领域,因此,在本节中,我们将人工智能作为核心技术层次,进行科学计量与知识图谱分析。

3.1.3.1 人工智能领域研究论文的总体分布

在 Web of Science 数据库中检索 2007 年期刊引证报告中人工智能领域排名前 10 位的期刊(表 3-1-4)载文,检索的时间段选择为 1998—2008 年,得到 8 465 条记录。

表 3-1-4　人工智能领域的高影响因子期刊

排名	期刊	影响因子	总被引次数	篇均被引
1	COGNITIVE BRAIN RES	3.769	3832	4.9
2	IEEE T PATTERN ANAL	3.579	16492	9.7
3	MED IMAGE ANAL	3.505	1681	5.8
4	J WEB SEMANT	3.41	328	3.2
5	INT J COMPUT VISION	3.381	5056	7.9
6	ARTIF INTELL	3.008	5636	>10.0
7	IEEE T NEURAL NETWOR	2.769	7019	8.1
8	J MACH LEARN RES	2.682	2043	4.3
9	IEEE T IMAGE PROCESS	2.462	8531	7.1
10	IEEE T EVOLUT COMPUT	2.426	2203	5.7

从 1998 年至 2008 年,每年发表的关于人工智能的论文从整体来看呈平缓增长的态势(图 3-1-23),从 1998 年的 667 篇,增长到 2008 年的 876 篇,其中在 2005 年出现一次增长的高峰,随后有所回落。从国家 / 地区分布状况来看(图 3-1-24),美国发表的关

图 3-1-23　人工智能领域论文的时间分布

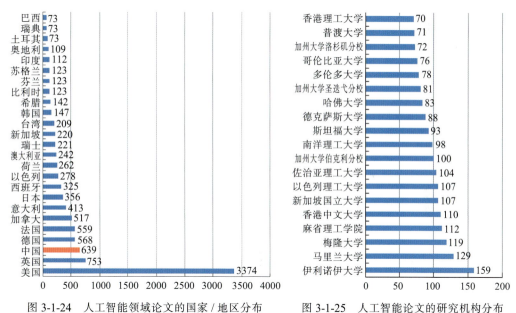

图 3-1-24　人工智能领域论文的国家/地区分布　　　图 3-1-25　人工智能论文的研究机构分布

于人工智能论文数量最多,为 3 374 篇,英国以 753 篇论文位列第二,中国则为 639 篇位列第三。在该领域中,美国发表的论文数量是中国的 5.28 倍,可见其雄厚的核心技术实力。从机构分布来看(图 3-1-25),发表论文数量最多的机构是美国伊利诺伊大学(159篇),其次是马里兰大学(129 篇),第 3 位的是梅隆大学(119 篇)。在 25 个高产机构中美国占了 14 席,中国只有四所香港的大学名列其中,说明中国在信息技术科学核心领域的研究还存在一定差距。

3.1.3.2　人工智能领域的研究前沿

在 CiteSpace 中选择文献共被引分析的时间为 1999—2008 年,阈值为 Top 100,绘制出由 247 个节点和 402 条连线构成的文献共被引图谱(图 3-1-26),通过谱聚类算法,图谱自动形成 31 个聚类。应用数据挖掘算法(TF/IDF)对聚类进行标识,而后根据文献的研究主题近似性以及网络的几何距离,进行适当的叠加归并,形成知识群 A、B、C、D、E。

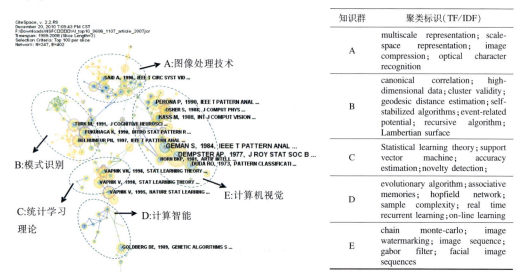

知识群	聚类标识(TF/IDF)
A	multiscale representation; scale-space representation; image compression; optical character recognition
B	canonical correlation; high-dimensional data; cluster validity; geodesic distance estimation; self-stabilized algorithms; event-related potential; recursive algorithm; Lambertian surface
C	Statistical learning theory; support vector machine; accuracy estimation; novelty detection;
D	evolutionary algorithm; associative memories; hopfield network; sample complexity; real time recurrent learning; on-line learning
E	chain monte-carlo; image watermarking; image sequence; gabor filter; facial image sequences

图 3-1-26　人工智能研究的文献共被引知识图谱

知识群 A:图像处理技术。图像处理是运用计算机对图像数据进行的各种运算,包括预处理、图像恢复、图像增强、图像配准、图像分割、采样、量化、图像分类和图像压缩等,是遥感、测绘、天文、物理等诸多领域必需的技术手段。知识群 A 主要集中于图像编码解码、图像压缩的研究,尤其是小波变换在图像压缩中的应用。1989 年 Mallat SG 提出了小波变换在多分辨率表示中的应用,并利用小波变换进行多分辨率分解,从而为图像编码提供理论方法;1993 年 Shapiro JM 提出 EZW(嵌入 Zerotrees 小波变换)算法,在小波变换的基础上丰富了图像压缩的算法;1996 年 Said A 提出了 SPIHT(层树分集)算法,成为了目前最流行的图像压缩算法之一;2003 年 Portilla J 等利用超完备多尺度系数的统计模型,提出了图像压缩中的去噪方法。

知识群 B:模式识别。模式识别是指对表征事物或现象的各种形式的(数值的、文字的和逻辑关系的)信息进行处理和分析,以对事物或现象进行描述、辨认、分类和解释的过程。1990 年模式识别的经典著作《统计模式识别介绍》第二版出版;1992 年 Turk M 指出了人的面部识别中最重要的特征,并根据这些特征建立了人脸识别系统;1997 年 Belhumeur PN 等在 Eigenface 和 Fisherface 的基础上提出了分级细节线性预测的人脸识别算法;2000 年另一部专著《计算机视觉中的多视图几何》出版。

知识群 C:统计学习理论。统计学习理论是针对小样本情况研究统计学习规律的理论,是传统统计学的重要发展和补充,为研究有限样本情况下机器学习的理论和方法提供了理论框架,是人工智能的基础理论之一,其核心思想是通过控制学习机器的容量实现对推广能力的控制。支持向量机方法是统计学习理论发展出来的一种通用学习机器,较以往方法表现出很多理论和实践上的优势。Vapnik VN 两部著作系统、全面地介绍了统计学习与支持向量机的理论方法。

知识群 D:智能计算。智能计算是以生物进化的观点认识和模拟智能。按照这一观点,智能是在生物的遗传、变异、生长以及外部环境的自然选择中产生的。1975 年 Holland JH 提出了遗传算法的基本理论框架,1989 年 Goldberg DE 系统的总结了遗传算法的理论方法,并推广应用到信息检索、优化、机器学习等领域中;2002 年 Scharstein D 提出了用于测算和分类密集二帧的立体交互智能算法。

知识群 E:计算机视觉。计算机视觉是指用计算机代替人眼对目标进行识别、跟踪和测量等视觉工作,并进一步做图形处理,使其成为更适合观察、传输、检测的图像,计算机视觉研究的相关理论和技术,就是试图建立能够从图像或者多维数据中获取"信息"的人工智能系统。1973 年第一部模式聚类与场景分析的著作出版;1977 年 Dempster AP 等提出了应用 EM 聚类的方法估算不完全数据的最大似然;1984 年 Geman S 等类比了图像与统计力学系统,并应用马尔科夫随机场解决图像复原的问题;1988 年 Kass M 提出名为 Snake 的活动模型,能够自动跟踪图像边缘准确使曲线集中,解决很多视觉基本问题;1990 年 Perona P 提出了尺度空间的概念,并运用向异性扩散滤波侦测图像的边界。

3.1.3.3 人工智能领域的研究热点

利用 CiteSpace 通过对人工智能研究的 8465 篇论文进行关键词分析,分析人工智能领域的研究热点。形成由 163 个节点和 106 条连线构成的网络图谱(图 3-1-27)。

从图 3-1-27 来看,人工智能的研究主要还是围绕着算法(algorithm)展开的,algorithm 作为被引频次最高的关键词,被引用了 501 次,且 algorithms 也被引 352 次;而研究热点主要集中在支持向量机(support vector machines)、边界检测(edge-detection)、识别(perception)、分级(classification)等基础性问题,以及脸部识别(face recognition)、图像分割(image segmentation)等应用性问题。表 3-1-5 列出了人工智能领域前 30 个高频词。

3.1.3.4 小结

从总体的计量来看从 1999 年到 2008 年人工智能领域的论文增长趋势平缓,在 2005 年出现高峰,随后有所回落;中国在人工智能的研究中能够占据一席之地排在第三的位置,而美国处于绝对的优势占据了发文量的 40%,并且在 25 个高产机构中占有 14 席。从文献的引文共被引分析来看,人工智能领域主要分为图像处理技术、模式识

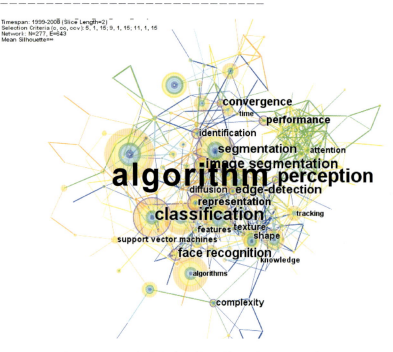

Timespan: 1999-2008 (Slice Length=2)
Selection Criteria (c, cc, cov): 5, 1, 15; 9, 1, 15; 11, 1, 15
Network: N=277, E=643
Mean Silhouette=∞

图 3-1-27　人工智能研究文献的关键词共现知识图谱及聚类

表 3-1-5　人工智能领域频次大于 50 的高频词

序号	期刊名称	影响因子
1	Nature Biotechnology	22.738
2	Genome Biology	18.775
3	Nature Reviews Drug Discovery	10.139
4	Genome Research	9.712
5	Trends In Biotechnology	7.955
6	Current Opinion In Biotechnology	6.898
7	Stem Cells	6.094
8	Bioinformatics	6.019
9	Antisense & Nucleic Acid Drug Development	5.941
10	Pharmacogenetics	5.882

别、统计学习理论、计算智能、计算机视觉五大内容;而关键词的共引网络图谱则显示出人工智能的研究主要是围绕着算法这一主题在图像压缩、图像分割、面部识别等方面展开研究。

3.2　生物技术科学领域及其前沿技术知识图谱

3.2.1　技术科学层次：生物领域的总体计量

依据 2005 年美国科学情报研究所发布的期刊引证报告(JCR)，选取 biotechnology & applied microbiology 学科类别中影响因子排名前 10 位的期刊（表 3-2-1）中发表于 1996—2005 年间的 8,798 篇文献为数据来源，该 10 种期刊代表了研究领域的最高研究水平。

表 3-2-1　2005 年 JCR 中国际生物技术影响因子最高的 10 种期刊

序号	期刊名称	影响因子
1	Nature Biotechnology	22.738
2	Genome Biology	18.775
3	Nature Reviews Drug Discovery	10.139
4	Genome Research	9.712
5	Trends In Biotechnology	7.955
6	Current Opinion In Biotechnology	6.898
7	Stem Cells	6.094
8	Bioinformatics	6.019
9	Antisense & Nucleic Acid Drug Development	5.941
10	Pharmacogenetics	5.882

3.2.1.1　生物技术科学领域的总体计量

从时间分布、国家(地区)分布、机构分布三个方面对 8,798 条文献进行计量分析，以期对生物技术科学领域的研究有总体的把握与宏观的认识。

从数据的总体时间分布图(图 3-2-1)可以看出，在 JCR 中排名前 10 位的期刊中，每一年发表的科学论文总量呈现出明显的上升发展态势。从生物科学领域的高产国家分布(图 3-2-2)来看，美国遥遥领先，英格兰、德国、日本和法国位居第 2 至第 5 位。中国(仅大陆地区，不包括港、澳、台)位居第 13 位，并且呈现出非常强劲的增长势头(如图 3-2-3)。

从生物科学领域的高产机构分布图(图 3-2-4)来看，哈佛大学高居榜首；排在二、三位的是斯坦福大学和德克萨斯大学；第四位是华盛顿大学；第五位是加利福尼亚大学伯克利分校。值得注意的是，前五位的高产机构全部是大学。但我们在前 16 位的高产机构中，却没有发现中国的高产机构。

图 3-2-1　生物科学领域的总体时间分布图

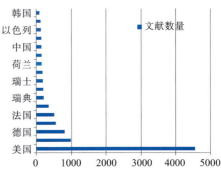

图 3-2-2　生物科学领域的高产国家分布

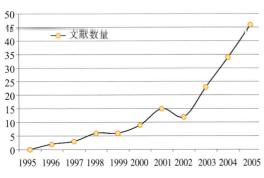

图 3-2-3　中国在生物科学领域发文量的增长

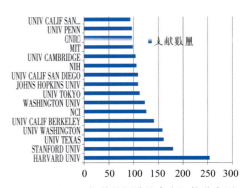

图 3-2-4　生物科学领域的高产机构分布图

3.2.1.2　生物技术科学领域的研究前沿

运用科学计量学方法,通过 Bibexcel 软件,对前 55 位的高频关键词进行共现分析,生成共现矩阵,然后利用 SPSS 软件,进行多维尺度分析、聚类分析和因子分析,分别绘制以高频关键词为内容的国际生物技术科学领域前沿知识图谱(图 3-2-5),从而客观而形象地显示出该学科前沿研究的主流领域及其所关注的热点问题。

从国际生物技术科学领域前沿研究的高频关键词知识图谱中(图 3-2-5),可以看出由高频关键词聚集而成的三个主流知识群。从这三个知识群所构成的主流领域频次最高的关键词和其他高频关键词,可以了解国际生物技术科学前沿研究三大主流领域的基本内容。

知识群 1 主要包括基因工程、蛋白质工程与酶工程等方面的问题;知识群 2 主要涉及功能基因组学、蛋白质组学、生物信息学等方面的内容;知识群 3 主要包括细胞工程与组织工程等方面的领域。

对图上三个知识群的内容和位置进行分析,可以判明三个知识群的学科属性与相互关系。在整个知识图谱的布局中,知识群 1 位于最为核心的地带,并且,知识群 2 与知

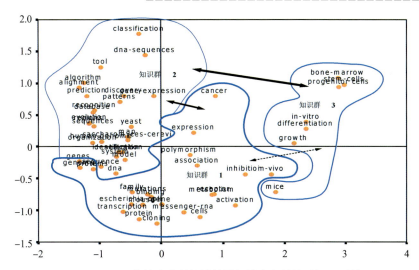

图 3-2-5　国际生物技术科学领域前沿领域高频关键词知识图谱

表 3-2-2　国际生物技术科学前沿三个主流领域出现频次最高的关键词

主流研究领域	关键词	出现频次
知识群 1： 主要集中在"基因工程、蛋白质工程、酶工程"等领域	表达（EXPRESSION）	907
	基因（GENE）	500
	蛋白质（PROTEIN）	378
	（微）埃希氏菌属-大肠（杆）菌（ESCHERICHIA-COLI）	362
	细胞（CELLS）	270
	鼠（MOUSE）	213
	信使核糖核酸（MESSENGER-RNA）	213
	癌症（CANCER）	205
	结合（BINDING）	179
	克隆（CLONING）	178
知识群 2： 主要集中在"生物信息学、功能基因组学、蛋白质组学"等领域	辨认、鉴定（IDENTIFICATION）	713
	序列（SEQUENCE）	571
	数据库（DATABASE）	524
	脱氧核糖核酸（DNA）	508
	基因表达（GENE-EXPRESSION）	378
	进化（EVOLUTION）	355
	（植）酵母（SACCHAROMYCES-CEREVISIAE）	297
	基因组（GENOME）	290
	人类基因组（HUMAN GENOME）	256
	模式（PATTERNS）	241
知识群 3： 主要集中在以"细胞工程与组织工程"为主的领域	在试管中、在生物体外（IN-VITRO）	288
	在活的有机体内（IN-VIVO）	248
	分化（DIFFERENTIATION）	199
	祖细胞（PROGENITOR CELLS）	137
	骨髓（BONE-MARROW）	121
	生长（GROWTH）	120
	干细胞（STEM-CELLS）	113

识群 1 处于明显的交叉、融合之状,其间的知识联系最为密切,同时,知识群 2 与知识群 3 的分布又位于知识群 1 的两侧,即知识群 1 相对知识群 2 与知识群 3 而言,处于知识"桥梁"的位置,发挥着知识沟通的作用。通过参考相关文献资料,同时,经过相关专业人员的协助咨询,对上述 3 个知识群的内涵进行进一步的解读。

知识群 1:频次最高的关键词主要有:"表达(EXPRESSION)"、"基因(GENE)"、"蛋白质(PROTEIN)"、"(微)埃希氏菌属 - 大肠(杆)菌(ESCHERICHIA-COLI)"、"细胞(CELLS)"、"鼠(MOUSE)"、"信使核糖核酸(MESSENGER-RNA)"、"癌症(CANCER)"、"约束(BINDING)"、"克隆(CLONING)"、"激活(ACTIVATION)"、"联合(ASSOCIATION)"、"家族(FAMILY)"、"抑制(INHIBITION)"、"新陈代谢(METABOLISM)"、"(生物物种的)突变(MUTATIONS)"、"多形性、多态性(POLYMORPHISM)"、"接收器、感受器、受体(RECEPTOR)"、"信使核糖核酸的形成(TRANSCRIPTION)"等,表明该研究领域主要目标聚焦基因工程、蛋白质工程及酶工程等领域,其中 DNA 与蛋白质研究为其重中之重,

知识群 2:高频次关键词主要有:"辨认、鉴定(IDENTIFICATION)"、"序列(SEQUENCE)"、"数据库(DATABASE)"、"脱氧核糖核酸(DNA)"、"基因表达(GENE-EXPRESSION)"、"进化(EVOLUTION)"、"(植)酵母(SACCHAROMYCES-CEREVISIAE)"、"基因组(GENOME)"、"人类基因组(HUMAN GENOME)"、"模式(PATTERNS)"、"运算法则(ALGORITHM)"、"排列(ALIGNMENT)"、"分类(CLASSIFICATION)"、"发现(DISCOVERY)"、"DNA 序列(DNA-SEQUENCES)"、"基因(GENES)"、"图(MAP)"、"模型(MODEL)"、"组织(ORGANIZATION)"、"预测(PREDICTION)"、"蛋白质(PROTEINS)"、"识别(RECOGNITION)"、"区域(REGIONS)"、"选择(SELECTION)"、"系统(SYSTEM)"、"工具(TOOL)"、"酵母(YEAST)"等,表明该研究领域主要集中在生物信息学、基因组学与蛋白质组学以及后基因组学与后蛋白质组学等领域,换言之,基因组计划相关研究是其研究焦点所在,其中如下的一些领域正成为当前的研究子领域。

(1) DNA 的鉴定与标识的研究及应用

模式生物体的全基因组测序的研究;基因组数据库的建立,并利用其提供的工具进行相关分析;遗传图谱与 DNA(脱氧核糖核酸)分析;转基因有机体的研究;"人类基因组单体型图计划",其中"中华人类基因组单体型图计划"为该计划的一个重要组成部分;蛋白质结构的组织研究,包括蛋白质结构的层次体系、结构分类、结构的形成等;重组蛋白质的表达,特别是目标蛋白质在酵母细胞中的表达;蛋白质改造的分子生物学途径,尤为区域性定向突变的研究;

(2)酵母表达系统的研究;

(3)基因区域预测;

(4)基因、蛋白质的进化与选择的问题。

知识群 3:高频关键词主要有:"在试管中、在生物体外(IN-VITRO)"、"在活的有机体内(IN-VIVO)"、"分化(DIFFERENTIATION)"、"祖细胞(PROGENITOR CELLS)"、"骨髓(BONE-MARROW)"、"生长(GROWTH)"、"干细胞(STEM-CELLS)"、"小鼠(MICE)"等,表明该研究领域主要集中在细胞工程与组织工程方面中的组织工程与再生医学等领域,目前来看,其主要存在如下研究子领域。

(1) 人骨髓造血干细胞的提取纯化分离、体外培养及多向分化,包括造血干细胞的体内定位及分离纯化、造血干 / 祖细胞的体外培养检测鉴定;

(2) 小鼠胚胎干细胞的体外培养及分化。

3.2.1.3　小结

作为一个方兴未艾的领域,生物技术科学领域的研究已经预示出美好的理论与应用前景,吸引了全世界众多科学家投入其中。温故方能知新,了解历史才能期盼未来。本研究从情报学视角,尝试运用科学计量学方法,对近 10 年来国际生物技术科学领域前沿与热点领域进行了较为粗略的宏观性研究。

计量结果表明,当代国际生物技术科学领域前沿与热点领域中存在三个分别主要以"DNA 与蛋白质研究"、"基因组计划相关研究"、"组织工程与再生医学"等为主题目标的知识群。这三个知识群所代表的主流学术领域,主要归属于可称为新巴斯德象限的技术科学与工程科学的范畴,既有以应用导向的基础研究,也有以理论为基础的应用研究。也就是说,当前国际生物技术科学领域前沿与热点领域的研究主要集中在技术科学与工程科学的范畴中,这也为我国实施自主创新策略应以技术科学与工程科学为战略基点的思路以一定的启迪。

若了解一下与《国家中长期科学与技术发展规划纲要》有关生物科学与工程部分的内容,就会发现本项研究结果与纲要相关内容的相当一致性。更确切地说,本项研究作为科学计量学的一项研究成果对纲要内容是一个辅助性的佐证,表明我国生物科学与工程领域正在追踪国际相应工程技术前沿,无论是在整体的战略布局方面,还是在主要的优先发展主题的选择方面,都已瞄准在当代国际生物技术科学领域的发展前沿与热点上。本项研究只是为更具体的方向选择与布局上落实规划纲要的相关内容,攻占国际生物科学与工程前沿的制高点提供了可供决策参考的线索。

3.2.2　重点前沿技术层次:工业生物、干细胞、药物分子设计

3.2.2.1　工业生物技术

工业生物技术是指以微生物或酶为催化剂进行物质转化,大规模地生产人类所需的化学品、医药、能源、材料等产品的生物技术。近年来,随着基因组学、蛋白质组学等生物技术的飞速发展,大大推动了生物技术的基础研究与应用研究。人们普遍认为以

生物催化与生物转化为核心的工业生物技术将是生物技术革命的第三次浪潮。世界经合组织(OECD)指出:"工业生物技术是工业可持续发展最有希望的技术"。工业生物技术是21世纪化学工业的基本工具,是解决人类目前面临的资源、能源及环境危机的有效手段。

在2006年颁布的《国家中长期科学和技术发展规划纲要》中把"新一代工业生物技术"作为"前沿技术"列入规划。工业生物技术的核心是生物催化。工业生物催化和生物转化的研究,是中国参与生物技术国际竞争的一个难得的机遇和切入点,也是我国生物技术应用研究的一个战略重点,其最终目标是通过生物学、化学和过程科学的交叉,建立以生物催化和生物转化为基础的新生物加工体系。

以SCI-E为数据来源,遴选工业生物技术领域的论文。2008年12月12日以"TS=(Biocatalysis OR Biological catalysis OR Bio-catalysis OR Biocatalytic OR biology catalysis OR Biocatalytic OR Reaction bio-catalytic OR Bio-catalytical OR Biologic catalyze OR Bio- catalyze OR Microbes Catalyse) OR (Biotransformation OR Bioconversion OR Biological Transformation OR Microbial transformation OR Bioproduction OR Bio-transformation OR Bioconversions OR Artemisinin OR Metabolic pathway OR Bio-converter OR Biotransformation)"作为检索式,对数据库进行高级检索,文献类型限制为Article,下载了1999—2008年文章22,411篇。

(1)工业生物技术的研究前沿

利用CiteSpace信息可视化软件,绘制了文献共被引网络(图3-2-6)。

图3-2-6所示文献共被引网络可视化知识图谱显示,国际工业生物技术的前沿研究领域形成18个知识群,根据施引文献中出现的较高频次的关键词的内容分析,并结合相关文献的解读,可确定各个子研究领域,即知识群的研究主题(见表3-2-3)。

由表3-2-3所示内容可知,以"生物催化"与"生物转化"为核心的国际工业生物技术研究主要分为12个子领域,其研究主题主要包括极端微生物、代谢工程与建立模型、生物工业制药、环境治理、功能基因组学与代谢工程、生物能源、微生物基因组学与生物信息学、生物催化等,其中12个子领域中有的子领域依其研究方向的不同,可划分为若干更为深入的子领域,其研究主题主要由该领域中较高频次出现的关键词来集中体现。

(2)结论与展望

利用最新的信息可视化软件CitespaceII,通过知识计量学的方法,以共被引文献与施引文献的关键词为知识计量单位,对近10年来国际工业生物技术的研究前沿进行了知识计量分析。研究结果表明,国际工业生物技术研究前沿的研究主题主要涉及极端微生物、代谢工程与建立模型、生物工业制药、环境治理、功能基因组学与代谢工程、生物能源、微生物基因组学与生物信息学、生物催化等方面。

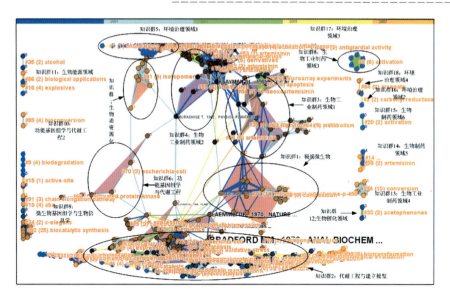

图 3-2-6 工业生物技术文献共被引网络知识图谱(1998—2007)

表 3-2-3 工业生物技术知识群研究主题(1998—2007)

		出现频次
知识群 1:极端微生物	Microsomal cytochrome-p-450(微神经元体细胞色素-P-450)	11
	Biotransformation(生物转化)	10
	Cytochrome-p450(细胞色素-p450)	9
	Activation(活化作用)	6
	Aflatoxin-b1(黄曲霉毒素-b1)	6
	Antioxidant(抗氧化剂)	6
	Barbiturate(巴比妥酸盐)	6
	Carcinogenesis(致癌作用)	6
	Composition(合成物)	6
	Danio(鲌)	6
	Desaturation(冲淡颜色)	6
	Elongation(延长)	6
	Fish(鱼)	6
	Fish oil(鱼油)	6
	Hepatocytes(肝细胞)	6
	Linolenic acid(亚麻酸)	6
	Lipids(脂质)	6
	Metabolism(新陈代谢)	6
	Oreochromis(奥尼罗非鱼)	6
	In-vivo(活的有机体内)	6

		出现频次
知识群 2：代谢工程与建立模型 （通过基因克隆、基因重组改变微生物的 代谢途径、代谢途径的关键步骤，生产出 传统发酵工业无法获得的新产品）	Escherichia-coli（埃希氏菌属-大肠杆菌）	36
	Expression（表达）	18
	Purification（净化）	17
	Crystal-structure（晶体结构）	15
	Saccharomyces-cerevisiae（酿酒酵母菌）	12
	Atp binding（ATP 结合）	10
	Database research（数据库研究）	10
	Dna gyrase（DNA 旋转酶）	10
	Growth（生长、发育）	9
	Networks（网络）	9
	Pathway（路径）	9
	Catalysis（催化作用）	8
	Gene expression（基因表达）	8
	Transformation（转化）	7
	Gene（基因）	6
	Yeast（酵母）	6
	Model（模型）	5
	Systems（系统）	5
知识群 3：生物工业制药领域 1	Metabolism（新陈代谢）	18
	Artemisinin（青蒿素）	13
	Human liver-microsomes（人类肝-微粒体）	12
	Biotransformation（生物转化）	9
	Gene-expression（基因表达）	8
	Enzymes（酶）	8
	Artesunate（青蒿琥酯）	7
	Microarray experiments（微矩阵试验）	6
	Cytochrome P450（细胞色素 p450）	5
	Activated receptor-alpha（活性接受器-alpha）	5
	Cancer（癌症）	5
	Cell signaling（细胞信号）	5
	Dysfunction（机能不良）	5
	Growth（生长）	5
	Energy metabolism（能量新陈代谢）	5
知识群 4：生物工业制药领域 2	Malaria（疟疾）	40
	Artesunate（青蒿琥酯）	25
	Artemether（蒿甲醚）	21
	Antimalarial-drugs（抗疟药物）	21
	Pharmacokinetics（药物代谢动力学）	13
	Drug combination（药物化合物）	13
	Artemisinin（青蒿素）	12
	Plasmodium-falciparum malaria（变形体-疟原虫疟疾）	11
	Combination（化合物）	10
	Chemotherapy（化学疗法）	9
	Bioavailability（生物药效率）	9
	Quinine（奎宁化合物）	8
	Amodiaquine（氨酚喹）	8
	Benflumetol（本芴醇）	7
	Plasmodium falciparum（变形体-疟原虫）	7
	Trial（试验）	7
	Neurotoxicity（毒害神经）	7

续表

		出现频次
知识群5:环境治理领域1	Sulfide（硫化物）	40
	Emscher river(义母次河)	27
	Gravity sewers(重力下水道)	27
	Model（模型）	27
	Simulation（模拟）	27
	Water organic-matter(水有机物)	27
	Oxygen uptake rate(耗氧速率)	27
	Aerobic processes(好氧工艺)	14
知识群6:功能基因组学与代谢工程1	Escherichia-coli(埃希氏菌属-大肠杆菌)	3
	Transformation(转化)	3
	Insertional mutagenesis(插入突变)	2
	Isopentenyl diphosphate biosynthesis(同相线二磷酸生物合成)	2
知识群7:生物质资源化	Isotopomer（同位素）	9
	Split pathway（分裂路径）	8
	Gc-ms（气体联用）	7
	Amino-acid（氨基酸）	6
	Corynebacterium-glutamicum（谷氨酸棒杆菌）	6
	Escherichia-coli(埃希氏菌属-大肠杆菌)	6
	Spectroscopy（光谱学）	6
	Bacillus-subtilis(枯草杆菌)	5
	Branch point(分支点)	5
知识群8:生物工业制药领域3	Activation(激活)	6
	Affinity-chromatography(亲合色普法)	6
	Cancer（癌症）	6
	Cell motility(细胞运动性)	6
	Growth-factor receptor(增长因子接受器)	6
	Identification（鉴定）	6
	Leukemia（白血病）	6
	Kinase（激酶）	6
知识群9:微生物基因组学与生物信息学	Biocatalytic synthesis(生物催化合成)	25
	Polymers（聚合体）	25
	Lactones（内酯）	16
	12-dodecanolide(十二丙醇)	9
	Acid（酸）	9
	Copolymers（共聚物）	9
	Molecular-weight(分子量)	9
	Hydrolysis（水解）	9
	Lipase-catalyzed polymerization(脂肪酶-催化聚合)	9
	Mass-spectrometry(质谱分析)	6

续表

		出现频次
知识群 10: 功能基因组学与 代谢工程 2	Bioconversion(生物转化)	4
	Invitro percutaneous-absorption(活体外经皮吸收)	4
	Skin（皮肤）	4
知识群 11: 生物能源领域	Biological application(生物应用)	2
	Methyl-methacrylate(甲基丙稀酸甲脂)	2
	Organic photovoltaics(有机光电)	2
	Pendant fullerenes	2
	Alcohol（酒精）	2
	Biocatalysis（生物催化）	2
	Catalysis（催化作用）	2
	Biodegradation（生物降解）	2
	Chemical modification（化学修正）	2
	Complexes（联合体）	2
	Cosolvent mixtures（助溶剂混合物）	2
	Kinetics（动力学）	2
	Protein stabilization（蛋白质稳定性）	2
知识群 12: 生物催化领域	Acetophenones（乙酸苯）	2
	Asymmetric reduction（非对称变形）	2
	Biocatalysis(生物催化)	2
	Ketones（酮）	2
	Lipase（脂肪酶）	2
	Enzymes（酶）	2
	Mandelate（扁桃酸盐）	2
	Reagents（试剂）	2
	Whole fungal cells(整体真菌细胞)	2
	Enantiomer（对应结构体）	2
知识群 13: 生物制药工业领域 3	Conversion(转化)	10
	Extracts(萃取)	10
	Growth（生长）	10
	Media（媒介）	10
	Organic-solvents(有机溶剂)	10
	Resting cells(休眠细胞)	10
	Streptomyces-clavuligerusnp1	10
	Antibiotics（抗生素）	5
	Transformation(转化)	5
知识群 14: 生物制药工业领域 4	Artemisinin(青蒿素)	2
	Artesunate（青蒿琥酯）	2
	Plasmodium-falciparum malaria	2
知识群 15: 生物制药工业领域 5	Activation（激活）	2
	Lung-cancer risk(肺癌危险)	2
	Polycyclic aromatic-hydrocarbons(多轮芳烃)	2

知识群 C1：干细胞分化与移植。图中的 C1 聚类位于整个网络的中心，可以归纳为干细胞分化与移植。颜色深浅不同的连线代表不同被引用时的年代，可以看出 C1 主要由 2000—2004 年的连线组成，说明了在此期间正是基于干细胞的人体组织工程技术蓬勃发展的时期。并且在 1998—1999 年仅有文章数量 758 篇，节点数量为 1，连线数量为 0，说明该技术在 20 世纪末才刚刚起步，并在 21 世纪初得到了科学界的重视，迅速发展起来。C1 聚类是引文网络中的核心知识群，其他聚类由其引发而出。Mark F. Pittenger 等人合著的论文《成人骨髓间充质干细胞的多向分化潜力》(*Multi-*

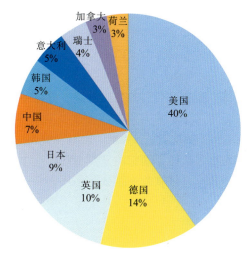

图 3-2-8　发文量前十位国家分布

lineage Potential of Adult Human Mesenchymal Stem Cells)堪称经典文献，1999 年至今，在 google scholar 中的被引次数高达 6879 次。人类骨髓干细胞被认为是具备很大潜力的干细胞，而存在于成人骨髓，可以作为未分化细胞的复制品，从而进行有潜力的划分，包括组织、血统质骨、软骨、脂肪、肌腱、肌肉和骨髓基质。这些细胞显示一个稳定的特型。

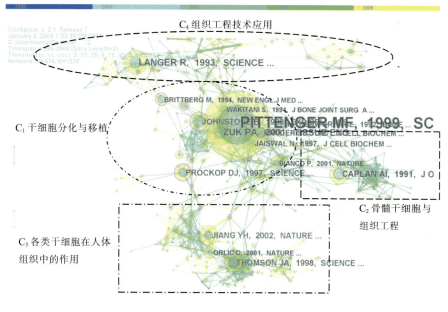

图 3-2-9　文献共引分析聚类图

个人干细胞的发现,并进而进行克隆,保留它们的可移植性。干细胞是存在于生命个体中的一类具有高度自我更新能力和多向分化潜能的细胞群体。它们不仅存在于胚胎发育时期而且在成体内也广泛分布于各种组织器官的特定部位。现已从骨髓、软骨、血液、神经、肌肉、脂肪、皮肤、角膜缘、肝脏、胰腺等许多组织中获得成体干细胞,发现部分组织成体干细胞具有多向分化潜能。成体干细胞的研究在再生医学中有十分广阔的应用前景。ZUK PA 等人详细介绍了人类的脂肪组织的细胞可移植性:细胞治疗的影响。JOHNSTONE B 在 1998 年提出骨髓源性间前驱细胞的作用。PROCKOP DJ 阐述了骨髓基质细胞作为干细胞的重要组织所产生的作用。BRITTBERG M 早在 1994 年便提出了利用联合自体软骨细胞分化来治疗膝关节软骨缺损。该文在 google scholar 中至今已经被引 1762 次,可以认为是基于干细胞的人体组织工程技术的早期应用。JAISWAL N 在 1997 年还提出了利用培养人类间充质干细胞的重要手段来提纯分化骨原细胞。

知识群 C2:骨髓干细胞与组织工程。 知识群 C2 归纳为分子检测,跟知识群 C1 比较紧密,主要内容为骨髓干细胞与组织工程。CAPLAN AI 在他的《骨髓干细胞》(*Mesenchymal stem cells*)一文中主要阐述了骨髓干细胞的定义,以及骨髓干细胞的主要特点。这篇发表于 1991 年的文献在 google scholar 中搜索,被引 1020 次,是一篇早期的经典文献。URIST MR 详细介绍了骨骼是如何由自身诱导作用所形成的。PETITE H 讲解了组织工程条件下骨组织再生的方法与具体措施。例如,作者已经使用了一种组合支架通过骨髓基质细胞(MSC)来增加成骨骨髓。LIEBERMAN JR 具体说明了在修复骨骼生物学与临床应用的前提下生长因子的作用。

知识群 C3:各类干细胞在人体组织中的作用。知识群 C3 归纳为各类干细胞在人体组织中的作用,与知识群 C1 联系密切。JIANG YH 于 2002 年提出间充质干细胞的多功能性来源于成人骨髓。THOMSON JA 着重阐述了胚胎干细胞系来源于人类胚泡。ORLIC D 在其《骨髓细胞再生应用于心肌梗塞的治疗》一文中,首先通过小鼠试验进而发现再生的骨髓细胞可以应用于心肌梗塞的治疗,骨髓干细胞(BMSC)能够自我更新并且可以在细胞的血液中进行分化。这样可以产生新的心肌细胞和冠状动脉血管,导致改善心肌再生成为可能。REYES M 详细说明了人类出生后的骨髓中内皮祖细胞的作用。GRONTHOS S 具体阐述了体外和体内牙髓干细胞的作用。

知识群 C4:组织工程技术应用。知识群 C4 为组织工程技术应用,由知识群 C1 延伸而来。LANGER R 在 1993 年发表于《科学》的《组织工程》一文,在 google scholar 中搜索,至今被引 2895 次。LANGER R 在该文中提出,人类的健康最常见的、最具破坏性的的问题是已损坏或失去功能的器官或组织问题。组织工程是一个新的研究领域,利用生物学和工程技术的原理来开发能够代替受损组织的替代物。这篇文章讨论了这个跨学科领域所面临的挑战和发展,并试图提供创造和修补人体组织的解决方案。该文为人体组织工程技术的发展打下了坚实的基础。组织工程是应用细胞生物学和工程学的原理,研究和开发、修复和改善损伤组织和功能的生物替代物的一门科学,是继细胞生物学和分子生物学之后,生命科学发展史上又一新的里程碑,标志着医学将走出器官移植的范畴,步入制造组织和器官的新时代。组织工程是在组织水平上操作的生物工程,主要致力于组织和器官的形成和再生,它是对外科领域中组织、器官缺损和功能障碍传统治疗方法和模式的一次革命。YOO JU 详细阐述了在体外骨髓源性间前驱细胞的再生。FREED LE 介绍了人类骨髓质祖细胞的分化以及在人体组织工程技术中的应用。MEINEL L 说明了骨组织工程中人类骨髓干细胞的作用,主要从支架材料的应用和流动的介质这两方面进行了介绍。OHGUSHI H 具体描述了从细胞到基因工程中干细胞技术和生物陶瓷的作用。

(2)研究热点

对 Web of Science 主题检索"stem cell*"与"human tissue engineering"的 1280 条英文文献记录用 Ctiespace 作共词分析,见图 3-2-10。

干细胞研究越来越受到重视,科学家预测,10 年内可以全面实施人体组织工程(治疗性人体器官克隆),甚至实现人体器官模块化目标。干细胞生物工程为人类最终战胜疾病展现了曙光。组织工程的最终目的是利用工程的方法制造出可取代人体的组织或器官,以解决器官移植中组织或器官取得困难、移植排斥反应仍无法有效避免等难题。

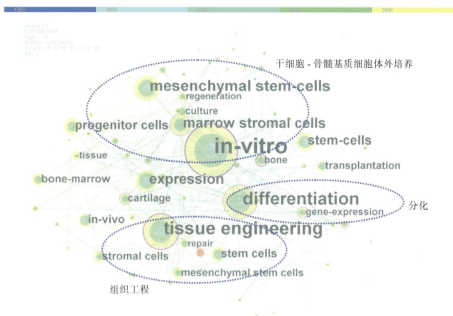

图 3-2-10　关键词共现图谱

人体组织工程作为一门新兴学科,是在 1987 年由美国国家科学基金会正式提出并确立的。它应用生命科学和工程学的原理和方法,研究和开发用于修复和改善人体组织器官结构和功能的材料,其基本方法是将体外培养的组织细胞扩增后吸附于生物相容性好、可降解的生物材料中,形成细胞——生物材料复合物,然后将这种复合物植入机体的组织病损部位,种植的"种子"细胞在生物材料支架逐步降解吸收后能继续增殖并分泌基质,形成新的具有原来结构和功能的组织或器官,达到修复创伤和重建功能的目的。目前,人体组织工程研究尚未达到临床应用的程度,其"瓶颈"主要在于种子细胞的来源。而胚胎干细胞(embryonic stem cell)由于其独特的高度未分化特性以及所具有的发育全能性,引起了组织工程学家的极大关注。目前,以胚胎干细胞建系基因修饰和定向诱导为核心的胚胎干细胞研究已经成为组织工程领域中极为重要的发展方向。通过以上描述可以对基于干细胞的人体组织工程技术有一个更深入的认识,并掌握相关的关键词。

(3)结论

通过文献计量方法,利用最新的信息可视化软件 CitespaceII,以施引文献的关键词与共被引文献为计量单元,对近 10 年来基于干细胞的人体组织工程技术进行了可视化分析。研究结果表明,基于干细胞的人体组织工程技术这一领域的研究主题主要分为四个知识群:干细胞分化与移植、骨髓干细胞与组织工程、各类干细胞在人体组织中的作用、组织工程技术应用,并对每一知识群的重点文献进行了相应的解读。基于干细胞的人体组织工程技术是当前生物技术研究中极为重要的一个领域,它是新世纪生物和医学领域可能取得革命性突破的项目。因此,对其进行多角度的研究具有非常重要的意义。

3.2.2.3 动植物品种与药物分子设计技术前沿分析

生物技术的前沿有五个方向,其中一个为动植物品种与药物分子设计技术。动植物品种与药物分子设计是基于生物大分子三维结构的分子对接、分子模拟以及分子设计技术。重点研究蛋白质与细胞动态过程生物信息分析、整合、模拟技术,动植物品种与药物虚拟设计技术,动植物品种生长与药物代谢工程模拟技术,计算机辅助组合化合物库设计、合成和筛选等技术。

为了更好的了解前沿技术研究现状和未来的发展,我们从文献计量学角度,统计分析有关文献,将结果以知识图谱的形式展示出来,以便我们能够清晰的挖掘出动植物品种与药物分子设计技术的几大领域和研究热点。

在 Web of Science 进行"drug molecule design"主题检索,检索时间选择 1998 年至 2007 年共有 1302 条 SCI 文献记录。

(1)论文整体分布

如图 3-2-11 所示,从 1998 年开始的几年里,每年发表的药物分子设计方面的论文较少,但是逐年递增。到 2002 年超过 100 篇,为 117 篇。以后每年发表的药物分子设

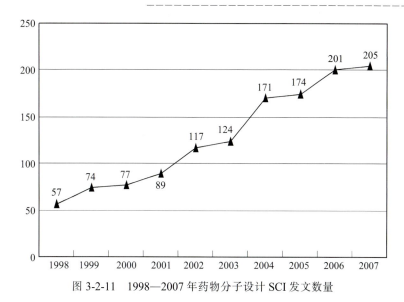

图 3-2-11　1998—2007 年药物分子设计 SCI 发文数量

计论文数量保持在一个较高的水平。2006 年突破 200 篇,而 2007 较 2006 年几乎没有增长,为 205 篇。文献数量的逐年增长也说明在世界范围内看,科研投入量也是在逐年增长。

　　从图 3-2-12 中我们可以看出,美国以绝对优势一半的发文量高居榜首。英格兰、德国分列二三名,法国、意大利、瑞士分列其后。亚洲中国、日本、印度排名比较靠前。美国发文量为 658 篇,几乎占到全部文献的一半,这与美国雄厚的经济实力以及较高的科研投入是分不开的。其次,欧洲的这些资本主义国家在前沿技术的投入和开发上也是毫不逊色的。中国位居第 13 位,还要继续加强前沿领域的投入。

　　(2)研究前沿

　　以 Web of Science 中检索出的 1302 篇文献的参考文献为分析对象,利用 CiteSpace 软件对其进行文献共引分析并绘制图谱 (图 3-2-13),研究的时间尺度从 1998 年到 2007 年。图中网络由 287 个节点和 1167 条连线组成。

　　知识群 C1:分子及其对接。图中的 C1 知识群位于整个网络的中心,可以归纳为分子及分子对接。不同颜色连线代表不同被引用时

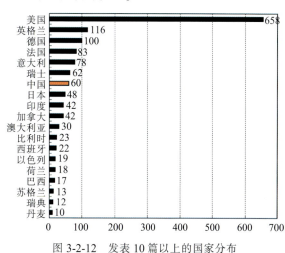

图 3-2-12　发表 10 篇以上的国家分布

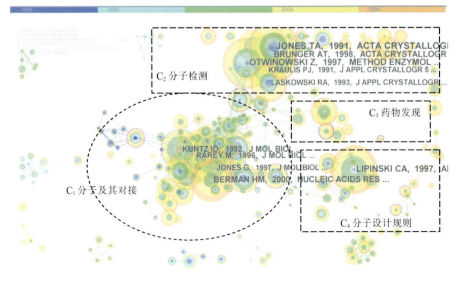

图 3-2-13 药物分子设计文献共引分析聚类图

的年代,可以看出 C1 主要由较早时期(2000—2003)的连线组成,也有部分 1998—1999 的连线,说明这些都是早期的经典文献。其他聚类由其引发而出。Berman 等人合著的论文《蛋白质数据库》(The Protein Data Bank.)堪称经典文献,迄今为止,在 SCI 中的被引次数高达 6006 次。生物信息数据库主要有以 GenBank 为代表的核酸数据库、以 SWISS-PROT 为代表的蛋白质数据库和以 PDB 为代表的蛋白质结构数据库。其中 PDB(http://www. pdb. org)创建于 1971 年。美国自然科学基金会、能源部和国立卫生研究院共同投资由美国布鲁克海文国家实验室(Brookhaven National Laboratory) 建立, 主要由 X 射线晶体衍射和核磁共振测得的生物大分子的三维结构所组成的全世界最完整的蛋白质结构数据库。它位于美国结构生物信息学联合研究所(Research Collaboratory for Structural Bioinformatics, RCSB),受美国国家科学基金等 7 种政府基金的资助。PDB 主要可应用于蛋白质结构预测和结构同源性比较,是进行生物分子结构研究的基本数据依据。

从更广泛的角度来讲,以上属于生物信息学的范畴。生物信息学是一门交叉科学,它包含了生物信息的获取、处理、存储、分发、分析和解释等在内的所有方面,它综合运用数学、计算机科学和生物学的各种工具,来阐明和理解大量数据所包含的生物学意义。

基于生物大分子结构,利用分子对接进行药物设计是生物信息学中的极为重要的研究领域。通常,蛋白质－蛋白质分子对接包括四个阶段:搜索受体与配体分子间的结合模式;过滤对接结构以排除不合理的结合模式;优化结构;用精细的打分函数评价、排序对接模式并挑选近天然构象。Kuntz 用几何知识解释了高分子配体间的相互作用。

Goodford 早在 1985 年提出了利用分子力原理的蛋白质分子对接技术。后来,Rarey 阐述了一种基于增量构造算法的快速柔性分子对接(fast flexible docking),而 Jones G 则进一步验证和发展了基于遗传算法的分子对接。基于分子对接的虚拟筛选是创新药物研究的新方法和新技术,已成为一种与高通量筛选互补的方法,广泛应用于先导化合物的发现中。Walters 在 1998 年对虚拟筛选做了概述。

知识群 **C2:分子检测**。知识群 C2 归纳为分子检测,跟知识群 C1 比较紧密,主要通过计算机辅助进行分子检测和药物设计。Jones TA 从电子密度图和蛋白质模型中的错误位置改进了蛋白质的模型。Kraulis 用计算机程序绘制蛋白质分子结构的细节图,Laskowski 提出用计算机程序检测三位蛋白质结构, 提供了实用的质量评估手段。Brunger 于 1998 年提出晶体核磁共振系统(Crystallography & NMR system)测定大分子结构。

知识群 **C3:药物发现**。知识群 C3 归纳为药物发现,也是由知识群 C1 延伸出来的。Shuker 发现了强亲和力蛋白质配体,用所谓的特区核磁共振(SAR by NMR)发现了这种强亲和力配体,对药物设计非常有帮助。Fejzo 于 1999 又阐述了核磁共振方法在药物发现中的应用。Hann 用一个简单的配体 - 受体相互作用的模型,通过对其复杂性研究和约束力的概率计算,发现分子的复杂性影响了药物发现过程中找到线索的概率。蛋白酶抑制剂属于药物设计中的一个部分,Boehm 介绍了一种新型的 DNA 旋转酶的抑制剂,提出了三维优化引导和偏见针筛选(biased needle screening),指出有望替代随机筛选。

知识群 **C4:分子设计规则**。知识群 C4 归纳为分子设计规则,主要以 Lipinski 为中心的一个知识群, 与知识群 C1 联系密切。Lipinski 在 1997 年这篇论文*"Experimental and computational approaches to estimate solubility and permeability in drug discovery and development settings"*中,通过统计 USAN 库中化合物的物化性质范围,得出了口服药物的经验性规律,也就是著名的 Lipinski 规则:

如果化合物满足以下条件之一, 那么此化合物的吸收或渗透性能不好的可能性就会更大:氢键供体数目(以 NH 和 OH 键数目之和计)大于 5;MWT 大于 500;lg$P$ 大于 5(或 $MlgP$ 大于 4. 15);氢键受体数目(以 N 和 O 数目之和计)大于 10(这些条件对于生物载体底物类化合物不适用)。同时使用四个限制条件的任意两个,预测准确率可达 90%以上;若同时使用三个条件,预测结果就会相当可靠。

Lipinski 规则是药物开发过程中常用的经验性规律,它可以比较准确地预测哪些化合物的吸收或渗透性能不好,使药物开发者能够尽早准确地予以剔除,从而大大降低药物开发的成本。因而它一问世,就得到了广泛的认可和应用。

Toogood 提出在蛋白质的合成过程中小分子起到了抑制作用。LoConte 介绍了一种测度蛋白质结构特征的方法 visible volume。Erlanson 发现了定位配体(site-directed ligand)。

(3)研究热点

对 Web of Science 主题检索"drug molecule design"的 1302 条英文文献记录用 Ctiespace 作共词分析,见图 3-2-14。

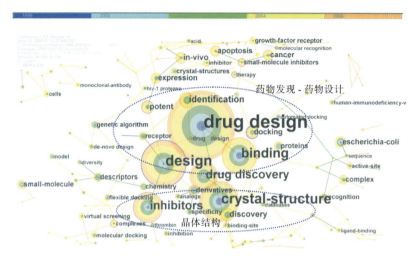

图 3-2-14　药物分子设计共词分析图

分子设计的意义主要是高效率寻找具有特定性质的分子。分子设计的依据是分子的构效关系。药物分子设计的基本过程为:(1)应用量子化学的理论对已有的功能分子进行研究—收集数据,建立数据库;(2)总结出这些分子结构与功能的关系—确定构效关系或作用机理;(3)根据对应关系和规律,用计算机模拟出目标分子—建立模型,设计新分子;(4)对目标分子和相应的功能进行计算、检验,然后和已知的功能分子的数据进行比较,对过拟合现象进行修正,操作(4)可多轮反复进行。从观察和总结已知结构的蛋白质结构规律出发来预测未知蛋白质的结构,要用到同源模建和指认方法。从以上信息可以了解到相关的关键词。

(4)结论

通过文献计量分析,我们将药物分子设计这一领域的文献分为四个聚类:分子及分子对接、分子检测、药物发现和分子设计规则,并对其一一作了相应的分析。进入 21 世纪以来,世界范围内对此领域科研投入加大,但是总量上看,美国科研产量名列第一,并遥遥领先其他国家。希望国内也加大相应的投入和研究,在药物分子设计的前沿领域赶超欧美发达国家。

3.2.2.4　蛋白质工程技术前沿分析

蛋白质工程技术是生物技术领域的一项重要前沿技术。它兴起于 20 世纪 90 年代初期,是世界各大国竞相发展的重要技术领域。因此,通过对 SCI 数据库中近 10 年来的蛋白质工程技术研究文献的信息可视化分析,可以探测该技术领域的国际前沿,对我国蛋白质工程技术研究者具有重要的指导意义。选择检索式为:1998—2007 年,SCI－E 数据库中主题含有"蛋白质工程"的论文,即 Topic=("Protein Engineering") AND Document Type=(Article),Timespan=1998—2007,Databases=SCI-EXPANDED,共得到 1468 篇文献记录(以下简称"蛋白质工程"主题论文),数据的下载日期为 2008 年 4 月 25 日。

(1)蛋白质工程研究力量国家分布

我们将于 1998—2007 年间发表的全部 1468 篇"蛋白质工程"主题论文的题录数据输入 Citespace 软件中,这些题录数据主要包括标题、关键词、摘要和参考文献等。而后设定好选项,调节阈值,选择使用关键路径(pathfinder)算法,网络节点确定为国家(countries),确定的阈值为 (2,1,5),(2,1,5),(2,1,5),运行 Citespace 软件,生成图 3-2-15 所示的国际蛋白质工程研究力量国家分布地图。

图 3-2-15 形象地反映出,在蛋白质工程研究领域,论文产出两篇以上、与其他国家合作篇数一篇以上的国家(地区)之间的合作关系。其中论文产出 20 篇以上的国家(地区)共有 18 个(表 3-2-3)。美国是国际蛋白质工程研究论文产出最高的国家,发文篇数为 585 篇,国际比例为 39.85%;英格兰排在第二位,发文篇数为 185 篇,国际比例为 12.60%;其次是德国、日本、法国、意大利、瑞典、中国和加拿大。

国际蛋白质工程研究高产国家(地区)之间基本上形成了一个整体的合作网络,在这个高产国家合作网络中,美国、英格兰和德国等分别成为蛋白质工程研究力量合作的

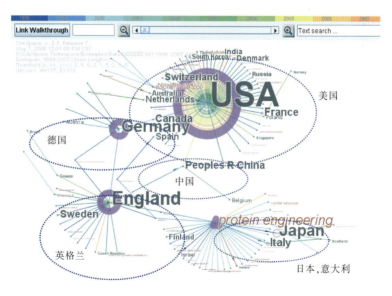

图 3-2-15 国际蛋白质工程研究力量国家分布地图(1998—2007)

表 3-2-3　发表论文 20 篇以上的高产国家(地区)及其国际比例(1998—2007)

序号	国家	发文篇数	国际比例	序号	国家	发文篇数	国际比例
1	美国	585	39.85%	10	瑞士	49	3.34%
2	英格兰	185	12.60%	11	荷兰	45	3.07%
3	德国	144	9.81%	12	西班牙	42	2.86%
4	日本	135	9.20%	13	丹麦	32	2.18%
5	法国	69	4.70%	14	澳大利亚	30	2.04%
6	意大利	65	4.43%	15	印度	29	1.98%
7	瑞典	60	4.09%	16	芬兰	27	1.84%
8	中国	56	3.81%	17	韩国	21	1.43%
9	加拿大	51	3.47%	18	俄罗斯	20	1.36%

中心。

(2)蛋白质工程研究的经典文献

同样将 SCI-E 数据库中于 1998—2007 年间发表的全部 1468 篇"蛋白质工程"主题论文和 13 806 条引文数据输入 Citespace 软件中,选择使用关键路径算法,网络节点确定为参考文献 (references) 和主题词 (nouns),主题词来源选择标题 (title)、摘要(abstract)和关键词(descriptors 与 identifiers),确定的阈值(c,cc,ccv)分别为(3,2,15),(3,2,15),(3,2,15),运行 Citespace 软件,生成图 3-2-16 所示的蛋白质工程研究经典文献与热点主题分布地图。

图 3-2-16 反映出国际蛋白质工程研究领域经典文献之间的共被引关系。通过运用大型文献处理软件 Bibexcel 进行计量分析得出,1998—2007 年间 1468 篇蛋白质工程主题论文共有 38661 篇不同的参考文献被引证,被引证的总频次为 58265 次,其中被引频次高于 49 次的有 9 篇蛋白质工程研究经典文献(表 3-2-4)。

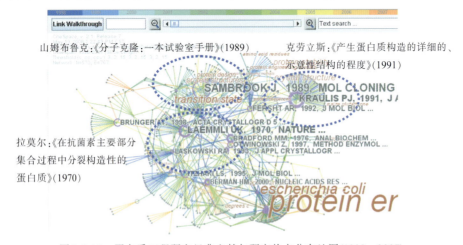

图 3-2-16　蛋白质工程研究经典文献与研究热点分布地图(1998—2007)

表 3-2-4　"蛋白质工程"研究被引频次 50 次以上的 9 个经典文献(1998—2007)

序号	被引频次	经典文献
1	130（4500）	SAMBROOK J, 1989, MOL CLONING LAB MANU：Molecular cloning：a laboratory manual(山姆布鲁克:《分子克隆:一本试验手册》,图书)
2	91（5877）	KRAULIS PJ, 1991, V24, P946, J APPL CRYSTALLOGR 5：MOLSCRIPT：a program to produce both detailed and schematic plots of protein structures(克劳立斯:《产生蛋白质构造的详细的、示意性结构的程序》,论文)
3	82（68155）	LAEMMLI UK, 1970, V227, P680, NATURE：Cleavage of structural proteins during the assembly of the head of bacteriZphage(拉莫尔:《在抗菌素主要部分集合过程中分裂构造性的蛋白质》,图书)
4	59（820）	FERSHT AR, 1992, V224, P771, J MOL BIOL：The folding of an enzyme. I. Theory of protein engineering analysis of stability and pathway of protein folding(菲石特:酶的折叠性,蛋白质折叠的路径与稳定性的蛋白质工程分析理论》,论文)
5	53（72690）	BRADFORD MM, 1976, V72, P248, ANAL BIOCHEM：A rapid and sensitive method for the quantitation of microgram quantities of protein utilizing the principle of protein-dye binding(布拉德福:《一个关于蛋白质应用原则和蛋白质染色体捆绑的微观图的快速和敏感方法》,论文)
6	52（403）	ITZHAKI LS, 1995, V254, P260, J MOL BIOL：The Structure of the Transition State for Folding of Chymotrypsin Inhibitor 2 Analysed by Protein Engineering Methods：Evidence for a Nucleation-condensation Mechanism for Protein Folding（依特扎奇:《运用蛋白质工程方法分析糜蛋白酶折叠转换状态的结构》,论文)
7	51（4868）	LASKOWSKI RA, 1993, V26, P283, J APPL CRYSTALLOGR：PROCHECK：a program to check the stereochemical quality of protein structures(拉斯库斯奇:《蛋白质结构的立体化学质量检测程序》,论文)
8	51（16580）	OTWINOWSKI Z, 1997, V276, P307, METHOD ENZYMOL：Methods in Enzymology, Vol. 276, Macromolecular Crystallography, Part A, edited by CW Carter Jr & RM …(奥托乌诺斯奇:《酶学方法》,论文)
9	51（9247）	BRUNGER AT, 1998, V54, P905, ACTA CRYSTALLOGR D 5：Crystallography & NMR System：A New Software Suite for Macromolecular Structure Determination(布鲁格:《结晶学与 NMR 系统》,论文)

　　被引频次最高的经典文献是 1989 年出版的山姆布鲁克的著作《分子克隆:一本试验室手册》,被引频次为 130 次,该文章在 Google 学术搜索中检索的被引频次为 4500 次;排在第二位的是克劳立斯于 1991 年发表的论文《产生蛋白质构造的详细的、示意性结构的程序》, 该论文被引频次为 91 次, 在 Google 学术搜索中的被引频次高达 5877 次。这两个文献是蛋白质工程技术领域的经典文献,对蛋白质工程技术的发展起到了重要的理论奠基作用。

(3)研究热点

　　同样将 SCI-E 于 1998—2007 年间发表的全部 1468 篇"蛋白质工程"主题文献数据输入 Citespace 软件中,选择使用关键路径算法,网络节点确定为关键词(keywords),确定的(c,cc,ccv)阈值分别为(2,1,2),(2,1,2),(2,1,2),最终生成图 3-2-17 所示的蛋白质工程研究热点领域分布地图。

通过运用大型文献处理软件 Bibexcel 对 1998—2007 年的 1468 篇蛋白质工程主题文献进行计量分析得出，共有 5082 个不同的关键词，出现的总频次为 12762 次。图 3-2-17 显示的是高频关键词共现网络地图。从网络地图中可以清晰地看出，CRYSTAL-STRUCTURE(晶体结构)、ESCHERICHIA-COLI(埃希氏菌属—大肠杆菌)、EXPRESSION(表达)、STABILITY(稳定性)、IDENTIFICATION(识别)、BINDING(捆绑)、MECHANISM(机械装置)等成为蛋白质工程研究的重点与热点领域。

表 3-2-5 列出频次高于 50 的 24 个高频关键词。其中出现频次最高的关键词是

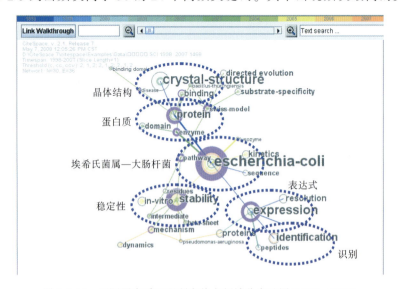

图 3-2-17　国际蛋白质工程研究热点领域分布地图(1998—2007)

表 3-2-5　"蛋白质工程"研究主题文献频次最高的 24 个关键词(1998—2007)

序号	频次	高频关键词	序号	频次	高频关键词
1	251	crystal-structure	13	72	site-directed mutagenesis
2	248	escherichia-coli	14	70	resolution
3	119	expression	15	67	site
4	117	stability	16	62	domain
5	110	protein	17	61	gene
6	103	binding	18	61	recognition
7	86	proteins	19	60	complex
8	76	mechanism	20	56	specificity
9	75	enzyme	21	54	evolution
10	75	directed evolution	22	54	mutagenesis
11	74	sequence	23	51	transition-state
12	74	purification	24	50	residues

crystal-structure,频次为 251 次,说明"晶体结构"是蛋白质工程技术的最热点的主题;排在第二位的是 escherichia-coli,频次为 248 次,表明埃希氏菌属－大肠杆菌成为蛋白质工程研究者关注的另一个重要的热点领域;expression 排在第三位,成为蛋白质工程主题研究重要关注的热点之一;此外,stability、protein、binding、enzyme 等,也都是蛋白质工程研究的重要的热点领域。

3.2.2.5 基因操作技术前沿分析

基因操作技术是生物技术领域的又一项重要的前沿技术。它兴起于 20 世纪 90 年代初期,是世界各大国竞相发展的重要技术领域。在 SCI 数据库中进行"基因操作"主题检索,即 Topic= ("genetic operat*") AND Document Type=(article),Timespan=1998—2007,Databases=SCI-Expanded,共得到 599 篇文献记录(以下简称"基因操作"主题论文),数据的下载日期为 2008 年 4 月 25 日。

(1)基因操作研究的经典文献

在科学研究文献呈指数增长、科学出版物日益繁荣的时代,对研究者来说一件重要的事情就是确定本研究领域重要的高水平的文献,即经典文献。目前,国际上运用的最有效的确定经典文献的方法,就是科学文献的引证分析方法。一篇(本)有学术价值的论文(著作),终究会引起学者们的关注,并且往往还会被许多学者引证。科学计量学研究表明,一个正常水平的科学家每年发表 4 篇论文;大约有 1/4 的论文发表之后,没有人引证它;在有人引证的论文中,平均每篇每年 1.7 条引文;若一篇论文每年被引证 4 次或 4 次以上,则可列为"经典著作"。

同样将 SCI-E 数据库中于 1998—2007 年间发表的全部 599 篇"基因操作"主题论文和 13 806 条引文数据输入 Citespace 软件中,选择使用关键路径算法,网络节点确定为参考文献(references)和主题词(nouns),主题词来源选择标题(title)、摘要(abstract)和关键词(descriptors 与 identifiers),确定的 (c,cc,ccv) 阈值分别为 (2,1,5),(2,1,5),(2,1,5),最终生成图 3-2-18 所示的基因操作研究经典文献与热点主题分布地图。

图 3-2-18 清晰地反映出国际基因操作研究领域经典文献之间的共被引关系。通过运用大型文献处理软件 Bibexcel 进行计量分析得出,1998—2007 年间 599 篇基因操作主题论文共有 10641 个不同的参考文献被引证,被引证的总频次为 13 806 次,其中被引频次高于 20 次的有 7 个基因操作研究经典文献(表 3-2-6)。

被引频次最高的经典文献是 1989 年出版的谷德博格的著作《遗传算法的搜索、优化与机器学习》,被引频次为 219 次,该文章在 Google 学术搜索中检索的被引频次高达 24488 次,按 19 年计算,平均每年被引用 1289 次,足可显示其经典地位;排在第二位的是荷兰 1975 年出版的著作《在自然与人工系统中的改编:生物技术介绍分析、应用》,该书被引频次为 116 次,在 Google 学术搜索中的被引频次高达 14447 次。这两本

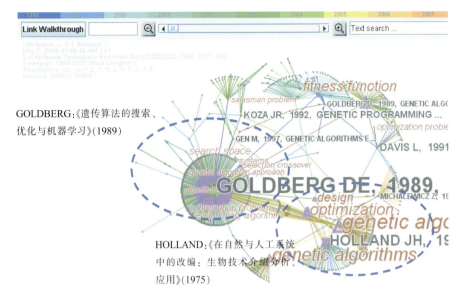

GOLDBERG:《遗传算法的搜索、优化与机器学习》(1989)

HOLLAND:《在自然与人工系统中的改编：生物技术介绍分析、应用》(1975)

图3-2-18　基因操作研究经典文献与研究热点分布地图(1998—2007)

表3-2-6　"基因操作"研究被引频次最高的11个经典文献(1998—2007)

序号	被引频次	经典文献
1	219(24488)	GOLDBERG DE, 1989, GENETIC ALGORITHMS S：Genetic Algorithms in Search, Optimization and Machine Learning
2	116(14447)	HOLLAND JH, 1975, ADAPTATION NATURAL A：Adaptation in natural and artificial system：An Introduction Analysis with Application to Biology
3	55(3952)	DAVIS L, 1991, HDB GENETIC ALGORITH：Handbook of Genetic Algorithms
4	43(4930)	KOZA JR, 1992, GENETIC PROGRAMMING：Genetic Programming：On the Programming of Computers by Means of Natural Selection
5	29(7412)	MICHALEWICZ Z, 1996, GENETIC ALGORITHMS D：Genetic Algorithms + Data Structures = Evolutionary Programs
6	28(1233)	GEN M, 1997, GENETIC ALGORITHMS E：Genetic Algorithms and Engineering Design
7	27(1238)	GREFENSTETTE JJ, 1986, V16, P122, IEEE T SYST MAN CYB：Optimization of Control Parameters for Genetic Algorithms

注：括号内的被引频次为 Google 学术搜索的结果,2008 – 06 – 02

著作是生物基因工程技术领域的经典著作,对基因操作技术的发展起到了重要的理论奠基作用。

(2)基因操作研究的热点领域

我们利用文献题录中的关键词,并借助 Citespace 软件,来确定基因操作研究的热点领域。关键词在一篇文章中所占的篇幅虽然不大,往往只有三、五个,但却是文章的核心与精髓,是文章主题的高度概括和凝练,因此对文章的关键词进行分析,频次高的关键词常被用来确定一个研究领域的热点问题。同样将 SCI-E 于 1998—2007 年间发表的全部 599 篇"基因操作"主题文献数据输入 Citespace 软件中,选择使用关键路径算法,网络节点确定为关键词(keywords),确定的阈值为(1,1,2),(1,1,2),(1,1,2),运行 Citespace 软件,生成图 3-2-19 所示的基因操作研究热点领域分布地图。

通过运用 Bibexcel 对 1998—2007 年的 599 篇基因操作主题文献进行计量分析得出,共有 645 个不同的关键词,出现的总频次为 1099 次。图 3-2-19 显示的是高频关键词共现网络地图。从网络地图中可以清晰地看出,optimization(最优化)、design(设计)、genetic algorithms（遗传算法)、algorithms（运算法则)、search（搜寻)、model（模型)、systems(系统)等成为基因操作研究的重点与热点领域。

表 3-2-7 列出出现频次 10 次以上的 12 个高频关键词。其中出现频次最高的关键词是 optimization,频次为 62 次,说明"最优化"是基因操作技术的最根本出发点和最终

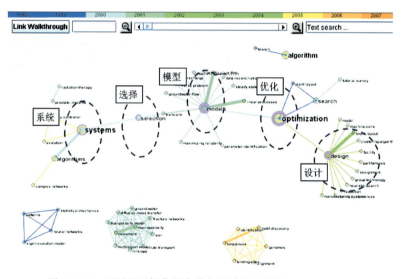

图 3-2-19　国际基因操作研究热点领域分布地图(1998—2007)

表 3-2-7　"基因操作"研究主题文献频次最高的 12 个关键词(1998—2007)

序号	频次	高频关键词	序号	频次	高频关键词
1	62	optimization	7	19	algorithm
2	40	design	8	18	genetic algorithm
3	28	genetic algorithms	9	13	model
4	21	algorithms	10	11	neural networks
5	19	search	11	10	generation
6	19	systems	12	10	models

目的;排在第二位的是 design,频次为 40 次,表明基因操作如何设计成为基因操作研究者关注的另一个重要的热点领域;genetic algorithms 排在第三位,显示出基因的运算法则, 成为基因操作主题研究重要关注的热点之一; 此外,search、systems、model、neural networks、generation、models 等,也都是基因操作研究的重要的热点领域。

3.2.3 核心技术层次:生物测试与探测技术

从前面的分析中我们发现,1986 年兴起的"细菌、真菌、病毒等的测试与探测技术"[Testing and Detection (Exc. Bacteria, Fungi, Viruses)] 是全球生物技术领域最核心的技术(以下简称为生物测试与探测技术),该技术在 2007 年的专利申请量占到全部专利申请量的 18.1545%。我们在《德温特创新索引》专利数据库中下载了 2005—2009 年该技术领域被引频次最高的 1000 项专利记录, 并将其视为生物技术领域的核心技术。

3.2.3.1 全球生物测试与探测技术专利权人分布

在此,我们将 1000 项生物测试与探测技术中,拥有 10 项以上专利的专利权人称其为高产专利权人。全球生物测试与探测技术的高产专利权人分布如图 3-2-20 所示。图 3-2-20 可以看出,拥有核心技术最多的公司是美国的 APPERA 公司,共拥有 19 项核心技术的专利;同样排在第一位的是美国的麻省理工学院 MIT,也拥有 19 项核心专利技术;排在第三位的是美国加州大学,拥有 18 项核心专利技术;排在第四位的是美国的 GENENTECH 公司,拥有 17 项核心专利技术;排在第五位的是美国的 PALOALTO 研

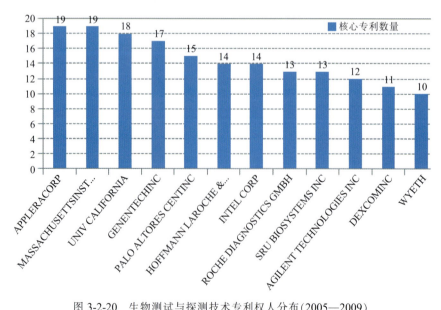

图 3-2-20 生物测试与探测技术专利权人分布(2005—2009)

究中心,拥有 15 项核心专利技术。由此我们看到,全球生物测试与探测技术核心技术的前 5 位高产专利权人全部是美国的生物技术公司、大学或研究中心。由此可见,美国生物技术在全球的领先地位。

3.2.3.2　全球生物测试与探测技术 IPC 分布

通过国际专利分类代码(IPC)分析,得到 1000 项核心专利中,IPC 代码专利数据在 100 项以上的统计结果(图 3-2-21),表明核心专利分布最多的 IPC 代码为 C12Q-001/68,该代码共有 329 项专利技术；排在第二位的是 IPC 代码为 G01N-033/53 的专利技术领域,该领域共有 231 项专利技术；排在第三位的 IPC 代码为 C12N-015/09,该领域共有 210 项专利技术；排在第四位的 IPC 代码为 C07H-021/00,该领域共有 152 项专利技术；排在第五位的 IPC 代码为 C07H-021/04,该领域共有 136 项专利技术。

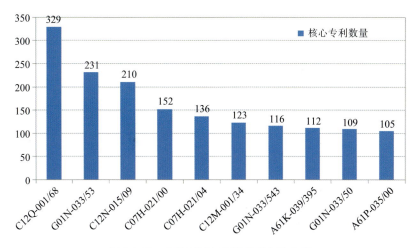

图 3-2-21　生物测试与探测技术 IPC 分布

3.2.3.3　全球生物测试与探测技术研究热点探测

运用 CiteSpace 软件,对生物测试与探测技术研究热点的可视化分析图谱(图 3-2-22)显示,生物测试与探测技术的核心主题是围绕着以下三个主要主题进行的。分别是 C1:自然杀伤细胞活化性受体；C2:生物探测技术的复杂性；C3:生物测试技术的多样性。

生物测试与探测技术的热点子技术领域主要包括表 3-2-8 所示的这些领域。

3.2.3.4　结论

通过前面的计量分析发现,全球生物技术领域的核心技术——生物测试与探测技术,主要集中在美国的公司或大学中。生物测试与探测核心技术的专利研究,主要集中在"自然杀伤细胞活化性受体"、"生物探测技术的复杂性"、"生物测试技术的多样性"等三个主要研究领域。

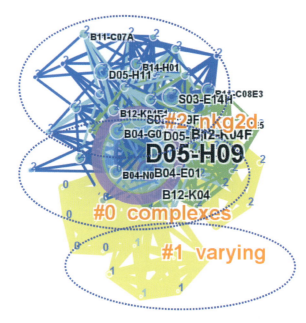

图 3-2-22　生物测试与探测技术热点领域与主题(2005—2009)

表 3-2-8　生物测试与探测技术的热点子技术领域分布(2005—2009)

德温特指南代码	专利量	中心性	热点技术(兴起年份)
D05-H09	496	0.67	testing and detection [exc. bacteria, fungi, viruses] (1986—) (细菌、真菌、病毒等的)测试与探测技术
B12-K04F	137	0.07	tests involving dna, hybridisation probes etc. (1994—) dna 测试技术,杂交测试技术
S03-E14H	126	0.02	investigation methods for biological material 生物材料研究方法
S03-E09F	124	0.08	immunoassay techniques and biological indicators (2005—) 免疫测定技术与生物指示器生产技术
B12-K04	115	0.09	diagnosis and testing [general] 诊断与测试技术
B04-E01	113	0.14	nucleic acid general and other (1994—)核酸通用技术
D05-H10	110	0.05	fixing biological substances or cells to a carrier and the carriers themselves (1986—)固体生物质或细胞携带者
B12-K04A	105	0.01	diagnosis of diseases or conditions in animals general (1986—) 疾病诊断或动物通用条件
D05-H11	100	0.02	antibodies (1986—) 抗体

3.3　能源技术科学领域及其前沿技术知识图谱

随着我国经济持续快速的增长，人们对能源的需求越来越大。目前，我国是世界第二大能源生产大国和消费大国，国内能源消费尤其是石油消费大幅增长，对外依存度明显提高，能源供求关系日趋紧张。因此，充足而稳定的能源成为影响和制约我国经济发展的重要因素。《国家中长期科学和技术发展规划纲要》和《国家"十一五"科学技术发展规划》要求大力开发节能和能源清洁高效开发、转化和利用技术，积极发展新能源技术，促进能源多元化。攻克一批能源开发、利用和节能重大关键技术与装备，形成一批新兴能源产业生长点，掌握新能源、氢能和燃料电池等战略高技术，建立起能源科学技术持续创新平台，为经济、社会可持续发展提供清洁高效能源技术的支撑。能源消费是促进经济快速健康发展的重要物质保障，在国民经济建设和社会发展中具有重要的地位；同时，发展能源技术、提高能源效率、转变经济增长方式，也是推动和促进经济与社会可持续发展的重要手段，发展能源技术对我国经济与社会发展具有重要的战略意义。在此，利用引文分析、共被引分析等理论，借助信息可视化技术分析软件 Citespace 对能源技术领域及其子领域国际研究的文献数据进行共被引网络分析，可以形象地展现能源技术领域及其子领域的动态演化结构及其知识结构分布，通过分析国际能源技术领域及其子领域研究的前沿热点问题，对我国的能源发展战略优化提供决策支持。

3.3.1　技术科学层次：能源领域的总体计量研究

以"energy technolog*"为主题词，对 2000-2009 年间 SCI 收录的英文 "Article"类文献进行检索，共获得 1444 条文献数据，其中共包含引文 22044 条。

3.3.1.1　论文整体分布情况

能源技术从 20 世纪 90 年代起，被广泛关注和讨论，从 1990 年发文量 18 篇，到 2009 年已经达到 236 篇，而自 21 世纪起，能源技术更是以级数增长（图 3-3-1）。

(1)国家分布及合作

如图 3-3-2 所示，在共计 1444 篇文献中，美国发表的论文数量为 112 篇，远远超过第 2 位英国的 45 篇。中国大陆发表了 29 篇，位列第 4，排在美国、英国、荷兰之后。中国台湾发表 9 篇。

运用 CiteSpace 对 1997—2006 年间能源技术领域研究的文献数据进行可视化分析，绘制出国际能源技术领域研究的国家合作网络图谱（图 3-3-3），并根据网络中节点的相关属性值，结合网络图谱，分析国际能源技术研究的区域分布和国家之间的合作情况。

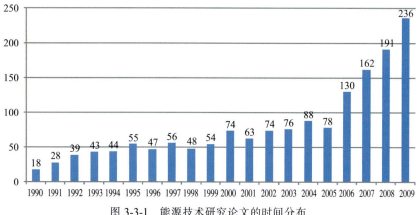

图 3-3-1　能源技术研究论文的时间分布

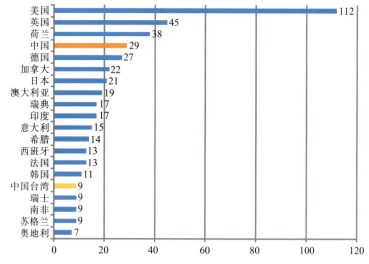

图 3-3-2　能源技术研究论文的主要国家 / 地区分布

从绘制的国家合作网络图谱中可以很直观的看到，国际能源技术领域研究的三个核心区域：一是美国在能源技术研究领域的独立区域；二是欧盟能源技术研究的黄金三角区域；三是中国在能源技术领域研究的新崛起。

1）美国在能源技术研究领域的核心位置

如图 3-3-4 所示，在国家合作网络图谱中我们可以看到美国在能源技术领域研究的核心区域位置。在网络中，美国与其他国家的合作较多，其节点也远远大于其他国家，说明美国在能源技术领域研究中的被引频次较高。从节点的中心性来看，美国在合作网络中的中心性也是所有节点中最大的，显示了美国在能源技术领域研究的核心地位。通过 CiteSpace 软件统计的数据，我们做出了柱状图，可以更加直观的看出美国无论是被

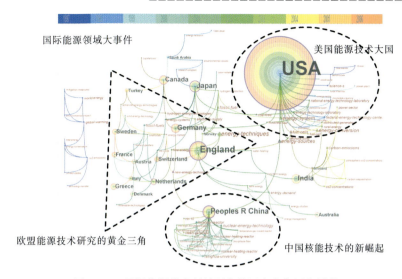

国际能源领域大事件

美国能源技术大国

欧盟能源技术研究的黄金三角

中国核能技术的新崛起

图 3-3-3 国际能源技术领域研究的国家合作网络图谱

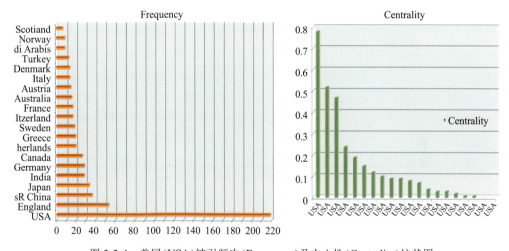

图 3-3-4 美国(USA)被引频次(Frequency)及中心性(Centrality)柱状图

引频次(Frequency)还是中心性(Centrality)都遥遥领先于其他国家,也说明美国在能源技术领域研究中的领先水平和地位。

在能源技术国家合作网络图谱的基础上,为了更加清晰的探测合作国家的地理空间分布情况,我们利用 CiteSpace 可视化软件结合 Google Earth 软件,绘制了网络中美国主要能源技术研究区域的具体分布情况以及美国与其他国家之间的合作情况 (图3-3-5)。

同时,我们结合凸现主题词作进一步分析。以中心性较高的凸现词为例:燃料电池

图 3-3-5　美国能源技术研究合作的分布

（fuel-cells）和燃煤发电（coal-fired）。燃料电池(fuel-cells)指氢气和氧气经过化学反应产生电能，而唯一的副产品是水，这种电能干净而且持久，就像给汽车输上电一样。美国早在2004年的能源拨款中就拨出3.21亿用于洁净煤技术研究，拨款2.73亿开发汽车和小型发电机用的氢燃料电池用于该项目的研究。

　　美国十分重视洁净煤发电技术，把它当作未来能源技术研究的制高点，政府、企业和研究机构等都积极组织相关技术的研发。净煤技术的发展始于上世纪80年代，是新一代煤炭处理方法，可在提高能源效率、降低空气污染的情况下，充分利用世界丰富的煤炭资源。为了更好地开发净煤技术，美国能源部(US DOE)于2003年提出了未来电厂计划，由政府部门与私营机构及国际组织共同投资10亿美元，在5年内完成设计、建造一座零排放的煤基发电厂，10年内开始运作。未来电厂将煤炭从有损环境的能源变为有益环境的能源，是朝着无污染能源迈出的重要一步。未来电厂技术可以使燃煤电厂效率提高到60%或更高，差不多是传统燃煤电厂效率的2倍。美国作为煤炭生产和消费大国，煤炭的90%用于发电，煤电占全美电力的55%以上。因此，计划在10年内拨款20亿美元用于推动净煤技术的发展，并制定了"美国净煤发电计划"，目的是到2018年使燃煤发电厂排放的硫、氮和汞等减少近70%。世界能源委员会研究报告认为，对于主要煤炭消费国来说，今后几十年内，从煤炭中提取的合成气体、液体和氢能将是重要的长期能源供应来源。预计到2030年，全球约有72%的发电将使用净煤技术。

　　同时，"国家能源技术实验室(National Energy Technology Laboratory)"和"联邦能源技术中心(federal energy technology center)"等凸现主题词，说明了美国在能源技术领域研究中，国家的投入是很大的。美国能源部(DOE)和哈佛大学(Harvard University)是美国能源技术的研究基地。固体氧化物燃料电池(SOFC)是得到能源部支持的几种燃料电池之一，因为它具有较大的商业潜力。SOFC具体的应用有利于生产，如工业或大规律中央发电站。SOFC的优点在于可用化石燃料生产氢，高温(1500°F)下为工业生产提供热能。新的美国能源部项目10年目标是将投资费用减至每千瓦400美元，效率提高了60%—70%。

　　美国燃料电池与氢能的有关国家级研究开发的典型项目就是美国能源部的节能与

新能源开发局(EERE)实施的"氢燃料电池与相应基本建设技术开发项目"(HFCIT：Hydrogen，Fuel Cells & Infrastructure Techno logies Program)。这与日本的新能源开发机构(NEDO)有极其相似之处，都是以开发新能源并积极规划实施新能源实用化为宗旨。2003 年 1 月 28 日美国的布什总统发表了总额超过 12 亿美元的氢燃料电池开发计划(HFI：Hydrogen Fuel Initiative)。HFCIT 发展项目构成了该计划的核心。与此相同的是，美国能源部的节能与新能源开发局实施的称为美国新一代汽车研发计划(FCVT：Freedom CAR and Vehicle Technologies)开发项目通过联合，使 HFI 与 FCVT 的一部分合并组成了新的开发模式，称为美国新一代汽车研发与氢能发展综合规划(Freedom CAR and Hydrogen Fuel Initiative)。

氢燃料电池技术开发已经成为 21 世纪新能源技术开发的重要方向之一。美、日、欧都在进一步加大力度试图占据新一代能源制高点，车用动力与分散型燃料电池的开发呈现白热化。

2)欧盟国家能源技术领域合作研究的黄金三角

在国家合作网络知识图谱中我们可以清楚地看到，网络中 13 个欧盟国家中有 12 个国家聚集到一个"三角地带"(除了苏格兰)，这说明欧盟国家在能源技术领域的研究上有着相似性以及密切的合作关系。为了更直观地展现这样分布情况，我们找到了欧盟地图，在地图上把"三角地带"的 12 个欧盟国家标示出来，其余国家做去色处理，我们发现这 12 个欧盟国家在地域上也有极高的相近性，并且同样具备地域上的"三角"特性。同时，通过 Google Earth 的欧盟国家之间能源技术研究以及与其他国家间的合作情况与欧盟地图上的能源技术研究"黄金三角"做出比较分析(见图 3-3-6)。

在国家合作网络图谱中的"三角地带"中，分析与 12 个共现国家相联的凸现主题词，

图 3-3-6 欧盟"能源黄金三角区"地图与 Google Earth 国家合作分布的比较

比如可再生技术(renewable technologies)、新能源技术(new energy technology)等。无论是被引频次还是中心性,英格兰(England)与德国(Germany)都明显高于其他欧盟国家,说明二者在欧盟能源技术领域研究中的投入较大,技术水平较高。德国(Germany)之所以与氢能源技术(hydrogen-energy-technologies)、制氢(hydrogen-production)紧密相连是由于德国在研制以氢为燃料的飞机及汽车领域的技术属于世界前沿。

欧盟可再生能源发展取得了很大的成就,是世界可再生能源发展的领先者。欧盟从上世纪80年代开始发展可再生能源。自1992年《气候变化框架公约》和1997年《京都议定书》签署以来,发展速度加快,超越美国,成为世界可再生能源发展的领跑者。到2005年底,欧盟所有成员国风电装机达到4090万kW,提前5年实现了欧盟在1997年提出的"到2010年风电装机4000万kW"的目标,2006年又比2005年新增加了770万kW,扣除淘汰的风电机组,2006年底欧盟风电装机达到了4855万kW,占全球发电装机容量的65%以上,世界风电装机容量前10名的国家中欧盟成员国占了7位,世界10大风电设备制造商中,有8位在欧盟。欧盟还在太阳能光伏发电、生物质能利用等方面有了较大发展,太阳能光伏发电新增容量在2005年超过日本,成为发展最快的地区,尤其是德国,2006年新增光伏发电容量接近100万kW,占全球当年新增容量的1/3。2003年由英国主导发起成立了"可再生能源和能源效率伙伴计划";2005年由意大利主导发起成立了"全球生物质能伙伴计划";由德国主导发起成立了"21世纪可再生能源政策网络",启动了一些多边的合作机制,积极推动全球可再生能源的发展。2004年德国通过波恩"世界可再生能源大会",把可再生能源发展推向了一个新的阶段。通过近年来的政策拉动和具体的行动,欧盟超过了美国和日本,成为世界发展可再生能源的领跑者。1997年,欧盟颁布了可再生能源发展白皮书,制定了2010年可再生能源要占欧盟总能源消耗的12%;2050年可再生能源在整个欧盟国家的能源构成中要达到50%的宏伟目标。2001年,欧盟部长理事会提出了关于使用可再生能源发电指令的共同立场,要求欧盟国家到2010年,可再生能源在其全部能源消耗中占12%,在其电量消耗中可再生能源的比例达到22.1%的总量控制目标;其后,欧盟的各成员国根据该指令,制定了本国的可再生能源或可再生能源发电的发展目标,并付诸实施,取得了显著的成果[①]。随着世界各国对气候变化问题认识的逐步统一及对能源供应安全的担忧,欧盟自2005年起开始重新评估可再生能源发展的重要性,在过去可再生能源快速增长的基础上,提出了加速能源替代步伐的新思路、新目标和新行动。新思路是:发展可再生能源由补充能源向替代能源过渡。在2007年1月10日公布的新的能源发展目标中提出了新目标:到2020年,可再生能源将在欧盟27个成员国的能源结构中占到20%,将满足至少10%的交通燃料的需求。

---

① 李俊峰,时璟丽,王仲颖.欧盟可再生能源发展的新政策[J].可再生能源.2007,25(3).

欧盟一次能源供应的85%来自于化石燃料,而可再生能源技术的发展已成为欧盟国家替代化石燃料、解决能源危机和环境保护问题的战略选择。从能源供需的角度上看,欧盟能源需求的50%依赖进口,因此保障欧盟能源安全供给,避免70年代和80年代两次能源供应危机所引发的经济衰退是欧盟能源战略着眼点之一。从能源资源的进口方面考虑,欧盟既依赖于海湾地区,又迫不急待地开发东欧市场。从欧盟内部市场和地区经济技术发展不平衡的角度来考虑,发达地区的技术和设备可向落后地区进行技术转让或输出,从而可以促进内部统一的市场,带动落后地区能源技术的发展,对整个西欧经济的发展有着积极的促进作用。

3)中国能源技术领域研究的新崛起

中国和平崛起对能源的巨大需求,使能源技术的发展面临着既要满足国民经济增长和人民生活水平提高的需求,又要满足减少环境污染的双重压力。近几年中国能源消费增长迅猛,2004年起中国成为超过日本、仅次于美国的世界第二能源消费大国。随着油价的不断攀升、气候环境问题的日益困扰,以及由石油引发的种种国际关系变动,保障国家能源安全成为各国制定能源战略和政策的首要目标,能源的多元化是保障国家能源安全的重要基础。在未来一段时期内,中国的经济将会保持以较高的速度增长,城市化进程也会加快,中国的能源消费的继续增长将不可避免。如果中国重复发达国家在历史上所经历过的发展道路,2050年中国达到中等发达国家水平时,人均能源消费3.5吨标油当量,届时中国的能源总消费量将达到52.5亿吨标油当量,相当于目前世界能源消费总量的60%,如何满足中国的能源需求,不仅对中国自己的能源供应、对世界能源供应也将是一个巨大挑战。

在国家合作网络图谱中我们可以清楚地看到下方形成了一个明显的聚类 - 以关键节点:中国(People R China)以及凸现主题词:清华大学(tsinghua university)、核能技术(nuclear energy technology)、兆瓦高温核反应堆(mw nuclear heating reactor)等为研究前沿的核能技术研究领域。通过 Google Earth 地图(图3-3-7),我们可以清楚地看到,我国能源技术高共被引的研究机构分布已经以北京为中心,形成了较密集的辐射圈,但我国能源技术研究在国家之间的合作相对较少。

核能是一种能大规模替代化石能源的环保清洁能源,使用时既不产生二氧化硫、粉尘等污染物,也不产生二氧化碳温室气体,少耗料、高能量,是一种可以长时间供能的特殊动力。因此,发展核能是中国能源可持续发展的必然选择,中国政府已提出了"积极发展核能"的方针。核能在中国优化能源结构和多元化的能源发展战略中发挥日益重要的作用。

核能供热是上世纪八十年代才发展起来的一项新技术,这是一种经济、安全、清洁的热源,因而在世界上受到广泛重视。在能源结构上,用于低温(如供暖等)的热源,占总热耗量的一半左右,这部分热多由直接燃煤取得,因而给环境造成严重污染。在

图 3-3-7　我国能源技术研究合作网络的分布

中国能源结构中,近 70%的能量是以热能形式消耗的,而其中约 60%是 120℃以下的低温热能,所以发展核反应堆低温供热,对缓解供应和运输紧张、净化环境、减少污染等方面都有十分重要的意义。核供热是一种前途远大的核能利用方式。核供热不仅可用于居民冬季采暖,也可用于工业供热。特别是高温气冷堆可以提供高温热源,能用于煤的气化、炼铁等耗热巨大的行业。核能既然可以用来供热、也一定可以用来制冷。清华大学在五兆瓦的低温供热堆上已经进行过成功的试验。

核能主要用于发电,但它在其他方面也有广泛的应用。例如核能供热、核动力等。2007 年初,由清华大学研制的"10 兆瓦高温气冷试验反应堆"获得了中国科技进步一等奖,其技术应用——中国"高温气冷堆核电示范工程"已列为国家中长期科学和技术发展规划中的重大专项,并由中国华能集团公司、中国核工业建设集团公司和清华大学共同合作建造。10 兆瓦高温气冷实验反应堆是中国核技术研究攻坚的一个代表。这是世界上第一座模块化高温气冷堆实验电站,标志着中国在新型核能技术领域处于世界领先地位。

4)网络图谱中其他能源技术研究情况

国家合作网络图谱的左方出现了一些相对独立的紫色凸现主题词,例如 "united states"、"CO$_2$ emissions"、"global warming"、"environmental impact"、"energy conservation"等,显示了近年来全球气候变暖、二氧化碳气体排放、温室效应增加以及美国退出京都议定书等对国家环境的影响等事件。能源的发展与环境要求对人类提出了更加严峻的挑战。温室气体来源于人类燃烧的石油、煤等石化能源,因此推广清洁能源和减排本是一个问题。应用清洁能源,既可以减少温室气体污染、为遏制全球变暖作贡献,又可以减轻经济对石化能源的依赖,这并不意味着牺牲经济发展,反而是有益于民生和长期、可持续发展的明智之举。《京都议定书》即将在 2012 年到期,但科学家们 2007 年年初发布的全球气候变化评估报告确认,气候变暖"很可能"由人类活动所导致,并预言本世纪内气候变化可能达到灾难的程度。因此,全球依旧面临着削减温室气体排放、遏制气候变暖趋势的艰巨任务。

日本(Japan)虽然能源极度匮乏,但其能源技术水平发达,在图谱中日本周边的凸现词,如能源技术(energy-techniques)、能源系统(energy-systems),均映射了日本在能源技术领域的投入以及拥有世界高水平的能源技术。

我们还注意到图中既没有能源大国俄罗斯(Russia),也没有石油大户中东(Middle East)等国家。这是因为二者虽均为能源大国但其在能源技术研究中与其他国家之间的合作却相对较少,在能源技术领域的研究方面并没有与其他能源技术研究国家共同出现在合作网络图谱中。

(2)机构分布及合作

1444篇能源技术科学技术研究论文的机构主要分布于荷兰乌德勒支大学、美国能源部、瑞典查尔穆斯理工大学、加州大学伯克利分校、雅典国家技术大学及麻省理工学院等。我们对发表文章超过2篇的机构进行合作分析,即运用CiteSpace生成机构合作图谱(图3-3-8)。

在研究机构共现网络图谱中,主要形成了四个相对明显的能源技术研究机构合作的聚类簇。首先是以美国能源部(US DOE)为中心的能源技术研究合作网络聚类,聚类中共包含了6个机构(表3-3-3),分别是美国能源部(US DOE)、美国杨伯翰大学(Brigham Young University)、卡耐基梅隆大学(Carnegie Mellon University)、美国阿贡国家实验室(Argonne National Lab)、德州农工大学(Texas A&M University)和奥克拉荷马大学 (University Oklahoma),6个机构都属于美国。其中,美国能源部在整个网络中的节点的中心度为0.84,表明

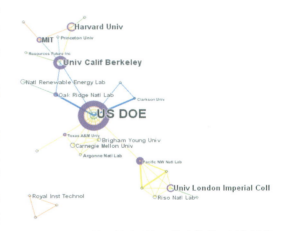

图 3-3-8　国际能源技术研究机构合作共现网络图谱

表3-3-3　第一聚类中研究机构相关统计

Frequency	Centrality	Institution	所属国家
40	0.84	US DOE(department of energy)	美国 能源部
8	0.01	Brigham Young University	美国 杨伯翰大学
7	0	Carnegie Mellon University	美国 卡耐基梅隆大学
5	0	Argonne National Lab	美国 阿贡国家实验室
4	0.1	Texas A&M University	美国 德州农工大学
2	0	University Oklahoma	美国 奥克拉荷马大学

共现网络中绝大部分的研究机构都直接或间接的和他有合作关系,在网络中他的出现频次为 40 次,也是整个网络中共现次数最多的一个研究机构。

美国能源部成立于 1977 年,是美国最重要的联邦政府机构之一,主要负责核武器研制、生产和维护,联邦政府能源政策制定,能源行业管理,能源相关技术研发等。美国是目前全球最大的能源生产和消费国,是核武器及相关科学领域研究实力最强的国家之一,美能源部正是负责制定国家能源政策和进行核武器及相关科学研究工作的机构,其出台的任何政策和计划都倍受关注。近年来(2004 年以后)美国能源部与卡耐基梅隆大学、杨伯翰大学、德州农工大学以及阿贡国家实验室等研究机构间的共现次数增多(表 3-3-3),表明以上机构之间的合作次数越来越多,合作关系越来越密切。

其中,阿贡国家实验室是美国政府最老和最大的科学与工程研究实验室之一,在美国中西部为最大的工程实验室。阿贡是 1946 年特许成立的美国第一个国家实验室,也是美国能源部所属最大的研究中心之一。过去半个世纪中,芝加哥大学为美国能源部及其前身监管阿贡国家实验室的运行。阿贡是从二次世界大战曼哈顿工程的一部分,芝加哥大学的冶金实验室的基础上发展起来的。二战后,阿贡接受开发和平利用原子反应堆的任务。数年来,阿贡的研究不断扩大,包括了基础科学、科学设施、能源资源计划、环境管理、国家安全、工业技术开发等许多领域[1]。杨伯翰大学和卡耐基梅隆大学也同处在这一合作网络中,这两个大学的科研尤其是在能源技术和能源开发的研究方面在近年来出现了较快的增长速度。

在以美国能源部为中心的聚类右下方,与美国能源部直接相连的有一个关键节点,美国太平洋西北国家实验室,由该关键节点机构为中心形成了一个共现网络聚类 2,这一聚类包含美国太平洋西北国家实验室(Pacific NW National Lab)、英国伦敦大学帝国理工学院 (University London Imperial College Science Technology & Med)、Riso 国家实验室(Riso National Lab)、苏格兰的圣安德鲁大学(University St Andrews)、美国宾夕法尼亚大学(University Penn)和英国 Severn Trent 水务有限公司(Severn Trent Water Ltd)(表 3-3-4)。这一机构合作网络也是在近年(2004 年以后)共现形成的。美国太平洋西北国家实验室隶属于美国能源部,从 1965 年开始承担美国原子能研究中心项目,是美国重要的能源技术研究机构,在共现网络中的中心性为 0.42,可见其位置的重要程度。在聚类 2 中共现频次最多的是英国伦敦大学帝国理工学院,共现了 14 次,同时也具有较高的中心度(0.1)。作为一个专门致力于自然科学的大学,帝国学院在英国享有和麻省理工在美国所享有的声誉,其研究水平被公认为在英国大学的前三甲之列。拥有大约 2800 名研究人员,其中 53 名为皇家院士(Fellow of Royal Society),57 名为皇家工程学院院士(Fellows of the Royal Academy of Engineering)。同时帝国学院过去的成员中,有

---

① 阿贡国家实验室[OL] . [2008 - 04 - 28] . http :// baike. baidu. com/ view/ 100752. htm

表 3-3-4　第二聚类中研究机构相关统计

频次	中心性	机构	中文翻译
14	0.1	University London Imperial College Science Technology & Med	英国伦敦大学帝国理工学院
9	0	Riso National Lab	丹麦 Riso 国家实验室
4	0.42	Pacific NW National Lab	美国 太平洋西北国家实验室
2	0	University St Andrews	英国 圣安德鲁大学
2	0	University Penn	美国 宾夕法尼亚大学
2	0	Severn Trent Water Ltd	英国 Severn Trent 水务有限公司

16 个诺贝尔奖和 2 个费尔兹奖得主。美国宾夕法尼亚大学(University Penn)的能源研究中心主要致力于能源和环境以及 DNA 调聚物、细菌等方面的研究。

燃料电池的研究与开发是当前各国非常关心的重要应用研究。丹麦的 Riso 国家实验室近年来在燃料电池等能源技术方面的研究较为突出，并且和其它相关的研究机构的合作越来越多。同时，Riso 国家实验室在可再生能源，尤其是在风能的开发和技术研究方面具有重要的影响。苏格兰在可再生能源领域一直走在世界前列。苏格兰拥有欧洲最大的海岸风能发电站和世界上第一个专门的波浪和潮汐能中心，有众多著名的可再生能源项目位列世界第一。海洋波浪发电给人类提供了一个令人振奋的可再生能源方式，波浪能未来将成为越来越多的国家使用的新能源之一。近日，苏格兰海洋能源有限公司宣布，该公司的自动气象站发电机系统通过简单而高效的阿基米德波浪摆动原理与技术，为采集海洋波浪发电这一重要资源提供了可能①。作为苏格兰最出名的大学之一，圣安德鲁斯(University St Andrews)大学创建于 1410 年，是苏格兰最古老的大学，不仅是世界闻名的教学研究中心，也是英国非常优秀的学府。从共现网络图谱中，在可再生能源、风能的开发和技术研究方面，Riso 国家实验室与圣安德鲁斯大学有着紧密的合作网络关系。

以美国能源部为中心，往左上方，美国能源部除了与加州大学伯克利分校直接连接以外，还有一条关键路径，通过关键节点(中心度 0.1，共现频次 8 次)——美国橡树岭国家实验室(Oak Ridge National Lab，简称 ORNL)，形成了一个合作机构的共现网络聚类3。这一聚类的研究机构几乎都出自美国(只有荷兰能源研究中心例外)，因此，在地域上也为形成研究的合作网络提供了便利。橡树岭国家实验室是美国能源部所属最大的科学和能源研究实验室，成立于 1943 年。20 世纪 50、60 年代，ORNL 主要从事核能、物理及生命科学的相关研究。70 年代成立了能源部后，使得 ORNL 的研究计划扩展到能源产生、传输和保存领域等。目前，ORNL 的任务是开展基础和应用项目的研发，提供知识和技术上的创新方法，增强美国在主要科学领域里的领先地位；提高洁净能源的利用

---

① 苏格兰研发出海洋波浪气象站发电机[J]. 中国科技产业,2007(7):69.

率;恢复和保护环境以及为国家安全作贡献。ORNL 在许多科学领域中都处于国际领先地位。它主要从事 6 个科学领域方面的研究,包括中子科学、能源、高性能计算、复杂生物系统、先进材料和国家安全等,是美国乃至国际上能源技术领先的研究机构。

这一聚类以美国的加州大学伯克利分校为中心(中心度 0.52),形成了一个相对分散的研究机构合作网络。其中包括美国加州大学伯克利分校 (University California Berkeley)、美国哈佛大学(Harvard University)、美国麻省理工学院(MIT)、美国普林斯顿大学(Princeton University)、荷兰能源研究中心(Energy Research Centre Netherlands)和圣地亚国家实验室(Sandia National Labs)等研究机构(表 3-3-5)。与前两个聚类相比较,这一簇研究机构没有形成相对独立的稳定的合作网络,而是在不同的年份,相互之间出现的一些合作关系。其中最著名的劳伦斯伯克利国家实验室(Lawrence Berkeley National Laboratory)位于美国加州大学伯克利分校,它隶属于美国能源部,由加州伯克利大学代管。劳伦斯伯克利实验室是 1939 年诺贝尔物理学奖得主欧内斯特·奥兰多·伯克利先生建立的,早期关注于高能物理领域的研究。劳伦斯伯克利国家实验室现在研究的领域非常宽泛,下设 18 个研究所和研究中心,涵盖了高能物理、地球科学、环境科学、计算机科学、能源科学、材料科学等多个学科。劳伦斯伯克利实验室建立以来,共培养了 5 位诺贝尔物理学奖得主和 4 位诺贝尔化学奖得主。麻省理工学院(MIT)是一所世界名校,它的发展同该校的林肯实验室(Lincoln Laboratory)的发展是分不开的。荷兰能源研究中心(ECN)主要研究项目有工业能源效率(Energy Efficiency in Industry)、太阳能(Solar Energy)、风能(Wind Energy)、建筑环境中的可再生能源(DEGO)、清洁化石燃料(clean fossil fuels)、燃料电池技术(Fuel Cell Technology)等方面[①]。为了能够更及时、安全、环保和经济地应对满足世界范围内能源需求的挑战,哈佛大学肯尼迪政府学院设立了专门研究全球能源政策的教授职位,以推动能源政策方面的教学和研究。这个职位是由能源工业的先驱 Raymond Plank 和他领导了 50 年的一家能源企业阿帕奇公司(Apache Corp)赞助

表 3-3-5　第三聚类中研究机构相关统计

频次	中心性	机构	中文翻译
16	0.52	University California Berkeley	美国 加州大学伯克利分校
14	0.1	Harvard University	美国 哈佛大学
12	0.1	MIT	美国 麻省理工学院
6	0	Princeton University	美国 普林斯顿大学
3	0	Energy Research Center Netherlands	荷兰 能源研究中心
3	0	Sandia National Labs	美国 圣地亚国家实验室

---

① 荷兰能源研究中心 (ECN) [OL]. [2008-03-24]. http://chemport.ipe.ac.cn/cgi-bin/chem.port/gefiler.cgi?ID =nvr2n6KjXsmjASF2o MRWTqo7pSVWq1Dq WjZl7iqTCUzo3vkWxUvZEM5w5lbJVSWZ&VER=C.

支持的。普林斯顿大学等离子体物理实验室在聚变能科学研究与项目管理方面享有声誉。美国"国际热核试验堆"(ITER)项目配套办公室就被选定在普林斯顿大学等离子体物理实验室,该实验室与能源部橡树岭国家实验室共同组建了美国 ITER 项目办公室。美国圣地亚国家实验室为美国三大核武器实验室之一,从事的有关火炸药的研究主要有两方面,一是爆炸物理,二是炸药化学。在材料科学方面有:材料模型、材料加工、分析材料、薄膜材料等方面的研究。其它方面:有物理、化学、纳米科学学、能源科学、生物科学技术、计算机、燃烧化学、等离子体科学学等。

在整体的机构共现合作网络之外,还有三个机构节点相对独立的形成了一个三角形聚类网络(聚类 4)。包括瑞典皇家理工学院(Royal Inst Technology)、法国原子能委员会(CEA)和法国格勒诺布尔一大(University Grenoble 1)(表 3-3-6)。

表 3-3-6 第四聚类中研究机构相关统计

频次	中心性	机构	中文翻译
8	0	Royal Institute Technology	瑞典 瑞典皇家理工学院
3	0	CEA	法国 法国原子能委员会
2	0	University Grenoble 1	法国 法国格勒诺布尔一大

瑞典皇家理工学院 1827 年建院,是瑞典最大、最古老的六所技术类高等院校之一,也是一所国际性的高等教育机构,与世界上多所大学和学院建立了研究和教育关系。为瑞典 1/3 的工业生产提供工程技术教育和研究,培养了占全国 1/3 的理学学士和硕士工程师。致力于自然科学各个学科(如:建筑、产业经济、城市规划、环境技术、能源技术等)的教学和科研,尤其在信息交流和生物技术、能源技术领域有自己的专长。

法国原子能委员会 CEA 成立于 1945 年,隶属于法国国防部,是法国国家最主要的从事核领域科学和技术研究的公共机构,其职责是利用原子能为法国的科学工业和国防服务。50 多年以来它同大学工程师学校、国立或私立的科研机构保持着多方位的协作关系。格勒诺布尔一大(University Joseph Fourier)是法国的名牌大学,出过两位诺贝尔物理奖得主,并拥有一批法兰西学院的院士。三者不仅从地域上具有产生合作研究网络的先天优势,在能源技术领域的研究中,具有紧密的合作关系,在图谱中形成了相对独立的紧密合作网络。

3.3.1.2 能源技术领域的研究热点分布

通过 CiteSpace 可视化应用软件,运行前文同样的数据,再选取机构共现网络分析的同时,选择突现词短语(burst phrases)中的名词短语(noun phrases)绘制机构共现 - 突现词混合网络图谱(图 3-3-10)。

在研究机构 - 突现词混合网络图谱中,在以美国能源部为核心的聚类 1 中,出现了两个能源技术领域研究的突现词燃料电池(fuel cell)和碳获取(carbon capture),同时碳

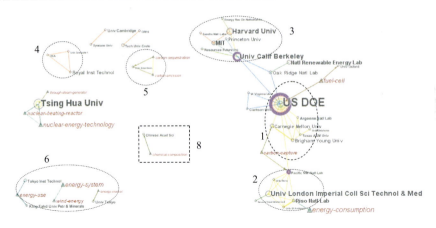

图 3-3-10　国际能源技术研究机构 - 突现词混合共现网络图谱

获取也和聚类 2 相连,除此聚类 2 还出现了能耗(energy consumption)突现词。同时,除了在图 1 中出现的研究机构合作聚类以外,还出现了几个新的研究合作聚类,主要是由英国阿伯丁大学(University Aberdeen)及其相连的突现词碳排放(carbon emission)和碳汇(carbon sequestration);东京大学(University Tokyo)和能源市场(energy market)研究,东京工业大学(Tokyo Inst Technology)和突现词能源利用(energy use)、风能(wind energy)、能源系统(energy system);尤其值得提出的是在能源技术研究机构 - 突现词混合共现网络中出现了两个我国的研究机构及其相应的能源技术突现词,他们是清华大学(Tsing Hua University)和核能技术(nuclear energy technology)、高温核反应堆(nuclear heating reactor);中国科学院(Chinese Academy of Science)和他相连的突现词“化学成分(chemical composition)”。

　　新出现的机构 - 突现词共现网络聚类中,聚类 5 主要由英国阿伯丁大学(University Aberdeen)及其相连的突现词碳排放(carbon-emission)和碳汇(carbon-sequestration)组成。英国阿伯丁大学坐落于英国苏格兰东北部的阿伯丁市,始建于 1492 年,是英国第五历史最悠久的大学。该校主要有理工、医学和社会科学 3 个研究方向。其中能源研究、医学和法学研究为该校的优势,在共现网络图谱中,碳排放和碳汇等突现词在近年来与其密切相连,成为其研究的热点领域之一。“碳汇”来源于《联合国气候变化框架公约》缔约国签订的《京都议定书》,该议定书于 2005 年 2 月 16 日正式生效。 由此形成了国际“炭排放权交易制度”(简称“碳汇”)。通过陆地生态系统的有效地管理来提高固炭潜力,所取得的成效抵消相关国家的碳减排份额[①]。聚类 6 主要由东京大学(University Tokyo)和能源市场(energy market)研究,东京工业大学(Tokyo Inst Technology)和突现词能源

---

① 李怒云,宋维明.气候变化与中国林业碳汇政策研究综述[J].林业经济,2006 (5):60—64.

利用(energy use)、风能(wind energy)、能源系统(energy system)等组成。

在混合网络图谱中,我国的清华大学及其相关的核能技术研究相对独立的形成了一个研究聚类。2007年初,由清华大学研制的"10兆瓦高温气冷试验反应堆"获得了中国科技进步一等奖,其技术应用——中国"高温气冷堆核电示范工程"已列为国家中长期科学和技术发展规划中的重大专项,并由中国华能集团公司、中国核工业建设集团公司和清华大学共同合作建造。10兆瓦高温气冷实验反应堆是中国核技术研究攻坚的一个代表。这是世界上第一座模块化高温气冷堆实验电站,标志着中国在新型核能技术领域处于世界领先地位。

3.3.1.3 能源技术科学领域的研究前沿

利用信息可视化软件CiteSpace对前文确定的文献数据信息进行可视化分析。在"Term Selection(主题词选项)"面板中选择"Burst Phrases(突现词)"进行"Cluster(聚类)"分析,同时设置阈值为(2.2.15)、(3.2.20)、(3.2.20),运行得到基于主题词共被引-文献共被引的混合网络图谱(图3-3-11),其中包括节点232个,连线1212条,突现词432个。

在文献共被引网络的演进关系中,不同聚类之间通过关键的文献节点相连接,通常这些节点都具有较高的中介中心性,在不同的聚类网络中间可以起到连接和过渡的桥梁作用。在由CiteSpace信息可视化软件实现的文献共被引网络的可视化图谱中,关键节点定义为在网络中中介中心性大于或等于0.1的节点,在图谱中用紫色的节点表示网络中的关键节点。由此我们可以看到,在上述能源技术领域共被引网络图谱中,共

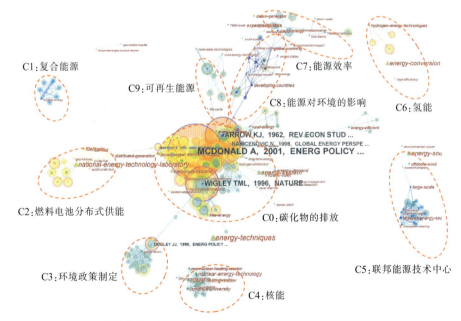

图 3-3-11　能源技术研究文献 - 突现词共被引网络图谱

包含了 6 个关键文献节点(node)(表 3-3-11)和两个突现词(burst)关键节点"分布式供能"(Distributed-generation),中心度 0.14,"发展中国家"(developing-countries),中心度 0.11。

表 3-3-11　关键节点信息统计表

中心性	作者	年份	期刊	卷	页码	HL
0.33	TML Wigley	1996	NATURE	V379	P240	3
0.31	A Mcdonald	2001	ENERG POLICY	vol	P255	2
0.24	KJ Arrow	1962	REV ECON STUD	V29	P155	35
0.22	N Nakicenovic	1998	GLOBAL ENERGY PERSPE	VBOOK	P0	2
0.17	JJ Dooley	1998	ENERG POLICY	V26	P547	1
0.1	E Martinot	2002	ANNU REV ENERG ENV	V27	P309	2

按照关键节点在网络中的中心度大小来看,在网络中,中心度最大的是 T. L. Wigley 于 1996 年发表在 Nature 上的文献 (*Economic and environmental choices in the stabilization of atmospheric CO$_2$ concentrations*),中心度 0.33,该文献节点连接了三个主要的聚类,分别是 2005、2006 年被共被引的文献聚类和两个 1999、2000 年生成的文献共被引聚类。从 CiteSpace 生成的文献被引情况统计图表(图 3-3-12)中也可以看出他的文献一直保持了较高的被引频次。他与网络中中心度较小 (中心度 0.17) 的节点文献——J. J. Dooley 于 2002 年发表在 Energy Policy 上的 (*Unintended consequences*:

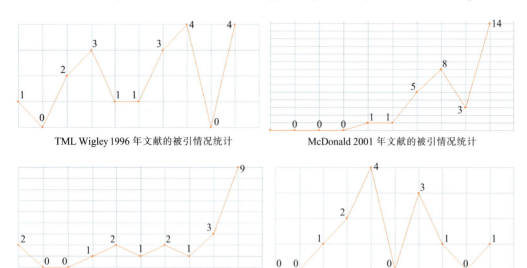

TML Wigley 1996 年文献的被引情况统计

McDonald 2001 年文献的被引情况统计

KJ Arrow 1962 年文献的被引情况统计

N Nakicenvic 1998 年文献的被引情况统计

图 3-3-12　关键节点文献在所选数据中的被引情况统计图

energy R&D in a deregulated energy market-the Case of Energy)一文都出现在了同一年份被共被引的文献聚类中,通过对原始文献的分析,我们可以将其界定为能源政策类相关的文献聚类簇,代表了与能源政策和行政管制相关的知识基础文献聚类[①②]。

中心度第二位的是 A. McDonald 与 L. Schrattenholzer 于 2001 年在 Energy Policy 上发表的(*Learning rates for energy technologies*)一文,中心度 0.31。该文自 2001 年发表以来,迅速被广泛传播和引用,保持了较高的被引频次,直到本文数据截至的 2006 年达到被引频次的高峰(图 3-3-12)。该节点文献也是在本文所选取的数据中被引频次最大的一个节点。同时他也具有较高的中心度,从共被引网络图谱上看,该关键节点连接了三个在近年来被共被引形成的文献聚类。表明该文献的研究是近年来国际能源技术领域研究的前沿热点内容。通过文献分析,A McDonald 在文中主要提出了能源技术的学习效率问题。他认为技术学习也就是技术创造者积累经验的耗费降低,是评估长期能源战略和温室气体排放率的具体的增长模型。这些应用大部分是使用学习率,这种学习率是建立在非能源技术的研究之上的,或者只有小部分是能源研究的结果[③]。文章为长期能源模型中的学习率和不确定性范围的决策选择以及能源转换技术的学习率选择提供经验基础。同时提供了一种与能源相关学习率的量化方法,对能源模型研究者的经验模式提供量化。

美国经济学家、诺贝尔经济学奖获得者 K. J. Arrow 在 1962 年发表的 *The Economic Implications of Learning by Doing* 一文,在 google 学术搜索中检索,该文被引超过 3000 余次。该文献节点在网络中的中心度为 0.24,排第三位。阿罗在新增长理论中作了大量的研究工作,主要手段和目的就是将技术内生化。阿罗(Arrow,1962)的经济增长模型率先将技术内生引进经济增长模型,其科学手段是将技术进步作为资本积累的副产品,即干中学(Learning by doing)效应,同时知识的外溢(或投资的外部性)导致整个经济生产率的提高[④]。经济的增长离不开能源的支撑和能源技术的进步,在大量的能源技术领域的文献中,作为经济学理论的经典文献阿罗的文献一直保持了较高的被引频次(图 3-3-12)。在网络图谱中,该节点主要连接了两个聚类,分别是 1997、1998 年被首次共被引的文献聚类和 2005、2006 新近发表的文献聚类。

N. Nakicenovic 在 1998 年出版了《Global Energy Perspectives》一书,出版以来一直保持了较高的被引频次,虽然在 2004 和 2005 年在本文选取的数据中被引有所下降,但

①　T. M. L. Wigley, R. Richels, J. A. Edmonds. Economic and environmental choices in the stabilization of atmospheric CO2 concentrations. Nature, 1996:379.

②　J. J. Dooley. Unintended Consequences: Energy R&D in Deregulated Market. Energy Policy, 1998(6):547—555.

③　A. McDonald, L. Schrattenholzer. Learn ing rates for energy technologies. Energy Policy, 2001, 29(4):255—261.

④　K. J. Arrow. The Economic Implications of Learning by Doing. Review of Economic Studies, 1962, 29(6):155—173.

从 2006 年开始,被引次数又开始上升。在书中他指出随着全球人口和经济发展的快速增长,人类对能源的需求也不断增加,能源消费和使用也给人类环境带来了巨大的破坏,尤其是全球气候的变化。人类需要高效、清洁的能源,书中提出了六个能源领域的长期发展的预测,对未来燃料、能源技术、效率目标、保护模式、污染程度和关键的技术选择等做了预测分析①。该书在学术 google 中搜索被引 260 余次。在网络中,由该文献节点主要引出了三个前沿热点聚类分支。

中心度 (0.1) 最小的关键节点文献是 2002 年,E. Martinot 等人发表在 Annual Review of Energy and the Environment 上的 *Renewable energy markets in developing countries* 一文。分析了发展中国家的可再生能源市场。他指出,可再生能源在持续的发展中从边缘走进了主流领域。过去的研究者取得了一些成就,但是没有能持久下去,这导致了更大的市场空间定位②。以此关键节点文献所在聚类为知识基础聚类,引出了关于"分布式供能系统"和"燃料电池"等重要的以可再生能源研究为主的前沿热点研究领域。

在共被引网络图谱中,与关键节点阿罗发表的 *The Economic Implications of Learning by Doing* 相连接的突现词(burst)聚类是与能源和经济发展相关的研究热点领域,从时间上看,是 1997、1998 年首次到达共被引的热点词组。主要包括发展中国家能源的转换与发展战略相关的问题;全球气候变化对环境的影响等领域。发展中国家的能源消费与经济增长之间存在着单向或双向因果关系,经济的增长严重依赖于能源的消费,不管从现实还是从长远来看,一些发展中国家的能源消费形势又制约着经济的可持续发展,经济增长与能源消费之间存在着极不和谐的状况③。阿罗的经济增长理论将技术内生引进经济增长模型,将技术进步作为资本积累的副产品,即干中学(Learning by doing)效应。因此,能源技术的不断创新和提高是促进能源消费与经济增长协调发展的重要选择。

在共被引网络中 1999、2000 年出现的突现词共被引网络中,主要显示出了与能源政策相关的研究领域。随着全球人口与经济的快速增长,人类加大了对能源消费的需求,有限的能源尤其是不可再生能源的存量面临严重不足的危机。同时,能源的大量消耗和人类对能源使用迅速增加的需求严重破坏了人类自己生存的环境。行政部门和公共部门开始注重加强对能源的使用进行行政和政策干预。以温室气体为例,联合国关于

---

① N. Nakicenovic, A.Grü bler,A. Mac Donald. Global Energy Perspectives,UK. Cambridge:Cambridge University Press, 1998:299.

② E. Martinot, A.Chaurey, D.Lew. Moreira, J. R. Wamukonya, N. Renew able energy markets in developing countries. Annual Reviews,2002,27:309—348.

③ 李金铠. 循环经济:能源消费与经济增长和谐发展的战略选择[J]. 财经论丛,2005,(5):8—13.

气候变化的约定框架的终极目标是实现"温室气体的浓度稳定在某一不能够危害人类生存环境的标准",这一浓度的标准尚未确定,国家间的专题讨论小组已经对接下来几百年的大气中二氧化碳的含量进行了一系列说明。TML Wigley 于 1996 年在 *Economic and environmental choices in the stabilization of atmospheric CO_2 concentrations* 一文中给出了一个新的研究框架,明确具体的考虑全球经济系统,评估满足人类的排放量一致性需求,基于全球温度和海平面的变化评估了框架的重要意义。发现了一系列在环境变化政策制定中的问题。

在 21 世纪初期的共被引网络中,N Nakicenovic 在 1998 年发表的 *Global Energy Perspectives* 一书成为共被引网络的关键节点,由该节点引出了几个主要的前沿热点研究领域:农村能源;能源效率;可再生能源,包括风能、生物燃气;核能技术。农村能源的开发和利用主要是指可再生能源的开发利用,其中风能和生物燃气能是主要的开发对象。在广大的农村地区,能源基础设施还比较薄弱,在一些地区农民生活用能短缺现象依然比较普遍。农村能源贫困已成为许多地区农村贫困的重要因素。大力推进农村能源,如风能、沼气等生物燃气能源的开发和利用是解决广大农村地区能源短缺、保护环境、促进农村经济发展、实现循环农业和可持续发展的重要途径。农村能源状况的改善,必然会极大地提高农村的生活质量和改善环境条件,有力地推动农村经济社会的全面进步,实现人与自然的和谐发展。当前农村能源开发和利用最多的是风能、生物燃气等可再生能源,关于农村能源中的可再生能源的研究在欧洲尤其是欧盟国家的研究起步较早,而且取得了大量的研究成果,受益丰厚。

风是地球上的一种自然现象,它是由太阳辐射热引起的。风能作为一种无污染和可再生的新能源有着巨大的发展潜力,特别是对沿海岛屿,交通不便的边远山区,地广人稀的草原牧场,以及远离电网和近期内电网还难以达到的农村、边疆,作为解决生产和生活能源的一种可靠途径,有着十分重要的意义。即使在发达国家,风能作为一种高效清洁的新能源也日益受到重视。合理利用风能,既可减少环境污染,又可减轻越来越大的能源短缺的压力。自然界中的风能资源是极其巨大的。据世界气象组织估计,整个地球上可以利用的风能为 $2 \times 10^7 MW$,是地球上可资利用的水能总量的 10 倍。

将废弃的生活垃圾炼制成生物燃气,即环保又节能,是能源经济转换的一种新的方式。德国和英国等十分重视研发生物燃气制取和使用的技术。生物燃气是从无氧有机物质分解而成的,它具有材料的多源性,应用的广泛性和绿色环保的特性。生物燃气可直接取材于各种有机垃圾、净化站的淤泥,以及农业、畜牧业、木材和农副食品加工业的副产品,因此是当今世上利用潜力最大的一种可再生能源。由于生物燃气的可持续发展性,以及其具备的绿色、清洁、环保等特性,欧盟国家越来越青睐于生物燃气的使用,估计到 2010 年,欧盟地区的生物燃气将供不应求。欧盟是世界可再生能源发展最快的地区,也是受益颇丰的地区。据欧洲再生能源推广协会(EurObserv'ER)最新数据统计,欧盟成员国中，生物燃气产量居前十位的是：德国 (1923ktep)、英国 (1696ktep)、意大利 (354ktep)、西班牙 (334ktep)、法国 (227ktep)、荷兰 (119ktep)、奥地利 (118ktep)、丹麦 (94ktep)、波兰(94ktep)、比利时(83ktep)[①]。

核能主要用于发电、核能供热、核动力等。核能供热是上世纪八十年代才发展起来的一项新技术，这是一种经济、安全、清洁的热源，因而在世界上受到广泛重视。在能源结构上，用于低温(如供暖等)的热源，占总热耗量的一半左右，这部分热多由直接燃煤取得，因而给环境造成严重污染。发展核反应堆低温供热，对缓解煤的供应和运输紧张、净化环境、减少污染等方面都有十分重要的意义。我国近年来在核能的开发和利用技术上取得了大量的突破性成果，一些技术处与国际领先地位。

2004 年以来，在能源技术研究领域出现了新的前沿热点研究领域。由关键节点 A. McDonald 与 L. Schrattenholzer 于 2001 年在 Energy Policy 上发表的 *Learning rates for energy technologies* 一文为中心，出现了三个主要的知识基础文献聚类，在此基础上，与知识基础聚类直接相连出现了几个主要的研究前沿领域突现词聚类：分布式供能；燃料电池；氢能、能源结构调整；碳化物的排放。

21 世纪以后，随着人类环保意识的增强，能源结构调整成为世界各个国家发展能源经济，实现可持续发展的重要手段。由传统的以煤、石油、天然气等不可再生能源的消耗和利用为主，逐渐的向利用可再生能源的能源消费方式转换。在这一背景下，分布式供能、氢能、燃料电池、核能等一系列清洁、环保、高效的能源供应和生产方式开始进入人类生产和生活，成为信息时代能源供应和消费的主流方式。

在能源结构调整这一过程中，分布式供能技术引起了世界能源界的广泛关注。分布式供热技术是在 20 世纪 70 年代开始发展的，但一直没有得到重视，自动控制和信息技术的发展为分布式供能技术的实施，实现供能设备运行的远程控制与调度，为提高电力供应质量创造了有利的条件。[②] 尤其是在近几年，分布式供能已经成为国际上能源技术领域研究的一个前沿热点，我国能源发展的中长期战略规划中也特别注重发展分布式供能技术。

氢能是指氢的化学能，既是一种清洁的燃料，也是一种高效的能源载体，人们可以大规模利用储藏在氢中的能量。氢在地球上主要以化合态的形式存在，是宇宙中分布最广泛的物质，它构成了宇宙质量的 75%。由于氢气必须从水、化石燃料等含氢物质中制得，因此属于可再生能源。氢能具有许多独特的优点。首先，氢能来源广泛，可以从化石能、核能、可再生能源中制取，有利于摆脱对石油的依赖；其次，氢能作为燃料，能在传统

① 欧洲生物燃气应用规模不断扩大. http://www.in-en.com/gas/news/intl/2007/08/ INEN_ 120068. html. 国际能源网. 2007-8-30.

② 刘道平,马博,李瑞阳,陈之航.分布式供能技术的发展现状与展望[J].能源研究与信息,2002,18(1):1—9.

的燃烧设备中进行能量转化,与现有能源系统易兼容;第三,氢能通过燃料电池技术转化能量,比利用热机转化效率更高,而且无环境污染;另外,氢能可储存,与电力并重而且互补。

燃料电池是一种将氢和氧的化学能通过电极反应直接转换成电能的装置。具有能量转换效率高(一般都在 40%—50%,而内燃机仅为 18%—24%),无污染,启动快,寿命长,比功率、比能量高等优点,在固定发电系统、现场用电源、分布式电源、空间飞行器电源及交通工具用电源方面有广阔的应用前景。目前燃料电池先进技术主要集中在美国、日本和欧洲等国家和地区,日本和美国在资助燃料电池研发方面走在世界前列。[①]

3.3.1.4　小结

1. 国际能源技术研究机构主要分布在美国,说明美国能源技术研究在国际上的领先地位。作为世界第一大能源生产国和消费国,美国 2005 年一次能源生产总量 20.6 亿吨标煤,其中可再生能源产量约 2.2 亿吨标煤。一次能源消费 33.4 亿吨标煤,其中可再生能源占 6%。发电能源消耗中可再生能源约占 9.1%[②]能源,作为影响美国经济发展的重要因素,受到了美国政府和学术界的高度重视。美国政府设有能源部和环保署,能源部负责政策制定、行业管理、相关技术研发等,阿贡国家实验室就是直属于美国能源部。美国政府每年用于可再生能源和节能技术研发的费用高达 30 亿美元。在项目最初可行性研究阶段一般给予 100%的资金补助;在基础研发和工业性试验阶段资金补足维持在 50%—80%。在如此优越的政治环境和充裕的科研经费支持下,在短短的 10 年间,美国形成了以美国能源部为核心,著名高等院校为支撑的研究机构的合作网络体系。从上文的"能源技术机构合作共现网络图谱"不难发现,近年来,各科研机构之间的合作往来日益频繁,很好的形成了科研的优势互补。随着近年来丰硕科研成果的不断推出,美国作为世界能源技术研究大军旗手,引领了世界能源研究的未来走向。

2. 以英国、荷兰、法国能为代表的欧洲能源技术研究机构的合作情况。在美国之外,在能源技术研究方面最有突出贡献的是欧盟的英、荷、法等国。2007 年欧盟能源部长理事会通过了欧盟委员会上月提出的欧盟能源技术战略计划,准备从 4 个方面采取措施,努力实现欧盟制定的 2020 年和 2050 年的减排战略目标。其中的一个方面为建立欧盟能源科研联盟,以加强大学、科院所和专业机构在科研领域的合作。作为欧盟重要的成员国,英、荷、法在能源技术方面的研究处于世界领先水平,并从很早开始便有过合作。不难预见,随着欧盟能源技术战略计划的不断实施,欧洲各国的能源技术研究机构的合作将更加深入。

3. 中国能源技术研究的崛起,以中科院、清华大学为代表的化工技术、核能技术等

---

①　张瑞山.印度发展氢能和燃料电池技术的举措和现状[J].中外能源,2007,12(50):14—21.

②　周篁.美国有关可再生能源和节能情况考察报告[J].可再生能源,2007(1):1—6.

研究的国际领先地位。中国经济的快速增长在很大程度上建立在对资源、能源的高消耗上，能源供需矛盾加剧、能源利用效率低和能源结构不合理等诸多能源问题引起了政府和社会的高度重视。开发利用可再生能源和新能源是中国能源技术研究的主要课题。近年来，在以中科院、清华大学为代表的科研机构在诸如碳化学、核能等能源技术的科研方面取得了重大的成就。随着国际合作的日益增多，中国的能源技术研究队伍也在积极地寻求国际合作，已成为世界能源研究大军的一股不可或缺的力量。十一五科学技术发展规划中，国家进一步加大了资源研究与开发的投入，并努力推动着中国能源技术研究机构之间的合作，以及中国能源机构与国外研究机构的合作。

3.3.2　重点前沿技术层次：氢能、燃料电池、核能

3.3.2.1　氢能研究的计量分析

氢能是一种二次能源，是可再生能源。氢能是在常规能源危机的出现、在开发新的二次能源的同时人们期待的新的二次能源。氢能是高效清洁环保型能源，在我国发展氢能源具有重要的战略意义。氢气在燃烧过程中，除释放出巨大的能量外，产生的废物只有水，不会造成环境污染，因而又被称为"清洁燃料"。氢气的密度小、能够储藏，与难储存的电相比，具有显著的优越性。氢的用途极为广泛，它不但能燃烧生热，而且还可以产生化学能，并作为吸热的介质等。长期以来煤炭、石油等矿物燃料的广泛使用，已对全球环境造成严重污染，甚至对人类自身的生存造成威胁；同时矿物燃料是不可再生能源，也会随着过度开采而枯竭。因此，新型替代型清洁能源的开发与应用是大势所趋，氢能作为理想的清洁能源之一，已引起人们的广泛重视。有科学家认为，氢能是未来能源结构中最具发展潜力的清洁能源之一，将以其优异的使用性能在未来能源领域中扮演重要的角色。

以 ISI Web Of Knowledge 中的 web of science 数据库为数据源，以（TS="hydrogen energy"）为检索词，时间跨度为 2000—2009 十年，共检索 3796 篇文献。

（1）氢能论文的整体分布情况

氢能的发展在时间领域上可以看出有两个重大转折（图 3-3-13），一个是 1996 年，另一个则是 2006 年，两次都是较前一基础上的重大转折。由于石油等常规能源的局限性，2006 年起，世界各国政府对氢能的投入逐渐加大。从时间图上看，2006 年是个很大的跨越。

氢能研究的高产国家中，美国当仁不让的排在第一位，紧随其后的是中国、日本和印度、韩国。排在前列的亚洲国家居多，包括日本、韩国、印度。除了美国，欧洲国家、意大利、德国、法国、俄罗斯、英国乌克兰以及西班牙也一直在氢能领域占有一席之地（图 3-3-14）。事实上，早在 1970 年，美国通用汽车公司的技术研究中心就提出了"氢经济"的概念。1976 年美国斯坦福研究院就开展了氢经济的可行性研究。20 世纪 90 年

代中期以来多种因素的汇合增加了氢能经济的吸引力。这些因素包括：持久的城市空气污染、对较低或零废气排放的交通工具的需求、减少对外国石油进口的需要、CO_2 排放和全球气候变化、储存可再生电能供应的需求等。氢能作为一种清洁、高效、安全、可持续的新能源，被视为 21 世纪最具发展潜力的清洁能源，是人类的战略能源发展方向。世界各国如冰岛、中国、德国、日本和美国等不同的国家之间在氢能交通工具的商业化的方面已经出现了激烈的竞争。虽然其它利用形式是可能的(例如取暖、烹饪、发电、航行器、机车)，但氢能在小汽车、卡车、公共汽车、出租车、摩托车和商业船上的应用已经成为焦点。

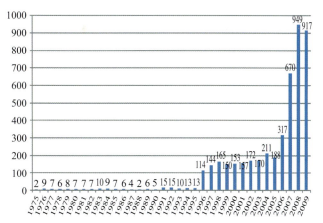

图 3-3-13　氢能研究论文的时间分布(1975—2009 年)

(2)氢能领域的研究前沿

3796 篇文献形成的文献共被引图谱(图 3-3-16)可视化出了氢能领域的四大研究前沿。

C1 氢的存储技术。知识群1 主要是关于氢能的存储技术

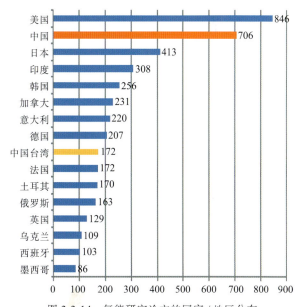

图 3-3-14　氢能研究论文的国家 / 地区分布

的研究。知识群中最大的节点是 SCHLAPBACH L2001 年发表在《自然》杂志上的《移动应用的储氢材料》，将氢作为一种理想的合成燃料，因为它是轻量级的，高度丰富，其氧化产物(水)是环境无害，要解决存储的问题。① DILLON AC 在 1997 年同样发表于《自然》杂志上的《存储在单壁碳纳米管的氢》则注意到一些材料的高氢吸收表明它们可能

---

①　Schlapbach L., Zü ttel A. Hydrogen-storage materials for mobile applications [J]. Nature, 2001,414(6861): 353—358.

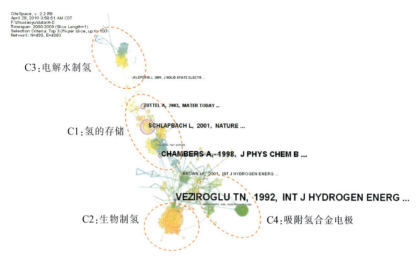

图 3-3-16　氢能研究的文献共被引图谱

被用作电动汽车燃料电池的有效储氢材料[①]。氢在一般条件下是以气态形式存在的,所占体积较大,这便给氢的存储带来了一定的困难。对于以氢为能源载体的氢经济来说,氢存储问题涉及到氢生产、运输、最终应用等所有环节。氢的存储主要有三种方法:高压气态存储、低温液氢存储和储氢材料存储。其中高被引文章都是在对氢能的存储方法、材料以及应用上的探讨。由于氢能具有不同于其他燃料的特点,氢能的储运与其他化石燃料截然不同。在整个氢能系统中,氢的存储是一个比较关键的环节,要想实现氢能的广泛应用,必须提高储存氢系统的能量密度并且降低其成本,各国对储存氢的技术十分重视,目前也取得了一些进展,在此不再赘述。

C2 生物制氢技术。生物制氢在开发氢能源方面具有重要的现实地位,但此技术目前仍处于研究探索阶段,应加快发展生物制氢技术研究的步伐,早日实现这一技术的产业化。知识群 2 主要是关于生物制氢技术的研究。知识群中最大的节点是 Das D 在 2001 年发表的《生物制氢过程:一个文献综述》,氢是未来高转换效率循环利用和无污染性燃料[②]。生物制氢过程中发现有更多的环境良好能源密集的热化学和电化学过程。他们大多是由光合或发酵或生物控制,该文章被引高达 134 次。是生物制氢方面的一篇高质量的综述性文章。LEVIN DB 在 2004 年发表的《生物制氢:前景和实际应用的限

---

①　Dillon A. C., Jones K. M., Bekkedahl T. A., et al. Storage of hydrogen in single-walled carbon nanotubes[J]. Nature, 1997, 386(6623): 377—379.

②　Das D., Vezirolu T. N. Hydrogen production by biological processes: a survey of literature [J]. International Journal of Hydrogen Energy, 2001, 26(1): 13—28.

制》，氢可产生一个进程，包括对电解水，富氢有机物热催化改造和生物过程[1]。氢的生产，几乎完全是由电解水或蒸汽甲烷改革。文章中的生物制氢技术提供了各种办法来产生氢气。高被引文章都是在对生物制氢的方法、前景以及应用上的探讨。早在1949年Gest就发现深红红螺菌以有机质为供体可以光和制氢。1966年Leuis提出了生物法制氢的想法，开辟了生物制氢的新领域。目前，生物制氢主要可分为厌氧发酵法制氢和光和生物法制氢。厌氧发酵法制氢是利用多种底物在氮化酶或氢化酶的作用下，将底物分解制取氢气；而光和制氢是光合细菌和藻类细菌在光照条件下降底物分解产生氢气。

C3 电解水制氢技术。知识群中最大的节点是NOTTEN PHL在1991年发表的《双氢化物相成型化合物——一个高电力新材料》，提出一类改进的电活动形成的氢化物的新材料，提供了极快的氢电化学反应，合金成分的电催化协同发生是一个简单的生产双相材料冶金方法介绍[2]。水是氢含量最丰富的物质之一，而且分解产物只有氢和氧，是理想是制氢原料。从热力学上讲，水作为一种化合物非常稳定，要使水分解需要外加很大的能量，所以采用热催化方法很难实现。但是水作为一种电解质又不是很稳定，因此水解氢主要是通过该电解来完成。现在的方法有两种：直接的电解水制氢和光解水制氢。

C4 吸附氢合金电极技术。知识群中最大的节点是HARRINGTON DA在1987年发表的《感应电流的交流阻抗电吸附中间体媒介.动力学理论》，提出感应电流的交流阻抗在电吸附中体现的媒介作用[3]，LASIA A在1990年发表《氢镍电极动力学》、ARMSTRONG RD在2001年发表的《一种具有吸附反应媒介的电阻抗平面显示》，都是与吸附轻合金电极有关的技术[4][5]。

(3)氢能领域的研究热点

在氢能技术的关键词共现分析图谱中（图3-3-17），我们可以看到，划分的聚类几乎一致，参见上一小节关于氢能技术的文献共被引分析，这说明氢能技术的研究属于起步阶段，研究前沿与研究热点基本一致，说明知识基础与前沿热点是一致的。本小节不再赘述。

---

[1]　Levin D. B., Pitt L., Love M. Biohydrogen production: prospects and limitations to practical application[J]. International Journal of Hydrogen Energy, 2004, 29(2): 173—185.

[2]　Notten PHL, Hokkeling P. Double-Phase Hydride Forming Compounds: A New Class of Highly Electrocatalytic Materials[J]. Journal of the Electrochemical Society, 1991,138:1877.

[3]　Harrington D. A., Conway B. E. ac Impedance of Faradaic reactions involving electrosorbed intermediates—I. Kinetic theory[J]. Electrochimica Acta, 1987, 32(12): 1703—1712.

[4]　Lasia A., Rami A. Kinetics of hydrogen evolution on nickel electrodes[J]. Journal of Electroanalytical Chemistry, 1990, 294(1-2): 123—141.

[5]　Armstrong R. D., Henderson M. Impedance plane display of a reaction with an adsorbed intermediate[J]. Journal of Electroanalytical Chemistry, 1972, 39(1): 81—90.

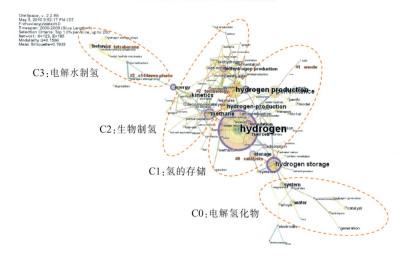

图 3-3-17　氢能研究的关键词共现图谱

(4)小结

在氢能研究领域,主要包括如下 4 个知识群,分别是:氢气的存储、生物制氢、电解水制氢和电解氢化合物四大研究主题。其中又以电解水制氢技术、生物制氢技术、氢的存储技术、吸附氢合金电极技术为主要技术。通过对氢能研究领域的共词分析可以看到,许多聚类标识词和高频词都涉及到氢气的存储、生物制氢、电解水制氢和电解氢化合物。

3.3.2.2　燃料电池研究的计量分析

能源是经济发展的基础,也是衡量综合国力、国家文明发达程度和人民生活水平的重要标注。历史上每一次能源技术的创新突破都极大地推进了现代文明的发展。在能源危机和环境污染日趋严重的情况下,多年来人们一直在努力寻找既有较高的能源利用效率又不污染环境的能源利用方式,这就是燃料电池发电技术。虽然在 1839 年,W. Grove 通过将水的电解过程逆转而发现了燃料电池的原理,但限于当时的科学技术水平以及能源和环境方面的认识,这一原理并没有被人们重视。直到 20 世纪 60 年代,宇宙飞行的发展,才使燃料电池技术重新又回到议事日程上来。1965 年美国首先研制出第一个离子交换膜电池,并将其作为宇宙飞船的主要能源用于航天事业。从此,燃料电池作为一种化学能源,以其独特的优点、优越的性能受到世界各国科学家的重视,并得到了进一步的研究与开发,被认为是 21 世纪首选的洁净、高效的发电技术。

(1)燃料电池研究的论文整体分布情况

以（TS＝"fuel cell*"）为检索词在 SCI 中共检索到于 2000 年至 2009 年间发表的 24827 篇文献,年发表论文的数量一直呈上升趋势,进入 20 世纪 90 年代,更是爆炸式增长,级数式放量(见图 3-3-18)。虽然燃料电池这个名词出现在人们眼前的时间并不长,但它的历史已经可以追溯到 100 多年前了。在 1889 年,Ludwig Mond 和 Charles Langer 两位化学家想用空气和工业煤气制造一个实用的能提供电能的装置,"燃料电池"一词也就随着他们的发明而诞生了。现代燃料电池技术兴起于 20 世纪 60 年代,为了给航天飞机寻找高效能的电能装置,美国宇航局跟 GE 公司合作开发了第一个现代意

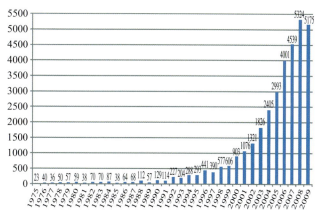

图 3-3-18　燃料电池领域研究的时间分布(1975—2009 年)

义上的燃料电池 - 质子交换膜燃料电池,这也是燃料电池商用化的开始。此后,历经 40 多年的发展,燃料电池的家族越发的人丁兴旺,而应用领域也遍及各处。

　　如图 3-3-19 所示,在燃料电池技术的高产国家和地区中,我们可以看到发文最多的国家是美国,发文数为 9180 篇,是排在第二位的中国发文数(4620 篇)的两倍左右,排在第三位的是日本,发文数 4262 篇。排在前列燃料电池领域研究的高产国家以欧美发达国家为主,如德国、加拿大、意大利、法国、英国、西班牙等,这说明燃料电池技术还属于高中端科学技术。亚洲国家也不甘示弱,除了中国、日本和韩国排在前列,排名第 11 位的是中国台湾,发文数 1076 篇,以及紧随其后的印度(872 篇),新加坡(450 篇)。

　　在燃料电池技术的高产机构中(见图 3-3-20),排在第一位的依旧是中国科学技术研究院,发文 1011 篇,高居榜首。美国宾州州立大学以 448 篇的发文量排在第二名,接下来分别是日本产业技术综合研究所发文 392 篇,西班牙科研部门委员会 339 篇,德国于利希科研中心 332 篇。排在前 20 位的燃料电池高产机构除中科院,还有三个中国高校,分别是,哈尔滨工业大学发文 307 篇;中国科技大学发文 284 篇;上海交通大学发文 243 篇。

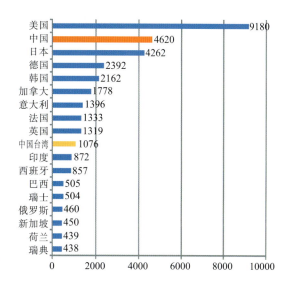

图 3-3-19　燃料电池研究论文的
主要国家 / 地区分布

图 3-3-20　燃料电池研究论文的主要机构分布

24827 篇文献形成的文献共被引图谱(图 3-3-21)可视化出了燃料电池领域的六大研究前沿。

C1：质子交换膜燃料电池技术(PEMFC)。质子交换膜燃料电池(proton exchange membrane fuel cell，英文简称 PEMFC)，在原理上相当于水电解的"逆"装置。其单电池由阳极、阴极和质子交换膜组成，阳极为氢燃料发生氧化的场所，阴极为氧化剂还原的场所，两极都含有加速电极电化学反应的催化剂，质子交换膜作为电解质。工作时相当于一直流电源，其阳极即电源负极，阴极为电源正极。质子交换膜燃料电池具有工作温度低、启动快、比功率高、结构简单、操作方便等优点，被公认为电动汽车、固定发电站等的首选能源。在燃料电池内部，质子交换膜为质子的迁移和输送提供通道，使得质子经过膜从阳极到达阴极，与外电路的电子转移构成回路，向外界提供电流，因此质子交换膜的性能对燃料电池的性能起着非常重要的作用，它的好坏直接影响电池的使用寿命。

C2：固体氧化物燃料电池(SOFC)技术。固体氧化物燃料电池(Solid Oxide Fuel

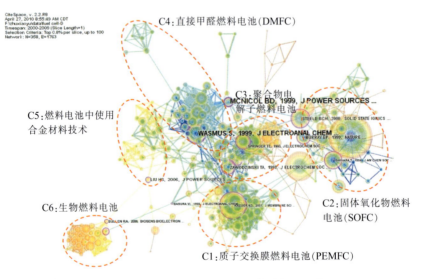

图 3-3-21　燃料电池研究的文献共被引图谱

Cell,简称 SOFC)属于第三代燃料电池,是一种在中高温下直接将储存在燃料和氧化剂中的化学能高效、环境友好地转化成电能的全固态化学发电装置。被普遍认为是在未来会与质子交换膜燃料电池(PEMFC)一样得到广泛普及应用的一种燃料电池。固体氧化物燃料电池的开发始于 20 世纪 40 年代,但是在 80 年代以后其研究才得到蓬勃发展。固体氧化物燃料电池是一种新型发电装置,其高效率、无污染、全固态结构和对多种燃料气体的广泛适应性等,是其广泛应用的基础。固体氧化物燃料电池单体主要组成部分由电解质(electrolyte)、阳极或燃料极(anode,fuel electrode)、阴极或空气极(cathode,air electrode)和连接体(interconnect)或双极板(bipolar separator)组成。固体氧化物燃料电池的工作原理与其他燃料电池相同,在原理上相当于水电解的"逆"装置。其单电池由阳极、阴极和固体氧化物电解质组成,阳极为燃料发生氧化的场所,阴极为氧化剂还原的场所,两极都含有加速电极电化学反应的催化剂。工作时相当于一直流电源,其阳极即电源负极,阴极为电源正极。

C3:聚合物电解子燃料电池技术。

C4:直接甲醛燃料电池技术(DMFC)。所谓直接甲醇燃料电池(Direct Methanol Fuel Cell),它属于质子交换膜燃料电池(PEMFC)中的一类,是直接使用水溶液以及蒸汽甲醇为燃料供给来源,而不需通过重组器重组甲醇、汽油及天然气等再取出氢以供发电。相较于质子交换膜燃料电池(PEMFC),直接甲醇燃料电池(DMFC)低温生电、燃料成分危险性低与电池结构简单等特性使直接甲醇燃料电池(DMFC)可能成为可携式电子产品应用的主流。直接甲醇燃料电池是质子交换膜燃料电池的一种变种,它直接使用甲醇而勿需预先重整。甲醇在阳极转换成二氧化碳,质子和电子,如同标准的质子交换膜燃料电池一样,质子透过质子交换膜在阴极与氧反应,电子通过外电路到达阴极,并做功。

C5:燃料电池中使用合金材料技术。

C6:生物燃料电池。生物燃料电池(biofuel cell)按燃料电池的原理,利用生物质能的装置。可分为间接型燃料电池和直接型燃料电池。在间接型燃料电池中,由水的厌氧酵解或光解作用产生氢等电活性成分,然后在通常的氢-氧燃料电池的阳极上被氧化。在直接型燃料电池中,有一种氧化还原蛋白质作为电子由基质直接转移到电极的中间物。如利用 N,N,N',N'-四甲基-P-苯氨基二胺作为介质,由甲醇脱氢酶和甲酸脱氢酶所催化的甲醇的完全氧化作用,可用来产生电流。生物燃料电池尚处于试验阶段,已可提供稳定的电流,但工业化应用尚未成熟。

(3)燃料电池技术的研究热点

通过关键词共现可视化(图 3-3-22),燃料电池的研究热点主要有七个主题,即离子导电、氢燃料电池、数值预报、酸薄膜、氧化催化剂、阴极电离子和固化氧化物燃料电池。

(4)小结

在燃料电池研究领域,主要包括如下 6 个知识群,分别是:C1:质子交换膜燃料电

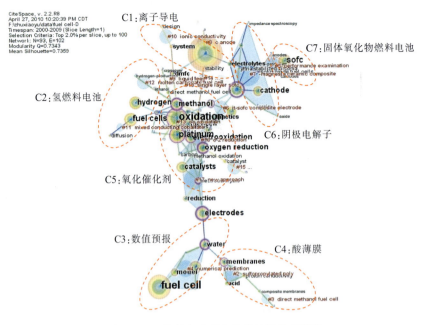

图 3-3-22　燃料电池研究的关键词共现图谱

池技术(PEMFC);C2 固体氧化物燃料电池(SOFC)技术;C3 聚合物电解子燃料电池技术;C4:直接甲醛燃料电池技术(DMFC);C5:燃料电池中使用合金材料技术;C6:生物燃料电池。在燃料电池的共词分析中,有 7 个研究热点:离子导电、氢燃料电池、数值预报、酸薄膜、氧化催化剂、阴极电解子、固体氧化物燃料电池。其中氧化催化剂是核心技术。

3.3.2.3　核能研究的计量分析

目前全世界的经济,政治和生活方式都离不开石化能源,但随着消费量的不断增加,化石能源储量的不断减少,人们迫切需要寻找一种可替代能源,而能满足能效高、技术上可行而又环保,并且是可再生能源这四个条件的能源就少之又少了。其中,核能是可满足这些条件的能源之一。

核能是原子核裂变或聚变过程中所释放出的能量。产生核裂变反应的设备叫做反应堆。它的作用是维持和控制链式反应,产生核能,并将核能转化为热能。当今,全世界几乎 16%的电能是由 441 座核反应堆生产的,而其中有 9 个国家的 40%多的能源生产来自核能。在这一领域,国际原子能机构作为隶属联合国大家庭的一个国际机构,对和平利用、开发原子能的活动积极加以扶持,并且为核安全和环保确立了相应的国际标准。

本研究以核能研究的权威文献为分析对象,对当前国际核能领域的研究前沿和研究热点进行计量分析。

以(TS="nuclear power" or "nuclear energy" or "energy of nucleus" or "atomic energy")为检索式,检索到发表于 2000 年至 2009 年十年间发表的 SCI 论文共 10993 篇。

(1)核能研究的论文整体分布情况

核能技术自 20 世纪四十年代开始就一直被广泛研究与关注,在大半个世纪以来,核能技术的研究文献处于突飞猛进的阶梯式增长(图 3-3-23)。20 世纪 70 年代,中东石油危机对核电发展的影响很大。石油危机引发全球经济萧条,电力需求大幅度下降。由于一座核电站的投资比火电站高出一倍甚至更多,当电力不足,电力不能发挥效益时,核电站的损失比同等规模的火力发电站要大得多。因此,在 20 世纪 70 年代后期,核能的发展出现逐渐下降趋势,这是第一次也是唯一的一次,核能技术开发的负增长。

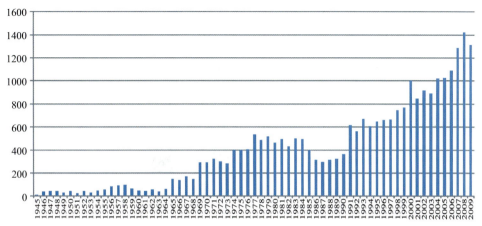

图 3-3-23　核能技术研究领域的时间分布(1945—2009 年)

在核能技术领域研究的高产国家及地区分布中(图 3-3-24),美国发文数高达 5528 篇,位居第一,比排在次席的德国多出一倍,德国的发文量是 2320 篇,紧随其后的是日本 2037 篇,韩国 1179 篇以及俄罗斯 1295 篇。中国排在全部国家的第 10 位,发文量为 693 篇。中国台湾在核能技术领域也有建树,虽排在第 20 位,但也有 330 篇相关文章发表。总体来看,核能技术还是掌握在发达国家手中,发展中国家除了中国,只有印度在核能技术领域有所突破。

在核能技术领域的高产机构中(见图 3-3-25),排在前三位的分别是日本原子能机构(发文 520 篇),韩国原子能机构(发文 466 篇)和国际原子能机构 IAEA(发文 334 篇)。三者是国际核能技术研究的中坚力量。在核能技术领域研究中,中国机构虽未排在前列,但中国台湾有两所高校名列前位,分别是台湾核能研究所以及台湾国立清华大学。值得一提的是,在核能技术研究中,高校已经不再是该领域的技术核心,取而代之的是各个国家及组织的原子能机构,以及相关研究中心、实验室和公司。排在第四位的是美国橡树岭国家实验室(Oak Ridge National Laboratory,简称 ORNL),它是美国能源部

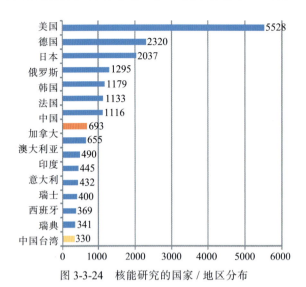

图 3-3-24 核能研究的国家/地区分布

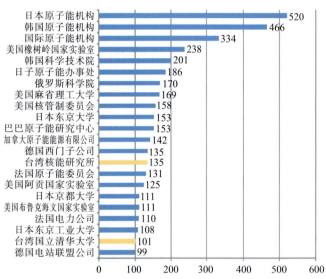

图 3-3-25 核能研究的机构分布

所属最大的科学和能源研究实验室，成立于 1943 年，现由田那西大学和 Battelle 纪念研究所共同管理。20 世纪 50、60 年代，ORNL 主要从事核能、物理及生命科学的相关研究。70 年代美国成立了能源部后，使得 ORNL 的研究计划扩展到能源生产、传输和保存等领域。其中，加拿大原子能能源有限公司，德国西门子公司，法国电力公司和德国电站联盟公司均是非科研机构的代表，从中也可看出，核能发电在欧洲乃至整个世界处于核能技术的另一发展原动力，核能技术不仅有科研价值，更有造福人类的商业价值。

(2)核能的前沿

通过 CiteSpace 软件对上述检索的文献进行可视化分析。图 3-2-26 显示出了核能领域的八个研究前沿。

C1：核工业的复杂性系统。知识群中最大的节点是 Reason J 在 1990 年出版的《人为错误：模式与管理》

(*Human error: models and management*)，文中对人为错误进行了描述[1]，Reason J 并提出应对的管理模式及建议；同时，该知识群中，在 1997 年出版《管理组织事故的风险》，都是对核工业中复杂系统的危机管理以及事故风险的认知评判[2]。

---

① Reason J. Human error: models and management[J]. British Medical Journal, 2000,320(7237):768.

② Reason J., Reason J. T. Managing the risks of organizational accidents[J]. 1997.

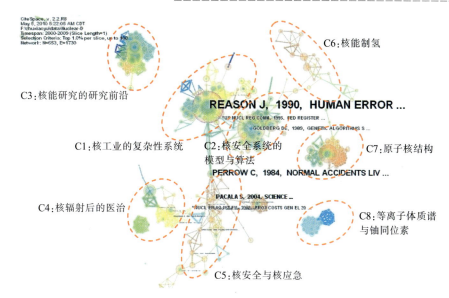

CiteSpace, v. 2.2.R8
May 5, 2010 5:22:05 AM CDT
F:\chu\xiaoyu\data\Nuclear-D
Timespan: 2000-2009 (Slice Length=1)
Selection Criteria: Top 1.0% per slice, up to 100
Network: N=653, E=1730

C6:核能制氢

C3:核能研究的研究前沿

REASON J, 1990, HUMAN ERROR ...

US NUCL REG COMM, 1995, FED REGISTER ...

GOLDBERG DE, 1989, GENETIC ALGORITHMS S ...

C1:核工业的复杂性系统　　　C2:核安全系统的
　　　　　　　　　　　　　　模型与算法

C7:原子核结构

PERROW C, 1984, NORMAL ACCIDENTS LIV ...

PACALA S, 2004, SCIENCE ...

NUCL ENAG JH FEH, 2005, PRO3 COSTS GEN EL 20 ...

C4:核辐射后的医治

C8:等离子体质谱
与铀同位素

C5:核安全与核应急

图 3-3-26　核能研究的文献共被引图谱

C2:核安全系统的模型与算法。知识群中最大的节点是 David E. Goldberg 在 1989 年发表的《在搜索和遗传算法的优化》(*Genetic Algorithms in Search and Optimization*)对遗传算法进行了优化[1];Holland JH 在 1975 年出版的《适应自然和人工系统》一书中也对适应自然与人工的安全系统进行了阐释[2]。

C3:核反应堆。核反应堆,又称为原子反应堆或反应堆,是装配了核燃料以实现大规模可控制裂变链式反应的装置。核反应堆是能维持可控自持链式核裂变反应的装置,指任何含有其核燃料按此种方式布置的结构, 使得在无需补加中子源的条件下能在其中发生自持链式核裂变过程。知识群中最大的节点是,ACHKAR B 在 1995 年发表的《从一个核电—— AT 的比热反应堆搜索的中微子振荡在 15,40 和 95 米》以及 ZACEK G 在 1986 年发表的《AT 的 GOSGEN 核电中微子振荡实验反应堆》,都是对核反应堆的用途的探讨[3][4]。

C4:核辐射后的医治。知识群中最大的节点是 RON E 在 1995 年发表的《甲状腺癌术后受外围辐射 - 7 研究项目的汇总分析》(*Thyroid-Cancer After Exposure to*

①　Goldberg D. E. Genetic Algorithms in Search and Optimization[M]. Addison-wesley, 1989.

②　Holland J. H. Adaptation in natural and artificial systems[M]. MIT press Cambridge, MA, 1992.

③　Achkar B., Aleksan R., Avenier M., et al. Search for neutrino oscillations at 15, 40 and 95 meters from a nuclear power reactor at Bugey[J]. Nuclear Physics B, 1995,434:503—532.

④　Zacek G., Feilitzsch F., M Ssbauer R. L., et al. Neutrino-oscillation experiments at the G sgen nuclear power reactor[J]. Physical Review D, 1986,34(9):2621—2636.

External Radiation-A Pooled Analysis of 7 Studies)一文中,对甲状腺癌术后受外围辐射进行了研究,并对此提出建议[1];Kazakov VS 在 1992 年发表在《自然》杂志上的《甲状腺癌在切尔诺贝利事故后》也对核泄漏后的辐射,以及相关甲状腺癌变进行了分析和探讨[2]。

C5:核安全与核应急。1979 年美国发生了三里岛核电站严重事故,1986 年又发生了前苏联切尔诺贝利核电站等严重事故, 这些事故引发了公众对核电站可能产生的严重社会后果的思考。知识群中是耶鲁大学著名的社会学家查尔斯佩罗教授(Perrow C)在 1984 年出版的《正常事故:与高风险的技术生活》(*Normal accidents: Living with high-risk technologies*),该书研究了许多高危事故,如核电厂,航空运输,DNA 研究和化学植物等的危机管理[3]。以社会科学的角度,研究了如何分析复杂的高技术系统并探讨复杂设计带来灾难性的后果。Pacala S 在 2004 年发表的《稳定楔:解决了现有技术与未来 50 年气候问题》,提出人类已经拥有了基本的科学、技术和工业技术,该如何解决未来半世纪的碳和气候问题[4]。

C6:核能制氢。核能制氢是当前国际上核能技术领域研究的一项重要的前沿课题。氢作为一种清洁能源,有较好的应用前景,而当前氢能的制备和生产主要是依靠燃烧化石燃料为电解水和热化学制氢提供电能和热能。这一过程存在环境污染的问题,而核能作为可持续的清洁的一次性能源将成为制氢的主要来源。因此,核能制氢技术成为当前国际核能技术领域的一项研究前沿。在图谱中,该研究前沿的知识群中,最大的节点是《氢能,核能,先进高温反应堆》一文。在该文中,Forsberg 提出了较适宜于热化学制氢的三种核能反应堆型,即高温气冷堆,先进高温堆(融盐冷却)和铅冷却中子堆。这一研究为核能制氢技术研究提供了重要的研究基础[5]。

C7:原子核结构。知识群中最大的节点是 Bender M 在 2003 年发表的《自洽平均场模型对核结构》,作者回顾了自洽平均场现状的描述核结构和低能量动态(SCMF)模型。对这一模型的研究,为核技术的开发利用提供了重要的科学基础。质量和体积如此之小的原子核却孕育着极大的能量。构成原子核的质子和中子之间存在着巨大的吸引力,能克服质子之间所带的正电荷的斥力而结合成原子核。当原子核发生裂变或聚变反应时,

[1] Ron E., Lubin J. H., Shore R. E., et al. Thyroid cancer after exposure to external radiation: a pooled analysis of seven studies[J]. Radiation research, 1995,141(3):259—277.

[2] Kazakov V. S., Demidchik E. P., Astakhova L. N. Thyroid cancer after Chernobyl.[J]. Nature, 1992,359(6390):21.

[3] Perrow C. Normal accidents: Living with high-risk technologies[M]. Princeton Univ Pr, 1999.

[4] Pacala S., Socolow R. Stabilization wedges: solving the climate problem for the next 50 years with current technologies[J]. Science, 2004,305(5686):968.

[5] Forsberg C. W. Hydrogen, nuclear energy, and the advanced high-temperature reactor [J]. International Journal of Hydrogen Energy, 2003,28(10):1073—1081.

会释放出巨大的原子核能,这也是核能技术的应用原理。这一知识群的研究即是核能技术研究既是核能技术研究的前沿也是核技术开发利用的基础研究[1]。

C8:等离子体质谱与铀同位素。质谱分析是一种测量离子荷质比(电荷 - 质量比)的分析方法,其基本原理是使试样中各组分在离子源中发生电离,生成不同荷质比的带正电荷的离子,经加速电场的作用,形成离子束,进入质量分析器。在质量分析器中,再利用电场和磁场使发生相反的速度色散,将它们分别聚焦而得到质谱图,从而确定其质量。铀是存在于自然界中的一种稀有化学元素,具有放射性。铀主要含三种同位素,即铀238、铀235 和铀234,其中只有铀235 是可裂变核元素,在中子电击下可发生链式核变态,可用作原子弹的核燃料和核电站反应堆的燃料。

(3) 环境变化的研究热点

我们根据 Citespace 软件中的关键词共现分析, 绘制关键词共现图谱。我们选择2000—2009 年十年为期限,选择 top1.0%得到关键词共现图谱。

根据关键词共现图谱以及 Citespace 自动辨识聚类功能,我们把核能技术的研究热点分为九类(见图 3-3-27):

C1:核安全与稳定。核安全是指涉及核材料及放射性核素相关的安全问题,目前包

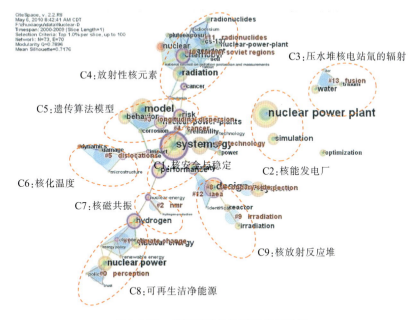

图 3-3-27　核能研究的关键词共现图谱

① 　Bender M., Heenen P. H., Reinhard P. G. Self-consistent mean-field models for nuclear structure ［J］. Reviews of Modern Physics, 2003, 75(1): 121—180.

括放射性物质管理、前端核资源开采利用设施安全、核电站安全运行、乏燃料后处理设施安全及全过程的防核扩散等议题。核电为繁荣经济提供了巨大的动力支撑。核安全与稳定是核能继续发展的重要因素。

C2：核能发电厂。核能发电厂是利用核反应堆中核燃料裂变链式反应所产生的热能，再按火力发电厂的发电方式，将热能转变成机械能，再转换成电能，它的核反应堆相当于火电厂的锅炉。

C3：压水堆核电站氚的辐射。该聚类是对压水堆核电站中的氚辐射的研究。压水堆是目前比较广泛采用的核反应堆。其特征是水在堆芯内不沸腾，因此水必须保持在高压状态。而氚对人体的影响由于氚的 β 衰变只会放出高速移动的电子，不会穿透人体，因此只有大量吸入氚才会对人体有害。

C4：放射性核元素。核电站用放射性核元素转化为电能发电。放射性(原子核自发地放射出 α、β、γ 等各种射线的现象，称为放射性)元素(确切地说应为放射性核素)能够自发地从原子核内部放出粒子或射线，同时释放出能量，这种现象叫做放射性，这一过程叫做放射性衰变。某些物质的原子核能发生衰变，放出我们肉眼看不见也感觉不到，只能用专门的仪器才能探测到的射线。

C5：遗传算法模型。用遗传算法模型对核系统安全进行优化。

C6：核化温度。核能转化为电能时会耗费温度。

C7：核磁共振。核磁共振全名是核磁共振成像(Nuclear Magnetic Resonance Imaging，NMRI)又称自旋成像(spin imaging)，也称磁共振成像(Magnetic Resonance Imaging，MRI)，是磁矩不为零的原子核，在外磁场作用下自旋能级发生塞曼分裂，共振吸收某一定频率的射频辐射的物理过程。核磁共振波谱学是光谱学的一个分支，其共振频率在射频波段，相应的跃迁是核自旋在核塞曼能级上的跃迁。

C8：可再生洁净能源。洁净能源(clean energy)是指大气污染物和温室气体零排放或排放很少的能源。主要有 3 类：可再生能源、氢能和先进核电。

C9：核放射反应堆。核反应堆是一个能维持和控制核裂变链式反应，从而实现核能——热能转换的装置。反应堆是核电站的关键设计，链式裂变反应就在其中进行。反应堆种类很多，核电站中使用最多的是压水堆。

(4) 小结

在核能研究领域，主要包括如下 8 个知识群，分别是：核工业的复杂性系统、核安全系统的模型与算法、核中反应堆、核辐射后的医治、核安全与核应急、核能制氢、原子核结构与等离子体质谱与铀同位素相关方面的研究。

对核能研究进行共词分析发现当今核能领域的研究热点依次为：核安全与稳定、核能发电厂、压水堆核电站氚的辐射、放射性核元素、遗传算法模型、核化温度、核磁共振、可再生洁净能源与核放射反应堆。

3.3.3　核心技术层次:氧化催化剂

从对能源技术整体知识图谱分析和其他前沿技术知识图谱(氢能、燃料电池以及核能)分析中,我们注意到,关于氧化催化剂的研究是能源技术中影响广泛而持久的核心技术领域。

3.3.3.1　氧化催化剂的论文整体分布情况

在 Web of Science 数据库中选择检索式"TS="oxide* catalyst*""进行主题检索,检索到 1957 年至 2009 年发表的 972 篇 SCI 论文。

图 3-3-28 反映了有关氧化催化剂的论文发表数量从 1957 年至 2009 年间呈现出较为稳定的线性增长趋势。1990 年的论文数量只有 4 篇,2000 年发表论文数达到 42 篇,2009 年的论文数量为 97 篇。从 20 世纪 90 年代开始,氧化催化剂受到普遍的研究和重视。

美国在氧化催化剂领域发表论文最多,为 243 篇,日本发表 145 篇,德国发表 98 篇,英国发表 58 篇,法国发表 57 篇,中国大陆发表 54 篇,位居第 6(图 3-3-29)。发表论文数量在 50 篇以上的国家有美国、日本、德国、英国、法国、中国。论文数量在 10—50 篇的国家有印度、西班牙、意大利、韩国、荷兰、加拿大、希腊、芬兰、俄罗斯、瑞典、瑞士、丹麦、巴西、比利时。值得注意的是,北欧的几个国家,包括希腊、芬兰、瑞士、瑞典、丹麦、比利时都是发表论文数量较多的地区。

在氧化催化剂领域发表论文最多的机构是日本茨城大学,发表 30 篇论文。其次是德国马普协会,发表 16 篇。中国科学院发表 7 篇,天津大学发表 10 篇。其中日本的几个机构都位居前列,包括茨城大学、九州大学、新潟大学、北海道大学等(图 3-3-30)。

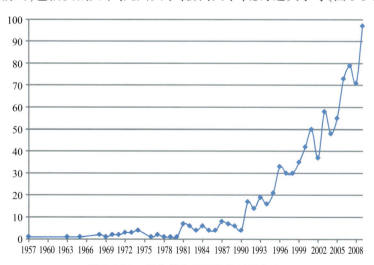

图 3-3-28　氧化催化剂研究的时间分布

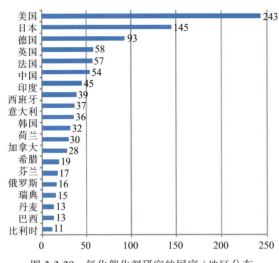

图 3-3-29　氧化催化剂研究的国家/地区分布

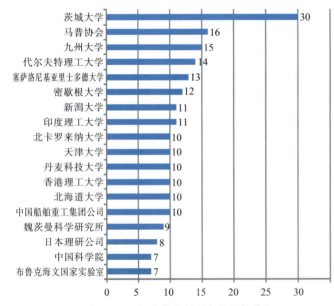

图 3-3-30　氧化催化剂研究的机构分布

3.3.3.2　氧化催化剂的研究前沿

在 CiteSpace 中选择文献共被引分析的时间为 1990—2009 年,阈值为 Top 2%。如图 3-3-31 所示,一共有 361 个节点和 3492 条连线出现在网络中。图 3-3-31 和表 3-3-16 是利用 CiteSpace 软件中的数据挖掘算法(Tf/Idf、LLR)对文献进行聚类以及聚类标识的结果。根据图 3-3-31 中的图谱网络结构,对主题相近的聚类按照其在网络中的位置进行适当的叠加归并,形成若干主要知识群,即知识群 1 到知识群 6。

C1:水氧化催化剂。此知识群中最大的节点是 Gilbert John A 在 1985 年出版的《水氧化催化剂的结构和氧化还原》(*Structure and redox properties of the water-oxidation catalyst*)中指出,水氧化催化剂(WOC),可作为极好的组分以应用于仅使用水和太阳光来产生氢气,它可从易于得到的盐类和丰富的稀土元素氧化物很容易地制备。

C2:催化化学。此知识群中最大的节点是 Craig L. Hill 在 1995 年发表的《均相过渡金属催化氧负离子团簇》(*Homogeneous catalysis by transition metal oxygen anion clusters*),此文用催化化学的方法对金属进行了催化。Okuhara T 在 1975 年发表的《杂多酸化合物催化化学》(*Catalytic chemistry of heteropoly compounds*)和 Neumann R《有

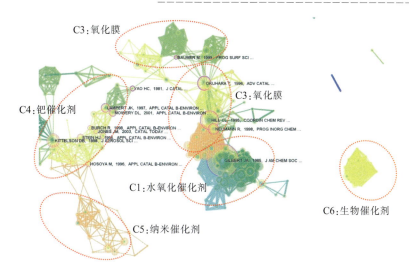

图 3-3-31　氧化催化剂研究的文献共被引知识图谱

机配合物的氧化化学杂多酸》(*Polyoxometalate complexes in organic oxidation chemistry*)中也用催化化学的手段对杂多酸化合物进行催化。人们利用催化剂,可以改变化学反应的速率,这被称为催化反应。大多数催化剂都只能加速某一种化学反应,或者某一类化学反应,而不能被用来加速所有的化学反应。催化剂并不会在化学反应中被消耗掉。不管是反应前还是反应后,它们都能够从反应物中被分离出来。不过,它们有可能会在反应的某一个阶段中被消耗,然后在整个反应结束之前又重新产生。

C3:氧化膜。金属钝化理论认为,钝化是由于表面生成覆盖性良好的致密的钝化膜。大多数钝化膜是由金属氧化物组成,故称氧化膜。如铁钝化膜为 γ-Fe_2O_3,Fe_3O_4,铝钝化膜为无孔的 γ-Al_2O_3 等。氧化膜厚度一般为 10^{-9}—10^{-10}m。一些还原性阴离子,如 Cl^- 对氧化膜破坏作用较大。为了得到厚的致密的氧化膜,常采用化学或电化学处理。知识群中最大的节点是,Baumer M 和 Freund HJ 在 1995 年发表的《关于有序氧化膜金属矿床》(Metal deposits on well-ordered oxide films)。

C4:钯催化剂。知识群中最大的节点是,Mowery DL 在 2001 年发表的《失活的和不支持的氧化铝 PdO 的甲烷氧化催化剂:水对硫酸盐毒害作用》(*Deactivation of alumina supported and unsupported PdO methane oxidation catalyst: the effect of water on sulfate poisoning*)和 Lampert JK 在 1997 年发表的《钯催化剂甲烷减排从贫燃烧天然气的车辆性能》(*Palladium catalyst performance for methane emissions abatement from lean burn natural gas vehicles*)。金钯催化剂(palladium catalyst)以钯为主要活性组分的催化剂,使用钯黑或把钯载于氧化铝、沸石等载体上。

C5:纳米催化剂。纳米催化剂,它由被一层或两层铂原子包围的钌纳米颗粒组成,是一种高效的室温催化剂,可显著改善关键的氢纯化反应,从而获取更多的氢用于燃料电池的供能。

C6:生物催化剂。生物催化剂是指由生物产生用于自身新陈代谢,维持其生物活动的各种物质。酶是生物催化剂。活的生物体利用它们来加速体内的化学反应。如果没有酶,生物体内的许多化学反应就会进行得很慢,难以维持生命。大约在37℃的温度中(人体的温度),酶的工作状态是最佳的。

3.3.3.3 氧化催化剂的研究热点

通过对氧化催化剂研究的972篇论文进行关键词分析,得到氧化催化剂领域的研究热点。在CiteSpace中首先选择阈值为Top 3%。如图3-3-32所示,网络中一共有64个节点和188条连线。

图3-3-32中一共形成了10个聚类,分别是聚类0至聚类9。将聚类按照位置和主题的相似性进行适当的归并,最后一共形成4个主要的热点知识群。表3-3-16显示了高频词。

热点知识群C1:聚合物膜,文献的平均年份为2001年,由聚类0构成。一种自支撑塑料膜包含一个聚合物材料基质层和一个聚合物涂层。重要关键词:全氟磺酸;电解质。

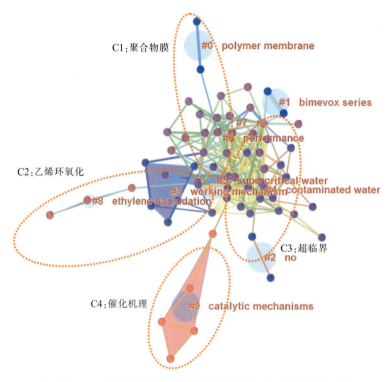

图 3-3-32 氧化催化剂研究文献的关键词共现知识图谱及聚类

表 3-3-16　频次大于 20 的高频词

频次	中心性	年份	词	释义
70	0.79	2001	oxidation	氧化
62	0.12	2001	oxidation catalyst	氧化催化剂
34	0.22	2002	oxygen	氧气
33	0.09	2006	combustion	燃烧
31	0.1	2001	kinetics	动力学
30	0.02	2003	hydrogen-peroxide	过氧化氢
30	0.1	2000	selective oxidation	选择性氧化
29	0.27	2004	platinum	铂金
29	0.18	2002	carbon-monoxide	一氧化碳
26	0.12	2000	complexes	复合物
26	0.04	2004	emissions	排放
26	0	2001	catalysts	催化剂
26	0.17	2001	catalyst	催化剂
23	0.07	2005	epoxidation	环氧化
23	0.1	2005	performance	性能
23	0.06	2005	oxides	氧化物
22	0.1	2000	methane	甲烷
21	0	2007	diesel oxidation catalyst	柴油氧化催化剂
21	0	2005	reduction	减少
21	0.05	2005	adsorption	吸附
21	0.01	2006	nanoparticles	纳米粒子

　　热点知识群 C2：乙烯环氧化，由聚类 3 和 8 构成，平均年份为 2000 年。重要关键词：氨氧化反应作用；氨解氧化作用；氨氧化。

　　热点知识群 C3：超临界，由聚类 4、5、6、7 构成，平均年份为 2003 年。工程上，将 25MPa 以上的称为超超临界。重要关键词：电镀；镀层。

　　热点知识群 C4：催化机理，文献的平均年份为 2009 年，由聚类 9 构成。

3.3.3.4　小结

　　从对氧化催化剂研究文献的知识图谱分析结果来看，氧化催化剂的研究前沿领域主要包括如下 6 个领域：水氧化催化剂、催化化学、氧化膜、钯催化剂、纳米催化剂、生物催化剂。

　　从对氧化催化剂研究的关键词知识图谱分析来看，4 个主要热点知识群为：聚合物膜、乙烯环氧化、超临界、催化机理。

3.4　先进制造技术科学领域及其前沿技术知识图谱

　　当今科学技术的迅猛发展，先进制造技术不断被赋予了新的使命和新的内涵，并呈现出全球化、集群化、信息化、服务化和产品高技术化的发展趋势。各国都把先进制造技术的研究、开发和应用作为国家的关键技术优先发展和支持,我国《国家中长期科学和技术发展规划纲要(2006—2020)》和《国家高技术研究发展计划(863 计划)"十一五"发展纲要》提出重点发展八大前沿技术领域 27 项技术的任务要求,其中先进制造技术作为其中一项前沿技术领域包含三项前沿技术,分别是极端制造技术、智能服务机器人技术以及重大产品和重大设施寿命预测技术[①]。

极端制造技术作为制造技术的时代前沿,泛指当代科学技术难以逾越的制造前端,其内涵也随着人类科技的发展不断被突破与变革[②],极端制造是指在极端条件或环境下,制造极端尺度(特大或特小尺度)或极高功能的器件和功能系统。重点研究微纳机电系统、微纳制造、超精密制造、巨系统制造和强场制造相关的设计、制造工艺和检测技术。目前极端制造技术在各个国家都属于新兴阶段,我国已经在很多领域应用了极端制造技术,如空天运载工程、数百万吨级的石化装备、数万吨级的模锻装备、新一代钢铁流程装备等。

智能服务机器人是在非结构环境下为人类提供必要服务的多种高技术集成的智能化装备,主要以服务机器人和危险作业机器人应用需求为研究重点,研究设计方法、制造工艺、智能控制和应用系统集成等共性基础技术。智能服务机器人技术集机械、电子、材料、计算机、传感器、控制等多门学科于一体,是国家高科技实力和发展水平的重要标志,目前国际智能服务机器人研究主要集中在德国、日本等国家,并成功将智能服务机器人应用于各个行业中,我国近些年在智能服务机器人研究方面也取得很多进展,很多机器人研发公司将研究重点转向智能服务机器人开发,如新松机器人自动化公司在智能服务机器人研究中已经取得很多成就,目前已经开发出三代智能服务机器人。

重大产品和重大设施寿命预测技术是满足制造业对产品的质量和性能提出了更为严格的要求的基础。产品寿命是极限寿命、设计寿命、安全运行寿命及剩余寿命等的统称,其中,安全运行寿命指构件、材料、机组或电厂等在安全运行条件下的实际运行时间;剩余寿命是指安全运行寿命减去迄今为止的实际运行时间的差值。寿命预测实质上预测的是安全运行寿命或剩余寿命。重大产品与设施寿命预测技术主要包括寿命和可靠性设计与分析技术、寿命和可靠性试验方法与评估技术、故障诊断与维修决策技术、风险控制与安全分析技术等。正确预测产品寿命,尤其是重大产品与设施的寿命关系到生产顺利、安全进行的程度。开展重大产品和重大设施寿命预测技术的研究,能够为提高我国重大产品和设施的寿命和安全可靠运行能力、预防重大事故、增强高技术产业的国际竞争力提供先进的技术方法与技术手段。重大产品和设施寿命预测技术是提高运行可靠性、安全性、可维护性的关键技术,已经成为当今一大热点议题,越来越受到专家

---

① 国务院.国家中长期科学和技术发展规划纲要 (2006—2020 年)[Z]. 2006.

② 钟掘. 极端制造——制造创新的前沿与基础[J]. 中国科学基金. 2004, 18(006): 330—332.

学者的重视。

3.4.1　技术科学层次:先进制造领域总体计量研究

鉴于先进制造技术并非一固定的技术领域,故而结合其在《国家中长期科学和技术发展规划纲要(2006—2020)》和《国家高技术研究发展计划(863 计划)"十一五"发展纲要》的论述,本文在 SCI 数据库中,分别以"极端制造"、"智能服务型机器人"、"重大产品和重大设施寿命预测技术"作为主题,加以检索归并(检索时间范围为 1998 年至 2008 年 12 月 24 日)。

极端制造重点研究的对象包括微纳制造、超精密制造、巨系统制造和强场制造相关的设计、制造工艺和检测技术等,故本研究采用其中涉及到的微纳制造、超精密制造、巨系统制造和强场制造作为具体的检索项,以增强极端制造领域计量分析研究的完整性。在 Web of Science 中以 "("Micro-Nano"OR "Micro\Nano"OR "MicroNano" OR "strong field"OR "intense field"OR "high field" OR "giant system" OR "macro system" OR "huge system" OR "large system" OR "ultra precision" OR "super precision" OR "high precision" OR "ultra sophisticat*") AND ("fabricat*"OR"manufactur*")"为检索式进行主题检索,共有 2485 条文献记录。

智能服务机器人领域以检索式 "'ROBOT*SAME service' or 'ROBOT*SAME domestic' or 'ROBOT*SAME civil'"进行主题检索,一共得到 1117 篇论文。

重大产品和重大设施寿命预测技术数据检索过程较为复杂, 主要分为以下三步检索:(1)以各产品种类总名称作为检索词进行一次检索。本文从机电工业、军工产业入手,将这两大领域所有产品分类汇总,得到机电产品 82 大类,军工产品 15 大类,小类各若干。如"运载火箭"检索式为 TS=("carr* rocket*" or "launch*");(2)以"life* predict*"为精炼依据进行二次检索;(3)以学科领域(工程类)为精炼依据三次检索。共收集到符合"寿命预测技术"要求的文献 1282 篇。

最终,对此三部分检索内容进行归并去重,得到 4741 篇论文。

3.4.1.1　论文整体分布情况

1998 年发表的论文数量为 110 篇,2000 年的发文量增长到 294 篇,2003 年达到 430 篇,2006 年这一年发表论文 685 篇,每年的发文量较前一年有提高,其中尤以 2006 年增长为最(图 3-4-1,2008 年的数据,并不完整)。

如图 3-4-2 所示,美国发表的论文数量为 1036 篇,占了约 1/4,远远超过第 2 位的日本的 613 篇。中国大陆发表了 518 篇,位列第 4,排在美国、日本、韩国之后。我国台湾地区以 168 篇位列第 8 位。其中, 前十位的国家 / 地区共发表了 4014 篇, 占总量的 84.7%。

图 3-4-3 显示,在先进制造技术领域发表论文最多的机构是韩国的高等科技院,数

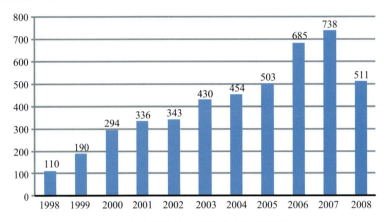

图 3-4-1　先进制造技术研究论文的时间分布

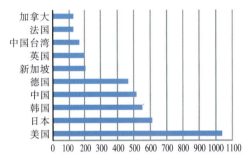

图 3-4-2　先进制造技术研究论文的
主要国家/地区分布

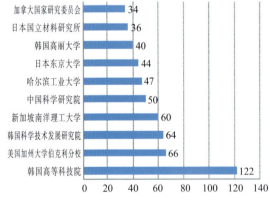

图 3-4-3　先进制造技术研究论文的主要机构分布

量为 122 篇。发表论文第二多的机构是美国的加州大学伯克利分校，数量为 66 篇。韩国科学技术发展研究院发表 64 篇，位列第三。我国的中国科学研究院、哈尔滨工业大学分别以 50 篇、47 篇位列第五、第六位。此外，我们注意到，还有其他多个国家部门的发表论文数量也位居前列，包括加拿大国家研究委员会、美国国家航空和宇宙航行局(第 11 位)等。①

3.4.1.2　先进制造技术领域的研究前沿

在 CiteSpace 中选择文献共被引分析，阈值 (c,cc,ccv) 分别设置为 (3,3,20)、(4,3,20)、(5,4,30)，即每一时间段被引次数达到阈值标准的文献出现在共被引网络中，得到图 3-4-4。图谱将由节点和连线形成的聚类根据节点文献所反映的研究主题进行适度的

---

①　鉴于 SCI 数据库，早期数据格式中并不包含 C1 字段，即表征作者单位、地址的字段。故：实际机构分析的数据是 4531 条。

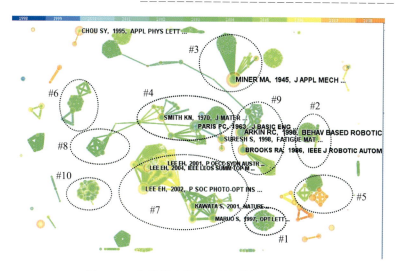

图 3-4-4　先进制造技术的研究前沿可视化图

归并,最后形成 10 个主要知识群。

知识群一(#1)　封装技术

封装技术,是重大产品与寿命预测技术中的一项重要技术,目的在于将集成电路用绝缘的塑料或陶瓷材料打包, 以便防止空气中的杂质对芯片电路的腐蚀造成电气性能下降,另一方面封装后的芯片也方便安装或运输。对于先进制造业中的集成电路产品而言,封装技术是非常关键的一环,尤其是伴随着处理器芯片内频的增高,性能的增强,其对封装技术的要求也越来越高了。时下,主要的封装技术包括 DIP 封装(双列直插式封装技术,Dual In-line Package)、QFP 技术 (方型扁平封装技术,Plastic Quad Flat Pockage)、PFP 技术(塑料扁平组件式封装,Plastic Flat Package)、PGA 技术(插针网格阵列封装技术,Ceramic Pin Grid Arrau Package)、BGA 技术(球栅阵列封装技术,Ball Grid Array Package)、SFF 技术(小封装技术,Small Form Factor)等等。

该知识群落主要涉及的是用于集成电路芯片封装的球栅阵列封装技术, 具体表征其知识群落的关键词有球栅阵列封装(BGA)、芯片级封装(chip scale package, CSP)、覆晶技术(flip chip)、焊点(solder joints)、焊料合金(solder alloy)表面贴装技术(surface mounted technology)等。涵盖的主要节点有:Lau JH 的 *Solder Joint Reliability of BGA, CSP, Flip Chip, and Fine Pitch SMT Assemblies*;美国纽约州立大学布法罗分校工程与应用科学学院电子封装实验室的 Zhao Y 的 *Thermomechanical Behavior of Micron Scale Solder Joints under Dynamic Loads*;新加坡精迪制造技术研究院(gintic institute of manufacturing technology) 的 XQ Shi 的 *Low Cycle Fatigue Analysis of Temperature and Frequency Effects in Eutectic Solder Alloy* 等。

知识群二(#2) 复合材料的应用

复合材料,即由两种或两种以上不同性质的材料通过物理或化学的方法,在宏观上组成具有新性能的材料,这样各种材料在性能上互相取长补短,产生协同效应,使得复合材料的综合性能优于原组成材料从而满足了各种不同的需要。该知识群,也是属于重大产品与寿命预测技术中的一个研究方向,主要研究有关复合材料的疲劳寿命分析、疲劳损伤模型等。时下复合材料的损伤模型,可以初步划分为三类:其一,不考虑实际的性能劣化机理,使用 S-N 曲线或类似的图,提供若干疲劳损坏准则;其二,是研究剩余刚度或剩余强度的表象模型;其三,研究损伤发展模型,使用一个或多个可测的能衡量损伤情况的变量[①]。这里涉及的主要是硅酸盐复合材料。所谓硅酸盐指的是硅、氧与其它化学元素(主要是铝、铁、钙、镁、钾、钠等)结合而成的化合物的总称。它们大多数熔点高,化学性质稳定,是硅酸盐工业的主要原料。

目前,复合材料在现代技术的各个部门得到广泛应用,具有很大潜力,这是因为它比力学性能高,而且可根据结构应力状态和作用在结构上的载荷特性,用改变增强纤维排列的方法得到合乎需要的材料[②]。复合材料与金属材料有完全不同的损伤、断裂与疲劳机理,损伤的基本类型通常有 4 种:基体开裂、纤维断裂、纤维/基体脱胶和分层,复合材料的最终破坏多半是纤维断裂[③]。图谱中可以表征该知识群落的节点有:美国伊利诺伊大学机械与工业工程系的 Socie D 的 *Multiaxial Fatigue Damage Model*、意大利帕多瓦大学工程管理系的 Lazzarin P 的 *A Finite-volume-energy based Approach to Predict the Static and Fatigue Behavior of Components with Sharp V-shaped Notches* 等。

知识群三(#3) 积累疲劳分析

这一聚类所代表的知识群是重大产品与设施寿命预测技术的一个重要方面,其中涉及到的主要是疲劳损伤积累理论。疲劳损伤积累理论认为:当零件所受应力高于疲劳极限时,每一次载荷循环都对零件造成一定量的损伤,并且这种损伤是可以积累的;当损伤积累到临界值时,零件将发生疲劳破坏。较重要的疲劳损伤积累理论有线性疲劳损伤积累理论和非线性疲劳损伤积累理论。线性疲劳损伤积累理论最具代表性的理论是帕姆格伦—迈因纳(Palmgren-Miner)定理。其中应用最多的一种单轴疲劳寿命预测模型是 Manson-Coffin 方程,其表达式为 $\Delta\varepsilon/2=\sigma'f(2N)b/E+\varepsilon'f(2N)c$。

在可视化知识图谱中,表征该知识群落的关键词有:积累损伤(cumulative damage)、热压力(thermal stress)、疲劳损伤(fatigue damage)等。其中最重要的节点有

① 庞林飞.钢筋混凝土板疲劳损伤识别及疲劳寿命预测 [D].南京:东南大学,2004.

② 程屏芬.复合材料的力学问题[J].力学进展.1981, 11(3): 1000—1992.

③ 张力,张恒,李雯.复合材料损伤与断裂力学研究 [J].北京工商大学学报:自然科学版.2004, 22(001): 34—38.

Miner MA 1945 年的一篇论文 *Cumulative Damage In Fatigue*，文中 Miner 将 Palmgren 提出的疲劳损伤与应力循环次数成线性比这一假设公式化,建立了著名的 Miner 准则。该准则主要关注积累疲劳损伤,被广泛应用于机械、化工、船舶、力学等领域的重大产品与设施构件、材料等的疲劳可靠性统计分析。此外,Miner 原则还作为一种常见加速试验方法被广泛应用。

我国与 Miner 准则相关的研究主要集中在对机械、化工、船舶、力学、航空等领域中重大产品与设施的疲劳可靠性的设计、分析、试验、评估方面,研究成果既包括理论(模糊数学、寿命分布函数等)上提出新观点[①],还涉及混凝土、巨型水电站、高速列车、大跨桥梁、坦克传动装置等实际应用。

知识群四(#4)　疲劳裂缝分析

该知识群落是属于先进制造技术领域中重大产品与设施寿命预测技术中的一部分。所谓疲劳损伤,是指由于重复荷载作用而引起的结构材料性能衰减的过程,即通常所说的疲劳裂纹的产生、发展到宏观裂纹、进而发生破坏的全过程。断裂力学分析是疲劳裂缝分析中的重要部分,与疲劳分析存在千丝万缕的联系,尤其在计算带缺陷零件的剩余自然寿命方面。一般采用断裂力学理论,通过建立裂纹扩展速率与断裂力学参量之间的关系来进行计算。断裂力学理论认为:零件的缺陷在循环载荷作用下会逐步扩大,当缺陷扩大到临界尺寸后将发生断裂破坏。这个过程被称为疲劳断裂过程。疲劳断裂过程大致可分为四个阶段,即成核、微观裂纹扩展、宏观裂纹扩展及断裂。

该知识群落中的核心节点是计算损伤零件疲劳寿命的定理——帕利斯 (Paris)定理。帕利斯(Paris)定理主要内容是对裂纹扩展规律的研究。在考虑材料性能参量对裂纹扩展速度的影响后,帕利斯提出了裂纹扩展速度的半经验公式:$da/dN=A(\Delta K)n$,大大促进了对疲劳裂缝增长的研究。

Paris PC 在 2000 年 *The Stress Analysis of Cracks Handbook* 中列出若干公式定理,通过建立 2 维与 3 维模型,提出各种解决办法,就裂缝的压力分析过程进行了阐述。通过在 google scholar 中搜索发现, 国外对断裂力学分析研究方面的文章不仅数量较多,而且它们之间存在密切的共被引现象,被引频次也较高。在 CNKI 中可以清楚地反映出,我国在断裂力学分析方面的研究主要集中在混凝土、道路 / 路面疲劳寿命预测等方面,从事断裂力学研究的专家有曾梦澜、岳福青等。

知识群五(#5)　微纳研究

本聚类涉及到的研究内容是微纳技术研究,它属于先进制造技术领域中的极端制造技术。微纳技术研究作为一个多学科交叉研究领域,既是现代科学(混沌物理、量子力学、分子生物学等)和现代技术(计算机技术、微电子技术等)结合的产物,同时也是时下一些

---

① 倪侃,张圣坤. 二维统计 Miner 准则与 Wirsching 模型[J]. 船舶力学. 2002, 6(005): 38—43.

新兴学科(纳米摩擦学、纳米电子学)的基础学科,更是时下国内外研究的前沿领域。从1997年的4.32亿增长到了2005年的41亿,全球政府投资增长近9倍,其中尤以美国、日本和欧盟为甚,在纳米科学技术的研发方面,每年投入约为10亿美元(2005年)[①]。

本聚类主要是关于纳米材料研究、纳米化学研究、纳米物理研究、纳米生物研究等。21世纪将是微纳技术研究的时代,随着其制备和改进技术的不断发展,微纳米材料、微纳米技术等已经在诸多领域得到日益广泛的应用,在机械、电子、光学、磁学、化学等领域更是展示了广泛的应用前景。这里具体标志该聚类的节点有:日本东京都立大学化工学院的教授Masuda H, 他在1995年提出了一种用于制造高度有序的金属纳米孔阵列方法,是通过两步复制阳极多孔氧化铝的蜂窝结构来实现的[②];日本大阪大学Kawata S教授使用双光子吸收技术的装置获得了更高清晰度的微电机[③];中科院化学研究所分子科学中心的Feng L首先指出自然界中有较大接触角和较小摩擦角的超疏水表面是通过微纳结构的协作和排列来实现的,并从中得到了启发,以纳米纤维聚合物构造了人工超疏水表面,制造了不同模式的碳纳米管阵列排布薄膜[④]。

知识群六(#6)　强磁场的应用(主要是关于超导技术)

该知识群落是属于极端制造技术领域的一个研究方向,主要是关于强磁场的应用,重点是在超导技术的研究与应用。超导,即电流在通过某种材料时电阻完全消失的现象, 是荷兰物理学家Heilie Kammerlingh Onnes发现的。1933年, 德国科学家Walter Meissner和Robert Ochsenfeld发现,当电流通过超导体时,对外部磁场会产生强大的排斥力,即超导的抗磁效应,这同时也是磁悬浮列车的理论基础。21世纪以来,超导研究的一个重点是以碳原子为基础的富勒烯和纳米管及重费密子的导电容量研究。

标志该知识群落的聚类关键词有超导磁铁 (superconducting magnet)、超导属性 (superconducting properties)、临界电流密度 (critical current density)、强磁超导 (high-field superconductor)、强磁场性能(high field performance)等等。具体的节点包括:Iijima Y发表于1994年的 *Nb3Al multifilamentary wires continuously fabricated by rapid-quenching*、Takeuchi T发表于2000年的 *Nb3Al conductors for high-field applications* 和Weijers HW发表于1999年的 *Development of 3T class Bi-2212 insert coils for high field NMR*。

① Roco M C. International perspective on government nanotechnology funding in 2005 [J]. Journal of Nanoparticle Research. 2005, 7(6): 707—712.

② Masuda H. Ordered Metal Nanohole Arrays Made by a Two-Step[J]. Science. 1995, 268: 1466.

③ Kawata S, Sun H B, Tanaka T, et al. Finer features for functional microdevices [J]. Nature. 2001, 412(6848): 697—698.

④ Feng L, Li S, Li Y, et al. Super-hydrophobic surfaces: from natural to artificial [J]. Advanced materials. 2002, 14(24): 1857—1860.

知识群七(#7)　纳米光电技术

纳米光电技术,是属于先进制造技术中的极端制造技术领域。随着纳米半导体材料的出现和纳米电子器件的蓬勃发展,纳米光电子学应运而生。纳米技术的问世具有划时代的意义,光电子技术与纳米技术相结合而产生的纳米光电技术,为光电子技术的发展开辟了一个全新的领域。纳米光电技术是在纳米半导体材料的基础上发展起来的前沿、交叉性新型技术领域。纳米光电技术有4大关键性技术:(1)纳米半导体发光材料技术;(2)超高精度纳米光电加工技术;(3)纳米光电器件制造技术;(4)纳米微光电机械系统技术[①]。纳米光电子材料及器件、纳米信息获取技术及器件、纳米级高密度信息储存技术及器件等的研究成果和突破,丰富并促进了纳米材料学、纳米电子学、纳米光电子学、分子电子学、纳米光学等基础学科的研究。

标志该被引文献集聚类的关键词有:光致聚合作用(photopolymerization)、3维光子晶体(three dimensional photonic crystal)、光子集成(photonic integration)、光刻技术(lithography)、压印光刻技术(imprint lithography)、绕射光学元件(diffractive optical)、自适应光学(adaptive optics)、掠入射单色仪(grazing incidence monochromator)等。其中该聚类所涉及的主要节点包括,Park I 在 2004 年发表的 *Photonic crystal power-splitter based on directional coupling*、Sun HB 发表于 1999 年的 *Three-dimensional photonic crystal structures achieved with two-photo-absorption photopolymerization of resin*、Kawata S 2001 年发表的 *Finer features for functional microdevices* 等等。

知识群八(#8)　可视助残机器人研究

可视助残机器人研究,属于先进制造技术中的智能服务机器人研究领域。这种助残机器人,是用于辅助残疾人的日常生活的,其中典型的产品有辅助腿脚不便的老年人和残疾人出行的轮椅产品,为患慢性病的老年人、空巢家庭中的老年人、住院后退养的体弱者、瘫痪和半瘫痪等失去自理能力的病人、心血管疾病人群,以及骨伤疗养者等进行护理的护理床产品,帮助残障人士与肢体功能退化的老年人进行肢体康复训练的康复机器人产品[②]。

标志该知识群落的关键词主要有可视服务机器人、助残机器人等,主要文献集中在2003—2004 年,此类中节点数相对较少,主要的节点是 Hutchinson S 的 *Behavior-based Robotics*,CRAIG JJ 的 *Introduction to robotics: mechanics and control* 等。

知识群九(#9)　移动机器人研究

该知识群落是属于先进制造技术中的智能服务机器人技术领域。移动机器人,是一类能够通过传感器感知环境和自身状态,实现在有障碍物环境中面向目标的自主运动,

---

① 程开富.纳米通信技术的核心纳米光电器件[J].光机电信息.2004(1):39—47.

② 邓志东,程振波.我国助老助残机器人产业与技术发展现状调研[J].机器人技术与应用.2009(2):20—24.

从而完成一定作业功能的机器人①。相对于固定式机器人只能固定在一定位置进行操作而导致其功能和应用范围受限的缺陷，移动机器人则能够移动到固定机器人无法达到的位置，完成更复杂的操作任务。时下对移动机器人的研究，主要包括机器人的机械结构、体系结构、环境建模、导航定位、路径规划、运动控制、多传感器信息融合、故障诊断、容错控制以及移动机器人导航控制平台等的研究。

标志该知识群落的关键词包括移动机器人（mobile robot）、多移动机器人（multiple mobile robot）、路径规划（path planning）、自主移动机器人（autonomous mobile robot）等。其中，主要节点包括：乔治亚理工学院教授 Ronald C. Arkin 的 Behavior-Based Robotics、麻省理工学院计算机科学和人工智能实验室主任罗德尼 - 布鲁克斯（Rodney Brooks）教授 1986 年的 *A robust layered control system for a mobile robot*、斯坦福大学人工智能实验室 Oussama Khatib 的 *Real-Time Obstacle Avoidance for Manipulators and Mobile Robots* 等。

知识群十（#10）　机器人感知系统研究

机器人感知系统研究，是属于先进制造技术中的智能服务机器人技术研究范畴。作为实现智能机器人与人、环境互操作的重要 I/O 工具，随着工业现场总线技术的发展，机器人感知系统在系统体系结构方面，逐渐开始向开放式、分布式体系结构转变②。近年来由于工业机器人广泛应用于工业生产系统的各个环节中，感知系统已经成为机器人工业化中的一个标准必备部件，故对机器人感知系统的研究已成为机器人智能化的一个关键课题。

标志该知识群落的关键词有人机交互（human-robot interaction）、系统（system）、感知系统（sensor system）等。此类中主要的节点有麻省理工学院计算机科学和人工智能实验室的 SHIBATA T 教授在 1996 年 *Emotional robot for intelligent system-artificial emotionalcreature project*，以及其在 1997 年发表的 *Real-time color stereo vision system for a mobile robot based onfield multiplexing* 等。

3.4.1.3　小结

从对先进制造技术领域整体研究文献的知识图谱分析结果来看，先进制造技术的研究前沿领域主要包括以下 10 个领域：封装技术、复合材料的应用、积累疲劳分析、疲劳裂缝分析、微纳研究、强磁场的应用、纳米光电技术、可视助残机器人研究、移动机器人研究和机器人感知系统研究。而这 10 个领域，又可以根据《国家中长期科学和技术发展规划纲要（2006—2020）》和《国家高技术研究发展计划（863 计划）"十一五"发展纲要》提出重点发展八大前沿技术领域 27 项技术的任务要求，划分到极端制造技术领域（微纳研究、强磁场的应用、纳米光电技术）、智能服务机器人技术领域（可视助残机器人

---

① 蔡自兴. 中国的智能机器人研究[J]. 莆田学院学报. 2002, 9(3): 36—39.

② 卞亦文, 吴仲城, 戈瑜, 等. 网络传感器在机器人感知系统中的应用研究[J]. 机器人. 2003, 25(4): 339—343.

研究、移动机器人研究、机器人感知系统研究)和重大产品与设施寿命预测技术领域(封装技术、复合材料的应用、积累疲劳分析、疲劳裂缝分析)。

从研究前沿可视化图谱中,不难发现:这 10 个技术领域彼此间的关联性比较小,仅知识群 4 和知识群 8 之间有联系,而且是通过节点 Hutchinson S 的 Behavior-based Robotics 得以连通在一起,但是该节点却并未成为中心节点(中心度为 0)。这也进一步佐证了先进制造技术领域划分为 3 个方面加以分析的可靠性,即极端制造技术研究、智能服务机器人研究和重大产品和设施寿命预测技术的研究应该分割开来单独进行进一步的深入分析。同时,每个研究前沿领域中的节点数量差距也比较大,其中知识群落 7 纳米光电技术领域中的节点数量比较多也且节点也比较大,即其研究受关注程度大。

3.4.2　重点前沿技术层次:极端制造、智能服务机器人、产品与设施寿命预测

3.4.2.1　极端制造技术的计量分析

极端制造技术,又称"极限制造"技术,是先进制造技术中的重要研究领域之一。其中"极端"二字,主要体现在制造尺寸方面极大或极小;在制造环境方面,极强或极弱;在制造系统方面实现新效应、新工艺、新装备、新技术等,进而通过多种技术极限构造达到技术与能力的极限。它与绿色制造、相互融合的高新技术和基于网络的制造技术被人并称为目前世界制造领域科技发展的四大趋势[①]。

下面通过整体论文的时间、国家\地区、机构等的分布情况,初步了解一下当前国内外极端制造技术领域的研究现状,尤其是技术领域的发展状况、主要科研力量的分布情况。进而以文献共被引分析,研究了极端制造技术领域的研究前沿分布,以及当前极端制造技术领域的研究热点分布等。

(1) 极端制造论文的整体分布情况

极端制造领域的论文是逐年增长的(图 3-4-5),从 1998 年的 55 篇到 2004 年的 278 篇,这 7 年基本保持比较平缓的线性增长,2005 年有所回落,不过在 2006 年又有一个涨幅超过 50% 的增长。而 2006 年到 2007 年的增长又趋于平稳。这充分说明这 10 年极端制造领域的研究一直是当前科学技术领域的研究热点。从极端制造领域论文的地区分布来看,美国数量最多,为 629 篇,其次为日本 416 篇和中国大陆的 390 篇,这三者占总量的 57.7%,接下来分别是德国(238 篇)、韩国(193 篇)、台湾(119 篇)、英国(103 篇)、法国(75 篇)、新加坡(69 篇)及瑞士(65 篇)(图 3-4-6)。

发表极端制造论文最多的机构是中国科学院,为 48 篇。不过,中国科学院包含多个分支机构,而这里的 48 篇论文所涵盖的机构就包括中国科学院化学研究所(ICCAS)、中国科学院理化研究所、中国科学院沈阳材料科学国家实验室、中国科学院物理研究

---

① 卜基桥. 极端制造技术[J]. 现代制造. 2006(34): 12—13.

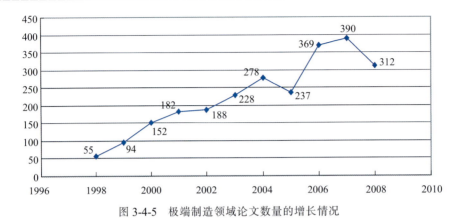

图 3-4-5　极端制造领域论文数量的增长情况

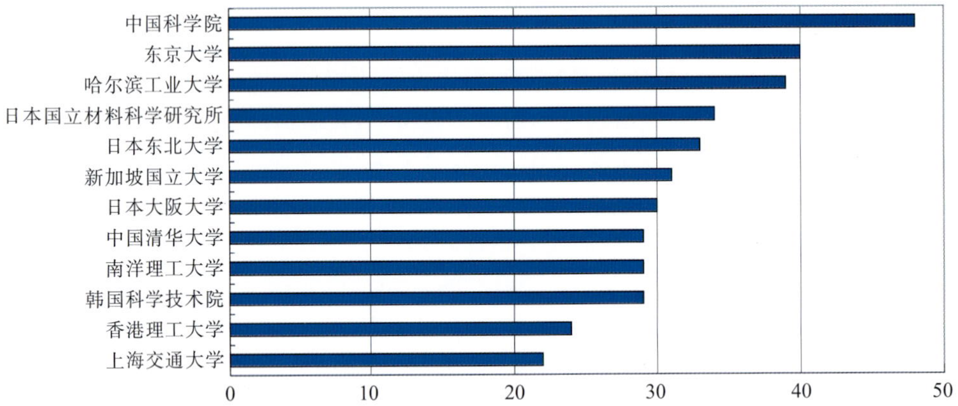

图 3-4-6　极端制造领域论文的主要机构分布(论文量大于 21 次)

所、中国科学院力学研究所、中国科学院上海微系统与信息技术研究所、中国科学院长春应用化学研究所、中国科学院电子学研究所、中国科学院传感技术国家重点实验室等多个分支机构。排名第二位的是日本东京大学,中国的哈尔滨工业大学以 39 篇论文排在第三位。这前十二所高产出的机构,都是来自于亚洲的科研机构或者大学。其中中国有 5 所院所,分别是中国科学院、哈尔滨工业大学、中国清华大学(29 篇,第 8 位)、香港理工大学(24 篇,第 11 位)和上海交通大学(22 篇,第 12 位)。而日本有 4 所科研机构,分别是日本东京大学、日本国立材料科学研究所(34 篇,第 4 位)、日本东北大学(33 篇,第 5 位)和日本大阪大学(30 篇,第 7 位)。其他三所科研机构是新加坡的 2 所(新加坡国立大学和南洋理工大学)和韩国的 1 所(韩国科学技术院)。

(2) 极端制造技术的研究前沿

　　研究前沿作为标志一个技术领域发展路线的最前端,不仅代表着当前该技术领域的最新进展,同时也引领着未来该项技术的发展方向。确定一个技术领域的研究前沿一直是学术界的一个研究热点,同时也有多位学者就其确定方法提出了不同的见解。早在 1960 年 Burton 和 Kebler[①] 就提出了研究前沿的概念,即生命半周期比较短的暂时文献。之后 Price 认为研究前沿是基于近期发表的文献的,而且相对于一篇引用文献而言,估计有 30—40 篇被引文献组成这方面的研究前沿。在 1974 年 Small 和 Griffith 提出使用文献共被引聚类表示当前知识领域的研究前沿,其核心思想在于一对文献间的共引频率越高,它们就越相似;而 Braam、Moed 和 Raan[②]则利用连续几年文献共被引之间的相似程度确定知识领域的研究前沿。下面本文采用 Small、Braam 等人提出的文献共被引方法确定极端制造领域的研究前沿。

选择了 Citespace 软件的第三种可视化输出方式,前中后三个时间段中设定的引文数量、共被引频次和共被引系数分别为(2,2,15),(3,3,20)和(4,4,25),对应的三个时间段中的每一个一年分区的阈值是由线性内插值来确定的。

得到共引图谱如图 3-4-7 所示,该图谱一共包括 369 个节点和 2526 条连线。图中每一个节点都代表着一篇被引用的文献,节点向外延伸的不同颜色的圆圈描述了该被引文献在不同年份的引文时间序列,该圆圈的厚度与相同年份的引文量成正比。两个节点间的连线表示两篇文献共同被引用,而该连线的颜色是由引文的时间决定的。鉴于该文献共被引是个高度不连通网络图,故本文一方面提取了其中的最大连通子图,另一方面就其中主要的节点网络予以保留,剔除部分节点小于 5 的网络。极端制造领域中文献共被引聚类一共分为 45 类,本文结合文献聚类后的标引(施引文献标题词表

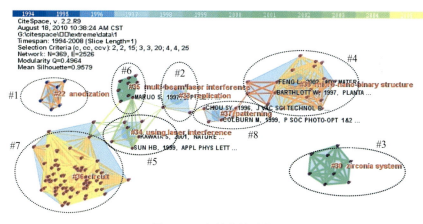

图 3-4-7　文献共被引分析

①　Small H, Griffith B C. The structure of scientific literatures I: Identifying and graphing specialties [J]. Social Studies of Science. 1974, 4(1): 17—40.

②　Braam R R, Moed H F, Van Raan A. Mapping of science by combined co-citation and word analysis. I. Structural aspects[J]. Journal of the American Society for Information Science. 1991, 42(4): 233—251.

示)进一步将45类合并为8类(#1—#8),进而结合被引文献的内容,将这八类划分如图3-4-7所示。

知识群1—聚类#1:纳米技术与纳米器件

此类主要是关于纳米材料的前沿技术及其应用的研究,标志该被引文献集的聚类关键词有纳米孔阵列 (nanohole arrays)、纳米压痕 (nanoindentation)、阳极处理(anodization)、纳米模具(nano molding)、微型机扑(miniature robot)等等。其中被引次数最高的 4 篇文献是:Masuda H 在 1995 年的 *Ordered metal nanohole arrays made by a two-step replication of honeycomb structures of anodic alumina*、Friedrich CR 的 *Development of the micromilling process for high-aspect-ration microstructures*、Huang MH 的 *Room-temperature ultraviolet nanowire nanolasers* 和 Vettiger P 的 *The "millipede" -nanotechnology entering data storage*。

Masuda H 是日本东京都立大学化工学院的教授,其著作 *Ordered metal nanohole arrays made by a two-step replication of honeycomb structures of anodic alumina* 发表于期刊 Science 上,在 Google Scholar 中的被引次数高达 1415 次,该文献提出了一种用于制造高度有序的金属纳米孔阵列方法,是通过两步复制阳极多孔氧化铝的蜂窝结构来实现的;Friedrich CR 在 1996 年发表的 *Development of the micromilling process for high-aspect-ration microstructures*,主要是提出了一种微铣削的方法,用于开发制造微型器件;Vettiger P 是 IBM 瑞士的苏黎世研究实验室成员,其发表于 2002 年的 *The "millipede"-nanotechnology entering data storage* 提出一种新的基于扫描探针的数据存储概念——"millipede",这是一种结合了超高密度、兆位级储能、小型化和高传输率的数据存储方式。

Huang MH 是加利福尼亚大学伯克利分校化学系的教授,其发表于 2001 年 Science 上的 *Room-temperature ultraviolet nanowire nanolasers* 在 Google Scholar 中的被引次数为 2441 次,该论文的发表,标志着当时世界上最细的激光束,即室温紫外辐射的纳米激光器研制成功。当时他们先是在蓝宝石基底上镀上 1—3.5 微米厚的金,然后把它们放到铝的蒸发皿中,在氩气中将材料和基底加热到 880—905 摄氏度以产生 Zn 蒸汽,进而将产生的 Zn 蒸汽传送到基底上,大约经过 2—10 分钟左右,截面为六角形的纳米线便可以生长到 2—10 微米,而直径为 20—150 纳米的纳米线自然形成了一个激光腔。

知识群2——聚类#2:强磁场的应用(超导)

该聚类主要是关于强磁场的应用,重点是在超导领域的应用,标志该被引文献集的聚类关键词有超导磁铁 (superconducting magnet)、超导属性(superconducting properties)、临界电流密度 (critical current density)、高磁场超导 (high-field superconductor)、高磁场性能(high field performance)等等。其中被引次数最高的 4 篇文献是:Iijima Y 发表于 1994 年的 *Nb3Al multifilamentary wires continuously fabricated by rapid-quenching*、Takeuchi T 发表于 2000 年的 *Nb3Al conductors for high –field applications*、Weijers HW 发表于 1999 年的 *Development of 3T class Bi-2212 insert coils for high field NMR* 和 Binning G 发表于 1986 年的 *Atomic Force Microscope*。

Iijima Y 是日本筑波磁场实验室(Tsukuba Magnet Laboratories)研究人员,其著作 *Nb3Al multifilamentary wires continuously fabricated by rapid-quenching*,提出了一种通过骤冷法制造 Nb3Al 复丝状线的方法;Takeuchi T 是日本国立材料科学研究所的研究人员,其在 *Nb3Al conductors for high-field applications* 一文中指出 Nb3Al 具有极高的临界电流强度和优良的应变公差性质,从而可以取代 Nb3Sn 应用于大范围的强磁场中;Weijers HW 是美国佛罗里达州立大学强磁场实验室的研究人员,其在 *Development of 3T class Bi-2212 insert coils for high field NMR* 中提出了开发用于强场 NMR 的 3T Bi-2212 类的插入式螺旋的设计理念及其实验结果。

Binning G 是一位伟大的物理学家。他与 Heinrich Rohreer 共同开发的扫描隧道显微镜(scanning tunneling microscope, STM),使得科学家可以进入以前根本不可能进入的原子世界,从而为纳米技术的发展奠定了结实的基础。为此他于 1986 年获得诺贝尔物理学奖,之后于同年他发表了代表着第一代原子力显微镜诞生的 Atomic Force Microscope,同时该文献在 Google Scholar 中的引文量高达 3994 次。原子力显微镜(AFM)与扫描隧道显微镜的最大不同在于并非利用电子隧道效应,而是利用原子之间的范德华力作用来呈现样品的表面特性。

知识群 3——聚类 #3:微纳制造在生物医学方面的应用

该聚类主要是关于微纳制造在生物医学方面的应用,标志该被引文献集的聚类关键词有纳米制造 (nanofabrication)、3d 细胞培养 (3d cell culture)、氧化锆系(zirconia system)、微生物反应器(micro-bioreactors)、灌注细胞培养(perfusion cell culture)、微流体(microfluidic)等与生物医学相关的技术或设备。其中被引次数最高的 4 篇文献是,Fritz J 发表于 2000 年的 *Translating biomolecular recognition into nanomechanics*、Devoe DL 发表于 1997 年的 *Modeling and optimal design of piezoelectric cantilever microactuators*、Ma T 发表于 1999 年的 *Development of an in vitro human placenta model by the cultivation of human trophoblasts in a fiber-based bioreactor system* 和 Unger MA 发表于 2000 年的 *Monolithic microfabricated valves and pumps by multilayer soft lithography*。

Fritz J 既是瑞士巴塞尔大学的研究人员,同时也是 IBM 公司位于瑞士的苏黎世研究实验室成员。其在 *Translating biomolecular recognition into nanomechanics* 中,通过表面应力的改变,将 DNA 杂交体 (DNA hybridization) 和配位体/接受体螯合物 (receptor-ligand binding) 转化为微制造悬臂的直接纳米机械式反应;Devoe DL,美国马里兰大学的教授,其在 *Modeling and optimal design of piezoelectric cantilever microactuators* 中,描述了一个用于预测压电悬臂制动器的静力特性模型,该压电悬臂制动器可以有任意结构的弹性静电层;Ma T,美国俄亥俄州立大学化学工程系的教授,其在 *Development of an in vitro human placenta model by the cultivation of human trophoblasts in a fiber-based bioreactor system* 中,针对体外培养的人滋养细胞培养体系不能重现人类胎盘在体内的一些重要特性的缺点,本文提出一种有化学改性聚纤维基质特性的细胞培养支架的灌注生物反应器系统,来解决这些问题。

Unger MA 是加州理工学院应用物理系的教授,其发表于 2000 年 Science 上的 *Monolithic microfabricated valves and pumps by multilayer soft lithography* 在 google scholar 中的被引高达 728 次,该文献说的是在软光刻的基础上进行拓展的新技术——多层软光刻技术。本文作者通过多层软光刻技术制造的完全是柔性材料的,包含开关阀门、交换阀门和泵等设备的活性微流体系统,具有快速成型、易于制造和兼容性优良的特点。

知识群 4——聚类 #4:碳纳米管

该聚类主要侧重于微纳技术中的碳纳米管及其应用, 标志该被引文献集的聚类关键词有微纳二叉结构 (micro-nano binary structure)、极化电子源 (polarized electron source)、碳纳米管发射器 (carbon nanotube emitter)、场发射显示器 (field-emission display)、共轭聚合物(conjugated polymers)等等。其中被引次数最高的 3 篇文献是:Choi WB 发表于 1999 年的 *Fully sealed, high-brightness carbon-nanotube field-emission display*、Ren ZF 发表于 1998 年的 *Synthesis of large arrays of well-aligned carbon nanotubes on glass* 和 Lijima S 发表于 1991 的 *Helical microtubules of graphitic carbon*。

Choi WB 是三星技术研究院的研究员, 其在 1999 年发表的 *Fully sealed, high-brightness carbon-nanotube field-emission display*,在 Google Scholar 中的引用为 687 次。该文献主要是讲他们利用单壁碳纳米管有机粘结剂制成了一个完全密合的场发射器;Ren ZF 是纽约州立大学物理和化学系的教授,其在 1998 年 Science 上发表的 *Synthesis of large arrays of well-aligned carbon nanotubes on glass* 指出,通过采用等离子体增强热灯丝化学气相淀积方法,碳纳米管在低温 666 摄氏度的镀镍玻璃上,排列成功;Iijima S 是日本 NEC 公司基础研究实验室的研究员,其在 1991 年 Nature 上发表的 *Helical microtubules of graphitic carbon*,在 Google Scholar 中的引用高达 11749 次,该文献标志着纳米尺度的针形炭管——"纳米管"的产生。

知识群 5——聚类 #5:激光应用

该聚类涵盖的内容主要是关于微纳制造、强场等在激光方面的应用。标志该被引文献集的聚类关键词包括:雷射钻孔(laser-ablation)、激光干涉(laser interference)、聚焦离子束(focused ion beam)、金刚石车刀(diamond tools)、干扰仪(interferometers)、自动研磨机(automatic lapping machine)、位移检测系统(displacement detection system)、场效晶体管(field effect transistor)等。其中引用次数最高的 4 篇文献为:Drury DJ 发表于 1998

年的 *Low-cost all-polymer integrated circuits*、Becker EW 发表于 1986 年的 *Fabrication of microstructures with high aspect ratios and great structural heights by synchrotron radiation lithography，galvanoforming，and plastic moulding (LIGA process)*、Nelson SF 发表于 1998 年的 *Temperature-independent transport in high-mobility pentacene transistors* 和 Dimitrakopoulos CD 发表于 2002 年的 *Organic thin film transistors for large area electronics*。

Drury DJ 是荷兰 Philips 研究实验室的研究人员，其在 *Low-cost all-polymer integrated circuits* 一文中，指出该实验室用于制造所有部件都是聚合物的集成电路的一项技术，即在该可复写的场效晶体管中的半导体、导体和绝缘体都是由聚合物制造而成。Becker EW 在其 *Fabrication of microstructures with high aspect ratios and great structural heights by synchrotron radiation lithography galvanoforming，and plastic moulding (LIGA process)* 一文中，通过同步辐射光刻电铸成型技术制造有高长径比和大结构高度的微细结构；Nelson SF 是美国科尔比学院的教授，其在 1998 年发表的 *Temperature-independent transport in high-mobility pentacene transistors* 中，通过使用薄膜晶体管结构在有机半导体并五苯中发现了电载体传输结构；Dimitrakopoulos CD 在 2002 年发表的 *Organic thin film transistors for large area electronics* 在 Google Scholar 中的被引为 842 次，其在已有有机薄膜晶体管(OTFTs)研究的基础上，回顾了自结合新的传导机制、性能属性和机会属性建模以来，有机薄膜晶体管所取得的新进展。

知识群 6——聚类 #6：光机电系统

这部分主要是关于微纳制造、激光等在光机电系统方面的应用，标志该被引文献集的聚类关键词包括：2d 纤束阵列(2d fiber bundle array)、2d 光纤束阵列(2d optical fiber bundle array)、多束激光干涉 (multi-beam laser interference)、互补金属氧化物半导体 (complementary metal oxide semiconductor，CMOS)、cmos-seed 灵巧像素阵列 (cmos-seed smart pixels arrays)、cmos-seed 灵巧像素设备(cmos-seed smart pixels device) 等等。该聚类主要包括的文献有 McCormick FB 发表于 1994 年的 *Five-stage free-space optical switching network with field-effect transistor self-electro-optic-effect device small-pixel arrays*、Krishnamoorthy AV 发表于 1996 年的 *Scaling optoelectronic-VLSI circuits into the 21st century: a technology roadmap*、Lentine AL 发表于 1993 年的 *Evolution of the SEED technology: bistable logic gates tooptoelectronic smart pixels* 等等。

McCormick FB 在其 2000 年发表的 *Five-stage free-space optical switching network with field-effect transistor self-electro-optic-effect device small-pixel arrays* 一文中设计、构造和测试了一个五阶段、完全相互关联的 34*16 交换结构中使用的小像素切换节点(2，1，1)；Krishnamoorthy AV 是朗讯科技公司贝尔实验室的研究人员，其发表的 *Scaling optoelectronic-VLSI circuits into the 21st century: a technology roadmap* 中，针对

以往制造硅 CMOS 超大规模集成路采用混合集成技术在收发器方面所存在的一些问题，作者提出在芯片上使用 GaAs-AlGaAs 多量子阱的 PIN 二极管来制造光电收发器的优点；Lentine AL 是美国 ATT 贝尔实验室研究人员，其在 1993 年发表的 *Evolution of the SEED technology: bistable logic gates tooptoelectronic smart pixels* 中，针对量子阱自电光效应器件（self-electrooptic effect devices, SEEDs）当前的应用，指出进一步发展对称自电光效应器件、逻辑自电光效应器件和电子晶体管与量子阱调制器和探测器结合的未来应用前景。

知识群 7——聚类 #7：微纳电子技术

此聚类主要是关于微纳电子技术中，制造硅纳米结构的一些方法，例如各向异性腐蚀法等。标志该被引文献集聚类的关键词包括：电路（circuit）、V 型槽（V-grooves）、碱性溶液（alkaline solution）、晶体硅（crystalline silicon）、异丙醇（isopropanol）、现状毛细管不稳定性（linear capillary instability）、液体喷射（liquid jet）、钎料熔滴印刷技术（solder droplet printing technology）等等。该聚类包含的文献主要有：Vangbo M 在 1996 年的 *Precise mask alignment to the crystallographic orientation of silicon wafers using wet anisotropic etching*、Strandman C 在 1997 年的 *Bulk silicon holding structures for mounting of optical fibers in v-grooves*、Seidel H 在 1990 年的 *Anisotropic etching of crystalline silicon in alkaline solutions* 等等。

Vangbo M 是瑞典乌普萨拉大学的教授，其在 *Precise mask alignment to the crystallographic orientation of silicon wafers using wet anisotropic etching* 一文中介绍了在 001 和 011 硅片中，使用各向异性湿法腐蚀（anisotropic wet etching）方法来快速精准的确定晶体方位的设计方法；Strandman C 是瑞典乌普萨拉大学的教授，在各向异性腐蚀 V 型槽中制成了一套用于控制光学纤维的微电机结构；Seidel H 的实验分析了将高硼硅分别掺杂在乙二胺、氢氧化钾、氢氧化钠以及氢氧化锂水溶液中的化学腐蚀作用。

知识群 8——聚类 #8：纳米光电技术

该部分涵盖的文献比较多，主要是关于光互连技术、光子集成等内容。标志该被引文献集聚类的关键词有，光致聚合作用（photopolymerization）、3 维光子晶体（three dimensional photonic crystal）、光子集成（photonic integration）、光刻技术（lithography）、纳米印刷（nanoimprint）、压印光刻技术（imprint lithography）、测定系统（assay system）等。主要包含下面一些文献，Feldman MR 在 2000 年的 *Microelectronic module having optical and electrical interconnects*、Park I 在 2004 年发表的 *Photonic crystal power-splitter based on directional coupling*、Chou SY 在 1995 年发表的 *Imprint of sub-25nm vias and trenches in polymers*、Sun HB 发表于 1999 年的 *Three-dimensional photonic crystal structures achieved with two-photo-absorption photopolymerization of resin*、Kawata S 2001 年发表的 *Finer features for functional microdevices* 等等。

Feldman MR 在 2000 年的文献中造出有光学和电子相互结合作用特性的高密度多

芯片模块，该模块是在一组集成芯片上覆盖了一块基板；Park I 于 2004 年在二维光子晶体中，创造了一种类似于常规三波导管定向耦合器的功率分配方法，该方法可应用于光集成电路中；Chou SY 是美国普林斯顿大学华裔教授，其在 1995 年的论文 *Imprint of sub-25nm vias and trenches in polymers* 中首次提出纳米压印技术，该论文在 Google Scholar 中的被引用次数高达 739 次。主要论述了将一个模子压印成热塑高分子薄膜的方法；Sun HB，日本德岛大学的博士，其在 1999 年的论文中用激光微制造技术通过双光子吸收光致聚合树脂制造出了三维光子晶体结构；Kawata S，日本大阪大学教授，其在 2001 年的论文中使用双光子吸收技术的装置获得了更高清晰度的微电机。

（3）极端制造技术的研究热点

当前对具体某一个领域研究热点的分析，多以统计的方法确定其研究热点，包括统计该领域子领域的论文发文量[1]、相关主题的词频统计[2]、文献引文共现分析[3]等。本部分对极端制造领域的研究热点分析，采用关键词共现与词频统计相结合的方法，其中 Web of Science 数据库中的关键词来源于两部分（identifier（标识符）和 descriptor（描述符）。本节使用 CiteSpaceII 的第三种输出方式，具体阈值为(3,2,20)、(4,3,20)、(4,4,20)。

如图 3-4-9 所示，代表极端制造领域热点的关键词有很多，其中紫色圈的点表示跨学科领域的研究内容，其重要性主要体现在连接不同的技术方向中，而其重要程度是通

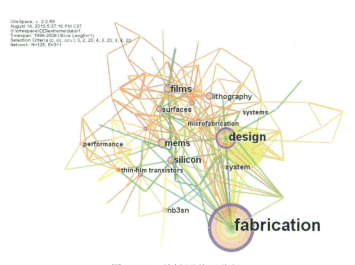

图 3-4-9　关键词共现分析

①　黄璘. 2007 中国经济研究热点[J]. 财经政法资讯. 2008, 3: 58—60.

②　刘海兰. 通过词频分析看文献标引与编目发展及其研究热点[J]. 农业图书情报学刊. 2008, 20(3): 63—65.

③　吴瑛，杨颖，崔雷，等. 国外肝细胞癌研究热点的文献计量学分析 [J]. 现代肿瘤医学. 2008, 16(010): 1773—1777.

过 CiteSpaceII 自带的中心度计算公式来衡量的。其中制造(fabrication)的词频量为 198 次,是最高的,但是鉴于本部分分析的主要领域就是极端制造领域,故其不能代表某一具体的技术或研究点。

表 3-4-1 中列出词频排名前 10 的热点关键词:

MEMS,即微机电系统(micro-electro-mechanical system)是一种具有毫米级尺寸和微米级分辨率的微细集成设备或系统, 它通过微细加工技术在硅片或者其它基体上集成了机械零件、传感器、执行器和电子设备。本质上,它是利用先进的设计理念、工程和制造技术,吸收了一系列技术的优点,包括集成电路制造技术、机械工程、材料学、电机工程、化学化工、生物技术、流体力学、光学、仪表和封装技术等[1]。Craighead HG 指出,MEMS 技术的重要性不在于其产品的尺寸,而是在于它所利用的微细加工技术[2],如体微加工、面微加工、LIGA 技术、电子溅射加工(EDM)、衬底结合、光刻技术等。同时哈尔滨工业大学机电工程学院的路敬予等人认为 MEMS 可能会引发微型化的第二次技术革命,并将给工业与消费产品带来革命性的变化,改变人们生活的视野。

Lithography,即光刻技术,同时在词频统计项中 imprint lithography(压印光刻技术)单独出现了 10 次。当前光刻技术研究的热点在于纳米压印光刻技术或纳米压印术(nanoimprint lithography, NIL),其具体定义是不使用光线或者辐射使光刻胶感光成形,而是直接在硅衬底或者其他衬底上利用物理学机理构造纳米级别图形的纳米成像技术[3]。它是采用绘有纳米图案的刚性压模将基片上的聚合物薄膜压出纳米级花纹,再对压印件进行常规的刻蚀、剥离等加工,最终制成纳米结构的器件。这种压印术可以大

表 3-4-1　前 10 个研究热点

词频	中心度	词项	释义
55	0.15	MEMS	微机电系统
45	0.06	lithography	光刻
43	0.01	Nb3Sn	Nb3Sn
35	0.03	Thin-film transistor	薄膜晶体管
30	0.02	Photonic crystal	光子晶体
29	0.10	Microstructure	微观组织
28	0.04	Optical interconnection	光互连
27	0.01	Field-effect transistor	场效应晶体管
27	0.02	Femtosecond laser	飞秒激光
27	0.02	Photopolymerization	光聚合

---

[1] 陆敬予,张飞虎,张勇. 微机电系统的现状与展望[J]. 传感器与微系统. 2008, 27(002): 1—7.

[2] Craighead H G. Nanoelectromechanical systems[J]. Science. 2000, 290(24): 1532—1535.

[3] 梁迎新,王太宏. 纳米器件的一种新制造工艺——纳米压印术[J]. 微纳电子技术. 2003, 40(004): 2—7.

批量重复性地在大面积上制备纳米图形结构,并且制出的高分辨率图案具有相当好的均匀性和重复性,同时还有制作成本极低、简单易行、效率高等优点[①]。当前纳米压印光刻技术主要有两种方法:一种是 Stephen Y. Chou 于 1995 年提出的热压雕版压印法,简称为热压印;另一种是 1996 年 C. Grant Willson 提出的步进-闪光压印法,简称为冷压印[②]。

Nb3Sn 是典型的低温超导材料,主要应用于高能物理(HEP)和热核聚变(ITER)以及高场核磁共振(NMR)等磁体领域。Nb3Sn 材料在 2K 时的上临界场 Hc2 达到 30T,为其在高场磁体的应用提供了契机,同时 Nb3Sn 超导体是最有希望应用于下一代加速器的超导磁体[③]。当前高能物理要求 Nb3Sn 超导体具有高的 Jc,而对于热核聚变等领域而言,则要求 Nb3Sn 有非常低的磁滞损耗,这二者带动了 Nb3Sn 未来的研究方向:高 Jc 研究和 ITER 低磁滞损耗研究[④]。

Thin-film transistor,即薄膜晶体管(TFT),是一种绝缘栅场效应晶体管,其工作状态可以利用 Weimer 表征的单晶硅 MOSFET 工作原理来表述。它主要应用于液晶显示器,对显示器件的工作性能具有非常重要的作用。当前由薄膜晶体管制造而成的典型器件有:非晶硅薄膜晶体管、多晶硅薄膜晶体硅、有机薄膜晶体硅、ZnO 晶体硅(以 ZnO 作为半导体活性层)等等[⑤]。

Photonic crystal,即光子晶体,是通过人工制造方法,使其制作的晶体材料具有类似于半导体硅和其它半导体中相邻原子所具备的周期性结构,只不过光子晶体的周期性结构的尺度远比电子禁带晶体的大,其大小为波长的量级[⑥]。当前应用光子晶体技术的包括光子晶体光纤、光子晶体光波导、光子晶体激光器、光子晶体光无源器件等。

Optical interconnection,即光互连,是利用光的波粒二相性与物质相互作用产生的各种现象实现数据、信号传输和交换的理论和技术。其主要目的在于用光技术实现两个以上通信单元的链接结构以实现协同操作,这种通信单元包括系统、网络、设备、电路和器件等[⑦]。当前光互连系统的主要技术特性包括:光互连的链路与结点、超型计算机的体

①　Chou S Y, Krauss P R, Renstrom P J. Imprint of sub - 25 nm vias and trenches in polymers [J]. Applied physics letters. 1995, 67(21): 3114—3116.

②　Hong P S, Lee H H. Pattern uniformity control in room-temperature imprint lithography [J]. Applied Physics Letters. 2003, 83(12): 2441—2443.

③　Scanlan R M. Recent progress in Nb (3) Sn superconductors for high magnetic field application [J]. IEEE Trans. Appl. Supercond. 2001, 11(1): 2150.

④　梁明,张平祥,卢亚锋,等. 磁体用 Nb3Sn 超导体研究进展[J]. 材料导报. 2006, 20(012): 1—4.

⑤　许洪华,徐征,黄金昭,等. 薄膜晶体管研究进展[J]. 光子技术. 2006, 9(3): 135—139.

⑥　廖先炳. 光子晶体技术——(一) 光子晶体光纤[J]. 半导体光电. 2003, 24(002): 135—138.

⑦　张以谟. 光互连网络技术[M]. 北京:电子工业出版社,2006.

系结构(设计计算机构造的基本设计方案)[1]、互连网络中的光交换(光开关)、超型计算机系统的网络拓扑、多计算机系统中的粒度和粒度比等。

Field-effect transistor,即场效应晶体管(FET),其最早是由 Julius Edgar Lilienfeld 在 1925 年发明的。其具体工作原理是通过利用电场效应来控制半导体器件内的电流大小。当前的场效应晶体管可以分为结型场效应管 (Junction Field-effect Transistor,JFET)、金属 - 氧化物 - 半导体场效应管 (Metal-Oxide-Semiconductor Field-effect Transistor,MOSTET)、金属半导体场效应管 (Metal Semiconductor Field-effect Transistor,MESFET)、高速电子迁移率晶体管 (High Electron Mobility Transistor,HEMT)等等。同时场效应晶体管具有体积小、重量轻、耗电省、寿命长、输入阻抗高、噪声低、热稳定性好、抗辐射能力强、制造工艺简单等优点,目前主要应用于大规模集成电路(LSI)和超大规模集成电路(VLSI)中。

Femtosecond laser,即飞秒激光。它具有脉冲宽度窄(几个到上百个飞秒)、峰值功率高(最高可达到拍瓦量级)的特性。从常规飞秒激光振荡器输出的激光经聚焦后可在焦点处得到 1011—1012W /cm² 量级的功率密度,而从飞秒激光放大器中得到的聚焦峰值功率则可以达到 1020W /cm²,甚至可达到 1021W /cm²,相应的电场远远强于原子内库仑场,如此高的功率密度足以使飞秒激光脉冲在与物质的相互作用过程中产生各种非线性光学效应。由于这些特性,飞秒激光在精密微纳加工领域具有极大的优势以及许多独特之处。同时一系列材料,诸如玻璃、石英、陶瓷、半导体、绝缘体、塑料、聚合物、树脂等等都可以利用飞秒激光直接进行微纳尺度的加工。相对于传统的微加工技术和长脉冲激光加工技术,飞秒激光技术具有机动性高、可直接写入结构,与加工材料无接触、无污染(尤其是在医学和生物学中)、高分辨率、无热效应等等[2]。

Photopolymerization,光聚合,即用光化学反应使单体聚合的方法。单体可以直接受光激发引起聚合,也可由于光敏剂、光引发剂受光激发而引起聚合,后者即所谓的光敏聚合。这种方法具有聚合温度低、反应选择性高和易控制等特点,可以发生一般分子不能进行的反应,扩大了获得高分子的手段。光聚合所用的光源主要是高压或中亚汞灯(不连续光)和氙灯(连续光)。按照反应方式,光聚合可分为纯粹光聚合和光引发聚合两大类。前者具有缩合聚合反应的特征;后者则包括自由基聚合和离子聚合两种方式。

如表 3-4-1 所示,极端制造领域中的研究热点,主要是关于微纳制造和强场应用的研究。同时其中有一些中心度较高的研究热点,则是属于跨学科跨领域的研究,如中心度为 0.15 的微机电系统(MEMS)和 0.10 的微观组织(Microstructure),其涵盖的

---

① Rudolph L. Role for optics in future parallel processing[C]. 1991.

② 朱江峰,魏志义. 飞秒激光精密微纳加工的研究进展[J]. 物理. 2006, 35(008): 679—683.

知识就包括机械工程、材料学、电子信息科学、化学、生物科学、流体力学、光学等多个学科的知识。故对这些研究热点的分析需要从多个角度综合多方面的知识加以判断解读。

（4）小结

在这十年的发展中，极端制造领域获得了快速的发展。从论文的年度分布而言，年年节节攀升；就论文的国家／地区／科研机构分布而言，遍地开花的同时又中心盛放。尽管总量方面，美日要领先于我国，但是在科研机构方面，却是我国的中科院、哈尔滨工业大学比较强。

通过极端制造技术的研究前沿分析，本文发现当前极端制造技术的前沿领域有 8 个，分别是：纳米技术与纳米器件、强磁场的应用（超导）、微纳制造在生物医学方面的应用、碳纳米管、激光应用、光机电系统、微纳电子技术和微纳光电技术。但是，具体这 8 个技术领域进一步可以归纳为 3 个方面，即微纳技术研究、强磁场研究和微纳光电技术（包括激光应用）。其中，微纳技术研究、强磁场研究和微纳光电技术也是属于先进制造技术领域 10 大研究前沿中的三个部分。

在关键词共现网络图谱中，基于词频统计分析，本文认为微机电系统、光刻技术、低温超导材料 Nb3Sn、薄膜晶体管、光子晶体、光互连、场效应晶体管、飞秒激光、光聚合等属于时下极端制造技术领域的研究热点。其中，尤以微机电系统为最，不仅词频最高，而且中介中心度最大。

3.4.2.2　智能服务机器人技术领域的计量分析

根据中国机器人技术的发展基础和国家要求，中国已经制订出智能机器人的发展战略，即围绕经济结构战略性调整和可持续发展要求，突出国家目标，确定特种机器人、智能机器与系统、先进制造工艺与装备为三大重点发展方向；研究与开发先进制造自动化理论、技术和装备，促进传统机器的智能化与制造装备自动化，提高中国机器人技术与自动化装备的总体水平，力争主要技术跟上世界先进水平，缩小差距；部分具有相对优势的技术达到国际先进水平；局部重要技术实现跨越式发展[①]。

基于上述发展战略，提出了发展高级机器人的指导方针，包括以信息化带动工业化和以高新技术改造传统产业，占领具有战略性、前沿性、前瞻性的高技术制高点，缩小主导产业中制造技术与国外的差距，以创新为基础实现突破与跨越式发展。智能服务机器人，作为高级机器人研究领域中的一部分，在中国机器人技术的发展中具有重要作用。

（1）智能服务机器人论文的整体分布情况

如图 3-4-10 所示，在 web of science 中检索到的 1117 篇有关智能服务机器人方面

---

① 中华人民共和国科学技术部.国家高技术研究发展计划 2001—2002 年度(机器人技术主题)课题申请指南[Z].2001.

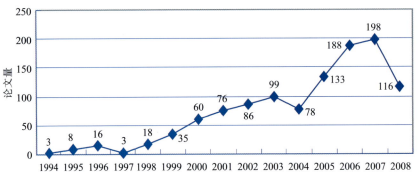

图 3-4-10　智能服务机器人论文数量的增长情况

的文献是逐年增长的(2008 年的论文收藏量是截止 12 月 25 日)。在 20 世纪 90 年代中期以前,研究智能服务机器人技术的论文几乎没有。数据显示,智能服务机器人的概念最早出现在由 Paul Bakker 与 Yasuo Kuniyoshi 于 1994 年共同撰写的 *An Overview of Robot Imitation*,此后,有关服务机器人的年发表论文数量呈波浪式增长,到 2007 年则达到最大值(198 篇)。这充分说明近几年智能服务机器人的研究一直是国际机器人科学知识领域的研究热点。

　　从智能服务机器人论文的地区分布来看(图 3-4-11),1988—2008 年间,德国的发文量数量最多（共计 204 篇）,其次为韩国 199 篇和日本的 162 篇,这三者占总量的54.3%,中国大陆共 62 篇,居第六位。

　　智能服务机器人技术领域发文量最高的机构是韩国高等科技院,为 28 篇,该校在

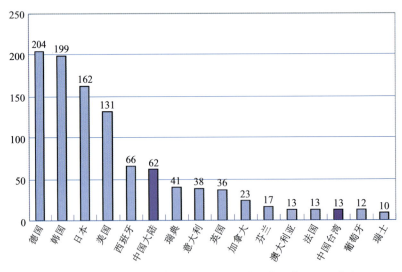

图 3-4-11　1988—2008 年智能服务机器人论文的国家和地区分布

世界范围内因智能服务机器人技术而享有盛誉，发文量占第二位的也是韩国的科研院所，之后依次是德国卡尔斯鲁厄大学、日本东京大学、德国慕尼黑科技大学等，中国香港城市大学是跻身前十位的唯一一所中国的研究机构（图3-4-12）。

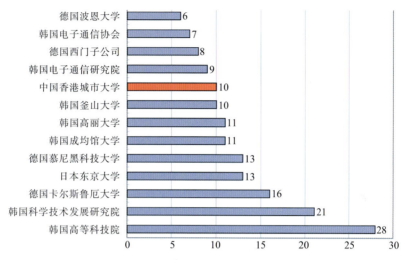

图 3-4-12　1988—2008 年智能服务机器人研究的高频机构排名

　　从论文反映出智能服务机器人技术的论文高产单位前 10 位集中在韩国、日本、德国等发达国家的大学和科研院所以及中国这样的发展中国家。在这些机构中，80%是世界知名大学。由此可以推断，高校在智能服务机器人技术的研发过程中占据主要地位，是推进这一技术发展的主要力量。中国智能服务机器人技术的研究机构相当一部分集中在大学，共有 4 所大学进入前 100 名，中国的研究所在智能服务机器人技术方面取得了一些可圈可点的成绩，但因其罕有 SCI 上发表的论文，因此统计机构情况上榜的都是大学，有香港城市大学、上海交通大学、清华大学、香港理工大学等。目前，中国研究智能服务机器人的单位已逐渐增多，许多高校成立了机器人研究组或研究室，比如哈工大、上海交大、清华大学等；研究单位比如中科院北京自动化所、沈阳自动化研究所等等，多以技术开发为主。而真正生产智能服务机器人的企业不多，主要都是一些高校研究单位的下属公司，当也有一些厂家生产小型智能服务机器人、比赛用机器人等，不过生产规模和产值都非常小。事实上，能完全独立生产智能服务机器人的企业在中国还没有。能制造服务机器人的厂家，在中国只能说处于萌芽状态。美国这一超级大国在智能服务机器人方面专利技术并不落后，但在 SCI 上鲜有文章主要是由于其政治、经济、文化倾向有所差异。

　　载文中前 10 强的机构中没有一家是中国大陆的，进一步分析前 50 强得出，浙江大学排在第 18 位，上海交大位居第 30 位。由此可见，中国大陆的机器人技术相当一部分集中在科研院所而非企业，因此，如何加快我国机器人技术产业化是中国政府急需关注和解决的重要问题之一。

从总体上来看，世界各顶级机构在这一领域大部分涉足不多。在统计的 291 家机构中，发表智能服务机器人技术论文总数在 5 篇及 5 篇以上的只有 18 家，不到总数的 10%，而超过半数的机构仅发表过 1 篇论文。

(2) 智能服务机器人技术的研究前沿

智能服务机器人研究前沿探测方法与极端制造技术相类似，借助 CiteSpace 软件对所下载文献进行共被引分析，由于 1998 年前数据量较小，因此只分析 1998—2007 这 10 年智能服务机器人研究前沿趋势，阈值选择为选择每年排名前 7% 的引文，最多选择 100 个节点，得到十个年段共引图谱如图 3-4-13，图中包含 636 个节点和 3075 条边，聚类形成三大知识群。

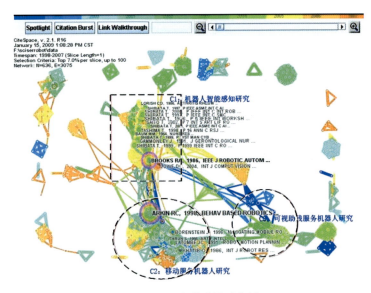

图 3-4-13　文献共被引分析

知识群 C1：机器人智能感知研究

此类主要研究机器人智能感知系统，研究相关文献主要集中在 2002—2005 年段，在共被引文献中包含一个重要的节点是麻省理工学院计算机科学和人工智能实验室主任罗德尼 - 布鲁克斯（Rodney Brooks）教授在 1986 年在 IEEE Journal of Robotics and Automation 杂志上发表的一篇文章 *A robust layered control system for a mobile robot*，文中采用多层控制系统，构架了一个健壮而灵活的机器人操作系统，在此文章中提出的包容式结构，它不需要环境的确切模型，采用分层结构，高层行为可以调整和抑制低层行为，系统可以方便地增加功能，而不丧失已经产生的低层行为能力，具有很强的扩展功能,系统响应速度较快[①],为以后机器人研究发展做出巨大贡献。该类中的另一重要结点是哥伦比亚大学计算机系教授 David G. Lowe 撰写的 *Distinctive image features from scale-invariant keypoints*,发表在 International Journal of Computer Vision 上,文中主要将其 1999 年提出的尺度不变特征变换算法(SIFT)进行完善,SIFT 算法是一种提取局部特征的算法,在尺度空间寻找极值点,提取位置,尺度,旋转不变量[②],此算法在图像识别领域得到广泛应用,这篇文章在 google scholar 中被引 3060 次。此类中的麻省理工学院计算机科学和人工智能实验室的 SHIBATA T 教授在 1996 年 *Emotional robot for intelligent system-artificial emotionalcreature project* 文章中提出将机器人声音、视觉、感觉器官整合起来,并使用人机交互方式实现机器人声音模拟。他在 1997 年发表的 *Real-time color stereo vision system for a mobile robot based onfield multiplexing* 同样被很多人引用,这篇文章针对移动机器人视觉研究的一个实时色彩立体视觉系统,采用"field mixing"技术处理多重视觉信号。

知识群 C2:移动服务机器人研究

此类主要研究的是移动服务机器人,包括机器人自主操作、机器人自己定位技术、基于行为的智能系统、机器人行为协调等研究,此类研究时间跨度较大,包含了 1998—2007 所有年段文献。该知识群中被引频次最多的佐治亚理工学院摄政董事教授 Ronald C. Arkin 于 1998 年出版的 Behavior-Based Robotics,此著作在 googlescholar 中被引 2052 次,此著作主要对基于行为的智能机器人做了较全面阐述,书中总结了各种基于行为的方法,并列举出较多实例,此书是人工智能领域的基础之作,为智能机器人研究做出巨大贡献。此类中被引频次排名第二的是斯坦福大学人工智能实验室 Oussama Khatib 在 The International Journal of Robotics Research 杂志上发表的 *Real-Time Obstacle Avoidance for Manipulators and Mobile Robots*,这篇文章提出了一种基于人工势场的实时障碍排除方法,此方法可用于移动机器人手臂控制和实时操纵器控制[③],此方法被机器人障碍排除相关研究人员多次引用。此类中另外两个重要节点分别是 J. Borenstein 的 Navigating Mobile Robots 和 Joseph F. Engelberger 的 Robotics in service,J. Borenstein 对各类机器人智能定位技术进行了详细比较,总结出各类技术的优缺点,为相关研究提供很好的理论指导,Joseph F. Engelberger 是万能自动化研究的

[①]　Brooks R. A robust layered control system for a mobile robot [J]. IEEE journal of robotics and automation. 1986, 2(1): 14—23.

[②]　Lowe D G. Distinctive image features from scale-invariant keypoints [J]. International journal of computer vision. 2004, 60(2): 91—110.

[③]　Khatib O. Real-time obstacle avoidance for manipulators and mobile robots [J]. The International Journal of Robotics Research. 1986, 5(1): 90.

奠基人,他在 Robotics in service 中首先提出了机器人研究的方向应转向服务行业,对以后服务机器人行业发展做出巨大贡献。

知识群 C3:可视助残服务机器人研究

此类研究主要包括可视服务机器人、可视机器人应用、助残机器人等,主要文献集中在 2003—2004 年段, 此类中节点数相对较少, 主要文献被引频次最高的是 HUTCHINSON S 于 1996 年在 Robotics and Automation 上发表的 *A Tutorial on Visual Servo Control*,此文章在 googlescholar 中被引 1503 次,论文提出了一个构建可视控制的基本概念框架,框架中主要包含两类系统,分别是位置系统和图形系统,此构架被机器人可视研究人员广泛借鉴。此类中另外两个重要结点分别是 ARWIN WS 的 *A Review of Design Issues in Rehabilitation Robotics with Reference to North American Research* 和 CRAIG JJ 的 *Introduction to Robotics: Mechanics and Control*,ARWIN WS 通过对北美洲机器人研究调查,揭示出机器人设计中导致成功或失败的主要特征,调查结果显示,由于缺少典型产品,研究人员很难判断用户需求,进而导致助残机器人设计失败。CRAIG JJ 的出版物是机器人领域的基础作品,书中介绍了机器人设计的基本理论,包括了一半的传统机械工程资料、1/4 的控制理论和 1/4 的计算机科学资料,为机器人研究人员提供良好的理论基础。

(3) 智能服务机器人技术的研究热点

通过高频词历年分布状况的统计分析, 可以帮助我们对各个知识点和领域的发展状况和趋势进行判断。本文利用 CiteSpace II 2.2 R9 版本软件,绘制出智能服务机器人领域研究主题的知识可视化图谱。首先,在 CiteSpace II 软件中分别输入代表性期刊的题录数据(主要包含标题、关键词、作者、国家和机构等)。然后, 设定好选项,选择 pathfinder 算法。为了更明晰的反映知识的演化过程,本文将 1988—2008 年设置为每 2 年为 1 个时间分区,经过多次试验,并参照该领域相关专业人士的指导建议最终确定阈值为 TOP15%, Up to 200。图 3-4-14 为 1988—2008 年智能服务机器人研究热点高频关键词聚类的知识图谱。鉴于 CiteSpace II 难以将相同或者相似的短语合并,故而在图谱中存在诸如:服务型机器人(service robot、service robots、service robotics 等)、移动机器人 (mobile robot、mobile robots 等)、机器人 (robot、robots、robotics 等)、人机交互 (human-robot interface、human robot interface、human-robot interaction、human robot interaction)等,在词频统计的过程中,需要对此类短语作进一步的归并统计。

从图 3-4-14 所示的结果可以看出, 前 100 个高频词的词频数相差较大,从"移动机器人"的 86 次到 "人机交互"的 53 次。从该图谱中我们可以看到:human-robot interaction(人机交互)、navigation (导航技术)、localization (定位技术)、manipulators(机器人操作手)、object recognition(目标识别)等词出现的频次较高,表明人机交互技术在智能服务机器人领域中是最重要的技术, 移动机器人在机器人学研究领域得到了广泛的应用。由高频关键词图谱分析表明,国际智能服务机器人知识领域存在由研究热点构成的四个主流知识群,其研究主题分别主要集中在"机器人学"、"人机交互技术"、"定位技术"和"导航技术"等方面。这四个知识群所代表的主流学术领域,主要属于自动化及智能控制学科领域的范畴,既有以应用为导向的基础研究,也有以理论为基础的应用研究。

通过图谱中关键词之间的连接关系,探析该主流知识群存在如下研究热点,按出现频次由高到低的次序,排在前十位的关键词如表3-4-2。

这些关键词反映了在机器人产业中,智能服务机器人技术的研究以人机交互为核心,主要集中在导航技术、定位技术、操作手、目标识别等方面。

① Human-robot interaction (人机交互),是研究关于设计、评价和实现供人们使用的交互计算系统以及有关这些现象进行研究的科学。人机交互功能主要靠可输入输出的外部设备和

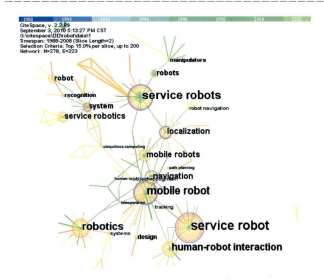

图 3-4-14　1988—2008 年智能服务机器人研究热点高频关键词聚类知识图谱

表 3-4-2　智能服务机器人技术高频关键词排名

出现频次	关键词
89	service robots
86	mobile robots
53	human-robot interaction
30	navigation
30	system
27	localization
20	manipulators
15	design
15	vision
10	object recognition

相应的软件来完成。可供人机交互使用的设备主要有键盘显示器、鼠标、各种模式识别设备等。与这些设备相应的软件就是操作系统提供人机交互功能的部分。人机交互部分的主要作用是控制有关设备的运行和理解并执行通过人机交互设备传来的有关的各种命令和要求。早期的人机交互设施是键盘显示器。操作员通过键盘打入命令,操作系统接到命令后立即执行并将结果通过显示器显示。打入的命令可以有不同方式,但每一条命令的解释是清楚的,唯一的。随着计算机技术的发展,操作命令也越来越多,功能也越

来越强。随着模式识别,如语音识别、汉字识别等输入设备的发展,操作员和计算机在类似于自然语言或受限制的自然语言这一级上进行交互成为可能。此外,通过图形进行人机交互也吸引着人们去进行研究。这些人机交互可称为智能化的人机交互。

②Navigation(导航技术),是利用电、磁、光、声、力学等方法,通过测量与运载体位置有关的参数来实现对运载体的定位,并引导其从出发点沿预定的路线安全、经济、精确和准时地到达目的地的技术。

③Location(定位技术),是指如何获取用户的位置,分为基于网络、基于终端和混合型三种。

④Object recognition(目标识别技术),是指从目标的雷达回波中提取目标的有关信息和稳定的特征,并判明目标属性。这些信息通常是通过对雷达目标回波的幅度和相位信号的加工处理获得的。

路径规划(path planning)就是根据机器人所感知到的工作环境信息,按照某种优化指标,在起始点和目标点规划出一条与环境障碍无碰撞的路径。按机器人获取环境信息的方式不同,大致分为三种类型:基于模型的路径规划,主要应用于结构化环境,规划方法有栅格法、可视图法、拓扑法等;基于传感器信息的路径规划,主要用于非结构化环境,方法有人工势场法、确定栅格法和模糊逻辑算法等;基于行为的路径规划,把规划问题分解为许多相对独立的单元,如避碰、跟踪等。导航的基本任务包括基于环境理解的全局定位,目标识别和障碍物检测以及安全保护。根据环境信息的完整程度、导航指示信号类型等因素的不同,可以分为基于地图的导航、基于创建地图的导航和无地图的导航。根据采用硬件的不同,又可分为视觉导航系统和非视觉传感器组合导航。其中视觉导航和其它传感器融合将是服务机器人智能导航的主要发展方向。感知技术用来完成对服务机器人位置、姿态、速度和系统内部状态进行监控以及感知服务机器人所处工作环境的信息。通常采用的传感器分为内部传感器和外部传感器。传感器的选择在很大程度上影响了机器人的导航质量。在实际应用中往往使用多种传感器共同工作,并采用传感器融合技术对检测数据进行分析、综合和平衡,利用数据间的冗余和互补特性进行容错处理,以求得到所需要的环境特性。由于服务机器人直接和人打交道,因此实现人与机器人相互之间互助、信息传递非常重要。这主要包括视觉和语音交互、听觉和触觉交互,多通道交互,以及新型人机交互,以便提供友好的用户界面,多层次、可选择的用户输入和方便的用户操作。此外,由于操作者和服务机器人常有直接接触,加之某些服务机器人实际用户的应变能力差,因此系统的安全性是设计过程中要考虑的首要问题。所以安全保护技术也是服务机器人关键技术之一。

(4) 小结

总体而言,智能服务机器人的研究是在逐年增长,且主要源自德国、韩国、日本、美国等国家,而且论文主要集中在一些大学,其中尤以韩国的一些科研机构实力为最,如:韩国高等科技院、韩国科学技术发展研究院等。相对而言,我国的科研实力有待增强。

从近二十年的发展来看,智能服务机器人研究的前沿主要是:机器人智能感知研究、移动服务机器人研究和可视助残服务机器人研究。同时这三个研究前沿,也是属于先进制造技术领域10大研究前沿中的三个。而在这三大研究前沿中,智能服务机器人的研究热点则在人机交互、导航技术、定位技术等方面。

虽然服务机器人分类广泛,有清洁机器人、医用服务机器人、护理和康复机器人、家用机器人、消防机器人、监测和勘探机器人等,但一个完整的智能服务机器人系统通常都由3个基本部分组成:移动机构、感知系统和控制系统。因此,与之相配套的人机交互、导航技术、定位技术、目标识别技术、远程遥感技术等就成为当前智能服务机器人研究的热点技术领域。

3.4.2.3 重大产品与设施寿命预测技术的计量分析

重大产品与设施的寿命是指产品或设施从开始使用到淘汰的整个时间过程。设备寿命可根据设备被淘汰的原因分为自然寿命、技术寿命和经济寿命。设备的自然寿命,又称物质寿命,是指设备从投入使用开始,直到因物质磨损而不能继续使用、报废为止所经历的全部时间。设备的技术寿命(又称有效寿命)是指设备从投入使用到因技术落后而被淘汰所延续的时间。经济寿命是指设备从投入使用开始,到因继续使用维护费用较多而被更新所经历的时间[1]。一般情况下,研究的都是自然寿命。设备的剩余寿命是从当前时刻算起,直到设备达到不能使用或者设定的阈值的全部时间。设备的剩余寿命预测就是利用设备的已知运行状态信息,预测设备从当前时刻到达失效或者设定阈值的时间。

由于设备在其运行过程中,必然会达到寿命的极限,造成生产过程的中断。因此研究者们一直在研究对设备剩余寿命进行预测的方法,从而为设备的维护更换提供依据,对于重大产品和重大设施而言,此研究尤为重要。为此,本课题以文献计量学的方法,就当前国内外关于重大产品与设施寿命预测的研究,从论文分布、研究前沿状况、研究热点等角度予以分析探究。

(1) 论文整体分布情况

根据在 web of science 中检索到的 1282 篇文献,在 20 世纪 90 年代中期以前,研究机电、军工领域重大产品与设施寿命预测技术的论文几乎没有。数据显示,最早出现有关重大产品与设施寿命预测技术的论文是 1994 年 Beliveau YJ 和 Dal T 共同撰写的 Dynamic-Behavior Modeler for Material Handling in Construction, 这篇文章从概念上提出了在建筑业中利用动态行为模式进行物料处理;1995 年 FINNISH INST MARINE 研究所和赫尔辛基理工大学(HELSINKI UNIV TECHNOL)则开创合作之先河。以 1994 年为起点,年发表论文数量呈波浪式增长,到 2007 年则达到最大值(图 3-4-15)。发文总

---

① 周津慧. 重大设备状态监测与寿命预测方法研究[D]. 西安: 西安电子科技大学, 2006.

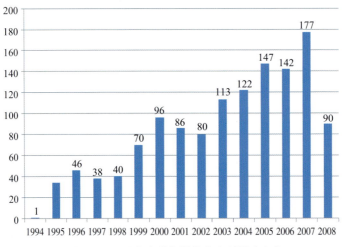

图 3-4-15   重大产品与设施寿命预测论文数

量以美国最多,共 348 篇,这反映出在重大产品与设施寿命预测技术方面美国远远走在发展最前端,其余依次为英国、德国、中国等(图 3-4-16)。

在统计的 275 家机构中,发表重大产品与设施寿命预测技术论文最多的是美国国家航空和航天管理局(NASA),共 19 篇,数量上较多于其他国家。与 NASA 同列前四位的还有印度理工学院、伦敦帝国大学理工学院、南洋理工。之后,香港理工大学与普渡大学并列第五位(图 3-4-17)。

NASA 是世界上最大的民用航天机构,长期进行民用以及军用航空宇宙研究,研究课题以航天为主,包括超声波技术、飞机节能技术等,并配合如阿波罗工程以及各类卫星计划等大型工程,被广泛认为是世界范围内太空机构的先锋。从统计数据来看,NASA 早在 1995 年就已经进行有关重大产品与设施寿命预测技术的研究工作。NASA 名下发表的重大产品与设施寿命预测技术论文大部分与航空宇宙、物料、机械、力学等方向有关。

香港理工大学土木及结构工程学系在 2000 年及 2001 年科研论文的数量连续两年全球第一,超越麻省理工学院及斯坦福大学等国际顶尖大学。香港理工大学土木及结构工程学系曾负责香港青马大桥震动测试工作, 又参与美国太空总署太平洋区大气监

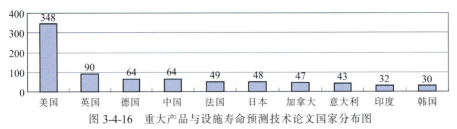

图 3-4-16   重大产品与设施寿命预测技术论文国家分布图

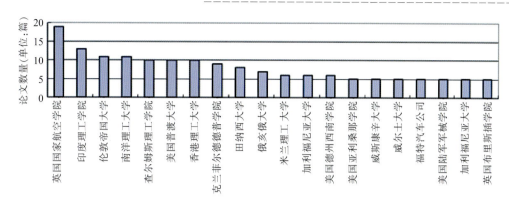

图 3-4-17　重大产品与设施寿命预测技术论文机构分布图

察计划。

在这 20 家机构中,80% 是世界知名大学。由此可以推断,高校在重大产品与设施寿命预测技术的研发过程中占据主要地位,是推进这一技术发展的主要力量。军方作为政治力量在重大产品与设施寿命预测技术的研究过程中同样具有重要影响。此外,福特公司作为商业化企业也发挥其积极作用。

从总体上来看,世界各顶级机构在这一领域大部分涉足不多。在统计的 275 家机构中,发表重大产品与设施寿命预测技术论文总数在 5 篇及 5 篇以上的只有 22 家,不到总数的 10%,而超过半数的机构仅发表过 1 篇论文,如图 3-4-18 所示。

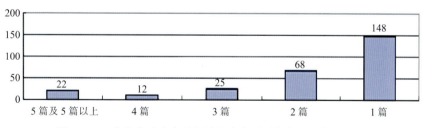

图 3-4-18　各机构重大产品与设施寿命预测技术论文数量分布

(2) 重大产品与设备寿命预测技术的研究前沿

对 web of science 数据库中检索到的 1282 篇文献进行文献共引分析,分析时间从 1998 年到 2008 年,选择每个时间段对应不同的输出阈值 (c, cc, ccv) 分别为 (2, 1, 15),(3, 2, 20),(4, 2, 30),对应的三个时间段中的每一个一年分区的阈值是由线性内插值来确定的。结合 CiteSpace 根据谱聚类算法形成的聚类及自动提取出的关键词,文献共被引聚类图谱(图 3-4-19)显现出 10 个主要的知识群,代表重大产品与设备寿命预测技术的研究前沿。

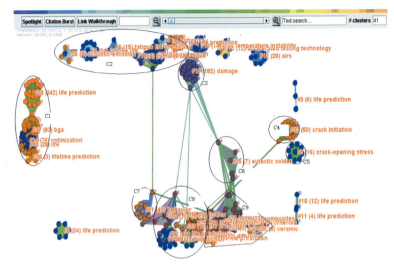

图 3-4-19 重大产品与设施寿命预测技术文献共被引聚类

知识群 C1：封装技术

BGA(Ball Grid Array Package)，球栅阵列封装，是集成电路芯片的封装形式之一。所谓封装是指安装半导体集成电路芯片用的外壳，起着安放、固定、密封、保护芯片和增强电热性能的作用，而芯片上的接点用导线连接到封装外壳的引脚上，这些引脚又通过印制板上的导线与其他器件建立连接。芯片封装技术从 DIP、QFP、PGA、BGA 到 CSP 再到 MCM，芯片面积与封装面积之比更接近 1，适用频率更高，耐温性能更好，引脚数增多，引脚间距减小，重量减小，可靠性提高，使用更加方便。BGA 一出现便成为 CPU、南北桥等 VLSI 芯片的高密度、高性能、多功能及高 I/O 引脚封装的最佳选择。上世纪九十年代，BGA 技术和 FC (flip chip)技术是集成电路封装领域的主题。BGA 和 FC 封装在传统建模时具有高 I/O，波形因素小，电热性能好等优点[1][2][3]。而 Tessera 公司在 BGA 基础上研制出 μ BGA 封装技术，芯片面积 / 封装面积的比为 1:4，比 BGA 前进了一大步。Micro BGA(缩微型球状引脚栅格阵列封装)已经成功应用于电子领域，因此 BGA 装配可靠性越来越引起注目，焊点可靠性就成为 BGA 焊接技术演进过程中的决定性课题[4]。

---

[1] Lau J H. Flip chip technologies[M]. McGraw-Hill Professional, 1996.

[2] Lau J H, Pao Y H. Solder joint reliability of BGA, CSP, flip chip, and fine pitch SMT assemblies [M]. McGraw-Hill, New York, 1997.

[3] Lau J H. Low cost flip chip technologies: for DCA, WLCSP, and PBGA assemblies [M]. McGraw-Hill Professional, 2000.

[4] Lau J H. Solder joint reliability of flip chip and plastic ball grid arrayassemblies under thermal, mechanical, and vibration conditions[C]. Omiya , Japan: 1995.

其它封装技术:Intel 公司对集成度很高(单芯片里达 300 万只以上晶体管),功耗很大的 CPU 芯片,如 Pentium、Pentium Pro、Pentium II 采用陶瓷针栅阵列封装 CPGA 和陶瓷球栅阵列封装 CBGA,并在外壳上安装微型排风扇散热,从而达到电路的稳定可靠工作。

1994 年 9 月日本三菱电气研究出一种芯片面积 / 封装面积 =1:1.1 的封装结构,命名为芯片尺寸封装,简称 CSP(Chip Size Package 或 Chip Scale Package),满足了 LSI 芯片引出脚不断增加的需要,解决了 IC 裸芯片不能进行交流参数测试和老化筛选的问题,延迟时间缩小到极短。PLCC(Plastic Leaded Chip Carrier)封装方式的外形尺寸比 DIP 封装小得多。PLCC 封装适合用 SMT 表面安装技术在 PCB 上安装布线,具有外形尺寸小、可靠性高的优点。

知识群 C2:声发射技术、积累疲劳分析

材料中局域源快速释放能量产生瞬态弹性波的现象称为声发射(Acoustic Emission, 简称 AE) ,有时也称为应力波发射,是一种常见的物理现象。材料在应力作用下的变形与裂纹扩展,是结构失效的重要机制。这种直接与变形和断裂机制有关的源,被称为声发射源。大多数材料变形和断裂时有声发射发生,但许多材料的声发射信号强度很弱,人耳不能直接听见,需要藉助灵敏的电子仪器才能检测出来。用仪器探测、记录、分析声发射信号和利用声发射信号推断声发射源的技术称为声发射技术。

Manson - Coffin 方程是应用最多的一种单轴疲劳寿命预测模型,其表达式为 $\delta\varepsilon/2 = \sigma'f(2N)b /E +\varepsilon'f(2N)c$。

知识群 C3:损耗分析

损耗包括很多方面,本文选取光纤损耗和变压器损耗为代表做简单阐述。光纤损耗大致可分为:光纤具有的固有损耗;光纤制成后由使用条件造成的附加损耗。固有损耗包括散射损耗、吸收损耗和因光纤结构不完善引起的损耗。散射损耗和吸收损耗是由光纤材料本身的特性决定的,在不同的工作波长下引起的固有损耗也不同。附加损耗则包括微弯损耗、弯曲损耗和接续损耗,是在光纤的铺设过程中人为造成的但附加损耗是可以尽量避免的。搞清楚产生损耗的机理,定量地分析各种因素引起的损耗的大小,对于研制低损耗光纤,合理使用光纤有着极其重要的意义。

变压器的损耗包括:铁心的涡流损耗、原副绕组的铜损耗及原副绕组的漏磁损耗。电压和频率的变化引起铁心的涡流损耗的变化,负载的变化引起原副绕组的铜损耗及原副绕组的漏磁损耗的变化。负载的性质不会影响变压器的损耗变化,但相对会影响变压器的效率。

知识群 C4:裂纹开裂分析

裂纹是材料在应力或环境(或两者同时)作用下产生的裂隙。分微观裂纹和宏观裂纹。裂纹形成的过程称为裂纹形核。已经形成的微观裂纹和宏观裂纹在应力或环境(或两者同时)作用下,不断长大的过程,称为裂纹扩展或裂纹增长。裂纹扩展到一定程度,

即造成材料的断裂。裂纹可分为:交变载荷下的疲劳裂纹;应力和温度联合作用下的蠕变裂纹;惰性介质中加载过程产生的裂纹;应力和化学介质联合作用下的应力腐蚀裂纹;氢进入后引起的氢致裂纹。每一类裂纹的形成过程及机理都不尽相同。裂纹的出现和扩展,使材料的机械性能明显变差。在结构合金中,裂缝形成、增大、合并现象会导致阶段性循环失效[①],会导致金属合金产生损耗,影响设备寿命。抗裂纹性是材料抵抗裂纹产生及扩展的能力,是材料的重要性能指标之一。

由 Tada H,Paris PC 等撰写的 The Stress Analysis of Cracks Handbook 在 web of science 中被引 5 次,但在 google scholar 中被引达 2386 次,引用这部著作的文献多与裂缝研究有关,包括裂缝深度的影响因子、对裂缝应力的预测、载荷谱的应用等。

知识群 C5:裂纹张开应力分析

Du Quesnay 建立了一种经验模型,这种模型能测度裂缝张开的应力级别[②]。

知识群 C6:共晶焊锡/易熔质焊料/共晶软焊料

焊锡是由锡(熔点 232 度)和铅(熔点 327 度)组成的合金。若锡铜合金的组合成份为 63%锡、37%铅,就称为共晶焊锡(eutectic solder)。当锡的含量高于 63%,溶化温度升高,强度降低。当锡的含量少于 10%时,焊接强度差,接头发脆,焊料润滑能力变差。最理想的是共晶焊锡。在共晶温度下,焊锡由固体直接变成液体,无需经过半液体状态和塑形阶段。共晶焊锡的熔化温度比非共晶焊锡的低,这样就减少了被焊接的元件受损坏的机会;同时由于共晶焊锡由液体直接变成固体,也减少了虚焊现象,所以共晶焊锡应用得非常的广泛。

共晶焊锡的主要特点有:(1)熔点只有 183℃,焊接温度低,防止损害元器件;(2)由于熔点和凝固点一致而无半液体状态,可使焊点快速凝固从而避免虚焊,对自动焊接有重要意义;(3)由于共晶焊锡的表面张力低,使得焊料的流动性强,对被焊物有很好的润湿作用,有利于提高焊点质量;(4)抗氧化能力强,化学稳定性大大提高;(5)共晶焊锡的拉伸强度、折断力、硬度都较大,并且结晶细密,因此机械强度高。共晶焊锡在电子产品装配中应用面很广。

知识群 C7:铸件缺陷/铸铝合金铸件缺陷

铸件缺陷是铸件在成形过程中,产生的表面及内部的残缺不圆满或不连续,可分为两类:(1)无法修补类,如材质不合格或主要部位缺损;(2)可修补类,分为外露铸件非加工面及加工面上气孔、夹渣、缩孔、砂眼等[③]。下面简单介绍几种主要可修补类铸件缺陷:

---

① Suresh S. Fatigue of materials[M]. Cambridge Univ Pr, 1998.

② Khalil M, Topper T H. Prediction of crack-opening stress levels for 1045 as-received steel under service loading spectra[J]. International Journal of Fatigue. 2003, 25(2): 149—157.

③ 徐锦锋,钱翰城. 铸件缺陷修补方法[J]. 铸造技术. 1994(003): 10—13.

氧化夹渣缺陷特征：氧化夹渣多分布在铸件的上表面，在铸型不通气的转角部位。气孔气泡缺陷特征：铸件壁内气孔一般呈圆形或椭圆形，具有光滑的表面，一般是发亮的氧化皮，有时呈油黄色；产品内部的气孔缺陷是铝合金生产中最为关注的问题之一。正是因为气孔缺陷导致普通压铸产品一般都不能热处理。而半固态压铸的优势之一就是其产品可以热处理。缩松缺陷特征：铝铸件缩松一般产生在内浇道附近飞冒口根部厚大部位、壁的厚薄转接处和具有大平面的薄壁处。裂纹分为铸造裂纹和热处理裂纹。前者是沿晶界发展，常伴有偏析，在较高温度下形成的裂纹在体积收缩较大的合金和形状较复杂的铸件容易出现。后者由热处理过烧或过热引起，常在产生应力和热膨张系数较大的合金冷却过剧或其他冶金缺陷时产生。铸件缺陷的修补方法有塞补、镶套、填补、胶接、钎焊补、气焊补、手工电弧焊补、气电焊补、电渣焊补、表面喷涂、液膜溶解扩散焊等。

铝合金压铸产品的铸造缺陷分表面铸造缺陷和压铸件内部缺陷。表面铸造缺陷有拉伤、气泡、裂纹、变形、流痕、冷隔、变色斑点、网状毛刺、凹陷、欠铸、毛刺飞边；压铸件内部缺陷有气孔、缩孔缩松、夹杂、脆性、渗漏、非金属硬点、金属硬点等[1]。

知识群 C8：疲劳裂缝分析

大量的研究调查表明，裂缝形成于杂质表面、杂质与基体的接触面或杂质内部；物料内部则会沿着近似垂直于最大张应力的方向开裂[2]。损伤零件疲劳寿命的估算主要应用帕利斯(Paris)定理。帕利斯(Paris)定理主要是对裂纹扩展规律的研究，断裂力学从研究裂纹尖端附近的应力场和应变场出发，导出裂纹体在受载条件下裂纹尖端附近应力场和应变场的特征量来进行。这个特征量用应力强度因子 K 表示。K 值的变化幅度也是控制裂纹扩展速度 da/dN 的主要变量。Paris 假设裂纹扩展速率大小与应力强度范围 ΔK 有关，在考虑材料性能参量对裂纹扩展速度的影响后，帕利斯提出了裂纹扩展速度的半经验公式：$da/dN=A(\Delta K)n^{14}$，大大促进了对疲劳裂缝增长的研究[3]。

Paris PC 在 1963 年的论文 *A Critical Analysis of Cracks Propergation Laws* 在 web of science 中被引 21 次，在整个可视化图谱中排名第二；在 google scholar 中则被引 1231 次。Paul C.Paris 在 2000 年发表的 *The Stress Analysis of Cracks Handbook* 手册更显重要，它在 google scholar 中的引用量高达 2385 次，这部著作列出若干公式定理，通过建立 2 维与 3 维模型，提出各种解决办法，就裂缝的压力分析过程进行了阐述。通过在

---

[1]　李世光. 铝合金压铸产品铸造缺陷产生原因及处理办法[J]. 铸造技术. 2007, 28(B07): 67—71.

[2]　Pearson S. Initiation of fatigue cracks in commercial aluminium alloys and the subsequent propagation of very short cracks[J]. Engineering Fracture Mechanics. 1975, 7(2): 235—240.

[3]　Nelson D V. Review of fatigue-crack-growth prediction methods [J]. Experimental Mechanics. 1977, 17(2): 41—49.

google scholar 中搜索发现,国外对断裂力学分析研究方面的文章不仅数量较多,而且它们之间存在密切的共被引现象,被引频次也较高。在 CNKI 中以"断裂压力分析"为主题词进行检索,可以清楚的反映出,我国在断裂力学分析方面的研究主要集中在混凝土、道路/路面疲劳寿命预测[①]等方面,还有人提出了广义 paris 公式的应用[②],从事断裂力学研究的专家有曾梦澜、岳福青等。

这一聚类涉及到的内容还有 Ramberg-Osgood 方程,该方程用于描述物料达到屈服点(钢材或试样在拉伸时,当应力超过弹性极限,即使应力不再增加,而钢材或试样仍继续发生明显的塑性变形,称此现象为屈服,而产生屈服现象时的最小应力值即为屈服点)时其内部应力和应变之间的非线性关系,即应力与应变曲线。在工程中,应力(工程应力或名义应力)$\sigma = P/A0$,应变(工程应变或名义应变)$\varepsilon = (L-L0)/L0$,P 为载荷;A0 为试样的原始截面积;L0 为试样的原始标距长度;L 为试样变形后的长度;这种应力-应变曲线通常称为工程应力-应变曲线(图 3-4-20),它与载荷-变形曲线相似,只是坐标不同。Ramberg-Osgood 方程对某类金属应用性尤其高,这种金属的硬化过程伴随着塑性变形,显示出弹塑性形变的平稳性[③]。

人们经常会在铝 2024-T3 的结构粒子或杂质上观察到疲劳裂纹的成核现象,还能在疲劳寿命试验以及裂纹成核点处中观察到大量散点现象,人们发现杂质是裂纹的主

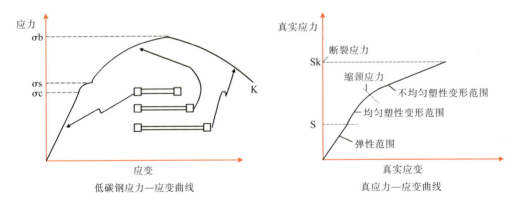

图 3-4-20　工程应力—应变曲线

① 岳福青,杨春风.断裂力学理论在道路疲劳寿命预测中的应用 [J].昆明理工大学学报:理工版.2003, 28(006): 87—90.

② 曾梦澜,马正军,易昕.广义 Paris 公式预测沥青路面的疲劳寿命[J].湖南大学学报:自然科学版.2005, 32(006): 20—23.

③ Ramberg W, Osgood W R. Description of stress-strain curves by three parameters [J]. Technical note. 1943, 902.

要成核点,最终导致裂纹产生①。

所谓应力比是指对试件循环加载时的最小荷载与最大荷载之比（或试件最小应力与最大应力之比）②,或称循环特征系数。我国研究应力比问题的学者有张玉凤、刘杰等。

知识群 C9：疲劳寿命预测

Smith KN 在 1970 年发表了论文 *A Stress-Strain Function for the Fatigue of Metals*,这篇论文中提出了 Smith, Watson and Topper 方程,用于分析平均应力的效果③。Socie 还使用过基于 Smith-Watson-Topper 单轴载荷理论的能量参数④。根据应变幅、材料类型和应力应变状态,材料的破坏形式一般分为两种：拉伸型破坏和剪切型破坏。对于拉伸型破坏,Smith 认为垂直于最大张应力方向的裂纹扩展是疲劳寿命的主要阶段。

Fatemi A 发表于 1998 年的文章 *Cumulative Fatigue Damage and Life Prediction Theories: A Survey of the State of the Art for Homogeneous Materials* 提出有关金属及其化合物的积累疲劳损伤理论,是对 20 世纪 20 年代 Palmgren 和 40 年代 Miner 等人提出的积累损伤概念的继承和发展。在这篇论文里,Fatemi A 重点强调积累疲劳损伤理论在 20 世纪 70—90 年代的发展,并把这些理论归纳到六类：内部损伤规律；非线性损伤曲线和二级线性方法；生命曲线的修正方法；基于裂缝扩展概念的方法；手工修复连续统损伤；以及基于能源的理论⑤。

此外,Fatemi A 在 1988 年的论文 *A Critical Plane Approach to Multiaxial Fatigue Damage Including Out-of-Phase Loading* 主要阐述了对布朗和米勒的 Γ 平面理论的修正,目的是预测正常运行和超期运行条件下的设施的多轴疲劳寿命⑥。

材料受到重复施加的应力而失效,而其每个个别应力的强度都不足以引起材料的一次断裂,这种破坏称为疲劳破坏 (fatigue failure)。大多的复合材料因为受到交替应力 (alternative stress)、平均应力 (mean stress) 及应力频率 (frequency) 的影响,材料受应力作用内部产生滑移现象,最后产生破坏。疲劳现象的产生需要相当久的时间,短期内看不

---

① Laz P J, Hillberry B M. Fatigue life prediction from inclusion initiated cracks [J]. International Journal of Fatigue. 1998, 20(4): 263—270.

② 陈荣生. 国外水泥混凝土路面科技发展动向[J]. 公路. 1994(003): 31—37.

③ Li Z X, Chan T, Ko J M. Fatigue analysis and life prediction of bridges with structural health monitoring data—Part I: methodology and strategy[J]. International Journal of Fatigue. 2001, 23(1): 45—53.

④ Socie D. Multiaxial fatigue damage models [J]. Journal of Engineering Materials and Technology. 1987, 109: 293.

⑤ Fatemi A, Yang L. Cumulative fatigue damage and life prediction theories: a survey of the state of the art for homogeneous materials[J]. International Journal of Fatigue. 1998, 20(1): 9—34.

⑥ Fatemi A, Socie D F. A Critical Plane Approach To Mutiaxial Fatigue Damage Including Out-Of-Phase Loading,Fatigue Frac[J]. Engng Mater.Struct. 1988, 11(3): 149—165.

出材料的变化。而由材料疲劳引起的破坏相当危险,且发生率较大。美国金属学会统计,今如今机械断裂往往是因为机械材料疲劳造成疲劳断裂导致的,所以测定材料的疲劳限,及材料受到反复多变的外加负荷不发生破裂的最低应力,这成为了十分重要的实验方向。

疲劳寿命指在循环加载下,产生疲劳破坏所需应力或应变的循环次数。通常,多轴疲劳寿命预测模型是在对单轴模型修正的基础上得到的。在众多的单轴疲劳寿命预测模型中,Manson - Coffin 方程应用最多[①]。

目前针对于多轴疲劳寿命预测,比较理想的方法为临界平面法,这是因为临界平面法基于疲劳裂纹成核开裂的物理观察,认为疲劳裂纹在特定的材料平面萌生和扩展。Findely 提出临界面(Critical plane) 的概念,Brown 和 Miller 、Wang 和 Brown 、Fatemi 和 Socie 及 Smith 、Waston 和 Topper 等进一步发展了这一概念,分别提出基于临界平面的 Wang - Brown 理论、Fatemi - Socie 理论和 Smith - Watson - Topper 理论。临界平面法将损伤的概念引入多轴疲劳寿命分析中,它要求计算所有材料平面上的疲劳损伤,假定疲劳破坏产生于疲劳损伤最大的平面。由于缺口处的多轴非比例性,利用临界平面法进行缺口件疲劳寿命预测的难点在于损伤参量的计算。而损伤参量是以应力 - 应变响应为依据的,在复杂加载情况下,缺口处的应力 - 应变响应是很难由解析方法获得的。基于这种限制,目前利用临界平面法解决的问题大都是单轴和双轴比例问题[②]。运用临界平面法预测疲劳寿命时,首先选取合适的平面作为临界面,然后计算临界面上的应力应变历程,最后选取合适的损伤参量[③]。

其他知识群

1) 偏置温度不稳定性分析

偏置 - 温度不稳定性现象最初是在研究 SiO₂ 介质的可靠性时发现的。由于 SiO₂ 中的负偏置 - 温度不稳定性要比正偏置温度不稳定性严重,研究集中于栅上加负电压的情况。1995 年 Ogawa 等人提出了后来被广为接受的界面反应 - 扩散模型[④⑤]。

当 FET(晶体管)处于特定电压应力状态时,BTI 能引起 VT 偏移累积。电子系统中

① 张忠平,李静,张春山,等.一种多轴疲劳寿命预测的统一模型[J]. 空军工程大学学报: 自然科学版. 2007, 8(004): 12—14.

② 张莉,程靳,李新刚. 基于临界平面法的缺口件疲劳寿命预测方法[J]. 宇航学报. 2007, 28(004): 824—826.

③ 尚德广,孙国芹,蔡能, 等. 高温比例与非比例加载下多轴疲劳寿命预测 [J]. 机械强度. 2006, 28(002): 245—249.

④ 萨宁,康晋锋,杨红,等. 具有 HfN/HfO2 栅结构的 p 型 MOSFET 中的负偏置 - 温度不稳定性研究[J]. 物理学报. 2006, 55(003): 1419—1423.

⑤ Ogawa S, Shimaya M, Shiono N. Interface-trap generation at ultrathin SiO₂ (4—6 nm)-Si interfaces during negative-bias temperature aging[J]. Journal of Applied Physics. 1995, 77: 1137—1148.

的很多存储元件几乎在系统的生命期内都存储相同数据,从而在这些存储元件的 FET 中导致严重的 BTI 所引起的 VT 偏移。2007 年某公司公布了一种允许以场效应晶体管 (FET)实现的电子系统减少偏置温度不稳定性(BTI)所引起的阈值电压偏移的方法,该方法的实施确保特定存储元件在电子系统工作时间的第一部分内处于第一状态,在此期间数据以第一相位存储在存储元件中,并且确保特定存储元件在电子系统工作时间的第二部分内处于第二状态,在此期间数据以第二相位存储在存储元件中。

2) 通风、制冷技术

现代的制冷技术,是 18 世纪后期发展起来的。1755 年库仑利用乙醚蒸发使水结冰。他的学生布拉克发明了冰量热器,标志着现代制冷技术的开始。1834 年波尔金斯造出了第一台以乙醚为工质的蒸气压缩式制冷机,1875 年卡利和林德用氨作制冷剂,从此蒸气压缩式制冷机开始占有统治地位。1844 年医生高里用封闭循环的空气制冷机为患者建立一座空调站。威廉·西门斯在空气制冷机中引入回热器,提高了制冷机性能。1859 年卡列发明氨水吸收式制冷系统。1910 年左右马利斯·莱兰克发明蒸气喷射式制冷系统。到 20 世纪,全封闭制冷压缩机研制成功(美国通用电器公司);米里杰发现氟里昂制冷剂并用于蒸气压缩式制冷循环以及混合制冷剂的应用;伯宁顿发明回热式除湿器循环以及热泵的出现,均推动了制冷技术发展。更近期的制冷技术发展主要缘于世界范围内对食品、舒适和健康方面,以及在空间技术、国防建设和科学实验方面的需要。受微电子、计算机、新型原材料和其它相关工业领域的技术进步的渗透促进,制冷技术在微电子和计算机技术的应用、新材料在制冷产品上的应用、机器设备、工质等方面取得一些突破性的进展。

具体来说,当前制冷系统控制模式正在发生变化,由简单的机械式控制发展到综合控制;陶瓷及陶瓷复合物、聚合材料等新材料的应用提高了产品性能和寿命,降低了成本;压缩机由往复式向回转式发展,如新型螺杆式压缩机、涡旋式压缩机、摆线式压缩机等。将变频器用于空调、热泵及集中式制冷系统的变速驱动,带来了节能效果。氦液化器多数为膨胀型,中型的为双膨胀机组成的柯林斯机器,大型的采用透平膨胀机。辐射制冷、固态制冷已经实际应用。各种气体分离设备、热交换器、低温恒温器也在高效、紧凑、可靠等方面取得很大的进展,中国现今已是最大的空调出口国,日本正在失去出口的地位。此外,目前研究出的一系列非共沸工质收到了节能效果并满足一些特定需要。

2003 年日本夏普公司公开了一种斯特林制冷机,在经过气缸内所形成的膨胀空间与压缩空间之间往复运动的工作媒体的流通通路上设置有再生器,在再生器的膨胀空间侧及压缩空间侧的一方或双方上,设置有使经过再生器内部的工作媒体的流动均匀的整流装置,使得经过再生器内部的工作媒体的流动不均匀得到改善,提高了再生热交换效率和制冷机的性能。

此外,致富创业信息网上还有一种热电 - 斯特林制冷机,包括斯特林制冷机用压缩机,其特征在于与压缩机连接有一热电式冷头(由两条制冷通路构成,一条制冷通路是由冷板下表面依导热杆通过导热板连接到冷头本体;另一条制冷通路是由冷板下表面与导热板上表面间接有热电致冷器,再由导热板下表面依导热杆连接冷头本体;冷头本体连通于外部制冷系统)。其优越性在于:1.作为新型集成式制冷机,制冷效率极高;2.节约能源、体积小、重量轻;3.应用范围广泛,如应用在移动通信基站的超导滤波器系统、核磁共振显相仪(MRI)等医疗系统、大型超导电机、电力系统上,开发前景好。

3) 加速试验技术

加速试验(accelerated test)是可靠性测试中的一种,能够在一定的试验时间内获得比平常较多的信息,被广泛用于元器件。它的试验环境比正常使用环境更严酷。由于使用了较高应力,加速试验必须注意避免引起正常使用中不会遇到的失效模式。使用的加速因素(或单个或组合)有更频繁的功率循环、更高的振动水平、高湿度、更严酷的温度循环、更高的温度。加速试验一般分为加速寿命试验与加速应力试验两类,其目的分别是寿命估计与找出(或确认)并改正问题/弱点。加速试验进行的级次是非常重要的,某些加速方法只适于部件级试验,有些只可用于较高组件级,只有很少一部分可同时用于部件级和组件级。

加速试验模型是建立起失效率或元器件的寿命与一特定应力之间的关系,以便加速试验过程中取得的测量值可以外推回到正常操作条件下的预期性能。在此隐含的假设前提是:应力不会改变失效分布的形状。包括逆幂定律;阿列尼厄斯加速度模型;Miner 准则。

一些常见的非恒定应力剖面和组合应力剖面包括:(1)分步应力剖面试验;(2)渐进应力剖面试验;(3)高加速寿命试验(HALT)(设备级);(4)高加速应力筛选(HASS)(设备级);(5)高加速温度和湿度应力试验(HAST)(部件级)

由于加速环境一般意味着施加超过预期现场应力的应力水平,因此加速应力可引起在实际现场使用中不可能发生的错误失效机理。

无论从可视化图谱,还是图中节点所代表的文献及文献作者来看,这几个聚类之间存在千丝万缕的联系,完全将它们割裂为某一专门领域是不可能的。不论具体研究的内容是什么,这些聚类联合起来,构成了重大产品与设施寿命预测技术领域这一整体。

(3) 重大产品与设备寿命预测技术的研究热点

对检索到的 1282 篇文献进行关键词共现分析与词频统计,分析工具为陈超美教授开发的信息可视化软件 Citespace Ⅱ 2.2 R9 版本,阈值(Top 5%,Up to 100)。关键词共现分析能反映一个领域当前的研究热点,结合关键词词频统计,对深入分析研究该领域的研究热点具有十分重要的意义。通过可视化图谱(图 3-4-21)可以清楚看到机电与军工工业中重大产品与设施寿命预测技术研究中的主要关键词,这些关键词彼此紧密联系,形成一个十分明显的聚类。其中"life prediction"是重大产品与设施寿命预测技

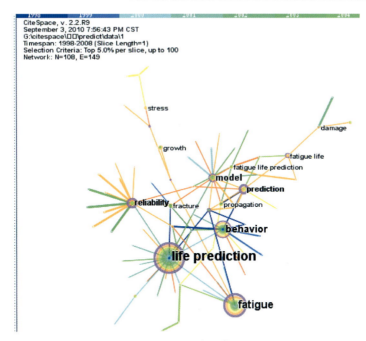

图 3-4-21　关键词共现分析可视化图谱

的核心关键词,其它关键词围绕"life prediction"构成了寿命预测技术这一领域。在接下来的研究中,在 citespace Ⅱ 自动聚类的基础上,结合主要关键词进行文献共被引分析,以主要关键词作为划分聚类的一个依据将作为本文进行文献共被引可视化分析的一个立足点。

由图 3-4-21 可见,紫红色圈所圈的节点是中介中心度(Betweenness Centrality)较高的节点。中介中心度是通过计算网络中任意两节点的最短路径经过该节点的可能性大小来确定的,可以直观地刻画该关键词在联系其他相关关键词中所起的作用。这十个关键词的中心性大小基本与其出现次数成正比,出现频次最高的"life prediction"的中介中心度也最高。这些关键词反映了在机电与军工工业中,重大产品与设施寿命预测技术的研究以寿命预测为核心,主要集中在疲劳损伤分析、性能与可靠性分析、模拟、应力增长分析与疲劳寿命预测等方面。

Fatigue,疲劳,中国百科大辞典定义为材料或构件的破坏形式之一,中国电力百科全书解释为材料或构件在长期交变载荷持续作用下产生裂纹,直至失效或断裂的现象。而作为材料力学中术语则定义为在交变应力下材料局部产生损伤积累直至整体破坏的现象,由它造成的破坏称疲劳断裂。疲劳与断裂研究是飞行器结构强度学科中较重要的一个方面。疲劳主要指裂纹形成的阶段,断裂主要指裂纹扩展的阶段,但是在机理研究和工程分析中两者是紧密联系的,不能截然分开,所以在飞行器结构设计中,疲劳与断裂往往是结合在一起研究的。它研究在交变载荷作用下结构中裂纹形成、稳定扩展和失稳扩展的规律,研究带裂纹结构的残余强度,估计结构寿命和研究延长寿命的方法,包括分析和试验两个方面。疲劳与断裂研究早期,飞行器结构的疲劳问题并不突出,20世纪30年代人们开始对疲劳设计提出一些简单的要求,直到50年代英国"彗星"号喷气旅客机发生重大的机毁人亡事故以后,疲劳与断裂设计才受到人们重视。按传统经验形成和发展而来的各种设计原则,在应用上兼有并列、取代和补充的复杂关系。

Behavior,模具机械专用词汇,即性能,或机器等的运转情况,与之相关的方面有性能分析、性能扭矩、性能测试等。性能分析是指选择适当的参量进行测定,以研究内部组织结构变化规律。性能扭矩涉及到齿轮及齿轮加工领域。性能测试是通过自动化的测试工具模拟多种正常、峰值以及异常负载条件来对系统的各项性能指标进行测试,包括负载测试和压力测试。通过负载测试,确定在各种工作负载下系统的性能,目标是测试当负载逐渐增加时,系统各项性能指标的变化情况。压力测试是通过确定一个系统的瓶颈或者不能接收的性能点,来获得系统能提供的最大服务级别的测试。此外还有性能系数、性能可靠、性能指标等。

Reliability,可靠性,是指在预期寿命期中一项产品功能连续性和重复性的能力。可靠性只有在一项产品频频失效的经历中才被认识,不可能在采购或运送时被检查出来。可靠性作为质量特性之一是在设计期间形成的。复杂的设备可能会因一个非关键元器件或分系统的失效而失效。如由于元器件的数目成倍增长,失效的可能性也成倍增加,因而必须使用通过试验证明高可靠性的元器件。先进的技术对可靠性产生了积极的影响,如已面世的超薄片的生产,而元器件的筛分和重加可进一步改进重要设备的可靠性。通过建立良好的可靠性检验技术,除可保证设计满足规定的可靠性要求外,可靠性检验数据本身即可作为赢得现有的和潜在顾客信任的一项重要工具。

可靠性理论源于20世纪50年代。1956年,穆尔和C.E.香农研究了可靠性系统和冗余理论,奠定了可靠性理论的基础。把可靠性理论运用到电力工业则始于60年代末。1968年美国成立了全国电力可靠性协会。以后,苏、英、法、日等国相继成立了专门机构,拟订可靠性准则,陆续建立电力设备可靠性数据库。中国于1985年1月由水利电力部颁布了《发电设备可靠性、可用率统计评价办法》和《配电系统供电可靠性统计暂行规则》,同年成立中国电力可靠性管理中心,并初步建立起发电设备可靠性数据管理系统和配电系统可靠性数据管理系统。电力系统可靠性研究的主要内容包括发电容量可靠性估计;互联系统可靠性估计;发电和输电组合系统可靠性估计;配电系统可靠性估计;发电厂、变电所主接线可靠性估计及继电保护可靠性估计等。分析方法有解析法和模拟法两类。可靠性指标包括故障概率、频率及平均无故障工作时间、平均停电时间等。电力系统可靠性将在以下一些主要方面发展:①进一步完善可靠性数据库;②对可靠性模型和算法均要求有新的突破性进展;③发电和输电组合系统的安全性将是优先注意的领域;④可靠性准则将得到更充分的研究和应用;⑤研究可靠性和经济性的最佳协调①。

Stress,应力,当材料在外力作用下不能产生位移时,它的几何形状和尺寸将发生变化,这种形变称为应变。材料发生形变时内部产生了大小相等但方向相反的反作用力抵抗外力,定义单位面积上的这种反作用力为应力,应力与微面积的乘积即微内力。按照应力与应变的方向关系,可以将应力分为正应力(法向应力)和切应力(剪应力),正应力的方向与应变方向平行,而切应力的方向与应变方向垂直。按照载荷作用形式不同,应力又分为拉伸压缩应力、弯曲应力和扭转应力。应力会随外力增长而增长,对某种材料来说,应力的增长是有限度的,超过限度材料就要破坏,这个限度称为这种材料的极限应力。极限应力值要通过材料的力学试验来测定,将测定的极限应力适当降低,规定出材料能安全工作的应力最大值,就是许用应力。有些材料工作时所受的外力不随时间变化,这时其内部的应力大小不变,称为静应力;还有一些材料所受的外力随时间呈周期性变化,这时内部的应力也随时间呈周期性变化,称为交变应力。材料在交变应力作用下发生的破坏称为疲劳破坏。另外材料会由于截面尺寸改变而引起应力的局部增大,这种现象称为应力集中,对于组织均匀的脆性材料,应力集中将大大降低构件的强度。

Fatigue life prediction,疲劳寿命预测,是指结合有限元方法和多体动力学仿真分析获得部件的工作载荷历程,然后通过有限元方法和疲劳分析联合求解,预测部件的疲劳寿命。在动力学仿真部分,采用模态综合法获取部件的应力及载荷历程信息。寿命预测采用多轴裂纹萌生疲劳分析,其中部件的多轴特性通过二轴分析获得②。通过应变分布影响系数把应变疲劳与应力疲劳联系起来,不仅可用于构件从应力疲劳到应变疲劳的各类疲劳寿命预测,还可用于构件的疲劳试验模拟件设计③。现在还有一种建立了考虑蠕变和应力松弛的航空发动机涡轮叶片等高温构件的持久寿命和低循环疲劳寿命预测方法。这种方法可应用于分析某型发动机低压涡轮工作叶片在实际飞行载荷谱作用下的持久寿命和低循环疲劳寿命④。

(4) 小结

在这十几年的发展中,寿命预测方面的研究是逐步升温,由开始的几篇文章到当前的近 200 篇文献,主要是美国、英国等国家的科研人员对此加以研究的,而我国截至2008 年也仅有 64 篇相关研究文献。美国的国家航空和航天管理局早在 1995 年就开始

---

① 郭永基. 电力系统可靠性原理和应用[M]. 清华大学出版社, 1986.

② 彭禹, 郝志勇. 基于有限元和多体动力学联合仿真的疲劳寿命预测 [J]. 浙江大学学报: 工学版. 2007, 41(002): 325—328.

③ 赵福星, 史海秋. 一种适用于应力疲劳和应变疲劳的通用寿命模型 [J]. 航空动力学报. 2003, 18(001): 140—145.

④ 周柏卓, 丛佩红, 王维岩, 等. 考虑蠕变和应力松弛的发动机高温构件寿命分析方法[J]. 航空动力学报. 2003, 18(003): 378—382.

了相关的研究,并发表了一系列相关的科研论文。

结合可视化图谱,当前重大产品与设备寿命预测技术研究的研究前沿是在封装技术、声发射技术、损耗分析、裂纹开裂分析、裂纹张开应力分析、共晶焊锡／易熔质焊料／共晶软焊料、铸件缺陷／铸铝合金铸件缺陷、疲劳裂缝分析、疲劳寿命预测以及其他一些可能的研究前沿。在当前重大产品与设备寿命预测技术研究中,主要的研究热点是可靠性分析、应力分析在产品或设备中的应用。

重大产品与设施寿命预测技术作为提高重大产品和设施的寿命和安全可靠运行能力、预防重大事故、增强高技术产业的国际竞争力的先进技术方法与技术手段,已经受到了国内外众多国家的关注。从绘制的可视化图谱中,我们可以找出重大产品与设施寿命预测技术发展过程中的核心知识群以及分支知识群(积累疲劳损伤分析、疲劳寿命预测、断裂压力分析等),对这些知识聚类的了解和研究有助于分析寿命预测技术涉及到的学科、领域、研究方向和成果。

3.4.3　核心技术层次：微纳技术

微纳技术研究,作为先进制造技术领域中的一个主要的研究前沿问题,结合我国当前纳米材料、纳米技术、纳米光电等的先进技术发展要求,以我国微纳相关的研究论文作为计量对象,通过文献计量学的方法,分析当前微纳研究的研究前沿以及研究热点,作为我国先进制造领域的核心技术研究问题。

以检索式"('Micro-Nano'OR'Micro Nano'OR'MicroNano') AND ('electromechanical system'OR 'MEMS/NEMS'OR 'M/NEMS'OR 'fabricat*'OR 'manufactur*')"在 Web of Science 中进行主题检索,检索时间范围为 2000 年至 2008 年 12 月 1 日,共有 385 条文献记录。

3.4.3.1　论文整体分布情况

微纳技术方面的论文是逐年增长的(图 3-4-22,2008 年的论文收藏量是截止 12 月 1 日),从 2000 年的 4 篇到 2005 年的 52 篇,保持比较平缓的线性增长,而 2005 年到 2006 年的增长以及 2006 年到 2007 年的增长,明显高于前几年的增长。这充分说明近几年微纳技术的研究一直是当前科学技术领域的研究热点。

从微纳技术论文的地区分布来看(图 3-4-23),美国数量最多,为 94 篇,其次为日本 75 篇和中国大陆的 72 篇,这三者占总量的 62.6%。同时中国台湾地区的发文量为 19 篇,居第五位。在发文量大于 5 篇的微纳技术领域主要机构中(图 3-4-24),韩国仁和大学位居榜首,有趣的是,其发表的 25 篇论文都是 Lee E1-Hang 教授自 2004 年以来发表于不同的学术会议上的。其次中国科学院排名第二,为 23 篇。不过,中国科学院包含多个分支机构,而这里的 23 篇论文所涵盖的机构就包括中国科学院化学研究所(ICCAS)、中国科学院理化研究所、中国科学院物理研究所、中国科学院力学研究所、中

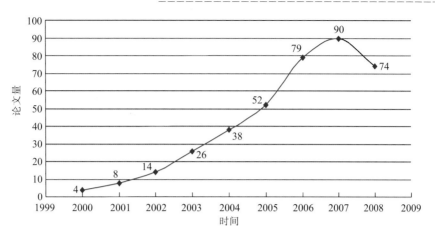

图 3-4-22　微纳技术论文数量的增长情况

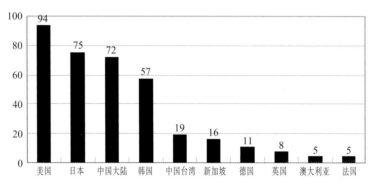

图 3-4-23　微纳技术论文的国家和地区分布

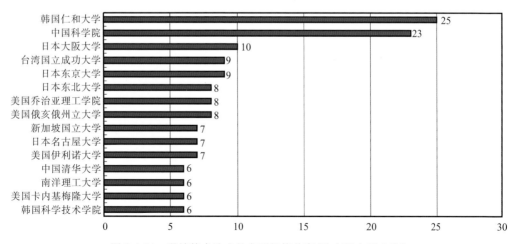

图 3-4-24　微纳技术论文的主要机构分布(论文量大于 5 次)

国科学院上海微系统与信息技术研究所、中国科学院长春应用化学研究所、中国科学院电子学研究所、中国科学院传感技术国家重点实验室等多个分支机构。而其中中国科学院化学研究所和中国科学院理化研究所是其中发表论文最多的,都是 4 篇。其中排第三位的是日本大阪大学,之后我国清华大学以 6 篇论文与南洋理工大学、卡内基梅隆大学和韩国科学技术学院并列第 12 位。

3.4.3.2 微纳技术领域的研究前沿

利用 CiteSpace 信息可视化软件,绘制出由 155 个节点和 2598 条连线构成的文献共被引图谱(图 3-4-25),形成 10 个知识群,即研究前沿领域。

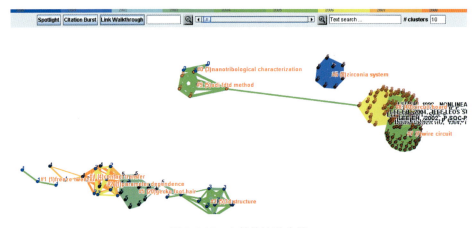

图 3-4-25 文献共被引分析

知识群 1——聚类 #0:纳米摩擦研究

纳米摩擦学是在纳米尺度上研究摩擦界面上的行为、变化、损失及其控制。本来摩擦学按其性质而言是属于表面科学范畴,而纳米摩擦学的研究提供了一种新的思维方式,即从分子、原子尺度上揭示摩擦磨损和润滑机理,建立材料微观结构与宏观特性之间的构性关系。同时纳米摩擦学也已应用到了纳米电子学、纳米生物学和微机电系统等涉及微观摩擦和表面界面行为的研究中[1]。该聚类主要包含 3 篇引文,分别是 Bhushan B 发表于 1998 年的著作 *Tribology issue and opportunities in MEMS* 和 2004 年发表的 *Springer handbook of nanotechnology*,以及 Becker H 发表于 2002 年的被引为 5 次的论文 *Polymer microfluidic devices*。

Bhushan B 是美国俄亥俄州立大学的纳米技术研究领域的专家。他在 1998 年出版的著作 *Tribology issue and opportunities in MEMS*,在 Google Scholar 中的被引次数高达 110 次,该书提出摩擦学在微机电系统中的应用,重点分析了其在微机电系统应用中所

---

① 温诗铸. 纳米摩擦学研究进展[J]. 中国学术期刊文摘. 2008, 14(008): 5—6.

面临的一些挑战与机遇。其后 2004 年出版的 *Springer handbook of nanotechnology* 一书，在 Google Scholar 中的引用为 87 次。该书将包括微纳制造、微纳机电、材料科学、可靠性工程等的多方面的知识汇集于一体，同时特别从社会应用角度分析了扫描探针显微镜、微纳摩擦学和微纳机电、分子薄膜等在工业领域的应用。

作者 Becker H 发表的 *Polymer microfluidic devices*，主要从系统的材料属性、制造方法、设备应用等方面，对一种基于聚合物的微流体系统做了评论。

知识群 2——聚类 #1：纳米机械研究——冰镊（freeze tweezer）

该聚类主要是关于微纳操作(micro/nano manipulation)、纳米层级的操作(nanoscale manipulation)以及微纳操作中的设备(如冰镊(freeze tweezer))等。图 3-4-25 中该聚类名冰镊，是一种借助于针尖与作用对象之间形成的极微小冰晶来实现对物体灵巧操纵的微/纳米操作技术，应用该器件不仅可以实现如拾取、摆放等简单动作，更可以方便地实施如拉伸、旋转等复杂操作，且不受对象的形状、带电与否、重量、材料以及质地等限制，并可与其它机构结合，组成微观意义上的自动化设备[①]。

该聚类主要包含 3 篇文献，分别是 1999 年 KIM P 著的 *Nanotube nanotweezers*、1999 年 Piner RD 著的 *Dip-Pen nanolithography* 和 2000 年 Sitti M 著的 *Controlled pushing of nanoparticles: modeling and experiments*。

KIM P 是美国加州大学伯克利分校物理系教授。其著作 *Nanotube nanotweezers*，提出了一种纳米级的机电系统——纳米镊子。这种设备是基于碳纳米管制造的，用于操作和询问微纳结构，同时集成了电子引导和机动健壮性的特性；Piner RD 是美国西北大学化学系教授，他著的 *"Dip-Pen" nanolithography*，提出了一种纳米压印技术，它将源于原子力显微镜(auto force microscope, AFM)的分子束通过毛细管输运到一层固体基板，继而将点蘸纳米微影 (Dip-Pen Nanolithography) 用于制造纳米级装备；Sitti M 著的 *Controlled pushing of nanoparticles: modeling and experiments*，描述了一种将原子力显微镜探针用作推动控制器和拓扑传感器的机器人化纳米操作系统。

知识群 3——聚类 #2：纳米化学研究

该聚类主要描述掺杂技术、气相沉积、溶液凝胶、等离子刻蚀、等离子沉积、碳纳米管阵列排布等技术，影响到了超硫水表面的粗糙度和微观构造，从而使得材料的超硫水性能不稳定。主要包含 9 篇文献，如 Erbil HY 发表于 2003 年的 *Transformation of a simple plastic into a superhydrophobic surface*、Neinhuis C 和 Barthlott W 发表于 1997 年的 *Characterization and distribution of water-repellent, self-cleaning plant surfaces*、Feng L 发表在《先进材料》上的 *Super-hydrophobic surfaces: from nature to artificial*。

以往超硫水表面都是通过控制各种昂贵材料的表面化学特性和表面粗糙度制造

---

① 刘静. 微/纳米冰镊操作器执行过程的数值模拟[J]. 传感技术学报. 2006(05).

的,同时这个过程也是一个复杂的耗时过程,针对这个缺陷,Erbil HY 在 *Transformation of a simple plastic into a superhydrophobic surface* 中描述了一种通过使用聚丙烯和溶剂等配置的超硫水涂层方法,该方法不仅省时,而且费用低廉。Neinhuis C 的 *Characterization and distribution of water-repellent, self-cleaning plant surfaces*,作者调研了抗粘附性植物表面的微形态特征,并通过实验发现了相对于植物的其他微构造,植物表面的粗糙度和防水性与该植物表面是否抗粘、是否有自净功能有着密切的关系;Feng L 的文献 *Super-hydrophobic surfaces: from nature to artificial* 中,首先指出自然界中有较大接触角和较小摩擦角的超硫水表面是通过微纳结构的协作和排列来实现的。从中得到了启发,作者以纳米纤维聚合物构造了人工超硫水表面,并且制造了不同模式的碳纳米管阵列排布薄膜。

知识群 4——聚类 #3:纳米物理研究——三维结构(3d structure)

该聚类主要侧重于微纳技术在激光工程中的应用,如研究三维结构(3d structure)、双光子吸收(two-photo absorption)、光响应性能(photo absorption property)、光吸收性能(photo absorption performance)、飞秒激光(femtosecond laser)、激光微纳制造(laser micro-nano fabricate)等内容。

该聚类主要涵盖 11 篇论文,包括日本德岛大学 Sun HB 发表于 1999 年的 *Three-dimensional photonic crystal structures achieved with two-photo-absorption photopolymerization of resin*、日本大阪大学 Kawata S 2001 年发表的 *Finer features for functional microdevices*、Maruo S 发表于 1997 年的 *Three-dimensional microfabrication with two-photo-absorbed photopolymerization*、Maruto S 发表于 1998 年的 *Two-photo-absorbed near-infrared photopolymerization for three-dimensional microfabrication* 等。

日本德州大学的 Sun HB 用激光微制造技术通过双光子吸收光致聚合树脂获得了三维光子晶体结构;Kawata S 教授使用双光子吸收技术的装置获得了更高清晰度的微电机; Maruto S 教授在其 1998 年的论文中,在有广智聚合效果的树脂(photopolymerizable resin)上使用具有飞秒脉冲的近红外线激光装置制造了有三维显微结构的微纳设备。

知识群 5——聚类 #4:纳米加工研究——接触导热(contact transfer)

该聚类涵盖的内容主要包括:接触导热(contact transfer)、高频声表面波(high-frequency surface)、刻线边缘粗糙度(line-edge roughness)、黏性效应(viscosity effect)等。

该聚类主要有下面 6 篇文献,如 Chou SY 在 1996 年发表于 Science 上的 *Imprint lithography with 25-nanometer resolution*、Chou SY 在 1995 年发表的 *Imprint of sub-25nm vias and trenches in polymers*、Colburn M 在 1999 年发表的 *Step and flash imprint lithography: A new approach to high-resolution patterning*、Xia YN 在 1998 年发表的 *O.M.*

Whitesides. Soft Lithography、Guo LJ 发表于 1997 年的 *Mitochondrial genome variation in eastern Asia and the Peopling of Japan* 等。

美国普林斯顿大学华裔教授 Chou SY（周郁）在 1995 年的论文 *Imprint of sub-25nm vias and trenches in polymers* 中首次提出纳米压印技术，该论文在 Google Scholar 中的被引用次数高达 739 次。其主要是讲将一个模子压印成热塑高分子薄膜的方法，该薄膜是在一个基层上有最小尺寸为 25 纳米且深度为 100 纳米的通孔和槽位的高分子聚合物；之后在 1996 年该作者描述了如何制造既有 25 纳米精度且有平滑垂直侧壁的高吞吐量的压印缩影，同时该论文在 Google Scholar 中的被引用次数为 632 次。目前 Chou SY 提出的纳米压印技术已经成为当前的研究热点，并且该技术已被证实是纳米尺寸大面积结构复制最具发展前途的下一代光刻技术之一，并且已成为加工聚合物结构最常用的方法[①]。

知识群 6——聚类 #5：纳米生物研究——壁虎腿毛（gecko foot-hair）

这部分主要是关于微纳米材料在仿生物学研究中的应用，主要包括壁虎腿毛（gecko foot-hair）研究、仿生壁虎腿（biomimetic gecko foot）的研究等。壁虎作为自然界中的动物，在仿生研究中有非常重要的作用。壁虎在自然环境中可以呆在光滑的墙壁上，甚至在真空中都可以在垂直光滑的玻璃墙壁上纹丝不动和爬行。经研究发现，这种现象不是由于壁虎腿和墙壁的摩擦力作用或者是和真空吸引力作用所致，同时壁虎也不分泌任何液体，也不属于通常的粘合剂作用。之后通过对壁虎脚足刚毛吸引力的精确测定表明，壁虎腿与物体表面的吸力完全是范德华力的相互作用。当前此领域的研究，包括壁虎腿部的结构分析、绒毛的粘附和脱离机理以及仿壁虎粘附阵列的设计准和制造工艺等[②]。

该聚类主要包含下面一些文献，Autumn K 在 2002 年发表的 *Adhesive force of a single gecko foot-hair*、Dam TH 在 1999 年发表的 *Nanotip array photoimprint lithography*、French R 在 2000 年发表的 *Orgins and applications of London dispersion forces and haymaker constants in ceramics*、Sitti M 在 2002 年发表的 *Nanomolding based fabrication of synthetic gecko foot-hairs*、YuM 在 2000 年发表的 *Tensile loading of ropes of single wall carbon nanotubes and their mechanical properties* 等等。

Autumn K 是美国路易斯-克拉克学院的生物系教授，在其 2002 年的文献中，通过实验详细研究了壁虎单腿毛的吸附力度；Yu M 在 2000 年测了 15 个单层碳纳米管绳在拉力作用下的振荡响应（mechanical response）强度；Sitti M 在 2002 年的文献中提出两种不同的制造人工壁虎腿毛纳米结构的纳米模具（nanomolding）方法：其一是使用原子间力显微镜探测锯齿状蜡质表面，另一种则是用纳米孔道薄膜做样板。

---

① Zankovych S, Hoffmann T, Seekamp J, et al. Nanoimprint lithography: challenges and prospects [J]. Nanotechnology. 2001, 12: 91.

② 任鸟飞, 汪小华, 王辉静, 等. 仿壁虎微纳米粘附阵列研究进展[J]. 微纳电子技术. 2006, 43(008): 386—392.

知识群 7——聚类 #6：纳米材料研究——氧化锆系（Zirconia system）

本聚类主要是关于氧化锆系这一类化合物的。该类化合物具有高硬度、高强度、高韧性、高温耐火性、极高的耐磨性及耐化学腐蚀性等优良的物化性能，在陶瓷、电子、光学、航空航天、生物、化学等各领域有广泛的应用。

这部分主要包括下面一些文献，如 Nihara K 在 1991 年发表的 *New design concepts of structural ceramics: ceramic nanocomposites*、Green DJ 于 1989 年 发 表 的 Transformation toughening of ceramics、Clausen N 在 1976 年发表的 Fracture Toughness of Al_2O_3 with an unstabilized ZrO_2 dispersed phase、Mendelson MI 在 1969 年发表的 Theoretical evaluation of wear in plasma-sprayed TiO sub 2 against grey cast iron、Hall WH 在 1949 年发表的 X-ray line broadening from filed aluminium and wolfram 等等。Claussen N 在 1976 年发表的有关 ZrO_2 的文章，在 Google Scholar 中的被引用次数为 171 次，作者在文中指出 Al_2O_3 的断裂韧性会随着优质 ZrO_2 粒子的加入而急剧增加。

研究前沿 8——聚类 #7：纳米电子研究——有线电路（Wire circuit）

该聚类包含的文献比较多，而且多涉及微纳材料与有线电路的关系以及微纳材料中波导阵列的实现方法等。Marcuse D 在 1973 年著的书 *Integrate optics*、Taflove A 在 1995 年著的 *Computational Electrodynamics: The finite-difference time-domain method norwood*、Little BE 在 1998 年的 *An eight-channel add-drop filter using vertically coupled microringresonators over a cross grid*、Ning CZ 在 1999 年提出 *Effective bloch equations for semiconductor lasers and amplifiers*、Rossler T 在 1998 年的 *Modeling the interplay of thermal effects and transverse mode behavior in native-oxide-confined vertical-cavity surface-emitting lasers* 等等。

Little BE 是日本神耐县三维微光学技术项目的研究人员，其在 1998 年中提出并验证了 8 通道上\下十字格的纵向耦合微腔滤波器；Rossler T 在 1998 年提出了一种基于微显微的垂直腔表面发射激光模型；Ning CZ 在 1999 年建立了一系列有效的布洛赫（Bloch）方程用于构建体型半导体（semiconductor bulk）和量子阱（quantum-well）媒介。

知识群 9——聚类 #8：纳米电子研究——电路板（Circuit board）

该部分涵盖的内容与聚类 #8 的内容比较相似，主要是关于电路板、水晶结构等内容的，所以二者在图 3-4-25 中的位置相邻，而且联系较紧密。同时主要包含下面一些文献，Rechberger W 在 2003 年的 *Optical properties of two interacting gold nanoparticles*、Reichman JAYR 在 2006 年的 *Establishment of transgenic herbicide-resistant creeping bentgrass in nanogronomic habitats*、Feldman MR 在 2000 年的 *Microelectronic module having optical and electrical interconnects*、Park I 在 2004 年发表的 *Photonic crystal power-splitter based on directional coupling* 等。

Rechberger 在 2003 指出两个金纳米粒子相互作用后的光学特性，主要分析了其光传输的光谱特征;Feldman MR 在 2000 年的文献中造出有光学和电子相互结合作用特性的高密度多芯片模块,该模块是在一组集成芯片上覆盖了一块基板;Park I 于 2004 年在二维光子晶体中,创造了一种类似于常规三波导管定向耦合器的功率分配方法,该方法可应用于光集成电路中。

知识群 10——聚类 #9:纳米力学研究——交替方向隐式时域有限差分方法(ADI-FDTD)

本部分主要是关于微纳制造领域中的一些方法,如交替方向隐式时域有限差分方法(ADI-FDTD)、基于多分辨分析的时域方法(H-MRTD)等等。时域有限差分法(FDTD)具有通用性强和一次计算可以得到宽频域信息等优点,但其会受到 Courant 稳定条件的限制,从而导致时域有限差分法的时间步长往往选取得很小,从而限制时域有限差分法的运算效率。T Namiki 于 1999 年首次将非条件的 ADI(隐式交替方向 alternating direction implicit)方法引入时域有限差分法,从而成功得解决了这一矛盾[①]。现交替方向隐式时域有限差分方法多应用于 OMT(正交模转换器)的分析,以便缩短设计周期。

该聚类包含的文献主要是重庆大学光电技术系统重点实验室的 Yu WG（于文革）在 2004 年的国际光学工程学会上发表的 *Analysis of dual frequency antenna using H-MRTD method*、Yu WG 在 2004 年第三届仪器科学和技术国际研讨会上发表的 *Modeling of dual-frequency MEMS antenna using ADI-FDTD method* 等。

于文革在第一篇文献中,通过调节短接面宽度,利用槽隙加载及短接技术设计了双频小型微带天线;之后该作者将微纳技术和机电系统技术应用于无线电频率领域去制造微型多频微波传输带天线,该方法同时应用了槽隙加载及短接技术。

3.4.3.3　微纳技术的研究热点

图 3-4-26 为微纳技术领域关键词共现图谱,依据图谱中显现的关键词,来解释其表征的微钠技术研究热点,这些词与表 3-4-1 相互印证。

MEMS,即微机电系统(micro-electro-mechanical system)是一种具有毫米级尺寸和微米级分辨率的微细集成设备或系统,它通过微细加工技术在硅片或者其它基体上集成了机械零件、传感器、执行器和电子设备。本质上,它是利用先进的设计理念、工程和制造技术,吸收了一系列技术的优点,包括集成电路制造技术、机械工程、材料学、电机工程、化学化工、生物技术、流体力学、光学、仪表和封装技术等。Craighead HG 指出,MEMS 技术的重要性不在于其产品的尺寸,而是在于它所利用的微细加工技术,如体微加工、面微加工、LIGA 技术、电子溅射加工(EDM)、衬底结合、光刻技术等。

Optical interconnection,即光互连,是利用光的波粒二相性与物质相互作用产生的

---

① 　许戎戎,赵怀成,吴文.基于 ADI-FDTD 的毫米波窄带正交模转换器设计 [J].探测与控制学报.2008, 30 (004): 52—55.

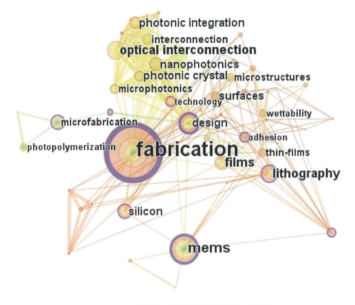

CiteSpace, v. 2.2.R9
August 14, 2010 6:54:29 PM CST
G:\citespace\□□\□□□□\data\micronano
Timespan: 1996-2008 (Slice Length=1)
Selection Criteria (c, cc, ccv): 2, 2, 20; 3, 2, 20; 3, 3, 20
Network: N=67, E=259

图 3-4-26　微纳技术领域关键词共现图谱

各种现象实现数据、信号传输和交换的理论和技术。其主要目的在于用光技术实现两个以上通信单元的链接结构以实现协同操作,这种通信单元包括系统、网络、设备、电路和器件等。当前光互连系统的主要技术特性包括:光互连的链路与结点、超型计算机的体系结构(设计计算机构造的基本设计方案)、互连网络中的光交换(光开关)、超型计算机系统的网络拓扑、多计算机系统中的粒度和粒度比等。

　　Lithography,即光刻技术,同时在词频统计项中 imprint lithography(压印光刻技术)单独出现了 5 次。当前光刻技术研究的热点在于纳米压印光刻技术或纳米压印术(nanoimprint lithography, NIL),其具体定义是不使用光线或者辐射使光刻胶感光成形,而是直接在硅衬底或者其他衬底上利用物理学机理构造纳米级别图形的纳米成像技术。它是采用绘有纳米图案的刚性压模将基片上的聚合物薄膜压出纳米级花纹,再对压印件进行常规的刻蚀、剥离等加工,最终制成纳米结构的器件。这种压印术可以大批量重复性地在大面积上制备纳米图形结构,并且所制出的高分辨率图案具有相当好的均匀性和重复性,同时还有制作成本极低、简单易行、效率高等优点。当前纳米压印光刻技术主要有两种方法:一种是 Stephen Y. Chou 于 1995 年提出的热压雕版压印法,简称为热压印;另一种是 1996 年 C. Grant Willson 提出的步进 - 闪光压印法,简称为冷压印。

　　Photonic crystal,即光子晶体,是通过人工制造方法,使其制作的晶体材料具有类似于半导体硅和其它半导体中相邻原子所具备的周期性结构,只不过光子晶体的周期性结构的尺度远比电子禁带晶体的大,其大小为波长的量级。当前应用光子晶体技术的包括光子晶体光纤、光子晶体光波导、光子晶体激光器、光子晶体光无源器件等。

Photonic integration,光子集成技术,主要应用于光子集成电路(photonic integration circuit, PIC)中。其中对光子集成电路的定义为"将多个光器件集成到单个芯片上的技术",但实际上使用的 PIC 芯片不仅需要集成光器件,也需要集成必要的电子元器件,未来 PIC 芯片应用到光网络中还需要集成电子逻辑功能器件[①]。

微纳技术领域中的研究热点, 大多是属于跨学科研究领域, 尤其是中心度为 0.16 的微机电系统(MEMS)和 0.15 的微制造(Microfabrication),其涵盖的知识就包括机械工程、材料学、电子信息科学、化学、生物科学、流体力学、光学等多个学科的知识。故对这些研究热点的分析需要从多个角度综合多方面的知识加以判断解读。

3.4.3.4　小结

从 2000 年以来,微纳技术领域的论文一直在以较高的增长幅度飞速发展,其中美国、日本和中国大陆的作用功不可没,其中尤其是韩国的仁和大学和中国科学院。微纳技术的研究前沿和热点,涉及到了微纳米的种种物理化学性质、电子、生物方面的应用等。而微纳研究的热点主要集中在微机电系统、光互连、光刻技术、光子晶体、光子集成技术等方面,这与极端制造技术领域的研究热点课题有诸多相同的地方。

微纳技术领域作为一门结合纳米科学、光学、物理学、化学、电子科学等多门学科的新型交叉学科,是衡量一个国家科技水平的重要标志之一,同时微纳技术也成为目前许多高科技技术领域的基础和前提,提高极端制造加工中的加工尺寸、加工精度和加工强度都依赖于微纳技术的研究进展。

3.5　海洋技术科学领域及其前沿技术知识图谱

海洋技术是《国家中长期科学和技术发展规划纲要》规定的八个前沿技术之一。海洋技术是一门综合性的技术科学,在本节中,以 SCI 数据库中海洋科学技术作为数据来源,用可视化方法绘制海洋科学技术的知识图谱,分析海洋科学技术的研究前沿;依据《纲要》所列海洋技术的 4 项重点前沿技术:(19)海洋环境立体监测技术,(20)大洋海底多参数快速探测技术,(21)天然气水合物开发技术,(22)深海作业技术,重点分析其中的海洋环境立体监测技术、天然气水合物开发技术和深海作业技术,作为海洋技术科学领域的 3 个重点前沿技术领域,分别绘制这 3 个重点前沿技术领域的知识图谱,揭示其核心技术领域;分别对 3 个重点前沿技术领域进行关键词共现分析,考察这 3 个重点前

---

①　李俊杰. 光子集成技术的发展及其对 WDM 系统的影响[J]. 电信科学. 2008, 24(005): 1—4.

沿技术领域的研究热点;同时对重点前沿技术领域中的核心技术,进行共被引分析及共词分析,分析核心技术的研究前沿与研究热点。在总结上述研究结果的基础上,展望海洋技术科学领域"技术科学—重点前沿技术—核心技术"三个层次的发展态势,提出促进海洋技术科学领域自主创新的战略建议。

3.5.1 技术科学层次:海洋领域总体计量研究

人类对海洋的认识有赖于海洋科学的发展、海洋技术的进步和海洋工程的推进。海洋技术与海洋科学、海洋工程息息相关,相辅相成。有鉴于此,在 SCI-E、SSCI 两个数据库里主题检索 1998 年至 2008 年间海洋科学、技术和工程的数据,检索式设定为"TS=(((marine or ocean* or offshore or sea or maritime) same (science*)) or ((marine or ocean* or offshore or sea or maritime) same (tech*)) or ((marine or ocean* or offshore or sea or maritime) same (engineering)))",得到 4686 条 Article 文献数据。其中,SCI-E 数据库检索出文献 4553 条,SSCI 数据库检索出文献 219 条。由此可见,SCI-E 数据库为海洋科学、技术和工程文献的主要来源,说明这一领域的发展和应用主要还是体现在自然科学上。另外,有部分论文同时被两个数据库收录,因此,论文总数与两个数据库的加总不是严格相等。本研究正是以 1998—2008 年间海洋科学、技术和工程领域的 4686 条文献数据为研究对象进行总体计量研究。

3.5.1.1 论文整体分布情况

从海洋科学、技术与工程的相关论文发表的时间分布(图 3-5-1)中不难看出,这一领域的研究在 1998—2001 年间基本持平,而经历了 2002—2004 三年的稳定增长后,在 2005—2006 两年增幅明显,直至 2007 年达到所有考察年份的峰值,为 548 篇。2008 年海洋科学、技术和工程领域的研究又略有回落。

作为 21 世纪人类社会可持续发展的"第二疆土"和宝贵财富,海洋乃至海洋科技

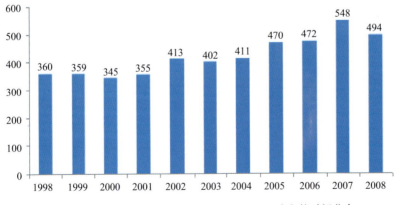

图 3-5-1　海洋科学、技术、工程(1998—2008)论文的时间分布

的重要性已经获得了全世界的普遍认可,并引起各国的高度重视。从国家(地区)分布来看（如图 3-5-2 所示）,美国在海洋科学、技术和工程领域的研究发文数量处于绝对优势地位,为 1634 篇,约占这一领域全球论文总数 1/3,其论文的质量也较高,在 WoS 中被引频次总计 19635 次,篇均引用达 12.02 次,而全球平均值为 8.41,这与美国全球"海洋强国"的领先地位不无关系。紧随其后的是传统

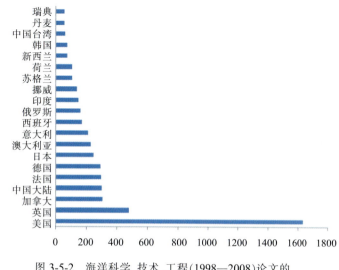

图 3-5-2　海洋科学、技术、工程(1998—2008)论文的国家(地区)分布(前 20 位)

的海洋国家英国、加拿大。中国大陆位居第八,这表明在世界各个国家和地区纷纷抢占海洋科技制高点的背景下,我国也同样密切关注当代海洋科技发展的最新趋势和研究前沿,产出了一系列有关海洋科学、技术和工程研究的成果和论文。另外,法国、德国、日本、澳大利亚、俄罗斯、挪威等向来重视海洋科技和发展战略的国家,在此领域的学者人数和发文数量也位居前列。这印证了海洋科技的理论研究和实践操作与国家的综合实力呈正相关性的特点。有鉴于此,海洋科学技术成为世界科技竞争的前沿,成为国家间综合实力较量的焦点之一也是理所当然。

如图 3-5-3 所示,1998—2008 年 SCI、SSCI 中海洋科学、技术、工程论文产出主要集中于国立科研机构、政府部门和知名学府。美国海洋和大气管理局(National Oceanic and Atmospheric Administration, NOAA)、美国国家航空航天局(National Aeronautics and Space Administration, NASA)、加拿大渔业海洋署(FISHERIES & OCEANS CANADA)等政府部门对海洋科学、技术和工程领域的贡献是有目共睹的。俄罗斯科学院(Russian Academy of Sciences)、美国伍兹霍尔海洋研究所(Woods Hole Oceanographic Institute)、中国科学院(Chinese Academy of Sciences)、法国海洋开发研究院(IFREMER)等是国立科研机构的代表。同时,加州大学圣地亚哥分校(University of California, San Diego)、华盛顿大学(University of Washington)、麻省理工学院(Massachusetts Institute of Technology, MIT)、东京大学(University of Tokyo)等知名学府也是这一领域研究的重要力量。

成立于 1970 年的美国海洋和大气管理局以 117 篇发文数在海洋科学、技术和工程领域拔得头筹,其研究动态和趋势代表了海洋和大气的国际水平,引领着全球海洋和大

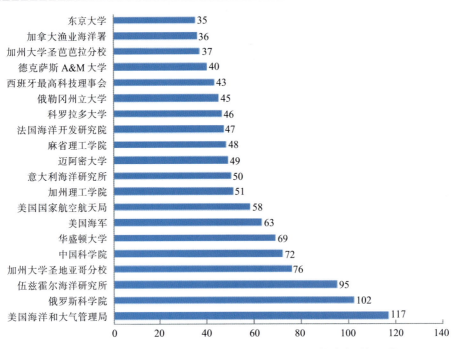

图 3-5-3　海洋科学、技术、工程(1998—2008)论文的机构分布(前 20 位)

气科学研究。俄罗斯科学院发表论文 102 篇,位居第 2 位。发文数位居第三的是目前世界上规模最大的海洋研究所——美国马萨诸塞州的伍兹霍尔海洋研究所,它是美国大西洋海岸的综合性海洋科学研究机构。紧随其后的是美国太平洋海岸的综合性海洋科学研究机构——加州大学圣地亚哥分校的斯克利普斯海洋研究所(Scripps Institution of Oceanography)。中国科学院居第 5 位,10 多年间发表相关论文 72 篇,被引频次总计 201,每篇平均引用次数 2.79 次。中国海洋大学以 22 篇发文数位居 52,大连理工大学发文 21 篇,居 59 位。由此可见,中国学者和科研机构在世界海洋科技研究舞台上扮演着越来越重要的角色。

　　值得注意的是,十多年间国际海洋科学、技术、工程领域发文最多的前 20 位机构中,美国机构占了 13 个席位。体现了美国在此领域的绝对领先地位。

3.5.1.2　海洋技术科学领域的研究前沿

　　运行 CiteSpace 后, 结果显示出由 378 个节点和 1043 条连线构成的文献共被引图谱(图 3-5-4),文献共引图谱派生出 10 个知识群来表征研究前沿。

知识群 A: 环流、海气通量、大气、模型

　　知识群 A 居于文献共引图谱的核心位置,整个网络的若干关键节点都聚集于此。总体说来,它的知识基础主要集中于数值天气预报的基本原理和基本知识、侧重于气候变

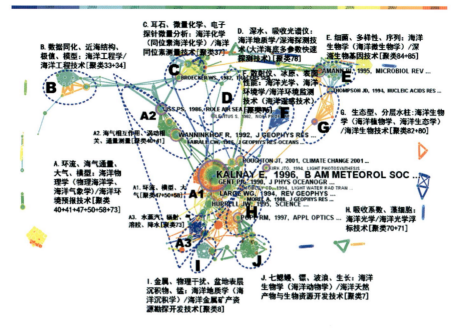

图 3-5-4　海洋科学、技术、工程(1998—2008)文献共引知识图谱

化的模式构建与数值模拟,涉及到包括物理海洋学、海洋气象学在内的海洋物理学领域。在科学理论指导下,海洋技术层面派生出海洋环境预报技术。知识群 A 又进而划分为三个子知识群 A1、A2、A3。

知识群 A1:环流、模型和大气

美国马里兰大学的气候科学家 KALNAY E 在 1996 年发表的《美国国家环境预测中心 / 国家大气研究中心 40 年全球再分析资料》(*The NCEP/NCAR 40-Year Reanalysis Project*)是知识群 A 中乃至整个图谱中最大的关键节点。KALNAY 教授运用美国国家环境预测中心(NCEP)及国家大气研究中心(NCAR)的 40 年(1958—1997)全球再分析资料解决了美国一系列大气和海洋问题,领导了美国国家气象中心数值天气预报的发展和改进,取得了引人注目的成绩。KALNAY 教授是美国国家工程科学院和欧洲科学院院士,获得过美国气象学会 J. Charney 奖。她曾发表过百余篇有关数值预报、资料同化和可预报性方面的论文,是这个领域的关键人物,开创了诸多前沿性的技术。该研究成果在《美国气象学会通报》发表后,在全球范围内引起巨大轰动,并掀起了国际海洋气象领域对气候变化和环境预报研究的热潮。

1994 年美国国家大气研究中心的 LARGE WG 在《地球物理学评论》(Reviews of Geophysics)中发表的《海洋垂直混合的回顾和用非局部边界层参数表示的模型》(*Oceanic vertical mixing: A review and a model with a nonlocal boundary layer parameterization*)是子

知识群 A1 的突变文献,这篇文章涉及海洋垂直混合的观测、理论和模式。对海洋物理学的探索和海洋环境预报技术的发展至关重要。由此,一种全新的海洋边界层混合参数模型应运而生,它的开发者就是 LARGE WG。这篇文献的中心性为 0.2。

GENT PR 注重物理海洋与气候变化的关系,1990 年他在由《物理海洋学》(Journal of Physical Oceanography) 上发表的《海洋环流等容线混合模式》(*Isopycnal Mixing in Ocean Circulation Models*)一文介绍了一种全新的海洋数值模拟软件。海洋环流理论是海洋物理学分支下的物理海洋学的重要内容。该文在 Google scholar 被引用 854 次。

《北大西洋涛动的十年变率:地区温度和降水》是 HURRELL JW 在 1995 年的论著。北大西洋涛动(North Atlantic Oscillation, NAO)是北大西洋地区大气最显著的模态,主要影响于北美及欧洲地区,但也可能对其它地区如亚洲的有一定影响。作为目前全球的热议问题,NAO 变率的研究是国际"气候变率及可预报性研究(CLIVAR)"计划的一个重点对象。许多模拟研究发现 NAO 与温盐环流有密切的联系。NAO 不仅仅是一个区域性的现象,研究其机制,对了解全球气候系统的变化规律及异常,都有着重要的现实意义。

HOUGHTON JT 在 2001 年发表的《气候变化 2001:科学原理》(Climate Change 2001: The Scientific Basis)。该文为连接知识群 A 和知识群 F 的关键节点文献,即海洋环境监测和海洋环境预报领域的桥梁和纽带。

REYNOLDS RW 在 1994 年发表的《最优插值改良下的全球海面温度分析》(*Improved Global Sea Surface Temperature Analyses Using Optimum Interpolation*)一文中介绍了美国海洋和大气管理局(NOAA)运用最优插值对全球海洋表面温度(Sea Surface Temperature,SST)进行客观分析的全新的可操作性方法,文章指出用单一资料做客观分析比用混合资料更能减少均方误差。最优插值分析方法的问世,将数值天气预报领域的研究方法提升到一个更高的层次。此后,学术界也更多地强调数值天气预报的技术性和可操作性。

较早用于海洋模式的风应力资料是 HELLERMAN S 和 Rosenstein(1983)给出的。他们在《误差估计下的世界海洋月平均风应力》(*Normal Monthly Wind Stress Over the World Ocean with Error Estimates*)一文中,利用 1870—1976 年期间收集的海面天气观测资料(包括气温、海温和风速),采用比较严格的方法加工出一套全球海洋的月平均气候风应力资料,即表面风应力根据全球风场数据插值而来。HELLERMAN S 的工作至今影响深远,大洋环流的研究在物理海洋学中是一个非常重要的方面。海洋环流的变化,对人类生产活动的影响很大。认识海洋环流规律对航海、军事、海上捕鱼等人类活动有着极其重要的意义。同时,它是全球气候系统中的一个巨大的"调节器"。

知识群 A2:海气相互作用、涡动相关和通量测量

1970 年 PAULSON CA 在《应用气象学》(Journal of Applied Meteorology)杂志上发表的《不稳定大气表层中的风速和温度曲线图的数学表示》(*The Mathematical*

Representation of Wind Speed and Temperature Profiles in the Unstable Atmospheric Surface Layer），是子知识群 A2 的关键节点，其中心性为 0.13。

另外一个较大的关键节点是 WANNINKHOF R 在 1992 年《地球物理学研究》（Journal of Geophysical Research）上发表的《海上风速和气体交换的关系》（*Relationship between wind speed and gas exchange over the ocean*）。作者在文章中提出的通量模式，即二次风速多项式二氧化碳气体传输速度函式，用于计算二氧化碳的海气交换通量，为海洋气象学尤其是海气相互作用领域的研究提供了一个新的范式。相应知识群 A 在海洋科学层面命名为"海洋气象学"。

海气通量交换是海洋学和气象学许多领域共同研究的内容，是气候形成和变化的重要机制之一。海气通量的计算对海气之间的耦合非常重要。海气除了利用精密仪器测量之外，也可以使用整体参数法估计。利用整体参数法计算海气通量，是海气通量准确计算的重要因子。FAIRALL CW 的海气反映实验正是运用此方法，1996 年在《整体海气通量参数下的热带海洋与全球大气双向耦合——海气反映实验》（*Bulk parameterization of air-sea fluxes for Tropical Ocean-Global Atmosphere Coupled-Ocean Atmosphere Response Experiment*）一文中，探索大气 - 海浪耦合模式。这一工作颇具前瞻和开拓性，为数值天气预报领域的研究和海气通量测量技术的开发提供了重要参考和合理借鉴。

此外，LISS PS 在 1986 年发表的《海气气体交换率：介绍和综述》和 FAIRALL CW 在 1996 年问世的《整体海气通量参数下的热带海洋与全球大气双向耦合——海气反映实验》都是关于海气相互作用、涡动相关和通量测量的文章，为此领域的进一步研究提供了理论综述和学术线索。

知识群 A3：水蒸气、辐射、气溶胶和降水

酸雨已经成为全球环境主要的问题之一，也是影响海洋环境的重要因素。对大气降水中的含硫量的研究对于探讨酸雨的来源、组成与酸雨的治理具有重要的意义。CHARLSON RJ 在 1987 年发表的《海洋浮游植物，大气含硫量，云反照率和气候》和 SMITH SD 在 1988 年发表的《风速和温度作用下的海面风应力、热通量和风剖面系数》是此知识群的关键文献。

知识群 B：数据同化、近海结构、极值、模型

海洋工程学和海洋工程技术在此知识群被普遍关注和广泛运用，知识群 B 可标注为数据同化、近海结构、极值、模型。

DALEY R 在 1991 年的著作《大气数据分析》（*Atmospheric Data Analysis*）是这一知识群的代表性文献。此书是介绍大气数据同化方法的研究与应用进展的经典著作。随着各种非常规观测数据(如卫星、雷达等遥感遥测)的迅猛增多，以及大气数值模式的不断发展，如何充分利用各种观测数据以满足大气数值模式的需要是一个不容回避的问题。因此大气数据同化技术日益受到关注，并得到深入的研究与广泛的应用。

海洋／大气资料同化的理论基础是用数值模式作为动力学强迫对观测信息进行提炼，或者说，从包含观测误差(噪声)的空间分布不均匀的实测资料中依据动力系统自身的演化规律(动力学方程或模式)来确定海洋／大气系统状态的最优估计。

知识群 C：耳石、微量化学、电子探针数量分析

此知识群在海洋科学层面侧重于海洋化学特别是同位素海洋化学的研究，在海洋技术层面以同位素测量技术为主。研究前沿为耳石、微量化学和电子探针数量分析。

BROECKER WS 在 1982 年著有《海洋追踪者》(*Tracers in the Sea*)一书。作为同位素海洋化学的经典教科书，《海洋追踪者》的问世无疑拓宽了海洋化学领域的研究视野。直至今日，此著作仍为中外高等院校和科研院所海洋相关专业的必读书目，同时成为海洋同位素测量技术及应用的重要参考。

知识群 D：深水、吸收光谱仪

深水、吸收光谱等研究前沿分布于此知识群，知识基础汇集于海洋地质学和深海探测技术特别是大洋海底多参数快速探测技术方面。

对已有大量的海洋和大气资料进行整理和计算是物理海洋学研究的重要任务，研究资料的客观分析是必不可少的。客观分析法早就就受到国际海洋大气学家的普遍重视，尤其是在气象领域，知识群客观分析法处于不断的发展变化中，其运用范围也在不断扩大。LEVITUS S 在 1982 年《世界海洋气候图集》(Climatological Atlas of the World Ocean, NOAA)用逐步订正法对全球海洋温盐等要素进行了客观分析，其结果至今仍被国内外广泛引用。逐步订正法第一次使客观分析成为一门独立的学科。其后，Levitus1982 又多次加以改良，Levitus1994、Levitus1998、Levitus2001、Levitus2002 等都被人们普遍使用。LEVITUS S 的客观分析方法就是一种相容拟合，而不是精确的插值，能满足海洋环境趋势分析研究的需要，为研究海洋气候提供了便利。

知识群 E：细菌、多样性、序列

海洋生物学尤其是海洋微生物学成为此知识群的知识基础，深海生物基因技术在此知识群被广泛研究和普遍应用。知识群 E 可标注为细菌、多样性和序列。

自从 20 世纪 80 年代中期海洋技术兴起以来，世界各国对海洋微生物资源的利用都很重视。有鉴于此，环境微生物的遗传多样性分析、微生物的生态功能、遗传和生态系统多样性的研究、沉积物细菌多样性及环境意义显得尤为重要。

知识群 F：散射仪、冰原、表面性能

研究前沿集中于散射仪、冰原、表面性能等方面，在海洋科学层面涉及到海洋光学和海洋环境学的研究，海洋环境监测技术特别是海洋遥感技术是此知识群的代表技术。

知识群 G：生态型、分层水柱

此知识群研究集中于海洋生物学特别是海洋植物学和海洋生态学，海洋技术层面注重海洋生物技术的研究，知识群可标注为生态型、分层水柱。

知识群 H：吸收光谱、藻细胞

研究前沿侧重于吸收光谱、藻细胞，海洋光学和海洋光学浮标技术在此领域被广泛关注。POPE RM 在 1997 年发表的《纯净水 0.2 的的吸收光谱（380—700 纳米）整合腔测量》对整合腔技术和海洋水色卫星传感器给予了关注。

知识群 I：金属、物理干扰、盆地表层沉积物、锰

海洋地质学尤其是海洋沉积学和海洋金属矿产资源勘探开发技术成为此聚类的知识基础，研究前沿集中于金属、物理干扰、盆地表层沉积物、锰。

知识群 J：七鳃鳗、镖、波浪、生长

侧重于海洋生物学特别是海洋动物学的科学研究，在技术层面涉及海洋天然产物与生物资源开发技术，此知识群可标注为七鳃鳗、镖、波浪、生长。

3.5.1.3　海洋技术科学领域的研究热点

通过对这 4685 篇论文进行关键词分析，研究海洋技术科学领域的研究热点。在 CiteSpace 中选择阈值为 Top 1.0%，即每年出现次数最高的前 1.0%的词进入共现网络。如图 3-5-5 所示，网络中一共有 101 个节点和 85 条连线。

图 3-5-5 中一共形成了 25 个聚类，分别是聚类 0 至聚类 24，依据两种方式提取出的标签此（表 3-5-2），归并相似的聚类，最后形成 11 个热点知识群，分别是：

热点知识群 A1：海洋环境和气候变化、洋流模型和数值天气预报。由聚类 6、9 和 10 构成，聚类 6 的平均年份为 2002 年，聚类 9 的平均年份为 1998 年，聚类 10 的平均年份为 2000 年。重要词有厄尔尼诺、海面温度、数值模型、温盐环流等。

热点知识群 A2：海洋温度与多样性、海洋气候与大气环流模型。由聚类 4 和 21 构

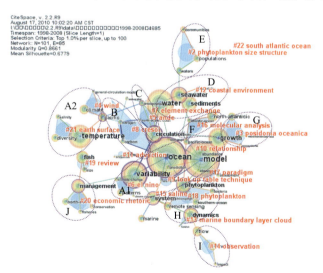

A1：海洋环境和气候变化、洋流模型和数值天气预报聚类 6、9、10，2002、1998、2000 年
A2：海洋温度与多样性、海洋气候与大气环流模型，聚类 4、21，2003 年、2001 年
B：海洋底栖生物，聚类 8，1998 年
C：海洋环流、降水与涛动，聚类 5，1999 年
D：海洋化学、海岸环境、海洋沉积物，聚类 12，1999 年
E：海洋浮游植物、浮游植物群落和结构，聚类 2，2003 年
F：海洋分子分析，聚类 16，2003 年
G：海洋生态系统、海洋物理与试验，聚类 3，2002 年
H：海洋生物与酶、海洋遥感、海洋细菌，聚类 18，2004 年
I：海洋立体监测与影响、模拟器，聚类 14，2005 年

图 3-5-5　海洋技术科学领域的关键词共现网络

表 3-5-2 聚类结果与聚类标识词

聚类	平均年份	Label（TFIDF）	Label（LLR）
0	2000	marine bacterioplankton/海洋浮游细菌；quinone profilingc/海洋浮游细菌；microbial community/微生物群落；depth-related population variation/深度相关的族群变化	marine bacterioplankton/海洋浮游细菌 quinone profiling /海洋浮游细菌
1	1999	relaxation rate/松弛率；eastern north pacific ocean further analysis/东北太平洋的深入分析	relaxation rate/松弛率；eastern north pacific ocean further analysis/东北太平洋的深入分析
2	2003	phytoplankton size structure/浮游植物结构；marginal region/边缘区域；Phytoplankton/浮游植物；southern east china sea/中国东南沿海；east china sea/东海	phytoplankton size structure/浮游植物结构；marginal region/边缘区域
3	2002	posidonia oceanica/大洋洲	posidonia oceanica/大洋洲；physical stress/物理压力；taxonomy/分类学
4	2003	response/反映；wind/风	wind/风；upper neogene deposit/晚第三纪的上层矿藏；antarctic circumpolar current response/南极附近的气流反应
5	1999	atlantic sea surface temperature anomaly/大西洋表面温度的异常；ecuador/厄瓜多尔；sea surface temperature/海面温度；anomaly/异常	relation/关系；tropical pacific/热带太平洋
6	2002	el nino/厄尔尼诺；port/港口；California/加利福尼亚；sea surface temperature/海面温度；wind/风	el nino/厄尔尼诺；governorate/省；east china sea/东海
7	1999	element exchange/元素交换；black sea/黑海；aegean sea/爱琴海；disposal/处理；comparative approach/对比方法	element exchange/元素交换；black sea/黑海；basin/流域
8	1998	cresol/甲酚；red alga polysiphonia sphaerocarpa/红藻多管藻刺；Anisole/茴香醚；semi-quantitative analysis/半定量分析；direct temperature-resolved mass spectrometry/直接温度分辨质谱	cresol/甲酚；red alga polysiphonia sphaerocarpa/红藻多管藻刺；anisole/茴香醚
9	1998	look-up table technique/查表法；geophysical parameter/地球物理学参数；Physic/医学	look-up table technique/查表法；geophysical parameter/地球物理学参数；numerical modeling/数值模型
10	2000	wind/风；Relationship/关系；Relation/联系；Ship/船舰	thermohaline circulation/温盐环流；Australia/澳大利亚
11	2002	advection/水平对流；eEntrainment/夹带；diffusivity/扩散率	advection/水平对流；eEntrainment/夹带；diffusivity/扩散率
12	1999	metal/金属；marine/海洋	coastal environment/海岸环境；electro-optical propagation assessment/光电传输评估
13	2002	southern east china sea/东南海域；east china sea/东海；flow/海流	marine boundary layer cloud/海洋边界层云；tidal flat morphodynamic processe/滩涂地形动力过程；predictive mapping/观测海图
14	2005	observation/监测；study/研究	observation/监测；complex orography/复杂山志学
15	2002	saline/盐的；electrothermal atomic absorption spectrometry/电热原子吸收光谱法；microwave digestion/微波消解	saline/盐的；electrothermal atomic absorption spectrometry/电热原子吸收光谱法；microwave digestion/微波消解

续表

聚类	平均年份	Label（TFIDF）	Label（LLR）
16	2003	analysis/分析	molecular analysis/分子分析；oxygen isotope/氧同位素；theoretical consideration/理论考虑
17	2002	carbon/碳	Paradigm/范例；Phenomenon/现象；annular mode/环形模式
18	2004	laboratory media/实验媒体；Edta/乙二胺四乙酸；natural oceanic water/自然海水；phytoplankton/浮游植物；laboratory/实验室	phytoplankton/浮游植物；laboratory media/实验媒体；Edta/乙二胺四乙酸
19	2001	peptide/肽	review/评论；aquatic toxicity/水生毒性
20	2004	economic/经济学的；economic rhetoric/经济效益；Privatization/私有化；fishing right/钓鱼权利；example/样本	economic rhetoric/经济效益；Privatization/私有化；economic/经济学的
21	2001	fertilization/受精；salinity/盐度；microwave/微波；method/方法；California/加利福尼亚	earth surface/地球表面；microwave/微波
22	2003	influence/影响；peptide/肽；continental shel/大路海岸电子侦察系统；south atlantic ocean/南大西洋；denitrifying bacteria/脱硝细菌	south atlantic ocean/南大西洋；denitrifying bacteria/反硝化细菌；satellite magnetic anomaly/卫星磁性异常
23	2004	property/性能；measurement/测量	probe building/探针建设；Porosity/有孔性；deep-sea mining/深海采矿
24	2002	tl volcanism chronology/铊火山现象年代学；afar/远方；red sea/红海	tl volcanism chronology/铊火山现象年代学；afar/远方；red sea/红海

成,聚类4的平均年份为2003年,聚类21的平均年份为2001年。重要词有风、地球表面、盐度、大气环流模型等。

热点知识群B:海洋底栖生物,由聚类8构成,文献的平均年份为1998年。重要词有栖息地、海洋、对流层等。

热点知识群C:海洋环流、降水与涛动。由聚类5构成。文献的平均年份为1999年。重要词有海面温度、环流、异常等。

热点知识群D:海洋化学、海洋环境、海洋沉积物。由聚类12构成。文献的平均年份为1999年。重要词有金属、海水、气溶胶等。

热点知识群E:海洋浮游植物、浮游植物群落和结构。由聚类2构成。文献的平均年份为2003年。重要词有族群总体、群落、浮游植物结构等。

热点知识群F:海洋分子分析。由聚类16构成。文献的平均年份为2003年。重要词有分子分析、氧同位素、海洋技术等。

热点知识群G:海洋生态系统、海洋物理与试验。由聚类3构成。文献的平均年份为2002年。重要词有物理压力、生态系统、成长等。

热点知识群H:海洋生物与酶、海洋遥感、海洋细菌。由聚类18构成。文献的平均年份为 2004 年。重要词有乙二胺四乙酸、自然海水、实验媒体等。

热点知识群 I:海洋立体监测与影响、模拟器。由聚类 14 构成。文献的平均年份为 2005 年。重要词有监测、研究、立体三维等。

热点知识群 J:海洋渔业保护、海洋经济与管理。由聚类 20 构成。文献的平均年份为 2004 年。重要词有管理、保护、渔业等。

3.5.1.4 小结

从对海洋技术科学领域整体研究文献的知识图谱分析结果来看,海洋技术科学领域的研究前沿主要包括如下 10 个领域:环流、海气通量、大气、模型;数据同化、近海结构、极值、模型;耳石、微量化学和电子探针数量;深水、吸收光谱仪;细菌、多样性、序列;散射仪、冰原、表面性能;生态型、分层水柱;吸收光谱、藻细胞;金属、物理干扰、盆地表层沉积物、锰;七鳃鳗、镖、波浪、生长。

海洋技术科学领域的研究热点主要包括如下 11 个领域:海洋环境和气候变化、洋流模型模型和数值天气预报;海洋温度与多样性、海洋气候与大气环流模型;海洋底栖生物;海洋环流、降水与涛动;海洋化学、海洋环境、海洋沉积物;海洋浮游植物、浮游植物群落和结构;海洋分子分析;海洋生态系统、海洋物理与试验;海洋生物与酶、海洋遥感、海洋细菌;海洋立体监测与影响、模拟器;海洋渔业保护、海洋经济与管理。

可以看到,海洋技术科学领域的科学理论、模型模式、方法、技术及其应用的各方面,近 10 年间都在向纵深方向不断发展。

3.5.2 重点前沿技术层次:海洋环境立体监测、深海作业、天然气水合物开发

3.5.2.1 海洋环境立体监测技术

海洋环境立体监测技术是国家中长期科学和技术发展规划纲要 (2006—2020 年)海洋技术研究领域的的优先主题之一。在 Web of Science 数据库中检索相关论文发表情况。选择的检索式为 TS="(sea OR ocean* OR marine) SAME (monitor* OR Surveillan* OR observ*)"。数据库选择 SCI-Expanded, 检索的时间段选择为 1998 年至 2008 年,得到 19297 条检索记录。

(1)海洋环境监测论文的整体分布情况

从 1998 年至 2008 年,每年发表的有关深海作业研究的论文一直保持稳步增长的态势,从 1998 年的 1200 篇增长到 2008 年的 2338 篇(图 3-5-6)。

在深海作业研究领域(见图 3-5-7),美国发表论文数量为 7498 篇,占全部文章总数的 38.9%;日本和英格兰分别发表 1782 篇和 1642 篇,分列第 2 和第 3 位。中国大陆发表论文数量为 888 篇,排在第 8 位。从机构分布来看,论文数量最多的机构是美国国家海洋大气管理局,为 754 篇;位列第 2 的是美国宇航局,发表 539 篇;华盛顿大学发表 57 篇,位列第 3,中国科学院排在 12 位(图 3-5-8)。

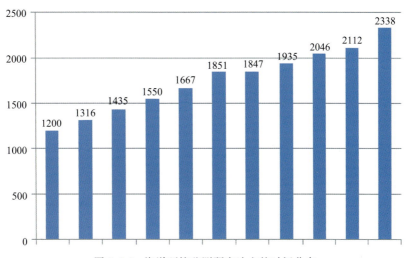

图 3-5-6　海洋环境监测研究论文的时间分布

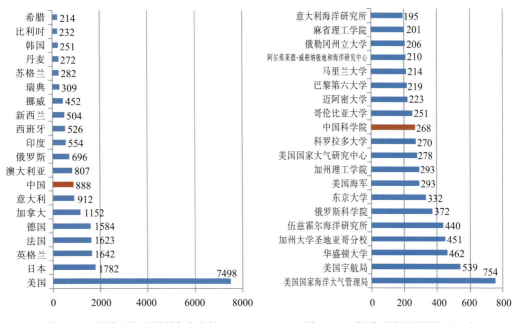

图 3-5-7　海洋环境监测研究论文的
国家 / 地区分布

图 3-5-8　海洋环境监测研究论文的
机构分布

(2)海洋环境监测领域的研究前沿

　　运行 CiteSpace，生成由 265 个节点和 670 条连线构成的文献共被引网络(图 3-5-9)，依据软件中内嵌的数据挖掘算法(谱聚类和 Tf/Idf 算法)，图谱自动聚类并自动

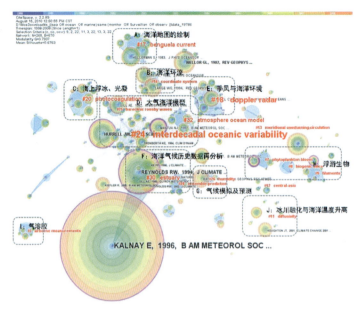

图 3-5-9　海洋环境监测研究论文的共被引网络图谱

标识,归并相似聚类,形成 10 个知识群,代表了海洋环境监测领域的研究前沿。

　　知识群 A:海洋地图的绘制与测量

　　知识群 B:海洋环流研究

　　知识群 C:海冰研究

　　知识群 D:大气条件对海洋的影响,以及这种影响的周期性变化

　　知识群 E:季风对海洋气候的影响

　　知识群 F:利用历史数据研究海洋气候的研究

　　知识群 G:气候模拟及预测

　　知识群 H:浮游生物

　　知识群 I:气溶胶的性质及影响

　　知识群 J:冰川融化与海洋变暖

　　(3)海洋环境监测领域的研究热点

　　通过对这 19786 篇论文进行关键词分析(图 3-5-10),形成了 12 个聚类,通过对相似的聚类进行归并,最后形成深海作业领域的 4 个热点知识群。

　　知识群 A:海洋气候模型研究,由聚类 #3 构成,重要词有温跃层变化、太平洋、厄尔尼诺、海表温度等;

　　热点知识群 B:洋流模型研究,由聚类 #4、聚类 #5 等构成,重要词有循环模型、厄尔尼诺、地壳均衡调整等;

热点知识群 C:海洋温度研究,由聚类 #8 构成,重要词有 20 世纪的温度等;

热点知识群 D:海洋生态环境研究,由聚类 #7 构成,重要词有浮游植物、增长、附生生物、有机混合物等;

热点知识群 E:地质构造研究,主要由聚类 #2 构成,重要词有拉裂盆地、南海、印度洋、剖析等;

热点知识群 F:海洋水文研究,主要有聚类 #10、聚类 #12 构成,重要词有叶绿素、海水颜色、感应式校正等。

从关键词的网络中心性来看,中心性最高的词为浮游植物,其他中心性大于 0.1 的关键词还有浮游植物、流通等(见表 3-5-4)。

图 3-5-10 中最大的节点所代表的词为"模型"(Model)。其余频次较高的词还有"变异性"(Variability)、"海洋"(Ocean)、"循环"(Circulation)、"温度"(temperature)、群落结构(community structure)、氮(nitrogen)、富营养化(eutrophication)等。表 3-5-5 列出了出现频次大于 200 的关键词。

表 3-5-4　频次大于 200 的关键词

关键词	中心性
phytoplankton/浮游植物	0.23
circulation/流通	0.21
variability/变异性	0.18
ocean/海洋	0.16
precipitation/沉积物	0.11
sea-surface temperature/海表温度	0.1

(4)小结

在深海作业研究领域,主要包括如下 4 个知识群:

海洋大气模型研究,主要研究地球的大气和海洋变化,提供对灾害天气的预警,提

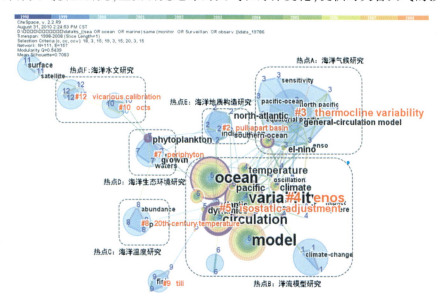

图 3-5-10　海洋环境监测研究领域的关键词共现网络

表 3-5-5　海洋环境监测领域频次大于 200 的关键词

关键词	词频	聚类	关键词	词频	聚类
model/模型	1407	5	atmosphere/大气	294	4
variability/变异性	1326	4	sediments/沉淀物	290	9
ocean/海洋	1314	5	southern-ocean/南海	283	2
circulation/循环	966	5	seawater/海水	279	7
temperature/温度	655	4	indian-ocean/印度洋	272	2
water/水	609	5	waters/水	269	7
climate/气候	574	4	fish/鱼	265	9
pacific/太平洋	506	5	simulation/刺激	263	3
sea-surface temperature	504	3	patterns/模式	261	8
dynamics/动态性	483	5	flow/流动	253	6
evolution/进化	474	13	pacific-ocean 太平洋	238	3
el-nino/厄尔尼诺	467	3	climate-change/气候变化	236	1
north-atlantic/北大西洋	433	2	remote sensing/遥感	233	12
transport/传输	430	5	trends/趋势	232	4
phytoplankton/浮游植物	414	7	boundary-layer/边界层	232	13
growth/增长	378	7	satellite/卫星	223	11
atlantic/大西洋	368	5	north pacific/北太平洋	219	3
system/系统	346	13	abundance/充裕	219	8
general-circulation model	343	3	oscillation/振荡	216	4
precipitation/沉积物	335	4	enso/厄尔尼诺	215	3
interannual variability	324	3	sensitivity/敏感性	213	3
surface/表面	304	11	equatorial pacific/赤道	210	3

供海图和空图,研究海洋气候的变化。

海洋洋流研究,主要研究洋流的形成,变化及对海洋气候和海表温度的影响。

海洋生态研究,主要研究研究海洋生物及其与海洋环境间相互关系的科学。通过研究浮游生物等海洋生物在海洋环境中的繁殖、生长、分布和数量变化,以及生物与环境相互作用,阐明生物海洋学的规律。

海洋冰川研究,主要研究海洋冰川的形成,海洋浮冰对大气及海洋温度的影响。

3.5.2.2　深海作业技术

在 Web of Science 数据库中检索相关论文发表情况。选择的检索式为 TS=(
(deep-sea OR "deep sea" OR "deep ocean" OR deepwater OR "deep water" OR dipsey OR
dipsybathybic OR benthic OR bathypelagic OR Abyssalbenthic OR abyssobenthic OR
abyssal) SAME operat*)。数据库选择 SCI-Expanded,文献类型选取 Article、Proceeding
Paper 及 Review。检索的时间段选择为 1998 年至 2009 年,得到 571 条检索记录。

(1)深海作业论文的整体分布情况

从 1998 年至 2009 年，每年发表的有关深海作业研究的论文在波动中呈现出缓慢上升的趋势，从 1998 年的 33 篇缓慢增长到 2008 年的 71 篇(图 3-5-11)。

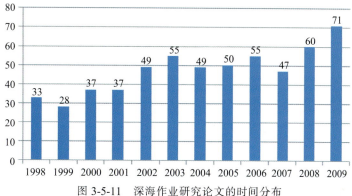

图 3-5-11　深海作业研究论文的时间分布

在深海作业研究领域，美国发表论文数量为 187 篇，占全部文章总数的 32.7%；英格兰和德国分别发表 53 篇和 41 篇，分列第 2 和第 3 位。中国大陆发表论文数量为 20 篇，排在第 11 位(图 3-5-12)。从机构分布来看，论文数量最多的机构是俄罗斯科学院，为 14 篇；位列第 2 的是美国伍兹霍尔海洋研究所，发表 12 篇；加州大学圣地亚哥分校发表 11 篇，位列第 3(图 3-5-13)。

(2)深海作业领域的研究前沿

在 CiteSpace 中选择文献共被引分析的时间为 1998—2009 年，阈值为 (2,1,15;2,1,15;2,1,15)，每一时间段被引次数达到阈值标准的文献出现在共被引网络中。如图 3-5-14 所示，一共有 247 个节点和 869 条连线出现在网络中。

知识群A：底栖生物相关研究

知识群 A 又分为 7 个方面的前沿研究，即知识群 A1(底栖生物食物链)、知识群 A2(海底栖息地测绘)、知识群 A3(种群结构研究)、知

图 3-5-12　深海作业研究论文的国家/地区分布

图 3-5-13　深海作业研究论文的机构分布

识群 A4（深海物种多样性研究）、知识群 A5（污染对底栖生物的影响）、知识群 A6(石油勘探对底栖生物的影响)；知识群 A7(底栖生物生态环境质量测度)。

知识群 B:浮游生物研究

知识群 C:微电极技术

知识群 D:深海沉积物

知识群 E:湖泊生态系统

(3)深海作业的研究热点

通过对这 571 篇论文进行关键词分析,研究深海作业领域的研究热点。在 CiteSpace 中选择阈值为(Top10%,Up to 100),生成由 328 个节点和 269 条连线构成的关键词共现图谱(图 3-5-15),共形成了 88 个聚类,通过对相似的聚

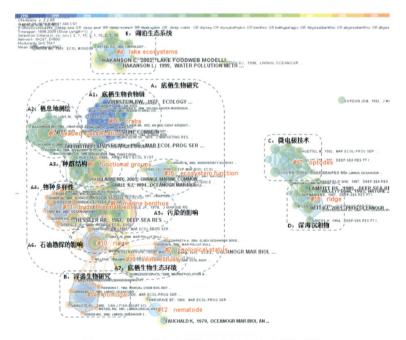

图 3-5-14　深海作业研究论文的共被引网络图谱

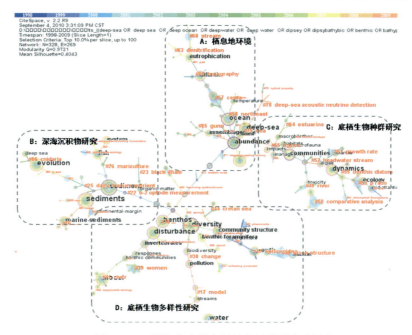

图 3-5-15　深海作业研究领域的关键词共现网络

类进行归并,最后形成 4 个热点知识群。

　　热点知识群 A:海洋底栖生物栖息地环境研究,重要标识词有富营养化、脱硝、聚集地、充分等。

　　热点知识群 B:深海沉积物研究,重要词有沉积物、深海沉积物、刺胞动物、鱼类等。

　　热点知识群 C:底栖生物种群研究,重要词有底栖生物、种群、动态、生态学、成长率等。

　　热点知识群 D:底栖生物多样性研究,重要词有底栖生物、污染、种群结构、无脊椎动物等。

　　图 3-5-15 中最大的节点所代表的词为"沉积物"(Sediments)。其余频次较高的词还有"多样性"(diversity)、进化(evolution)、样式(patterns)、模式(model)等。表 3-5-6 列出了出现频次大于 10 次的关键词。

　　(4)小结

　　在深海作业研究领域,主要是对底栖生物的研究,包括底栖生物食物链、海底栖息地测绘、底栖生物的种群结构研究、深海物种多样性、污染和石油勘探对对底栖生物的影响研究等。

　　其次,以深海沉积物的形成、采样为主要研究方向的深海沉积物研究,在深海作业的相关研究中也占有相当重要的作用。

　　另外,由于浮游生物在形成深海沉积物中的作用,因此深海作业研究领域中还包含

表 3-5-6　频次大于 10 次的关键词

关键词	词频	中心性	关键词	词频	中心性
sediments	19	0.11	marine-sediments	13	0.03
sediment	18	0.33	fish	13	0.06
diversity	18	0.41	communities	13	0.26
evolution	17	0.03	abundance	13	0.67
patterns	16	0.01	growth	12	0.06
model	16	0.04	community structure	12	0.18
deep-sea	16	0.07	atlantic	12	0.11
ocean	15	0.2	eutrophication	11	0.07
disturbance	15	0.19	ecology	11	0.02
benthos	15	0.2	system	10	0
water	14	0.04	impact	10	0.13
dynamics	14	0.11	benthic foraminifera	10	0.06

有关于浮游生物的一些研究。

3.5.2.3　天然气水合物开发技术

在 Web of Science 数据库中检索相关论文发表情况。选择的检索式为 TS= ("natural gas hydrate" or "gas hydrate" or "methane hydrate" or "methane gas hydrate")。数据库选择 SCI-Expanded，论文类型选择期刊论文、会议论文和综述三种，检索的时间段选择为 1998 年至 2009 年，得到 2274 条检索记录。

(1)天然气水合物开发技术论文的整体分布情况

从 1998 年至 2009 年，每年发表的有关天然气水合物研究的论文一直保持稳步增长的态势，从 1998 年的 44 篇增长到 2007 年的 323 篇，2008 年、2009 年略有回落(图 3-5-16)。

在天然气水合物研究领域，美国发表论文数量为 772 篇，占全部文章总数的 33.9%；日本和中国分别发表 353 篇和 256 篇，分列第 2 和第 3 位(图 3-5-17)。从机构分布来看，论文数量最多的机构是中国科学院，为 115 篇；位列第 2 的是美国地质调查局，发表 107 篇；日本产业技术总合研究所以 92 篇位列第 3。显示出美日中三个海洋大国和能源大国在天然气水合物方面的研究实力(图 3-5-18)。

(2)天然气水合物领域的研究前沿

在 CiteSpace 中选择文献共被引分析的时间为 1998—2009 年，阈值为(5,2,40；7,2,40；8,2,40)，每一时间段被引次数达到阈值标准的文献出现在共被引网络中，共有 315 个节点和 1317 条连线出现在网络中。图 3-5-19 是利用 CiteSpace 软件中内嵌的数据挖掘算法(Tf/Idf 算法)基于文献的聚类进行自动标识的结果。

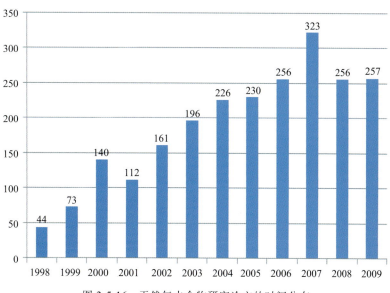

图 3-5-16　天然气水合物研究论文的时间分布

知识群 A：天然气水合物与古新世时期的地球

根据天然气水合物稳定的温压条件，它至少在始新世末就已存在，在这以前，底层海水温度估计为 7—10℃，在较深水部位也可能形成较薄的天然气水合物层。因此，研究天然气水合物的形成条件及其对地球的影响的文献，往往要追溯到古新世时期，这就形成了天然气水合物和古新世时期的知识群。

知识群 B：天然气水合物与增生楔地质构造

海洋中天然气水合物主要发育在有机质供应充分、沉积速率快、热流值较高，水深大于 300m 的大陆斜坡和活动边缘的增生楔发育区，沉积物类型主要以泥质砂岩，砂质泥岩和浊积岩为

图 3-5-17　天然气水合物研究论文的国家 / 地区分布

主，以海底反射层(BSR)和极性反转是识别天然气水合物层的关键标志。知识群 E 主要是探讨增生楔地质构造与天然气水合物成矿的可能性，以及与天然气水合物的探测相

图 3-5-18 天然气水合物研究论文的机构分布

关的一些研究。

知识群 C：天然气水合物的生物成因

天然气水化合物的甲烷主要由缺氧环境下有机物质的细菌分解。在沉积物最上方几厘米的有机物质会先被好氧细菌所分解，产生二氧化碳，并从沉积物中释放进水团中。在此区域的好氧细菌活动中，硫酸盐会被转变成硫化物。知识群 C 主要研究的是天然气水合物的生物成因和实验模拟，以及与此相关的一些探测手段。

知识群 D：天然气水合物与地球变化

海洋调查已经证实，天然气水合物体系的演化影响了固体圈 - 水圈 - 大气圈中甲烷和碳的平衡，也可以发生在地质时代，地质历史演变中的天然气水合物演化对全球变化与全球碳循环起着重要作用。知

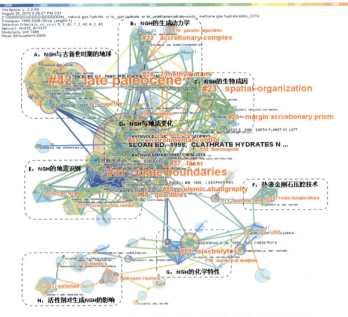

图 3-5-19 天然气水合物研究论文的共被引网络图谱

识群 D 主要研究的是天然气水合物对地球的影响。

知识群 E：天然气水合物的地震识别

海洋天然气水合物存在的主要地震标志有拟海底反射层(BSR)、振幅变形(空白反射)、速度倒置、速度 - 振幅异常结构(VAMP)。大规模的甲烷水合物聚集可以通过高电阻率(>100 欧米)声波速度、低体积密度等号数进行直接判读。知识群 E 主要是关于天然气水合物的地震识别的相关文献。

知识群 F：热液金刚石压腔技术

热液金刚石压腔 (HDAC) 是 20 世纪末发展起来的一种高温高压及低温高压实验技术。利用 HDAC 技术进行甲烷水合物的合成研究,以了解其形成条件及性质,对开发和应用甲烷水合物具有重大意义。知识群 F 主要是 HDAC 技术与天然气水合物的相关文献。

知识群 G：天然气水合物的化学特性

知识群 G 主要是对天然气水合物的化学特性的研究,包括天然气水合物的结构、稳定性、物理化学性质、形成 - 分解的动力研究及相平衡描述等。

知识群 H：天然气水合物的化学成因

知识群 H 主要是研究天然气水合物阻化剂的物理化学性质、影响药剂消耗的因素及水合物再生现代工艺研究。研究了阻化剂实用上的重要性质及其气相溶解性和组分的不稳定性,测定阻化剂的浓度,并对阻化剂的合成和再生问题做了相应的研究。

(3)天然气水合物的研究热点

通过对这 2274 篇论文进行关键词分析,研究天然气水合物领域的研究热点。统计来看(表 3-5-7),在天然气水合物领域,出现次数最多的关键词中除"天然气水合物"的相关词汇之外,出现次数较多的有"Gulf of Mexico"、"Dissociation"、"Kinetics"、"BSR"、"carbon dioxide"、"Carbon isotopes"、"Crystallization"、"Phase equilibria"、"porous media"、"carbon cycle"等。

在 CiteSpace 中选取 TOP 5%的关键词进入共现网络。如图 3-5-20 所示,网络中一共有 155 个节点和 95 条连线。图 3-5-20 中一共形成了 25 个聚类,其中核心的热点群有 7 个分别是:

热点知识群 A：天然气水合物的地震识别,由聚类 #15、聚类 #11、聚类 #13 构成,重要标识词有 BSR 识别、板块边界、秘鲁近海等。

热点知识群 B：天然气水合物的冷泉识别,由聚类 #18、聚类 #20、聚类 #19 等构成,重要标识词有冷泉、碳酸盐、阿留申俯冲带、黑海等。

热点知识群 C：墨西哥湾的天然气水合物,由聚类 #16 构成,重要标识词有墨西哥湾、海床等。

热点知识群 D：天然气水合物生成的阻化剂,主要由聚类 #7 构成,重要标识词有增长、干扰量度法、抑制、演化等。

表 3-5-7　频次大于 70 次的关键词

关键词	词频	机标关键词	词频
Gas Hydrate	361	Methane hydrate	384
Gas hydrates	211	Gas hydrate	307
Methane	183	Methane	248
methane hydrate	175	Water	220
hydrate	58	Marine-sediments	181
Gulf of Mexico	51	Dissociation	180
Dissociation	45	Sediments	174
Natural gas	41	Carbon-dioxide	143
Kinetics	39	Gulf-of-mexico	129
BSR	39	Mixtures	122
clathrate hydrate	35	Sea-floor	112
hydrates	32	Continental-slope	111
carbon dioxide	31	Gas-hydrate	100
Carbon isotopes	29	Stability	92
Crystallization	27	Ethane	90
Phase equilibria	26	Ice	86
methane hydrates	24	Margin	84
natural gas hydrate	23	Blake ridge	83
porous media	23	Clathrate hydrate	82
carbon cycle	23	Gas	76

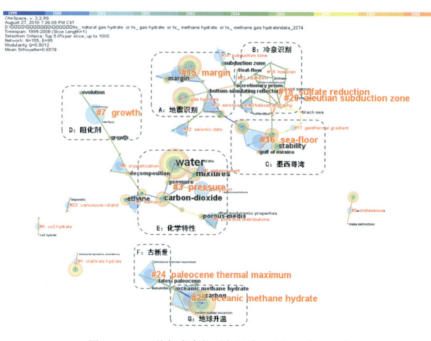

图 3-5-20　天然气水合物研究领域的关键词共现网络

　　热点知识群 E：天然气水合物的化学特性，主要由聚类 #3 和聚类 #4 构成，重要标识词有压力、二氧化碳、混合物、电解质等。

　　热点知识群 F：天然气水合物形成对古新世地球变化的影响，主要由聚类 #24 构成，重要标识词有最大热量、古新世增温现象等。

　　热点知识群 G：天然气水合物导致的增温现象，主要由聚类 #25 构成，重要标识词有全球变暖、地球化学循环。

（4）小结

　　在天然气水合物研究领域，主要包括如下五个知识群，分别是：

　　①天然气水合物的结构、稳定性、物理化学性质、形成与分解的动力研究及相平衡描述。

　　②天然气水合物地质学。地下水合物的形成和埋藏规律、水合物形成带的分布和天然气水合物中天然气藏储量计算研究。

　　③水合物阻化剂的物理化学性质、影响药剂消耗的因素及水合物再生现代工艺研究，工业生产条件下水合物的预报和清除、水合物阻化剂（其中包括综合作用和协同作用）及其使用特性、药剂消耗标准的现代计算方法。

　　④天然气水合物及含水合物岩层的地球物理调查。地球物理调查包括海洋地球物理勘探、陆地地球物理勘探和实验室研究。

　　⑤水合物地区工程地质学、天然气水合物矿藏的开采条件和天然气采收方法研究。

3.5.3　核心技术层次：深海采样、海洋卫星

　　通过对海洋科学整体计量的分析，以及对海洋科学的三个主要前沿领域的计量分析，我们挖掘出海洋技术科学领域的两个核心技术——深海采样技术和海洋卫星技术。这两个领域在前面的分析中体现出其重要意义和对发展前沿技术的推动作用。因此，本研究认为这两种技术在海洋技术中处于核心地位。

3.5.3.1　深海采样技术研究的计量分析

　　在 Web of Science 数据库中选择的检索式为 TS= ((deep-sea OR "deep sea" OR "deep ocean" OR deepwater OR "deep water" OR dipsey OR dipsybathybic OR benthic OR bathypelagic OR Abyssalbenthic OR abyssobenthic OR abyssal) same sampl*)，即在论文的题名、摘要、关键词中检索深海采样。数据库选择 SCI-Expanded，检索的时间段选择为 1998 年至 2009 年，文献类型选取期刊论、会议论文和综述，得到 562 条检索记录。

（1）深海采样技术研究的论文整体分布情况

　　图 3-5-21 反映了深海采样在 1998 年至 2009 年这 12 年间的时间分布情况。1998 年，深海采样的论文数量为 45 篇，1999 下降为 25 篇，随后呈现出较为稳定的线性增长趋势，一直达到最近几年的 70 篇左右。从发表论文的国家分布来看（图 3-5-22），美国在

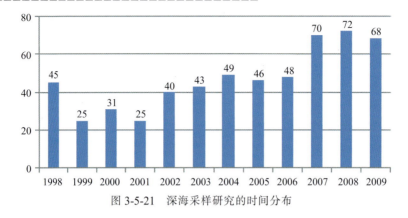

图 3-5-21　深海采样研究的时间分布

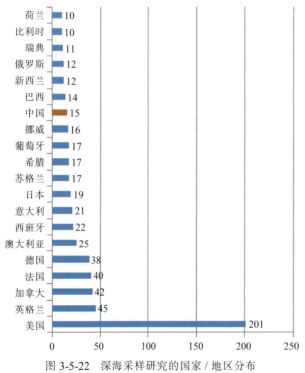

图 3-5-22　深海采样研究的国家 / 地区分布

深海采样领域发表论文 201 篇，占全部研究论文的 1/3 强，遥遥领先于其他国家。英格兰发表 45 篇，加拿大发表 42 篇，法国发表 40 篇，德国发表 38 篇。中国排在第 14 位，处于相对落后的位置。在深海采样领域发表论文最多的机构是伍兹霍尔海洋研究所和美国国家环境保护局，各发表 13 篇论文；其次是美国地质勘探局，发表 11 篇；中国科学院发表 5 篇。可以看出，在深海采样研究方面，各国相关主管机构处于相对主导的地位（图 3-5-23）。以美国为例，美国国家环境保护局、美国地质勘探局、美国国家海洋与大气管理局都是政府相关主管单位。

(2)深海采样的研究前沿

在 CiteSpace 中选择文献共被引分析的时间为 1998-2009 年，阈值为 Top2.0%。如图 3-5-24 所示，一共有 393 个节点和 364 条连线出现在网络中。图 3-5-24 是利用 CiteSpace 软件中的数据挖掘算法(Tf/Idf、LLR)对文献进行聚类以及聚类标识的结果。根据图谱网络结构、聚类结果和标识词，对主题相近的聚类按照其在网络中的位置进行适当的叠加归并，形成若干主要知识群，即知识群 A 到知识群 F。

知识群 A：深海微生物
知识群 B：生物沉积物
知识群 C：物种多样性
知识群 D：海洋生物群落
知识群 E：底栖生物
知识群 F：污染监测

（3）深海采样研究领域的研究热点

通过对深海采样研究的562篇论文进行关键词分析，分析深海采样领域的研究热点。统计来看，在深海采样领域，出现次数最多的关键词有 community structure/ 种群结构、communities/ 种群、sediments/ 沉积物、diversity/ 多样性、patterns/ 样式等（表 3-5-8）。

图 3-5-23　深海采样研究的机构分布

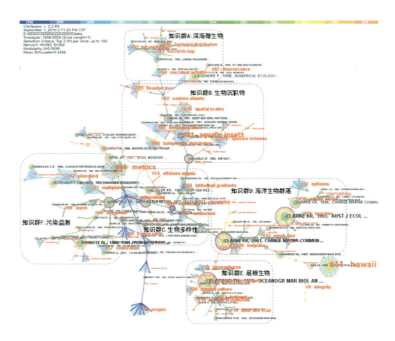

图 3-5-24　深海采样文献的文献共被引网络图谱

201

表 3-5-8 出现频次最高的前 22 个关键词

聚类	中心性	年份	关键词
43	3.16	1998	community structure/种群结构
43	3.15	1998	communities/种群
42	2.93	2001	sediments/沉积物
40		1998	diversity/多样性
38		1999	patterns/样式
36		1998	macroinvertebrates/大型底栖
35		1998	abundance/充分
31		1998	invertebrates/底栖生物
28		2001	biodiversity/生物多样性
28		1998	benthos/海底生物
27		2002	assemblages/聚集物
25		1998	fish/捕鱼
24		1998	fauna/动物群
23	2.75	2003	water/水
23		2002	variability/变异性
23		1998	habitat/习惯
23		2000	disturbance/干扰
22		2005	deep-sea/深海
22		2002	benthic macroinvertebrates
21		2002	river/河流
21		1999	ecology/生态学
21		1998	dynamics/动力学

在 CiteSpace 中首先选择阈值为 Top 10%。如图 3-5-25 所示,网络中一共有 256 个节点和 252 条连线。

图 3-5-25 中一共形成了 71 个聚类,分别是聚类 0 至聚类 70。将聚类按照位置和主题的相似性进行适当的归并,最后一共形成 6 个主要的热点知识群。

热点知识群 A:深海沉积物,由聚类 #54 等构成。重要词有沉积物、水文、地理、大型底栖生物等。

热点知识群 B:水质监测,由聚类 #58、聚类 #60 构成。重要词有水质、水流、丰度、充分等。

热点知识群 C:生物种群,由聚类 #24、聚类 #51 构成。重要词有种群、生物量、聚集、系统等。

热点知识群 D:种群结构和多样性,由聚类 #22、聚类 #23、聚类 #17 等构成。重要词有种群结构、多样性、捕鱼、生物多样性。

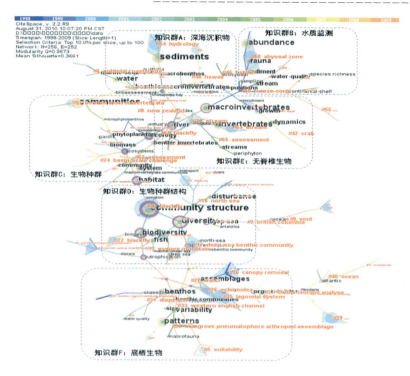

图 3-5-25　深海采样研究文献的关键词共现网络及聚类

热点知识群 E：无脊椎生物，主要由聚类 #70、聚类 #64 构成。重要词有大型无脊椎动物、无脊椎动物、动力学等。

热点知识群 F：底栖生物，主要由聚类 #5、聚类 #31、聚类 #36 构成。重要词有底栖动物、聚集、林冠、底栖生物等。

(4)小结

从对深海采样研究文献的知识图谱分析结果来看，深海采样的研究前沿领域主要包括如下三个领域：深海沉积物和生物沉积问题研究；底栖生物群落和物种多样性研究；污染监测和水质监测研究。

这三个领域反映了深海采样技术的应用方向和可能面临的主要问题。研究这些问题，对于在技术上实现深海采样的保真度具有重要意义。

3.5.3.2　海洋卫星技术科学

在 Web of Science 数据库中以 TS=(sea* OR ocean*) same satellit*)为检索式，检索的时间范围选择为 1998 年至 2009 年，共得到 7138 条检索记录。

(1)海洋卫星论文的整体分布情况

从 1998 年至 2009 年，每年发表的有关海洋卫星的研究论文一直保持稳步增长的

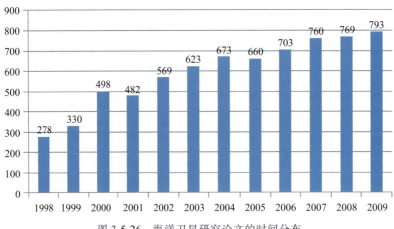

图 3-5-26　海洋卫星研究论文的时间分布

图 3-5-27　海洋卫星研究论文的国家/地区分布

态势(图 3-5-26),从 1998 年的 278 篇增长到 2009 年的 793 篇。

从发表论文的国家来看（图 3-5-27）,美国发表论文数量为 3273 篇,占全部文章总数的 45.9%;法国和英格兰分别发表 582 篇和 551 篇,分列第 2 和第 3 位。中国大陆发表论文数量为 395 篇,排在第 6 位。从机构分布来看(图 3-5-28),论文数量最多的机构是美国国家航空航天局,为 512 篇;位列第 2 的是美国国家海洋和大气局,发表文章 414 篇;加州理工学院以 92 篇位列第 3。前十名中,除俄罗斯科学院和中国科学院外,其余皆为美国机构,显示出美国在海洋卫星方面的研究实力。

(2)海洋卫星研究领域的研究前沿

在 CiteSpace 中选择文献共被引分析的时间为 1998—2009 年,阈值为 Top 50,生成共有 160 个节点和 388 条连线构成的网络图谱(图 3-5-29),形成五大知识群,即研究前沿。

知识群 A:气溶胶与辐射

知识群 **B**:海色遥感
知识群 **C**:海表温度
知识群 **D**:卫星地图
知识群 **E**:反演地球物理

(3)海洋卫星领域的研究热点

通过对这 7138 篇论文进行关键词分析,研究海洋卫星领域的研究热点。统计来看,在天然气水合物领域,出现次数最多的关键词中除"遥感"的相关词汇之外,出现次数较多的有 "Seawifs"、"ocean color"、"sea surface temperature"、"satellite"、"satellite altimetry"、"sea ice"等(表 3-5-9)。

在 CiteSpace 中选取 TOP 5% 的关键词进入共现网络。如图 3-5-30 所示,网络中一共有 155 个

图 3-5-28 海洋卫星研究论文的机构分布

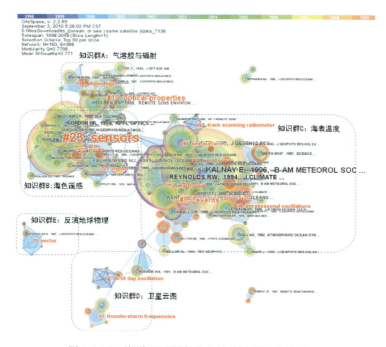

图 3-5-29 海洋卫星研究论文的共被引网络图谱

表 3-5-9　出现次数最多的前 20 个关键词

关键词	词频	中心性	关键词	词频	中心性
410	0.22	remote sensing	57	0.3	avhrr
133	0.98	seawifs	56	0.17	satellite telemetry
103	0.07	ocean color	51	0.11	data assimilation
91	0.6	sea surface temperature	50	0.06	phytoplankton
88	0.07	satellite	48	0.01	upwelling
82	0.1	satellite altimetry	46	0.04	climate change
80	0.31	sea ice	41	0	mediterranean sea
75	0.06	modis	38	0.03	satellite data
65	0.04	chlorophyll	37	0.16	oceanography
64	0.2	altimetry	37	0.03	arctic

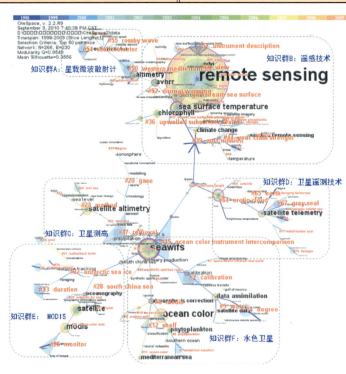

图 3-5-30　海洋卫星研究领域的关键词共现网络

节点和 95 条连线,共形成了 70 个聚类,其中核心的热点群有 7 个分别是:

热点知识群 A:星载微波散射计研究,由聚类 #54、聚类 #55 等构成,重要标识词有散射仪、罗斯比波等。

热点知识群 B:遥感技术研究,由聚类 #57、聚类 #52、聚类 #36、聚类 #39 等构成,重要标识词有遥感、海表温度、气候变化、叶绿素等。

热点知识群 C：卫星测高技术研究，由聚类 #17、聚类 #23 等构成，重要标识词有卫星测高、方法、海表面等。

热点知识群 D：卫星遥测技术研究，主要由聚类 #64、聚类 #67、聚类 #63 等构成，重要标识词有卫星遥测、地球、北极等。

热点知识群 E：MODIS 研究，主要由聚类 #33、聚类 #32、聚类 #28、和聚类 #25 等构成，重要标识词有 MODIS、南极海冰、监视器等。

热点知识群 F：水色卫星研究，主要由聚类 #2、聚类 #8、聚类 #5、聚类 #12 等构成，重要标识词有海色、浮游植物、大陆架、SeaWifs 等。

(4) 小结

在海洋卫星研究领域，主要研究领域有：

从研究对象来看，包括利用海洋卫星遥感技术对海色、海表温度等问题的研究，从采用设备来看，包括光谱仪、卫星测高仪、微波散射仪的应用，从应用方向来看，包括在卫星地图测绘、反演地球物理上的应用。

3.5.4 技术科学、前沿技术、核心技术的关系和发展态势

从技术科学、前沿技术和核心技术的关系来看，技术科学部分揭示的是海洋科学的整体框架和发展脉络；前沿技术部分是对海洋技术科学的三个主要研究前沿的具体分析和解读；而核心技术部分则是在对前沿技术解读的基础上选取对前沿技术的发展具有重要意义和关键作用的领域进行文献分析解读的结果。

作为地球科学下属的一个二级学科，海洋科学的研究领域主要包括海洋气候研究，海洋生态研究，海洋生物研究，海洋环境研究，海洋光学研究、海洋化学研究，以及海洋工程研究等。

在前沿技术领域，海洋科学正在从对海洋的监测层面到对海洋的开发利用层面步进。在海洋环境的立体监测方面，已经形成了一个以海洋气候的监测为核心，以洋流、季风和冰川的监测为基础的研究框架。海洋气候监测项目包括海水的温度、盐度、化学成分和洋流、海冰、季风等。这些项目可由海洋气候站、固定船舶站、浮标站、考察船和探测卫星等进行探测。除了对海洋气候的监测之外，对海洋浮游生物和深海物种的监测也构成了海洋环境立体检测的重要内容。因此，海洋环境立体监测是一个以海洋环境学为主，包括海洋气象学、海洋生物学、海洋地质学、海洋化学等诸多学科的综合研究领域。从发展态势来看，海洋环境立体监测正在向更具体和更宏观的方向拓进，表现在向海洋生态研究和海洋卫星监测上的转变。

在深海作业研究领域，形成了以深海捕捞技术为目的的深海底栖生物研究和以深海矿产开发为目的的深海沉积物研究两个领域。底栖生物和深海沉积物是深海作业相

关研究的两个主要研究对象。底栖生物研究，包括对底栖生物的种群动态、群落结构、生物多样性和生态系统功能、污染生态学等方面的研究，在最近十年得到了较大的发展，为海洋生态系统动力学、生物地质学以及将来的海洋开发利用提供了重要的前提条件和必要背景。深海沉积物研究与深海采矿作业紧密相关，也与底栖生物和浮游生物的研究密切相关，底栖生物和浮游生物构成了深海沉积物的主要成分和来源。在现阶段，与深海沉积物的分析相关的深海采样技术，是深海作业研究的一个主要课题。

在天然气水合物的开发利用领域，主要研究范围涉及到天然气水合物的生物成因和生成动力学，化学特性和地质影响，地震识别、地球物理测井、沉积岩石、地球化学和地形地貌识别，包括了从天然气水合物的形成到开发利用的整个过程。从天然气水合物开发利用的角度讲，天然气水合物的开发利用是一个综合了海洋地质、海洋环境乃至古生物学和古地球学等诸多领域的一个富有前景的研究方向，对于缓解当前能源问题具有重要意义和重要价值。

以对前沿技术的文献分析为基础，我们选取了海洋卫星和深海采样两项技术作为海洋科学的核心技术。这两个技术对三项前沿技术的进一步发展具有关键作用。海洋卫星的研究直接为海洋环境立体监测尤其是大尺度的海洋环境监测和海洋气候的监测服务，而深海采样技术则是深海作业的重要组成部分，对于天然气水合物的开发利用具有重要作用。

海洋卫星或者卫星海洋遥感的应用，作为海洋探测的高科技手段，是海洋环境监测和海洋气候变化研究的一种有效手段。海洋卫星的应用领域包括海表温度的监测、海洋颜色的监测、海洋地图的绘制等，海洋卫星的研究也主要围绕这几个领域展开。通过这些指标的测算，为科学家研究海洋环境和海洋气候、测量海洋参数提供了原始数据和信息支持。

在深海采样领域，采用高保真深海采样是研究深海生物和深海沉积物的主要手段，因此实现深海的保真采样就成为深海生态研究和海洋矿物科学研究的技术支持和主要保障。在这一领域，通过计量分析，可以得到深海采样技术的主要应用领域和范围主要集中在对深海生物和深海沉积物的研究方面。

3.6　空天技术科学领域及其前沿技术知识图谱

空天技术是综合性最强的前沿科技领域，它将物理、数学、电子机械、信息技术、材料学、生命科学、航天医学、天文学等多学科多领域融为一体，是对现代社会最具影响力的高科技之一，也是国际竞争最为激烈的领域之一。空天技术的发展极大地促进了生产力的发展和社会的进步，为扩大人类生存空间提供了可能，它已成为世界各国现代化建设的重要内容。预计到2050年，全球空间技术产业将超过2000亿美元。因此，空天技术的开拓性和综合性决定了其所具有的巨大社会和经济效益。该领域目前的热点分布有：

行星际空间、宇宙设备与技术、基础天文学和天体物理学、设备、技术以及天文观测;超声速和高超声速条件下的边界转捩、湍流、大攻角非定常流动分离导致的复杂流场及其控制、增升、减阻、高升阻比气动构型;高温气体动力学与气动防热;超燃冲压发动机内流空气动力学;喷流干扰如推力转向;隐身空气动力学与气动／隐身一体化设计;地面效应空气／流体力学;低 RE 数流动与微流体力学;气动声学、气体光学、气动物理学;流-固耦合力学;低雷诺数流动、仿生流体力学、微流体力学和"微自适应控制"(MAFC)理论;航空测控技术、航空运输技术、主动控制、高超声速飞行器以及各军事民用领域的飞行器、载人航天、深空探测、人造卫星的应用等①②③④⑤⑥⑦⑧⑨⑩。工程技术日新月异,航空航天领域的学者、工程专家对以上的热点问题都进行了深入的探讨,本报告试图用引文分析学的方法研究有关航空航天科学、工程的有关问题。

　　本部分对基于技术科学的前沿技术的知识图谱分析,是以《国家中长期科学和技术发展规划纲要》中的 8 个技术领域 27 项前沿技术为研究对象的,而 8 个技术领域包含空天技术领域。研究思路是,首先,将空天技术科学作为一门综合性的技术科学,以 SCI 数据库中航空航天工程领域作为数据来源,用可视化方法绘制航空航天技术科学技术的知识图谱,分析航空航天技术科学技术的研究前沿;其次,从航空航天工程领域挑出航空器作为航空航天技术科学的重点前沿技术领域,绘制航空器这个重点前沿技术领域的知识图谱,揭示其核心技术领域;再次,对重点前沿技术领域进行关键词共现分析,考察重点前沿技术领域的研究热点,同时对重点前沿技术领域中的核心技术,进行共被引分析及共词分析,分析核心技术的研究前沿与研究热点;第四,研究了中国科学家在空天技术领域的前沿,与国际前沿作比较;最后,在总结上述研究结果的基础上,展望空天技术科学"技术科学—重点前沿技术—核心技术"三个层次的发展态势,提出促进我

---

① 崔尔杰. 空天技术发展与现代空气动力学 -- 祝贺庄逢甘院士八十华诞 [J]. 力学进展. 2005, 35 (2): 154—158.

② 崔尔杰, 白鹏, 杨基明. 智能变形飞行器的发展道路[J]. 航空制造技术. 2007, (8): 39—41.

③ 崔尔杰. 重大研究计划 "空天飞行器的若干重大基础问题" 研究进展 [J]. 中国科学基金. 2006, 20(5): 278—280.

④ 韩鸿硕, 蒋宇平, 林蔚然, 等. 2005 年世界航天发展述评 (上)[J]. 中国航天. 2006, (3): 10—16.

⑤ 韩鸿硕, 蒋宇平, 林蔚然, 等. 2005 年世界航天发展述评 (下)[J]. 中国航天. 2006, (4): 9—13.

⑥ 刘嘉兴. 航天测控技术的过去, 现在和未来[J]. 电讯技术. 1999, 39(2): 1—8.

⑦ 陈亚莉. 高超声速飞机对材料的要求[J]. 航空维修与工程. 2004, (2): 20—22.

⑧ 冯贵年, 于志坚. 跟踪与数据中继卫星系统的现状和发展[J]. 中国航天. 2004, (1): 16—19.

⑨ 李智斌. 航天器智能自主控制技术发展现状与展望[J]. 航天控制. 2002, (4): 1—7.

⑩ Hanson JM. A Plan for Advanced Guidance and Control Technology for 2 nd Generation Reusable Launch Vehicles[J]. AIAA Paper. 2002, 4557.

国空天技术科学领域自主创新的战略建议。

总体计量的数据来源是根据 2006 年 JCR 在航空航天工程领域(ENGNEERING, AEROSPACE)所列的 24 种期刊。2008 年 1 月,我们检索了 SCI(Thomson-ISI)网络版, 获得了 24 种航空航天工程专业期刊的科学文献索引数据 (也称为题录),共获取到了 31063 条论文题录数据(每一条数据记录主要包括文献的题目、作者、摘要和文献的引文),从而构建了原始数据库。表 3-6-1 展示了航空航天工程的 24 种期刊。

表 3-6-1　24 种航空航天期刊名称及影响因子

代号	期刊中文名称	英文缩写名称	因子	文章数
j1	欧洲航空局公告(法国)	ESA BULL-EUR SPACE	3.575	928
j2	航空航天科学进展	PROG AEROSP SCI	1.000	188
j3	控制和动力指南杂志	J GUID CONTROL DYNAM	0.986	2383
j4	美国飞机工业协会杂志	AIAA J	0.970	4399
j5	电气和电子工程师协会航空航天和电子系统学报	IEEE T AERO ELEC SYS	0.836	1697
j6	推进和动力杂志	J PROPUL POWER	0.674	1580
j7	太空航行学科学杂志	J ASTRONAUT SCI	0.667	351
j8	人造卫星通信和网络国际杂志(英国)	INT J SATELL COMM N	0.633	152
j9	美国直升机学会会刊	J AM HELICOPTER SOC	0.575	450
j10	太空船与火箭杂志	J SPACECRAFT ROCKETS	0.546	1903
j11	航空科学和技术(法国)	AEROSP SCI TECHNOL	0.479	634
j12	航空航天工程杂志	J AEROSPACE ENG	0.478	321
j13	航行器杂志	J AIRCRAFT	0.456	2365
j14	航空航天与电子系统杂志	IEEE AERO EL SYS MAG	0.423	1380
j15	航空学报	ACTA ASTRONAUT	0.314	2572
j16	宇宙研究(俄国)	COSMIC RES +	0.283	531
j17	航空学杂志(英国)	AERONAUT J	0.267	831
j18	英国星际学会杂志(英国)	JBIS-J BRIT INTERPLA	0.242	304
j19	日本航空宇宙学会会刊(日本)	T JPN SOC AERONAUT S	0.197	415
j20	航行器工程和航空航天技术(英国)	AIRCR ENG AEROSP TEC	0.193	4107
j21	机械工程师学会会报;G 辑:航空航天工程杂志(英国)	P I MECH ENG G-J AER	0.143	462
j22	国际涡轮机与喷气发动机杂志(英国)	INT J TURBO JET ENG	0.087	324
j23	美国航空与航天	AEROSPACE AM	0.064	2539
j24	航空航天通信(荷兰)	SPACE COMMUN	0.000	247

注:影响因子来源于 JCR2006 ,文章数据源于 1995—2007 年的数据。

《欧洲航空局公告》(ESA BULLETIN-EUROPEAN SPACE AGENCY）是由欧洲航空局出版的,是在法国的一个多种语言的杂志,季刊,影响因子是 24 种期刊中最高的,是国际航空航天工程界的权威杂志。《航空航天科学进展》(PROGRESS IN AEROSPACE SCIENCES)也是一本国际综合性航空杂志,于 1961 年创刊,是由美国 PERGAMON-ELSEVIER SCIENCE LTD 出版的,其刊载了广泛的有关航空航天科学及其应用的研究论文,对专家学者最近的工作做了有序和简练的总结,对更多的读者提供了航空航天领域的最新进展,对科研军事组织、产业和大学都有很深远的影响。期刊中《航空科学和技术》(AEROSPACE SCIENCE AND TECHNOLOGY）在法国发行,《人造卫星通信和网络国际杂志》、《航空学杂志》《航行器工程和航空航天技术》、《机械工程师学会会报;G 辑:航空航天工程杂志》和《国际涡轮机与喷气发动机杂志》在英国发行,俄国、日本、荷兰分别有一种期刊,他们发行的时间都比较短,其余都是在美国发行。

重点前沿技术计量主要是研究关于航空器的研究,在 SCI-E、SSCI 两个数据库里主题检索 1999 年至 2009 年间航空器的数据,检索式设定为"TS=(Aircraft or UAVs or shuttles or Aerostat or aerocraft)",得到 13774 条"Article"文献数据。

核心前沿技术计量是有关飞机尾涡的研究,在 SCI-E、SSCI 两个数据库里主题检索 1999 年至 2009 年间的数据,检索式设定为"TS =(Aircraft Wake Vortex or wake vortex or Wake turbulence or aircraft vortex wakes or aircraft wake or wake vortices)",得到 2901 条"Article"文献数据。

中国科学家的计量的数据是根据 2009 年 JCR 在航空航天工程领域(ENGNEER-ING,AEROSPACE)所列的 27 种期刊,期刊与总体计量相似,只是多了 Chinese Journal of Aeronautics、Microgravity science and technology、Proceedings of the institution of mechanical engineers part g-journal of aerospace engineering 三种期刊,不过这三种期刊只有 Chinese Journal of Aeronautics 中有中国科学家的发文,其余两种期刊则没有。检索在 SCI-E 数据库里主题检索 1999 年至 2009 年间的数据,检索式设定为检索式设定为"SO =(以上所提到的期刊) and cu=china",得到 346 条"Article"文献数据。

3.6.1 技术科学层次:航空航天领域总体计量研究

3.6.1.1 航空航天工程领域论文整体分布情况

如图 3-6-1 所示,航空航天工程论文数量每年变化不是很大,从 1995 年到 1999 年,每年略有下降,1999 到 2006 年都呈上升趋势,到 2007 年有所下降。每年发表的航空航天工程论文数量保持在一个较高的水平(大于 2000 篇)。2006 年达到所有考察年份的最高值,为 2700 篇。说明航空航天工程是个比较大的领域,研究者们对航空航天工程领域一直比较感兴趣。

从地区分布来看,撰写航空航天工程论文的有 82 个国家和地区,图 3-6-2 显示了

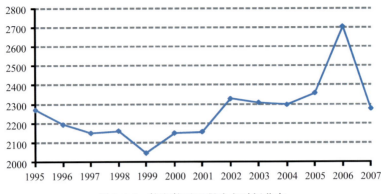

图 3-6-1　航空航天工程论文时间分布

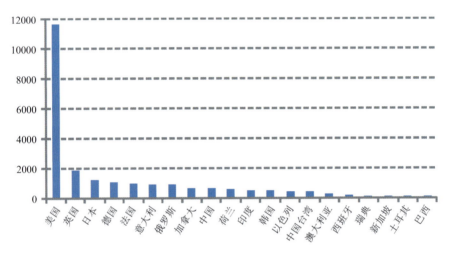

图 3-6-2　24 种期刊中航空航天工程论文的国家和地区分布(前 20 名)

发表文章最多的前 20 名的国家和地区,其中美国数量最多,为 11635 篇,远高于其他国家,其次为英国、日本、德国、法国、意大利、俄罗斯、加拿大。中国居第 9 位,中国台湾地区居第 14 位。从机构分布来看,撰写航空航天工程论文的有 5495 个机构,图 3-6-3 显示了发表文章最多的前 30 名的机构。

　　发表航空航天工程论文数量最多的机构是美国的国家航空航天局 (NASA),为 1671 篇,数量遥遥领先于其他机构。NASA 于 1958 年 10 月 1 日正式成立,是世界上最大的民用航天机构。总部位于华盛顿哥伦比亚特区。美国国家航空航天局的目标是"理解并保护我们赖以生存的行星;探索宇宙,找到地球外的生命;启示我们的下一代去探索宇宙"。在太空计划之外,美国国家航空航天局还进行长期的民用以及军用航空宇宙研究。美国国家航空航天局被广泛认为是世界范围内太空机构的领头羊。当时所有国防部之下非军事火箭及太空计划在总统行政命令下一起归入 NASA，包括正在进行的先锋计划和探险者计划，以及美国全部科学卫星计划。原国家航空咨询委员会(NACA)的 3 个实验室：兰利研究实验室、刘易斯研究实验室、艾姆斯研究实验室编入 NASA，更名为兰利研究中心、刘易斯研究中心、艾姆斯研究中心。爱德华空军基地的飞行试验室改名为飞行研究中心，海军研究实验室有关先锋计划的部分划归 NASA，在马里兰州组建了戈达德航天飞行研究中心。

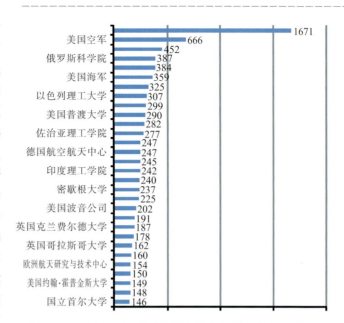

图 3-6-3　航空航天工程论文的机构分布(篇数排前 30 位)

1960 年 6 月接管冯·布劳恩领导的陆军弹道导弹局，在亨茨维尔组建马歇尔航天飞行中心负责大型运载火箭的研究计划。尔后 NASA 还相继调整、组建了肯尼迪航天中心、约翰逊航天中心、太空飞行器中心。NASA 从事的研究领域：航空学研究及探索，包括空间科学(太阳系探索、火星探索、月球探索、宇宙结构和环境)，地球学研究(地球系统学、地球学的应用)，生物物理研究，航空学(航空技术)，并承担一定的培训计划。NASA 的航天计划有载人飞行、水星计划、双子座计划、阿波罗计划、空中实验室、宇宙飞船、国际空间站(与俄罗斯、加拿大、欧洲、Rosaviakosmos 以及日本宇宙开发局合作)、星座计划。NASA 已成为世界上所有航天和人类太空探险的先锋。该机构的兰利研究中心的 Hampton 发表了上百篇的论文。

美国空军(USAF)发表 666 篇，列第 2 位。美国海军(USN) 359 篇，列第 6 位，他们都是美国的国防力量，在航空航天工程的研究方面也显示了美国的强大的军事实力。多年来，美国空军和海军在航空电子战方面基本上各成一体，不仅各提各的方案、各说各的好处，还常为此争论不休。然而，在最近露面的美国航空电子战计划中，他们一反常态，突出强调了航空电子战的综合问题。在这一计划中，美国空军和海军将分担空中电子攻击(AEA)任务，并强调即使隐身飞机，为保证安全，也需要 AEA 的支援。

加利福尼亚理工学院(简称"加州工学院"，Caltech)发表 384 篇，居第五，加州工学院比较著名的课程有：航空学、应用数学、应用力学、应用物理、天文学、生物学、化学工程、化学、土木工程、计算机和网络系统、计算机科学、电子工程、工程科学、环境工程科学、环境质量控制、地质学、行星科学等。加利福尼亚理工学院教学科研设施先进,建有 NASA 喷气推进实验室、HALE 天文台、地震实验室 KERCKHOFF 海洋实验室、BIG BEAR 太阳观测站、OWENS 峡谷射电天文台、布斯计算机中心等科研机构和实验室。在深厚的理论和先进仪器设备基础上,加利福尼亚理工学院在航空航天工程领域的贡献很大。

由图 3-6-3 可知,发表论文最多前 30 个机构中,有 20 个都是美国的科研机构,还有一家公司,就是美国的波音公司,发表论文 202 篇,居第 20 位,波音公司为全球 145 个国家的客户提供产品和服务,其历史映射出人类飞行第一个世纪的发展史。40 多年来,波音一直是全球最主要的民用飞机制造商,同时也是军用飞机、卫星、导弹防御、人类太空飞行和运载火箭发射领域的全球市场领先者。为满足用户的需求,波音始终致力于不断研发新产品,探索新技术。从民用飞机新产品,到航天飞机、运载火箭(运载量最多可达 14 吨)、全球通信卫星网络、国际空间站——波音以领导人类航空航天探索为己任,精益求精、孜孜不倦地研发新技术和新发明。波音综合国防系统集团为全球的国防、政府和商业用户提供大规模系统的"端对端"的服务。这些大规模系统将复杂的通信网络和基于陆、海、空及太空的平台结合起来,提供非常广泛的国防和空间系统、产品及服务。它设计、制造、改装战斗机、轰炸机、运输机、旋翼机、空中加油机、导弹及武器系统并提供相关支持,而且处于无人驾驶系统军事技术领域的前沿。综合国防系统集团还支持着美国政府的数个重要国防项目,包括防御署的地基中程防御项目、国家侦察办公室的未来成像系统、美空军运载火箭项目,以及美国航空航天局的国际空间站项目等。

欧洲空间局(ESA) 发表论文 452 篇,居第三位。欧洲空间局是欧洲空间技术的门户,它的主要任务是指定欧洲技术发展战略并确保空间技术领域的投资能不断为欧洲民众服务。欧空局所负责的技术领域包括空间科学、运载火箭、通讯、导航、对地观测以及载人航天工程,并均已达到了很高的科技水平。在将近三十年的发展历程中,欧空局各成员国(目前 15 个成员国)通力合作,在空间科技的探索中开创了新的篇章。

俄罗斯科学院(Russian Academy of Sciences)发表论文 387 篇,居第四位。俄罗斯科学院是俄罗斯联邦的最高学术机构,是主导全国自然科学和社会科学基础研究的中心,俄罗斯科学院历史悠久规模庞大研究实力雄厚,长期以来在自然科学、技术科学、社会科学和人文科学的基础研究中取得了众多世界一流的成果。

以色列理工大学、德国航空航天中心、印度理工学院、英国克兰费尔德大学、英国哥拉斯哥大学、韩国科学技术发展研究院、国立首尔大学等在航空航天工程方面也有突出的成果。

由图 3-6-4 显示出高产机构的合作情况,可以看出,虽然日本科研机构没进前三十名,但是近几年来,日本航空实验室也是航空航天工程研究的重要节点。表 3-6-2 列出了在航空航天领域值得关注的一些机构,某些机构的发文频次虽然不高,但是凸显值和中心性却很高,表示近年来他们在航空航天工程的研究上很值得注意。中国发表的航空

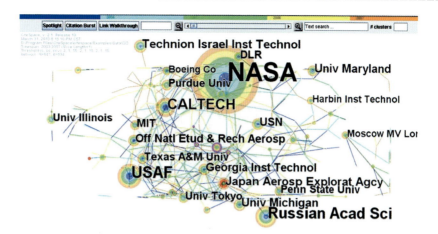

图 3-6-4　国际航空航天工程重要机构图

表 3-6-2　近年突现的国际航空航天工程重要机构

频次	凸显值（burst）	中心性（Centrality）	机构
39	8.56	0.00	SUNY Buffalo
34	6.77	0.04	Natl Aerosp Lab
64	5.26	0.05	Johns Hopkins Univ
25	4.99	0.04	ESTEC
21	4.35	0.01	Acme Spacecraft Co
119	4.07	0.01	Japan Aerosp Explorat Agcy
24	3.09	0.03	Inst Space & Astronaut Sci
28	3.03	0.04	Tel Aviv Univ
168	2.88	0.05	CALTECH
65	2.75	0.04	ESA
7	2.58	0.01	Univ Pittsburgh
5	2.34	0.00	Sojo Univ
7	2.14	0.00	Polish Acad Sci
7	2.14	0.00	Natl Space Dev Agcy Japan
7	2.09	0.01	Royal Mil Coll Canada
11	2.04	0.00	Shanghai Univ
15	2.02	0.06	United Technol Res Ctr
26	2.01	0.04	George Washington Univ
4	1.98	0.00	Natl Ocean & Atmospher Adm
36	1.91	0.03	Estec
6	1.87	0.02	UMIST
16	1.83	0.01	Kingston Univ

频次	凸显值(burst)	中心性(Centrality)	机构
5	1.83	0.00	ISAS
5	1.83	0.00	Natl Taiwan Univ
5	1.83	0.00	Univ Newcastle
27	1.82	0.00	Natl Cheng Kung Univ
5	1.81	0.00	Alenia Spazio
5	1.81	0.00	Natl Aerosp Lab Japan
560		0.01	NASA
209		0.02	USAF
195		0.00	Russian Acad Sci
120		0.00	Technion Israel Inst Technol
112		0.00	Univ Michigan
110		0.00	Univ Maryland
109		0.09	USN
108		0.05	Georgia Inst Technol
106		0.01	Off Natl Etud & Rech Aerosp
101		0.00	Texas A&M Univ
100		0.03	Purdue Univ
98		0.02	MIT
95		0.00	Univ Illinois
94		0.01	Penn State Univ
92		0.05	Univ Tokyo
91		0.03	DLR
78		0.00	Moscow MV Lomonosov State Univ
78		0.01	Boeing Co
76		0.00	Harbin Inst Technol
74		0.02	Univ Texas
73		0.02	Univ Florida
72		0.01	Korea Adv Inst Sci & Technol
72		0.00	Cranfield Univ
69		0.03	European Space Agcy
68		0.28	Univ Glasgow
68		0.01	Stanford Univ
64		0.00	Beijing Univ Aeronaut & Astronaut

航天工程的论文数量没有进入前 30 位,北京航空航天大学 101 篇居第 44 位,哈尔滨工业大学 92 篇居 52 位,清华大学 64 篇居 84 位,此外中国发表航空航天工程论文较多的单位还有中国科学院(44 篇)、上海大学(34 篇)、南京航空航天大学(28 篇)、香港理工大学(28 篇)等。

3.6.1.2　航空航天工程领域的研究前沿

利用 CiteSpace 进行文献共引分析,生成由 452 个节点和 1921 条连线组成的研究前沿图谱(图 3-6-5),五个聚类围绕知识群 C0 而形成的五个前沿知识群。

(1)知识群 C0:航空航天工程知识基础

图 3-6-5 中的 C0 知识群位于整个网络的中心,主要由较早时期(20 世纪 80、90 年代)的连线组成,其他知识群都是由其引发而出。C0 知识群是航空航天工程引文网络中的核心知识群。

航空航天工程与现代空气动力学、流体力学、热力学、热能工程、流体机械工程都关系密切,都提出了一系列复杂流动问题,其中包括高速流、低速流、管道流、燃烧流、冲击流、振荡流、涡流、湍流、旋转流、多相流等等。C0 知识群中主要是空气动力学、计算流体力学,是航空航天工程的基础。

网络中最大的两个关键节点都位于 C0 知识群,分别是罗(PL Roe)1981 年发表在《计算物理杂志》(Journal of Computational Physics)上的《近似黎曼问题解、参数向量和差分格式》(*Approximate Riemann Solvers, Parameter Vectors, and Difference Schemes*)、

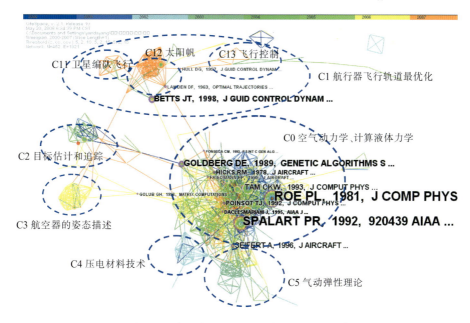

图 3-6-5　航空航天工程文献共被引网络图谱

斯帕拉特(PR SPALART)与奥马拉斯(SR ALLMARAS)1992 年在 30 届航空科学与展览会以上发表的《空气动力流计算用的一方程湍流模型》(A one-equation turbulence model for aerodynamic flows),两个主要关键节点的中心性分别为 0.16、0.11。

罗 1981 年发表的《近似黎曼问题解、参数向量和差分格式》一文认为,许多为解决双曲线连续性的数值格式是基于探索通过考虑黎曼问题解决而获得正确的信息。许多人认为在现存格式中,这些信息是退化了,只有有些特征的精确解是值得求的。显示了这些特征的精确解能够通过某些"特性 U"构建矩阵获得。具有这些特征的矩阵展示出定常和非定常的空气动力学的方程。为了构建这些矩阵,发现引入连续性机构的显著简单"参数矢量"是有益的。该研究成果发表以后,为计算流体力学中通量差分裂方法提供了基础,随后 Roe 与其同事发表了大量的有关的数值格式的论文,形成了有名的 Roe 的近似黎曼解方法、Roe 的一阶迎风格式、一维非线性守恒系的 Roe 方法以及 Roe 的迎风偏置通量差分裂方法,从而为计算流体力学对航空航天工程的的研究提供了一个新的研究领域和研究方法。

斯帕拉特与奥马拉斯 1992 年的文章《空气动力流计算用的一方程湍流模型》发展了湍流转换方程和湍流模型,因此能够在二维或三维空间进行任何结构和纳维 - 斯托解决的兼容。这个模型根据近壁面和硬度对数据宽容,并且能迅速达到稳定态。壁面和自由流的边界条件是微不足道的。这个模型通过用户在特定的点产生相关的平稳的层流 - 湍流转换。其能在二维混合层、尾迹和平台边界上进行足够的校准,并且在压梯度中产生令人满意的预测。一个钝后缘的强烈冲击分离作为案例。这个模型显示出流动包括高升力系统和机翼 - 机身连接的一个好的候选者。因此,Spalart-Allmaras(SA)一方程模型成为计算流体力学中简化湍流模型中继 Baldwin-Lomax (BL) 模型、Johnson-King (JK)非平衡代数模型、Baldwin-Barth(BB)一方程模型后的较新的一方程模型,为航空航天工程的数值模拟计算提供了新的应用方法。

20 世纪 90 年代以来,随着高速计算机的发展,CFD 技术的不断成熟并逐渐应用于声学领域,计算气动声学的研究取得了迅猛发展。作为气动声学(Aeroacoustics)和计算流体力学 (Computational Fluid Dynamics,简称 CFD)结合的一门交叉学科分支,计算气动声学自 80 年代中期开始逐步兴起,在 90 年代成为气动声学的研究热点,如今已经成为工程应用的重要研究手段。其基本思路是基于 N-S 方程或 Euler 方程求解获得声场。泰姆(CKW Tam)则为计算气动声学作出了很大的贡献。其《计算气动声学的 DRP 有限差分方法》突破了传统的计算流体力学计算定常流的低阶模式,而用了高阶有限差分格式直接计算各种流。Tam 的另一篇论文《计算气动声学 - 问题和方法》,系统地研究了计算气动声学的存在的问题,并且提出了一些解决的方法。对系统的研究计算气动声学做出了贡献。近年来,他比较关注精密湍流噪音问题。

欧拉方程是对无粘性流体微团应用牛顿第二定律得到的运动微分方程,是无粘性流体动力学中最重要的基本方程,应用十分广泛。大多数航空航天学者都是对基本的欧拉方程的提出数值解。A Jameson 在《运用 Runge-Kutta 时步法通过有限元方法的欧拉方程的数值解》文中提出了把有限元离散与三阶耗散设计、Runge Kutta 时序格式相结合,产生了对解决任意几何领域欧拉方程解的一个有效方法。这个方法用一个 O 网来决定机翼的定常跨音速流。这篇论文运用有限体积方法的欧拉方程的数值模拟,也是对欧拉方程数值解的一个初步尝试,随后掀起了各种对欧拉方程数值方法改进的热潮。对欧拉方程运用和改进研究,一直是航空航天工程领域的持续的课题。也产生了许多的课题如多栏方法的二维跨音速绕流的欧拉方程的解、欧拉方程的隐式格式、欧拉方程的自动选择格子细化、复杂构型的欧拉方程解、飞机欧拉方法改进、运用隐含格式欧拉方程的多栏解、二维欧拉方程的有限体积解、航行器编队的欧拉方程的多格子解、运用欧拉方程机翼设计的控制理论等。这些改进的欧拉方程的解为航行器设计的计算空气动力学、计算流体力学的最优化提供了深厚的基础。

　　另外一个小节点是 RM Hicks 等 1978 年写的论文《通过数值最优化的飞机设计》,这篇论文评估通过数值最优化实现计算机机翼设计的现实性。设计项目包含了一个全部潜力和非粘滞空气动力学编码与共轭梯度最优化算法。选择了三个设计问题证明了设计技术。三个案例显示这个技术能够充分精确的促进设计。这篇论文是飞机设计的计算机数值模拟的开端,为以后飞机设计的最优化与数值模拟开了先河。

　　理论流体力学的基本方程是纳维 - 斯托克斯方程, 简称 N-S 方程。纳维 - 斯托克斯方程由一些微分方程组成,通常只有通过一些边界条件或者通过数值计算的方式才可以求解。知识群 C0 一个节点是 TJ POINSOT 于 1992 年发表的论文《可压缩粘性流的直接模拟的边界条件》讨论了纳维斯托方程的边界条件,运用特征相关关系通过欧拉方程和普通纳维斯托方程获得的边界一个新的公式。强调了原始的边界条件与现代运用湍流直接模拟的非耗散算法是相容的。这些方法有较低的离散错误和需要精确度边界条件以避免数值的不稳定性和控制在反映在计算边界的伪流。目前的公式试图提供这样的条件,提供了反映和非反映边界条件的处理,这个方法提供了亚音速和超音速流的方法。

(2)知识群 C1：航行器飞行轨道最优化

　　C1 知识群为航空航天工程中航行器飞行轨道最优化的知识群,其论文节点主要涉及航空器编队飞行的若干文献。

　　可以看到连接 C1 和 C0 知识群的,靠近 C1 知识群的的有三个关键点,这三个点分别是 DF Lawden 于 1963 年的著作《空间航行的最优化轨道》(*Optimal trajectories for space navigation*),提出了有名的 Lawden 方程;JT Betts1998 年写《轨道最优化数字化方法纵览》,综述了对轨道最优化的数字方法;DG Hull1997 年的论文《最佳控制问题到参数最优化问题的转换》, 他认为许多现存的最佳控制的问题其实就是参数最优化的问题,于是他鉴于这些方法的相似性,可以通过数值综合技术、时序综合技术和未知的参数最优化问题来分类,可以把这些技术分成显性和隐性的方法。这三个节点可以说是连接 C0 和 C1 知识群的桥梁,因为工程的问题始终是最优化的问题,这里主要是有关航空器飞行最优化的一系列问题。

C1 知识群中又有三个小知识群分别为 C11,C12,C13。C11 主要是卫星编队飞行的研究;C12 主要是太阳帆的有关研究,C13 是飞行控制的最新进展。

C11 知识群中最大的节点是 WH Clohessy 等人 1960 年写的论文《人造卫星交会的末端控制系统》,这个点被引的次数最多,其实该点也是整个 C1 类的基础,为以后的飞行编队问题提供了早期的探索。TE Carter1998 年提出的空间交会末端研究的状态转移矩阵以距离速率控制算法和全方位距离速率控制算法为基础构造的末端交会控制模式具有普遍的应用意义,适用于多种多样的交会任务,包括在大椭圆轨道上的飞船交会。受控运动轨迹平稳、形态可选、而控制和推进系统本身简单易行、计算机仿真效果很好。C11 知识群中包括的节点主要是有关卫星编队飞行的研究。自上世纪 90 年代后期开始,国际上关于小卫星的研究越来越引起世界航天领域的极大兴趣和广泛关注。目前,关于小卫星及其应用的研究也已进入了一个新的阶段。作为小卫星应用的一个重要方面,小卫星的编队飞行技术也被普遍认为是未来小卫星应用模式的必然趋势。卫星编队飞行是指距离较近的多颗小卫星在飞行过程中,彼此之间形成特定的几何形状,它们密切联系、相互协同,共同执行特定的空间任务。编队飞行技术为小卫星的应用拓展了广阔的领域,已成为当前国际上研究的热点。然而,由于卫星绕地飞行中会受到诸如地球非球形摄动、大气阻力摄动、日月摄动或者太阳光压摄动等干扰的影响,编队轨道构形将会发生变化。因此,设计合理的编队构形控制算法来修正构形偏差显得尤为重要。在设计编队构形控制算法的问题上,往往采用高斯摄动方程作为描述卫星轨道运动的基本方程。编队重构是卫星编队飞行控制的关键技术之一,通常可归结为最优控制问题,求解方法包括线性规划方法,拟二次优化方法,模糊逻辑与 LQR 相结合的方法,生成函数方法等。目前对于近地轨道卫星编队重构的研究,大部分是针对圆形参考轨道,基于 Hill 方程进行研究。Hill 方程是 GW Hill 1878《月亮理论研究》(*Researches in the Lunar Theory*)提出的,主要是计算圆型参考轨道的情形,也可用于小偏心率椭圆轨道且控制时间比较短的情况(如小于一个轨道周期)。但这种线性定常模型并不适用于一般椭圆参考轨道的卫星编队控制问题。椭圆参考轨道上卫星相对运动的线性化模型是时变的,因此,很多人就研究了椭圆轨道的卫星编队的问题。如 G Inalhan 等人研究了椭圆轨道中航空飞行器编队飞行的相对动力学和控制;RG Melton 等人则研究了椭圆轨道间相关行为的时间表示法;H Schaub(2000)等人运用平均轨道要素的航空器编队进行飞行控制,依据系统任务要求给出了该队形设计的约束条件,初步确定了编队的平均轨道参数;C Sabol 等人(2001)提出了卫星编队飞行设计和演化;H Schaub(2001)描绘了空间飞行器编队的 J2 不变相对轨道;H Schaub 与 KT Alfriend(2001)针对高斯摄动方程在描述近圆轨道时其近地点幅角和平近点角存在奇异性的问题,采用非奇异轨道要素描述卫星轨道运动,推导了适用于近圆参考轨道编队的非奇异轨道要素脉冲控制模型。SA Schweighart（2002）提出了卫星编队飞行的高保真线形 J2 模型;SR Vadali 与 SS Vaddi（2002）提出了人造卫星飞行编队的一个智能控制概念。K Yamanaka 与 F Ankersen（2002）提出了在任意椭圆轨道上相对运动的状态转移矩阵;RA Broucke (2003)提出了作为独立变量的时序椭圆终端问题的解决;SS Vaddi 与 SR Vadali(2003)认为编队飞行是非线性奇摄动,提出了在非线性摄动下的卫星编队飞行控制,同时也思考了飞行编队的线性和非线性控制法则;DW Gim 与 KT Alfriend (2003)也提出了摄动椭圆参考轨道的相对运动状态转移矩阵;DJ Scheeres(2003)提出了在太空船编队应用中的不稳定轨道的相对稳定性;VM Guibout 与 DJ Scheeres(2004)对空间飞行器编队转换提出了解决相对两点边值的问题;EMC Kong, DW Kwon 与 SA Schweighart(2004)提出了复杂人造卫星队列的电磁编队的想法; SS Vaddi(2005)运用推动控制重新确立编队和重新配置。2008 年飞行科学家设想用超导磁体实现太空飞船编队飞行,超导电磁体可使宇宙飞船无需燃料供。这些论文都是考虑非线性和椭圆参考轨道等因素,对卫星编队周期性绕飞的条件,设计各种优化的绕飞轨道,这些对长期编队飞行是提出了很多有益的借鉴。

　　两个小知识群 C11 与 C12 中间的一个节点是 CR Hargraves 与 SW Paris （1987)运用非线性规划和排列方法描述了直接轨道最优化的方法。PE Gill 等人(2002)提出了大规模约束最优化的一个 SQP 算法,指出联系二次规划方法对目标和约束中使用平滑非线性功能解决约束组优化问题证明是高效的。

　　小知识群 C12 的主要内容是太阳帆的有关研究。随着微电子技术、材料科学、空间技术的飞速发展,太阳帆已经得到了世界各国的广泛关注。太阳帆是一种无引擎的航天器,采用独特的推进方式:以太阳光光压为推进动力。光是由没有静态质量但有动量的光子构成的,当光子撞击到某种介质的表面上时将被反射,太阳帆的工作原理,就是将照射过来的太阳光反射回去, 由于光子反射与入射动量的变化从而产生了光对太阳帆的作用力。知识群 C12 中的小节点 JL Wright《空间航行》(Space sailing)(1992)一书讨论了有关太空船航行的技术,其中包括了宇宙航行、太阳帆和光束航行、行星间航行、地月空间航行、行空船设计、构建和运行等等有关的空间航行的未来设想。CR McInnes （1999)的《太阳帆:应用技术、动力和任务》系统地介绍了太阳帆的有关技术、动力和任务等。随后许多学者从不同角度研究了太阳帆,如 DM Murphy 等人(2003) 升级太阳帆子系统设计理念,VL Coverstone(2003)运用太阳帆脱离地球同步轨道的技术,B Dachwald 与 B Wie(2005)太阳帆轨道最优化对近地小行星的截取、影响和偏斜,G Mengali(2005)运用非理想太阳帆三维行星间终端的最优化,D Murphy （2005） 20 米太阳帆系统实证 G

Laue 等人(2005)20 米太阳帆地面测试系统的太阳帆测试仪的结构和展开测试。太阳帆是唯一的不依赖于反作用质量推进的飞行器,连续的加速度使它的轨道与常规的飞行器完全不同,这种不同使它可以适应范围更广的空间任务,如星际间的探测、行星或彗星等的取样返回、太阳极点观测等,高性能的太阳帆还可以提供特殊的非开普勒轨道,可以从现代航天器无法到达的地方观测星体,增加了探测宇宙的视角与方法。太阳帆在深空探测任务中有广阔的应用前景,必将对空间技术的发展和宇宙的探索产生深远的影响。太阳帆的关键技术有以下 4 个方面:轻量化、储存、展开技术与结构控制。由于太阳帆利用的防特的推进方式,对其结构本身和技术也有诸多的方面尚需攻克,随着科学技术、材料技术釉及空间先进技术的发展,为研制太阳帆奠定了基础。

小知识群 C13 的主要内容是飞行控制。主要的节点是 MH Kaplan1976 年的《现代航空动力学和控制》,考察了基本航空器动力学的物理航空器的动力和控制的基本原理。JC Harpold 和 CA Graves(1979)描述了航天飞机进入轨道指南的设计。这个设计提供了操作命令从最初的穿过地球的大气层的轨道控制直到活动在 2500 fps 的最终区域。也就是,这个进入指南设计是基于活动方程的分析解。SH Lane 等人 1992 年的文章《高阶 CMAC 神经网络的理论与发展》为航空航天工程的学者提供了新的视野,运用高阶神经网络方法对航空飞行进行控制。如 BS Kim 与 AJ Calise(1997)进行了运用神经网络的非线性飞行控制的研究。KC Howell(1997) 提供了动力系统方法在最初轨道设计的有用性,提供了发射和返回约束的方法。另外,发现在不同时间、不同情况的发射的相似解。M Bodson(2002)《控制分配最优化方法的演化》介绍了多操纵面布局飞机飞控系统中冗余控制量分配问题的提出、数学描述及研究发展。重点分析了伪逆法、串接链法和基于二次规划的动态分配三种方法,通过某型先进布局飞机控制分配设计与仿真,对比分析了各种算法应用的优缺点。自适应系统控制也是飞行控制的一个热点,主要有重复使用航天器的有限权威自适应飞行控制,基于不确定系统自适应输出反馈方法控制等等。

重构飞行控制技术本质上是一种容错飞行控制技术,它使飞控系统具有适应未知故障和损伤的能力,从而可以有效地提高安全性和任务效能。AJ Calise 等人(2001)认为先进重构飞行控制技术在原有的基础上更加强调自适应的能力,而不再依赖故障诊断和隔离 (FDI)系统,因而促进了鲁棒控制、智能控制和自适应控制技术在该领域的交叉和融合。因此,先进重构飞行控制技术在提高飞行安全性和任务效能方面有着很大的发展潜力和应用空间。D Murphy 与 B Wie(2005)讨论了升级航空器的鲁棒推进控制。

(3)知识群 C2:追踪和估计

研究前沿知识群 C2 为追踪和估计的知识群,主要涉及到目标估计和追踪的一系列问题。

Y Bar-Shalom 是这个知识群的主要代表人物,大部分节点都是他的著作。最大的节点是 Y Bar-Shalom 与 XR Li 等人 1993《估计和追踪，原理、技术和软件》一文，该文采用了基本的标准估计与最新的适合技术相结合，阐明了在随机环境中的状态估计和设计。主要关心的是静态系统的线性估计、随机输入的线性动力系统、离散时序线性动力系统的状态估计和估计的计算方面。还包括了离散时序线性估计的延伸、连续时序线性状态估计，非线性动力系统状态估计和适应估计和机动目标等[①]。第二大节点是 Y Bar-Shalom 与 XR Li 二人(1995)《多目标多传感器追踪：原理和技术》一书，介绍了多目标与多传感器的原理和技术。Y Bar-Shalom 和 E Tse (1975)《杂波环境中概率数据互联的追踪》一文最早提出概率数据互联滤波器(PDAF)，被学者们广泛的应用于雷达目标跟踪等领域中。知识群 C2 中其他的节点是 Y Bar-Shalom 与其合作者们在追踪与数据互联方面做的大量工作，很多都是以专著的形式出现。如 HAP Blom 与 Y Bar-Shalom (1988)的《马尔科夫调制系数系统的相互作用多模型算法》；C Jauffret 与 Y Bar-Shalom (1990)的《利用杂散回波中的方位和频率测量进行目标跟踪》；Y Bar-Shalom(1990)的《多目标多传感器的追踪：高级应用》；T Fortmann 与 Y Bar-Shalom 运用联合概率数据的多目标的声纳追踪，D Lerro 与 Y Bar-Shalom 的《去偏转换坐标卡尔曼滤波器的雷达目标跟踪》；Y Bar-Shalom 与 K Birmiwal(1982)的《目标追踪机动可变维度过滤》；Y Bar-Shalom 与 L Campo(1986)的《普遍噪音影响》；KR Pattipati、S Deb 与 Y Bar-Shalom (1992)的《一个新松弛算法和被动传感器数据》；XR Li 与 Y Bar-Shalom(1993)的《航空控制轨道的相互多重模型算法设计》；Y Bar-Shalom(1978)的多目标环境的追踪方法；Y BarShalom、X Li 与 KC Chang(1990)的《相互作用多模型算法的非固定噪音辨认》；Y Bar-Shalom、XR Li、T Kirubarajan(2001)的《追踪和航行应用估计》等。

知识群 C2 中另一个关键人物是 S Blackman，他主要研究的也是多目标跟踪问题，代表作有《雷达应用的多目标跟踪》(1986)、《现代追踪系统的设计和分析》(1999)、《多目标轨迹的多重假设跟踪》(2004)。这些著作为以后的粒子过滤器的定位航行和追踪、定位估计的贝耶斯过滤、普遍存在的本地估计的粒子过滤器、浓缩条件密度繁殖的可视化追踪、运用 mean shift 非刚性目标的实时追踪、有判别力追踪特征的在线选择、粒子可视化追踪的数据融合提供了基础。

C2 的边缘还有几个点，这几个点主要是一些辅助飞行控制与估计的计算方法。如 WH Press 的《数值分析》(Numerical recipes, 1986)一书，这本书选材内容丰富，包括了当代科学计算过程中涉及的大量内容：求特殊函数值、随机数、排序、最优化、快速傅里叶变换、谱分析、小波变换、统计描述和数据建模、偏微分议程数值解、若乾编码算法和任意精度计算等。不仅对每种算法进行了数学分析和比较，而且根据作者经验对算法给

---

① Bar-Shalom Y, Li XR. Estimation and tracking- Principles, techniques, and software [J]. Norwood, MA: Artech House, Inc, 1993. 1993.

出了评论和建议,并在此基础上提供了用 C++ 语言编写的实用程序。WH Press 还有另外一本书《C 的数值计算:科学计算的现状》(2002),这本书编写了 300 多个实用而有效的数值算法 C 语言程序。其内容包括:线性方程组的求解,逆矩阵和行列式计算,多项式和有理函数的内插与外推,函数的积分和估值,特殊函数的数值计算,随机数的产生,非线性方程求解,傅里叶变换和 FFT,谱分析和小波变换,统计描述和数据建模,常微分方程和偏微分方程求解,线性预测和线性预测编码,数字滤波,格雷码和算术码等。每章中都论述了有关专题的数学分析、算法的讨论与比较,以及算法实施的技巧,并给出了标准 C 语言实用程序。这些程序可在不同计算机的 C 语言编程环境下运行。这为航空航天的科学计算的科技工作者提供了工具书。一些具体的方法如 LR Ray 与 RF Stengel 于 1993 提出的控制系统鲁棒形分析的的蒙特卡罗方法;NJ Gordon 1993 年提出的非线性非高斯贝耶斯状态估计新方法;ED Sontag 1998 年提出的确定有限空间系统数学控制理论;WH Fleming 2006 年提出的受控制的 Markov 过程和粘性解决方法;LC Evans1998 的《偏微分方程》;JA Sethian 1999 年提出的水平集方法和快速匹配方法;Y Boykov 与 V Kolmogorov 2004 年的两维相应算法的分类学和评估;P Gahinet 等人 1995 提出的运用 Matlab 的线性矩阵不等式;M Krstic 等人 1995 非线性和自适应控制设计;JJE Slotine 与 W Li 1991 年的非线性控制应用。这些方法都是为了飞行时的稳定与控制,B Etkin 与 LD Reid 1996 年的飞行动力学——稳定和控制这个节点与以上的节点都有联系。值得一提的是,和以上几本著作都有关系的节点 BL Stevens 与 FL Lewis (2003)的《航行器控制和模拟仿真》一文,其实都是运用计算机来进行模拟仿真,来达到对航行器控制的目的。

连接 C2 和 C0 的点是 DE Goldberg (1989)的论文《遗传算法在搜索、最优化和机器学习的应用》,这个节点和其他的两个知识群也有关系,可以看作是重要的桥梁。作者以指南的形式为科研人员提供了计算机技术、数学工具和研究结果,用来促进在许多问题上遗传算法的应用。遗传算法被广泛的应用在工程领域,尤其是对最优化的问题,有很大的贡献。除了遗传算法外,计算机实验的设计与分析也是至关重要,因此,J Sacks 等人 1989 年的论文《计算机实验的设计与分析》也为工程的研究者提供了很好的方法。

(4)知识群 C3:姿态描述

知识群 C3 是关于姿态描述的知识群,连接核心知识群 C0 与这个知识群 C3 的关键节点是 GH Golub 等人的《矩阵计算》(1996)一书,这本书系统地介绍了矩阵计算的基本理论和方法。内容包括:矩阵乘法、矩阵分析、线性方程组、正交化和最小二乘法、特征值问题、Lanczos 方法、矩阵函数及专题讨论等。矩阵计算是工程技术人员的有效工具,应用在各个领域,也是姿态描述的重要工具。

知识群 C3 的最大的节点是 MD Shuster(1993)的《姿态描述的综述》一书,全面的给出了不同姿态描述间的关系和动力方程。MD Shuster 的其他作品也包含在这个知识群中,主要有 MD Shuster 与 SD Oh (1981)的《来自矢量观察的三轴姿态决定》认为最近的航空器姿态决定问题是从一系列的矢量测量中决定姿态的。因此,提出了一个正交矩阵(姿态矩阵或方向余弦矩阵)。MD Shuster(1989)《航空器姿态的最大似然估计》提出了航天器姿态的最大似然估计矩阵。他在文中提出 Wahba 问题是姿态估计算法的起点,特别是 Quest,显示了姿态最大似然估计的合适的权重和相应的测量模型。这个测量模型被证明 Quest 算法的早期的协方差分析是相同的。新兴的 Quest 协方差矩阵以自然方式反转费雪信息矩阵作为最大似然估计。Quest 算法的 3×3 的姿态估计矩阵显示了对姿态和姿态协方差都是有用的描述。MD Shuster(1990)的《航天器姿态的卡尔曼滤波和QUEST 模型》提出了一个 QUEST 算法。讨论了连续旋转的方法,检测了 QEUST Sesat 和 Megsat 任务的应用,同时也考虑了可替换的 QUEST。

　　这个知识群中的还有几个重要的代表人物 FL Markley、JL Crassidis、JL Junkins、D Mortari。他们几人对姿态决定、姿态估计、姿态描述都做出了很大的贡献。和外界相连的一个点 EJ Lefferts 与 FL Markley(1976)的《姿态决定的动力模型》提出了姿态决定的动力模型;FL Markley 与 D Mortari(2000)在《运用矢量观察的四元法姿态估计》中提出了损失函数的最小估计的比较,这个算法为 QUEST(四元数估计)、ESOQ 与 ESOQ2(最优四元数估计) 避免连续旋转的计算负担提供了一些新的结果。这些方法没有 Davenport 方法或是奇异值分解方法是重要解的鲁棒性。鲁棒性仅仅是对测量广泛不一致、最快估计和修正 ESOQ and ESOQ2 研究的话题,非常适合有比较精确性的追踪多星的传感器。发展了更多的 ESOQ 和 ESOQ2 鲁棒性形式[①]。FL Markley(1993)运用向量观察的姿态确定一个快速最佳矩阵算法。他指出状态矩阵最小 Wahba 损失函数是由寻找最优估计的快速算法方法直接计算的。这个方法提供了姿态错误协方差矩阵的估计。他用两个矢量观察的特殊案例分析辨认了三角和几何方法的最小 Wahba 损失函数[②]。D Mortari (1997)提出了最优四元数估计的 Wahba 问题的闭合解,四元数法在飞行器运动学上的应用,它消除了欧拉方程的奇异性。

　　较早的论文一些节点如 G Wahba(1965)的《航天器姿态的最小二乘估计》最早提出了 Wahba 问题;JR Wertz (1978)的《航天器姿态的决定与控制》提出了航天器姿态的决定与控制问题; 与 C2 知识群连接的一个大点 EJ Lefferts、FL Markley、MD Shuster (1982)提出了航天器姿态估计的卡尔曼滤波。卡尔曼滤波被广泛应用在姿态估计中。许多参数用来表示姿态,例如欧拉角。

---

① Markley FL, Mortari D. Ouaternion attitude estimation using vector observations[J]. Journal of the Astronautical Sciences. 2000, 48(2): 359—380.

② Markley FL. Attitude determination using vector observations- A fast optimal matrix algorithm [J]. Journal of the Astronautical Sciences. 1993, 41(2): 261—280.

还有一些节点是有关星图识别算法的研究。如 D Mortari(1997)提出一个快速和鲁棒性星辨认技术——星图识别的 Search-less 算法；D Mortari、M Samaan、C Bruccoleri 与 JL Junkins 提供了一个新的叫做金字塔的高级鲁棒性算法的金字塔星辨认技术；D Mortari、JL Junkins、M Samaan 于 2001 年提出了星图识别鲁棒形的 Lost-in-space pyramid 算法以及星光制导中的凸多边形星图识别算法。这些算法为星敏感器/陀螺卫星定姿算法、星敏感器测量模型及其在卫星姿态确定系统中的应用、星敏感器组成惯性恒星罗盘(ISC,Inertial Stellar Compass)的姿态确定方案、陀螺下基于修正罗德里格参数的星体姿态确定、基于陀螺和四元数的 EKF 卫星姿态确定算法提供了基础，同时惯性恒星罗盘成为航空器姿态决定的一个新方向。

(5)知识群 C4：压电材料技术

知识群 C4 是关于压电材料技术的知识群，而连接中心知识群 C0 和知识群 C4 的关键节点是 M Sunar 与 SS Rao1999 年发表的著作《通过压电材料技术的柔性结构传感和控制的最新进展》。

C4 中最大的点是 E CRAWLEY 等人 1987 年的论文《运用压电制导器做为智能结构的基础》，介绍了压电制导器做为智能结构的现状。压电元件在智能结构中具有广泛应用前景，受到国内外研究人员的高度关注。已有的研究工作大多是关于振动控制方面的，而形状控制方面的研究工作则较少。为了进行形状控制方面的研究，首先必须提供可靠的、高精度的确定变形的计算方法。层合板和夹层板由于具有重量轻、刚度大的突出优点，在航天、航空等高新技术领域的应用日益广泛。E Crawley1994 年的《航天的智能结构：技术综述和评估》一文中也提到了航天智能结构的中压电技术。另一个重要节点是 CK Lee(1990)的《分布传感器或制动器的多层压电材料层合板理论》一文，这篇文章运用压电现象影响柔性板的分布控制和挠度、转矩、叶片、收缩和伸展度发展了压电板理论。这个新发展的理论能够对压电板的电动机械(主动)和机械电动(感知)行为进行建模，特别强调了分布式压电传感器和制动器的严格的格式，也揭示了压电传感器和制动器之间互惠的关系，引入了解释这些压电传感器和制动器的物理概念的普遍函数，发现了互惠关系是所有压电板的普遍特征[①]。JN Reddy(1984)的《复合材料层合板简单高阶理论》发展了一个高阶的层合板修剪变形理论。这个理论包括了与 Whitney 和 Pagano 相同的一阶变形理论[②]。T Bailey 与 JE HUBBARD 在 1985 年运用分布式参数制动器和分布参数控制理论设计了悬梁的主动振动装置。他们认为分布式参数制动器是一个压电复合体，运用分布参数系统的 Lyapunov 第二方法设计了装置

---

① Lee CK. Theory of laminated piezoelectric plates for the design of distributed sensors/actuators. Part I: Governing equations and reciprocal relationships[J]. The Journal of the Acoustical Society of America. 1990, 87: 1144.

② Reddy JN. A Simple Higher-Order Theory for Laminate Composite Plates[J]. 1984.

的控制算法[①]。

(6)知识群 C5：气动弹性理论

知识群 C5 是关于气动弹性理论的知识群，而连接中心知识群 C0 和知识群 C5 的关键节点是 A Seifert、A Darabi 与 I Wygnanski 1996 年发表的著作《周期性刺激的机翼迟滞》。

知识群 C5 的主要内容是气动弹性。气动弹性是又称气动弹性理论，是空气动力学和弹性力学的交叉学科，是研究空气动力同弹性结构变形之间相互作用的规律及其在工程技术中的应用的学科。它将弹性结构和周围的气流作为一个统一系统来考虑并找出其间的耦合条件关于气动弹性力学的研究。飞机上有些空气动力(简称气动力)对微小的弹性变形非常敏感。当飞行速度超过某一临界值时，微小的弹性变形会明显地改变气动力的大小和分布；气动力的改变又进一步影响结构的弹性变形。气动力和变形的相互影响，会导致飞机难以飞行，甚至破坏。即使飞机速度低于临界速度，弹性变形也可能对飞机的性能产生较大的影响。所以，对于飞机设计来说，气动弹性力学至关重要。其主要的研究课题有包括颤振、变形发散、抖振、操纵反效以及突风响应等。C5 知识群中有两个节点都是介绍气动弹性的理论和方法的。即 RL Bisplinghoff 等人 1955 年发表的《气动弹性》(Aeroelasticity) 一文。另一个节点是杜克大学机械工程材料科学系的 EH Dowell 编的《气动弹性力学现代教程》一节，已经出了三版，他认为气动弹性领域的问题是来自于气体结构和他们周围和内部的空气流动，可以分为静态和动态的气动弹性，如果包括反馈控制，那么也包括气动弹性伺服[②]。EH Dowell 是这领域杰出的科学家，已经活跃在这个领域三十多年，对这个领域有很多的贡献，如知识群中较大的一个点，与 KC Hall 合作的《流固耦合建模》一文，该文强调了最新进展和未来的挑战。文章首先介绍了不同时期的物理模型，然后讨论了线形模型和非线性模型之间的区别、时序线性模型及他们在时间和频率上的解决办法，对待不同模型的解决办法。基于扩展的流体模型得到了时序流动模型和结构降序模型的拓展解。重点是通过降序模型、时间线性化和空气动力系统理论使提高物理理解和计算成本的减低成为可能[③]。KC Hall、JP Thomas 与 EH Dowell(2000)的《跨音速非定常空气动力流的特征正交分解技术》提供了一个非定常小湍流的结构降序模型的新方法。还有其 1975 年的著作《气动弹性的层和板壳》，研究了气动弹性的层和板壳问题。

---

① Bailey T, Hubbard JE. Distributed piezoelectric-polymer active vibration control of a cantilever beam[J]. Journal of Guidance, Control, and Dynamics. 1985, 8(5): 605—611.

② Dowell EH. A Modern Course in Aeroelasticity[J]. Meccanica. 1999, 34(2): 140—141.

③ Dowell EH, Hall KC. M ODELING OF F LUID-S TRUCTURE I NTERACTION [J]. Annual Reviews in Fluid Mechanics. 2001, 33(1): 445—490.

C5 知识群中最大的点是斯坦福大学的 M Karpel(1982)的《运用状态空间气弹模型颤动主动抑制和阵风减缓的设计》一文。这篇文章为主动抑制和阵风减缓控制系统提供了一个分析设计的技术。这个技术是基于在完全拉普拉斯范围中不稳定空气动力载荷的合理近似值,产生了不变的相关系数的矩阵方法。状态空间气动弹性模型用来设计一个恒量获得、同时保证稳定性和任何理想遍及全部飞行层阵风反应参数最优化局部反馈的控制系统[①]。知识群中的第 2 大点是南安普敦大学 D Jeffrey、X Zhang 与 DW Hurst(2000)的《单因素高升力机翼上 Gurney 襟翼的气动弹性》一文。这篇文章测量了包括压力、激光多普勒风力测定速率。建议 Gurney 襟翼下游双涡流结构的平均速率矢量和流线型。LDA 光谱分析的数据显示了尾流是有涡流和剪流交替出现的,这个结构是由于 Gurney 襟翼下游的模糊可视化决定的。涡流脱落增加了翼型机翼后缘的吸力,然而装置的迎风面降低了拖曳边缘表面压力。这两个通过机翼后缘不同压力的改变的结果产生了循环的增加[②]。

其他重要的节点还有以色列理工大学的 M Karpel (1999)《完整气动伺服弹性最优化的降阶模型》。他认为最近发展的基于气动伺服弹性建模技术扩展到与飞机结构和控制设计相关的几乎所有气动伺服模型方法的应用上。综述了不同技术,并且组合了完整设计最优化格式,压力、静态空气弹性、闭环振动、控制边际、时间反应和连续阵风约束放在一个普通基本模型中。基本模型通过基本设计的一系列低频标准模式提出的结构。模型方法通过不同选择虚构量和模拟技术来降低典型困难。使用了一个物理加权算法来促进空气动力的近似值和选择剩余或切断模式。这个降阶模型和相关的灵敏度分析的设计改变促使了在线最优化的充分实现。亚利桑那大学 PC Chen、HW Lee 与 DD Liu1993 年为任何具有外部存储的弹性或刚性飞机的空气动力计算提供了一个非定常压亚音速的方法。这个方法包括两个部分:一个是机身表面面板方法和约束压力升力表面方法,是与非定常超声波平行的亚音速平面方法。这个方法比以前方法至少有三个改进:机身的恰当的边界条件、新的计算机身 / 尾流效应的尾流模型以及机翼 - 机身耦合精确度提高。提出的模型显示了在压力、稳定性、机翼载荷的方面有实质的改进,因此这个准确和有效的方法可以用在压音速气动弹性上。E Livne 与 I Navarro1999 年发展了一个机翼结构的几何非线性中度变形等效板的模型。期望进行一个有压缩力飞机机翼有效地非线性气动弹性分析。其他的节点还有 EW Pendleton 等(2000)的论文《主动气弹性机翼飞行研究项目:技术项目和模型分析进展》;V Mukhopadhyay(2003)的论文

---

① Karpel M. Design for Active Flutter Suppression and Gust Alleviation Using State-Space Aeroelastic Modeling [J]. J. AIRCRAFT. 1982, 19(3): 221—227.

② Jeffrey D, Zhang X, Hurst DW. Aerodynamics of Gurney flaps on a single-element high-lift wing [J]. Journal of Aircraft. 2000, 37(2): 295—301.

《气弹性反应的历史轨迹的分析和控制》;MJ Patil 等(2000)的论文《亚音速流中全部飞机的非线性气动弹性分析》;MJ Patil 等(2001)的论文《高空长航时飞机非线性气动弹性和飞行动力学》,JJ Block 等(1998)的论文《非线性气动弹性结构的主动应用控制》。

知识群 C5 主要是对飞机气动弹性的研究。还包含了其他的一些研究内容如高效能航行器的非定常气动力现状、战斗机颤振的非定常气动力的影响、气动伺服弹性系统对阵风刺激的动力学反应、跨音速离散、颤振和有限圈的非线性粘性空气动力效应、无磁性半导体自旋晶体管、机翼、叶珊非定常流的本征分析、运用谐波平衡技术的非定常非线性叶珊的计算、连接翼飞机布局的气动弹性。联结翼飞机是一种新型的飞机布局形式,与常规飞机相比具有重量轻、强度刚度大、阻力低、较大的升力和直接力控制的优点,对联结翼飞机布局特点进行探讨可为今后新概念飞机设计提供参考。

3.6.1.3 航空航天工程领域的研究热点

对航空航天工程领域 24 种期刊中被引频次最高的 50 个关键词绘制出关键词共引知识图谱(图 3-6-6 所示),应用主成分分析法(因子分析)和聚类分析,得到累计方差贡献率占 76.881%的前五位主成分(表 3-6-3)和知识图谱上的五个知识群,可表明航空航天工程领域存在的五个研究热点。

研究热点 1,也是最主要的一个学术领域,几乎占了航空航天工程的大部分的关键词。其中,从关键词出现的频次来说,"流动"、"方程"、"模型"、"噪声"、"稳定性"、"燃烧"、"临界条件"、"机翼"、"紊流、涡流"都出现频次较高,说明这个领域的包括的内容很广泛,各方面联系比较紧密。近年来的研究热点如高超声速推进系统及超高速碰撞力学问题,多维动力系统及复杂运动控制理论,可压缩湍流理论,高温气体热力学,新材料结构力学等

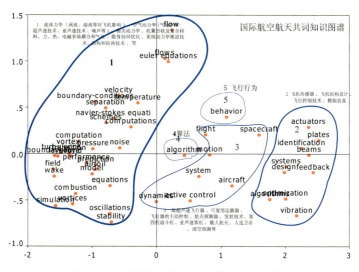

图 3-6-6 国际航空航天工程共词知识图谱

表3-6-3　主成分分析展示的国际航空航天工程主要研究热点

主成分	原始特征值	方差贡献率%	累计方差贡献率%	研究热点
1	28.217	56.435	56.435	流体力学（涡流、湍流等对飞机影响）、空气动力学（气动声学－超声速技术、亚声速技术、噪声等）、相关动力学、机翼形状及复合材料、力、热、电磁多场耦合和气动、隐身协同优化、系统动力学推进技术、结构和防热技术、等
2	5.077	10.155	66.590	飞机传感器、飞机结构设计、飞行控制技术、模拟仿真
3	2.167	4.335	70.924	高超声速飞行器、可复用运载器、飞行器的主动控制、航天探测器、发射技术、第四代战斗机、亚声速客机、载人航天、人造卫星、深空探测等
4	1.606	3.212	74.136	一些算法，如基于神经网络的算法
5	1.373	2.745	76.881	飞行行为

都在这个领域有所体现。这个知识群主要是航空航天的零部件、所需材料以及环境做出的基础研究。

研究热点2中，"系统"、"设计"、"最优化"、"确认"、"反馈"、"激励者"等关键词位于核心地带，说明"系统"优化问题的研究是该领域突破的重点，流动控制技术、飞行控制技术、模拟仿真、学习控制器、机器人技术、飞行器的结构最优化、轨道和控制最优化等等都是这个领域急需解决的问题。

研究热点3中，有"动力"、"飞行器"、"航空器"、"飞行"、"系统"、"控制"等关键词。这些关键词也可以反映出目前的飞行器和航空器的重点领域。在动力学方面等离子体动力学、微流体与微系统动力学为微型飞行器体提供了良好的基础，民用的微型机械飞行器、微小型间谍飞机都取得了极大进展，军用的第四战斗机也初步研制成功。航天器方面的研究现在主要依托登月计划、火星快车也有极快的发展。

研究热点4只有一个词，就是"算法"。算法有相当重要的作用，运用数学、物理、计算机等领域方法和模型，来研究空气动力学和流体力学中的最优化问题。

研究热点5也只有一个词，"行为"。这说明人们现在研究航天载人技术，比较注重人的行为。

在知识图谱上，热点1是最主要的群体，包括了大部分的航空航天工程领域的研究问题，热点2则是大致从系统来说的，热点3、4、5距离很近，几乎相互交叉，并且处于1、2之间，说明他们是联系1、2的桥梁和纽带，同时，最终1、2的研究结果是作为3的支撑。4、5虽然各自只有一个词，但也反映出他们的特性和重要程度。也是近年来发展的重点。由5个主要知识群可以看出，航空航天工程的一些前沿问题是出现在这些领域中的。工程的改进不是一朝一夕之事，而在于循序渐进，一些主动控制、微型航空器、飞行器等前沿问题离不开最基本的机翼、航空器等零部件的改进，也离不开那些基础的理论如流体力学、空气动力学、气动声学、结构动力学、高等动力学以及空气弹性进步和创新,运用模型、算法等数学物理工具对工程的控制和最优化问题将是极大的促进。同时,工程问题本身就是系统问题,航空航天这些领域也不是截然分开的,各个主流领域间也有交叉和交流。

3.6.1.4　小结

利用动态网络分析的信息可视化技术和工具,绘制出航空航天工程的引文网络知识图谱,展现出 6 个知识群:关于航空航天工程的核心知识群,成为整个航空航天工程的知识基础,由此衍生出 5 个知识群——航行器飞行轨道最优化、追踪与估计、姿态描述、压电材料技术、气动弹性成为当代航空航天工程的研究前沿。

从对航空知识图谱分析来看,5 个主要知识群涉及到三个方面:(1)关于航空航天知识的基础理论、模型、方法,例如航空航天的基本理论、气动弹性理论、空气动力学理论等等;(2)具体的飞行技术相关研究,包括航行器飞行轨道最优化、追踪与估计、航空的姿态描述等等;(3)与航空相关其他学科的研究,包括压电材料技术等。

3.6.2　重点前沿技术层次:航空器

由 3.6.1 节的研究可以看出,航空航天领域有许多前沿领域,但是航空器可以算是其中的一个重点前沿了,航空器本身也包含了许多的内容,如:卫星广播通信、气象观测预报、卫星导航定位、地球资源普查、生物育种、材料制备、医药合成等。以气象卫星为例,世界上现在有几十颗气象卫星,已构成全球观测网,120 个国家建立了气象卫星数据接收利用服务站,昼夜不停地对大气环境变化进行观测预报,及时准确地对台风、暴雨、洪涝、干旱等自然灾害作出预报,大大减少了人员伤亡和财产损失。1988 年以来我国已发射了"风云"系列气象卫星 7 颗,卫星数据已在我国天气预报、气象研究、农业规划、灾害监测等方面发挥了重要作用。

因此,这节我们以航空器为例,来对空天技术科学领域的重点前沿技术进行研究。在 SCI-E、SSCI, A&HCI 三个数据库里主题检索 1999 年至 2009 年间航空器的数据,检索式设定为"TS=(Aircraft or UAVs or shuttles or Aerostat or aerocraft)",得到 13774 条 "Article"文献数据。

3.6.2.1　航空器论文整体分布情况

如图 3-6-7 所示,航空器的论文每年变化不是很大,1999—2001,2003—2005 每年略有下降,2005 到 2008 年都呈上升趋势, 到 2009 年有所下降。 每年发表的航空器论文数量保持在一个较高的水平(大于 1100 篇)。2008 年达到所有考察年份的最高值,为 1529 篇。说明航空器研究也是个比较大的领域,但是相比航空航天工程研究来说,还是稍微逊色一筹。

从国家地区分布来看,发表航空器论文的有 66 个国家和地区,图 3-6-8 显示了发表文章最多的前 22 名的国家和地区,其中美国数量最多,为 6121 篇,远高于其他国家,

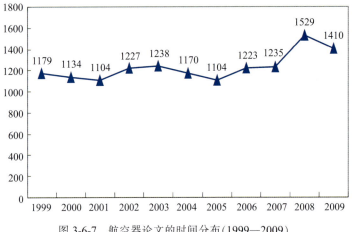

图 3-6-7　航空器论文的时间分布(1999—2009)

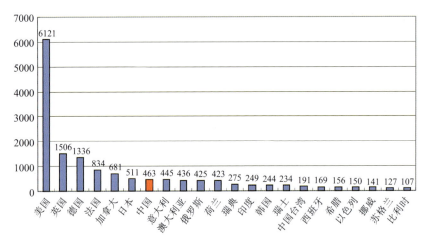

图 3-6-8　航空器论文的国家和地区分布(1999—2009)(前 22 位)

其次为英国、德国、法国、加拿大、日本。中国居第 7 位,中国台湾地区居第 16 位。前 10 名还包括意大利、澳大利亚和俄罗斯。亚洲的印度、韩国也排名比较靠前。

从国家合作网络来看(图 3-6-9),网络中有 100 个节点,却只有 24 条连线,说明航空器的研究中,国家之间的合作不是很紧密。其中前几名的国家几乎都和其他国家没有什么合作。而一些发文低的国家则有开始有合作,形成一些小网络如 A(巴西、葡萄牙、西部牙、丹麦),B(新西兰、墨西哥、北爱尔兰),C(英格兰与比利时)等。

从机构分布来看,撰写航空器论文的有 6209 个机构,图 3-6-10 显示了发表文章最多的前 30 名的机构。

如图 3-6-10 所示,航空器论文产出主要集中于国立科研机构、政府部门和知名学

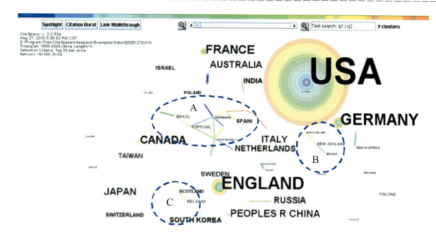

图 3-6-9 航空器论文的国家和地区合作网络(1999—2009)

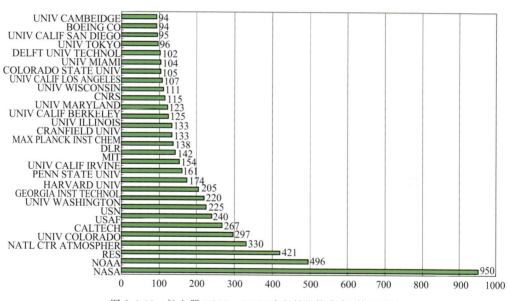

图 3-6-10 航空器(1999—2009)论文的机构分布(前 30 位)

府。美国国家航空航天局(National Aeronautics and Space Administration, NASA)、美国海洋和大气管理局(National Oceanic and Atmospheric Administration, NOAA)、国家大气研究中心(National Center for Atmospheric Research)、美国空军(USAF)、美国海军(USN)、法国国家科学研究中心(CNRS)等政府部门对航空器的贡献是有目共睹的。同时,华盛顿大学(University of Washington)、哈佛大学(Harvard University)、麻省理工学院 (Massachusetts Institute of Technology, MIT)、加州大学伯克利分校 (University of California, Berkeley)等知名学府也是这一领域研究的核心力量。

发表航空航天工程论文数量最多的机构是美国的国家航空航天局(NASA),为950篇,数量遥遥领先于其他机构。NASA是世界上所有航天和人类太空探险的先锋。成立于1970年的美国海洋和大气管理局以496篇发文数占第二位,其研究动态和趋势代表了海洋和大气的国际水平,为航空器的天气预报奠定了良好的基础研究。国家大气研究中心则排第三位,该中心受国家科学基金会资助,由北美57所大学组成的大学大气研究公司管理。具体研究内容包括:影响海洋、大气性状与气候的动态及物理过程;地区乃至全球范围大气的化学成分、太阳过程与太阳地球物理学;对流物理学、雷暴和水蒸气凝结成雨;表现大气活动与社会活动间重要联系的影响——评价分析。该中心除执行本机械的研究计划外,还参加由政府研究机构、大学科学家和一些研究组织进行的国内乃至国际上的研究活动,说明气象学确实对航空器的研究起着极为重要的作用。

科罗拉多大学排名第四(University of Colorado),是全美中北部著名的公立大学,创建于1876年,是美国新闻与世界报道所评全美最佳公立大学之一。该大学在科罗拉多州有四个校区:科罗拉多大学波德校区、科罗拉多大学丹佛校区、科罗拉多大学斯普林司校区、科罗拉多大学医学中心。该大学的教授与学者们曾获得了包括诺贝尔奖在内的诸多奖项。科罗拉多大学对全由学生操作的太空人造卫星引以为荣,曾经登陆太空的太空人有11位是该大学的毕业生。同时位于科罗拉多州的科罗拉多州立大学(Colorado State University)在传染病学、气象学、清洁能源技术和环境科学领域占领先地位,排在24位。

和航空航天工程一样,加利福尼亚理工学院(简称"加州工学院",Caltech)发表297篇,居第五,对航空器领域的贡献很大。其他美国空军(USAF)发表267篇,美国海军(USN)240篇,分别列第6位和第7位,他们都是美国的国防力量,在航空航天工程的研究方面也显示了美国的强大的军事实力。

值得注意的是,十多年间国际前30位机构中,美国机构占了24个席位。还有一家公司,就是美国的波音公司,发表论文94篇,居第29位。这无疑与此领域论文的国家分布情况密切相关。

从机构合作网络来看(见图3-6-11),网络中有152个节点,却只有31条连线,说明航空器的研究中,机构之间的合作也不是很紧密。其中美国的机构几乎都和其他国家没有什么合作。而欧洲的一些机构之间有些合作,以德国的马普学会为中心和其他国家如印度有些合作。值得注意的是,中国科学院在网络中也崭露头角,但是影响还不是特别大,因此,我国在航空器方面的研究还是有很大的发展空间。

3.6.2.2 航空器研究前沿

运行CiteSpace,进行文献共被引分析,最终形成由178个节点和552条连线构成的研究前沿图谱(见图3-6-12),根据软件自动聚类和自动标签的结果(见表3-6-4),将航空器研究前沿图谱划分为七个领域。

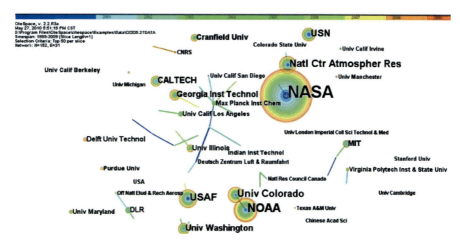

图 3-6-11 航空器(1999—2009)论文的机构合作网络

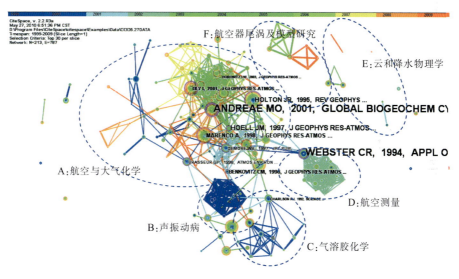

图 3-6-12 航空器研究文献的文献共被引网络图谱

知识群 A：航空与大气化学

大气化学主要研究对流层和平流层大气中主要成分和微量成分的组成、含量、起源和演化等问题。大气化学是研究大气组成和大气化学过程的大气科学分支学科。与之相关的学科有动力气象学、大气物理学、大气边界层物理、云和降水物理学、云和降水微物理学、云动力学、雷达气象学、大气辐射学、大气光学、平流层大气物理学、大气声学、卫星气象学、航空气象学等。

大气化学涉及大气各成分的性质和变化，源和汇，化学循环，以及发生在大气中、大

表 3-6-4　航空器聚类结果、聚类标识与知识群划分

聚类	聚类标识（TFIDF 算法）	聚类标识（LLR 算法）	所属知识群
3	fractal particle/分形粒子；water vapor/水蒸气；carbon monoxide/一氧化碳；transport model/交通模型；boundary layer/边界层	aircraft/航天器；transport/交通；model/模型	知识群 A
4	vibroacoustic disease/声振动病；postnatal exposure/产后曝光；low frequency noise/低频噪声；occupational exposure/职业暴露；sister chromatid exchange analysis/姐妹染色单体交换分析	vibroacoustic disease/声振动病；occupational/职业；vibration/震荡	知识群 B
9	reversible control/可逆控制；gliding speed/滑动速度；doping state/掺杂状态	transport/交通；aircraft/航空器	知识群 F
10	high rectifying efficiency/整流效率高；microfabricated device/微型设备；cargo transportation/货物运输	tracks/轨道；surfaces/表面；deposition/沉积	知识群 F
7	four-vortex aircraft wake model/四涡飞机尾涡模型；vortex decay/涡衰减；wake vortex decay/尾涡消散；water tunnel/水洞；new model/新模型	four-vortex aircraft wake model tracks/四涡飞机尾涡模型；wake vortex decay/尾涡消散；water tunnel/水洞	知识群 F
5	total water/总水量；stratiform cloud/层状云；cloud fraction/云量；aircraft data/航天器数据；using aircraft data/使用航天数据	total water/总水量；cloud fraction/云量；using aircraft data/使用航天器数据	知识群 E
1	er-2 doppler radar investigation/双多普勒雷达观察；stratospheric ozone/平流层臭氧；anthropogenic pollution/人为污染；hurricane bonnie/飓风邦尼；case study/案例研究	stratospheric ozone/平流层臭氧；anthropogenic pollution 人为污染；hurricane bonnie/飓风邦尼	知识群 A
2	passive scalar variance/被动标量方差；exploratory analysis/探索性分析；extreme weather event/极端天气事件；large-scale turbulence universalit/大尺度湍流；anomalous scaling/反常标度	passive scalar variance/被动标量方差；anomalous scaling/反常标度	知识群 A
0	adenovirus type/腺病毒类型；crm1p-dependent adapter protein；crm1p-dependent adapter 蛋白；nuclear export/核输出；large ribosomal subunit/核糖体大亚基；mrna export/mRNA 输出	crm1p-dependent adapter protein/crm1p-dependent adapter 蛋白；nuclear export/核输出；large ribosomal subunit/核糖体大亚基	无
6	model study/模型研究；photolysis rate coefficient/光解率系数；nitrogen dioxide/二氧化氮；ozone destruction/臭氧破坏；continental stratus cloud/大陆云层	cloud-scale model study/云规模的模型研究；photolysis rate coefficient/光解率系数；nitrogen dioxide/二氧化氮	知识群 A
8	snow size distribution parameterization/雪规模分布属性；ice particle/冰粒子；cirrus cloud/卷云；situ measurement/原位测量；ice supersaturation/冰过饱和	part i 第一部分；model 模型；aircraft 航空器	知识群 E

气同陆地或海洋之间的化学过程。研究的对象包括大气微量气体、气溶胶、大气放射性物质和降水化学等。研究的空间范围涉及对流层和平流层，即约 50 公里高度以下的整个大气层。研究的地区范围包括全球、大区域和局部地区。对大气化学的研究始于 19 世纪下半叶，初期只限于研究降水中的痕量物质和气溶胶，有一时期集中于研究臭氧和微量放射性物质。在 20 世纪 60 年代以前，大气化学并没有引起人们的重视，多数研究偏重于大气中天然微量成分的全球性平衡源、汇、循环和气溶胶的物理性质等。20 世纪 60

年代后,由于人类活动对大气产生的影响,出现了较严重的大气污染,大气化学才引起广泛的注意。并由于应用了微量分析技术、实验室模拟技术和电子计算机技术,使大气化学的研究向定量化和模式化的方向发展。尤其是在大气污染形成的机制、污染物对平流层臭氧浓度的影响等研究方面,取得了较大进展。但就学科的发展进程而言,大气化学仍处于初始发展阶段,许多事实和现象还不清楚,尤其是关于一些大气微量成分的源、汇和时空分布,它们的迁移、输送和全球循环等问题,都需要进行观测和研究。平流层化学的中心问题是臭氧的光化学反应,在太阳紫外辐射照射下,平流层臭氧经历强烈的光化学过程。20 世纪 60 年代以来,人类活动对臭氧层的影响,引起了人们的密切关注。曾经认为超音速飞机的飞行将使氮氧化物排入平流层而破坏臭氧,这将造成在地球表面小于 0.3 微米波长的紫外辐射强度加大,引起皮肤癌的增加和农业生产降低。对含氟氯烃类化合物也有类似的担忧,它们在对流层是化学稳定的,但在平流层可以进行光分解而破坏臭氧。这个问题还存在着看法上的分歧,尤其是对于氮氧化物的影响,还有待进一步研究(见大气臭氧层)。对流层化学主要包括碳氧化物、硫氧化物、氮氧化物、碳氢化物和气溶胶的源、汇和循环,污染物之间的化学反应和对流层空气污染形成的化学机制。

由图 3-6-12 可以看到知识群 A 中的主要节点,主要是研究大气化学对气候产生的影响,以及与之相关的模拟及建模研究。中心性最大的节点 Andreae MO 研究的主要是生物质燃烧对大气的影响。

Bey I, Jacob DJ 等人于 2001 年发表的《全球气象模拟与对流层吸收化学》将对流层化学推上了一个新的高度。

人们对臭氧的光化学反应还处于进一步的摸索和研究中,但是近年来,对臭氧的追踪全球模拟引起了学者的关注。Marenco A 等人利用了空中客车的服务的 Mozaic 方法来测量臭氧,Brasseur GP 等人引入了 MOZART 模型,一种化学输送模式,是氮氧化合物(Nox)和臭氧(O_3)的一种源示踪方法,并对这种示踪法及其应用模式作了详细介绍。

大气化学的一些数据资料是依靠航空器、航天飞机、卫星等的观察所取得的。还有一些节点, 如 Stull RB 在 1988 年出版的 *An introduction to boundary layer meteorology: Springer* (《边界层气象导论》),Penner JE 等人 1999 年发表在 《Aviation and the global atmosphere》上的《航空和全球大气》,Houghton JT 及其伙伴 Ding Y、Griggs DJ 等人出版的《科学的基础:2001 年的气候变化》,这些虽然年代较早,但可以说都是大气化学发展的知识基础,有很高的被引频次。 知识群 A 中的节点众多,为其他的知识群的演化提供了知识基础。

知识群 B:声振动病

声振动病(vibration acoustic disease,VAD)的研究已有 30 余年的历史,近几年成为航空航天与环境医学界的研究热点。我国在这方面的研究还没有开展起来。声振动病曾被命名为振动综合征、系统振动病、整体噪声和振动病、声振动综合征等等。前不久同行学者达成了共识,下了这样一个定义:VAD 是指长期暴露在高强度(大于或等于 90 dB 声压级)、低频(主频在 500 Hz 以下)噪声作用下引起的多系统疾病。

声振动病致病源为高强度低频噪声。自 1979 年以来,葡萄牙开始研究 VAD,于 1992 年创立了人的工效研究中心,研究长期接触低频噪声人群。研究领域极其广泛,包括心血管系统、神经系统及免疫系统等,并做了大量的动物实验,进行了遗传毒理和实验病理学研究[1]。

职业环境噪声可导致血压升高。噪声的非听力效应包括中枢神经系统、自主神经系统等多个系统,表现为头晕、头痛、耳鸣、心悸、紧张、烦躁、注意力不集中、失眠等神经衰弱综合征。这些症状的存在,加上听力减退,可引起语言交流的障碍、对外界刺激或信号反应迟钝、操作能力下降、工作效率降低,且易出现操作错误甚至事故。Gomes LMP 1999 年的文章研究了职业暴露对低频噪音的认知,认为职业暴露在噪声环境的人群唯一被承认的职业疾病是噪声性耳聋,这个结论并不准确。人耳对高频噪声敏感,而在接触低频噪声人群时,并未发现 4kHz 听力损失,在 500Hz 以下听力损失比 4kHz 更严重,并伴有重振,平衡功能障碍,听诱发电位不对称等。Coelho JLB (1999)评估了飞机的噪音,以及噪音产生的影响。一些研究已经发现,飞行员易患心血管疾病的同时,经常伴有听力损失,尽管听觉系统和心血管系统的反应极其不同。喷气式飞机噪声达声压级,而耳保护器在此频率范围的保护性能低,常导致飞行员低频听力下降。首先,喷气式飞机噪声不同于工业噪声,与脉冲噪声不同,频率分布范围宽,低频中的高强度成分比较多。第二,耳塞、耳罩对高频噪声防护有效,使高频噪声减低的程度比较多,而对低频噪声衰减得少,使得低频噪声对人体的损害更大。

Branco NAAC 于 1999 年发表了一系列有关声振动病的文章,为声振动病的发展从理论到实践都作出了贡献。

知识群 C:气溶胶化学以及对气候的影响

气溶胶化学是大气化学的组成部分。气溶胶化学的研究包括气溶胶的化学组成(硫酸盐气溶胶、硝酸盐气溶胶和有机物气溶胶),二次气溶胶的形成机制,气溶胶的长距离传输,以及多相反应化学等。长期以来,人们对气溶胶只着重于物理性质的研究,从 20 世纪 70 年代以来,气溶胶化学的研究逐渐引起注意。

气溶胶分布和运输对气候有很大的影响。Charlson RJ 等人 1992 年在 Science 上发表了 *Climate forcing by anthropogenic aerosols*(《人为气溶胶对气候的作用力》),这篇文章是气溶胶对气候作用的经典论述,现在被引高达 1300 次。Huebert BJ 等人 2003 年研究了亚洲气溶胶与气候影响之间的量化关系。Streets DG 等人列出了 2000 年亚洲气体

---

① 张雁歌. 声振动病的研究进展[J]. 民航医学. 2006, 16(1): 26—29.

和气溶胶的排放清单。Rajeev K 等 2000 年研究了地区气溶胶分布和其经过印度洋的远距离运输。通过这些对气溶胶的研究,可以了解气溶胶对气候造成的影响。

知识群 D:航空测量

在所有的航空事件里,测量技术是所有工作开展的必备条件。航空测量指从空中由飞机等航空器拍摄地面像片。为使取得的航空像片能用于在专门的仪器上建立立体模型进行量测,摄影时飞机应按设计的航线往返平行飞行进行拍摄,以取得具有一定重叠度的航空像片。按摄影机物镜主光轴相对于地表的垂直度,可分为近似垂直航空摄影和倾斜航空摄影。近似垂直航空摄影主要用于摄影测量目的。科学考察和军事侦察有时采用倾斜航空摄影。航空或航天遥感时,使用微波全息雷达、合成干涉仪雷达或相干激光雷达等,能够获得高分辨率的三维(立体)图像。

对于气象研究人员来说,陆地上空数据资料的搜集检测虽然复杂,但还可行,而对于海洋上空的气象数据资料,却是非常难以得到的。天气预报需要通过许多手段对大气气流等的测量分析得出结论,雷达、卫星、轮船、飞机及气象气球等都是常用的仪器设备。因此,许多研究人员都借助于航空飞行器来进行气象的航空测量。如 1991 年开始发展研制"航空快艇",1998 年开发的"海洋巡航者"等都曾经在太平洋和大西洋上空进行过航空测量。近年来也有一些科研机构,如 NOAA 将启用 GulfstreamIV 型研究飞机在北太平洋上空获取资料,欲通过改进计算机模拟加强整个北美大陆的冬季风暴预报。此前 NOAA 的 GulfstreamIV 飞机只用于大西洋飓风探测。这架经特别改装的双涡轮喷气飞机将在 2010 年 2 月停靠在日本的横田空军基地,3 月转到美国火奴鲁鲁,从此飞往资料稀少的海域获取风速、风向、气温、气压、湿度等资料。这些资料将通过卫星进入各全球业务天气预报中心,为计算机预报模式所用。NOAA 基于日本的探测任务属于 2009 年初的年度 Winter Storms Reconnaissance(冬季风暴勘察)计划的一部分:总共飞行 332 h,飞行距离相当于绕地球 5 圈。2009 年以前,探测范围只包括阿拉斯加、夏威夷及美国西海岸。此次探测任务中,探测区域穿过国际日期变更线扩大到日本,意味着 NOAA 对上游天气系统的探测取得实质性进展,可望使预报时效有较大提高。该探测项目对于全球数值天气预报模式具有重要意义,有助于提高重大天气事件的预报精度与时效,模式降水量预报可平均提高 10%—15%[①]。

除了探测气象,航空测量也在国计民生的其他方面也大展拳脚,如我国最近也将采用 2 架 Y-12 飞机搭载加拿大 CS-3 铯光泵磁力仪和 CRS-16 多道伽玛能谱仪等集成的高精度航空物探综合站进行测量,配以国际先进的数据处理软件,具有快速、高效、低成本、高精度、多参数、自然环境影响小等优点,在开展基础填图,寻找铁矿和铜镍矿等相关的磁性矿床、铀矿和钾盐相关的放射性矿床以及与岩浆作用有关的有色金属矿床等

---

① 曾晓梅. NOAA 利用高科技研究型飞机探测资料改进冬季风暴预报[J]. 气象科技. 2010, (2).

方面有独特优势。

知识群 D 中的主要节点也都是依靠在航空器上安装探测的先进仪器,从而测量大气层中各种碳氧化物、氢氧化物以及大气污染的情况。如 Webster CR 等人于 1994 年发表的文章,就是航空器飞机(ER-2)上搭载了激光红外吸收光谱仪,从而测量平流层的一些气体的含量。Jacob DJ 等人 2003 年则系统地介绍了太平洋航空器运输及化学演化的设计、执行和初步成果。这些都为航空测量做出了贡献。

知识群 E:云和降水物理学

云和降水物理学以及云微物理是研究云粒子(云滴、冰晶)和降水粒子(雨滴、雪花、霰粒、雹块等)的形成、转化和聚合增长的物理规律的学科。它是云和降水物理学的重要组成部分,又是人工影响天气的理论基础。云和降水物理的研究内容包括暖云微物理过程、冷云微物理过程、积云动力学、云和降水的数值模拟基础、积云降水物理过程、强风暴物理、层状云和雾的物理过程以及锋面云系降水物理等。对于云和降水粒子形成、增长和转化的规律的认识,主要是从理论研究和可控条件下的实验中得到的。实际上,自然云的环境和相应的微物理进程十分复杂,加上观测方面的困难,对它们的认识还很粗浅。因此云和降水微物理学的发展方向,主要是探测和研究以自然云为宏观背景的粒子群体的演变规律。

知识群 E 中美国宾州州立大学的 Albrecht BA 于 1989 年在《科学》上发表了 *Aerosols, cloud microphysics, and fractional cloudiness* 一文,探讨了海洋上空气溶胶浓度增加对可能会增加云量而减少降雨,认为也是一个调节液体水含量和浅海云能量的过程[①],研究气溶胶以及云层之间的云动力,以及云微物理的过程,从而探讨气溶胶对全球降水影响,这篇文献可以看做是这个知识群的知识基础。

这个知识群中,有几个作者研究了云和降水的数值模拟,对一些数据的参数化提出了自己的见解。如 Martin GM 等人 1994 年进行了暖层积云滴有效半径的测量和参数化;Field PR 等 2007 年研究了中纬度和热带冰云的雪地规模分布参数;Boudala FS 等 2009 年应用数值天气预报模式对雪的能见度参数化。

降水的过程也可以通过人为的因素来改变,但是到底人工因素对降水有多大的影响呢?这个也是学者们比较关心的问题。Liu XH 等人 2009 研究了人为硫酸盐和黑碳对全球对流层气溶胶云模型的影响;Penner JE 等人也是在 2009 年研究了人为气溶胶对人为卷云和人为动力的可能影响。

云的形状、云所处的地带以及云层之间的关系也是影响降水的一个重要因素。许多研究者对卷云进行了深入的研究。如 Febvre G 等 2009 年研究了卷云的光学和微物理特征,Davis SM 等人 2009 年利用中分辨率成像光谱仪进行现场测量了中纬度卷云的

---

① Albrecht BA. Aerosols, cloud microphysics, and fractional cloudiness[J]. Science. 1989, 245(4923): 1227.

光学和微物理特性；Kramer M 等 2009 年研究冰过饱和和卷云晶体号码；Jensen EJ 等 2009 年研究了热带云砧卷云小冰晶的重要性。这些研究对卷云研究有很大的推进。

所有以上的云微物理的研究数据大部分也是根据航空器的数据获得的。Wood R 在 2000 年就使用飞机数据研究层状云中的总水、冷凝水、云层之间的关系，为以上研究使用飞机数据奠定了知识基础。

知识群 F：航空器尾流及模型

尾流（wake），又称尾涡。在航空科技中是指物体后面由物体上边界层内流来的或由分离引起的充满涡流的流动区域。尾流由滑流、紊流和尾涡三部分组成。尾流是指在飞行时，由于翼尖处上下表面的空气动力压力差，产生一对绕着翼尖的闭合涡旋，通常尾涡在飞机起飞前轮抬起时产生，在着陆时前轮接地即结束，组成当后机进入前机的尾流区时，会出现飞机抖动、下沉、改变飞行状态、发动机停车甚至翻转等现象。小型飞机尾随大型飞机起飞或着陆时，若进入前机尾流中，处置不当还会发生事故。后机应该在不低于前机的飞行高度上飞行，方可免受尾涡的危害。

大涡模拟，英文简称 LES(Large eddy simulation)，是近 30 年来才发展起来的一种新型的紊流模型。它是对流体运动中起重要作用的大涡进行直接计算，对其中起较小作用的小涡进行模拟的一种方法。它能够反映出流体中的脉动运动，进而能计算出污染物在其中运动的差异性。其基本思想是通过精确求解某个尺度以上所有湍流尺度的运动，从而能够捕捉到 RANS 方法所无能为力的许多非稳态，非平衡过程中出现的大尺度效应和拟序结构，同时又克服了直接数值模拟由于需要求解所有湍流尺度而带来的巨大计算开销的问题，因而被认为是最具有潜力的湍流数值模拟发展方向。从 20 世纪 90 年代开始，大涡数值模拟方法已成为湍流数值模拟的热门课题，与湍流问题有关的广大科技工作者纷纷应用大涡数值模拟方法预测湍流，甚至流动计算的商业软件中也增设了大涡数值模拟的模块。

因此，如何减小尾涡的危害和其造成的影响，对飞机尾流及涡流的模型及数值模拟研究在航空器的研究中也是一个非常重要的前沿领域。知识群 G 中，早在 1979 年 Louis JF 就研究了大气中纵向涡通量的参数模型，也成为后来众多研究的研究基础。自 21 世纪以来，关于航空器尾流模型以及尾流消散，涡衰退等研究也不断增加。如 Fabre D 研究了四涡航空器尾流模型的稳定性；Han J 在均匀大气湍流条件下进行了尾流消散和下降数值模拟以及飞机尾涡大涡模拟，主要都是研究模型的稳定性；Rokhsaz K 则进行了航空器在水洞中的尾迹的探索研究；Sarpkaya T 提出了大气中涡衰退的新模型。

这几个知识群前沿领域间也是互相联系互相影响而不是截然分开的，以知识群 A 为核心知识群，逐渐演化出了其他知识群，例如连接这些知识群的节点研究就有 van Diedenhoven B 2009 年利用航空器的数据对北极冰的过冷层积云大涡模拟，既与知识群 D 航空探测有关，也与知识群 G 涡流数值模拟有关，也与知识群 E 的云与降水物理有关,所以知识群之间的知识流动,是互相促进和演化的。

3.6.2.3　航空器研究热点

通过对航空器研究的 13774 篇论文进行关键词分析,分析航空器领域的研究热点。如图 3-6-13 所示,网络中一共有 90 个节点和 172 条连线,一共形成了 13 个聚类,分别是聚类 0 至聚类 12。将聚类按照位置和主题的相似性进行适当的归并,最后一共形成 7 个主要的热点知识群。

热点知识群 A:声振动病,由聚类 12 构成。重要词有声振动病、低频噪音、飞机噪声成人神经胶质瘤、T 淋巴细胞等。

热点知识群 B:大气辐射测量,由聚类 9、10 构成。重要词有大气辐射测量、利用卫星、地面数据、多普勒观察眼墙置换、综合设计、太阳辐射等。

热点知识群 C:无损检测,由聚类 0、1 构成。重要词有无损检测、远红外傅立叶、使用高分辨率、高空飞机、航天飞机、利用高空间分辨率、飞机控制力、机载热检测等。

热点知识群 D:运输研究,由聚类 21 构成。重要词有运输研究、三波长气溶胶激光雷达、智能气球、海洋闪耀等。

热点知识群 E:臭氧破坏,主要由聚类 3 构成。重要词有臭氧生成、氮氧化物排放、大气边界层、对流层上部、caribic 测量、臭氧层的破坏等。

热点知识群 F:降水测量,由聚类 2 构成。重要词有测雨、层状云、粒径分布、结冰过程、温带双向对流层 - 平流层混合、北极卷云、硫酸云、云粒子相测定。

热点知识群 G:航空维修,主要由聚类 3 构成。重要词有航空维修、人为错误、强大的纵向飞行控制设计、模糊逻辑等。

图 3-6-13 中,出现的高频词如表 3-6-5 所示。航空器(aircraft)出现了 1354 次,排在

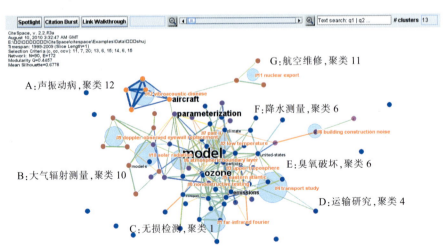

图 3-6-13　航空器研究文献的关键词共现网络及聚类

表 3-6-5　航空器关键词聚类结果与聚类标识词

聚类	Label（TFIDF）	Label（LLR）
3	upper troposphere/对流层上部；ozone production/臭氧生成；caribic measurement caribic/测量；extratropical two-way troposphere-stratosphere mixing/温带双向对流层-平流层混合；ozone destruction/臭氧层的破坏	upper troposphere/对流层上部；power plant plume/电厂烟羽；northern midlatitude/北纬
0	nondestructive testing/无损检测；aircraft control force/飞机控制力；fatigue life/疲劳寿命；experienced pilot/经验丰富的飞行员；cold expansion/冷扩张	nondestructive testing/无损检测；using high spatial resolution/利用高空间分辨率；aircraft control force/飞机控制力
1	far-infrared fourier/远红外傅立叶；using high resolution/使用高分辨率；minor constituent concentration/次要成分浓度；high altitude aircraft/高空飞机；space shuttle/航天飞机	far-infrared fourier/远红外傅立叶；using high resolution/使用高分辨率；high altitude aircraft/高空飞机
7	airborne thermal detection/机载热检测；stratiform cloud/层状云；drop size distribution/粒径分布；rain retrieval/测雨；arctic cirrul/北极卷云	part ii/第二部分；spatial pattern/空间格局；surface energy balance component/表面能量平衡组件
6	nox emission/氮氧化物排放；coastal orography/海岸地形；icing proces/结冰过程；lowering spray boom/降低喷臂；m-heterodyne doppler lidar/m-heterodyne 多普勒雷达	atmospheric boundary layer/大气边界层；continental outbreak/大陆爆发；dual-polarized ku-band backscatter signature/双极化 Ku 波段散射签名
12	t lymphocyte/T 淋巴细胞；vibroacoustic disease/声振动病；low frequency noise/低频噪音；extreme weather event/极端天气事件；multidisciplinary design/多学科设计	vibroacoustic disease/声振动病；aircraft industry/飞机制造业；aerial spray drift/航空喷雾漂移
10	atmospheric radiation measurement/大气辐射测量；using satellite/利用卫星；surface data/地面数据；indian ocean/印度洋；regional aerosol distribution/地区气溶胶分布	solar radiation/太阳辐射；atmospheric radiation measurement/大气辐射测量；surface data/地面数据
9	low-level jet/低空急流；doppler-observed eyewall replacement/多普勒观察眼墙置换；integrated design/综合设计；thermal-oxidative degradation/热氧解；stovl flow application/STOVL 型流动应用	doppler-observed eyewall replacement/多普勒观察眼墙置换；underactuated system/欠驱动系统；integrated design/综合设计
2	laser depolarization study/激光退偏振现象研究；low temperature/低温；fractal particle/分形粒子 h2so4 cloud/硫酸云；cloud particle phase determination/云粒子相测定	low temperature/低温；h2so4 cloud/硫酸云；laser depolarization study/激光退偏振现象研究
5	low-level jet/低空急流；quadrupole ion trap mass/四极离子阱质谱；large scale mercury/大规模汞 quadrupole ion trap mass spectrometer/四极离子阱质谱仪；submicron aerosol/亚微米气溶胶	eastern atlantic/东部大西洋；jet aircraft/喷气式飞机；number-to- volume relationship/数量到数量关系
4	three-wavelength aerosol lidar/三波长气溶胶激光雷达；transport study/运输研究；ocean glint/海洋闪耀；kuwait oil fire/科威特油井大火；total precipitable water vapor/总降水量	transport study/运输研究；three-wavelength aerosol lidar/三波长气溶胶激光雷达；smart balloon/ 智能气球
11	robust longitudinal flight control design/强大的纵向飞行控制设计；nuclear export/核输出；fuzzy logic/模糊逻辑；aviation maintenance/航空维修；human error/人为错误	nuclear export/核输出；human error/人为错误；aviation maintenance/航空维修
8	aircraft noise/飞机噪音；building construction noise/建筑施工噪声；adult glioma/成人神经胶质瘤；direct shortwave aerosol/气溶胶直接短波；niche hypothesis/生态位假说	building construction noise/建筑施工噪声；british columbia/不列颠哥伦比亚省；adult glioma/成人神经胶质瘤

第二和第三位的词是模型(model)和运输(transport)。其余的高频词还有臭氧(ozone)、设计(design)、系统(systems、systems)、边界层(boundary-layer)、排放物(emissions)、气候(climate)、参数化(parameterization)、稳定性(stability)、湍流(turbulence)、航空器观察值(aircraft observations)、仿真(simulation)等,这些词大多涉及到航空器、与航空器相关的系统、模型以及航空器造成影响(如飞机噪音造成的疾病、航空器排放物造成大气污染等)。

3.6.2.4　小结

从对航空器研究文献的知识图谱分析结果来看,航空器研究前沿领域主要包括如下 6 个领域:航空与大气化学、声振动病、气溶胶化学、航空测量、云和降水物理学、航空器尾涡及模型研究。

从对航空器热点的知识图谱分析来看,6 个主要知识群涉及到四个方面:(1)与航空器相关的大气化学的研究。例如降水测量、臭氧生成和破坏等。(2)运用航空器的测量的实证研究,包括大气辐射测量、运输研究等。(3)航空器自身变化与航空器飞行的研究,包括无损检测、航空检测、大涡模拟等。(4)航空器引起的各种疾病研究,如声振动病。

3.6.3　核心技术层次:尾涡

3.6.3.1　尾涡的论文整体分布情况

如图 3-6-14 所示,飞机尾涡的论文每年变化不是很大,从 1999—2008 年基本呈上升趋势,到 2009 年有所下降。每年发表的有关尾涡论文数量稳步增长,从 1999 年的 195 篇涨到 2008 年的 340 篇,每年的涨幅在 10%上下徘徊。说明尾涡的研究是逐年增长的过程,但是相比航空航天工程领域与航空器领域来说,研究数量就相对较少。

从国家地区分布来看,撰写航空器论文的有 69 个国家和地区,发表文章最多的前

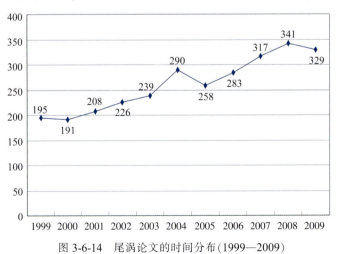

图 3-6-14　尾涡论文的时间分布(1999—2009)

20 名的国家和地区中(见图 3-6-15),美国数量最多,为 943 篇,远高于其他国家;其次为英国、中国、法国、日本、德国、加拿大、韩国、澳大利亚和印度。中国居第 3 位,中国台湾地区居第 11 位。可以看出美国的研究远远高于其他国家;而英国、中国、法国三国则大致相当。

从国家合作网络来看(见图 3-6-16),网络中有 69 个节点,56 条连线,说明尾涡的研究中,国家之间的合作相对来说比航空器合作紧密。但是可以看出,美国、英国、中国前三名的国家几乎与其他国家没有什么合作,在网络中也不处于中心地位。反而后面的

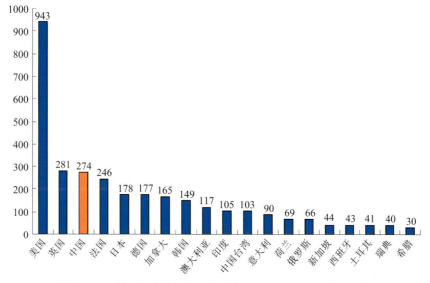

图 3-6-15　尾涡论文的国家和地区分布(1999—2009)(前 20 位)

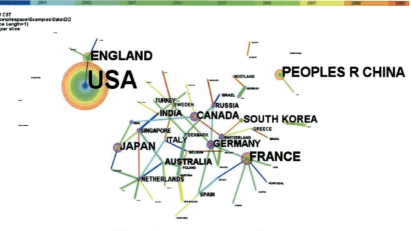

图 3-6-16　尾涡论文论文的国家和地区合作网络(1999—2009)

一些国家形成了合作网络,从图上的紫色的圈可以看出,法国、日本、加拿大、德国、俄罗斯、新加坡、瑞士、荷兰、伊朗等国或多或少的在尾涡的研究中,占据了中心的地位,把一些相关的国家联系起来,形成了一个较大的合作网络。其他一些发文更少的国家也在图中处于孤立地位。

发表尾涡论文的相关机构有 1420 个,图 3-6-17 显示了发表文章最多的前 30 名的机构。

其中香港理工大学(Hong Kong Polytech Univ)的尾涡研究论文有 96 篇,居首位。香港理工大学(简称"理大")前身为"香港官立高级工业学院",成立于 1937 年。1947 年更名为"香港工业专门学院"。1972 年 8 月 1 日改组为"香港理工学院"。1994 年 11 月 25 日,《香港理工大学条例》经香港立法局通过及刊登宪报后实行,"香港理工学院"正式升格为"香港理工大学"。香港理工大学是 2009 年世界排名 200 强的名校,在土木工程领域,建造及建筑技术领域等领域的 SCI 发文及引文均列全球排名之首。香港理工大学有一个流固耦合研究中心(Research Centre for Fluid-Structure Interactions(FSI)),这个中心的目的是通过实践、数值以及理论的研究以及博士后的训练来理解流固耦合的基础,并且把这些知识用来解决和香港有密切关系的一些问题。这些问题包括风力机空气动力学,空气动力的噪声等。因此,这个中心对尾涡的研究在学术贡献和工业应用上取得了丰硕的成果。

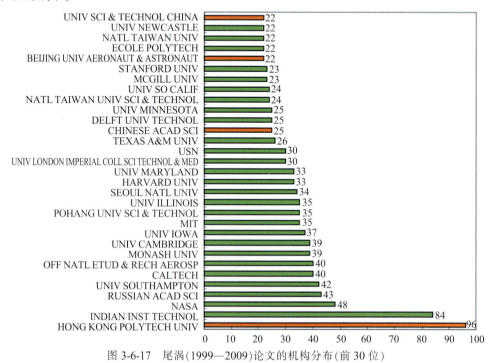

图 3-6-17　尾涡(1999—2009)论文的机构分布(前 30 位)

排在第二位的印度理工学院(Indian Institute of Technology,简称 IIT)是由印度政府所建设和组成的七间自治工程与技术学院。在学术界具有世界声誉,被称为印度"科学皇冠上的瑰宝",是印度最顶尖的工程教育与研究机构。印度理工学院培养的 IT 人才遍及世界各地,美国硅谷更是这些 IT 人才的聚集地。印度理工学院为印度软件业在世界范围内的成功做出了不可磨灭的贡献。印度理工学院创建于 1951 年, 在全国共设有 7 所校区,分别是:德里(Delhi)理工学院、坎普尔(Kanpur)理工学院、卡哈拉格普尔(Kharagpur)理工学院、马德拉斯(Madras)理工学院、孟买(Mumbai)理工学院、瓜哈提(Guwahati)理工学院和卢克里(Poorkee)理工学院。1951 年创建的第一所印度理工学院卡拉格普尔分校就以麻省理工学院为原型构建起学术、科研和管理制度,从而在制度上实现了与国际一流的接轨。因此,几年之中学院就发展成为印度教学和科研水平最高的机构之一。其中坎普尔理工学院、卡哈拉格普尔理工学院、马德拉斯理工学院、孟买理工学院这四个学院的最主要的优势领域就是航空工程。因此,在尾涡领域的研究居世界第二也不足为奇。

美国国家航空航天局(NASA)发文 48 篇居第三位,俄罗斯科学院(Russian Academy of Sciences)发表论文 43 篇,居第四位。

中国大学和科研机构的实力非常强,在尾涡研究论文数量方面,许多大学都跻身于 100 位以内,其中中科院 25 篇排 20 位,北京航空航天大学 22 篇居第 25 位,中国科技大学 22 篇居并列 25 位,清华大学 18 篇居 42 位,此外中国发表航空航天工程论文较多的单位还有北京大学(14 篇 61 位)、香港大学(13 篇 69 位)、浙江大学(12 篇 79 位)、上海交通大学(11 篇 86 位)等。

从机构合作网络来看(见图 3-6-18),网络中有 153 个节点,却只有 46 条连线,说明尾涡的研究中,机构之间的合作也不是很紧密。

3.6.3.2　尾涡的研究前沿

运行 CiteSpace,根据自动聚类和自动标签的结果(表 3-6-6),提出尾涡研究的五个

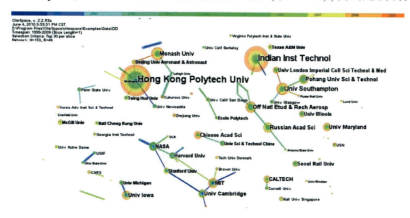

图 3-6-18　尾涡(1999—2009)论文的机构合作网络

表 3-6-6　尾涡聚类结果、聚类标识与知识群划分

聚类	聚类标识（TFIDF 算法）	聚类标识（LLR 算法）	所属知识群
6	free end effect/自由末端效应；circular cylinder/ 圆柱；wake flow/尾流；3d transition/三维过渡；finite element method/有限元方法	circular cylinder/ 圆柱；3d transition/三维过渡；wake flow/ 尾流	知识群 A
15	four-vortex aircraft wake model/四涡飞机尾流模型；vortex pair/涡对；elliptic instability/椭圆不稳定性；vortex decay/涡衰减；exploratory study/探索性研究	four-vortex aircraft wake model/四涡飞机尾流模型；elliptic instability/椭圆不稳定性；vortex pair/涡对	知识群 C
4	turbulent near wake/湍流近尾迹；turbulence production/湍流触发；bistable flow/ Bistable 流场；circular cylinder/圆柱；near wake/尾流流（近尾流）	bistable flow/ Bistable 流场；turbulent near wake/湍流近尾迹；turbulence production/湍流触发	知识群 A
17	net momentum/ 净动量；numerical modeling/数值模拟；turbulence profile/湍流廓线；hyper eddy viscosity/超涡粘度；stratified wake/分层尾流	net momentum/净动量；numerical modeling/ 数值模拟；turbulence profile/湍流廓线	知识群 A
7	front stagnation poin/前停滞画法；benard-von karman instability/贝纳德-冯卡门不稳定；oscillating cylinder/振荡圆柱 uniform stream/均匀流；forced convection/强制对流	front stagnation point/前停滞画法；benard-von karman instability/贝纳德-冯卡门不稳定；oscillating cylinder/振荡圆柱	知识群 A
9	frequency response/频率响应；vibrating cylinder/振动筒；vortex formation/ 涡生成；numerical study/数值研究	frequency response/频率响应；vibrating cylinder/振动筒；vortex formation/涡生成	知识群 A
11	moderate reynolds number/中等雷诺数；unsteady wake/非定常尾迹；shear flow/剪流；uniform flow/均匀流；turbulent flow/湍流	moderate reynolds number/中等雷诺数；unsteady wake/ 非定常尾迹；shear flow/剪流	知识群 A
16	flapping flight/扑翼飞行；frequency selection/频率选择；aerodynamic force/空气动力；propulsive performance/推进性能；wing-wake interaction/机翼尾流干扰	flapping flight/扑翼飞行；frequency selection/频率选择；wing-wake interaction/机翼尾流干扰	知识群 E
12	heterocercal tail/ 歪形尾；wake structure/尾流结构；vertical maneuvering/垂直机动；pectoral fin/胸鳍；white sturgeon/白鲟	wake structure/尾流结构；vertical maneuvering/垂直机动；pectoral fin/胸鳍	知识群 B
8	oscillating cylinder/振荡圆柱；incident stream/；subharmonic lock-on/次谐波锁定；hydrodynamic force/水动力；lock-in zone/锁定区	oscillating cylinder/振荡圆柱；incident stream；subharmonic lock-on/次谐波锁定	知识群 A
14	wake circulation/尾涡的环量衰减；helicopter rotor/直升机旋翼；turbulent trailing vortex/湍流尾涡；rollup region/汇总区域；flow separation/流分割（流动分离）	turbulent trailing vortex/湍流尾涡；rollup region/汇总区域；flow separation/流分割（流动分离）	知识群 C
1	agricultural spray/农业喷雾；transverse jet/横向射流；jet flame/射流火焰；strong transverse jet/强烈的横向射流；anon-uniform cross-flow/不久均匀横流	transverse jet/横向射流；jet flame/射流火焰；strong transverse jet/强烈的横向射流	知识群 D
2	rectangular duct/矩形管；transition and-chao/；internal obstacle/内部障碍；square cylinder/方柱；unsteady characteristic/非定常特性	square cylinder/方柱；transition and-chao；internal obstacle/内部障碍	知识群 A

续表

聚类	聚类标识（TFIDF 算法）	聚类标识（LLR 算法）	所属知识群
10	vortex-induced vibration/涡激振动；induced vibration/振动；square cylinder/方柱；cylinder wake/圆柱尾流；locked-on mode/锁定模式	vortex-induced vibration/涡激振动；locked-on mode/锁定模式；vortex-shedding mode/涡脱落模式	知识群 A
13	complex turbulent wake/复杂湍流尾迹；cell boundary element method/细胞边界元法；various arrangement/各种安排；turbulent wake/湍流尾迹；flexible cylinder/柔性圆柱	complex turbulent wake/复杂湍流尾迹；flow-pattern identification/流型识别；staggered circular cylinder/圆柱绕流交错	知识群 C
5	vortex street/涡街；number effect/数值效果；vortical structure/涡流结构；transient laminar flow/层流流动	vortex street/涡街；number effect/数值效果；vortical structure/涡流结构	知识群 A
0	flapping flight/扑翼飞行；propulsive performance/推进性能；frequency selection/频率选择；modelling thrust generation/；viscous flow/粘性流动	flapping flight/扑翼飞行；modelling thrust generation/viscous flow/粘性流动	知识群 E
3	computational study/计算研究；flapping airfoil aerodynamic/扑翼型气动；numerical study/数值研究	computational study/计算研究；flapping airfoil aerodynamic/扑翼型气动；numerical study/数值研究	知识群 B

研究前沿领域（见图 3-6-19）。

知识群 A：涡动力学

涡动力学(vorticity and vortex dynamics)是流体力学的一个既古老又年轻的分支。它主要研究涡量和旋涡的产生、演化及其与物体和其它流动结构的相互作用以及在湍流发生、发展和流动控制中的作用。与之相关的研究有流体力学、漩涡稳定性、涡的相互作用、实验研究、边界问题、漩涡流动控制等。

如表 3-6-6 所示，在知识群 A 中大部分研究是关于圆柱体绕流以及一些钝体绕流

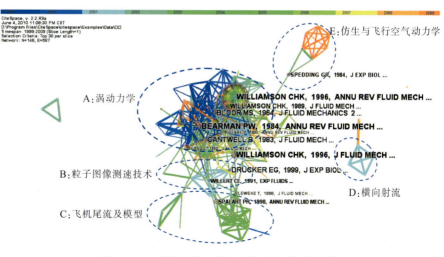

图 3-6-19　尾涡研究文献的文献共被引网络图谱

的问题,这些相关问题广泛存在于工程应用中。可以看到被引频次较高的有Williamson CHK 发表的两篇文献《圆柱绕流尾迹中的涡动力学》(1996)与《低雷诺数条件下的圆柱绕流尾迹中的涡脱落的斜合并模式》(1989)。Williamson CHK 认为尽管科学家和工程师把二维和三维的尾流的涡的不稳定性当做一个有趣的领域研究了很多年,但是,这个领域的研究仍然面对很大的挑战[1]。因此,他发表了一系列有关圆柱绕流以及涡流的文章来阐述了自己的认识。他还与人合作发表了一些文章,如与 Khalak A 合作研究了非常低质量和阻尼水弹性圆柱的动力学,与 Govardhan R 合作研究了球体表面的涡激运动等。

圆柱近尾迹与圆柱体流研究的一个重要领域是涡脱落,有很多文章都研究了涡脱落。Blevins RD 等早在 1975 年研究了涡脱落引起的流体动力;Zdravkovich MM 在 1982 年研究了同步范围的涡脱落的变异(减轻);Bearman PW 在 1984 年探讨了来自震荡钝体的涡脱落;Sakamoto H 等于 1990 年进行了均流中的涡脱落研究;Park DS 等人 1994 年研究了低雷诺数条件下圆形绕流后的涡脱落的反馈控制;Henderson RD 则是 1995 年发现了涡脱落发生附近的拖动曲线的细节;2000 年 Wang ZJ 对涡脱落和拍打飞行中的频率选择进行了探讨。他们通常都是在一定的边界条件下,基于流场中的典型流场结构、湍流特性、涡动力学特性来进行研究。

旋涡流动稳定性的研究,主要研究了一种典型的漩涡,即圆柱近尾迹的稳定性、动力学和控制问题。漩涡的产生是由于流体绕过非流线形物体时,物体尾流左右两侧产生的成对的、交替排列的、旋转方向相反的反对称涡旋。卡门涡街是粘性不可压缩流体动力学所研究的一种现象。1911 年,德国科学家冯·卡门从空气动力学的观点找到了这种涡旋稳定性的理论根据。对圆柱绕流,涡街的每个单涡的频率 f 与绕流速度 v 成正比,与圆柱体直径 d 成反比。Sr 是斯特劳哈尔数,它主要与雷诺数有关。当雷诺数为 300—$3×10^5$ 时,Sr 近似于常数值(0.21);当雷诺数为 $3×10^5$—$3×10^6$ 时,有规则的涡街便不再存在;当雷诺数大于 $3×10^6$ 时,卡门涡街又会自动出现,这时 Sr 约为 0.27。出现涡街时,流体对物体会产生一个周期性的交变横向作用力。如果力的频率与物体的固有频率相接近,就会引起共振,甚至使物体损坏。因此,研究漩涡在不同条件和频率下的稳定性对消除不利影响有着积极的作用。Bloor MS 在 1964 年研究了湍流和涡街之间的过渡;Huerre P 等人 1990 年探讨了空间发展流动中的局部和全局的不稳定性;Crouch JD 则在 1996 年对多尾涡对的稳定性进行了研究。这些研究都为学者研究旋涡稳定性提供了知识基础。

知识群 A 中的文献数量较多、被引频次都相对较高,而且发表的年份都很长,可以

---

① Williamson CHK. Vortex dynamics in the cylinder wake [J]. Annual Review of Fluid Mechanics. 1996, 28(1): 477—539.

说是尾涡研究论文的中经典文献,并且为其他领域的发展都提供了知识基础,从而演化出其他的知识群。如 Sarpkaya T 于 1978 年发表的《振动圆柱体的流体动力》、SCHLICHTING H 在 1979 年发表的《边界层理论》、BATCHELOR GK 在 1964 年发表的《拖曳涡中的轴流》等。

知识群 B:粒子图像测速技术

粒子图像测速技术(PIV),是现代流体力学中应用最为广泛的一种测量流体速度场的技术,是近 20 年发展起来的一种流动速度全场无干扰瞬时测量方法,并逐渐成为流体速度的主要测量方法之一。此技术能够测量出紊流、微型液体、喷雾雾化和燃烧过程的气体或液体流的速度以及流动特点等。用粒子图像测速技术对各种雷诺数条件下的圆柱绕流场进行了实验,从而可得出速度场、涡量场以及涡脱落现象的时空演化规律。此项技术对计算动力学的计算研究和数值研究都很有价值。

知识群 B 中 Willert CE 等人 1998 年系统介绍了粒子图像测速,编写了一个使用指南;Drucker EG 等人于 1999 年利用电驱动微流体粒子图像测试技术对游泳的鱼的自发力量进行了研究,从而对三维尾涡的动力学进行了量化,这是对涡动力学的新尝试。

知识群 C:飞机尾流及模型

飞机飞行时,在其后面都会产生尾流。尾流也是一种湍流。当飞机进入前面飞机的尾流区时,会出现机身抖动、下沉、飞行状态改变、发动机停车甚至飞机翻转等现象。小型飞机尾随大型飞机起飞或着陆时,若进入前机尾流中,处置不当就会发生飞行事故。尾流由滑流、紊流和尾涡三部分组成,其中尾涡对尾随大型飞机起飞着陆的小型飞机影响最大。飞机飞行时都会产生一对绕着翼尖的方向相反的闭合涡旋,这就是尾涡。尾涡的强度由产生尾涡的飞机的重量、飞行速度和机翼形状决定,其中最主要的是飞机的重量。所以,飞机应该在不低于前机的飞行高度上飞行,才可免受尾涡的危害。因此,研究飞机的尾流轨迹以及相关的模型,对于了解、控制或者避免尾涡有着重要的意义。

知识群 C 中最大的节点是 Spalart PR 1998 年对飞机尾涡的研究。Spalart 曾设计过 Spalart-Allmaras(SA)一方程,为航空航天工程的数值模拟计算提供了新的应用方法。

知识群中的其他节点主要研究的是有关飞机尾流及其相关的模型研究。如 Fabre D 等人 2000 年研究了四涡模型飞机尾流的稳定性;Gerz T 于 2001 年面向一个操作系统预测和观察了尾涡;Zhou Y 等人研究了方缸复杂湍流尾迹;Henderson RD 等提出了非结构化的紊流模拟谱元方法;Schr C 等人则在过去孤立地形浅水流的条件下研究了涡流产生和尾流形成;Jacquin L 等人进行了一个实验研究,在扩展相似领域中的运输飞机尾流特性。

知识群 D：横向射流

射流(jet)，是从管口、孔口、狭缝射出，或靠机械推动，并同周围流体掺混的一股流体流动。经常遇到的大雷诺数射流一般是无固壁约束的自由湍流。这种湍性射流通过边界上活跃的湍流混合将周围流体卷吸进来而不断扩大，并流向下游。射流在水泵、蒸汽泵、通风机、化工设备和喷气式飞机等许多技术领域得到广泛应用。在实际工程中，大多数射流都受到横向流动的影响。同时，横向射流(transverse jet)在实际工程问题中也有许多重要应用。

对均匀横流环境中铅直圆形射流的研究，虽然已有一些研究者进行了理论分析及实验研究，但由于该流动的复杂性，加上实验设备和手段的限制，因此在实验研究方面，主要能给出的就是射流轨迹线和个别研究者给出的在某些流速比条件下沿对称平面的几个断面的速度、浓度及湍动能等物理量的分布，且测量精度也是非常有限的，对于整个流场的流动则很难给出一个全面的成果；在理论分析方面，当采用积分分析法时，由于需假设沿射流轨迹线各横断面的速度、浓度等物理量的分布和沿程掺混系数的关系，而在此种情况下，实际上沿射流轨迹线各横断面上的分布已不满足正态分布，且各断面的形状都是非常复杂的，并且掺混关系也很难给出，因此，用积分法得出的成果与实际情况相差非常之大；另外的一种渐近分析的方法，通过量纲分析给出一定的关系式，再通过实验确定出各关系式中的系数，也仅仅只能为设计提供一个量级上的参考数值[①]。因而对横流环境中的射流的研究，有待进一步深入进行。

知识群 D 中的节点大都是研究横流环境中的射流。他们通常采用数值计算方法来研究横流环境中的射流。如 Hsu AT 2000 年对横流中的射流进行了非定常模拟；Lim TT 2001 年研究了横流中射流大规模结构的发展等。

知识群 E：仿生与飞行空气动力学

知识群 E 中部分是相关飞行与游动生物运动力学的论文。飞行与游动的生物运动力学是一门以流体力学为先导的交叉科学，是以鱼类游动和昆虫飞行为研究对象，采用实验观测、数值模拟和理论分析相结合，以及生物学和力学相结合的综合研究方法，探索生物体推进的基本原理，进而建立仿生推进技术的理论框架，为研制新型水下航行器、微小型飞行器等提供新的概念和依据。Lighthill MJ 早在 1971 年就发表了有关鱼类运动的大摆幅细长体理论，1975 年提出利用数学的方法研究生物流体力学；Ellington CP 于 1984 年系统地提出昆虫的悬停飞行的动力机理；Triantafyllou MS 等人 2000 年研究了游泳的鱼状流体动力学；Muller UK 等人在 2000 年通过比较幼鱼的体积，研究了不同鱼的体积在非定常流体情况下对鱼游泳的影响，2001 年通过鳗流场研究了鱼身

---

① 张晓元，李炜. 均匀横流环境中铅直圆形射流数值研究[J]. 水动力学研究与进展: A 辑. 2003, 18(001): 73—80.

体是如何有助于波动鱼游泳;Lauder GV 等人于 2004 年发表了鳍鱼控制面类实验流体力学和形态学,这些论文大都为飞行动力学研究提供了基础。

知识群 A 与知识群 E 之间的连接点 Spedding GR 等人于 1984 年发表了论文,研究了鸽子飞行造成尾迹的动力学,介绍一种技术,观察了缓慢向前飞行鸟类尾涡,并对现有鸟类飞行理论模型进行做预测。

飞机的机翼与飞行动物的翅膀有着先天的相似性,因此,研究昆虫翅膀与机翼相关研究也是知识群 E 中的主要内容。Dickinson MH 与其合作伙伴 1999 年在 Science 发表了《旋转翼和昆虫飞行的空气动力学基础》,2001 年与 Birch JM 合作在 Nature 上发表了《昆虫翅膀的展向流以及前缘涡的附件》,这些在国际重要期刊上发表的论文对推进这个领域做出了贡献。一些学者对扑翼、旋转翼所引起的具体流体力学的问题也做了大量的研究,如 Devenport WJ 等 1997 年对反旋转翼尖涡配对的结构进行了细致研究,并对当时的进展做了大致描述;Lu XY 等 2003 年关注了扑翼的推动力和涡脱落现象;Sun M 等于 2003 年研究了拍翼轨迹对昆虫前飞气动性能的影响;Kim D 等 2007 年进行了单翅扑翼悬停的二维机理研究。

可以看到这些知识群之间不是互相孤立,而是互相联系的,知识群 A 是整个尾涡研究的核心知识群,逐渐演化出其他几个知识群。

3.6.3.3　尾涡的研究热点

通过对尾涡研究的 2901 篇论文进行关键词分析,分析尾涡领域的研究热点(见图 3-6-20)。

图 3-6-20 中一共形成了 11 个聚类,分别是聚类 0 至聚类 10。将聚类按照位置和主题的相似性进行适当的归并,最后一共形成 7 个主要的热点知识群。

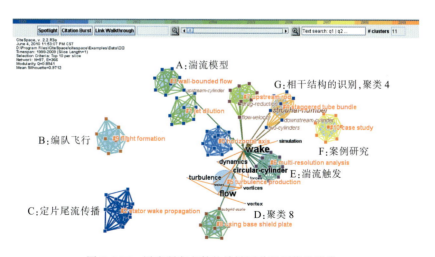

图 3-6-20　尾流研究文献的关键词共现网络及聚类

热点知识群 A:湍流模型,由聚类 3、1、7 构成。重要词有理论模型、单方程湍流模型、气弹响应、椭圆形截面、壁流、轴流压缩机叶栅、波相互作用、射流稀释、喷油器框架、被动控制尾流、被动外加剂等。

热点知识群 B:编队飞行,由聚类 9 构成。重要词有编队飞行、尾流边界层交互作用、水洞、无涡流区域、农业喷雾等。

热点知识群 C:定片尾流传播,由聚类 2 构成。重要词有定片尾流传播、液流通道(通流)、拖曳尾迹、椭圆射流、燃气涡轮转子轴等。

热点知识群 D:水平圆柱,由聚类 8 构成。重要词有水平圆柱(横圆柱)、流动可视化(流动形象)、航空航天应用、压力测量等。

热点知识群 E:湍流触发,主要由聚类 5、0、6 构成。重要词有湍流触发、边界交互作用、二次稳定性、有限元方法、直升机旋翼尖涡、摆动汽缸、多分辨率分析、单前排、小翼、初始条件效果、压力损失减少、水平轴、非定常气动特性、二次流旋涡结构、涡轮叶栅、尾流扰动频率等。

热点知识群 F:案例研究,由聚类 10 构成。重要词有案例研究、水中行动、瞬时力、系留缸、无创测量、胸鳍等。

热点知识群 G:相干结构的识别,主要由聚类 3 构成。重要词有相干结构的识别、错列管束、非洲季风、超音速加速飞行、热带断裂区域等。

出现的高频词如表 3-6-7 所示。尾流(wake、wakes)出现了 570 次,排在第二的词是

表 3-6-7 频次大于 20 的高频词

频次	中心性	词	释义
570	0.48	wake	尾流
411	0.03	flow	流体
271	0.04	circular-cylinder	圆柱
259	0	turbulence	湍流
206	0	dynamics	动力
156	0.04	vortex	涡流
156	0	vortices	涡流
133	0	simulation	模拟
91	0	forces	动力
72	0.01	wakes	尾流
44	0.03	strouhal-number	斯德鲁哈尔数
38	0	flow-structures	流体结构
32	0	fluid-dynamics	流体动力
30	0	flat-plate	平台

续表

频次	中心性	词	释义
28	0	cylinder-diameter	圆柱直径
24	0.07	vortex-rings	涡旋
24	0.03	reynolds-averaged-navier-stokes	平均雷诺数
24	0	near-field	近域
24	0	flow-velocity	流速
24	0	downstream-cylinder	下游圆柱
23	0.07	drag-reduction	减阻
23	0	boundary-conditions	边界条件
22	0.03	two-cylinders	两缸
22	0	second-order	第二
22	0	cross-stream	交流
22	0	computational-fluid-dynamics	计算流动力学
21	0	vortex-pair	涡对
21	0	velocity-fluctuations	功率
21	0	tip-vortices	涡尖
21	0	numerical-model	数值模型
20	0	unsteady-flow	不稳定流
20	0	uniform-flow	非定常流
20	0	strouhal-numbers	斯德鲁哈尔数
20	0	pressure-gradient	压力梯度
20	0	natural-frequency	自然频率

流体（flow）。其余的高频词还有圆柱（circular-cylinder）以及与圆柱相关的词(cylin-der-diameter、downstream-cylinder、upstream-cylinder、heated-cylinder)、湍流（turbu-lence）、动力（dynamics、forces）、涡流（vortex、vortices）、模拟（simulation）、尾流模型(wake-model、numerical-model)等，这些词大多涉及到尾涡以及与尾涡有关的理论、模型、数值计算、模拟等。

3.6.3.4 小结

从对尾涡研究文献的知识图谱分析结果来看，尾涡研究前沿领域主要包括如下 5 个领域:涡动力学、粒子图像测速技术、飞机尾涡及模型、射流、仿生与飞行空气动力学。从对尾涡知识图谱分析来看,5 个主要知识群涉及到三个方面:(1)基础理论、模型、方法,例如涡动力学、仿生与飞行空气动力学;(2)具体的技术研究,包括粒子图像测速技术、射流;(3)与飞机相关的研究,包括飞机尾涡、飞机的机翼等。

3.6.4　空天领域技术科学、前沿技术与核心技术之间的关系

3.6.4.1　技术科学在空天科学技术体系中的基础性地位

在对航空航天科学整体领域的知识图谱研究中,我们发现,技术科学,尤其是方法性的技术,在空天科学发展演变过程中发挥着重要的基础性作用。

从图 3-6-5 中可以看到,主要包含基础理论和技术方法性文献的知识群 C0 对其他知识群起到了连接作用。虽然此知识群中的文献的出版日期都比较早,多在 20 世纪 70、80 年代,但是这些基础性的理论、技术方法研究一直在对空天科学研究产生重要的影响。

例如斯帕拉特(Spalart PR)与奥马拉斯(Allmaras SR)1992 年在第 30 届航空科学与展览会上发表的《空气动力流计算用的一方程湍流模型》(*A one-equation turbulence model for aerodynamic flows*),1994 年发表在 AIAA Journal 上, 这篇论文发展了湍流转换方程和湍流模型(Spalart-Allmaras(SA)),这个方程模型成为计算流体力学中简化湍流模型中继 Baldwin-Lomax(BL)模型、Johnson-King(JK)非平衡代数模型、Baldwin-Barth(BB)一方程模型后的较新的一方程模型,为航空航天工程的数值模拟计算提供了新的应用方法。

从 SCI 数据库中检索到 Spalart 的这篇论文总被引次数高达 420 次, 在学术 GOOGLE 中达 2093 次。图 3-6-21 反映了 Spalart 论文的 SCI 中总被引次数的年度变化情况,呈现了逐年小幅波动上升的变化过程。被引次数于 2009 年达到顶峰,这一年被引 60 次。而在空天科学领域,Spalart 论文的被引次数也是基本呈现上升趋势。2009 年的被引次数为 15 次, 说明 Spalart 提出的数值方程在空天科学技术领域的起着很重要的基础性作用。

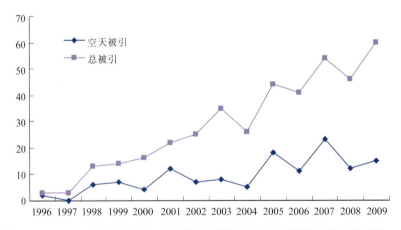

图 3-6-21　Spalart 论文的在 SCI 中的总被引情况及其在空天科学中的被引情况

事实上，Spalart 的这篇论文不仅在空天科学领域，在其他科学领域，例如力学、机械工程、流体与等离子体物理、热力学等领域的被引次数也非常之高，如表 3-6-8 所示。

表 3-6-8　Spalart 论文被引情况的学科领域分布

序号	学科	Spalart 论文被引数量
1	力学	137
2	航空航天工程	133
3	机械工程	117
4	流体与等离子体物理	48
5	热力学	46
6	计算机科学，跨学科应用	45
7	数学，跨学科应用	23
8	土木工程	18
9	海洋工程	16
10	应用物理	14
11	应用数学	13
12	工程多学科	12
13	计算机科学，理论和方法	11
14	数学物理	11

在航空航天科学的前沿技术领域，也就是我们选取的航空器领域，技术科学也同样发挥着重要的基础性作用。例如航空器尾涡及模型研究知识群 F，此知识群主要是关于航空器尾涡研究的相关的一些模型和技术，如 1979 年 Louis JF 就研究了大气中纵向涡通量的参数模型，也成为后来众多研究的研究基础。自 21 世纪以来，关于航空器尾流模型以及尾流消散研究也不断增加。如 Fabre D 研究了四涡航空器尾流模型的稳定性；Han J 在均匀大气湍流条件下进行了尾流消散和下降数值模拟以及飞机尾涡大涡模拟，主要都是研究模型的稳定性。大涡模拟是近几十年才发展起来的一个流体力学中重要的数值模拟研究方法，它区别于直接数值模拟(DNS)和雷诺平均(RANS) 方法。其在前沿技术中得到了很多的应用。

尾涡知识图谱分析中，知识群 C 中最大的节点是 Spalart PR，其研究了飞机尾涡。他设计过方程模型，为航空航天工程的数值模拟计算提供了新的应用方法。知识群 C 也连接了其他几个知识群。

3.6.4.2　技术科学、前沿技术与核心技术之间的关系

通过对航空航天工程领域的研究，我们选取航空器的研究在空天科学技术的前沿

技术,进行知识图谱分析,在对航空器研究图谱分析的过程中,我们发现,飞机尾流及模型,是空天科学技术的核心技术领域。

通过比较航空航天工程总体、航空器研究发现,虽然我们用的是不同的检索关键词进行检索,但是我们注意到在空天科学技术整体的知识图谱和前沿技术的知识图谱中,许多重要关键节点和知识群都多次重复出现。

(1)重要关键节点在技术科学与前沿技术知识图谱中多次出现

例如 Spalart PR 与 Allmaras 1992 年发表的 *A one-equation turbulence model for aerodynamic flows* 在空天科学技术的整体知识图谱和航空器研究的知识图谱中都是重要的关键节点。进一步的研究发现,这些多次重复出现的关键节点都是偏向于基础性的技术理论和试验方法。

(2)核心技术的知识群在技术科学与前沿技术知识图谱中多次体现

在对空天科学技术的整体知识图谱分析中,6 个知识群中有 5 个知识群都与流体力学与空气动力学数值计算、模型研究有关。对航空器研究的知识图谱分析中,也得到与流体力学模型、数值模拟相关的若干知识群。进一步,通过直接对尾涡的知识图谱分析,我们发现,6 个主要知识群中有许多在前面的技术科学知识图谱和前沿技术知识图谱中都出现过,例如知识群 A:涡动力学与空天科学技术总量知识图谱中的知识群 C0:计算流体力学、空气动力学,知识群 C:飞机尾涡及模型与前沿技术中的航空器尾涡及模型研究,以及知识群 E:仿生与空气动力学与环境科学技术知识图谱中的知识群 C0:计算流体力学、空气动力学。

3.6.4.3 空天技术的发展态势与方向

(1)发展态势

从航空航天总体计量的研究前沿,可以预测航空航天工程领域发展的趋势:(1)综合化、复杂化。吸收和利用其他学科领域的最新成果,多学科交叉融合,先进技术综合集成。(2)精确化、微型化。航空航天技术控制系统精细化、高效化以及作战使用要求的日益复杂和严酷使探讨新的高升力机制成为微型飞行器研制的关键问题之一。(3)智能化、仿生化。美国正在研制的主动气动弹性机翼以及 NASA 正在考虑发展的柔性飞行器,模仿鸟类的飞行状态,被认为是对未来飞行器发展的有益探索。(4)空天一体化。高超声速飞行器是航空科技向新的飞行边界进行全新探索的重要领域。它对实现空天一体化产生重大影响,是航空先进国家近年发展的热门领域。(5)商业化、节能化。广播通讯卫星和导航定位卫星的广泛应用,使卫星应用产业进入腾飞阶段。新型一次性运载火箭都采用系列化、标准化和模块化设计,以降低成本,提高可靠性。在未来的卫星发射市场上,竞争将空前激烈。像航空技术一样,航天技术也正在经历着从政府行为向商业行为的转变,航天运输技术的商业化已成为一个必然趋势。(6)合作化。随着空间活动的国际化,广泛的宇宙空间探索需要各国通力合作。

(2)发展方向

通过对国际空天技术文献的研究,我们认为虽然空天技术非常综合繁杂,但是对中国来说,还是有些大的方向可以探讨。

1)飞行器尾流及模型的相关研究

从前的研究前沿和研究热点可以看出,飞机尾流及其模型的取得了丰硕的成果,学者们从各个方面进行了研究,但大多数的研究成果集中在其动力学特性和电磁散射特性方面,对于一些利用飞机尾流的相关技术研究不多。例如,对飞机尾流雷达探测技术的理论研究,相关报道甚少。尾流探测技术的应用一般局限于民用航空领域,一方面,借助尾流探测系统,尾流告警、规避,增强飞行安全性,另一方面,突破国际民航组织制定的安全飞行间距标准的限制,提高运输效率在军事应用领域,飞机尾流的电磁散射特性与飞机翼展、起飞重量、飞行速度等紧密相关,因此飞机尾流的雷达探测技术在飞机目标探测、识别等领域具有重要的研究价值[①],也可说是我国研究人员可以有作为的一个方向。

除了研究尾流及模型对飞行器本身的价值之外,对于推动其他领域的研究也有较大的推动作用,如相关的涡流模型与大涡模拟仿真技术对流体力学、计算力学等领域的推动。从20世纪90年代开始,随着计算机的发展,大涡数值模拟方法已成为湍流数值模拟的热门课题,与湍流问题有关的广大科技工作者纷纷应用大涡数值模拟方法预测湍流,甚至流动计算的商业软件中也增设了大涡数值模拟的模块。

2)飞行器的功能改进及其应用

从前几节研究综合来看,一些飞行器的功能改进及应用的研究是也是重要的发展发向,如通过航空观测、飞行器的改进、航空运输、航空维修等。其能达到的应用都与航空器及其附件、结构、所受约束条件和环境等有着莫大的关系。

飞行器智能结构就是一个研究方向。飞行器智能结构是一个是由传感器、驱动器、控制元件和基体结构组成的集成系统,它具有承载、检测、判断与动作等功能,可显著提升飞行器的性能。具体包括飞行器结构动力响应主动控制、智能机翼、旋翼以及飞行载荷谱监测与结构损伤诊断等的基本原理与技术问题。目前在飞行器智能结构系统研究在埋入式功能元件、复杂非线性多场耦合系统的动力学建模与控制以及智能结构系统中的损伤和失效问题等方面仍面临很多关键技术问题和挑战[②]。

航空测控技术,如流媒体技术。随着测量船"远望"家族的不断壮大,我国航空测控技术的发展更是迅速。尤其是流媒体技术出现以后,测量技术在航空探测中的应用越来越广。从数据的及时反馈、图像的按时传回到太空行走过程的电视直播,越来越多的项

---

① 李军,王雪松,刘义,等.飞机尾流雷达探测的时—频—空域联合处理[J].应用科学学报.2009,27(2):150—155.

② 陈勇,熊克,王鑫伟,等.飞行器智能结构系统研究进展与关键问题[J].航空学报.2004,25(1):21—25.

目中需要依赖流媒体技术。

仿生技术。通过活体观测、实验测量、数值模拟和理论分析多种手段，以及力学和生物学相结合的综合研究方法，可以开展关于飞行和游动的生物运动力学以及相关的仿生技术研究，从而为仿生航空器提供理论依据。具体包括模拟昆虫运动的拍翼模型、模拟鱼类游动的沉浮/俯仰组合运动模型、昆虫前飞的拍翼非定常空气动力学、昆虫前飞时翼尖处的拍翼轨迹的多样性、Gray疑题及鱼类阻力的测定问题、鱼类机动运动的特征和机理、鱼类游动的流—固耦合及整体模化等交叉问题、昆虫运动的非定常流动控制机理和能耗、昆虫翼的柔性变形效应及抗风机制、昆虫和鱼的自由运动的运动学和动力学测量、柔性仿生航行器研制等。

3）航空对环境以及人类的影响

环境变化，尤其是气候环境的变化对生态系统的影响，是国际上近年来的研究热点。我们在本节中关于航空器的相关研究的可视化分析中发现，关于航空器对环境的影响是该领域近年来兴起的一个研究前沿，同时也是研究热点。

航空对环境的污染研究。全球变暖现已成了不争的事实。英国专栏作家露西·西格尔女士最近撰文称，航空公司已成为英国产生温室效应的罪魁祸首之一。如果航空业的污染不加以控制，各国为旨在限制二氧化碳释放的《京都议定书》所做的一切努力，都将被穿梭于空中的飞机带来的污染所抵消。当然，飞机制造商一直在研制燃油效率更高、二氧化碳排放量更低的飞机。但是仍有人担心，航空业的直接经济收益全部用来进行环保都难以弥补它对地球环境带来的损失。理由很简单，诸如大气层的破坏、冰山消融、大洋水位提高、生物多样性受到的破坏等等不是单纯靠钱就能够在短时间内得到修复或弥补的[1]。因此，许多节能飞机的研究也引起了众人的关注。如"阳光动力"项目的太阳能飞机试飞成功，2009年6月26日，阳光动力公司总裁伯特兰·皮卡德和CEO安德烈·博尔施伯格在瑞士杜本多夫机场向全球展示了第一架致力于昼夜飞行的飞机HB-SIA。除此之外，飞机最特别之处是它全程将在无燃料、无污染的状况下飞行。虽说还遇到许多难题，不过，如果在未来难题被一一攻克，那环保飞机意味着人类绝对能够真正地拯救地球[2]。

喷雾飘移也是影响航空喷洒效果和造成环境污染的重要因素。因此分析航空喷雾飘移影响因素以及结合雾滴运动规律，提出基于视景仿真的航空喷雾飘移控制仿真器设计方案也是比较有前景的一个方向。

航空器除了对环境造成污染，间接影响了人类的健康外，有时还会直接影响到人的肌体的健康，如声振动病，空间病等。这些就是航空医学领域的研究内容。声振动病面临的问题是确定带有频谱信息的噪声限值标准，因为飞行人员和机务人员是宽频带高强

---

① http://china.53trade.com/news/detail_27967.htm.

② http://news.163.com/09/0726/13/5F5CTMH5000125LI.html.

度低频噪声的主要受害者,应该对低频率的噪声强度有一定的限制。这就需要研究长期接触噪声的空地勤人员等高危人群,看其发病率是多少、病理变化是怎样的。这些问题的研究,还是一个空白。需要大量的工作,早期监测、早期预防,使损害控制到最低。

3.7　激光技术科学领域及其前沿技术知识图谱

激光最初的中文名叫做"镭射"、"莱塞",是它的英文名称 LASER 的音译,是取自英文 Light Amplification by Stimulated Emission of Radiation 的各单词头一个字母组成的缩写词。意思是"通过受激发射光扩大"。激光的英文全名已经完全表达了制造激光的主要过程。1964 年按照我国著名科学家钱学森建议将"光受激发射"改称"激光"。经过30 多年的发展,激光现在几乎是无处不在,它已经被用在生活、科研的方方面面:激光针灸、激光裁剪、激光切割、激光焊接、激光淬火、激光唱片、激光测距仪、激光陀螺仪、激光铅直仪、激光手术刀、激光炸弹、激光雷达、激光枪、激光炮⋯⋯,在不久的将来,激光肯定会有更广泛的应用[①]。

3.7.1　技术科学层次:激光领域总体计量研究

本节的数据以"laser"为检索词在 SCI 中检索了 1998—2008 年期间的"Article"文献记录,得到激光论文的 54345 条题录数据,其中共包含引文 487719 条。

3.7.1.1　激光技术领域论文整体分布情况

如图 3-7-1 所示,从 1998 年到 2002 年,有关激光技术领域的论文数量每年略有下

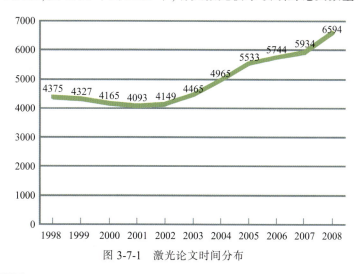

图 3-7-1　激光论文时间分布

---

① Accessed at http://baike.baidu.com/view/2695.htm?fr=ala0_1_1.

降,2002 年到 2008 年都呈上升趋势。每年发表的激光论文数量保持在一个较高的水平(大于 4000 篇)。2008 年达到所有考察年份的最高值,为 6594 篇。说明激光是个比较宽泛的领域。

从地区分布来看,激光论文源自于 109 个国家和地区,在高产出论文的前 20 个国家中(见图 3-7-2),美国数量最多,为 12745 篇,远高于其他国家,其次为日本、中国大陆、德国、俄罗斯、法国、英国、意大利、韩国、加拿大等。可以看出,中国大陆第 3 位,中国台湾地区居第 11 位。说明中国在激光研究方面还是非常强的。

图 3-7-3 显示了激光论文的国家和地区的合作网络,我们可以看到这个合作网络

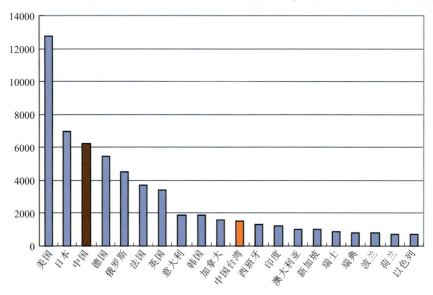

图 3-7-2　激光论文的国家和地区分布(前 20 名)

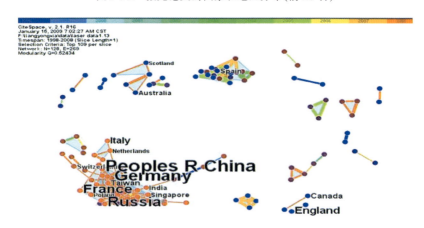

图 3-7-3　激光论文的国家和地区合作网络

中,中国、德国、中国台湾、俄罗斯、意大利、荷兰等国家形成了最大的一个合作网,说明激光研究领域也逐渐重视合作,但是这些合作之间还是不够紧密,比较稀疏。

从机构分布来看,撰写激光论文的有 16003 个机构,图 3-7-4 显示了发表文章最多的前 30 名的机构。

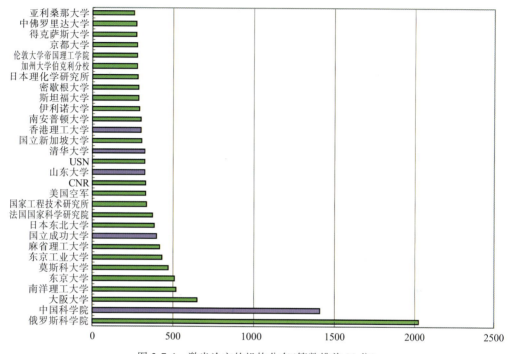

图 3-7-4　激光论文的机构分布(篇数排前 30 位)

俄罗斯科学院(Russian Academy of Sciences)发表论文 2024 篇,居第一位。俄罗斯科学院是俄罗斯联邦的最高学术机构, 是主导全国自然科学和社会科学基础研究的中心,俄罗斯科学院历史悠久规模庞大研究实力雄厚,长期以来在自然科学、技术科学、社会科学和人文科学的基础研究中取得了众多世界一流的成果。另外莫斯科大学也排名第六。中国发表的激光论文数量在前 30 位的有:中国科学院(1408 篇,第 2 位),山东大学(325 篇,15 位),清华大学(324 篇,居 17 位),香港理工大学(301 篇,居 19 位)等。另外还有台湾的国立成功大学(399 篇,居 9 位)。日本的几所大学也占据了重要的位置,他们是大阪大学、东京大学、东京工业大学、日本东北大学、日本理化学研究所、京都大学。美国有麻省理工学院、美国空军(USAF)、美国海军(USN)、国家工程技术研究所、南安普顿大学、伊利诺大学、斯坦福大学、密歇根大学、加州大学伯克利分校、得克萨斯大学、中佛罗里达大学及亚利桑那大学。新加坡的实力也不容小觑,南洋理工大学发文 520 篇,居第四位;国立新加坡大学 307 篇,排第 18 位。英国有伦敦大学、帝国理工学院;法国:有法国国家科学研究院。

由表 3-7-1 可以看出，这些子机构都是一些国家重要的科研机构，并且大都是物理、光学和电气方面的研究所。

表 3-7-1　发文前 20 名的分支机构

文章数量	机构(子机构)
384	Chinese Acad Sci, Shanghai Inst Opt & Fine Mech
305	Russian Acad Sci, PN Lebedev Phys Inst
303	Russian Acad Sci, Inst Gen Phys
292	Nanyang Technol Univ, Sch Elect & Elect Engn
287	USN, Res Lab
284	Chinese Acad Sci, Inst Phys
256	Unknown
251	Univ Southampton, Optoelect Res Ctr
244	USAF, Res Lab
243	Natl Chiao Tung Univ, Inst Electroopt Engn
183	Moscow MV Lomonosov State Univ, Dept Phys
182	Lawrence Livermore Natl Lab
180	Univ London Imperial Coll Sci Technol & Med, Blackett Lab
177	Chinese Acad Sci, Grad Sch
170	Max Planck Inst Quantum Opt
167	Sandia Natl Labs
163	Osaka Univ, Inst Laser Engn
159	RIKEN, Inst Phys & Chem Res
152	Univ Electrocommun, Inst Laser Sci
150	Tokyo Inst Technol, Mat & Struct Lab

由图 3-7-5 可以看出激光研究机构之间的合作也不是很紧密，前几年基本没有形成联合的大网络，不过最近一两年一些机构的合作开始紧密起来，也出现一些重要节点,但是都是些新兴的机构,在图上的中心性也不是很高。可以看到大红色的圈是指有些机构在近年来有着非常重要的地位，如 CNRS、Univ Pairs11、Lawrence Livermore Natl Lab、Shandong Univ、Japan Sci&Technol Crop、Univ Sci&Technol China 等。这些研究机构可以说在激光领域近年来异军突起，大大推动了激光领域的发展。

3.7.1.2　激光技术的研究前沿

在 CiteSpace 2. 1. R16 中，选择"cited References"进行文献共引分析(DCA)。运行结果显示 135 网络节点和 257 条共引连线而形成的研究前沿图谱，综合软件自动分类及自动标签的结果(见表 3-7-2)，最终形成五大知识群(见图 3-7-6)。

知识群 A：激光加工理论与技术

图 3-7-6 中知识群 A 是有关激光加工理论及技术的研究。激光加工技术是利用激光束与物质相互作用的特性对材料(包括金属与非金属)进行切割、焊接、表面处理、打

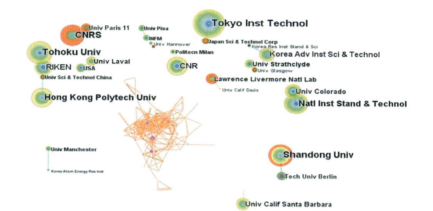

图 3-7-5　激光研究重要机构合作图

表 3-7-2　激光文献聚类结果、聚类标识与知识群划分

聚类	聚类标识（TFIDF 算法）	聚类标识（LLR 算法）	所属知识群
32	state absorption/态吸收；aser material/激光材料；lithium borate/硼酸锂；self-frequency doubling laser material/自倍频激光材料；lithium fluoroborate glasse/氟硼酸盐玻璃材料	vacuum ultravioletfluorescence/真空紫外荧光；laser crystal/激光晶体；frequency doubling/倍频；lithium borate/硼酸锂；self-frequency doubling laser material/自倍频激光材料	知识群 A
22	laser fabrication/激光加工；microlens array/显微透镜阵列；laser pulse/激光脉冲	microlens array 显微透镜阵列；laser fabrication/激光加工	知识群 A
18	frequency-conversion crystal/变频晶体；surface relief grating 表面浮雕光栅；laser pulse/激光脉冲；laser micromachining/激光微加工；crystal surface/晶体表面	surface relief grating/表面浮雕光栅；nm photolithography/纳米光刻；micromachining/激光微加工	知识群 A
16	coherence property/相干特征；atom laser/原子激光；bose-einstein condensate/玻色爱因斯坦凝聚；quantum statistic/量子统计；standing wave/驻波	standing wave 驻波；atom laser/原子激光；bose-einstein condensate/玻色爱因斯坦凝聚	知识群 A
20	generation microscopy/显微；zinc biosensing/锌生物传感；submicron manipulation tool/亚微米操纵的工具；laser precision microfabrication/激光精密微细加工；aberration correction 误差校正	aberration correction/误差校正；laser interference/激光干扰；submicron manipulation tool/亚微米操纵的工具	知识群 A
4	laser deposition/脉冲激光沉积	laser deposition/脉冲激光沉积	知识群 A
11	development attachable/发展可连接；magnification microscope/显微镜的放大倍率	development attachable/发展可连接	知识群 A
8	trapped-atom statistic/原子受束缚统计；cesium atom/铯原子；quantum interference phenomenon/量子干涉现象；bose-einstein condensate/玻色爱因斯坦凝聚；bloch equation/布洛赫方程	bloch equation/布洛赫方程；quantum interference/量子干涉；diode laser/二极管激光；laser pulse 激光脉冲	知识群 E

续表

聚类	聚类标识（TFIDF 算法）	聚类标识（LLR 算法）	所属知识群
30	intersubband electroluminescence/电致发光带间；quantum cascade laser/量子级联激光器；cascade laser/带间级联激光器；superlattice quantum cascade laser/超晶格量子级联激光器；quantum well/量子阱	intersubband electroluminescence/电致发光带间；quantum cascade laser/量子级联激光器；quantum well/量子阱	知识群 B
5	contact fabrication/联络制造；exciton spectra/激子谱；polycrystalline zno/多晶氧化锌；o superlattice/超晶格；quantum confinement/量子局限	contact fabrication/联络制造；exciton spectra/激子谱；quantum confinement/量子局限	知识群 B
6	photon statistic/光子统计；gain media/增益介质；gain medium/增益介质；material laser emission/激光发射材料；polymer waveguide/聚合物波导	Polymer waveguide/聚合物波导；gain medium/增益介质；material laser emission/激光发射材料	知识群 A
7	silicon nanowire/硅纳米线；zinc oxide/氧化锌；luminescence property/发光性能；metal oxide nanowire/金属氧化物纳米线	metal deposition/金属镀膜；zinc oxide/氧化锌；luminescence property/发光性能	知识群 A
2	lalaser diode/激光二极管；ememission wavelength/发射波长；emission efficiency/发光效率；waveguide nitride laser diode/波导氮化物半导体激光器；gan substrate/GaN 薄膜	gan substrateGaN/薄膜；waveguide nitride laser diode/波导氮化物半导体激光器；gan film/GaN 薄膜	知识群 A
31	cascade laser/量子级联激光器；quantum cascade laser/量子级联激光器；high-frequency modulation/高频调制；feasibility analysis/可行性分析；temperature transient/温度瞬间；phonon laser/声子激光器	quantum cascade laser/量子级联激光器；phonon laser/声子激光器；cascade emitter/级联发射	知识群 B
9	raman ring laser/拉曼激光器；fiber bragg/光纤光栅；fiber laser/光纤激光器；fiber ring laser/光纤环形激光器；loop filter/环路滤波器	loop filter/环滤波器；raman ring laser/拉曼环形激光器；fiber laser/光纤激光器	知识群 C
3	feedback control/反馈控制；quantum system/量子系统；field transient/场瞬态；quantum fluid dynamic/量子流体动力学；quantum control/量子控制；pump-probe photoelectron spectroscopy/泵浦-探测光电子能谱	feedback control/反馈控制；pump-probe photoelectron spectroscopy/泵浦-探测光电子能谱；quantum control/量子控制	知识群 B
24	collinear type ii second-harmonic-generation/第二类共线二次谐波代；broadband dispersion characteristic/宽带色散特性；light modulator/光调制器；oscillator-amplifier system/YAG 激光振荡器，放大器系统；terahertz pulse train/太赫兹脉冲序列	phase relation/相位关系；terahertz pulse train/太赫兹脉冲序列；light modulator/光调制器	知识群 D
1	dipole trap/偶极阱；absorption spectra/吸收光谱；maxwells demon/马克斯韦恶魔；waveguide atom beam splitter/波导原子束器	absorption spectra/吸收光谱；waveguide atom beam splitter/波导原子束器	知识群 C
28	lithium niobate/铌酸锂；parametric oscillator/参量振荡器；gas sensor 气体传感器	gas sensor 气体传感器	知识群 C
23	continuum generation/连续生成；microstructure fiber/微结构光纤；supercontinuum generation/超连续谱；fiber laser/光纤激光器；crystal fiber/光子晶体光纤	precision phase control/精密相位控制；fiber laser/光纤激光器；crystal fiber/光子晶体光纤	知识群 C

续表

聚类	聚类标识（TFIDF 算法）	聚类标识（LLR 算法）	所属知识群
33	crystal laser/晶体激光器；crystal membrane nanocavity/晶体膜奈米共振腔；band gap laser/频常隙激光；crystal laser array/激光晶体阵列；laser interference technique/激光干涉技术	interference photolithography/激光干涉光刻	知识群 C
10	process characteristic/工艺特点；steel powder/钢铁粉末；material investigation/材料调查；coherence tomography/相干断层扫描	material investigation/材料调查；coherence tomography/相干断层扫描；material laser emission	知识群 C
25	laser field/激光场；high-order harmonic 高次谐波；ultrashort laser pulse/超短激光脉冲；attosecond pulse/阿秒脉冲；terahertz transient/太赫兹转换	buffer gas/缓冲气体；high-order harmonic 高次谐波；ultrashort laser pulse/超短激光脉冲	知识群 D
26	radiation hy high-order/辐射 高阶；high-order harmonic 高次谐波；ultrashort laser pulse/超短激光脉冲；magnetic-laser-atom interaction/磁场激光原子作用；picosecond laser pulse/皮秒激光	radiation hy high-order/辐射 高阶；high-order harmonic 高次谐波；picosecond laser pulse/皮秒激光	知识群 D
27	photon emission 光子发射；electron emission/电子发射；dipole gas /偶极子气	photon emission 光子发射；electron emission/电子发射；dipole gas/偶极子气	知识群 D
17	carbon film/碳膜；metal matrix composite/金属基复合材料；radio frequency/无线电频率	carbon film 碳膜；metal matrix composite/金属基复合材料；radio frequency/无线电频率	知识群 D
0	silicon comb switch/硅梳开关；silicon waveguide/硅波导；silicon-on-insulator waveguide circuit/硅绝缘体波导电路；hybrid laser/混合激光；silicon resonant light/硅谐振光	wavelength conversion/波长转换；waveguide photodetector/波导光电探测器；wire waveguide/线波导	知识群 D
21	raman self-conversion/拉曼自变频；raman converter/拉曼转换器；self-frequency doubling/自变频；frequency mixing/混频；requency doubling/倍频	raman self-conversion/拉曼自变频；raman converter/拉曼转换器；self-frequency doubling/自变频	知识群 D
19	white-light continuum/白光连续；wavelength dependence/波长依赖；laser intensity/激光强度；sapphire laser pulse/蓝宝石激光脉冲；laser pulse/激光脉冲	white-light continuum/白光连续；wavelength dependence/波长依赖；laser intensity/激光强度	知识群 D
29	nanowaveguide sensor/nanowaveguide 传感器；absorber mirror/吸收镜；supercontinuum generation/超连续谱；clock recovery/时钟恢复；modulation instability/调制不稳定性	clock recovery/时钟恢复；absorber mirror/吸收镜；supercontinuum generation/超连续谱	知识群 D
13	lineshape variation 线性变化；quantum path analysis 量子路径分析；laser pulse 激光脉冲；window narrowing/窗口缩小；quantum interference/量子干涉	quantum path analysis 量子路径分析；laser pulse 激光脉冲；lineshape variation 线性变化	知识群 E
15	laser diode/激光二极管；hole burning 烧洞；quantum-dot laser/量子点激光器；transition dipole moment/跃迁矩；injection laser/砷化镓注入式激光器	laser diode/激光二极管；quantum-dot laser/量子点激光器；room temperature/室温	知识群 E
14	monomode diode laser/单模激光二极管；gain characteristic/增益特性；semiconductor laser/半导体激光器	monomode propagation/单模激光二极管；gain characteristic/增益特性；semiconductor laser/半导体激光器	知识群 E

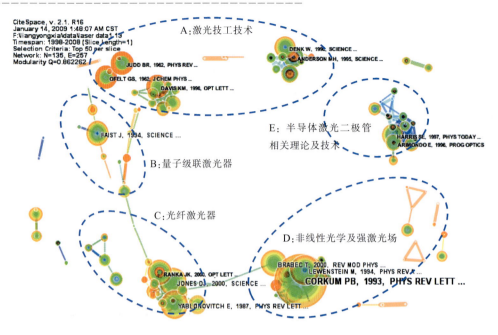

图 3-7-6　激光研究文献的文献共被引网络图谱

孔、微加工以及作为光源,识别物体等的一门技术,传统应用最大的领域为激光加工技术。激光加工是激光系统最常用的应用。根据激光束与材料相互作用的机理,大体可将激光加工分为激光热加工和光化学反应加工两类。激光热加工是指利用激光束投射到材料表面产生的热效应来完成加工过程,包括激光焊接、激光切割、表面改性、激光打标、激光钻孔和微加工等;光化学反应加工是指激光束照射到物体,借助高密度高能光子引发或控制光化学反应的加工过程。包括光化学沉积、立体光刻、激光刻蚀等。

　　知识群 A 中几个比较明显的节点都是激光加工技术的理论基础。如 Judd BR 于 1962 年发表的《稀土离子的光谱吸收强度》与 Ofelt GS 于 1962 年发表的《稀土离子的晶体光谱强度》两篇文章提出了有名的 J-O 理论。到目前为止,大约 90%的激光材料都涉及到稀土,在现有的 300 多种激光晶体中,有 290 多种是以稀土作为激活离子的。因此,研究固体中的稀土光谱在理论和实用上都有重要意义。J-O 理论为现代各种激光材料以及激光加工奠定了理论基础。J-O 理论提出了在离子和原子状态,$4f^n$ 组态内各种状态的宇称是相同的,电偶极子跃迁矩阵元为零,故 $4f^n$ 组态内各个状态之间的跃迁是禁戒的。但在固体材料中,由于奇次晶场的作用,使相反宇称的 $4f^{n-1}n'l'$ 组态之中,这时原 $4f^n$ 组态内的状态不再是单一宇称,而是两种宇称的混合态,从而在固体材料中 f^n 组态内的电偶极跃迁才成为可能。可以利用 J-O 理论和吸收光谱实验数据计算一些光线晶体材料的光学跃迁参数,从而得到了一些能级间跃迁的振子强度、跃迁几率、分支比、及寿命等数据,促进工艺的发展。

自 20 世纪 80 年代飞秒激光器在美国问世,飞秒激光技术得到了迅猛发展。由于飞秒激光具有很高的峰值功率、脉冲极短等特性,已被广泛用于物理、化学、生物学、光电子学等领域并得到了飞速的发展。90 年代以后,随着飞秒针宝石激光器的研制成功,飞秒激光进入了加工领域。日本的 Davis KM 等人 1996 年发表了论文《飞秒激光加工在玻璃材料写入波导》,首次利用再生放大的钛宝石飞秒激光成功地在各种玻璃如高硅玻璃、硼酸盐玻璃、钠钙玻璃及氟化玻璃内得到光波导,检测到纯硅、掺锗硅玻璃被照区域折射率增加量 Δn 至 0.1—0.035[①]。可以说这篇文章开启了飞秒激光非线性现象所引发的一系列新的应用,如在玻璃内部写入光波导、藕合器、光栅、光子晶体、微光学元件等,以及利用多光子聚合产生亚微米结构超衍射极限加工等等。显然飞秒激光在材料加工方面具有独特的优势,有更多新应用在不断出现,相信随着研究的进一步深入,各方面技术的进一步成熟,飞秒激光在材料加工方面将发挥更大的作用。

Bose-Einstein condensation 玻色—爱因斯坦凝聚(BEC)是科学巨匠爱因斯坦在 80 年前预言的一种新物态。这里的"凝聚"与日常生活中的凝聚不同,它表示原来不同状态的原子突然 " 凝聚 " 到同一状态(一般是基态)。即处于不同状态的原子 " 凝聚 " 到了同一种状态。Anderson MH 等人 1995 年在 Science 上发表了 *Observation of Bose-Einstein condensation in a dilute atomic vapor*《在稀薄原子气体中对玻色爱因斯坦凝聚的观测》一文。他们通过磁场与冷却的原子气体,在铷(87Rb)原子蒸气中第一次直接观测到玻色－爱因斯坦凝聚。1995 年 6 月,麻省理工学院的沃尔夫冈·克特勒研究组在钠(23Na)原子蒸气中实现了玻色—爱因斯坦凝聚,并因此获得了诺贝尔奖。此后,这个领域经历了爆发性的发展。目前世界上已有近 30 个研究组在稀薄原子气中实现了玻色—爱因斯坦凝聚,其中包括日本的三个研究组。随着对玻色—爱因斯坦凝聚研究的深入,谁敢说它不会像激光的发现那样给人类带来另外一次技术革命?玻色—爱因斯坦凝聚体所具有的奇特性质,使它不仅对基础研究有重要意义,而且在芯片技术、精密测量和纳米技术等领域都让人看到了非常美好的应用前景。

Chrisey DB, Hubler GK 1994 年编辑了 Pulsed laser deposition of thin films 一书,对薄膜的激光脉冲沉积的成果做了一次集成。脉冲激光沉积 (Pulsed Laser Deposition, PLD),也被称为脉冲激光烧蚀(pulsed laser ablation,PLA),是一种利用激光对物体进行轰击,然后将轰击出来的物质沉淀在不同的衬底上,得到沉淀或者薄膜的一种手段。早在 1916 年,爱因斯坦(Albert Einstein)已提出受激发射作用的假设。可是,首部以红宝石棒为产生激光媒介的激光器,却要到 1960 年,才由梅曼(Theodore H. Maiman)在休斯

---

① 　Davis K, Miura K, Sugimoto N. Writing waveguides in glass with a femtosecond laser [J]. Optics Letters. 1996, 21(21): 1729—1731.

实验研究所建造出来。总共相隔了 44 年。使用激光来熔化物料的历史,要追溯到 1962 年,布里奇(Breech)与克罗斯(Cross)利用红宝石激光器,汽化与激发固体表面的原子。三年后,史密斯(Smith)与特纳(Turner)利用红宝石激光器沉积薄膜,视为脉冲激光沉积技术发展的源头。自 1987 年成功制作高温的 Tc 超导膜开始,用作膜制造技术的脉冲激光沉积获得普遍赞誉,并吸引了广泛的注意。过去十年,脉冲激光沉积已用来制作具备外延特性的晶体薄膜。陶瓷氧化物(ceramic oxide)、氮化物膜(nitride films)、金属多层膜(metallic multilayers),以及各种超晶格(superlattices)都可以用 PLD 来制作。近来亦有报告指出,利用 PLD 可合成纳米管(nanotubes)、纳米粉末(nanopowders),以及量子点(quantum dots)。关于复制能力、大面积递增及多级数的相关生产议题,亦已经有人开始讨论。因此,薄膜制造在工业上可以说已迈入新纪元。

由上可以看出,激光加工技术离不开理论上的进步以及其他学科的支持,激光加工与激光材料之间的联系密不可分。

知识群 B:量子级联激光器

1994 年,美国 Bell 实验室的 Faist 等人在《科学》上发表了《量子级联激光器》一文,他们首次在Ⅲ-Ⅴ族材料(GaInAs/AlInAs)实现并演示了量子级联(QC)激光器。从那以后,人们对该领域开展了广泛的研究,推动了量子级联激光器性能的不断提高。

量子级联激光器(quantum cascade lasers, QCLs)是基于电子在半导体量子阱中导带子带间跃迁和声子辅助共振隧穿原理的新型单极半导体器件。不同于传统 p-n 结型半导体激光器的电子—空穴复合受激辐射机制,QCL 受激辐射过程只有电子参与,激射波长的选择可通过有源区的势阱和势垒的能带裁剪实现。QCL 引领了半导体激光理论、中红外和 THz 半导体光源革命,是痕量气体监测和自由空间通信的理想光源,在公共安全、国家安全、环境和医学科学等领域有重大应用前景[①]。 量子级联激光器(QCL)是一种基于子带间电子跃迁的中红外波段单极光源,其工作原理与通常的半导体激光器截然不同。其激射方案是利用垂直于纳米级厚度的半导体异质结薄层内由量子限制效应引起的分离电子态,在这些激发态之间产生粒子数反转,该激光器的有源区是由耦合量子阱的多级串接组成(通常大于 500 层)而实现单电子注入的多光子输出。量子级联激光器的出现开创了利用宽带隙材料研制中、远红外半导体激光器的先河,在中、远红外半导体激光器的发展史上树立了新的里程碑。

知识群 C:光纤激光器的理论及应用

知识群 C 中的大部分论文是与光纤激光器有关的。光纤激光器是指用掺稀土元素玻璃光纤作为增益介质的激光器,光纤激光器可在光纤放大器的基础上开发出来:在泵浦光的作用下光纤内极易形成高功率密度,造成激光工作物质的激光能级"粒子数反

---

① Accessed at http://baike.baidu.com/view/2302222.htm.

转",当适当加入正反馈回路(构成谐振腔)便可形成激光振荡输出。

早期对激光器的研制主要集中在研究短脉冲的输出和可调谐波长范围的扩展方面。目前密集波分复用(DWDM)和光时分复用技术的飞速发展及日益进步加速和刺激着多波长光纤激光器技术、超连续光纤激光器等的进步。Ranka JK 等人 2000 年观测了在空气硅微结构中光纤的波长表现出反常色散;Jones DJ 等人研究了飞秒锁模激光和直接光学频率合成的载波包络相位控制,这些都对光纤激光器的技术提供了理论基础。多波长光纤激光器和超连续光纤激光器的出现, 则为低成本地实现 Tb/s 的 DWDM 或 OTDM 传输提供理想的解决方案。就其实现的技术途径来看,采用 EDFA 放大的自发辐射、飞秒脉冲技术、超发光二极管等技术均有报道。

目前国内外对于光纤激光器的研究方向和热点主要集中在高功率光纤激光器、高功率光子晶体光纤激光器、窄线宽可调谐光纤激光器、多波长光纤激光器、非线性效应光纤激光器和超短脉冲光纤激光器等几个方面。

光纤激光器应用范围非常广泛,包括激光光纤通讯、激光空间远距通讯、工业造船、汽车制造、激光雕刻激光打标激光切割、印刷制辊、金属非金属钻孔 / 切割 / 焊接(铜焊、淬水、包层以及深度焊接)、军事国防安全、医疗器械仪器设备、大型基础建设等等。

知识群 D:非线性光学与强激光场

非线性光学的早期工作可以追溯到 1906 年泡克耳斯效应的发现和 1929 年克尔效应的发现。非线性光学发展成为今天这样一门重要学科,应该说是从激光出现后才开始的。激光的出现为人们提供了强度高和相干性好的光束。而这样的光束正是发现各种非线性光学效应所必需的(一般来说,功率密度要大于 10—10W/cm,但对不同介质和不同效应有着巨大差异)。

自从 1961 年 P.A.弗兰肯等人首次发现光学二次谐波以来,非线性光学的发展大致经历了三个不同的时期。第一个时期是 1961—1965 年。这个时期的特点是新的非线性光学效应大量而迅速地出现。诸如光学谐波、光学和频与差频、光学参量放大与振荡、多光子吸收、光束自聚焦以及受激光散射等等都是这个时期发现的。第二个时期是 1965—1969 年。这个时期一方面还在继续发现一些新的非线性光学效应,例如非线性光谱方面的效应、各种瞬态相干效应、光致击穿等等;另一方面则主要致力于对已发现的效应进行更深入的了解,以及发展各种非线性光学器件。第三个时期是 70 年代至今。这个时期是非线性光学日趋成熟的时期。其特点是:由以固体非线性效应为主的研究扩展到包括气体、原子蒸气、液体、固体以至液晶的非线性效应的研究;由二阶非线性效应为主的研究发展到三阶、五阶以至更高阶效应的研究;由一般非线性效应发展到共振非线性效应的研究;就时间范畴而言,则由纳秒进入皮秒领域。这些特点都是和激光调谐技术以及超短脉冲激光技术的发展密切相关的。Lewenstein M 等人 1994 年发表的《低频率激光场产生高谐波的理论》,Corkum PB 1993 年的《强激光场多光子点离的等离子体展望》以及一大批研究都极大的促进了非线性光学的发展。

研究非线性光学对激光技术、光谱学的发展以及物质结构分析等都有重要意义。非线性光学研究是各类系统中非线性现象共同规律的一门交叉科学。可以看出知识群 D 中的知识对知识群 B、C 以及 E 都有很大的影响。

目前非线性光学的研究热点包括：研究及寻找新的非线性光学材料例如有机高分子或有机晶体等，并研讨这些材料是否可以作为二波混合、四波混合、自发振荡和相位反转光放大器等、甚至空间光固子介质等。常用的二阶非线性光学晶体有磷酸二氢钾(KDP)、磷酸二氢铵(ADP)、磷酸二氘钾(KD*P)、铌酸钡钠等。此外还发现了许多三阶非线性光学材料。

知识群 E：半导体激光二极管相关理论及技术

激光二极管本质上是一个半导体二极管，按照 PN 结材料是否相同，可以把激光二极管分为同质结、单异质结(SH)、双异质结(DH)和量子阱(QW)激光二极管。量子阱激光二极管具有阈值电流低，输出功率高的优点，是目前市场应用的主流产品。同激光器相比，激光二极管具有效率高、体积小、寿命长的优点，但其输出功率小（一般小于2mW），线性差、单色性不太好，使其在有线电视系统中的应用受到很大限制，不能传输多频道，高性能模拟信号。在双向光接收机的回传模块中，上行发射一般都采用量子阱激光二极管作为光源。随着技术和工艺的发展，目前实际使用的半导体激光二极管具有复杂的多层结构。常用的激光二极管有两种：①PIN 光电二极管。它在收到光功率产生光电流时，会带来量子噪声。②雪崩光电二极管。它能够提供内部放大，比 PIN 光电二极管的传输距离远，但量子噪声更大。为了获得良好的信噪比，光检测器件后面须连接低噪声预放大器和主放大器。半导体激光二极管的工作原理，理论上与气体激光器相同。Drever RWP 于 1983 年发表的论文《使用光纤谐振器的激光相位和频率的稳定》一文提出了激光稳频的方法，即 Pound-Drever-Hall 激光稳频方法，为以后的研究提供了一种方法。调制频率、反射率和腔长都分别与线性动态范围的大小有着紧密的联系，通过对这些参数的正确选取，以及对精度和灵活性要求的综合考虑，可以提升稳频系统的效果，而且对调制深度的优化可以提高误差信号灵敏度。

激光二极管有很多种类，其中法布里—珀罗腔 LD 已成为常规产品，向高可靠低价化方向发展。DFB-LD 的激射波长主要由器件内部制备的微小折射光栅周期决定，依赖沿整个有源层等间隔分布反射的皱褶波纹状结构光栅进行工作。DFB-LD 两边为不同材料或不同组分的半导体晶层，一般制作在量子阱 QW 有源层附近的光波导区。这种波纹状结构使光波导区的折射率呈周期性分布，其作用就像一个谐振控，波长选择机构是光栅。利用 QW 材料尺寸效应和 DFB 光栅的选模作用，所激射出的光的谱线很宽，在高速率调制下可动态单纵模输出。内置调制器的 DFB-LD 满足光发射机小型、低功耗的要求。

3.7.1.3　激光领域的研究热点

通过对激光研究的 54345 篇论文进行关键词分析,分析激光领域的研究热点。在 CiteSpace 中首先选择阈值为 TOP100。如图 3-7-7 所示,网络中一共有 157 个节点和 63 条连线,一共形成了 14 个聚类,分别是聚类 0 至聚类 13。将聚类按照位置和主题的相似性进行适当的归并,最后一共形成 6 个主要的热点知识群。

热点知识群 A:频率特性,由聚类 2、14 构成。重要词有频率稳定、绝热过程、强场原子现象、托尔伯特谐振器、线性几何、增益光栅、薄膜、钛酸锶钡电容器、剩余力、铟诱导增加、三角薄膜、频率特性、硅纳米线、界面电容等。

热点知识群 B:半导体激光器,由聚类 5 构成。重要词有半导体激光器、激光焊接、x-射线激光器、激光焊接、光纤激光器、垂直腔、表面发射激光器、激光诱导刻蚀、发光、增强型绿色排放、激光控制的光致发光特性、载流子扩散、掺铒非晶氧化硅薄膜等。

热点知识群 C:量子级联激光器,由聚类 0、1 构成。重要词有量子级联激光器、GaAs 基量子级联激光器、热动力、干涉研究、级联激光器等。

热点知识群 D:脉冲激光沉积,由聚类 8、12、15 构成。重要词有脉冲激光沉积、脉冲激光、薄膜、激光烧蚀、二次谐波产生、氧化锌纳米棒、$SrTiO_3$ 衬底、cacu3ti4o12 薄膜、激光蒸发、非线性光学、铁电性能、CeO_2 薄膜等。

热点知识群 E:Fabry - Pero 激光二极管,主要由聚类 1、4 构成。重要词有 Fabry - Perot 腔激光二极管、78-mu m 激光二极管、Fabry - Perot 腔激光器、光反馈、外腔激光器、外腔、光脉冲、自接种的法布里 - 珀罗激光器件、低密度等离子体、光纤激光器、双异质结型、光束质量、掺铒光纤、光无线通信系统等。

热点知识群 F:飞秒激光技术,由聚类 9 构成。重要词飞秒脉冲、飞秒激光微材料、飞秒光参量振荡器、透明材料、光学击穿、实际使用、圆环微结构、长周期光纤光栅、光子应用等。

图 3-7-7 中,出现的高频词如表 3-7-3 所示。排在第一位的激光(laser)出现了 2450 次,排在第二和第三位的词是产生(generation)和光谱(spectroscopy)。其余的高频词还有脉冲(pulses)、薄膜(films)、成长(growth)、动力(dymanics)、光(light)、温度(temperture)、吸收(absorption)、烧蚀(ablation)、脉冲激光沉积(pulsed-laser deposition)、系统(system)、半导体激光器(semiconductor lasers)等,这些词大多涉及到激光或者激光器产生、制造所需要的条件或是造成的后果。

3.7.1.4　小结

利用动态网络分析的信息可视化技术和工具,绘制出激光的引文网络知识图谱,展现出 5 个知识群:激光加工的理论与技术、量子级联激光器、光纤激光器、非线性光学及激光场、激光二极管。

从对激光的分析来看,5 个主要知识群涉及到两个方面:(1)关于激光的基础理论、

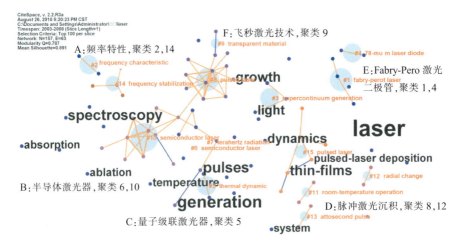

图 3-7-7 激光研究文献的关键词共现网络及聚类

表 3-7-3 聚类结果与聚类标识词

聚类	Label(TFIDF)	Label(LLR)
6	semiconductor laser/半导体激光器;laser welding/激光焊接;x-ray laser/x-射线激光器;aser weld/激光焊接;fiber laser/光纤激光器	semiconductor laser/半导体激光器;vertical-cavity/垂直腔;surface-emitting laser/表面发射激光器
10	semiconductor laser/半导体激光器;laser-induced etching/激光诱导刻蚀;light emission/发光;enhanced green emission/增强型绿色排放;laser-controlled photoluminescence characteristic/激光控制的光致发光特性	laser-induced etching/激光诱导刻蚀;carrier diffusion/载流子扩散;er-doped amorphous siox film/掺铒非晶氧化硅薄膜
8	pulsed laser/脉冲激光;pulsed laser deposition/脉冲激光沉积;thin film/薄膜;laser ablation/激光烧蚀;second harmonic generation/二次谐波产生	zno nanorod/氧化锌纳米棒;srtio3 substrate/SrTiO3 衬底;cacu3ti4o12 thin film/cacu3ti4o12 薄膜
15	pulsed laser/脉冲激光;pulsed laser deposition/脉冲激光沉积;thin film/薄膜;laser evaporation/激光蒸发;optical nonlinearity/非线性光学	pulsed laser deposition/脉冲激光沉积;ferroelectric property/铁电性能;ceo2 film/CeO2 薄膜
7	terahertz radiation/太赫兹辐射;regenerative amplifier/再生放大器;pulse amplification/脉冲放大;femtosecond laser/飞秒激光;frequency conversion/变频	terahertz radiation/太赫兹辐射;thin film/薄膜;femtosecond laser/飞秒激光
14	frequency stabilization/频率稳定;adiabatic passage/绝热过程;strong-field atomic phenomena/强场原子现象;talbot resonator/托尔伯特谐振器;gain grating/增益光栅	strong-field atomic phenomena/强场原子现象;linear geometry/线性几何;gain grating/增益光栅
1	fabry-perot laser/Fabry - Perot 腔激光器;optical feedback/光反馈;fabry-perot laser diode/Fabry - Perot 腔激光二极管;external cavity laser/外腔激光器;external cavity/外腔	optical pulse/光脉冲;self-seeded fabry-perot laser/自接种的法布里-珀罗激光器件;underdense plasma/低密度等离子体
3	supercontinuum generation/超连续谱;continuum generation/连续谱;gaussian beam/高斯光束;cold atom/冷原子;vortex beam/涡旋光束	composite optical vortice/符合光涡;supercontinuum generation/超连续谱;spatial coherence/空间相干

续表

聚类	Label（TFIDF）	Label（LLR）
5	thermal dynamic/热动力；gaas-based quantum-cascade laser/GaAs基量子级联激光器；interferometric study/干涉研究；quantum-cascade laser/量子级联激光器；cascade laser 级联激光器	thermal dynamic/热动力；interferometric study/干涉研究；gaas-based quantum-cascade laser/GaAs基量子级联激光器
9	transparent material/透明材料；optical breakdown/光学击穿；practical use/实际使用；circular ring microstructure/圆环微结构；long-period fiber grating/长周期光纤光栅	subnanojoule femtosecond pulse/飞秒脉冲；femtosecond laser micro-material/飞秒激光微材料；photonic application/光子应用
0	upconversion property/上转换状态；phosphate glas/磷酸盐玻璃；doped zno-teo2 glas/掺杂 zno-teo2 玻璃；judd-ofelt analysis/judd-ofelt 分析；spectroscopic analysis/光谱分析	optical transition/光跃迁；spectroscopic analysis/光谱分析；doped zno-teo2 glas/掺杂 zno-teo2 玻璃
12	radial change/径向变化；composite coating/复合涂层；laser cladding/激光熔覆；situ formation/原位形成；pure al/纯铝	laser cladding/激光熔覆；pure al/纯铝；sic composite coating/碳化硅复合涂层
2	frequency characteristic/频率特性；thin-film/薄膜；barium-strontium-titanate capacitor/钛酸锶钡电容器；residual stres/剩余力；indium-induced increase/铟诱导增加；ndba2cu3o7-delta film/三角薄膜	frequency characteristic/频率特性；silicon nanowire/硅纳米线；interfacial capacitance/界面电容
11	room-temperature operation/室温操作；free-electron laser/自由电子激光；femtosecond optical parametric oscillator/飞秒光量子振荡器；quantum-cascade laser/量子级联激光器	femtosecond optical parametric oscillator/飞秒光量子振荡器；thin film/薄膜；mir difference-frequency generation/米尔差分频
13	attosecond pulse/阿秒脉冲；short laser pulse/短激光脉冲；laser field/激光场；angular distribution/角分布；ultrashort laser pulse 超短激光脉冲	attosecond pulse/阿秒脉冲；effective length/有效长度；high-peak power/高峰值功率
4	78-mu m laser diode/78-mu m 激光二极管；double heterostructure/双异质结型；fiber laser/光纤激光器；beam quality/光束质量；erbium-doped fiber/掺饵光纤	78-mu m laser diode/78-mu m 激光二极管；optical wireless communication system/光无线通信系统；double heterostructure/双异质结型

模型、方法，例如激光产生的基本理论、非线性光学理论等等；(2)具体的激光器及应用的相关研究，包括半导体激光器(激光二极管)、量子级联激光器、光纤激光器等等。

3.7.2　重点前沿技术层次：半导体激光器

从上节我们可以看出，半导体激光器的研究在激光研究中占了很大部分，半导体激光器在激光测距、激光雷达、激光通信、激光模拟武器、激光警戒、激光制导跟踪、引燃引爆、自动控制、检测仪器等方面获得了广泛的应用，形成了广阔的市场。1978 年，半导体激光器开始应用于光纤通信系统，半导体激光器可以作为光纤通信的光源和指示器以及通过大规模集成电路平面工艺组成光电子系统。由于半导体激光器有着超小型、高效率和高速工作的优异特点，所以这类器件的发展，一开始就和光通信技术紧密结合在一起，它在光通信、光变换、光互连、并行光波系统、光信息处理和光存贮、光计算机外部设备等方面有重要用途。

3.7.2.1 半导体激光器领域论文整体分布情况

在 SCI-E、SSCI, A&HCI 三个数据库里主题检索 2000 年至 2009 年间航空器的数据,检索式设定为"TS=(semiconductor laser)",得到条 8599 "Article"文献数据。

如图 3-7-8 所示,半导体激光器的论文,从 2000 年到 2009 年,基本都呈上升趋势。从 2000 年的 690 篇,逐年上升,2009 年达到所有考察年份的最高值,为 1106 篇。

从地区分布来看,撰写半导体激光器论文的有 117 个国家和地区,图 3-7-9 显示了发表文章最多的前 20 名的国家和地区,其中美国数量最多,为 2097 篇,远高于其他国家,其次为中国、日本、德国、法国、英国、俄罗斯、韩国、加拿大、意大利等。可以看出,中国居第 2 位,中国台湾地区居第 11 位。说明中国在半导体激光器研究方面还是非常强的。图 3-7-10 显示了半导体激光器论文的国家和地区的合作网络,我们可以看到在这

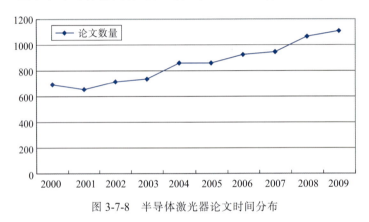

图 3-7-8　半导体激光器论文时间分布

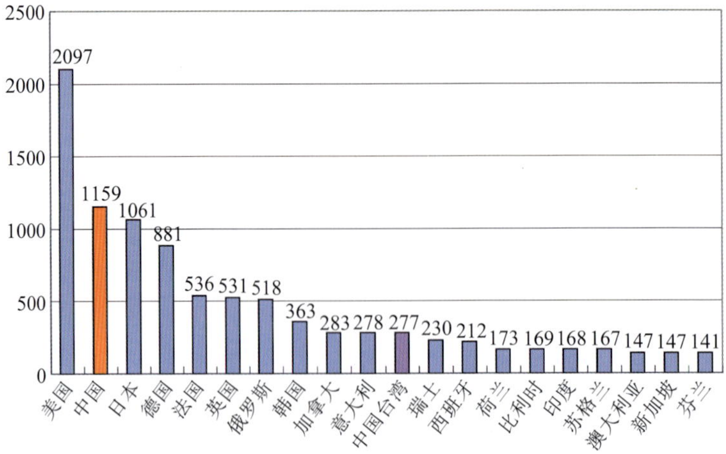

图 3-7-9　半导体激光器论文的国家和地区分布(前 20 名)

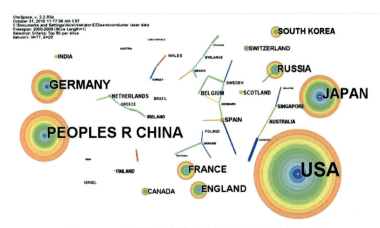

图 3-7-10　半导体激光器论文的国家和地区合作网络

个合作网络中,发文多的几个国家之间基本上没有合作。只有欧洲的一些国家有零星的合作,如荷兰、希腊、冰岛之间,比利时、丹麦、西班牙、瑞典之间有个别连线,新加坡与澳大利亚之间也有一些合作。

从机构分布来看,半导体激光器论文分布于 3397 个机构,图 3-7-11 显示了发表文章最多的前 30 名的机构。

俄罗斯科学院(Russian Academy of Sciences)发表论文 289 篇,居第 1 位。俄罗斯科学院是俄罗斯联邦的最高学术机构,是主导全国自然科学和社会科学基础研究的中心,俄罗斯科学院历史悠久、规模庞大、研究实力雄厚,长期以来在自然科学技术科学社会科学和人文科学的基础研究中取得了众多世界一流的成果。中国发表半导体激光器的论文数量在前 30 位的有中国科学院(269 篇,居第 2 位)、华中科技大学(74 篇,居 15 位)、清华大学(63 篇,居 19 位)、北京大学(55 篇,居 30 位)等。另外还有台湾的交通大学(98 篇,居 7 位),台湾大学(62 篇,居 20 位)。日本的几所大学也占据了重要的位置,他们是大阪大学(第 6 位)、东京大学、东京工业大学、日本东北大学。美国的研究机构加州大学圣特巴巴拉分校排在第 3 位,还有麻省理工学院、中佛罗里达大学、美国空军(USAF)、加州大学伯克利分校、伊利诺大学、加州理工学院。半导体激光器在其他各国也有激烈的竞争,法国有法国国家科学研究中心(院)发文 126 篇,居第 4 位,还有洛桑联合理工大学。英国也有不俗的表现,有好几所机构进入了前 30 名,如布里斯托尔大学、谢菲尔德大学、斯凯莱德大学和剑桥大学。新加坡的实力不容小觑,南洋理工大学发文 98 篇,居第 8 位,芬兰的坦佩雷理工大学、德国的乌尔茨堡大学、比利时的布鲁塞尔自由大学、荷兰爱因霍芬科技大学、加拿大麦克马斯特大学在前 30 名都有一席之地。

由图 3-7-12 可以看出半导体激光器研究机构之间的合作也不是很紧密,基本没有形成联合的大网络,只有零星的合作。这些机构在网络中所处的地位基本相同,没有中

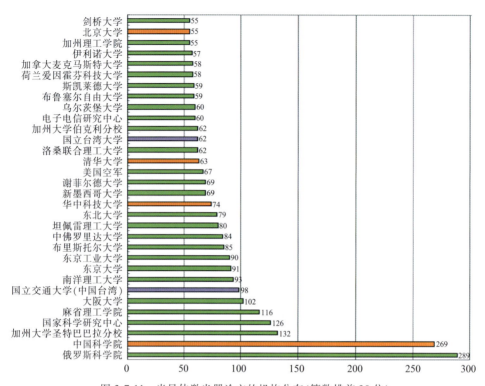

图 3-7-11　半导体激光器论文的机构分布(篇数排前 30 位)

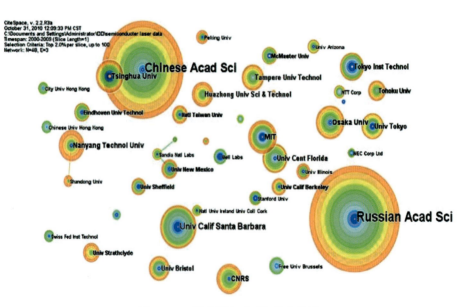

图 3-7-12　激光研究重要机构合作图

心性特别高的,说明这个领域都在单打独斗,没有领军的机构,各国之间的竞争也异常激烈。

3.7.2.2　半导体激光器的研究前沿

在 CiteSpace 2. 2. R3 中,选择"cited References"进行文献共引分析(DCA),根据自动聚类和自动标签的结果(见表 3-7-4),生成由 6 个知识前沿构成的半导体激光器研究前沿图谱(见图 3-7-13)。

表 3-7-4　激光文献聚类结果、聚类标识与知识群划分

聚类	聚类标识(TFIDF 算法)	聚类标识(LLR 算法)	所属知识群
5	optical feedback/光反馈;different type/不同型号;semiconductor laser/半导体激光器;external cavity/共振腔;optical injection/光学注入	semiconductor laser/半导体激光器;optical feedback/光反馈;chaos synchronization/混沌同步	知识群 A
13	diameter-controlled growth/直径可控增长;bulk-quantity si/大量硅;halide source/卤化物;mgo nanobelt/氧化酶纳米带;general synthesis/一般合成	compound semiconductor nanowire/化合物半导体纳米线;bulk-quantity si/大量硅;general synthesis/一般合成	知识群 C
12	blue 489-nm picosecond pulse/489 纳米皮秒脉冲;semiconductor disk laser/半导体激光磁盘;emitting semiconductor laser/发光半导体激光;diode-pumped surface/二极管泵浦表面;surface-emitting laser/表面发射激光器	efficient green vecsel/高效绿色 vecsel;tem00 output beam/TEM00 模输出光束;high power cw/高功率连续	知识群 E
0	high temperature ferromagnetism/高温铁磁性;giant magnetic moment/巨磁矩;thin film/薄膜;single-domain zno/单畴氧化锌;high curie temperature/高居里温度	giant magnetic moment/巨磁矩;high temperature /高温 ferromagnetism/高温铁磁性;thin film/薄膜	知识群 F
11	situ characterization/原位表征;diode-pumped femtosecond yb/二极管泵浦的飞秒镱;saturable absorber/可饱和吸收体;saturable absorber mirror/可饱和吸收镜;yvo4 laser/YVO4 激光器	diode-pumped femtosecond yb/二极管泵浦的飞秒镱;yvo4 laser/YVO4 激光器;saturable absorber mirror/可饱和吸收镜	知识群 E
7	photonic band structure/光子能带结构;photonic crystal light source/光子晶体光源;continuous room-temperature operation/连续室温下操作;photonic crystal slab laser/光子晶体平板激光;lithographic tuning/平版调优	continuous room-temperature operation/连续室温下操作;photonic crystal slab laser/光子晶体平板激光;photonic band structure/光子能带结构	知识群 D
3	mu m wavelength laser/微米波长激光;quantum-well laser/量子阱激光器;3-mu/3 微米;u m/微米;high characteristic temperature/高特征温度	quantum-well laser/量子阱激光;igh characteristic temperature/高特征温度;high-temperature operation/高温作业	知识群 E
2	quantum-dot laser/量子点激光器;quantum dot/量子点;3-mu m/3 微米;ingaas-gaas quantum dot/砷化铟镓- GaAs 量子点;self-assembled ingaas-gaas quantum dot/自组装的 InGaAs-GaAs 量子点	quantum-dot laser/量子点激光器;self-assembled ingaas-gaas quantum dot/量子点;3-mu m ingaas-gaa/3 微米砷化铟镓- GaAs	知识群 B
9	quantum cascade/量子级联;cascade laser/级联激光器;quantum cascade laser/量子级联激光器;10 mu m/10 微米;intersubband transition/跃迁	quantum cascade laser/量子级联激光器;mu m/微米;13 mu m/13 微米	知识群 B

续表

聚类	聚类标识（TFIDF 算法）	聚类标识（LLR 算法）	所属知识群
4	magnetic field/磁场；terahertz radiation/太赫兹辐射；temperature dependence/温度依赖；inas surface/砷化铟表面；thz radiation/太赫兹辐射	magnetic field/磁场；terahertz radiation/太赫兹辐射；temperature dependence/温度依赖	知识群 F
1	relaxation bottlenec/放宽瓶颈；semiconductor microcavity/半导体微腔；parametric oscillation/参量振荡；planar semiconductor microcavity/半导体微腔平面；polariton condensate/极化冷凝	semiconductor microcavity/半导体微腔；planar semiconductor microcavity/半导体微腔平面；incoherent polaritonic gain/非一致极化增益	知识群 A
8	laser diode/激光二极管；intensity noise/强度噪声；quantum noise/量子噪声；quantum intensity noise/量子噪声强度；photon-number fluctuation/光子数涨落	quantum noise/量子噪声；quantum intensity noise/量子噪声强度；single-mode semiconductor laser/单模半导体激光器	知识群 A
10	basic four-wave mixing characteristic/基本四波混频特性；optical amplifier/光放大器；four-wave mixing/四波混频；finite-difference beam propagation method/有限差分光束传播法；tapered semiconductor laser/锥形半导体激光	optical amplifie/光放大器；finite-difference beam propagation method/有限差分光束传播法；basic four-wave mixing characteristic/基本四波混频特性	知识群 A
6	organic semiconductor laser/有机半导体激光；silicon resonant light/硅谐振光；evanescent amplifier/消逝放大器；slot- waveguide/槽波导；hybrid algainas-silicon	emitting device/发光元件；organic semiconductor laser/有机半导体激光；photonic device/光子器件	知识群 D

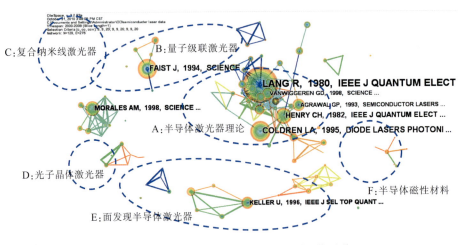

图 3-7-13　激光研究文献的文献共被引网络图谱

知识群 A：半导体激光器的理论基础

知识群 A 是有关半导体激光器的理论基础。半导体激光器又称激光二极管。进入 20 世纪 80 年代，人们吸收了半导体物理发展的最新成果，采用了量子阱(QW)和应变量子阱(SL-QW)等新颖性结构，引进了折射率调制 Bragg 发射器以及增强调制 Bragg 发射器最新技术,同时还发展了 MBE、MOCVD 及 CBE 等晶体生长技术新工艺,使得新的外延生长工艺能够精确地控制晶体生长,达到原子层厚度的精度,生长出优质量子阱以及应变量子阱材料。于是,制作出的 LD,其阈值电流显著下降,转换效率大幅度提高,输出功率成倍增长,使用寿命也明显加长。

其中最大的点是 Lang R 与 Kobayashi K 在 1980 年发表的 *External optical feedback effects on semiconductor injection laser properties*。Lang R 在 1982 年发表了后续的研究。

其他人也都对半导体激光器的理论作出探索,如 Henry CH 探讨了半导体激光器的线宽理论;Simpson TB 等人探讨了半导体激光器外部注入引起的非线性动力学,等等。到 1993 年,Agrawal GP 把这些理论成果汇成了书籍。

知识群 B:量子级联激光器

在前面总体激光器的研究中,量子级联激光器就占了重要地位,在半导体激光器的研究中,也有突出地位。1994 年,美国 Bell 实验室的 Faist 等人在 Science 上发表了《量子级联激光器》一文,他们首次在Ⅲ-Ⅴ族材料(GaInAs/AlInAs)实现并演示了量子级联(QC)激光器。从那以后,人们对该领域的开展了广泛的研究,推动了量子级联激光器性能的不断提高。由于前文介绍过,这里就不再重复。

知识群 C:半导体纳米线激光器

知识群 C 中的大部分论文是与半导体纳米线有关的。纳米技术在各种技术上有广泛的应用,对激光技术也有很大的促进和应用,可以看到这个知识群中的论文大都发在 NATURE 和 SCIENCE,说明激光技术站在了世界的前沿。

其中一个中国学者 Duan X 与其团队在这个领域的研究比较引人注目,还有许多其他中国学者也在这方面做出了自己的贡献。

知识群 D:光子晶体激光器

知识群 D 主要是有关光子晶体激光器的研究。1987 年,Yablonovitch E[①]与 John 几乎同时提出光子晶体这一新概念,它具有类似于半导体能带的光子禁带(PBG),在光子禁带频率范围内的光无法传播。若在光子晶体中引入缺陷,就会在 PBG 中引入频率极窄的缺陷态,从而可以控制光的传播行为。这一概念提出以后,引起了全世界科学家的广泛关注,于是人们对光子晶体的原理和特性进行了深入的研究,在光子晶体的制备方面也有了突破性的进展,采用电子束直写、聚焦离子束光刻、反应离子刻蚀、感应耦合等离子体刻蚀(ICP)等方法,已经可以制备出红外波段的二维光子晶体。光子晶体在光通信系统中的应用非常广泛,可用于制作激光器、光开关、滤波器等新型器件。其中,半导体光子晶体激光器具有普通的半导体激光器所无法企及的优越性,成为光通信领域的

---

① Yablonovitch E. Inhibited spontaneous emission in solid-state physics and electronics [J]. Physical Review Letters. 1987, 58(20): 2059—2062.

研究热点[①]。

光子带隙效应导致反射镜的反射率提高,高 Q 值光子晶体微腔的应用导致阈值的降低,光子晶体可以压缩自发辐射模导致 β 值增大,光子晶体的带边群速度反常引起光增益的提高,利用非对称的光子晶体可以控制出射光的偏振态,利用光子晶体的这些特性制备的光子晶体激光器,有望提高激光的输出特性和实现光子集成回路。目前对光子晶体激光器的研究大致分为以下几类:缺陷模式激光器、光子晶体反射镜激光器、耦合缺陷腔 PC 激光器、光泵浦的缺陷腔激光器、PC 有源波导腔激光器,到目前为止已经报道的光泵浦和电注入的缺陷模式表面发射激光器举不胜数,它们都是采用光子晶体缺陷来控制光的发射模式。其中最具代表性的是 1999 年,Painter O 等人[②]在 SCIENCE 上发表文章,首次报道的可以在室温下工作的 1.55μm 2D PC 缺陷模式激光器。制作的自由平板结构激光器容易实现光泵浦激射,针对最难解决的问题是怎样在该结构中作电接触,实现电泵浦激射。2004 年,Park HG 等人[③]提出了一种在点缺陷腔下面引入一个小柱作电接触的光子晶体激光器,带边模式激光器基于光子带边效应可以提高光增益的特性。2001 年,Noda S 等人[④]报道了一种偏振控制的 PC 激光器,该器件是利用晶片熔融技术制作的光子晶体反射镜激光器,利用光子禁带反射光的特点可以制作出光子晶体反射镜激光器,便于实现光子集成回路。

由于光子晶体激光器的超小型化、低阈值和便于集成的特点,有助于低阈值或无阈值的 Si 基激光器的实现,有助于光子晶体集成芯片的实现,具有极好的应用前景,它不仅可使光通信领域产生新的革命,而且也会对光电子领域产生巨大的影响。因此,半导体光子晶体激光器正处于一个迅速发展的应用研究阶段,但是真正可以用于现代的集成光电回路甚至以后的集成光路中仍需要科研工作者们的共同努力,要不断地利用各种先进的理论进行深入研究,同时也要不断开发和完善高精度的刻蚀技术,这样,光子晶体激光器件的性能才有可能不断地提高,这无疑将对半导体激光工业以及光通讯事业都产生巨大的影响,同时也将大大推进集成光路的发展[⑤]。

知识群 E:面发射半导体激光器

面发射激光器(SEL)是于 20 世纪 90 年代出现的。早在 1977 年,人们就提出了所谓

---

① 唐海侠,王启明. 半导体光子晶体激光器的研究进展[J]. 半导体光电. 2005, 26(3): 165—171.

② Painter O, Lee RK, Scherer A et al. Two-dimensional photonic band-gap defect mode laser [J]. Science. 1999, 284(5421): 1819.

③ Park HG, Kim SH, Kwon SH et al. Electrically driven single-cell photonic crystal laser[J]. Science. 2004, 305 (5689): 1444.

④ Noda S, Yokoyama M, Imada M et al. Polarization mode control of two-dimensional photonic crystal laser by unit cell structure design[J]. Science. 2001, 293(5532): 1123.

⑤ 唐海侠,王启明. 半导体光子晶体激光器的研究进展[J]. 半导体光电. 2005, 26(3): 165—171.

的面发射激光器,并于 1979 年做出了第一个器件,1987 年做出了用光泵浦的 780nm 的面发射激光器。半导体激光器从腔体结构上来说,不论是 F-P(法布里—泊罗)腔或是 DBR(分布布拉格反射式)腔,激光输出都是在水平方向,统称为水平腔结构。它们都是沿着衬底片的平行方向出光的。而面发射激光器却是在芯片上下表面镀上反射膜构成了垂直方向的 F-p 腔,光输出沿着垂直于衬底片的方向发出,垂直腔面发射半导体激光器(VCSELS)是一种新型的量子阱激光器,它的激射阈值电流低,输出光的方向性好,耦合效率高,通过阵列化分布能得到相当强的光功率输出,垂直腔面发射激光器已实现了工作温度最高达 71 摄氏度。另外,垂直腔面发射激光器还具有两个不稳定的互相垂直的偏振横模输出,即 x 模和 y 模,目前对偏振开关和偏振双稳特性的研究也进入到了一个新阶段,人们可以通过改变光反馈、光电反馈、光注入、注入电流等等因素实现对偏振态的控制,在光开关和光逻辑器件领域获得新的进展。

20 世纪 90 年代末,面发射激光器和垂直腔面发射激光器得到了迅速的发展,且已考虑了在超并行光电子学中的多种应用。980mn、850nm 和 780nm 的器件在光学系统中已经实用化。目前,垂直腔面发射激光器已用于千兆位以太网的高速网络。为了满足 21 世纪信息传输宽带化、信息处理高速化、信息存储大容量以及军用装备小型、高精度化等需要,半导体激光器的发展趋势主要在高速宽带 LD、大功率 ID、短波长 LD、盆子线和量子点激光器、中红外 LD 等方面。

由表 3-7-4 可以看到,知识群 E 中的主要节点是关于面发射半导体激光器的。如 Keller U 等人发表的一系列文章为面发射激光器做出了理论基础,而其他的作者的文章介绍了面发射器相关的设计特征以及工作的条件。

知识群 F:半导体磁性材料

知识群 F 中的节点主要是半导体磁性材料。近几年来,随着自旋电子学的发展,稀磁半导体(DilutedMagnetic Semiconductors, DMSs)受到越来越多的关注。Dietl T, Ohno H, Matsukura F[①]等人于 2000 年在 Natrue 上发文,对有关半导体磁性模型做了描述,指出 DMSs 一般是在非磁性化合物半导体中通过掺杂引入部分磁性离子所形成的一类新型功能材料,磁性离子和半导体中载流子之间的交换作用使得其具有新颖的磁光、磁电性能。DMSs 可以将磁性的效能与半导体的功能相结合,在高密度非易失性存储器、磁光感应器、自旋量子计算等领域有广阔的应用前景。此外,DMSs 具有很高的自旋注入效率,为自旋场效应晶体管、自旋发光二极管、自旋阀等新型自旋电子器件提供了理想的材料支撑,已经成为材料领域研究的热点。

Özgür ü, Alivov YI, Liu C 等人 2005 年在应用物理杂志上发表了 *A comprehensive*

---

① Dietl T, Ohno H, Matsukura F et al. Zener model description of ferromagnetism in zinc-blende magnetic semiconductors[J]. Science. 2000, 287(5455): 1019.

review of ZnO materials and devices，详细描述了氧化锌材料和设备，为半导体激光的材料奠定了基础。ZnO 是一种直接带隙的半导体材料，带隙为 3.4eV，激子结合能为 60meV，具有良好的光电和压电特性，因此，在高频、大功率型器件、蓝光和紫外半导体激光方面有广泛的应用。

3.7.2.3　半导体激光器的研究热点

通过对激光研究的 8599 篇论文进行关键词分析，分析激光领域的研究热点。在 CiteSpace 中首先选择阈值为 TOP40。如图 3-7-14 所示，网络中一共有 93 个节点和 81 条连线，一共形成了 12 个聚类，分别是聚类 0 至聚类 12。将聚类按照位置和主题的相似性进行适当的归并，最后一共形成 6 个主要的热点知识群。

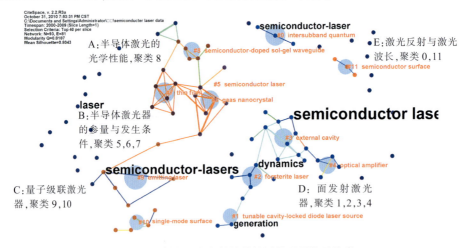

图 3-7-14　激光研究文献的关键词共现网络及聚类

热点知识群 A：半导体激光的光学性能，由聚类 8 构成。重要词有半导体掺杂溶胶凝胶波导、非线性光学性质、光学性能、量子点激光器、PBS 的纳米粒子、半导体激光等。

热点知识群 B：半导体激光器一些参量与发生条件，由聚类 5、6、7 构成。重要词有半导体激光器、量子阱激光器、参量振荡、发射激光、微腔模型、半导体量子、垂直共振腔、微米、砷化镓纳米晶、SiO₂ 薄膜、可见光发射、半导体微腔、发光半导体纳米晶掺杂氧化锌、氧化锌薄膜、最初的首选增长、脉冲激光沉积等。

热点知识群 C：量子级联激光器，由聚类 9、10 构成。重要词有发射激光、表面发射激光器、3 微米、量子点激光器、量子阱激光器、表面起伏的大小、单量子阱激光器、单模表面等离子体激光、量子级联激光器、量子点激光器、级联激光器、增益测量、GaAs 基量子级联激光器、增益测量、高速调制等。

热点知识群 E：面发射激光器，主要由聚类 1、2、3、4 构成。重要词有面发射激光器、外腔半导体激光、利用混沌解码外腔半导体激光器、信息编码、二极管激光、镁橄榄石激光、发射激光、光反馈、选择对称破缺、垂直腔表面、光放大器、有限差分光束传播方法、基本四波混频特性、双泵四波混频、双稳态激光二极管、可调谐腔二极管激光源锁定、可饱和吸收镜、自适应反馈控制、半导体超快非线性、镓掺杂锗光电、DBR 激光器二极管、超晶格等。

热点知识群 F:激光反射与激光波长,由聚类 0、11 构成。重要词半导体表面、利用激光反射、监测晶体溶解、纳米分辨率、微米激光波长、带间量子、强大的连续量子阱 in0、激光二极管面、模态反射率测量、双稳态激光二极管、失谐外部光注入、超短脉冲产生等。

图 3-7-14 中,出现的高频词如表 3-7-5 所示。排在第一、第二位以及第五位的半导体激光器 (semiconductor laser、semiconductor-lasers、semiconductor-laser) 合计出现了 2369 次。其余的高频词还有动态(dynamics)、二极管(diodes、diode)、光学反馈(growth)、砷化镓(dymanics)、表面发射器(surface-emitting lasers)、半导体光学放大器(semiconductor optical amplifier)、激光放大器(laser amplifiers)等。还有些凸显词,如调谐(modulation)、光致发光(photoluminescence)、脉冲激光沉积(pulsed-laser deposition)、三四族半导体 (iii-v semiconductors)、光学泵浦 (optical pumping)、锁模激光器 (mode-locked lasers)、砷化镓(gallium arsenide)、宽带沟半导体(wide band gap semiconductors)、新一代镓铟氮砷(gainnas)、波动(fluctuations),这些词大多涉及到半导体激光器或者与半导体激光器产生、制造所需要的条件或是造成的后果。

表 3-7-5　频次大于 40 的高频词

频次	中心性	词	年份	释义	频次	中心性	词	年份	释义
1198	0	semiconductor laser	2000	半导体激光器	139	0	wavelength	2002	波长
773	0.04	semiconductor-lasers	2000	半导体激光器	132	0	laser-ablation	2001	激光烧蚀
530	0	laser	2000	激光	131	0.03	quantum dots	2006	量子点
474	0.05	dynamics	2000	动态	129	0	optical-properties	2007	光学性能
388	0	semiconductor-laser	2000	半导体激光器	127	0	light	2000	光
354	0.01	generation	2000	一代	127	0.03	pulsed-laser deposition	2008	脉冲激光沉积
319	0	diodes	2000	二极管	125	0	transmission	2007	传输
319	0	gain	2000	增益	120	0	molecular-beam epitaxy	2002	分子束外延
293	0	semiconductor	2000	半导体	118	0	diode-lasers	2004	二极管激光器
278	0	gaas	2000	砷化镓	115	0	amplifiers	2000	放大器
275	0	operation	2000	操作	113	0	semiconductor optical amplifiers	2000	半导体光学放大
270	0.02	optical feedback	2000	光学反馈	106	0.01	wavelength conversion	2001	波长转换
269	0	emission	2000	发射	104	0	semiconductor nanowires	2003	半导体纳米线
265	0.03	growth	2000	增长	103	0	mode	2003	模式

频次	中心性	词	年份	释义	频次	中心性	词	年份	释义
263	0	locking	2000	锁定	103	0	nanocrystals	2008	纳米晶体
258	0.03	noise	2000	噪声	102	0	stability	2003	稳定性
248	0	spectroscopy	2000	光谱	101	0	luminescence	2008	发光
238	0.04	modulation	2000	调谐	98	0.03	laser amplifiers	2001	激光放大器
229	0	thin-films	2001	薄膜	98	0	fabrication	2001	制造
223	0	diode	2000	二极管	96	0.04	iii-v semiconductors	2009	三四族半导体
222	0.05	photoluminescence	2000	光致发光	92	0.02	mode-locked lasers	2002	锁模激光器
216	0	performance	2000	性能	91	0	continuous-wave operation	2006	连续波运行
215	0	silicon	2003	硅	91	0.01	nanoparticles	2008	纳米粒子
209	0	systems	2000	系统	90	0	diode-laser	2004	二极管激光器
207	0	room-temperature	2000	室温	90	0	ring laser	2004	环形激光器
203	0	quantum-well lasers	2000	量子阱激光器	89	0.06	communication	2002	通讯
202	0	mu-m	2000	微米	77	0	surface	2003	表面
202	0	temperature	2002	温度	75	0	semiconductor optical amplifier	2006	半导体光放大器
198	0	injection	2000	注射	72	0	conversion	2002	转换
192	0.04	chaos	2001	混沌	70	0	spontaneous emission	2000	自发辐射
187	0	surface-emitting lasers	2000	面发射激光器	68	0	semiconductor surfaces	2005	半导体表面
180	0	pulses	2001	脉冲	61	0	gallium compounds	2009	镓化合物
172	0.01	feedback	2000	反馈	61	0.05	optical pumping	2009	光学泵浦
163	0	films	2001	薄膜	60	0	laser modes	2009	激光模式
162	0.01	synchronization	2002	同步	58	0.01	indium compounds	2009	铟化合物
155	0	power	2001	能量	55	0	pulsed laser deposition	2009	脉冲激光沉积
155	0	system	2001	系统	52	0.01	semiconductor quantum dots	2009	半导体量子点
152	0	cavity	2000	腔	51	0	semiconductor thin films	2009	半导体薄膜
150	0	design	2001	设计	49	0.05	gallium arsenide	2009	砷化镓
148	0	semiconductor optical amplifier	2004	半导体光学放大器	49	0.05	wide band gap semiconductors	2009	宽带沟半导体
145	0	lasers	2000	激光器	47	0	gainnas	2000	新一代镓铟氮砷
142	0	model	2005	模型	44	0.04	fluctuations	2000	波动
141	0	high-power	2006	高等					

3.7.2.4　小结

利用动态网络分析的信息可视化技术和工具，绘制出半导体激光器的引文网络知识图谱，展现出 6 个知识群。

从对半导体激光器的分析来看,6 个主要知识群涉及到两个方面:(1) 关于半导体激光器的基础理论、模型和材料,例如半导体激光器的基本理论、半导体磁性材料等等;(2)具体的激光器及应用的相关研究,包括量子级联激光器、复合纳米线激光器、光子激光器、面发射半导体激光器等等。

3.7.3　核心技术层次:DFB 激光器

DFB(Distributed Feedback Laser),即分布式反馈激光器,其不同之处是内置了布拉格光栅(Bragg Grating),属于侧面发射的半导体激光器。目前,DFB 激光器主要以半导体材料为介质,包括锑化镓(GaSb)、砷化镓(GaAs)、磷化铟(InP)、硫化锌(ZnS)等。DFB 激光器最大特点是具有非常好的单色性(即光谱纯度),它的线宽普遍可以做到 1MHz 以内,具有非常高的边摸抑制比(SMSR),目前可高达 40—50dB 以上。

3.7.3.1　DFB 激光器领域论文整体分布情况

在 SCI-E、SSCI, A&HCI 三个数据库里主题检索 2000 年至 2009 年间航空器的数据,检索式设定为"TS=(dfb laser)",得到 1012 条"Article"文献数据。

如图 3-7-15 所示,DFB 激光器的论文数量, 从 2000 年到 2007 年基本都呈上升趋势,后两年趋势平缓。2007 年达到所有考察年份的最高值 140 篇。

从地区分布来看,撰写 DFB 论文的有 109 个国家和地区,图 3-7-16 显示了发表文章最多的前 20 名的国家和地区,其中美国数量最多,为 187 篇,其次为日本、中国、德国、韩国、法国、英国、加拿大、俄罗斯、台湾等。可以看出,中国居第 3 位,中国台湾地区居第 9 位。说明中国在 DFB 激光器方面还是非常强的。

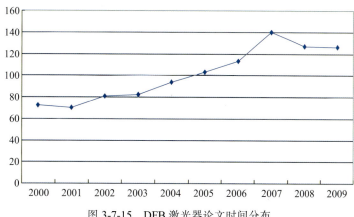

图 3-7-15　DFB 激光器论文时间分布

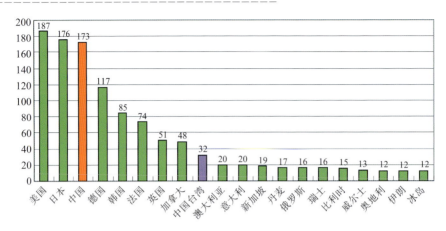

图 3-7-16 DFB 半导体激光器论文的国家和地区分布(前 20 名)

图 3-7-17 显示了激光论文的国家和地区的合作网络,我们可以看到 DFB 研究领域形成了一个大的合作网络,其中美国、德国、法国、英国等在网络中处于中心地位,连接了许多其他国家。中国虽然发表了许多论文,但与其他国家连接比较少,中国台湾地区与其他国家没有合作。

从机构分布来看,689 个机构发表了 DFB 半导体激光器的相关论文, 图 3-7-18 显示了发表文章最多的前 20 名的机构。

中国科学院发表论文 77 篇,居第一位。前 20 名的还有清华大学、香港中文大学。台湾的清华大学也靠前。日本在前二十名内也占了重要的地位。日本工业大学排第二名,还有几个日本的机构,如日本电信电话株式会社、日本电气公司、日本科学技术代办处、东京大学,这些机构大都是公司,说明 DFB 激光器跟实用联系密切。加拿大的麦克马斯特大学排第三。德国的乌尔茨堡大学排名第五位,在前五十名中有很多德国的科研机

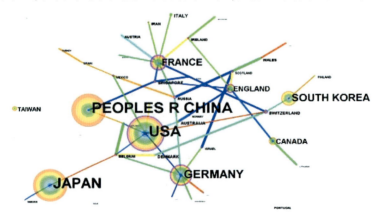

图 3-7-17 DFB 半导体激光器论文的国家和地区合作网络

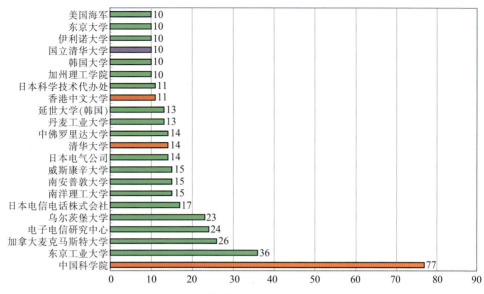

图 3-7-18　DFB 半导体激光器论文的机构分布(前 20 位)

构,最著名的有贝尔实验室。美国有南安普顿大学、威斯康辛大学、中佛罗里达大学、加州理工学院、伊利诺大学、美国海军(USN)。还有几个国家的机构,如南洋理工大学、韩国的延世大学和韩国大学以及丹麦工业大学。

由图 3-7-19 可以看出 DFB 激光器研究机构之间的合作也不是很紧密,机构之间的合作也只是各个国家内部之间的机构合作。 中国的几个机构中科院与清华大学、北京邮电

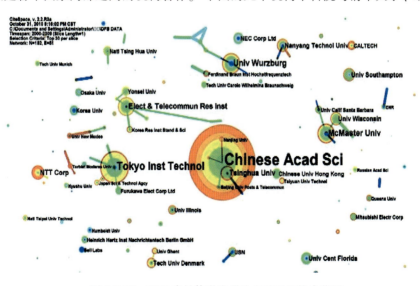

图 3-7-19　DFB 半导体激光器论文重要机构合作图

大学、南京大学都有合作,值得一提的是太原理工大学近年也在 DFB 领域有良好的表现。

3.7.3.2 DFB laser 的研究前沿

在 CiteSpace 2. 2. R3 中,选择"cited References"进行文献共引分析(DCA),运行结果显示 69 个网络节点和 123 条共引连线构成的研究前沿图谱(见图 3-7-20),结合自动聚类及自动标签的结果(见表 3-7-6),我们区分出四个主要的研究前沿。

图 3-7-20 激光研究文献的文献共被引网络图谱

表 3-7-6 DFB 激光器文献聚类结果、聚类标识与知识群划分

聚类	聚类标识(TFIDF 算法)	聚类标识(LLR 算法)	所属知识群
3	grating multisection-rw-dfb laser/光栅多节 DFB 激光器;wavelength-selectable microarray light source/波长选择芯片光源; laser array/激光阵列; monolithic integration/单片集成; grating laser/光栅激光	wavelength-selectable microarray light source/波长选择芯片光源; monolithic integration/单片集成; grating laser/光栅激光	知识群 A
4	feedback laser/反馈激光器; multiwavelength gain-coupled dfb laser cascade/多波长增益耦合 DFB 激光器级联; self-pulsation characteristic/自脉动特性;tuning section/整组; design modeling/设计造型	self-pulsation characteristic/自脉动特性; tuning section/整组; ultiwavelength gain-coupled dfb laser cascade /多波长增益耦合 DFB 激光器级联	知识群 E
10	semiconductor laser/半导体激光; nonadiabatic semiconductor laser rate equation/非绝热半导体激光器速率方程;mu m semiconductor laser/微米半导体激光; external fiber/外部纤维; high temperature-stability/高温度稳定性	nonadiabatic semiconductor laser rate equation /非绝热半导体激光器速率方程;mu m semiconductor laser /微米半导体激光;external fiber /外部纤维	知识群 A
13	reduced temperature dependence/降低温度依赖; wirelike active region/wirelike 活动区;single-mode operation/单模操作; feedback laser/反馈激光器; membrane bh-dfb laser/膜 BH-DFB 激光器	wirelike active region//wirelike 活动区;ingle-mode operation/单模操作; threshold gain /临界增益	知识群 B
11	solid-state dye laser/固态染料激光; emitting polymer/发光聚合物; phase grating/相位光栅; solid-state laser/固态激光器; square lattice/正方晶格	solid-state laser/固态染料激光; square lattice/正方晶格; complex-coupled dfb laser /复杂耦合 DFB 激光器	知识群 B

聚类	聚类标识（TFIDF 算法）	聚类标识（LLR 算法）	所属知识群
6	nonuniform dfb-soa；linearly variable current injection/线性变电流注入；laser amplifier/激光放大器；novel configuration/新配置；all-optical flip-flop/全光触发器	nonuniform dfb-soa；linearly variable current injection；novel configuration	知识群 D
12	phase grating/相位光栅；dye-doped cholesteric liquid crystal/染料掺杂胆固醇液晶；photoreactive polymer/光反应聚合物；organic laser/有机激光；circular grating dfb/环形光栅 dfb	phase grating/相位光栅；photoreactive polymer/光反应聚合物；organic laser/有机激光	知识群 B
9	electroabsorption modulator/电吸收调制器；chirp characteristic/啁啾特性；large signal chirp/大信号啁啾；electro-absorption modulator/电吸收调制器；dfb laser diode/DFB 激光二极管	dfb laser/dfb 激光器；chirp characteristic/啁啾特性；electroabsorption modulator /电吸收调制器	知识群 A
14	feedback plastic laser/反馈塑料激光；above-threshold analysis/超阈值分析；circular-grating dfb laser/圆光栅 DFB 激光器；replica molding/副本成型；dfb laser/ DFB 激光器	above-threshold analysis/超阈值分析；circular-grating dfb laser/圆光栅 DFB 激光器；replica molding/副本成型	知识群 E
5	insensitive all-optical clock recovery/不敏感的全光时钟恢复；all-optical clock recovery/全光时钟恢复；two-section gain-coupled dfb laser/两部分增益耦合 DFB 激光器；nrz data/NRZ 数据；using fabry-perot filter/使用 Fabry-Perot 的滤波器	two-section gain-coupled dfb laser/两部分增益耦合 DFB 激光器；nrz data/NRZ 数据；all-optical clock recovery/全光时钟恢复	知识群 E
8	wavelength filter/波长滤波器；strained quantum well/应变量子阱；future optical network/未来光网络；component technology/组件技术	strained quantum well/应变量子阱；wavelength filter/波长滤波器；future optical network/未来光网络	知识群 A
1	temperature characteristic/温度特性；self-consistent analysis/自洽分析；3-mu m ingaasp-inp/3 微米磷砷化铟镓-磷化铟；quantum-well laser/量子阱激光器；phase noise/相位噪声	self-consistent analysis/自洽分析；3-mu m ingaasp-inp/3 微米磷砷化铟镓-磷化铟；quantum-well laser/量子阱激光器	知识群 E
15	solid-state dye laser/固态染料激光；ladder-type poly/阶梯式聚合物；photopumped organic solid-state dye laser/照片泵浦有机固态染料激光；efficient blue-light emitting polymer/高效蓝发光聚合物；feedback cavity/反馈腔	photopumped organic solid-state dye laser/照片泵浦有机固态染料激光；efficient blue-light emitting polymer/高效蓝发光聚合物；feedback cavity/反馈腔	知识群 B
0	midinfrared quantum cascade laser/中红外量子级联激光器；quantum cascade laser/量子级联激光器；laser array/激光阵列；broadband distributed-feedback quantum cascade/宽带分布反馈量子级联；dfb quantum cascade laser/dfb 量子级联激光器	midinfrared quantum cascade laser/中红外量子级联激光器；broadband distributed-feedback quantum cascade/宽带分布反馈量子级联；dfb quantum cascade laser /dfb 量子级联激光器	知识群 C
7	long-haul optical transmission system/长距离光传输系统；truncated-well distributed-feedback laser /截均匀分布反馈激光器；electroabsorption modulator/电吸收调制器；above-threshold spectra/高于阈值的光谱	long-haul optical transmission system/长距离光传输系统；truncated-well distributed-feedback laser /截均匀分布反馈激光器；bove-threshold spectra/高于阈值的光谱	知识群 A
2	quantitative measurement/定量测量；dfb diode laser/dfb 二极管激光器；phase-shift off-axis cavity-enhanced absorption spectroscopy/相移离轴腔增强吸收光谱相移离轴腔增强吸收光谱；resonant photoacoustic detection/共振光声检测	dfb diode laser/dfb 二极管激光器；phase-shift off-axis cavity-enhanced absorption spectroscopy/相移离轴腔增强吸收光谱相移离轴腔增强吸收光谱；quantitative measurement/定量测量	知识群 A

知识群 A：分布反馈激光器的理论基础

知识群 A 涉及分布反馈激光器的理论基础。分布反馈式激光器（Distributed-feedback laser,DFB-LD）是不采用解理面或抛光面来实现产生激光所必须的反馈作用的一种激光器，而是把半导体激光二极管的波导制作成折射率周期性变化的皱折结构来实现反馈的激光器。这种激光器发射的激光波长主要决定于折射率的周期,则激光波长的温度系数很小[约为 0.5 埃 / 每度],基本上与半导体禁带宽度无关。Kogelnik H 等人[①]成功的提出耦合波理论,后来变成各种近似 DFB 和 DHB 计算中最为人们熟悉的方法,成为研究 DFB 的理论基础。

作为半导体激光器的一种，分布反馈激光器的研究吸取了半导体激光器的部分成果,因此,Agrawal GP 在知识群 A 中也起着相当重要的作用。

知识群 B：DFB 激光器形成条件与运行

知识群 B 中主要是有关 DFB 激光器形成条件与运行的论文。

DFB 首先在染料激光器中实现,然后是固体激光器,后来提出并应用到气体激光器和包含有胆甾型液晶的染料激光器。采用折射率周期变化的结构实现谐振腔反馈功能的半导体激光器。这种激光器不仅使半导体激光器的某些性能(如模式、温度系数等)获得改善,而且由于它采用平面工艺,在集成光路中便于与其他元件耦合和集成。

1970 年采用双异质结的 GaAs—GaAlAs 注入式半导体激光器实现了室温连续工作。与此同时,贝尔实验室 H.利戈尼克等发现在周期结构中可由反向布喇格散射提供反馈,可以代替解理面。在实验中,最初是把这种结构用于染料激光器,1973 年开始用于半导体激光器,1975 年 GaAs 分布反馈激光器已实现室温连续工作。

Berggren M 于 1996 年发表了《塑料基板上印光栅的有机固体激光器》,就是固体激光器的 DFB 的应用。1997 年 Berggren M 在 Nature 上发文《利用级联传递的有机薄膜的光放大器》,进一步阐明了他的思想。2001 年 Finkelmann H 等人发表了《胆甾型液晶弹性体中可调无反射镜激射》提出了胆甾型液晶起光学波导的作用。

制作半导体分布反馈激光器的材料有 GaAs-GaAlAsIn、P-InGaAsP、Pb1-xSnxTe 和 CdS 等。非半导体材料的分布反馈激光器主要采用染料作为活性介质。泵浦方式主要采用电注入,也采用光泵和电子束激励。1999 年,Painter O 等人[②]在 Science 上发表文章,首次报道可以在室温下工作的 1.55μm 2D PC 缺陷模式激光器。制作的自由平板结构激光器容易实现光泵浦激射,针对最难解决的问题是怎样在该结构中作电接触,实现电泵浦激射。

---

① Kogelnik H, Shank CV. Coupled - Wave Theory of Distributed Feedback Lasers [J]. Journal of applied physics. 1972, 43(5): 2327—2335.

② Painter O, Lee RK, Scherer A et al. Two-dimensional photonic band-gap defect mode laser[J]. Science. 1999, 284(5421): 1819.

Nunoya N 于 2002 年相继发表了《高效能的分布反馈激光器》、《分布反馈激光器的运行》，系统的阐述了有关分布反馈激光器的研究。分布反馈激光器的优点是具有很好的波长选择性和单纵模工作。这种选择性是由布喇格效应对波长的灵敏性产生的，分布反馈激光器的阈值随着偏离布喇格波长 λ0 而增加。单纵模工作的谱线宽度小于 1 埃。激射波长随温度和电流的变化比较小，例如 GaAs-GaAlAs 和 InP-InGaAsP 分布反馈激光器，激射波长随温度的依赖关系约为 0.5～0.9⊤/K，而相应的解理腔面激光器要大 3—5 倍。改变光栅周期，可以使激光波长在一定范围内变化，例如，在一个 GaAs 衬底上，已构成由六个具有不同光栅周期的 GaAs－GaAlAs 分布反馈二极管组成的频率复用光源。在一个激光器中制作几组不同周期的光栅，构成多谐分布反馈激光器，产生几个激光波长，也可作为频率复用光源。

知识群 C：DFB 半导体激光放大器

知识群 C 中的主要节点是关于 DFB 半导体激光放大器的研究。光放大器具有一个基本平坦并在一个宽范围上独立于泵浦功率、输入信号功率以及输入信号数目的增益分布。该放大器通过在增益介质的至少一个吸收尾部的至少一个波长上泵浦该增益介质而利用一个有该增益介质的光谐振腔。该增益介质的增益展宽表现为非均匀。该谐振腔是一个优选地包括一个掺铒光纤的环形谐振腔。共掺质可以添加到光纤中以提高非均匀展宽效果。一种增益平坦化方法将一种泵浦信号引入增益介质。该泵浦信号有一个在增益介质吸收分布的尾部的波长。

Maywar DN 与 Agrawal GP 等人于 2001 年发表了《全光的交叉相位调制手段滞后控制半导体光放大器》、2002 年发表了《非均匀光栅 DFB 半导体激光放大器光学双稳态转移矩阵分析》对 DFB 激光放大器的一些状态进行了深入的分析。

知识群 D：DFB 激光器与信号处理

知识群 D 是关于 DFB 激光器与信号处理的研究。Zhang LM 等人用时域大信号行波模型对二阶 DFB 激光器的辐射和侧模抑制动态分析；Mohrle M 等人则研究了为高速光信号处理失谐光栅多节 - rw - DFB 激光器；Renaudier J 与 Duan GH 等人介绍了纵模之间的相位相关的半导体自脉动 DBR 半导体激光器。

3.7.3.3　DFB laser 激光领域的研究热点

通过对激光研究的 1012 篇论文进行关键词分析，分析激光领域的研究热点。在 CiteSpace 中首先选择阈值为 TOP20。如图 3-7-21 所示，网络中一共有 80 个节点和 83 条连线，一共形成了 15 个聚类，分别是聚类 0 至聚类 14。将聚类按照位置和主题的相似性进行适当的归并，最后一共形成 6 个主要的热点知识群。

热点知识群 A：反馈传输系统与设备性能，由聚类 2、8 构成。重要词有传输系统、设备性能、传输、半导体光源、AM-VSB 的有线电视系统、光脉冲、相同的外延层的方法、电吸收调制器、长距离光传输系统、砷化铟镓，砷化铝镓主振荡器功率放大器。

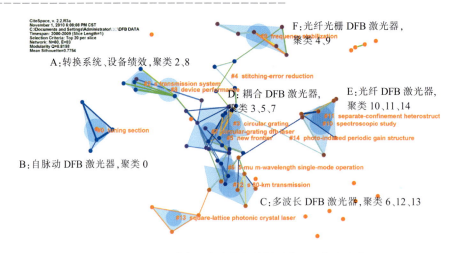

图 3-7-21　　DFB 激光研究文献的关键词共现网络及聚类

热点知识群 B：自脉动 DFB 激光器，由聚类 0 构成。重要词有自脉动 DFB 激光器、整组、综合阶段、单模半导体激光器、被动分散反射。

热点知识群 C：多波长 DFB 激光器，由聚类 13、6、12 构成。重要词有正方晶格光子晶体的激光、阈值收益、固态激光器、tm 偏振 DFB 激光器结构、稳频、80 公里的传输、啁啾光栅分布反馈激光器、可调式双模式操作、多波长 DFB 激光器阵列、综合光斑尺寸转换器、多距离、5 微米波长单模操作、多腔、布拉格反射激光器、干涉波长转换器等。

热点知识群 D：耦合 DFB 激光器，由聚类 3、5、7 构成。重要词有圆光栅 DFB 激光器、耦合功率理论、空间孔燃烧效果、折射率调制上熔覆层、亚谐注射液、增益耦合 DFB 激光器、新领域、3 微米、反馈激光器、分布式反馈激光器、量子级联激光器、截均匀分布反馈激光器、中央光栅相移光罩、复杂耦合 DFB 激光器、环形光栅、5 微米波长单模操作、多腔、布拉格反射激光、多层平面波导等。

热点知识群 E：光纤 DFB 激光器阵列，主要由聚类 10、11、14 构成。重要词有光谱研究、光致周期性增益结构、高品质的多量子阱、超低压金属有机化学气相沉积、起伏光栅、DFB 激光器阵列、超低压金属有机化学气相沉积、光纤 DFB 激光器阵列、单独禁闭异质层、啁啾特性、电吸收调制器、光子网络系统、反应流量、两相反应流、DFB 二极管激光传感器、反馈光纤激光传感器、微米等。

热点知识群 F：光纤光栅 DFB 激光器，由聚类 9 构成。重要词稳频、非线性动态、自脉冲激光二极管、铒镱散装激光、K - 39 分多普勒线、拼接误差减少、包括量子载波捕获、光纤光栅 DFB 激光器、光学微波信号、镜头移电子束光刻等。

出现的高频词排在第一位、第二位的都是分布反馈激光器(distributed feedback (dfb) lasers、dfb laser)分别出现了 183 和 182 次，排在第三位的词是半导体激光器。其余的高频词还有操作(operation)、绩效(performance)、传输(transmission)、增益(gain)、二极管(diodes、diode 等)、微米(mu-m)、放大器(amplifier)、反馈(feedback)、量子阱激光器(quantum-well lasers)、直接调制(direct modulation)、线宽(linewidth)等,这些词大多涉及到分布反馈激光器操作所需要的条件或是造成的后果。

3.7.3.4　小结

利用动态网络分析的信息可视化技术和工具,绘制出 DFB 的引文网络知识图谱,展现出 5 个知识群。

从对 DFB 激光器论文的分析来看,5 个主要知识群涉及到两个方面:(1)关于 DFB 激光器论文的基础理论、模型、方法,例如 DFB 的理论基础、形成的条件与运行等等;(2)具体的激光器及应用的相关研究,包括 DFB 半导体激光放大器、信号处理等等。

3.7.4　激光领域技术科学、前沿技术与核心技术之间的关系

3.7.4.1　技术科学在激光科学技术体系中的基础性地位

激光技术、计算机技术、原子能技术、生物技术,并列为二十世纪最重要的四大发现。是人类探索自然和改造自然的强有力工具。激光技术与应用发展迅猛,已与多个学科相结合形成多个应用技术领域,比如光电技术、激光医疗与光子生物学、激光加工技术、激光检测与计量技术、激光全息技术、激光光谱分析技术、非线性光学、超快激光学、激光化学、量子光学、激光雷达、激光制导、激光分离同位素、激光可控核聚变、激光武器等等。这些交叉技术与新的学科的出现,大大地推动了传统产业和新兴产业的发展。

激光技术的应用涉及到光、机、电、材料及检测等多门学科,主要分为以下几类:

1.激光加工系统:包括激光器、导光系统、加工机床、控制系统及检测系统。

2.激光加工工艺:包括切割、焊接、表面处理、打孔、打标、划线、微调等各种加工工艺。

3.激光热处理:在汽车工业中应用广泛,如缸套、曲轴、活塞环、换向器、齿轮等零部件的热处理,同时在航空航天、机床行业和其它机械行业也应用广泛。我国的激光热处理应用远比国外广泛得多。目前使用的激光器多以 YAG 激光器,CO_2 激光器为主。

4.激光快速成型:将激光加工技术和计算机数控技术及柔性制造技术相结合而形成。多用于模具和模型行业。目前使用的激光器多以 YAG 激光器、CO_2 激光器为主。

5.激光涂敷:在航空航天、模具及机电行业应用广泛。目前使用的激光器多以大功率 YAG 激光器、CO_2 激光器为主。

6.激光化学:激光携带着高度集中而均匀的能量,可精确地打在分子的键上,比如利用不同波长的紫外激光,打在硫化氢等分子上,改变两激光束的相位差,则控制了该分子的断裂过程。激光化学的应用非常广泛,制药工业是第一个得益的领域。

7.激光医疗:激光在医学上的应用分为两大类:激光诊断与激光治疗,前者是以激光作为信息载体,后者则以激光作为能量载体。

8.超快超强激光:超快超强激光主要以飞秒激光的研究与应用为主,作为一种独特的科学研究的工具和手段,飞秒激光的主要应用可以概括为三个方面,即飞秒激光在超快领域内的应用、在超强领域内的应用和在超微细加工中的应用。

9.激光武器:激光测距仪是激光在军事上应用的起点,将其应用到火炮系统,大大提高了火炮射击精度。激光雷达相比于无线电雷达,由于激光发散角小,方向性好,因此其测量精度大幅度提高。

10. 激光全息技术:1962 年随着激光器的问世,利思和乌帕特尼克斯(Leith and Upatnieks)在盖伯全息术的基础上引入载频的概念,发明了离轴全息术,有效地克服了当时全息图成像质量差的主要问题——孪生像,三维物体显示成为当时全息术研究的热点。

11.光通信:激光是一种频率更高的电磁波,它具有很好的相干性,因而象以往电磁波(收音机、电视等)一样可以用来作为传递信息的载波。

综上所述,激光技术目前已经在诸多领域得到工程实现,而这种工程实现的可能一方面来自于自量子力学开创以来对于激光产生原理的深入研究;另一方面则来自于激光领域技术科学体系的建立与快速发展。经过若干年的传承,激光技术科学体系已逐渐形成,演化出能够服务于工程实际的单元技术,主要包括:

1.激光调制与偏转技术:直接调制是把要传递的信息转变为电流信号注入半导体光源(激光二极管 LD 或半导体二极管 LED),从而获得已调制信号。由于它是在光源内部进行的,因此又称为内调制,它是目前光纤通信系统普通使用的实用化调制方法。

2.激光调 Q 技术:调 Q 技术的出现和发展,是激光发展史上的一个重要突破,它是将激光能量压缩到宽度极窄的脉冲中发射,从而使光源的峰值功率可提高几个数量级的一种技术。现在,欲要获得峰值功率在兆瓦级(10^6w)以上,脉宽为纳秒级($10^{-9}s$)的激光脉冲已并不困难。

3.超短脉冲技术:超短脉冲技术是物理学、化学、生物学、光电子学,以及激光光谱学等学科对微观世界进行研究和揭示新的超快过程的重要手段。超短脉冲技术的发展经历了主动锁模、被动锁模、同步泵浦锁模、碰撞锁摸(CPM),以及 90 年代出现的加成脉冲锁模(APM)或耦合腔锁模(CCM)、自锁模等阶段。

4.激光放大技术:利用已介绍的调 Q 或锁模技术,可以获得极高的峰值功率(10^9—$10^{12}w$)。其峰值功率之所以大得惊人,是由于把能量压缩在极短暂的时间内释放出来的缘故。但是这种高峰值功率激光器实际上所输出的能量往往不一定很大。因此,为了获得性能优良的高能量激光,应用激光放大技术则是一种最佳方法。

5.模式选择技术:要求激光方向性或单色性很好。要求对激光谐振腔的模式进行选择。模式选择技术可分为两大类:一类是横模选择技术,另一类是纵模选择技术。

6.稳频技术:激光器的输出波长或频率在某些应用场合下是不希望发生无规变化

的,特别是用作高精度光谱测量或有关计量标准时,不但要求输出激光有尽可能高的单色性(为此可采用选纵模技术),而且还进一步要求振荡激光的精确频率位置不发生随机式的漂移变化。为此就必须采用专门的激光稳频技术。

7.激光传输技术:激光传输是研究激光束与传输介质相互作用的一门技术,其主要任务是通过对传输介质光学性质的研究,揭示激光束的传输特性和规律。与其他激光技术一样,也是影响激光工程应用的重要因素之一。

总的来说,激光领域的技术科学体系中单元技术来源于基础理论研究,应用于现实工程实践,起着连接自然科学与工程科学的桥梁作用,为基础理论研究的进一步深化和现实工程实践的进一步拓展起着至关重要的作用。

3.7.4.2　技术科学、前沿技术与核心技术之间的关系

我们知道目前激光器的种类很多。按工作物质的性质分类,大体可以分为气体激光器、固体激光器、液体激光器;按工作方式区分,又可分为连续型和脉冲型等。按激光器的能量输出又可以分为大功率激光器和小功率激光器。大功率激光器的输出功率可达到兆瓦量级,而小功率激光器的输出功率仅有几个毫瓦。其中每一类激光器又包含了许多不同类型的激光器,如前所述的 He-Ne 激光器属于小功率、连续型、原子气体激光器。红宝石激光器属于大功率脉冲型固体材料激光器。

半导体激光器是用半导体材料作为工作物质的一类激光器,由于物质结构上的差异,产生激光的具体过程比较特殊。常用材料有砷化镓(GaAs)、硫化镉(CdS)、磷化铟(InP)、硫化锌(ZnS)等。激励方式有电注入、电子束激励和光泵浦三种形式。半导体激光器件,可分为同质结、单异质结、双异质结等几种。同质结激光器和单异质结激光器室温时多为脉冲器件,而双异质结激光器室温时可实现连续工作。

从 20 世纪 70 年代末开始,半导体激光器明显向着两个方向发展,一类是以传递信息为目的的信息型激光器,另一类是以提高光功率为目的的功率型激光器。在泵浦固体激光器等应用的推动下,高功率半导体激光器在 20 世纪 90 年代取得了突破性进展,其标志是半导体激光器的输出功率显著增加,国外千瓦级的高功率半导体激光器已经商品化,国内样品器件输出已达到 600W。如果从激光波段的被扩展的角度来看,先是红外半导体激光器,接着是 670nm 红光半导体激光器大量进入应用,接着,波长为650nm、635nm 激光器的问世,蓝绿光、蓝光半导体激光器也相继研制成功,10mw 量级的紫光乃至紫外光半导体激光器,也在加紧研制中。为适应各种应用而发展起来的半导体激光器还有可调谐半导体激光器,电子束激励半导体激光器以及作为“集成光路”的最好光源的分布反馈激光器(DFB-LD),分布布喇格反射式激光器(DBR-LD)和集成双波导激光器。分布反馈(DFB)式半导体激光器是伴随光纤通信和集成光学回路的发展而出现的,它于 1991 年研制成功,分布反馈式半导体激光器完全实现了单纵模运作,在相干技术领域中又开辟了巨大的应用前景。它是一种无腔行波激光器,激光振荡是由周期

结构(或衍射光栅)形成光耦合提供的,不再由解理面构成的谐振腔来提供反馈,优点是易于获得单模单频输出,容易与纤维光缆、调制器等辆合,特别适宜作集成光路的光源。

DFB 激光器可应用于:1.光纤通讯。通讯是 DFB 的主要应用,如 1310nm,1550nm DFB 激光器的应用。2.可调谐半导体激光吸收光谱技术(TDLAS)。a) 过程控制 (HCl, O_2 …)、b) 火灾预警 (CO/CO_2 ratio)、c) 成分检测 (moisture in natural gas)、d) 医疗应用 (blood sugar, breath gas, helicobacter)、e) 大气测量 (isotope composition of H_2O, O_2, CO)、f) 泄漏检查 (Methane)、g) 安全 (H2S, HF)、h) 环境测量 (Ozone, Methane)、i) 科研 (Mars and space missions)。3.原子光谱学应用:a) 原子钟 (GALILEO, chip scale atomic clock)、b) 磁力计 (SERF)。4.新兴市场:a) 精密测量(Ellipsometry, 3D vision)、b) 夜视仪、c) 同位素监测 (distinction of 235UHF / 238UHF)等。DFB 激光器的发展方向是,更宽的谐调范围和更窄的线宽,在一个 DFB 激光器集成两个独立的光栅,实现更宽的波长谐调范围,比如达到 100nm 谐调范围,以及更窄的光谱线宽。

根据以上的讨论我们可以发现,激光技术领域的三个层次的技术之间是沿着介质细化的路径不断深入展开的。不同介质的激光器具备不同的功能特征,对应不同的产生机理,也对应于不同的工程领域,也要求相应的技术科学体系作为桥梁。

3.7.4.3　激光技术的发展态势与方向

(1)太赫兹量子级联激光器以及其他量子级联激光器

随着近年太赫兹技术的迅速发展,太赫兹量子级联激光器也蓬勃发展起来。太赫兹量子级联激光器是产生太赫兹辐射的重要器件,太赫兹技术涉及电磁学、光电子学、半导体物理学、材料科学以及微加工技术等多个学科,它在信息科学、生物学、医学、天文学、环境科学等领域有重要的应用价值,太赫兹辐射源是太赫兹频段应用的关键器件,研究太赫兹半导体量子级联激光器的工作原理和潜在应用有着极大的价值。

由于量子级联激光器是集量子工程和先进的分子束外延技术于一体,与常规的半导体激光器在工作原理上不同,其特点优于普通激光器,因技术含量很高,相关产品的开发具有重要的社会和经济价值。量子级联激光器结构设计复杂,材料制备、器件工艺等关键技术还没有完全解决,这为我们提供了机遇与挑战,留下了取得一些与世界水平相当的技术创新成果的空间。许多基于量子级联激光器的可调谐中红外激光器(脉冲和红外)在国外已经进入工业化,是各国争相研究的高新技术产业。量子级联激光器集量子工程和分子束外延技术于一体,是国家纳米及量子器件核心技术的真正体现,这方面的技术突破将激活我国的民用市场。它在红外通信、远距离探测、大气污染监控、工业烟尘分析、化学过程监测、分子光谱研究、无损伤医学诊断等方面具有很急迫的应用前景。

(2)脉冲激光沉积(PLD)技术

脉冲激光沉积技术是一门新兴的薄膜制备技术, 起初主要用于无机材料薄膜的制备和研究。直到 20 世纪 80 年代,人们才将其应用于有机薄膜研究,并取得了令人满意的成果。目前国内外在有机薄膜脉冲激光沉积方面的工作主要集中在小分子有机化合物薄膜和有机聚合物薄膜的制备和研究上,而在有机—无机杂化薄膜、多层纳米复合薄膜等方面的研究工作则相对较少,而这也正是脉冲激光沉积技术最大的优势所在。随着脉冲激光沉积技术的不断发展,其技术手段将不断得到改进,应用范围将不断得到拓宽[①]。

近年来, 人们在研究脉冲激光沉积技术的基础上又发明了一种新的有机薄膜制备方法——MAPLE (Mat rix assisted pulsed laser evaporation),通过实验发现,这一技术能很好地解决有机材料的分解和炭化问题。但脉冲激光沉积技术还存在目前无法解决的问题,主要是沉积过程中大的分子碎片和大颗粒还无法完全消除,在保证避免分子分解和炭化的同时限制了其沉积速率,难以实现大面积薄膜的制备,沉积规模较小,不能实现规模生产,限制了其应用范围。

国内在有机薄膜脉冲激光沉积和研究方面的工作开展较晚,而且进行这方面研究的单位和个人也比较少,与国外相比还有较大差距。因此开展有机薄膜脉冲激光沉积及对其的研究将会极大地促进我国在薄膜材料以及相关技术领域的发展, 在电子学、光学、航空航天、光磁记录等高新技术领域有着重要的意义。

(3)飞秒激光技术

飞秒激光加工不仅能够获得常规长脉冲无法比拟的高精度和低损伤,而且有越来越多的新奇独特应用被发现。除了前面提到的利用对材料的局部改性产生光波导、耦合器、光栅、光子晶体和进行光存储等方面的应用以及双光子聚合、超衍射极限加工外,飞秒激光对材料烧蚀期间产生的高能等离子体还可以淀积获得优质薄膜等更多新的应用。采用经时间整形的飞秒激光脉冲进行材料加工还可以大幅度地改善加工质量。目前国内外在飞秒激光加工这一领域均获得了很大进展, 我国在这方面也开展了大量的研究并取得了一定的成果。显然飞秒激光在材料加工方面具有独特的优势,有更多新应用在不断出现,相信随着研究的进一步深入[②],各方面技术的进一步成熟,飞秒激光在材料加工方面将发挥更大的作用。

(4)光纤激光器

掺镱双包层光纤激光器是国际上新近发展的一种新型高功率激光器件, 由于其具有光束质量好、效率高、易于散热和易于实现高功率等特点,近年来发展迅速,并已成为高精度激光加工、激光雷达系统、光通信及目标指示等领域中相干光源的重要候选者。双包层掺镱激光器的主要激光增益介质是双包层掺镱光纤,因此双包层掺镱光纤的性能直接决定了该类激光器的转换效率和输出功率。

---

① 王卫,李承祥,盛六四,等.脉冲激光沉积有机薄膜[J]. 材料导报.2007, 21(1): 46—52.

② 孙晓慧,周常河,余冒鲲.飞秒激光加工最新进展[J]. 激光与光电子学进展. 2004, 41(009): 37—45.

光纤激光器作为第三代激光技术的代表,具有其他激光器无可比拟的技术优越性。在短期内,光纤激光器将主要聚焦在高端用途上随光纤激光器的普及,成本的降低以及产能的提高,最终将可能会替代掉全球大部分高功率 CO_2 激光器和绝大部分 YAG 激光器。

(5)玻色—爱因斯坦凝聚研究

20 世纪 90 年代以年来,由于大家所熟知的三位物理学家(Chu(朱棣文)、Cohen、Phillips)的杰出工作,激光冷却与囚禁中性原子技术得到了极大发展,为玻色—爱因斯坦凝聚奇迹的实现提供了条件。从冷凝态中可以得到原子脉冲,因为冷凝态的相位一致性,这些从冷凝态出来的原子脉冲仍然保持此特性,就象从激光器中发出的光子一样,因此,这种现象称为"原子激光","原子激光"就是能够产生大量相位一致的原子束,像激光中的光子束一样。大量的相位一致的原子在囚禁阱中产生,然后通过输出装置把原子束从阱中排出。另外还观测到了"原子激光"有与普通激光相似的增益现象。凝聚体中的原子几乎不动,可以用来设计精确度更高的原子钟,以应用于太空航行和精确定位等。凝聚体具有很好相干性,可以用于研制高精度的原子干涉仪,测量各种势场,测量重力场加速度和加速度的变化等。原子激光也可能用于集成电路的制造,大大提高集成电路的密度,因此将大大提高电脑芯片的运算速度。凝聚体还被建议用于量子信息的处理,为量子计算机的研究提供另外一种选择。

我国在这一领域工作的物理学家大多从事理论研究,在国际上发表了一批有一定影响的成果。中科院上海光机所、北京大学等单位也正从事这方面的实验研究,在激光冷却以及原子囚禁方面取得了一定突破,然而离实现玻色—爱因斯坦凝聚尚有一段距离。这与我国在这个领域长期投入和积累不够有关。在这个领域,我们已经失去了争取在国际上占有领先地位的最佳机遇,然而这又是我国不能放弃的一个领域,它对基础研究和应用研究都具有重要的意义。我国应加强这方面人才的培养和引进,加强基础性实验室的建设,加大投资力度,使我国尽快赶上国际水平。

3.7.4.4 促进激光领域自主创新的技术科学强国战略的对策研究

经过近 50 年的艰苦努力,我国激光技术研究获得重大突破,激光产业也从无到有,成为我国科学界最活跃的领域之一。

(1)培育激光领域核心技术

通过科学计量和知识图谱的研究,我们可以了解到我国研究在国际上的地位和目前国际激光研究前沿。可以看出,激光领域非常庞杂,我国激光的发表数量排在前三位,在激光领域我国有很强的研究实力。通过对这些前沿和热点领域的研究,我们可以与我国的激光技术相比较,找出与国际研究的不同,更好地开展我们自己研究。

美国硅谷之所以成功,不仅由于它具有巨大的微电子和光电子产业,更重要的是它有自己的微电子和光电子核心技术,以自己的发明和创造支撑着巨大的微电子和光电子产业。虽然激光技术领域研究特别繁杂,但也有自身的特点,我们不可能在所有领域都取得进展,因此,要抓住激光技术领域的核心领域进行研究,争取发挥我国自身的研究特长,形成我国自身研究的核心竞争力。我们国家激光技术的发展,必须培育自己的核心技术。在这点上,可采取两种途径:一是某些产品可引进技术或生产设备迅速实现产业化,加强配套制造设备的生产能力,以此培育核心技术;二是在自身具备的核心技术的基础上,开发新产品,形成新产业,同时注重引进、消化和吸收,发展自己的制造设备,并继续研发自己的核心技术。

(2)推动激光技术与其他技术的融合

21世纪知识经济占主导地位,大力发展高新技术是迎接知识经济时代到来的必然选择。目前全球业界公认的发展最快的、应用日趋广泛的最重要的高新技术就是光电技术,其必将成为21世纪的支柱产业。而在光电技术中,其基础技术之一就是激光技术。21世纪的激光技术与产业的发展将支撑并推进高速、宽带、海量的光通信以及网络通信,并将引发一场照明技术革命,小巧、可靠、寿命长、节能半导体(LED)将主导市场,此外将推出品种繁多的光电子消费类产品(如VCD、DVD、数码相机、新型彩电、掌上电脑电子产品、智能手机、手持音响播放设备、摄影、投影和成像、办公自动化光电设备如激光打印、传真和复印等)以及新型的信息显示技术产品(如CRT、LCD及PDP、FED、OEL平板显示器等),并进入人们的日常生活中。激光产品已成为现代武器的“眼睛”和“神经”,光电子军事装备将改变21世纪战争的格局。

未来激光技术将围绕普及、提高、交叉三个方面加快发展。首先,在更多、更广的领域实现应用,从硬X射线到太赫兹的整个光波段,随着各种激光器及相关技术研发的成熟和商品化,激光在科学研究、人民生活、国民经济等方面都会有新的成就。其次,激光将跃上更新更高的台阶,在功率提升、波长延伸、能量与速递增长等方面创新研发水平。另外,激光技术将在物理、化学、材料、生物、医疗、农业、信息技术等领域得到广泛的交叉学科应用,成为科技前沿发展的“锐器”。

(3)促进激光技术的产业化进程

激光技术与众多新兴学科相结合,将更加贴近人们的日常生活,而激光器研究向固态化方向发展,半导体激光器和半导体泵浦固体激光器成为激光加工设备的主导方向,整个激光产业界并购将盛行,各公司力争成为行业巨头,激光产品也将在工业生产、交通运输、通讯、信息处理、医疗卫生、军事及文化教育等领域得到更深入的应用,进而提高这些行业的自主创新能力,适应全球化的发展潮流,形成新的经济增长点。要加强激光面向行业的关键、共性技术的推广应用。制定有效的政策措施,支持产业竞争前技术的研究开发和推广应用,重点加大电子信息、生物、制造业信息化、新材料、环保、节能等关键技术的推广应用,促进传统产业的改造升级。加强技术工程化平台、产业化示范基地和中间试验基地建设。

目前,全国共有 5 个国家级激光技术研究中心,10 多个研究机构;有 21 个省、市生产和销售激光产品,常年有定型产品生产和销售、并形成一定规模的单位有 200 多家。目前国内激光企业主要集中在湖北、北京、江苏、上海、和广东(含深圳、珠海特区)等经济发达省市。已基本形成以上述省市为主体的华中、环渤海湾、长江三角洲、珠江三角洲四大激光产业群,激光晶体、关键元器件、配套件、激光器、激光系统、应用开发、公共服务平台已形成较完整的激光产业链。这无疑也将给国内激光产业创造更大的发展空间。

3.8　环境技术科学领域及其前沿技术知识图谱

本部分对基于技术科学的前沿技术知识图谱分析,是以《国家中长期科学和技术发展规划纲要》中的 8 个技术领域 27 项前沿技术为研究对象的,而 8 个技术领域不包含环境技术科学领域,考虑到环境技术科学领域的重要性,因此把《纲要》所列 10 大重点领域之一的环境领域及其优先资助主题,视为技术科学领域及其前沿技术加以研究。

首先,将环境技术科学作为一门综合性的技术科学,以 SCI 数据库中环境技术科学论文作为数据来源,用可视化方法绘制环境技术科学的知识图谱,分析环境技术科学的研究前沿;其次,依据《纲要》所列环境领域的 4 项优先资助主题:(13)综合治污与废弃物循环利用;(14)生态脆弱区域生态系统功能的恢复重建;(15)海洋生态与环境保护;(16)全球环境变化监测与对策,重点分析其中的海洋生态、废弃物循环利用和环境变化三个领域,作为环境技术科学的 3 个重点前沿技术领域,分别绘制这 3 个重点前沿技术领域的知识图谱,揭示其核心技术领域;分别对 3 个重点前沿技术领域进行关键词共现分析,考察这 3 个重点前沿技术领域的研究热点;对重点前沿技术领域中的核心技术,进行共被引分析及共词分折,分析核心技术的研究前沿与研究热点。最后,在总结上述研究结果的基础上,展望环境技术科学"技术科学—重点前沿技术—核心技术"三个层次的发展态势,提出促进环境技术科学领域自主创新的战略建议。

3.8.1　技术科学层次:环境领域总体计量研究

在 SCI 数据库中,主题检索环境的论文(TS=environ*,即在论文的题名、关键词、摘要中出现 environ 开头的单词),然后选择其中属于环境科学(Environmental Science)的论文,选择的检索时间段为 1997 至 2008 年,最后得到检索结果 45273 篇。

3.8.1.1　论文整体分布情况

如图 3-8-1 所示,环境技术科学领域 1997 年发表的论文数量为 2179 篇,2000 年的发文量增长到 2689 篇,2002 年突破 3000 篇,2008 年发表论文 4862 篇。

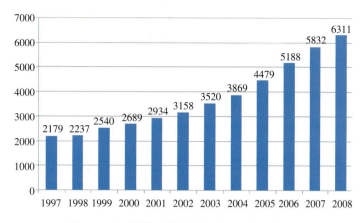

图 3-8-1　环境技术科学研究论文的时间分布

在 45273 篇文献中,美国发表的论文数量为 15456 篇,占了 1/3 强,远远超过第 2 位英国的 3440 篇。中国大陆发表了 2806 篇,位列第 4,排在美国、英国、加拿大之后,如图 3-8-2 所示。

在环境技术科学领域发表论文最多的机构是美国环境保护署,数量为 1024 篇。发表论文第二多的机构是中国科学院,数量为 934 篇。美国地质调查局发表 532 篇,位列第三,与第一、第二的机构有较大差距。此外,我们注意到,还有其他多个国家部门的发表论文数量也位居前列,包括加拿大环保局、美国农业部等,如图 3-8-3 所示。

3.8.1.2　环境技术科学领域的研究前沿

在对环境技术科学进行整体可视化分析时, 由于数据量太多,CiteSpace 在处理超过 4 万条以上的数据时运算速度非常之慢, 所以此处我们选择分析 1997 年至 2007 年的数据。在 CiteSpace 中选择文献共被引分析,阈值为 Top 0.12%,即每一时间段被引次数达到阈值标准的文献出现在共被引网络中。在图 3-8-4 中的图谱,将由节点和连线形成的聚类根据节点文献所反映的研究主题进行

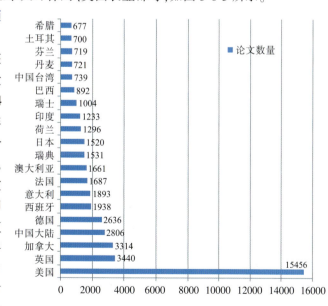

图 3-8-2　环境技术科学研究论文的主要国家 / 地区分布

图 3-8-3　环境技术科学研究论文的主要机构分布

适度的归并，最后形成 9 个主要知识群 A、B、C、D、E、F、G、H、I，以此表征环境技术科学领域的研究前沿。

知识群 A：水环境雌激素污染与污水处理

知识群 A 主要涉及环境内分泌干扰物质的研究，主要表现为水环境中的雌激素污染。环境中的某些化合物，能够模拟或干扰动物内分泌系统的正常功能，导致内分泌功能紊乱、胚胎发育异常、生殖能力下降等现象。这些物质一般被统称为内分泌干扰物，其中大部分是具有雌激素活性的物质。卵黄蛋白原(Vtg)是卵生脊椎动物体内经雌激素诱导产生的特异性蛋白。知识群 A 中的最大的一个关键节点 Sumpter(1995)的论文《将卵黄蛋白原作为环境雌激素化学物的暴露

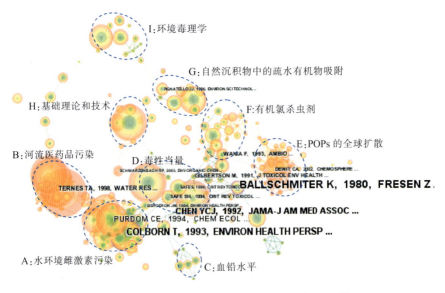

图 3-8-4　环境技术科学领域的文献共被引知识图谱

标志物》(*Vitellogenesis as a biomarker for estrogenic contamination of the aquatic environment*)即首次提出将卵黄蛋白原作为环境雌激素污染的理想暴露标志物。A 中的另外一个关键节点是 Desbrow(1998)的论文《污水处理厂废水中的雌激素化学物的识别》(*Identification of Estrogenic Chemicals in STW Effluent*),提出利用分馏系统,针对污水处理厂处理后的放流水进行分析,发现河川中放流水有三种类固醇,包括天然的及人工的 E1、E2 及 E3,其检测出浓度分别为 1、50、80ng/L,但不论是哪一类都会诱导放流口下游河川中的公鱼体内卵黄蛋白原的量。

知识群 B：河流医药品污染

过去对急性有毒和致癌物质在环境中的行为研究主要集中在工业化学物质和农药上,对于药品和个人护理用品(Pharmaceuticals and Personal CareProducts,PPCPs)作为潜在环境污染物的研究却很少关注。到 1999 年,Daughton CG 和 Ternes TA 发表了第一篇关于 PPCPs 的文献综述之后,引起了人们的广泛关注。知识群 B 中最大的关键节点是 Kolpin DA(2002)等人发表的论文《美国河流中的医药品、荷尔蒙,以及其他有机废水污染物》(*Pharmaceuticals, Hormones, and Other Organic Wastewater Contaminants in U. S. Streams, 1999—2000：A National Reconnaissance*),作者在 1999—2000 年对美国 139 条河流中的 95 种有机污染物进行了分析。其中,包括雌激素和雄激素等 13 种复合物对生殖存在影响,并在 37% 的河流中可以同时发现有 1 种或更多的化合物存在。

知识群 C:预防儿童铅中毒与人体血铅水平

儿童因为许多器官发育还不成熟,防御和解毒功能不完善等许多弱点,相比成人要更容易铅中毒。此知识群主要是关于血铅水平,尤其是儿童铅中毒的研究。Jacobson JL 等通过对密歇根州食用二恶英污染鱼类的孕妇进行研究发现,二恶英可以通过胎盘和在母乳浓缩后转移到婴儿体内,从而导致婴儿出生前后的二恶英高度暴露。

知识群 D:毒性当量与环境污染对健康影响

环境中存在的二恶英以其混合物形式存在,为了评价接触这些混合物对健康产生的潜在效应,提出了毒性当量的概念,并通过毒性当量因子 (Toxic equivalency factor, TEF)来折算。

知识群 E:持久性有机污染物在全球扩散

溴阻燃剂(Brominated fire retardants,BFRs)的生产和使用对人类自身健康及其居住环境的影响问题,特别是"二恶英"(Dioxins)的问题,已引起全球范围广泛的重视。知识群 E 中的一个主要节点是瑞典斯德哥尔摩大学 CA de Wit(2002)的论文《环境中溴阻燃剂的概论》,对溴阻燃剂在世界范围和南北极地区的传播作了全面的评述,研究表明了人类居住行为是南极地区 PBDEs 的重要来源。

知识群 F:有机氯杀虫剂与多介质生态环境

此知识群主要是关于有机氯杀虫剂污染的研究。在 2001 年首批列入《关于持久性有机污染物的斯德哥尔摩公约》受控名单的 12 种 POPs 中,有机氯杀虫剂就占了 8 种,包括 DDT、氯丹、灭蚁灵、艾氏剂、狄氏剂、异狄氏剂、七氯、毒杀酚。

Mackay D 的论文主要阐明了有毒有机污染物在大气、水、土壤和底泥构成的多介质生态环境或生物圈中的行为归趋以及它们对生物群落多样性的影响,重点描述了有毒有机污染物在多介质生态环境中的定量表达式,应用这些表达式建立的数学模型预测了污染物在现实环境中的行为归趋。

知识群中 Wania F 的论文主要分析的是有机氯的全球挥发和冷凝。有机氯农药从热带和亚热带挥发,通过大气传输和沉降到低温地区这一阶段性的迁移过程,通过一系列冷凝和再挥发,因挥发性差异引起有机氯农药的分级沉降,挥发性高的在高纬度地区有较高的浓度,而低挥发性的如(DDT、狄氏剂和硫丹等)不容易迁移到高纬度地区。

知识群 G:自然沉积物中疏水有机物的吸附

G 是关于疏水有机物吸附的知识群,其中 Karickhoff SW 是其中的一个重要作者。1979 年,Karickhoff SW 等人发表的关于《疏水性污染物在自然沉积物中的吸附》(*Sorption of hydrophobic pollutants on natural sediments*)的文章,是一篇关于疏水性吸附的经典文章。文章中,Karickhoff 描述了 10 种疏水性污染物的吸附,并发现在一定的浓度范围内,吸附呈线性,而且与土壤或者沉积物中的有机碳成分有关。有机碳与水的系数 (organic carbon-water partition coefficient, K_{oc})与沉积物本身无关,可以通过辛醇与水的系数(octanol-water partition coefficient)估算出来。文章发表后,其中的算法和公式被广泛用于科研、工程和计算机模型。1981 年,Karickhoff 发表的论文《自然沉淀物和土壤中疏水性污染物吸附的半经验估计》(*Semi-empirical estimation of sorption of hydrophobic pollutants on natural sediments and soils*) 主要研究的是非离子化有机化合物的吸附。知识群 G 中另一个较大的节点是 Schwarzenbaeh RP(1993)等人的著作《环境有机化学》(*Environmental Organic Chemistry*)。该书是环境有机化学的权威教材,全面系统地介绍了环境有机化学领域的基本原理,反映了环境有机化学的研究现状与最新进展。

由于在非平衡吸持中,整个吸持动力学曲线不能用单一的速率常数来描述;在动力学方面,吸持有滞后效应;PAHs 的解吸滞后程度与 PAHs 的起始含量呈显著反比关系等现象,研究者应用此前的理论无法予以解释,因此,Pignatello 等提出了 OMD 和 SRPD 模型。OMD 模型假定天然有机质以表面包膜或颗粒形式存在于土壤中,通过天然有机质的扩散是限速步骤。天然有机质的结构类似于多聚物,其外面部分呈无定形态,PAHs 在这一部分是快速吸持阶段;内部是凝聚紧凑的结构,PAHs 在此部分的吸持和解吸均较慢,这样就产生了动力学上的滞后现象。SRPD 模型把在土壤孔隙水中的分子扩散过程作为限速过程,分子通过局部吸持到孔隙壁上,类似于色谱作用而滞后。该模型假设局部吸持是瞬间完成的;颗粒是均匀多孔的;吸持系数是恒定的。

Luthy RG 的论文则总结了各种吸附剂对疏水性有机物的吸附行为和特征。

知识群 H:人体中污染物监测技术(基础理论和技术)

此知识群中文献的出版日期都比较早,多在 20 世纪 60、70 年代,并且这些文献都是关于环境技术科学的一些重要的基础性理论、方法和技术方面的研究,如 Lowry OH 等发表于 1951 年的论文 *Protein measurement with the Folin phenol reagent* 提出蛋白质定量测定的 Folin-酚试剂法。Ellman GL 等 1961 年提出的乙酰胆碱酯酶(AChE)的活性测定方法等等。

知识群 I:环境毒理学

此知识群主要是关于环境毒理学的研究,包括水生生物的生态毒理性、土壤中的多环芳烃等。

3.8.1.3　小结

从对环境技术科学领域整体研究文献的知识图谱分析结果来看,环境技术科学的研究前沿领域主要包括如下 9 个领域:水环境雌激素污染与污水处理、河流医药品污染、预防儿童铅中毒与人体血铅水平、毒性当量与环境污染对健康影响、持久性有机污染物在全球扩散(多溴二苯醚)、有机氯杀虫剂与多介质生态环境、环境有机化学新进展(其中为自然沉积物中疏水有机物的吸附)、人体中污染物监测技术(基础理论和技术)、环境毒理学。

可以看到,无论是环境技术科学理论、方法、技术及其应用的研究前沿,近 10 年间都在向深度与广度的领域不断拓展。其一,环境技术科学理论与方法方面,环境有机化学和环境毒理学研究前沿取得新的进展。其二,对污染物的研究,集中转向于对持久性有机污染物的环境影响研究,成为环境技术科学近 10 年来关注的最大热点。9 个知识群中有 7 个知识群都与持久性有机污染物有关。分别是环境雌激素污染、医药品污染、毒性当量(二恶英)、多溴二苯醚、有机氯杀虫剂、疏水有机物吸附、环境毒理学。其三,对环境污染对象的研究,扩展到更广泛的空间环境与生态环境领域,包括污染物特别是持久性有机污染物对大气、水体、土壤、自然沉积物等多介质生态环境,陆地、海洋和两极全球范围,以及人体、儿童、动物及其健康与行为,等等方面的持久性影响。

由此可以推断,新世纪环境技术科学的研究前沿领域中,持久性有机污染物的环境影响分析及治理技术,是影响广泛而持久的核心技术领域。

3.8.2　重点前沿技术层次:海洋生态、废弃物循环利用、环境变化

3.8.2.1　海洋生态研究的计量分析

在 Web of Science 数据库中检索相关论文发表情况。选择的检索式 TS="marine eco*"。数据库选择 SCI-Expanded,检索的时间段选择为 1998 年至 2008 年,得到 2577 条检索记录。

(1)海洋生态论文的整体分布情况

从 1998 年至 2009 年，每年发表的有关海洋生态研究的论文一直保持稳步增长的态势，从 1998 年的 106 篇增长到 2008 年的 395 篇。如图 3-8-5 所示。

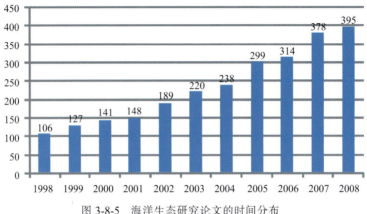

图 3-8-5　海洋生态研究论文的时间分布

在海洋生态研究领域，美国发表论文数量为 915 篇，加拿大和英国分别发表 295 篇和 294 篇，分列第 2 和第 3 位。中国大陆发表论文数量为 82 篇，只排在第 11 位(见图 3-8-6)。

从机构分布来看(见图 3-8-7)，论文数量最多的机构是华盛顿大学，为 76 篇。位列第 2 的是加州大学圣巴巴拉分校，发表 63 篇。美国国家海洋和大气管理局发表 57 篇，位列第 3。

图 3-8-6　海洋生态研究论文的国家 / 地区分布

(2)海洋生态领域的研究前沿

在 CiteSpace 中选择文献共被引分析的时间为 1998—2008 年，根据软件自动聚类和自动标签的结果(图 3-8-8)，生成由五个知识群构成的海洋生态领域的研究前沿(图 3-8-9)。

知识群 A：海洋生态系统的反硝化作用

反硝化作用是海洋环境中氮循环的一个重要过程。在这个过程中，异氧菌在呼吸中利用硝酸盐作为电子受体，将硝酸盐还原为 N_2 和 N_2O 等气体。因为反硝化作用是唯一使含 N 产物离开了内部生物循环的过程，因此它对于缓解海岸带环境中的富营养化趋势，进行合理的环境保护等具有重要的意义。自从 Nixon 在 1976 年发现美国 Narragansett 湾存在微生物反硝化作用以来，海岸带沉积物中的反硝化作用已成为海洋研究的热点之一。为了测定反硝化速率学者们设计了多种方法，其中最常见的 3 种是质量平衡法、乙炔抑制技术和同位素法，知识群 A 中 Seitzinger SP 的论文就是应用质量平衡法来进行反硝化速率的测定。

知识群 A 中来自康奈尔大学的生态与环境生物学教授 Robert Howarth 主要研究了海洋生态系统的反硝化过程中产生的 N_2O 的温室效应，从而影响全球气候变化。

图 3-8-7　海洋生态研究论文的机构分布

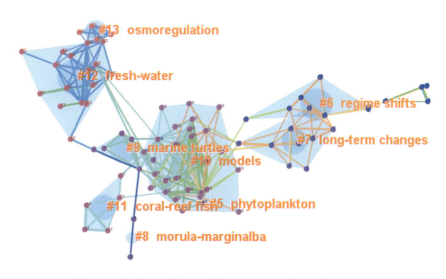

图 3-8-8　海洋生态研究文献共被引知识图谱的自动聚类标识

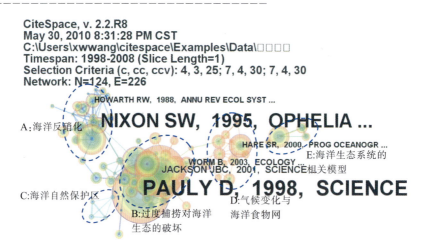

CiteSpace, v. 2.2.R8
May 30, 2010 8:31:28 PM CST
C:\Users\xwwang\citespace\Examples\Data\□□□□
Timespan: 1998-2008 (Slice Length=1)
Selection Criteria (c, cc, ccv): 4, 3, 25; 7, 4, 30; 7, 4, 30
Network: N=124, E=226

HOWARTH RW, 1988, ANNU REV ECOL SYST ...
NIXON SW, 1995, OPHELIA ...
A:海洋反硝化
HARE SR, 2000, PROG OCEANOGR ...
E:海洋生态系统的
WORM B, 2003, ECOLOGY
JACKSON JBC, 2001, SCIENCE相关模型
PAULY D, 1998, SCIENCE
C:海洋自然保护区
D:气候变化与
B:过度捕捞对海洋
海洋食物网
生态的破坏

图 3-8-9　海洋生态研究的文献共被引知识图谱

知识群 B:过度捕捞对海洋生态的破坏

知识群 B 主要研究的是过度捕捞对海洋生态系统的影响。最大的关键节点是 Pauly D 于 1998 年发表的论文 *Fishing down marine food webs*？,作者根据联合国粮农组织(FAO)提供的资料,分析比较了全球 60 个水生生态系统渔获物(涉及 220 多种鱼类)的平均营养级在 45 年间(1950—1994)的变化情况,结果表明,全球渔获物的平均营养级从 20 世纪 50 年代早期的 3.3 降为 1994 年的 3.1,主要渔获物由原来的长寿命,高营养级的底层鱼类变为现在的短寿命, 低营养级的中上层鱼类。此外,Pauly 和 Christensen 发表于 1995 年的论文根据 FAO 提供的 1988—1991 年间的全球年平均渔获量资料和营养级间 10%的平均转换效率, 计算了用以维持世界渔业产量所需的初级生产力,结果表明要维持该世界渔业产量,大约需要消耗全球 8%的初级生产力。 Jackson 在其 2001 年发表在 Science 的论文中指出,渔民在渔获日益减少的情况下,转而利用炸药或毒物捕鱼,会对珊瑚礁生态系造成更严重的伤害,这种情形在许多开发中国家尤其明显。据估计,全球有四分之三以上的珊瑚礁都受到过渔的影响。

知识群 C:海洋自然保护区

知识群 C 包括 4 篇文献,主要都是关于海洋自然保护区的研究。

知识群 D:气候变化与海洋食物网

知识群 D 主要是关于气候变化对海洋食物网影响的研究。而对海洋食物网的研究中,大多是以鳕鱼为例。Beaugrand G 在其 2003 年是论文中指出,除了过度捕捞之外,浮游生物数量的波动是导致鳕鱼数量减少的原因,更深层次的原因则是 1980 年以来温度的升高破坏了浮游生物的生态系统,从而导致鳕鱼苗的存活降低。Frank KT 的论文则主要论述了海洋生态系统中的营养级联(Trophic cascades)效应。

知识群 E：海洋生态系统的相关模型

知识群 E 主要是与海洋生态系统有关的各种算法、模型，包括氮模型、退火算法、复杂海洋生态系统模型、一维物理—生地化模型等。

(3)海洋生态的研究热点

通过对这 2577 篇论文进行关键词分析，研究海洋生态领域的研究热点。在 CiteSpace 中选择阈值为 Top 1.0%，即每年出现次数最高的前 1.0% 的词进入共现网络。如图 3-8-10 所示，网络中一共有 56 个节点和 70 条连线。

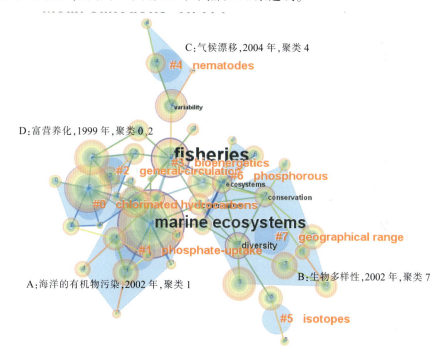

图 3-8-10　海洋生态研究领域的关键词共现网络

图 3-8-10 中一共形成了 8 个聚类，分别是聚类 0 至聚类 7，通过对相似的聚类进行归并，最后形成 4 个热点知识群，分别是：

热点知识群 A：海洋的有机物污染，该节点中文献的平均年份是 2002 年，由聚类 1 构成，重要词有铃酸盐摄取、生物地球化学循环、有机磷溶解、海洋生态系统等。

热点知识群 B：生物多样性，文献的平均年份是 2002 年，由聚类 7 构成，重要词有循环模型、生物多样性、多样性等。

热点知识群 C：气候漂移，文献的平均年份为 2004 年，由聚类 4 构成，重要词有气候漂移、风险管理、线虫、有机氯杀虫剂等。

热点知识群 D：富营养化，文献的平均年份为 1999 年，主要由聚类 0 和聚类 2 构成,重要词有氯化氢类、浮游植物、风险管理、生物量、食物网等。

　　图 3-8-10 中最大的节点所代表的词为"海洋生态系统"(marine ecosystems)。其余频次较高的词还有浮游植物(phytoplankton)、渔业(fisheries)、动态(dynamics)、生物多样性(biodiversity)、群落结构(community structure)、氮(nitrogen)、富营养化(eutrophication)等。表 3-8-1 列出了出现频次大于 100 的 33 组词。

表 3-8-1　频次大于 50 的词

频次	中心性	年份	词	释义
231	0.02	1998	marine ecosystems	海洋生态系统
171	0.02	1999	phytoplankton	浮游植物
135	0.15	1998	fisheries	渔业
131	0	1998	dynamics	动态
124	0	2000	ocean	海洋
118	0.03	1998	growth	增长
115	0.07	2000	variability	变异性
115	0.08	2000	management	管理
104	0.06	1999	biodiversity	生物多样性
100	0.17	1998	fresh-water	淡水
97	0.02	1998	diversity	多样性
96	0	2000	fish	鱼
96	0.15	1998	community structure	群落结构
90	0.02	2000	patterns	模式
90	0.08	1998	nitrogen	氮
89	0.11	2000	ecosystem	生态系统
86	0.02	1998	model	模型
85	0.04	1998	eutrophication	富营养化
83	0.04	1998	north-sea	北海
81	0.02	1999	communities	群落
81	0.04	1998	ecology	生态学
80	0	1998	sediments	沉积物
79	0.19	1998	abundance	丰富
78	0	1999	zooplankton	浮游动物
77	0	2003	climate-change	气候变化
76	0.1	2001	conservation	保护
71	0	1998	temperature	温度
71	0	1998	marine ecology	海洋生态学
69	0.11	1999	carbon	碳
65	0.12	2000	food webs	食物网
62	0	2002	recruitment	补充
60	0	1999	plankton	浮游生物
58	0.02	2001	predation	捕食
55	0.2	2000	models	模型
54	0.01	2001	productivity	生产力
54	0.02	2004	southern-ocean	南极海
54	0.02	2002	populations	族群总体
52	0	2000	north-atlantic	北冰洋

(4) 小结

在海洋生态研究领域,主要包括如下 4 个知识群,分别是:海洋生态系统的反硝化作用、过度捕捞对海洋生态的破坏、海洋自然保护区、气候变化与海洋食物网、海洋生态系统的相关模型。可以看到,海洋生态系统的保护、气候变化对海洋生态系统的影响是海洋生态研究关注的主题。

3.8.2.2　废弃物循环利用研究的计量分析

(1) 废弃物循环利用研究的论文整体分布情况

在 Web of Science 数据库中检索相关论文发表情况。选择的检索式为 TI=((Treatment* or reus* or Recycl* or dispos*) same (waste or refuse or msw or garbage)),即在论文的题名中检索同时出现"废弃物"和"循环利用",或者同时出现"废弃物"和"处理"。数据库选择 SCI-Expanded,检索的时间段选择为 1998 年至 2008 年,得到 6782 条检索记录。

图 3-8-11 反映了 1998 年至 2008 年这 11 年间的 6782 篇论文数量分布情况。1998 年的论文数量为 471 篇,1999 年增长到 501 篇,但是 2000 年又回落到 444 篇,从 2004 年开始,每年发表的论文数量开始连续增长,2008 年的论文数量为 997 篇,这反映了近年来对废弃物循环利用的研究越来越多,成为了一个持续增长的关注热点。

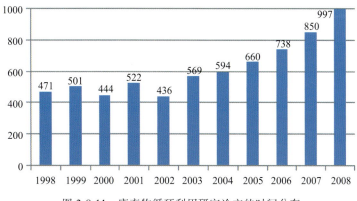

图 3-8-11　废弃物循环利用研究论文的时间分布

图 3-8-12 反映了废弃物循环研究论文的前 20 名国家 / 地区的分布,美国的论文数量为 1446 篇,位居第一。其次是英国,以 497 篇的发文量位列第二。排在第三的德国发表 445 篇,与英国相差不大。中国大陆发表论文 397 篇,位列第四。

从机构分布的情况来看(见图 3-8-13),中国科学院以 77 篇的论文数量位居第一,占到中国论文数量的将近四分之一。排在第二位的是伦敦帝国理工学院,发表论文 59 篇。西班牙国家研究委员会(CSIC)位列第三,论文数量为 53 篇。美国环境保护署以 52 篇的发文量排在第四。另外,值得注意的是,中国大陆的同济大学在该领域发表论文 28 篇,和日本的京都大学、美国的西太平洋国家实验室、加拿大的阿尔伯特大学同列第 17 位。

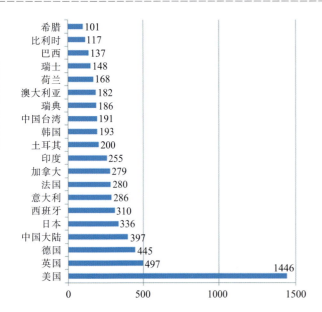

图 3-8-12　废弃物循环利用研究论文的主要国家 / 地区分布

图 3-8-13　废弃物循环利用研究论文的主要机构分布

(2) 废弃物循环利用的研究前沿

在 CiteSpace 中选择文献共被引分析的时间为 1998—2008 年,综合自动聚类及自动标签的结果(表 3-8-2),生成由八个知识群构成的废弃物循环利用的研究前沿图谱(图 3-8-14)。

知识群 A:电化学降解

含酚废水的处理是水环境治理的重点和难点。该知识群中主要是关于电化学降解处理水中酚类污染物的文献。洛桑理工学院的 Comninellis C 是这个知识群的主要作者,他发表的 5 篇论文都在其中。用到的方法包括苯酚电解氧化、电催化等。

知识群 B:生物制氢

知识群 B 主要是关于生物能源,尤其是生物制氢技术的论文。知识群中的主要文献包括有 Levin DB 的论文《生物制氢:实际应用的前景和限制》(*Biohydrogen Production: Prospects and Limitations to Practical Application*)、Fang HHP 2002 年的论文《混合培养葡萄糖制氢过程中酸碱度的作用》(*Effect of pH on hydrogen production from glucose by a mixed culture*)。

知识群 C:油乳废水处理中的膜技术

知识群 C 主要是关于油乳(oil-emulsion)废水处理的研究。

表 3-8-2　废弃物循环利用研究知识图谱的自动聚类标识术语

聚类	平均年份	聚类标识（TFIDF 算法）	知识群划分
7	2000	waste reduction/垃圾减量化；environmental disposition/环境配置；promoting human health/提升人类健康	知识群 E
9	2002	steroid estrogen/类固醇激素；sewage treatment plant/污水处理厂；sewage treatment/污水处理	知识群 E
11	2005	electronic waste recycling site/电子垃圾回收点；electronic waste/电子垃圾；diphenyl ether/联苯醚	知识群 G
15	1999	life cycle assessment/生命周期评价；solid waste management/固体垃圾管理；integrated approach/集成方法	知识群 H
16	1988	water emulsion/水乳剂；waste oil emulsion treatment/垃圾油乳剂处理；water emulsion treatment/水乳剂处理	知识群 C
19	1993	wetland performance/湿地功效；pennsylvania campground/宾州校园；conference center/会议中心	知识群 F
22	1988	wastewater sludge/废水污泥；municipal solid waste/城市固体垃圾	未划分
27	2004	continuous hydrogen production/持续产氢；anaerobic mixed microflora/混合微生物厌氧（产氢）；fermentative hydrogen production/发酵产氢	知识群 B
28	1991	submerged membrane bioreactor/浸没式膜生物反应器；membrane bioreactor/膜生物反应器；fouling active compound/污垢活性化合物	知识群 D
29	1995	anaerobic baffled reactor/厌氧折流板反应器；metal bioavailability/金属生物有效性；trivalent chromium removal/三价铬去除	知识群 D
31	1997	electrochemical degradation/电化学降解；pure PbO_2 anode/纯二氧化铅阳极；alkaline medium/碱性介质	知识群 A
33	1996	aqueous medium/水介质；advanced oxidation/高级氧化	知识群 D
34	1997	H_2O_2 system/双氧水系统；photochemical-biological flow system/光化生物学流动体系；dichloroacetic acid/二氯乙酸	知识群 D
36	1992	endogenous local policy/内生区域政策；national ban/国家禁令；backyard burning/后院起火	未划分
41	1999	kerbside recycling/路边垃圾回收箱；recycling behaviour/回收行为；marketing communications strategy/营销传播策略	未划分

知识群中最大的节点是美国公众健康协会(American Public Health Association,APHA) 1992 年发布的"水和废水检验标准方法"的第 18 版。在这个知识群中主要是用到膜技术来处理含油废水,包括利用压力驱动膜处理工业含油废水,其中高分子超滤膜又是应用最为广泛的技术。

知识群 D:污水生物处理(浸没式膜生物反应器)

知识群 D 主要是关于污水生物处理的文献,其中膜生物反应器是一种重要技术。

知识群 E:药品和个人护理用品(PPCPs)对环境的污染

以往研究中,环境中的持久性有机污染物(POPs)受到了人们的充分重视,并得到了广泛和深入地研究。然而对于我们在日常生活中用量最大的化学品——药物与个人护

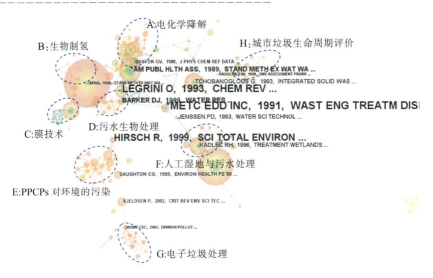

A:电化学降解
B:生物制氢
H:城市垃圾生命周期评价
C:膜技术
D:污水生物处理
E:PPCPs 对环境的污染
F:人工湿地与污水处理
G:电子垃圾处理

图 3-8-14　废弃物循环利用研究的文献共被引知识图谱

理品,特别是抗生素类药物在环境中的行为,及其可能造成的负面影响,则被忽视。直到 2000 年左右才引起国际环境技术科学界乃至公众的广泛关注。

美国环保署研究和发展办公室从 1999 年开始对这一领域展开研究,当年 Christian G Daughton 和 Thomas A．Temes 发表了第一篇关于 PPCPs 的文献综述(*Pharmaceuticals and Personal Care Products in the Environment:Agents of Subtle Change?*),随后 2000 年在北美召开了第一次相关会议,并出版了配套的会议论文集。

知识群中 Hirsch R 的论文分析了污水中抗生素的长期残留现象。Kolpin DW 的论文和 Desbrow C 的论文研究了污水、河流中的雌激素化学物。

我国自 20 世纪 50 年代初开始生产抗生素以来,产量年年增加,现已成为世界上主要的抗生素制剂生产国之一,因此这方面必须引起重视。

知识群 F:人工湿地与污水处理

由 Robert H. Kaddle 撰写的《Treatment Wetlands》(处理的湿地)代表了当代国际湿地理论综合研究的最高水平。《处理的湿地》一书除对主要湿地理论进行阐述外,它更侧重湿地生态工程设计与净化污水等湿地功能实用技术论述, 为湿地功能与应用技术最权威的湿地著作。这些著作基本建立了湿地科学理论体系的主要框架。水生植物在人工湿地对污水的净化中发挥着主要的作用。

知识群 G:电子垃圾处理

我们注意到,这个知识群中的作者大多是来自中国大陆和中国香港地区,他们的研究对象也都是中国东南地区的电子垃圾处理,像广东贵屿等。

知识群 H:城市垃圾生命周期评价

该知识群主要是有关城市垃圾生命周期分析的研究。其中国际标准化组织 ISO 于 1997 年发布的《环境管理—生命周期评价：原则与框架》是重要节点。此外还包括 Guinée JB 的论文"符合 ISO 标准的生命周期评价的操作指南手册"、McDougall FR 的 "集成化固体垃圾管理：一份生命周期清单"等。

（3）废弃物循环利用技术的研究热点

通过对这 6782 篇论文进行关键词分析，研究废弃物循环利用领域的技术研究热点。在 CiteSpace 中选择阈值为 Top 2.0%，即每年出现次数最高的前 2.0%的词进入共现网络。如图 3-8-15 所示，网络中一共有 157 个节点和 220 条连线。关键词共现知识图谱的自动聚类标识见表 3-8-3。

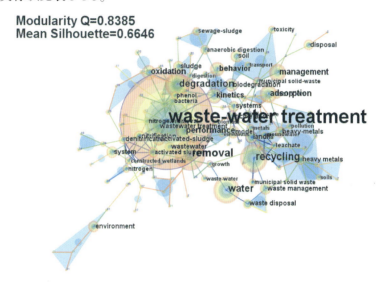

图 3-8-15　废弃物循环利用研究的关键词共现知识图谱

图 3-8-16 中一共形成了 32 个聚类，分别是聚类 0 至聚类 31。将聚类按照位置和主题的相似性进行适当的归并，最后一共形成 8 个主要的热点知识群。

热点知识群 A：电子垃圾，文献的平均年份为 2005 年，主要由聚类 31 构成。重要词有电子垃圾、电子垃圾回收、二苯醚等。

热点知识群 B：垃圾管理，文献的平均年份为 2000 年，主要由聚类 3、4 构成。重要词有垃圾管理、垃圾处理点、固体垃圾管理、垃圾分解、物料回收、能量流等。

热点知识群 C：重金属污染，主要由聚类 5 和聚类 6 构成。聚类 5 的平均年份为 2001 年，聚类 6 的平均年份为 2002 年。重要词有污泥废水处理、重金属去除、采矿垃圾、多孔介质等。

热点知识群 D：城市固体垃圾焚化，文献的平均年份为 2004 年。重要词有城市固体

表 3-8-3　关键词共现知识图谱的自动聚类标识

聚类	平均年份	Label（TFIDF）	聚类	平均年份	Label（TFIDF）
0	2003	municipal solid waste incineration part/城市固体垃圾焚化部分；air pollution control residue/空气污染；source term/源项；environmental behavior/环境行为；hydraulic binder/水硬性胶凝材料	14	2002	textile wastewater/纺织废水；advanced oxidation/高级氧化；methyl orange/甲基橙；interacted factor/关联因素
1	2000	chemical evaluation/化学评估；chemical characterization/化学描述；case study/案例研究；waste disposal/垃圾处理	19	2000	industrial approach/工业方法；nitrogen removal/脱氮；nutrient content/营养成分；intermittent aeration process/间歇通风过程；photosynthetic rate/光合作用率
2	2004	modelling national solid waste management/国家固体垃圾管理建模；waste stream/废弃物流；point source/点源；waste reduction/垃圾减少；solid waste management/固体垃圾管理	20	2003	municipal solid waste/城市固体垃圾；solid waste/固体垃圾
3	2000	waste management/垃圾管理；waste disposal site/垃圾处理点；solid waste management/固体垃圾管理；waste disposal/垃圾分解；solid waste/固体垃圾	21	2003	thermophilic digestion/高温腐化；anaerobic digestion/厌氧消化；solid waste/固体垃圾
4	1998	material recovery/物料回收；solid waste management/固体垃圾管理；waste management/垃圾管理；municipal solid waste/城市固体垃圾；solid waste/固体垃圾	22	2000	swine waste/猪粪；anaerobic mesophilic treatment/中温厌氧处理；sludge dewaterability/污泥脱水能力；wastewater treatment/污水处理；water treatment/水处理
5	2001	sludge waste treatment/污泥废水处理；clayey soil/粘性土；removing heavy metal/重金属去除；heavy metal/重金属；direct dye/直接染料	23	2000	different condition/不同条件；membrane bioreactor/膜反应器；sludge production/污泥产生
6	2002	mine waste/采矿垃圾；heavy metal/重金属；clayey soil/粘性土；porous media/多孔介质；kinetic model/动力学模型	26	2000	helminth egg/寄生虫卵；protozoan cyst/原生动物囊肿；wastewater treatment/污水处理；wetland system/湿地系统；existing uk fertiliser market/英国化肥市场
7	2004	state-of-the-art treatment processe/处理过程现状；municipal solid waste incineration residue/城市固体垃圾焚化残渣；municipal solid waste incineration part/城市固体垃圾焚化部分；air pollution control residue/空气污染控制残渣；environmental behavior/环境行为	27	2001	sludge production/污泥产生；waste disposal/垃圾分解
8	2003	petroleum coke/石油焦炭；solution variable/；recycled iron sorbent/可循环钢铁吸附剂；fertilizer waste material/养分垃圾材料；phenolic waste/含酚垃圾	28	1999	wastewater sludge/污水污泥；waste disposal centre/垃圾处理中心；arbuscular mycorrhiza/丛枝菌根；groundwater flow/地下水流；hazardous waste-disposal site/危险垃圾处理点

续表

聚类	平均年份	Label（TFIDF）	聚类	平均年份	Label（TFIDF）
9	1999	oxygen concentration/氧浓度；theoretical approach/理论方法；sludge floc/污泥块；voc treatment/挥发性有机物处理；excess sludge production/剩余污泥产生	29	2002	sewage sludge/污水污泥；recycling behavior/回收行为；domestic water/生活用水；nutrient cycle/养分循环；anaerobic digestion technology/厌氧消化技术
10	1998	gaseous nitrogen emission/气态氮排放；dinitrogen gas/双氮气体；anaerobic swine lagoon/猪场厌氧出水；nitrous oxide/一氧化二氮；critical review/批评	30	2000	other municipal solid waste treatment/其他城市固体垃圾处理；biogenic waste/生质能垃圾；economic comparison/经济对比；different competing technology/不同的竞争性技术；anaerobic digestion processe/厌氧消化过程
12	2003	advanced electrochemical oxidation processe/高级电化学氧化过程；complete destruction/完全摧毁；aqueous medium/水介质；electro-fenton method/电芬顿方法；advanced oxidation/高级氧化	31	2005	electronic waste/电子垃圾；electronic waste recycling/电子垃圾回收；waste recycling/垃圾回收
13	1999	waste material/垃圾材料			

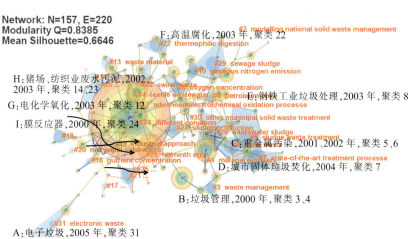

图 3-8-16　关键词共现知识图谱的聚类

垃圾焚化残渣、空气污染控制残渣等。

热点知识群 E：钢铁工业垃圾处理，文献的平均年份为 2003 年。重要词有石油焦炭、可循环钢铁吸附剂、含酚垃圾等。

热点知识群 F：高温腐化，文献的平均年份为 2003 年，主要由聚类 22 构成。重要词有高温腐化、厌氧消化、固体垃圾等。

热点知识群 G：电化学氧化，文献的平均年份为 2003 年，主要由聚类 12 构成。重要词有高级电化学氧化过程、水介质、电芬顿方法等。

热点知识群 H：猪场、纺织业废水污泥，主要由聚类 14 和聚类 23 构成。聚类 14 的平均年份为 2002 年，聚类 23 的平均年份为 2003 年。重要词有：防止废水、高级氧化、甲基橙、猪粪、中温厌氧处理、污泥脱水能力、污水处理等。

热点知识群 I：膜反应器，文献的平均年份为 2000 年，主要由聚类 24 构成。重要词有膜反应器、污泥产生、示踪法研究。

图 3-8-16 中最大的节点所代表的词为废水处理(waste water treatment)。其余频次较高的词还有循环(recycling)、水(water)、去除(removal)、biodegradation(生物降解)、垃圾填埋区(landfill)、吸附作用(adsorption)等。表 3-8-4 列出了出现频次大于 100 的 33 组词。

表 3-8-4　频次大于 100 的高频词

频次	中心性	年份	词	释义
945	0.51	1998	waste-water treatment	废水处理
318	0.1	1998	removal	去除
288	0.04	1998	recycling	循环利用
272	0.03	1998	water	水
258	0.06	1998	degradation	降解
187	0.02	1998	adsorption	吸附
182	0	1998	management	管理
175	0.18	1999	performance	绩效
163	0	1998	waste	垃圾
163	0.02	1998	oxidation	氧化
157	0	1999	behavior	行为
156	0.2	1998	kinetics	动力学
138	0	1998	soil	土壤
136	0.03	1998	model	模型
132	0.03	1998	waste management	垃圾管理
132	0.1	1999	biodegradation	生物降解
127	0.02	1999	wastewater treatment	污水处理
127	0.01	1998	systems	系统
124	0.07	1999	environment	环境
122	0.08	1998	nitrification	硝化作用
122	0.24	1998	landfill	垃圾填埋区
121	0.06	2001	heavy-metals	重金属
120	0.02	2000	sludge	污泥
116	0.02	1998	disposal	分解
112	0.22	1998	incineration	焚化
111	0.02	1998	waste disposal	垃圾处理
109	0.08	1998	heavy metals	重金属
109	0.07	1998	denitrification	反硝化作用,脱氮
108	0.04	2000	wastewater	废水
108	0	1999	sorption	吸附作用
105	0.06	2000	anaerobic digestion	厌氧分解
245	0.33	1998	activated sludge	活性污泥
101	0.01	2005	sewage-sludge	污水污泥

(4) 小结

在废弃物循环利用研究领域,主要包括如下 8 个知识群,分别是:电化学降解、生物制氢、油乳废水处理中的膜技术、污水生物处理、药品和个人护理用品(PPCPs)对环境的污染、人工湿地与污水处理、电子垃圾处理、城市垃圾生命周期评价。其中也有若干知识群是与持久性污染物有关,分别是油乳废水处理、药品和个人护理用品对环境的污染。

有机污染物是环境中最主要的污染物之一,其中持久性难降解有机污染物危害大,处理困难。而持久性难降解有机物多为多环芳烃类物质。持久性难降解有机污染物在水中存在时间长、范围广、危害大、处理难度大,一直是环境保护领域的一个研究重点,其处理技术的研究一直深受国内外科学家的关注。

通过对废弃物循环利用研究领域的共词分析中可以看到,许多聚类标识词和高频词都涉及到利用氧化技术(包括电解氧化、光电催化氧化、芬顿氧化技术)、硝化菌等方法技术来处理持久性有机污染物。

3.8.2.3　环境变化研究的计量分析

在 SCI 数据库中检索相关论文发表情况。选择的检索式为 TI=("environment* chang*" or "chang* of environment*"),并且选择 TS=("environment* chang*" or "chang* of environment*")中属于环境技术科学的论文。数据库选择 SCI-Expanded,检索的时间段选择为 1998 年至 2008 年,得到 1034 条检索记录。

(1)环境变化研究的论文整体分布情况

从 1998 年到 2008 年,每年的发文量呈波动上升的趋势(见图 3-8-17)。1998 年发表的论文数量为 77 篇,2000 年下降到 69 篇,2007 年达到最高点 126 篇,2008 年又小幅下降到 114 篇。

在环境变化领域,美国发表论文数量为 303 篇,英国发表 160 篇,德国 102 篇,中国

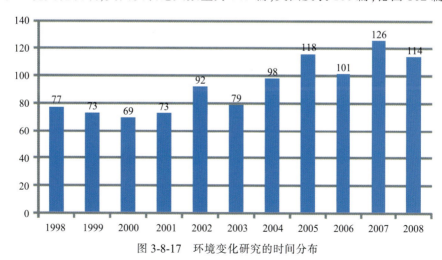

图 3-8-17　环境变化研究的时间分布

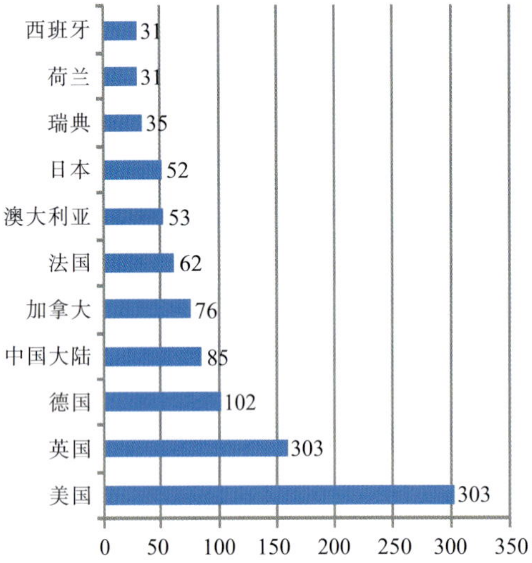

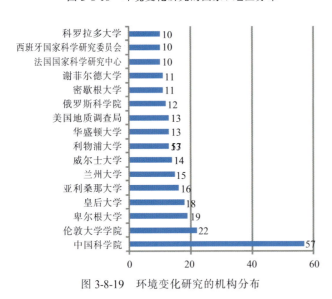

图 3-8-18　环境变化研究的国家 / 地区分布

图 3-8-19　环境变化研究的机构分布

大陆 85 篇(见图 3-8-18)。

在机构的分布方面（见图 3-8-19），中国科学院是本领域论文数量最多的机构，一共产出 57 篇 SCI 论文。其次是伦敦大学学院（UCL），数量为 22 篇。挪威的卑尔根大学发表 19 篇，位居第 3。此外，中国的兰州大学发表 15 篇，位列第 6。

（2）环境变化研究的研究前沿

在 CiteSpace 中选择文献共被引分析的时间为 1998—2008 年，阈值为 Top 0.2%，即每一时间段被引次数前 0.2% 的文献出现在共被引网络中。如图 3-8-20 所示，一共有 178 个节点和 552 条连线出现在网络中。图 3-8-21 和表 3-8-5 是利用 CiteSpace 软件中内嵌的数据挖掘算法（Tf/Idf、LLR）对文献进行聚类以及聚类标识的结果。由于聚类数量太多，很多情况都是 1、2 个节点就形成了一个聚类。我们根据图 3-8-20 中的图谱网络结构、图 3-8-21 中的聚类结果和表 3-8-5 中的标识词，对主题相近的聚类按照其在网络中的位置进行适当的叠加归并，形成若干主要知识群，即知识群 A 到知识群 G。

知识群 A：国际冻原计划

全球气候变化已经成为不容置疑的事实。科学家普遍认为高纬度和高海拔生态系统对温度升高的响应可能更为敏感而迅速。

上个世纪末，国际冻原计划(International tundra experiment，ITEX)使用统一的开顶

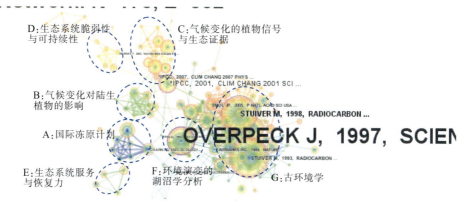

图 3-8-20　环境变化研究的文献共被引知识图谱

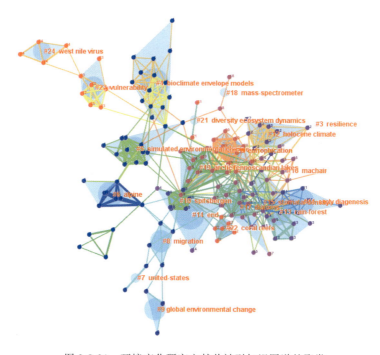

图 3-8-21　环境变化研究文献共被引知识图谱的聚类

式生长室(Open-top chamber,OTC)模拟增温对植被影响的实验方法研究了高纬度苔原生态系统对模拟气候变化的响应,取得了许多优秀的成果。Chapin FS 与 Wookey PA 的研究结果都表明,温度升高对植物物候、生长、生殖、生理及物种组成有着显著的影响。

知识群 B:气候变暖对陆生植物的影响

知识群 B 主要是关于气候变暖对植物的影响。此知识群中的大多数文献都是以北

表 3-8-5　环境变化研究知识图谱的自动聚类标识

聚类	平均年份	聚类标识（TFIDF 算法）	所属知识群
3	1994	ecosystem management/生态系统管理;resilience/恢复力;rational choice/理性抉择	知识群 E
4	2002	bioclimate envelope models/生物气候包络模型;heat/热量;range/范围	知识群 C
17	1989	Acidification/酸性;lake acidification/湖水的酸化;basin isolation	知识群 G
5	2000	simulated environmental-change/模拟环境改变;mitochondrial-dna variation/线粒体 DNA 变异;net co2 flux/二氧化碳净流量	知识群 B
19	1995	great-plains/大平原;phosphorus concentrations/磷浓度;paleohydrology/古水文学	知识群 F
20	2001	water-quality/水质	知识群 F
12	2002	holocene climate/全新世气候;china/中国;chinese loess plateau/中国黄土高原	知识群 G
15	1997	Leaves/树叶;Seals/海豹;Stomata/气孔	知识群 G
6	1993	differential growth/差异增长;growth-response/生长反应;late flowering/开花的后期	知识群 A
13	1991	amazon rain forest/亚马逊雨林;holocene transgression/全新世海侵;sea level/海平面	知识群 G
16	1994	Machair/沿岸沙质低地;Ams bog/沼泽	知识群 G
23	1999	environmental assessment/环境评估;knowledge/知识;integrated assessment/集成评估	知识群 D
22	1997	coral reefs/珊瑚礁;consequences/后果;amphibians/两栖动物	知识群 F
10	2001	Contamination/污染;atmospheric contamination/大气污染	知识群 F
11	1993	early diagenesis/早期成岩;fresh-water plants/淡水植物;organic carbon mass accumulation rates/有机碳大规模堆积速率	未划分
8	1991	Biosphere/生物圈;terrestrial biosphere model/陆地生物圈模型;terrestrial carbon cycle/陆地碳循环	未划分
24	2002	infectious disease/传染病;west nile virus/西尼罗病毒;transmission/传输	知识群 D
9	1994	regional analysis/区域分;complex systems modeling/复杂系统建模;chemical time bombs/化学定时炸弹	未划分
14	1992	paleoenvironmental changes/史前环境改变;china/中国;sediment distribution/沉积物分布	知识群 F
7	1996	Vector/向量;nino southern-oscillation/厄尔尼诺南方涛动;fuzzy arithmetic/模糊算法	知识群 F
18	1974	Japan/日本;Sediments/沉积物;Sediment/沉积物	未划分

极的植被为研究对象。

知识群 C：气候变化的植物信号与生态证据

气候变化对生物多样性的影响方面的问题，最早主要是从古气候、古生态学、古地理学和古环境技术科学角度开展了研究。自 20 世纪 90 年代以来，随着对气候变化问题的日益重视，特别是对气候变化对生物多样性影响和脆弱性问题的高度关注，大量研究利用不同试验观测和模型模拟的方法，从微观和宏观不同尺度对气候变化与生物多样性关系展开了大量研究，特别是近几年来，气候变化对生物多样性和脆弱性的影响问题更成为全球环境问题中研究的热点。其中就包括 Parmesan 和 Root 的研究，他们分别采用集群分析(meta-analyses)方法，试图检验气候变化导致的物候和物种分布变化在全球尺度上的一致性。

大量观测表明，20 世纪陆地和海洋表面温度都已经上升、降水格局已经发生了改变，特别是最近 50 多年来，温室气体大量增加已导致全球气候急剧变暖，海平面大幅度上升，并引发冰川融化、积雪减少、高温、干旱、热浪、飓风和洪水等极端气候事件频繁发生，这些改变已经对生物多样性产生了较为深刻的影响。同时，Parmean C 与 Root 的研究都表明，许多物种的行为和物候、分布和丰富度、种群大小等都已发生改变。

知识群 D：生态系统脆弱性与可持续性

此知识群主要是关于生态脆弱性与可持续性的研究。在 Kates RW 等 2001 年发表在 Science 杂志上的论文"可持续科学"(Sustainable science)中，将"特殊地区的自然——社会系统的脆弱性或恢复力"研究列为可持续性科学的 7 个核心问题之一。Turner B 等通过建立一个通用的脆弱性概念框架及脆弱性评价方法，对生态脆弱性科学的发展起了重要推动作用。

知识群 E：生态系统服务与生态恢复力

生态系统服务(ecosystem services)是指对人类生存和生活质量有贡献的生态系统产品(goods)和服务(services)。1997 年，美国马里兰大学生态经济学研究所所长 Costanza R 等在 Nature 杂志发表关于《世界生态系统服务和自然资本的价值》文章后，研究生态系统服务的热潮开始兴起。Costanza 的论文将全球的生物圈分为 16 个生态系统类型，将全球的生态系统服务分为 17 个指标类型，并根据他们建立的指标体系，首次对全球的生态系统服务价值进行了定量计算。

Carpenter S 等于 2001 年首次提出恢复力的定义：系统能吸收的并仍然能保持同样状态和吸引范围的扰动量；系统能够自组织的能力；系统能够建立、增加学习和适应能力的程度。

Scheffer M 与 Carpenter S 等在 2001 年中提出生态系统的灾难式转移模式 (Catastrophic Shifts in Ecosystems)。Scheffer 等观察比较不同生态系统，如湖泊、珊瑚礁、森林等，尝试找出其共同的模式特性；他们发现外在环境条件对生态系的挑战，生态系的恢复力(Resilience)能使生态系长期保持在一种稳定平衡的范围,但对环境的极小的伤害性的长期累积,到达某一个临界点,亦可能在无预警的情况下,使生态系完全地转换成另外一个生态系,且其模式是可逆的。

知识群 F:古环境研究

此知识群主要是关于古环境研究的一些方法和技术,包括华盛顿大学的 Stuiver M 教授开发的 Calib 系列程序,该程序主要用于对原始测年数据进行日历年龄校正;Grimm EC 开发的用来给孢粉图划带的 CONISS 模块,目前该模块已经被集成到了孢粉分析软件 Tilia 中。

知识群中的其余主要节点还有 Faegri K 的花粉分析教科书、Moore PD 等人所著的花粉分析等。

知识群 G:环境演变的湖沼学研究

知识群 G 主要是基于湖底沉积物记录的环境演变研究,并且我们发现这个知识群的论文绝大部分都是发表在 Journal of Paleolimnology(古湖沼学期刊)上。

(3) 环境变化的研究热点

通过对环境变化的 1034 篇论文进行关键词分析,分析环境变化领域的研究热点。在 CiteSpace 中选择阈值为 Top 20,即每年出现次数最高的前 20 位的词进入共现网络。如图 3-8-22 所示,网络中一共有 63 个节点和 111 条连线。

图 3-8-22 中一共形成了 11 个聚类,分别是聚类 0 至聚类 10。将聚类按照位置和主题的相似性进行适当的归并,最后一共形成 4 个主要的热点知识群。

热点知识群 A:古环境变化,文献的平均年份为 1999 年,主要由聚类 4、5 构成。重要词有褐吻鰕虎鱼、铅 -210、记录、演化、古气候、全新世、古湖沼学、划分记录等。

热点知识群 B:气候变化,主要由聚类 8、9 构成,聚类 8 的平均年份为 2001 年,聚类 9 的平均年份为 2003 年。重要词有铅、碳 13、碳 12、二氧化碳流量、气候变化、岩石冰川等。

热点知识群 C:富营养化,文献的平均年份为 1998 年,主要由聚类 10 构成。重要词有盐沼、大沼泽地、富营养化、生态系统等。

热点知识群 D:厄尔尼诺南方涛动,文献的平均年份为 2003 年,主要由聚类 3 构成。重要词有厄尔尼诺南方涛动、巴西、气候等。

热点知识群 E:生物多样性,文献的平均年份为 1999 年,主要由聚类 1 构成。重要词有鸟类生境、繁殖成功率、保护、生物多样性等。

图 3-8-22 中最大的节点所代表的词为"气候改变"(climate change)。其余频次较高的词还有"环境改变"(environmental change)、气候(climate)、全新世(helocene)、植被(vegetation)、沉积物(sediments)、生物多样性(biodiversity)等。自动聚类标识见表 3-8-6,表 3-8-7 列出了出现频次大于 40 的 40 组词。

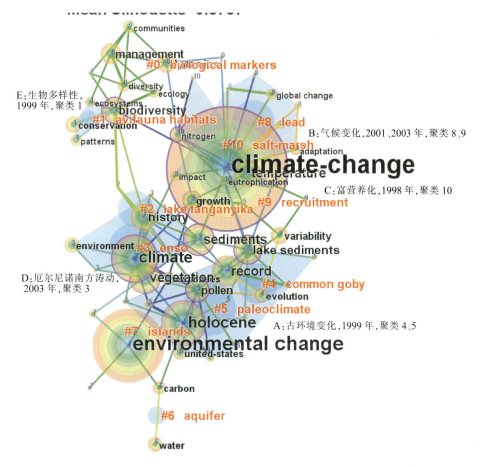

图 3-8-22　环境变化研究的文献共被引知识图谱

表 3-8-6　环境变化研究知识图谱的自动聚类标识

聚类	平均年份	Label（TFIDF）	聚类	平均年份	Label（TFIDF）
0	2001	biological markers/生物学标记；trophic guild/；tropical forest/热带森林；urban-rural gradient/城市-农村梯度变化；co-inertia analysis/协惯量分析	6	2001	aquifer/蓄水层；tritium/氚；arizona/亚利桑那；forage quality/饲料质量；phosphate/磷酸盐
1	1999	avifauna habitats/鸟类生境；zoning/分区；designation/指定；reproductive success/繁殖成功率；fresh-water fish/淡水鱼	7	2000	islands/岛屿；coalition/联合；tornado/龙卷风；ca2 +/钙；watersheds/分水岭
2	2003	lake tanganyika/坦噶尼喀湖；machair/沙质低地；pb-210/铅-210；lakes/湖泊；oxygen/氧	8	2003	Lead/铅；c-13/碳十三；c-12/碳十二；co2 efflux/二氧化碳流量；arctic polar semidesert/北极半荒漠；human health/人类健康

续表

聚类	平均年份	Label（TFIDF）	聚类	平均年份	Label（TFIDF）
3	1999	Enso/厄尔尼诺南方涛动；Brazil/巴西；Landscape/景观；southeastern new-york/纽约东南部	9	2001	Recruitment/补充；rock glacier/岩石冰川；rational choice/理性抉择；glacier/冰川；average/平均
4	1999	common goby/褐吻鰕虎鱼；egg size/卵的大小；fecundity/多产、繁殖力；pb-210/铅-210；human impact/人类影响	10	1998	salt-marsh/盐沼；sponges/海绵动物；everglades/大沼泽地；eutrophication/富营养化；northern everglades/北部大沼泽地
5	1999	Paleoclimate/古气候；fire history/火灾历史；amazon/亚马逊；rain-forest/雨林；paleolimnology/古湖沼学	11	2001	China/中国；Pasture/牧场；Performance/绩效；temperate forest soils/温带森林土壤

表 3-8-7　频次大于 40 的高频词

频次	中心性	年份	词	释义
437	0.44	1998	climate-change	气候改变
272	0.07	1998	environmental change	环境改变
170	0.27	1998	climate	气候
167	0.13	1998	holocene	全新世
122	0.14	1999	vegetation	植被
121	0.08	1999	record	记录
119	0.23	1998	sediments	沉积物
113	0.05	1998	temperature	温度
109	0.24	1999	lake sediments	湖沉积物
109	0.11	1999	history	历史
100	0.35	1998	biodiversity	生物多样性
95	0.29	1998	pollen	花粉
89	0.03	1999	management	管理
82	0.07	1999	dynamics	动态
81	0	1998	model	模型
77	0.14	1998	growth	增长
76	0.04	2003	variability	变异性
71	0.02	1998	evolution	演化
71	0	2000	conservation	保护
69	0	1998	environment	环境改变
67	0.01	2000	water	水
64	0	1998	united-states	美国
64	0.03	2002	carbon	碳
63	0.07	1998	responses	反映

续表

频次	中心性	年份	词	释义
59	0.22	1998	nitrogen	氮
59	0.04	2003	diversity	多样性
57	0	2000	patterns	模式
56	0	2004	global change	全球改变
56	0	2003	communities	群落
53	0.03	2002	impact	影响
53	0	2003	ecology	生态学
53	0	2005	adaptation	适应
52	0.09	1999	eutrophication	富营养化
52	0	1998	ecosystems	生态系统
51	0	2005	china	中国
49	0	2000	policy	政策
48	0	1998	paleolimnology	古湖沼学
46	0.05	2007	land-use	土地利用
46	0.03	2000	forest	森林
44	0	1998	late pleistocene	更新世后期

(4) 小结

在环境变化研究领域,主要包括如下 7 个知识群,分别是:国际冻原计划、气候变暖对陆生植物的影响、气候变化的植物信号与生态证据、生态系统脆弱性与可持续性、生态系统服务与生态恢复力、古环境研究、环境演变的湖沼学研究。从对这几个知识群进一步的解读分析可以看到,气候变化、生态系统是环境变化研究的两大主题。

3.8.3　核心技术层次:持久性有机污染物

从对环境技术科学整体知识图谱分析和其他前沿技术知识图谱(废弃物循环利用研究)分析中,我们注意到,关于持久性有机污染物的研究是环境技术科学中影响广泛而持久的核心技术领域,因此,在本节中,我们将持久性有机污染物作为核心技术层次,进行知识图谱分析。

3.8.3.1　持久性有机污染物的论文整体分布情况

在 Web of Science 数据库中选择的检索式为 TS= ("Persistent Organic Pollutants" or pops), 即在论文的题名、摘要、关键词中检索持久性有机污染物。数据库选择 SCI-Expanded,检索的时间段选择为 1998 年至 2008 年,得到 2362 条检索记录。

图 3-8-23 反映了持久性有机污染物在 1998 年至 2008 年这 11 年的时间分布情况,呈现出较为稳定的线性增长趋势。1998 年的论文数量为 42 篇,2001 年发表论文数

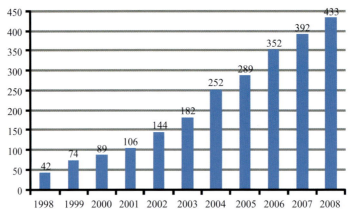

图 3-8-23 可持续有机物污染研究的时间分布

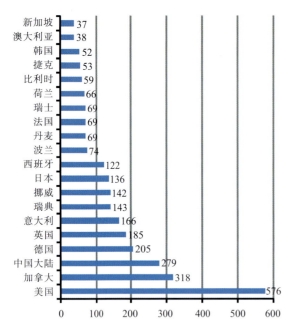

图 3-8-24 可持续有机物污染研究的国家/地区分布

达到 106 篇，2008 年的论文数量为 433 篇。

美国在 POPs 领域发表论文 576 篇，加拿大发表 318 篇，中国大陆发表 279 篇，位居第 3。德国发表 205 篇，发表论文数量在 100 到 200 篇的国家有英国、意大利、瑞典、挪威、日本、西班牙。论文数量在 30 到 100 篇的国家有波兰、丹麦、法国、瑞士、荷兰、比利时、捷克、韩国、澳大利亚、新加坡。值得注意的是，北欧的几个国家，包括瑞典、挪威、丹麦、瑞士都是发表论文数量较多的地区（见图 3-8-24）。

在 POPs 领域发表论文最多的机构是加拿大环境署，发表 123 篇论文。其次是兰卡斯特大学，发表 121 篇。中国科学院发表 115 篇，位列第 3。其他机构的发表论文数量与这三个机构相差较远，都在 50 篇及以下。其中北欧的几个机构都位居前列，包括挪威空气研究所、斯德哥尔摩大学、伦德大学、哥但斯克工业大学、挪威科技大学、奥斯陆大学、挪威国家兽医研究所等（见图 3-8-25）。

3.8.3.2 持久性有机污染物的研究前沿

在 CiteSpace 中选择文献共被引分析的时间为 1998-2008 年，阈值为 Top 0.25%。如

图 3-8-26 所示,一共有 178 个节点和 552 条连线出现在网络中。图 3-8-27 和表 3-8-8 是利用 CiteSpace 软件中的数据挖掘算法(Tf/Idf、LLR)对文献进行聚类以及聚类标识的结果。根据图 3-8-26 中的图谱网络结构、图 3-8-27 中的聚类结果和表 3-8-8 中的标识词,对主题相近的聚类按照其在网络中的位置进行适当的叠加归并,形成若干主要知识群,即知识群 A 到知识群 F。

知识群 A:溴阻燃剂

以树脂或橡胶等聚合物为基质的复合材料,含有大量的石化有机物,具有相当的可燃性。阻燃剂类(flame retardants)为能阻止聚合物材料引燃,或抑制火焰蔓延的添加剂。工业上常

图 3-8-25 可持续有机物污染研究的机构分布

图 3-8-26 可持续有机物污染研究的文献共被引知识图谱

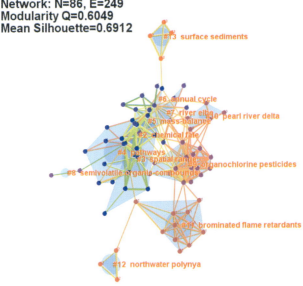

CiteSpace, v. 2.2.R9
July 17, 2010 9:58:44 PM CST
C:\Users\xwwang\citespace\Examples\Data\pops
Timespan: 1986-2009 (Slice Length=1)
Selection Criteria: Top 0.25% per slice, up to 100
Network: N=86, E=249
Modularity Q=0.6049
Mean Silhouette=0.6912

图 3-8-27　可持续有机物污染研究知识图谱的聚类

表 3-8-8　可持续有机物污染研究知识图谱的自动聚类标识术语

聚类	平均年份	聚类标识	所属知识群
9	2004	rural trends/农村趋势；assess urban/城市；canadian prairies/加拿大大草原	知识群 B
4	1997	Norway/挪威；Lagoon/泻湖；persistent pollutant/持久性污染	知识群 C
11	2003	Pbde/多溴二苯醚；Pbdes/多溴二苯醚；house-dust/室内灰尘	知识群 A
3	1997	molecular descriptors/分子描述符；multimedia environment/多介质环境；ecay/衰变	知识群 C
6	1996	lake-ontario ecosystem/安大略湖生态系统；henry law constants/亨利常数；annual cycle/周年循环	知识群 C
10	2002	north pacific/北太平洋；taihu lake/太湖；pearl river delta/珠江三角洲	知识群 F
5	2001	mass-balance/质量平衡；emissions/排放；urban air/城市空气	知识群 C
13	1999	surface sediments/地表沉积物；surface water/地表水；temporal distribution/时间分布	知识群 D
7	2004	river elbe/易北河；atmosphere/大气；fractionation/分馏	知识群 C
12	1997	northwater polynya/北冰洋冰湖；seals/海豹；whales balaena-mysticetus/北极露脊鲸	知识群 E
8	1992	atlantic ocean/大西洋；monterey bay canyon/蒙特利海湾峡谷；marine snow/海雪	未划分

用之阻燃剂有四类,即氯系阻燃剂、溴系阻燃剂、磷系阻燃剂及无机阻燃剂。其中以溴系阻燃剂(Brominated fire retardants,BFRs)阻燃效率高,其阻燃效果是氯系阻燃剂的两倍,相对用量少,对复合材料的性能几乎没有影响。但是溴阻燃剂的生产和使用对人类自身健康及其居住环境的影响问题逐渐被人们认识,特别是"二恶英"(Dioxins)的问题,已引起全球范围广泛的重视。许多溴阻燃剂由于其对人体健康和环境带来的影响,已经被列入POPs公约的清单中。例如2009年11月POPs公约新增了9类化学物质名单,其中六溴联苯、六溴联苯醚和七溴联苯醚、四溴联苯醚和五溴联苯醚等阻燃剂就位列其中。

知识群A中的一个主要节点是瑞典斯德哥尔摩大学de Wit发表于2002年的论文《环境中溴阻燃剂的概论》,对溴阻燃剂在世界范围和南北极地区的传播作了全面的评述,研究表明了人类居住行为是南极地区PBDEs的重要来源。

知识群B:大气被动采样

大气是进行全球和区域持久性有机污染物(persistent organic pollutants,POPs)观测的良好介质。对《斯德哥尔摩公约》履约效力评估的需求,加速了大气POPs采样技术的研发与应用。大气POPs被动采样技术(passive atmospheric sampling,PAS)在近年来得到了飞速发展,日益成为大流量大气采样的重要补充手段,并显示出其在广大区域范围内实现大气POPs同步观测的优势。

此知识群中包括Tom Harner等研制的PUF-PAS采样装置、Frank Wania设计的XAD树脂被动采样器,以及Shoeib等对几种大气被动采样装置的比较等。

Jaward等利用大气被动采样系统调查欧洲PCBs、PBDEs有机氯杀虫剂的浓度,发现PCBs与PBDEs的分布模式相似,城市化程度越高的地区其PCBs浓度越高。而有机氯杀虫剂的浓度则没有显著的城乡差异,可见其已与空气高度混合。

知识群C:全球分馏和冷凝模型

持久性有机污染物(POPs)诸如多氯联苯(PCBs)在世界每一地区和每一环境区划里都能检测到。它们在大气中进行远距离传输并在生态系统中进行生物积累,这些生态系统往往离它们的原产地或原使用地非常遥远。科学家们提出了"冷凝"和全球分馏的概念来解释为什么在遥远的极区有普遍的持久性有机污染物存在,并来理解导致它们在全球扩散的过程。

"冷凝"是指半挥发性的化学品在温度下降时从气相向凝聚态的一种分割平衡的转变。与纬度或垂直的空间气温梯度一起,这可以导致高纬度和高海拔的寒冷地区高持久性和半挥发性的化品的增多。

当持久性有机污染物的混合物从它们的源头被输送到遥远的地方,它们的组成将经历一次随着纬度和海拔高度提高向更具挥发性的成分转变,因为混合物的成分通过大气与地表间的交换而可能有所变动。这一现象被称之为"全球分馏"是由于它与全球比例蒸馏分离过程类似。

"全球分馏"效应被认为是持久性有机污染物发生飘移的原因:一种混合物会从较温暖的地区挥发,经过在大气中的长程飘移后,在海拔较高的温带山陵地区和北极地区重新冷凝为这些物质的累积物。Wania 和 Mackay(1993 年)提出,通过"全球分馏",有机混合物可以从纬度上加以分别,各种有机污染物由于挥发性不同而在不同的气温下"冷凝",所以,蒸气压力相对较低的混合物可能更容易在极地累积。

Frank Wania 根据有机污染物的全球分馏/分异模型,得出结论:由于全球不同纬度区间温度的差异,位于低纬度区域的有机污染物会通过分馏作用向高纬度区域迁移形成全球的污染。

Wania 和 Mackay 还用"蚱蜢效应"(Grasshopper effect)解释了 POPs 的理化性质和温度因子对 POPs 在全球内的分配影响。所谓"蚱蜢效应"是指 PoPs 从低纬度地区向高纬度迁移的过程中由于自身的理化性质和温度的影响,会有一系列相对较短的跳跃过程。"蚱蜢效应"会使理化性质不同的 POPs 随温度梯度分布。事实上,只有那些物理化学性质在一定范围内的 POPs 才有可能在长期的迁移过程中具有持久性,进而在极地地区的海洋和陆地表面积累。

IWATA 等测定了许多海洋表层水中 DDT 和氯丹的含量,在所调查的区域内,DDT 含量最高的是印度洋;在阿拉伯海沿岸,中美洲和加勒比海地区,检测到的 DDT 含量也较高,并且热带发展中国家检测到的含量要明显高于发达国家。由此可见,这些地区可能仍然在使用 DDT。此外,在北极等偏远地区虽然未曾使用过 OCPs,但是由于 POPs 具有远距离迁移的特性,因此,在偏远地区海水水域也能检测到 POPs 的存在。

知识群 D:中国海洋 POPs 污染研究

知识群 D 全部都是中国科学家在国外 SCI 期刊上发表的与 POPs 有关的研究,并且研究对象也都是中国的珠三角、香港等地区。这些中国学者包括周俊良、洪华生、麦碧娴等。

知识群 E:海洋食物网中的 POPs 生物富集

在此知识群中,Fisk 等报告了关于化学和生物因素对包括甲型六氯环乙烷在内的持久性有机污染物在海洋食物网营养级中转移的影响。

Hawker 等利用辛醇 - 水分配系数来描述特定有机化合物在有机相 (憎水相) 和水相之间分配的特征。

Hoekstra 通过对从海洋甲壳类到大型哺乳动物如海豹和鲸的大量研究显示,北极生物体内存在明显的污染物生物学富集现象并在食物链中传递。

知识群 F:中国的有机氯杀虫剂污染

知识群 F 主要是关于中国有机氯杀虫剂污染的研究,其中北京大学邱兴华的两篇论文是重要节点。

3.8.3.3　持久性有机污染物的研究热点

通过对持久性有机污染物研究的 2362 篇论文进行关键词分析,分析 POPs 领域的研究热点。在 CiteSpace 中首先选择阈值为(4,3,20)、(6,4,20)、(6,4,20)。如图 3-8-28 所示,网络中一共有 163 个节点和 106 条连线。

图 3-8-28 中一共形成了 27 个聚类,分别是聚类 0 至聚类 26。将聚类按照位置和主题的相似性进行适当的归并,最后一共形成 6 个主要的热点知识群。聚类标识词见表 3-8-9。

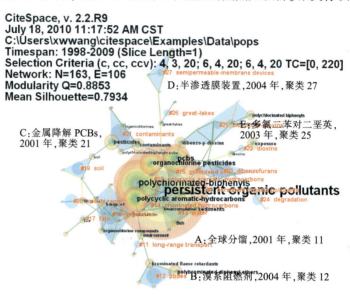

图 3-8-28　可持续有机物污染研究文献的关键词共现知识图谱及聚类

热点知识群 A:全球分馏,文献的平均年份为 2001 年,由聚类 11 构成。重要词有温度依赖、长距离传输等。

热点知识群 B:溴系阻燃剂,由聚类 12 构成,平均年份为 2004 年。重要词有阻燃剂、多溴联苯醚、溴系阻燃剂等。

热点知识群 C:金属降解 PCBs,文献的平均年份为 2001 年,由聚类 21 构成。重要词有微量金属、污染、翡翠贻贝等。

热点知识群 D:半渗透膜装置,文献的平均年份为 2004 年,主要由聚类 27 构成。重要词有半渗透膜装置、红鳟鱼、斑马鱼等。

热点知识群 E:多氯二本对二恶英,文献的平均年份为 2003 年,由聚类 25 构成。重要词有多氯二苯并对二恶英、生物测定、有机化合物、多氯化萘等。

图 3-8-28 中,出现的高频词如表 3-8-10 所示。持久性有机污染物(persistent organic pollutants)出现了 1107 次,排在第二和第三位的词是多氯联苯(polychlori-

表 3-8-9　聚类结果与聚类标识词

聚类	平均年份	聚类标识	聚类	平均年份	聚类标识
7	2006	Birds/鸟类；dibenzo-para-dioxins/多氯二苯并对二恶英；water partition-coefficient/水分配系数	19	2004	Sorption/吸附作用 Residues/残留物；Soils/土壤
16	2002	Vegetation/植被；Accumulation/累积；Deposition/沉积物	1	2003	supercritical-fluid extraction/超临界流体提取；extraction/提取；samples/样本
25	2003	Bioassay/生物测定；polychlorinated naphthalenes/多氯化萘；in-vitro/体外	9	2008	historical emission inventory/排放清单；pcb congeners/多氯化联二苯；inventory/清单
18	1999	Deposition/沉积物；Flux/流量；north-america/北美	10	2006	Pbdes/多溴联苯醚；Ethers/醚类；diphenyl ethers/二苯醚
13	2001	Aluminium/铝；Chemistry/化学；Ecotoxicology/生态毒理学	11	2001	temperature-dependence/温度依赖；temperature/温度；transport/传输
21	2001	trace-metals/微量金属；mussels perna-viridis/翡翠贻贝	14	2001	annual cycle/周年循环；southern Ontario/南安大略；organohalogen pesticides/有机氯杀虫剂
23	2004	Dibenzofurans/多氯呋喃；Dioxin/二恶英；hydroxyl radicals/羟基自由基	20	2000	long-range-transport/长距离传输；decay/衰退；environmental chemical/环境化学
12	2004	flame retardant/阻燃剂；flame retardants/阻燃剂；brominated flame retardants/溴系阻燃剂	22	2000	Dioxin/二恶英；Milk/牛奶；Dibenzofurans/多氯呋喃
27	2004	semipermeable-membrane devices/半渗透膜装置；rainbow-trout/红鳟鱼；brachydanio-rerio/斑马鱼	24	2005	Degradation/降解
15	2006	greenland sea/格陵兰海；toxaphene/毒杀分	26	2001	great-lakes/大湖区；toxic-chemicals/毒理化学；long-term/长期
17	2003	Estuary/河口；victoria-harbor/维多利亚港；fate/命运			

表 3-8-10　频次大于 100 的高频词

频次	中心性	年份	词	释义
1107	0.2	1998	persistent organic pollutants	持久性有机污染物
571	0.12	1998	polychlorinated-biphenyls	多氯联苯
364	0.12	2000	pcbs	多氯联苯
310	0.12	1999	polycyclic aromatic-hydrocarbons	多环芳烃
293	0.1	2001	organochlorine pesticides	有机氯杀虫剂
197	0.06	2001	pesticides	杀虫剂
185	0.12	2004	polybrominated diphenyl ethers	多溴联苯醚
184	0.07	2000	sediments	沉积物

续表

频次	中心性	年份	词	释义
174	0.02	2000	contaminants	污染物
163	0.05	2000	water	水
157	0.08	2000	dibenzo-p-dioxins	多氯二苯并对二恶英
154	0.08	2000	exposure	暴露
137	0.06	2003	brominated flame retardants	溴阻燃剂
134	0.03	2003	pahs	多环芳香烃
131	0.03	2002	polychlorinated biphenyls	多氯联苯
122	0.09	2001	environment	环境
116	0.06	2002	fish	鱼类
113	0.06	2003	contamination	污染
111	0.08	2000	chemicals	化学
108	0.02	2002	transport	传输

nated-biphenyls）及它的缩写 PCBs。其余的高频词还有多环芳烃（polycyclic aromat-ic-hydrocarbons）、有机氯杀虫剂(organochlorine pesticides)、多溴联苯醚(polybrominated diphenyl ethers)、多氯二苯并对二恶英(dibenzo-p-dioxins)、溴阻燃剂(brominated flame retardants)等，这些词大多涉及到持久性有机污染物的具体物质。

3.8.3.4 小结

从对持久性有机污染物研究文献的知识图谱分析结果来看，持久性有机污染物的研究前沿领域主要包括如下 6 个领域：溴阻燃剂、大气被动采样、全球分馏和冷凝模型、中国海洋 POPs 污染研究、海洋食物网中的 POPs 生物富集、中国有机氯杀虫剂污染。

从对持久性有机污染物的知识图谱分析来看，6 个主要知识群涉及到三个方面：(1)基础模型、方法和技术，例如大气被动采样技术、全球分馏和冷凝模型；(2)持久性有机污染物的实证研究，包括溴阻燃剂、海洋食物网中的生物富集现象；(3)中国研究，包括中国的海洋河口 POPs 污染、中国的有机氯杀虫剂污染。

3.8.4 环境领域技术科学、前沿技术与核心技术之间的关系

3.8.4.1 技术科学在环境技术科学体系中的基础性地位

在对环境技术科学整体领域的知识图谱研究中，我们发现，技术科学，尤其是方法性的技术，在环境技术科学发展演变过程中发挥着重要的基础性作用。

从图 3-8-4 中可以看到，主要包含基础理论和技术方法性文献的知识群 H 是连接知识群 A、B、D、G 的关键知识群。虽然此知识群中的文献的出版日期都比较早，多在 20 世纪 60、70 年代，但是这些基础性的理论、技术方法研究一直在对环境技术科学研究产生重要的影响。

例如 Lowry OH 等发表于 1951 年的论文 Protein measurement with the Folin phenol reagent 提出蛋白质定量测定的 Folin- 酚试剂法 (也称 Lowry 法),因为其测定蛋白质含量迅速、灵敏度高,至今仍是实验室中蛋白质定量的最常用方法。

从 SCI 数据库中检索到 Lowry 的这篇论文总被引次数高达 304, 789 次。图 3-8-29 反映了 Lowry 论文的总被引次数的年度变化情况,经历了一个先增长再下降的正态分布曲线形状的变化过程。被引次数于 1982 年达到顶峰,这一年被引 11258 次。即使到了 2009 年,其被引次数仍旧高达 3215 次。

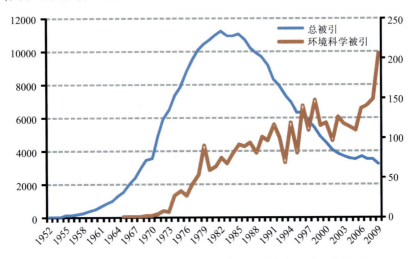

图 3-8-29　Lowry 论文的总被引情况及其在环境技术科学中的被引情况

而在环境技术科学领域,Lowry 论文的被引次数呈现非常明显的波动上升趋势。2009 年的被引次数为 206 次,说明 Lowry 提出的 Folin- 酚试剂法在环境技术科学领域的重要基础性地位有增无减。

事实上,Lowry 的这篇论文不仅是在环境技术科学领域,在其他科学领域,例如生物学、药学、毒理学等领域的被引次数也非常之高,如表 3-8-11 所示。

在环境技术科学的前沿技术领域,技术科学也同样发挥着重要的基础性作用。例如环境改变研究的知识群 F,此知识群主要是关于古环境研究的一些方法和技术,包括 Grimm EC 开发的 CONISS 模块程序、Stuiver M 开发的 Calib 系列程序,这些程序极大地方便了古环境学研究中的孢粉分析。

持久性有机污染物的知识图谱分析中,全球分馏模型、大气被动采样技术发挥了重要作用。

3.8.4.2　技术科学、前沿技术与核心技术之间的关系

在本部分研究中,我们将环境技术科学视为技术科学,选择海洋生态、废弃物循环

表 3-8-11　Lowry 论文被引情况的学科领域分布

序号	学科	Lowry 论文被引数量
1	生物化学与分子生物学	108118
2	药学	34869
3	生物物理学	30136
4	神经科学	21176
5	细胞生物学	19347
6	微生物学	16390
7	内分泌学与新陈代谢	14530
8	毒理学	12556
9	生理学	12506
10	生物技术与应用微生物学	9443
…	…	…
	环境技术科学	3514

利用和环境变化三个领域作为环境技术科学技术的前沿技术,分别进行知识图谱分析,在这部分分析的过程中,我们发现,持久性有机污染物的环境影响分析及治理技术,是环境技术科学技术的核心技术领域。

在本部分研究中,环境技术科学、海洋生态、废弃物循环利用、环境变化、持久性有机污染物这 5 部分的知识图谱分析,虽然我们全部用的是不同的检索关键词进行检索,但是我们注意到在环境技术科学整体的知识图谱和前沿技术的知识图谱中, 许多重要关键节点和知识群都多次重复出现。

(1)重要关键节点在技术科学与前沿技术知识图谱中多次出现

例如 de Wit 发表于 2002 年的论文"环境中溴阻燃剂的概论",以及 Wania F 的论文在环境技术科学的整体知识图谱和 POPs 的知识图谱中都是重要的关键节点。

Lowry OH 等发表于 1951 年的论文 Protein measurement with the Folin phenol reagent 在环境技术科学的整体知识图谱和废弃物循环利用的知识图谱中都是重要的关键节点。

进一步的研究发现, 这些多次重复出现的关键节点都是偏向于基础性的技术理论和试验方法。

(2)核心技术的知识群在技术科学与前沿技术知识图谱中多次体现

在对环境技术科学的整体知识图谱分析中,9 个知识群中有 7 个知识群都与持久性有机污染物有关。对废弃物循环利用研究的知识图谱分析中,也得到与持久性有机污染物相关的若干知识群。进一步,通过直接对持久性有机污染物的知识图谱分析,我们发现,6个主要知识群中有许多在前面的技术科学知识图谱和前沿技术知识图谱中都出现过,例如知识群A:溴阻燃剂与环境技术科学技术知识图谱中的知识群E:多溴二苯醚,知识群E:海洋食物网与前沿技术中的海洋生态研究,以及知识群F:中国有机氯杀虫剂污染与环境技术科学技术知识图谱中的知识群F:有机氯杀虫剂。

3.8.4.3 环境技术科学的发展态势与方向

(1)持久性有机污染物的研究

持久性有机污染物(Persistent Organic Pollutants,简称POPs) 指的是持久存在于环境中,具有很长的半衰期,且能通过食物网积聚,并对人类健康及环境造成不利影响的有机化学物质。

根据国际POPs公约持久性有机污染物分为杀虫剂、工业化学品和生产中的副产品三类。

第一类:杀虫剂。 包括艾氏剂(aldrin)、氯丹(chlordane)、滴滴涕(DDT)、狄氏剂(dieldrin)、异狄氏剂(endrin)、七氯、六氯代苯(HCB)、灭蚁灵(mirex)、毒杀芬(toxaphene)。

第二类:工业化学品。包括多氯联苯(PCBs)和六氯苯(HCB)。

第三类:生产中的副产品。二恶英和呋喃,其来源:(1)不完全燃烧与热解,包括城市垃圾、医院废弃物、木材及废家具的焚烧,汽车尾气,有色金属生产、铸造和炼焦、发电、水泥、石灰、砖、陶瓷、玻璃等工业及释放PCBs的事故。(2)含氯化合物的使用,如氯酚、PCBs、氯代苯醚类农药和菌螨酚。(3)氯碱工业。(4)纸浆漂白。(5)食品污染,食物链的生物富集、纸包装材料的迁移和意外事故引起食品污染。国际对POPs的控制:禁止和限制生产、使用、进出口、人为源排放,管理好含有POPs废弃物和存货。

持久有机污染物POPs结构稳定,对化学反应、生物效应等各种作用具有很强的抵抗能力,高脂溶性并能通过食物链产生生物富集,对环境产生长久的污染,因而这是一个新的全球性环境问题,已经引起了全世界的广泛关注。虽然现在许多发达国家已不断减少具有持久性和生物富集性化学品的使用,由于中国对POPs的认识相对较晚,关于POPs污染的基础研究和应用研究基础都比较薄弱,研究的广度和深度都落后于西方发达国家,国内对POPs污染、危害及其治理的研究仍处于起步阶段,因而引起大家广泛的关注。

(2)电子废弃物处理

信息时代的到来,使电子工业迅猛发展。伴随着电子工业的高速发展,电子废弃物污染不可避免地摆在了我们面前。电子废弃物俗称"电子垃圾",主要包括各种使用后废弃的电脑、通信设备、电视机、电冰箱、洗衣机等电子电器产品。 电子信息技术产业已经成为我国发展最快的产业之一,由此产生的电子废弃物也快速增长,未来10年—20年将是电子废弃物增长的新高峰。废旧计算机主板(PBC)和线路板(PWC)等废弃物的处置和资源化已经成为亟待研究的课题。

由于残酷的世界经济竞争,全世界数量惊人的电子垃圾中,有 80% 出口至亚洲。这其中又有 90% 进入中国。虽然中国已禁止电子垃圾的进口,而且国际条约《巴塞尔公约》已规定全面禁止通过任何理由从发达国家向发展中国家出口所有有害废物,但电子垃圾在我国的蔓延趋势仍令人担忧。

我们在 3.8.2.2 节中关于废弃物循环利用研究的可视化分析中发现,关于电子垃圾的研究是该领域近年来兴起的一个研究前沿,同时也是研究热点。

今后几年将进入家用电器更新换代的高峰期, 如何有效地回收和处理大量的废旧电子产品,使其不对环境和人民健康造成危害,是当前我们面临的一个重要而紧迫的课题。逐步建立健全中国的废旧电子产品回收利用体系,对于保护中国环境和促进经济的健康发展都将起到极大的促进作用。

(3)环境变化对生态的影响

环境变化,尤其是气候环境的变化对生态系统的影响,是国际上近年来的研究热点。

全球变暖现已成了不争的事实。IPCC 在第四次全球气候变化的评估报告中明确指出:气候系统变暖是毋庸置疑的,目前从全球平均气温和海温上升、大范围积雪和冰融化、全球平均海平面上升的观测中可以看出气候系统变暖是明显的。

未来一段时间,在环境变化影响的研究方面,全球变暖对物种分布、物候响应、气候变暖环境下的对应策略方面仍旧是值得科学工作者关注的研究热点。

虽然近年来我国的环境变化影响研究取得了较快的进展,但与国外相比,有不小差距。在当今世界科技飞速发展的时代和背景下,我国环境变化影响研究必将迎来其发展的新阶段。

3.9　新材料技术科学领域及其前沿技术知识图谱

2006 年,中国政府发布的《国家中长期科学和技术发展规划纲要(2006—2020)》中提出"新材料技术将向材料的结构功能复合化、功能材料智能化、材料与器件集成化、制备和使用过程绿色化发展。突破现代材料设计、评价、表征与先进制备加工技术,在纳米科学研究的基础上发展纳米材料与器件,开发超导材料、智能材料、能源材料等特种功能材料,开发超级结构材料、新一代光电信息材料等新材料。"而与之相对应,智能材料与结构技术、高温超导技术、高效能源材料技术被作为 3 项新材料技术。根据《纲要》,这三项新材料技术的研究重点如下:

1. 智能材料与智能结构是集传感、控制、驱动(执行)等功能于一体的机敏或智能结构系统。该部分重点研究智能材料制备加工技术,智能结构的设计与制备技术,关键设备装置的监控与失效控制技术等。

2. 高温超导技术部分重点研究新型高温超导材料及制备技术,超导电缆、超导电机、高效超导电力器件;研究超导生物医学器件、高温超导滤波器、高温超导无损检测装置和扫描磁显微镜等灵敏探测器件。

3. 高效能源材料技术部分重点研究太阳能电池相关材料及其关键技术、燃料电池关键材料技术、高容量储氢材料技术、高效二次电池材料及其关键技术、超级电容器关键材料及制备技术,发展高效能量转换与储能材料体系。

3.9.1 技术科学层次:新材料领域的总体计量研究

3.9.1.2 新材料领域文献分布状况

新材料领域是一个涉及广泛学科的领域,其边界并不清晰。一般而言,国际上使用 advanced materials 来指代新材料。据此,设定检索策略为以期刊进行检索。在 SCI 数据库中,共收录了有关 advanced materials 的期刊 20 余种。这些期刊在 1999—2008 年间共载论文 5499 篇。其中中国发表的论文为 622 篇。上述数据将做为进行新材料领域分析的基础。

新材料领域从 1999 年至 2008 年共有论文 5499 篇。这些论文的年度分布状况见图 3-9-1。

图中由蓝色线表示的全球发文量由 1999 年的 397 篇增加到 2008 年的 723 篇,增长幅度接近二倍。相应的中国发文量则于 2007 年才过百,达到 105 篇。2008 年中国发文量是 1999 年的四倍,同时在全球发文量中的占比也呈波动式增长,从 1999 年的 7.05%增长到 2008 年的 16.04%。图 3-9-2 为论文在国家地区间的分布情况。

从图 3-9-2 可以看到,新材料领域发文量占前五位的国家有美国(2186 篇)、德国(658 篇)、中国(622 篇)、日本(532 篇)、英格兰(361 篇)。其中,美国的发文量远远超过其他国家,某种程度上表明了美国在这个领域中的研究实力和水平。表 3-9-1 为论文在

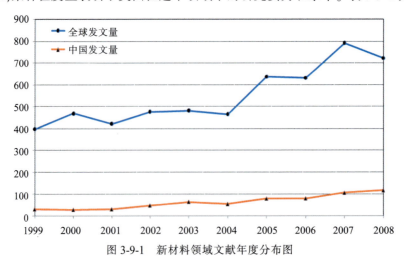

图 3-9-1　新材料领域文献年度分布图

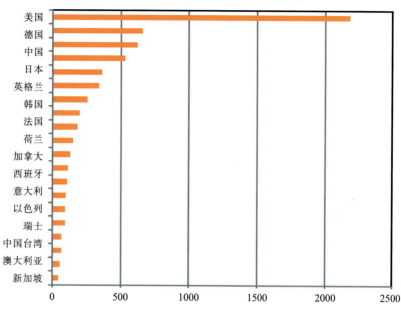

图 3-9-2 新材料领域论文国家地区分布

表 3-9-1 中国及世界新材料领域主要发文机构

新材料领域主要发文机构（中国）	发文量	新材料主领域主要发文机构（世界）	发文量
中国科学院	217	中国科学院	217
清华大学	64	麻省理工学院	112
中船重工	63	汉城大学	97
中国科学技术大学	43	佐治亚理工学院	87
吉林大学	40	加州大学对巴巴拉分校	87
南京大学	40	剑桥大学	77
复旦大学	37	华盛顿大学	76
北京大学	32	马普学会胶体与界面研究所	74
香港城市大学	28	日本国家材料科学研究院	68
香港大学	23	多伦多大学	67
香港科学技术大学	22	清华大学	64
浙江大学	17	中船重工	63
南开大学	15	东京大学	63
华南理工大学	13	埃因霍温科技大学	59
上海交通大学	13	美国西北大学	59
华东理工大学	7	东京理工学院	59
中山大学	7	国立新加坡大学	56
合肥理工大学	6	法国国家科学研究中心	54

研究机构间的分布情况。

在表 3-9-1 中,中国科学院以 217 篇论文既在中国,也在世界上排名第一。在中国排名二、三的清华大学和中船重工在世界上的排名分别为十一和十二。其他中国研究机构基本上为中国重点高等院校。另外,香港的大学也在中国相关研究中占有一席之地。世界上其他主要研究机构还有麻省理工学院、佐治亚理工学院、加州大学对巴巴拉分校、剑桥大学、华盛顿大学、马普学会胶体与界面研究所、日本国家材料科学研究院等。

3.9.1.3 新材料科学领域研究前沿

在 CiteSpace 中选择文献共被引分析,阈值为 Top 3%,即每一时间段被引次数达到阈值标准的文献出现在共被引网络中,四年为一个时间段。在图 3-9-3 中的图谱,将由节点和连线形成的知识群根据节点文献所反映的研究主题进行适度的归并,最后形成 5 个主要知识群 A、B、C、D、E。

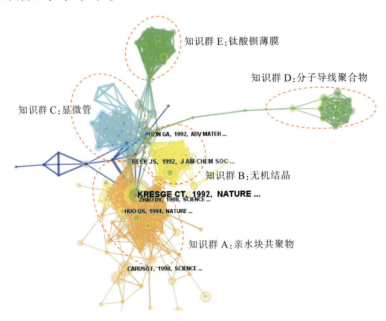

图 3-9-3　新材料技术科学领域的文献共被引知识图谱

知识群 A:亲水块共聚物

知识群 A 主要涉及亲水块共聚物的研究,加利福尼亚大学圣巴巴拉分校的 Zhao DY 等人在 1998 年发表论文《用周期性介孔二氧化硅 50 到 300 埃嵌段共聚物的合成毛孔》,他们认为使用两亲性嵌段共聚物,直接聚合硅物种的组织中的有序六方结构的介孔二氧化硅孔径均匀;同样加利福尼亚大学圣巴巴拉分校的 Huo QS 等人在 1994 年亦发表过亲水共聚物方面的文章《广义周期表面活性剂合成无机复合材料》,研究表明全硅为基础的介孔材料的定期无机和表面活性剂为基础的结构合成，延伸到甚大孔制度下分子筛材料的范围。如果合成方法可以推广到过渡金属氧化物 mesostructures，由此产生的纳米复合材料的电致变色可能发现或固体电解质设备的应用程序高表面积的氧化还原催化剂，并作为生化基板分离，研究还提出电荷密度在表面活性剂／无机界面匹配管装配过程中，有机和无机相的组织被认为是一个重要方面。

知识群 B：无机结晶

知识群 B 的主要研究集中于无机结晶。知识群 B 中最大的关键节点是 Mann S(1996)等人发表的论文《合成具有复杂形态的无机材料》，作者对形态，复制，自组织和变态的概念可用于设计新的合成策略，如胶束，囊泡及泡沫等复杂的无机化学合成材料可通过自组织模式的有机组合进行合成，逐个进行了分析。Heywood BR(1992)等在论文《有机模板导向无机结晶 - 硫酸钡定向成核条件下压缩单分子膜》中也对无机结晶进行了分析。

知识群 C：显微管

知识群 C 是有关显微管领域的研究，主要集中于显微管在医学领域中的作用。该知识群中的主要节点有，Yager P(1984)等人发表的《肾小管按一个反应性表面形成》，该文章研究了磷酸其在水溶液中的分散行为前、后聚合。单体脂质可能分散在高于其熔点链转变温度蒸馏水。Georger JH(1997)等人在文章《螺旋形和管状反应性磷脂形成的微观结构》中介绍了空心小管形微结构制备了自我聚合磷脂分子组织，一种脂质的异构体合成了广泛和所有形式的小管，最终把该管的外表面涂层薄金属沉积过程已经研制成功。Schnur JM(1997)在文章《脂基曲管微观结构》中介绍了空心小管形微结构制备了自我聚合。

知识群 D：分子导线聚合物

知识群 D 是有关分子导线聚合物领域的研究，由于分子导线聚合物具有信号放大的作用，与其相关的研究备受关注。该知识群中的主要节点有 Schreiber M 在 1994 年发表的《polytriacetylenes——一种新型共轭聚合物的全碳骨干》一文，解释了 polytriacetylenes，作为已知的共轭聚合物的替代品的可溶性和稳定全碳骨干聚合物，在新材料领域中的作用。Anthony J 在 1995 年发表的《TETRAETHYNYLETHENES- 完全跨共轭的 PI 电子生色团与分子支架的全碳网络和富碳纳米材料》通过新开发的衍生物的合成路线，完全跨共轭分子的多功能大厦和前体二维全 C 网络和不同寻常的结构和电子特性。

知识群 E：钛酸钡薄膜

钛酸钡薄膜(barium titanate film) 是以钛酸钡为电介质的薄介质材料，介电常数在 16—1900 范围内，损耗与薄膜结构有关，无定形膜损耗为 0.5％，多晶膜为 6.5％。钛酸钡薄膜需要采用射频溅射方法来制备，用于制造大容量的电容器。知识群 E 中的一个主要节点是东京工业大学 Cho WS(1997)的论文《水热法合成钛酸铅薄膜》，分别在含饱和蒸气压力下和氢氧化钾的浓度的情况下，对溴四方相钛酸铅井多晶薄膜的结晶已经在钛金属基体上集中在碱性溶液中的铅进行了研究。

3.9.2　重点前沿技术层次：功能材料、智能材料、能源材料、超导材料

3.9.2.1　功能材料计量分析

20 世纪 50 年代，人们提出了自适应系统(adaptive system)，是智能材料系统与结构的前身。在智能材料系统与结构的发展过程中，人们越来越认识到智能材料系统与结构的发展离不开智能材料的研究与发展。1989 年，日本人高村俊宜将信息科学融于材料的结构和功能领域，首先提出了智能材料的概念 (Intelligent materials)。随后，R.E. Newnhain 又提出了 smart materials 的概念，并且把这类材料分成三大类：被动型、主动型和灵巧型。20 世纪 80 年代中期，航空航天需求驱动了智能材料与结构的研究与发展，军事需求与工业界的介入则使智能材料与结构更具有挑战性、竞争性和保密性，并使它成为一个高技术、多学科综合交叉的研究热点，同时也加速了它的实用化进程。智能材料与结构由此成为近年来兴起并迅速发展的材料技术的一个新领域。

根据智能材料的相关概念，我们认为《纲要》中所说的"智能材料"应是指功能材料或是机敏材料，也就是构成智能材料与结构的基本组元。而其中所述的"智能材料系统与结构"，则对应上面所定义的智能材料系统与结构。功能材料一般包括 "压电材料(piezoelectric material)、形状记忆材料 (shape memory material)、电致伸缩材料(electrostrictive material)、磁致伸缩材料 (magnetostrictive material)、电/磁流变体材料(ERF/MRF)、电致主动聚合物(electro-active polymer EAP)、光纤材料、智能高分子材料、自组装材料等。"

本部分数据下载方式见表 3-9-2 和表 3-9-3。

(1)年度发文量统计分析

利用前描述方式下载的数据，对功能材料的文献年度分布进行了统计，见表 3-9-4。

从表 3-9-4 中可以看出，整体上功能材料年度发文量由 1995 年的 320 篇增加到 2008 年的 1595 篇，增长近 5 倍；其中中国的发文量由 25 篇增加到 420 篇，增长近 17 倍；中国国内机构(含部分港澳台文献)的发文量则从 18 篇增加到 336 篇，增长了近 19 倍；中国与国外合作的文献量从 7 篇增加到 84 篇，增长幅度 12 倍。从速度上比较，中国无论是总发文量、还是国内合作与国外合作发文量都远远超过功能材料的增长速度。这些指标的年度变动情况见图 3-9-4 与图 3-9-5。

表 3-9-4 中的数据还表明，中国的发文量在功能材料领域中的比重不断增加，从 1995 年的 7.81%增加到 2008 年的 26.33%，增加幅度为 18.52%。其中国内合作的发文量占中国总发文量的比重则呈现波浪式变化，分别在 1999 年(85.45%)和 2001 年

表 3-9-2　功能材料数据下载设置表

下载项目	下载条件设置
数据来源	SCI-E,Science Citation Index Expanded 数据库
时间范围	1995 年至 2008 年
语言选择	English(英语)
文献形式	Article(论文)
检索式设定	TS = (piezoelectric material *) TS = (optical fiber material *) TS = ((polymer gel *) OR (polymer hydrogel *) AND(smart OR intelligen *)) TS = ((electrostrictive material *) OR (electrostriction material *) OR (magnetostrictive material *) OR (magnetostriction material *) OR (magnetic expansion material *) OR (giant magnetostrictive material *)) TS = ((mr fluid *) OR (MR fluid *) OR (magnet0-rheological fluid *) OR (magentorheological fluid *) OR (er fluid *) OR (ER fluid *) OR (electrorheological fluid *) OR (electro-rheological fluid *) OR ERF OR MRF) TS = ((electro-active polymer *) OR EAP OR (magneto-active polymer *)) TS = ((shape memory material *) OR (shape memory alloy) OR (shape memory polymer *)) TS = ((functional material *) OR(function material *) AND (smart OR intelligen *))
数据处理说明	对上述八个检索结果进行逻辑"或"操作,并在学科分类中选择所有的"材料类"进行精炼。利用 SCI 自带的统计分析功能,从上述数据中分别提取了中国发文数、中国国内发文数及中外合作发文数。
检索结果	1. 论文总数:11035 篇 2. 中国论文总数:2085 篇 3. 中外合作发文数:409 篇 4. 中国国内发文数:1676 篇

表 3-9-3　功能材料数据下载设置表

下载项目	下载条件设置
数据来源	SCI-E,Science Citation Index Expanded 数据库
时间范围	1995 年至 2008 年
语言选择	English(英语)
文献形式	Article(论文)
检索式设定	TS = (smart * SAME material *) TS = (intelligen * SAME material *) TS = (smart * material *) TS = (intelligen * material *) TS = (smart * SAME structure *) TS = (intelligen * SAME structure *)
数据处理说明	对上述结果进行逻辑"或"操作。利用 SCI 自带统计分析功能,分别提取了中国发文数、中国国内发文数及中外机构合作发文数。
检索结果	1. 论文总数:3695 篇 2. 中国论文总数:427 篇 3. 中外合作发文数:105 篇 4. 中国国内发文数:322 篇

表 3-9-4　功能材料年度发文量统计表

年度	智能材料系统与结构发文量(A)	中国智能材料系统与结构发文量(B)	中国国内合作发文量(C)	中国国外合作发文量(D)	中国发文量占比 B/A(%)	国内发文量占比 C/B(%)
1995	162	4	3	1	2.47	75.00
1996	173	11	10	1	6.36	90.91
1997	191	17	15	2	8.90	88.24
1998	191	14	9	5	7.33	64.29
1999	216	18	11	7	8.33	61.11
2000	219	22	16	6	10.05	72.73
2001	248	24	20	4	9.68	83.33
2002	260	36	29	7	13.85	80.56
2003	236	25	23	2	10.59	92.00
2004	319	39	25	14	12.23	64.10
2005	366	39	27	12	10.66	69.23
2006	391	52	41	11	13.30	78.85
2007	440	60	49	11	13.64	81.67
2008	457	66	44	22	14.44	66.67

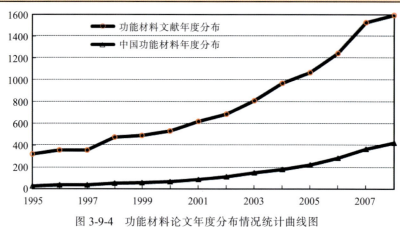

图 3-9-4　功能材料论文年度分布情况统计曲线图

(87.50%)达到峰值后,后期基本稳定在 80%左右。说明在功能材料领域,中国还是以自己的科研力量为主。

　　图 3-9-6 为 CitespaceII 软件生成的功能材料领域整体机构合作图谱。时间范围为 1995 年至 2008 年,时间间隔为 1 年。从图谱中可以看到,位于主要位置的节点都相对比较大,说明这些机构的发文量都比较多;主要节点的颜色表明,这些机构在功能材料领域的研究有连续性,每个时间段里都有发表论文;另一方面,这些主要节点之间的连

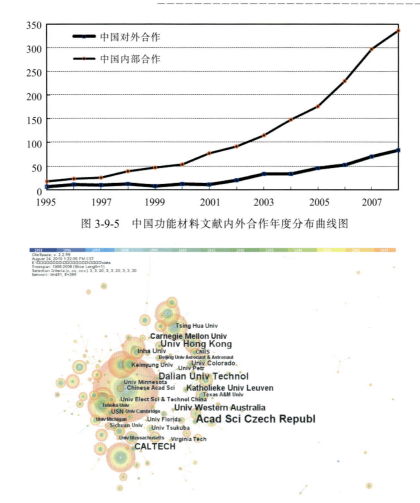

图 3-9-5　中国功能材料文献内外合作年度分布曲线图

图 3-9-6　功能材料机构合作图谱

线都比较细,且没有突出的高中介中心性的紫色节点,说明这些机构之间的合作强度不是很高，合作方式也比较分散。表 3-9-5 中列出了主要发文机构名称及其相应的发文量。在主要的十四个国外机构中,日本的大学占了五席,分别是日本东北大学、东京大学、京都大学、大阪大学和东京工业大学,说明日本在该领域的研究实力还是很强的。还有一个现象就是在发文量前十四位的国外机构中，从地域分布上看只有东南亚和美国两个地区的大学入选。相应的中国研究机构则基本是以中国科学院为首的中国重点大学和中国重点军工企业(中船重工)。

图 3-9-7 为功能材料领域中外研究机构合作图谱。阈值(c、cc、ccv)设定为(1、1、0)、(2、2、0)、(2、2、0);时间范围为 1995 年至 2008 年,时间间隔为 1 年。表 3-9-6 则列出了

表 3-9-5　功能材料领域中外主要发文机构表

机构名称	发文量	机构名称	发文量
日本东北大学	173	中国科学院	345
南洋理工大学	149	哈尔滨工业大学	140
宾西法尼亚大学	135	上海交通大学	134
印度理工大学	117	清华大学	127
马里兰大学	105	香港理工大学	121
佐治亚理工大学	99	香港城市大学	76
伊利诺伊大学	99	中船重工	76
东京大学	96	浙江大学	72
京都大学	93	大连理工大学	56
麻省理工大学	86	西北工业大学	53
大阪大学	80	北京大学	51
密歇根大学	80	四川大学	51
国立新加坡大学	79	吉林大学	50
东京工业大学	79	西安交通大学	50

图 3-9-7　功能材料中外机构合作图谱

表3-9-6   中外机构合作发文量表

参与合作国外机构	合作发文量	参与合作中国机构	合作发文量
南洋理工大学	18	中国科学院	60
悉尼大学	16	清华大学	32
东京农工大学	12	香港城市大学	22
密歇根大学	12	上海交通大学	22
西澳大利亚大学	9	大连理工大学	16
莫那什大学	8	哈尔滨工业大学	16
国立新加坡大学	8	东北大学	14
大阪大学	8	北京大学	13
波鸿大学	8	中国电子科技大学	12
韩国延世大学	8	浙江大学	11

中外主要合作机构的名称及发文量。从图中节点颜色可以看出,中方起核心桥梁作用的机构主要有中国科学院、清华大学、哈尔滨工业大学、大连理工大学等;相应的国外机构则主要有悉尼大学、南洋理工大学、西澳大利亚大学等。由于连线强度阈值设为零时图中线条还很细,说明中外合作的强度不高。另外,从合作对象的分布来看,只有南洋理工大学、密歇根大学、国立新加坡大学属于发文量较高的机构。这从侧面反映中国和世界主要研究机构的合作还有待一步的深入。

图3-9-8为功能材料领域国内机构合作图谱。图中节点的中介中心性表明国内机构合作网络的主要由中国科学院、香港理工大学、清华大学、上海交通大学、哈尔滨工业大学、香港城市大学、北京大学、北京科学技术大学构成。其中前五所机构节点相对较大,说

图3-9-8   功能材料中国国内机构合作图谱

明其发文量也较多。其他研究机构通过同上述主要机构的合作,共同构成了中国功能材料领域合作网络。从阈值设定来看,国内机构间的合作强度还不高,但参与合作的机构还是相对较多且以重点高等院校为主。

(3)功能材料知识基础与研究主题分析

图 3-9-9 为利用 CitespaceII 软件生成的功能材料领域文献共被引知识图谱。阈值设定为:时间范围从 1999 年至 2008 年;时间间隔为一年;过滤条件 (c,cc,ccv) 为 (5,5,20)、(7,7,20)、(8,8,20)。

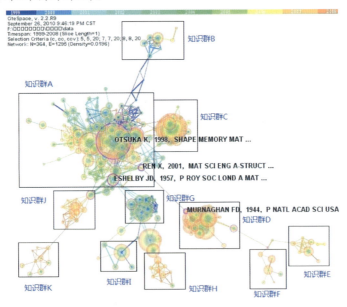

图 3-9-9 功能材料文献共被引知识图谱

从图谱中可以明显看到功能材料领域的知识基础结构。该领域主要由十一个知识群组成。通过对各知识群主要文献的解读,其研究主题总结如表 3-9-7 所示。

图谱中线条的颜色表示其最初生成时的时间,暖色表示生成的时间接近现在。由此可以判断出,知识群 A 中的线条颜色则贯穿整个时间段,说明对形状记忆合金及其他形状记忆材料的研究是功能材料领域中的传统研究主题, 且处于该领域研究的核心地位。知识群 C、D、E、F、H、J、K 生成于 2006 年以后,对应着功能材料领域新的研究主题。

(4)功能材料研究前沿演化分析

一个学科领域的发展是随时间而演化的,通过对一定时间段学科主题的分析,有助于我们更好地认识学科发展规律,从而为制定相应的科学技术政策提供决策参考。为此,我们根据前面所述的"学科前沿"和"知识基础"等相关概念,利用 CitespaceII 软件及文献耦合的方法, 对 1999 年至 2008 年智能材料领域的研究主题进行了逐年的

表 3-9-7　1999—2008 年智能材料前沿演进表

年度	研究前沿及主题
1999 年	1. 对 NiTi 等形状记忆合金的形变机理研究及其应用 2. 对压电材料裂缝的产生及机理研究
2000 年	1. NiTi 形状记忆合金复合材料中提高强度与韧性的研究 2. NiTi 形状记忆合金的加工 3. Fe-Mn 系形状记忆合金的研究
2001 年	1. 压电材料的破碎研究 2. 嵌入形状记忆合金纤维的复合材料 3. TiNi 沉积薄膜
2002 年	1. 电流变液 2. 形状记忆合金复合材料 3. NiTi 形状记忆合金的医学应用研究 4. NiTi 形状记忆合金相变研究
2003 年	1. 磁性形状记忆合金 2. 形状记忆合金薄膜
2004 年	1. 压电材料破碎机理研究 2. 各类磁性形状记忆合金研究 3. 形状记忆合金中的马氏体相变研究 4. 计算材料学
2005 年	1. 磁性形状记忆合金研究 2. 计算材料学 3. NiTi 形状记忆合金的耐腐蚀研究 4. NiTi 形状记忆合金研究
2006 年	1. TiNb、TiMo 形状记忆合金研究 2. 计算材料学 3. 磁性记忆合金及其马氏体相变研究 4. 形状记忆合金的抗腐蚀研究 5. 形状记忆合金的伪弹性与自我修复
2007 年	1. 无铅压电陶瓷 2. 形状记忆高分子聚合物 3. 计算材料学 4. 形状记忆合金研究 5. 磁性形状记忆合金研究
2008 年	1. 形状记忆高分子聚合物 2. 无铅压电陶瓷 3. 磁性磁致形状记忆合金 4. 计算材料学 5. 形状记忆合金研究

分析。

表 3-9-7 列出了智能材料领域十年间的研究主题。

从表 3-9-7 中可以清楚地看到，十年来该领域研究以 NiTi 为代表的形状记忆合金为主要内容，这个主题贯穿了整个十年，可以说形状记忆合金是智能材料领域的传统研究内容。在压电材料研究方面,则重点研究了压电陶瓷的破碎机理和无铅压电陶瓷两个主题。尤其是无铅压电陶瓷是近两年兴起的一个研究方向。从 2003 年开始,磁致形状记忆合金材料和计算材料学开始进入年度研究主题。这两个研究方向中前者为智能材料提供了新的研究内容,后者则提供了研究的新方法和工具。磁致形状记忆合金不但具有"普通记忆合金大应变、大应力的优点,而且具有反应迅速、响应频率高的优点,有望成为智能材料系统与结构中首选的驱动器材料"。随着计算机软件硬件的发展,对材料在原子分子层面上进行仿真研究,既能大大提高材料的各项性能指标,又能缩短新材料的研发周期,同时还能节省大量的科研经费。这种方法不仅在智能材料领域,而且为整个材料领域都会带来革命性的影响。

知识群 A:形状记忆合金及各类形状记忆材料

知识群 A 是有关形状记忆合金及各类形状记忆材料的研究。Otsuka K 在 1999 出版的《形状记忆材料》与 Boyd JG 在 1996 年出版的《一个热力学本构模型的形状记忆材料的第一章》,均为形状记忆合金及各类形状记忆材料研究。

知识群 B:铁–锰–硅(Fe–Mn–Si)的形状记忆效应及其机理

知识群 B 是有关铁 - 锰 - 硅(Fe-Mn-Si)的形状记忆效应及其机理研究的。知识群 B 的关键节点有 Sato A 分别在 1982 年和 1986 年发表的《小量的伽玛可逆形状记忆效应转化铁 -30 锰 -1SI 合金单晶》和《物理性质控制形状记忆效应铁锰硅合金》两篇文章,这是有关铁 - 锰 - 硅(Fe-Mn-Si)的形状记忆效应及其机理研究的核心内容。

知识群 C:金镍锰镓(Ni–Mn–Ga)、镍镓铁(Ni–Ga–Fe)、镍钴铝(Ni–Co–Al)的磁致伸缩效应

知识群 C 是有关金镍锰镓(Ni-Mn-Ga)、镍镓铁(Ni-Ga-Fe)、镍钴铝(Ni-Co-Al)的磁致伸缩效应研究的。知识群 C 的核心节点有 Ullakko K 在 2009 出版《大磁场引起的 NiMnGa 单晶株》与 Murray SJ 等人在 2000 年出版的《6% 的磁场诱导的双边界运动在铁磁镍锰镓应变》,以及 James RD 在 1995 年发表的《磁致伸缩马氏体》,均为金镍锰镓(Ni-Mn-Ga)、镍镓铁(Ni-Ga-Fe)、镍钴铝(Ni-Co-Al)的磁致伸缩效应研究。

知识群 D:从原子,分子层面对材料进行模拟仿真研究(计算材料学)

知识群 D 是从原子、分子层面对材料进行模拟仿真研究。其中关键节点有,Payn MC 等人在 1992 年发表的《对于从头总能量计算迭代的最小化技术:分子动力学和共轭梯度》和 Perdew JP 在同年发表的《原子,分子,固体,表面:广义梯度逼近中的应用进行交流和相关》文章,这是有关分子层面对材料进行模拟仿真研究的核心内容。

知识群 E:光催化、染料敏化太阳能电池

知识群 E 是有关光催化、染料敏化太阳能电池研究。其中关键节点有 MR Hoffmann 和 ST Martin 人在 1995 年发表的《半导体光催化环保应用》以及 Gratzel M 在 1990 年发表的《光电化学电池》文章,这是有关光催化、染料敏化太阳能电池的核心内容。

知识群 F：密度函数理论

知识群 F 是密度函理论相关的研究。知识群 F 的关键节点有 Becke AD 在 1988 年和 1993 年分别发表的《一种新的混合的 Hartree - Fock 和当地密度泛函理论》以及《密度泛函交换能量逼近正确的渐近行为》文章，这是有关密度函数理论研究的核心内容。

知识群 G：压电陶瓷材料、压电材料及其破碎机理研究

知识群 G 是关于压电陶瓷材料、压电材料及其破碎机理的研究。知识群 G 的关键节点有，Park SE 在 1997 年发表的《超高应变和弛豫铁电压电单晶的行为为基础》以及 SuoZ 等人在 1992 年发表的《分层的 R - 曲线现象造成的损坏》文章，这是有关压电陶瓷材料、压电材料及其破碎机理研究的核心内容。

知识群 H：无铅压电陶瓷

知识群 H 是无铅压电陶瓷相关的研究。知识群 H 的关键节点有 Shannon RD 在 1976 年发表的《经修订的有效离子半径和原子间距离的系统研究，卤化物和硫族》以及 E Hollenstein 等人在 2005 年发表的《李和钽修饰的压电特性（K0.5Na0。五）NbO3 陶瓷》文章，这是有关无铅压电陶瓷的研究内容。

知识群 I：压电材料及压电传感器在智能结构中的应用

知识群 I 是压电材料及压电传感器在智能结构中的应用研究。知识群 I 的关键节点有，Crawley EF 在 1987 年发表的《压电致动器用作智能结构元素》以及 Lee CK 在 2005 年发表的《理论对分散式传感器 / 执行器压电层合板的设计。第一部分：基本方程和互惠的关系》是有关压电材料及压电传感器在智能结构中的应用研究内容。

知识群 J：形状记忆高分子材料

知识群 J 是形状记忆高分子材料相关的研究。知识群 J 的关键节点有 Lendlein A 在 2002 年发表的两篇文章：《可生物降解，弹性形状记忆聚合物的生物医学应用潜力》以及《形状记忆聚合物》，这是有关形状记忆高分子材料的研究内容。

知识群 K：水凝胶的性能及其在生物制药中的应用

知识群 K 与水凝胶的性能及其在生物制药中的应用研究相关。知识群 K 的关键节点有 Jeong B 在 1997 年发表的文章：《如注射药物输送系统可生物降解嵌段共聚物》，Schild HG 在 1992 年发表的《聚（N- 异丙基丙烯酰胺）：实验，理论与应用》，这是有关水凝胶的性能及其在生物制药中的应用研究内容。

(5)中国功能材料研究主题共词分析

在所下数据中，中国发表的论文共有 2085 篇。利用 CitespaceII 软件的提词及生成矩阵功能，对这些文献进行了关键词共现分析。在所有关键词中，我们设定了阈值，即只分析出现次数大于等于 7 次且与其他词共现 7 次或以上的关键词。经过统计，这样的词在样本中共有 151 个，分成 14 个知识群。这些知识群的研究主题表 3-9-8 所示。

表 3-9-8 表明，处于战略坐标第一象限的研究主题共有三个，分别是镍锰镓的磁致

表 3-9-8　中国功能材料领域共词知识群指标统计表

知识群编号	主题	中心度	密度	所属战略坐标象限
1	电磁流变液	1.11	0.78	III
2	镍锰镓的磁致伸缩效应研究	1.71	1.77	I
3	压电材料(陶瓷)的破碎机理	1.30	1.71	III
4	镍及镍钛合金的生物相容性	2.33	1.92	I
5	铕硅合成物的水凝胶制备及应用	1.63	1.33	I
6	铁电性压电材料与压电陶瓷的机理研究及在驱动器与薄膜中的应用	1.57	0.62	IV
7	纳米复合材料	1.83	0.60	II
8	形状记忆合金机理研究	1.87	0.27	II
9	合金的硬度与磨损、超弹性研究	1.84	0.20	II
10	纳米晶体的生长与结构	1.28	0.36	IV
11	共轭复合物研究	1.39	0.18	IV
12	形状记忆材料研究	1.71	0.12	II
13	二氧化钛	1.35	0.09	IV
14	振幅控制	1.44	0.10	IV
	平均值	1.60	0.72	

伸缩效应研究、水凝胶法制备铕硅合成物、镍与镍钛合金的生物相容性研究。这些研究主题构成了中国功能材料的核心。处于第二象限的研究主题有四个:纳米复合材料、形状记忆合金机理研究、形状记忆合金的硬度、磨损与超弹性研究、其他形状记忆材料研究。这些主题的密度值相对较低,说明主题内的各领域间的相互联系较少,研究还不充分;中心性相对较高说明它们与其他主题的联系较多,随着其他领域的研究突破从而具备成长为核心研究主题的条件。第三象限中的研究主题有二个:电磁流变液和压电材料破碎机理,这两个主题自身内部研究相对充分。其余处于第四象限的主题则可认为是边缘研究,其最终的发展则有待进一步的观察和研究。

3.9.2.2　智能材料系统与结构计量分析

根据 web of science 上所下载数据,对智能材料系统与结构的文献年度分布进行了统计,结果见表 3-9-9 所示。

表 3-9-9 中数据表明,智能材料系统与结构总发文量由 1995 年的 162 篇增加到 2008 年的 457 篇,增长近 3 倍;其中中国的总发文量由 4 篇增加到 66 篇,增长近 15 倍;中国国内合作发文量由 3 篇增长到 44 篇,增长近 15 倍;中国对外合作发文量由 1 篇增加到 22 篇,增长 22 倍。相比这下,中国发文量的各项指标增速都远比智能材料系统与结构领域的整体水准要高。图 3-9-10 显示了智能材料系统与结构领域文献在国家

表 3-9-9 智能材料系统与结构年度发文量统计表

年度	智能材料系统与结构发文量(A)	中国智能材料系统与结构发文量(B)	中国国内合作发文量(C)	中国国外合作发文量(D)	中国发文量占比 B/A(%)	国内发文量占比 C/B(%)
1995	162	4	3	1	2.47	75.00
1996	173	11	10	1	6.36	90.91
1997	191	17	15	2	8.90	88.24
1998	191	14	9	5	7.33	64.29
1999	216	18	11	7	8.33	61.11
2000	219	22	16	6	10.05	72.73
2001	248	24	20	4	9.68	83.33
2002	260	36	29	7	13.85	80.56
2003	236	25	23	2	10.59	92.00
2004	319	39	25	14	12.23	64.10
2005	366	39	27	12	10.66	69.23
2006	391	52	41	11	13.30	78.85
2007	440	60	49	11	13.64	81.67
2008	457	66	44	22	14.44	66.67

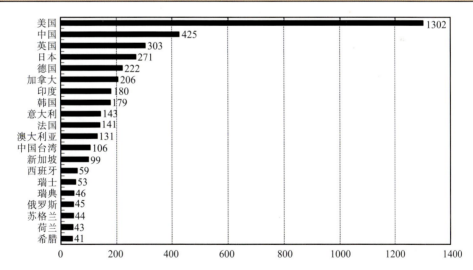

图 3-9-10 智能材料系统与结构领域文献在国家和地区间的分布(1995—2008)

和地区间的分布状况。

图 3-9-10 中的文献分布情况表明智能材料系统与结构领域的研究主要集中在北美、欧洲和亚洲三个地区。其中亚洲又主要集中在中国、日本、韩国、新加坡、印度和台湾地区。这些国家和地区要么是经济比较发达,要么是发展中国家中的大国,如中国和印

度。这种情况在一定程度上说明智能材料系统与结构领域的研究与一国的经济情况有很大的关系。

图 3-9-11 和图 3-9-12 表明了智能材料系统与结构发文量年度变动情况。图 3-9-11 中的曲线表明无论是从智能材料系统与结构的整体来看还是从中国的整体来看,年度发文量曲线都相对平滑,没有大的波动,但中国国内和国外发文量的曲线则相对而言波动较大。从比重上看,中国总发文量由占 1995 年的 2.47%增长到 2008 年的 14.44%,增加幅度为 12%左右。说明中国在这个领域中的研究在不断加强。同时,中国国内合作发文量占中国总发文量的比重也基本维持在三分之二以上,但比重呈波浪式变动:1996 年比重达到 90.91%后,逐步下降到 1999 年的 61.11%,随后回升到 2003 年的 92%,再下降到 2004 年的 64.1%,然后逐步回升到 2007 年的 81.67%,2008 年则又下降到 66.67%。

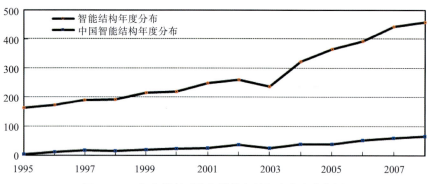

图 3-9-11 智能材料系统与结构文献年度分布曲线图

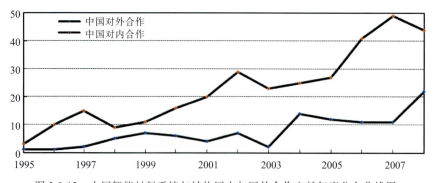

图 3-9-12 中国智能材料系统与结构国内与国外合作文献年度分布曲线图

(2)智能材料系统与结构的研究前沿分析

图 3-9-13 展示了智能材料系统与结构的共被引文献的知识图谱。从图中可以看到,共有四个主要的知识群。通过对知识群中的节点文献进行解读,总结出各知识群的研究主题,见表 3-9-10。

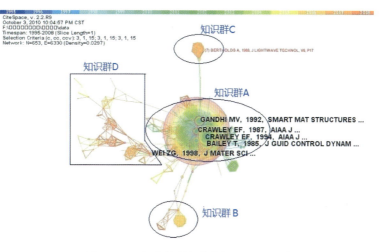

图 3-9-12　智能材料与结构知识基础图谱

表 3-9-10　1995—2008 年智能材料系统与结构共被引聚类主题表

聚类编号	聚类主题
A	1. 探伤检测 2. 形状记忆合金 3. 功能梯度复合材料力学理论分析 4. 主被动约束层阻尼理论分析,压电材料在振幅控制中的分析、优化布局与应用 5. 压电装置在振幅控制中的应用 6. 模糊控制理论在智能结构中的应用,信息控制,基因算法 7. 智能结构的稳定性研究 8. 夹层复合梁中的振幅衰减控制 9. 压电复合夹层结构中的有限元分析,动静力学分析及建模 10. 压电夹层复合材料及压电激励器在结构中的优化分布及其数学分析 11. 智能结构理论 12. 压电传感器和压电复合板的优化设计与应用 13. 嵌入式压电驱动器在大尺寸空间结构中的控制分析 14. 其他陶瓷材料 15. 压电陶瓷的结构机理 16. 智能结构相关理论,模型 17. 智能材料的仿真,优化,分析和机加工刀具结构设计 18. 压电传感器与激励器,压电夹层复合材料的设计,分析与应用 19. 智能结构中的振动与噪声抑制研究
B	1. 利用神经网络方式进行结构优化控制 2. 结构控制的工程学成果在康复医学上的具体应用研究。人体运动功能的恢复。
C	1. 光纤传感器的原理以及在工程结构中的应用 2. 导电橡胶 3. 凝胶聚合物 4. 导电聚合物在微型驱动器装置方面的原理和生物应用
D	1. 形状记忆高分子聚合物 2. 合成凝胶体及其在医学上的应用 3. 电(磁)致驱动高分子聚合物

结合图 3-9-13 与表 3-9-10 可以看出,知识群 A 是智能材料系统与结构的核心知识群。其中的关键点文献是 E. F CRAWLEY 分别于 1987 年和 1994 年发表的有关压电材料在智能材料系统与结构中的应用和技术回顾的文章。这个知识群所涉及的研究主题最多,主要有压电材料的理论与应用、形状记忆合金、功能梯度材料、探伤检测几个主要方面;知识群 B 则主要研究结构优化控制及其在康复医学上的应用;知识群 C 以导电聚合物及其应用为其研究主题;知识群 D 的研究主题为掺杂高分子形状记忆聚合物的研究。总体上看,智能材料系统与结构领域是以各类压电材料的原理、应用以及高分子聚合物的性能和应用为其主要研究内容。

根据各个共被引知识群的颜色,可以大致推断出该知识群的生成时间。知识群 A 中的连线颜色表明其在近十几年来其一直处于不断发展之中。知识群 B、C、D 则形成于 2006 年后,代表了该领域新的研究主题和方向。另外,这几个知识群都与知识群 A 相关联(图谱中的紫色关键点),这说明知识群 A 不但自成研究领域,还能为其他分支的形成与发展提供了知识基础,在一定程度上表明了这些领域的知识联系的紧密度。

(4)智能材料系统与结构研究前沿演化分析

图 3-9-14 是智能材料系统与结构的十年研究主题演化图。图中横轴为时间,间隔为一年,竖轴为研究主题的文章数量,即来自耦合后的相关施引文献数量。

各年聚类主题表明,1999 年到 2008 年, 有关压电传感器与压电复合板的理论、力学分析,优化设计、建模,应用等是贯穿这十年的主要研究内容。2004 年施引文献中,出

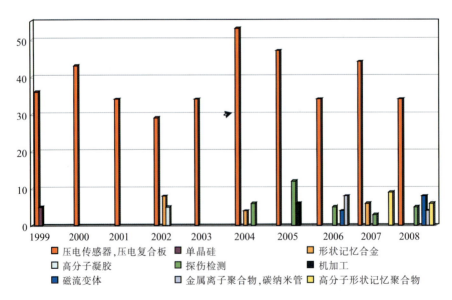

图 3-9-14　智能材料系统与结构研究主题演化图(1999—2008)

现了有关形状记忆合金与高分子凝胶的研究。2004年,智能材料系统与结构在探伤检测方面的应用与研究的文献出现了,且在以后每年的施引文献中都有反映。2005年,智能材料系统与结构的研究进入了机械加工领域。2006年,磁电流变体、金属离子聚合物、碳纳米管在智能结构方面的应用文献开始进入研究主题。2007年和2008年,新出现的研究领域为高分子形状记忆聚合物。

另外,除压电传感器与压电复合材料、探伤检测、高分子凝胶三个领域保持了一定程度的连续外,其他几个领域都有不同程度的间断。比如,单晶硅领域与机械加工领域,分别在各自的年份出现后,在其余年份再也没出现过。其余的也都有一到两年的时间间隔。造成这种情况的原因我们分析可能有以下两种:一是数据处理过程。因为在进行施引文献与共被引聚类的耦合时,由于阈值设定的关系,会有一部分数据被屏蔽掉。出于时间方面的考虑,我们没有对这些被屏蔽掉的数据进行再分析。但是有可能其中包含有中断领域的文献,只是数量很少而已。二是这些领域在发展的过程中,一定会遇到种种暂时不能克服的困难,造成该领域的发展停滞。随着理论上的突破或是研究数据的积累,才能引发进一步的研究。所以,图中显示的研究领域的中断不能得出该领域在相关年份没有进行任何研究的结论。

总体上,从2002年起,智能结构与材料领域的研究方向开始增多,从原来集中在压电传感器和压电复合板方面的扩展到包括形状记忆合金、探伤检测等相关领域,而且扩散的速度在增加。从施引文献数量上来看,压电传感器和复合材料方面的研究总量上并没有明显的下降,但其他领域的文献量总和则成上升的趋势。

就近两年的研究前沿而言,金属离子聚合物与碳纳米管、形状记忆合金、高分子凝胶聚合物、磁电流变体、探伤检测等领域可能将会在未来几年的研究中形成研究热点,值得我们关注。

(5)中国智能材料系统与结构研究主题共词分析

3695条数据中,中国发表的论文为427篇。出现两次或以上,与其他词共现两次或以上的关键词共有123个,利用这些词生成共词矩阵进行分聚类,共得到16个。聚类主题及相关统计指标见表3-9-11。

第一象限中共有三个聚类,其主题为"凝胶"、"高分子形状记忆聚合物"与"纳米材料在生物医学(药物传送)中的应用"。这些聚类构成了中国智能材料与结构研究的核心。处于第二象限中的聚类有单晶体共轭复合物的电学特征、形状记忆合金在振幅控制中的应用、复合梁的优化设计与主动振幅控制三个主题。这些研究获得的关注较多,但自身的研究还不太充分。晶体结构、建筑智能结构(磁致伸缩阻尼器、光纤及传感器)、有限元方法三个主题处于第三象限。这些研究相对自成一体,获得的关注也相对较多。其余主题则分布在第四象限。这些主题属于领域中的边缘部分,研究相对薄弱,也不充分。它们在后续的发展中既可能成为新兴的研究主题,也可能消失。

表 3-9-11　中国智能材料与结构共词聚类指标统计表

聚类号	主题	中心度	密度	所属象限
1	晶体结构研究	0.00	2.33	III
2	磁致伸缩阻尼器、光纤及传感器组成的建筑智能结构研究	1.80	2.07	III
3	做为智能材料的氟化物等单晶体共轭复合物的电特征研究	4.16	1.84	II
4	有限元等研究方法	1.55	4.72	III
5	凝胶	2.33	3.62	I
6	高分子形状记聚合物	4.00	3.83	I
7	形状记忆合金在振幅控制中的应用研究	2.62	0.88	II
8	电磁流变液做为阻尼器在振幅控制中的应用研究	1.01	0.90	IV
9	结构探伤检测	0.97	1.32	IV
10	混凝土的力学特征、微观结构、应力及温度研究	0.70	0.54	IV
11	航天器悬挂系统研究	1.06	0.76	IV
12	纳米颗粒及纳米复合材料在药物传送中的应用研究	1.99	2.11	I
13	神经网络与建筑	0.58	0.62	IV
14	复合梁的优化设计与主动振幅控制	2.17	0.85	II
15	压电驱动器	0.58	0.28	IV
16	结构破裂机理研究	1.60	0.59	IV
	平均值	1.84	1.88	

3.9.2.3　能源材料领域计量分析

能源和人类的生产生活息息相关,人类对能源的利用又离不开对各种材料的使用。就"能源材料"这个概念来看,它主要是指在能量的转换、储存和传输的过程中所使用到的各类材料。也就是说,"能源材料"首先是材料,其次是这种材料应用于能量的转换、储存和传输。基于这样的认识,我们先在 SCI 数据库中进行"材料"(material*)的检索,再利用 SCI 自带的学科分类功能,精炼出"能源与燃料"(Energy and Fuel),其结果就可以认为是有关"能源材料"的文献。具体数据下载及检索结果见表 3-9-12。

表 3-9-13 为根据 web of science 所下数据进行的能源材料发文量统计。发文量年度分布表明,能源材料领域由 1999 年的 331 篇增加到 2008 年的 1106 篇,有 3 倍多的变动幅度;同期中国总发文量由 18 篇增加到 186 篇,有 10 倍多的变动;其中中国国内合作发文量由 15 篇增长到 144 篇,也有近 10 倍的增幅,而中国与国外合作的发文量则由 3 篇增长到 42 篇,有 14 倍的增幅(见图 3-9-15)。

就发文量的比例而言,中国在世界中的比重十年来是不断上升的,由 1999 年的 5.44%增加到 2008 年的 16.82%,有 11.38%的增长;从国内发文占中国总发文量的比例

表 3-9-12　能源材料数据下载设置表

下载项目	下载条件设置
数据来源	SCI-E,Science Citation Index Expanded 数据库
时间范围	1999 年至 2008 年
语言选择	English(英语)
文献形式	Article(论文)
检索式设定	TS =（material ∗）
数据处理说明	首先从 1999 年到 2008 年逐年用上述检索式进行主题检索,再对检索结果进行学科精炼,即在所检索结果中只选取涉及能源领域(Energy and Fuel)的论文,最后对各年的精炼结果进行合并。利用 SCI 自带统计分析功能,分别提取了中国发文数、仅由中国机构单独或合作的发文数及中国与国外机构合作发文数。
检索结果	1. 论文总数:6156 篇 2. 中国论文总数:680 篇 3. 中外合作发文数:162 篇 4. 中国国内发文数:518 篇

表 3-9-13　新能源材料发文量统计表

年度	新能源材料年度发文量(A)	中国新能源材料发文量(B)	中国国内合作发文量(C)	中国国外合作发文量(D)	中国发文量占比例(B/A,%)	国内发文量占比(C/B,%)
1999	331	18	15	3	5.44	83.33
2000	364	19	11	8	5.22	57.89
2001	424	27	18	9	6.37	66.67
2002	492	26	13	13	5.28	50.00
2003	502	33	22	11	6.57	66.67
2004	540	47	34	13	8.70	72.34
2005	573	50	41	9	8.73	82.00
2006	862	125	95	30	14.50	76.00
2007	915	148	124	24	16.17	83.78
2008	1106	186	144	42	16.82	77.42

这个角度来看,其变化浮动于 50%与 85%之间。如上几个考量指标显示中国在世界新能源材料研究领域中的地位逐步提高,且以自身的科研力量为主(见图 3-9-16)。

图 3-9-17 显示论文占有量排名前 20 位的国家。从空间分布上来看,美国在能源材料研究领域发表论文 1,169 篇,远远高于其他国家的占有量。中国发表 680 篇,仅次于美国,可以看出中国在此领域处于世界前沿。日本发表 483 篇,位于第三。

图 3-9-18 为能源材料领域机构合作图谱。图中高中介中心性的节点主要有俄罗斯国家科学院、中国科学院、中船重工、清华大学、宾夕法尼亚州立大学、伦敦大学帝

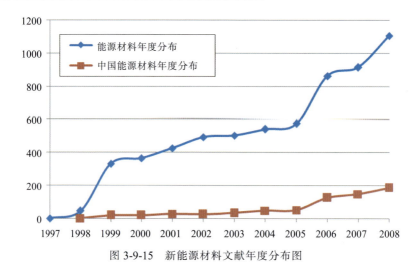

图 3-9-15　新能源材料文献年度分布图

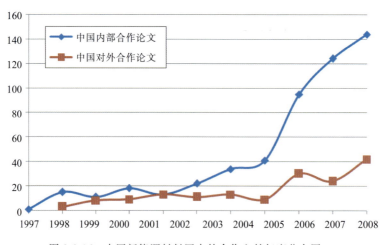

图 3-9-16　中国新能源材料国内外合作文献年度分布图

国理工学院、美国国家再生能源实验室、意大利国家研究理事会、印度理工学院、黑海工科大学,这些节点构成了新能源材料领域机构合作网络的主干结构。表 3-9-14 列出了中外主要发文机构。结合图与表,可以明显看出如下特点:参与研究的主要研究机构除大学外,还有二类重要的科研实体参与研究:一是重要的国家实验室,如美国国家再生能源实验室等;二是国立科研机构,如俄罗斯国家科学院、中国科学院、意大利国家研究理事会等;三是发文量高的节点不一定是图谱中的高中介中心性节点,按发文量排序,在排名前十位的这些机构当中,中国占有三所机构,是所有国家中最多的一个。

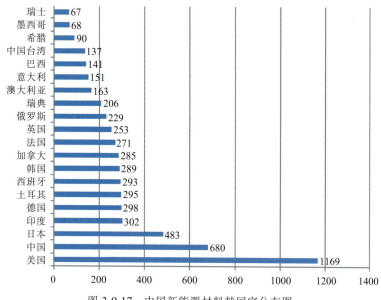

图 3-9-17 中国新能源材料献国家分布图

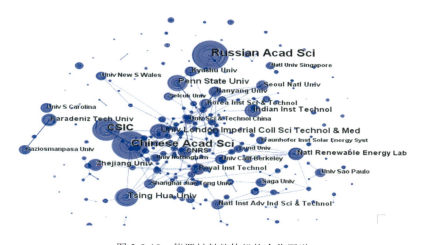

图 3-9-18 能源材料整体机构合作图谱

图 3-9-19 为中外机构合作图谱，时间范围 1999 年至 2008 年。表 3-9-15 列出了中外主要合作机构的合作发文量。能源材料的中外机构合作图谱表明，此领域拥有多个独立的合作共同体。按照节点多少来计算，以中国科学院、清华大学和克姆尼茨工业大学为中心的合作网络，以瑞典皇家工学院和天津大学为中心的合作网络，以及以南洋理工大学和华中科技大学为中心的合作网络是整个图谱中最重要的三个合作共同体。参与国际合作的中文机构以中国科学院、清华大学为主。它们在图谱中构成了一个主要的合

表 3-9-14　新能源材料领域中外主要发文机构表

机构名称	发文量	机构名称	发文量
俄罗国家斯科学院	111	中国科学院	104
宾夕法尼亚州立大学	59	中船重工	82
伦敦大学帝国理工学院	58	清华大学	62
美国国家再生能源实验室	49	浙江大学	42
意大利国家研究理事会	48	上海交通大学	34
印度理工学院	48	中国科学技术大学	31
黑海工科大学	45	南开大学	21
日本产业技术总和研究所	41	哈尔滨工业大学	20
首尔国立大学	39	华南理工大学	20
加州大学伯克利分校	38	天津大学	17

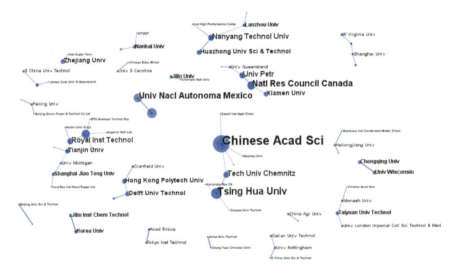

图 3-9-19　新能源材料中外机构合作图谱

作群。表中合作发文量则表明中文机构合作发文量要大于相应的国外机构。

　　图 3-9-20 为国内机构合作图谱。时间为 1999 年至 2008 年。图中可以清晰地看出，无论是发文量还是中介中心性，在国内合作中，中国科学院与清华大学仍处于核心地位。整个合作网络的连线密度、合作强度也比较大。

　　(2)能源材料知识基础与研究主题分析

　　图 3-9-21 为能源材料共被引知识群图。阈值设置为 (c,cc,ccv)= (3,3,5)、(5,5,5)、(6,6,5)，时间范围为 1999 年到 2008 年，时间段划分为一年。在生成的图谱中，可以划

表 3-9-15　中外主要合作机构合作发文量

参与合作的国外机构	合作发文量	参与合作的中国机构	合作发文量
加拿大国家研究委员会	9	中国科学院	17
克姆尼茨工业大学	7	清华大学	9
墨西哥国立自治大学	7	湘潭大学	9
南洋理工大学	6	华中科技大学	7
代尔夫特理工大学	5	中国科学技术大学	7
瑞典皇家理工学院	5	华南理工大学	5
加拿大辛克鲁德有限公司	4	中国石油大学	5
高丽大学	3	香港理工大学	4
莫纳什大学	3	南开大学	4
悉尼大学	3	上海交通大学	4
威斯康辛大学	3	太原理工大学	4
西弗吉尼亚大学	3	天津大学	4
早稻田大学	3	厦门大学	4
英国格连菲尔德大学	2	浙江大学	4
美国国家能源技术实验室	2	重庆大学	3

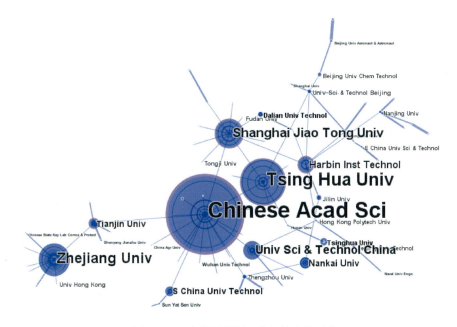

图 3-9-20　新能源材料国内机构合作图谱

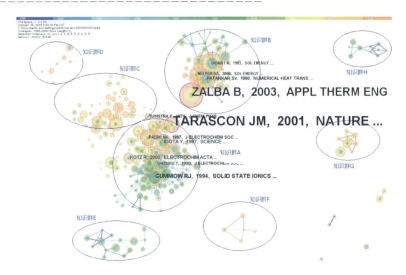

图 3-9-21　能源材料共被引知识图谱(1999—2008)

分出八个知识群,这些知识群的主题则代表了能源材料领域的知识基础构成。知识群的主题可以通过总结其中的参考文献而得到。

知识群 A:锂(离子)电池

知识群 A 是有关锂(离子)电池的研究。知识群 A 的关键节点有:Tarascon JM 在 2000 年发表的《可充电锂电池问题和面临的挑战》与 Besenhard JO 等人在 1997 年发表的《将先进的锂合金阳极有一个锂离子电池的机会呢?》均为锂(离子)电池研究。

知识群 B:相变储热材料

知识群 B 是有关相变储热材料的研究。知识群 B 的关键节点有:Zalba B 在 2003 年发表的《审查关于相变储能:材料,传热分析及应用》与 Abhat A 在 1983 年发表的《低温潜热储热:热存储材料》,均为相变储热材料研究。

知识群 C:燃料电池

知识群 C 是有关燃料电池的研究。知识群 C 的关键节点有:Minh NQ 等人在 1993 年发表的《陶瓷燃料电池》与 Shao Z 在 2004 年年发表的《为固体氧化物燃料电池的新一代高性能阴极》,以及 BCH Steele 在 2001 年发表的《材料燃料电池技术》,均为燃料电池研究。

知识群 D:木质纤维素

知识群 D 是有关木质纤维素的研究。知识群 D 的关键节点有:Y Sun 在 2002 年发表的《木质纤维原料水解生产乙醇:回顾 * 1》与 E Palmqvist 在 2000 年发表的《木质纤维素水解物发酵。二:抑制剂和抑制机制》,均为木质纤维素研究。

知识群 E：煤液化及煤化工

知识群 E 是有关煤液化及煤化工的研究。知识群 E 的关键节点有：AA Herod 分别在 1998 年和 1999 年发表的《除了影响溴化锂 1 - 甲基 - 2 - 吡咯烷酮在煤源物质体积排阻色谱法》与《溶解度有限性的分子质量的煤炭液化和加氢裂化产品分布的测定：1- 甲基 - 2 - 吡咯烷酮作为流动相的体积排阻色谱法》，均为煤液化及煤化工研究。

知识群 F：生物柴油

知识群 F 是有关生物柴油的研究。知识群 F 的关键节点有：Y Zhang 在 2003 年发表的《生物柴油生产从废食用油：工艺设计及技术评估》与 S Zheng 在 2006 年发表的《酸催化废煎炸油生产生物柴油》，均为生物柴油研究。

知识群 G：有机太阳能电池与高分子太阳能电池

知识群 G 是有关有机太阳能电池与高分子太阳能电池的研究。知识群 G 的关键节点有：S Günes 在 2007 年发表的《共轭聚合物为基础的有机太阳能电池》与 FC Krebs 在 2005 年发表的《明显改善聚合物太阳能电池的稳定性》，以及 G Li 等人在 2005 年发表的《高效率的解决方案处理的聚合物自组织的聚合物共混物的光伏电池》，均为有机太阳能电池与高分子太阳能电池研究。

知识群 H：镍氢电极

知识群 H 是有关镍氢电极研究的。知识群 H 的关键节点有：T ME Unates 在 1992 年发表的《外国阳离子对氢氧化镍电极电化学行为的影响》与 M Oshitani 1986 年发表的《一对烧结镍氢电极的研究肿胀》，均为镍氢电极研究。

(3)能源材料研究前沿演化分析

利用 CitespaceII 软件对智能材料与结构领域进行了逐年参考文献聚类，并采用文献耦合的方法映射出历年相应的施引文献，通过总结其主题，从而得到该领域逐年研究主题列表，见表 3-9-16。

从表中可以看到，贯穿 1999 年到 2008 年的十年间的研究主题有对"锂电池研究"、"相变材料与储能"（2000 年与 2008 年除外）、对"太阳能的利用"三个大的方面。"镍氢电池与储氢材料"的研究则表现出间歇性的特点，在中断一到二年后才又出现在研究主题中。2002 年后，"生物质能的利用"、"燃料电池"和"超级电容器"开始出现在研究主题中，并在 2004 年后成为历年的研究主题。在能源材料领域，前期还有对煤与石油等传统能源的研究与利用，主要方向为节能减排，减少对环境的影响。

总体上，能源材料领域的前沿除传统的太阳能电池等三个核心主题外，近几年新兴的如各类"燃料电池"、"生物质能"的利用已成为能源材料领域主要的研究主题。

(4)中国能源材料研究主题共词分析

能源材料领域数据中属于中国发表的论文共有 680 篇，其中出现四次或以上，且与其他词共现四次或以上的词共有 148 个。这些关键词生成了 14 个聚类，其研究主题与

表 3-9-16　1999—2008 能源材料研究主题演进表

年度	研究主题
1999	(1)以煤、石油等传统能源材料为对象的研究；(2)多孔高能材料的燃烧研究；(3)钴添加剂提升镍氢电极性能方面的研究；(4)以 PCMS(相变材料)为主的储热材料及系统的研究；(5)整体式太阳能热水器的隔热研究；(6)锂离子电池的电极研究
2000	(1)对固态可燃物的燃烧研究(火箭推进剂)；(2)太阳能干燥器；(3)悬挂式单一盆状太阳能蒸馏器；(4)锂锰氧化物的制备及在锂电池中的应用研究
2001	(1)锂电池(电极、锂系材料的制备等)；(2)储氢材料、镍氢电池；(3)相变储能材料及系统；(4)煤、石油的相关研究
2002	(1)相变储能材料及系统；(2)氢氧化镍；(3)生物质燃料；(4)锂聚合物电池；(5)锂电池电极研究；(6)锂电池充放电及失效研究；(7)硫化床；(8)工农业废弃物的能源化利用、生物质能、除尘；(9)煤、石油等传统能源材料的研究；(10)硅材料与太阳能电池；(11)碳纳米材料与储氢
2003	(1)太阳能电池材料；(2)相变材料、储能系统；(3)生物质能；(4)锂电池；(5)电容器；(6)燃烧研究；(7)高分子材料用做太阳能收集装置的研究
2004	(1)电极材料研究；(2)锂电池材料研究；(3)太阳能电池研究；(4)燃料电池研究；(5)镍氢电池研究；(6)电容器研究；(7)生物质能研究；(8)无烟煤的利用；(9)煤的液化研究；(10)相变材料、储能系统；(11)柴油机能效研究；(12)光电转换材料研究；(13)储氢合金研究
2005	(1)相变材料,热交换系统；(2)太阳能电池、光电转换材料；(3)重油及煤的液化；(4)对石油的地质学成因研究；(5)固态燃料电池(SOFCS)；(6)生物质能；(7)子交换膜燃料电池(PEMFCS)；(8)甲醇燃料电池；(9)电极材料研究；(10)锂电池材料研究；(11)电容器研究
2006	(1)锂化合物阴极材料研究；(2)相变材料及储能系统、保温建筑材料研究；(3)合电解液燃料电池；(4)锂电池；(5)超级电容器
2007	(1)子交换膜燃料电池研究(PEMFCS)；(2)聚合物电解质膜燃料电池(MEAS)；(3)中温固态氧化物燃料电池(IT-SOFCS)；(4)液态燃料电池；(5)相变材料及储能；(6)锂电池电极材料研究；(7)储氢材料；(8)超级电容器；(9)太阳能电池、光电转换；(10)生物质能
2008	(1)固态燃料电池；(2)质子交换膜燃料电池研究(PEMFCS)；(3)储氢材料；(4)生物降解处理废弃物；(5)锂离子电池研究；(6)复合薄膜电极材料；(7)储热系统；(8)染料敏化太阳能电池；(9)生物燃料、生物柴油；(10)高分子材料及有机太阳能电池

相关统计指标见表 3-9-17。

处于第一象限的研究主题有"锂二次电池"、"固体氧化物燃料电池和甲醇电池"、"超级电容器"、"锂电池阳极"共四个,它们构成了中国能源材料的研究核心。"氧化物燃料电池与中温固体氧化物燃料电池的阴极"、"复合材料与碳纳米管在质子膜交换燃料电池(可充电)中的应用"两个研究主题处于第二象限,对它们的关注度较高但研究相对不充分,它们也是最有可能成为中国能源材料研究核心的领域。第三象限中共有三个主题:"相变材料与储能"、"储氢材料 LaMg2Ni9、LiFePo4 的水凝胶制备、晶体结构与电极"、"建筑物储热",这类研究相对较成熟。处于第四象限中的剩余研究主题属于边缘研究,它们的下一步发展还有待观察。

3.9.2.4　超导材料计量研究

自从 1911 年荷兰莱顿大学低温物理学家昂内斯 (H.K. Onnes) 发现汞在 4.2K 的温度时具有超导电性以来,人们一直不懈地在探寻更高临界温度(TC)的超导体以及对超导现象的理论解释。在 1911 年到 1986 年的 75 年间,超导研究的进展相当缓慢,虽然

表 3-9-17　中国能源材料共词聚类指标统计表

聚类号	主题	中心度	密度	象限
1	相变材料与储能	2.17	2.48	III
2	锂二次电池	4.45	1.43	I
3	建筑物储热	2.55	1.06	III
4	储氢材料 LaMg2Ni9、LiFePo4 的水凝胶制备、晶体结构与电极	2.96	1.20	III
5	氧化燃料电池与固体氧化物燃料电池、甲醇燃料电池	3.36	1.08	I
6	超级电容器	3.22	1.13	I
7	高分子聚合物与合金中的渗碳	2.76	0.74	IV
8	做为生物质能的麦杆的能效研究	1.51	0.95	IV
9	锂电池阳极	5.31	1.41	I
10	氧化物燃料电池与中温固体氧化物燃料电池的阴极	3.66	0.64	II
11	储热	3.06	0.32	IV
12	硫化床、煤的燃烧与排放	2.05	0.53	IV
13	复合材料与碳纳米管在质子膜交换燃料电池(可充电)中的应用	3.59	0.24	II
14	镍氢电池材料研究	2.96	0.35	IV
	平均值	3.12	0.97	

发现了众多的材料具有超导现象，但 TC 仅提升到 23.2K (1973 年)，平均每年提高 0.25K。1986 年 1 月，供职于 IBM 苏黎世实验室的德国物理学家柏诺兹(J.G. Bednorz)与瑞士物理学家缪勒(K.A. Muller)首先发现钡镧铜氧化物的超导电性，将 TC 提高到了 30K。从此，超导研究走入了多元系超导体的时代，TC 不断被刷新。仅用了十年的时间，科学家就把 TC 提高到了 160K，远远超过了液氮的温区(77.3K)，大幅度降低了超导体的应用成本。

高温超导技术研究是位于"新巴斯德象限"内的、以科学理论为背景的应用研究和应用导向的基础研究，由此形成的高温超导技术是一项有着广泛的应用前景的通用性技术。如今，保护知识产权已经成为了全球性的共同行动，高温超导技术的重大突破极有可能会形成世界范围内的技术垄断。因此，超导技术的研究关系到国家的利益，各国政府对这一研究领域都十分重视，以争取在未来的竞争中占据主导的地位。

我们以"superconduct*"为主题检索词，检索在 1970 年至 2007 年间发表于"材料科学"类期刊以及 Science、Nature 上的学术论文，共检索出文献 11723 篇，其中 1985 年至 2007 年的文献 11246 篇，2003 年至 2007 年的文献 2408 篇(截止至 2008 年 6 月 10 日)。

就我们所检索到的文献，从 1970 年到 1986 年间，超导研究的论文每年均未超过 60 篇。1986 年，柏诺兹和缪勒发表了题为《在钡 - 镧 - 铜 - 氧系统中可能的高温超导电性》的论文，宣布观测到钡镧铜氧化物的超导临界转变温度 TC 可高至 30K。这篇论文的发表，引发了世界性的超导研究热潮，研究成果不断涌现，TC 的最高纪录不断被刷新。次年，朱经武等美国科学家在《物理评论快报》1987 年第 9 期同时发表两篇论文，分别报道了在常压和高压下钇 - 钡 - 铜 - 氧化物的高温超导电性，这是人们首次发现 TC

高于液氮温度的超导体。此后,有关超导研究的论文持续增加,1993 年发表的论文数量多达 899 篇。从 1994 年到 2007 年,超导论文的数量在波动中有所下降,但年均发表论文仍有 550 篇左右,远多于 1986 年以前的发文量(见图 3-9-22)。

图 3-9-22　历年超导研究论文的分布(1970—2007)

因此,从 1970 年到 2007 年,超导研究的论文主要集中发表在 1986 年以后,这部分论文约占这期间论文总数的 95%。在这些文献中,柏诺兹和缪勒于 1986 年发表的论文 *Possible High Tc Superconductivity in the Ba-La-Cu-O System*、朱经武等美国科学家 1987 年发表的论文 *Superconductivity at 93K in a New Mixed-Phase Y-Ba-Cu-O Compound System at Ambient Pressure*、前田弘史 (Maede Hiroshi)等日本科学家于 1988 年发表的论文 *A New High Tc Oxide Superconductor without a Rare Earth Element* 被引用次数位居前三位, 分别为 694 次、527 次和 366 次。前者开辟了铜氧系超导体的研究领域并于 1987 年获得了诺贝尔物理学奖,中者则在前者的基础上首次发现了在液氮温区发生超导转变的铜氧系超导体, 后者则发现了不含稀土元素的铋 - 锶 - 钙 - 铜氧化物超导体, 且 TC 高达 105K。这三篇论文的半衰期分别为 6 年、4 年和 4 年 (至 2007 年),从图 3-9-23 的被引曲线也可看出,这三项研究成果对后续研究的影响主要集中于 1986 年至 2007 年间的前半期。

被引量排在第 4 到第 9 位的文献, 对超导研究的影响主要集中在 20 世纪 90 年代(图 3-9-24 和图 3-9-25)。秋光纯 (Nagamatsu Jun) 等日本科学家 2001 年发表的论文 *Superconductivity at 39 K in Magnesium Diboride* 被引频次位居第 10。该文报告了二硼化镁块状超导体的 TC 为 39K,这是当时非铜氧系块材的最高转变温度,也是非铜氧系超导体研究的重要进展。从论文发表的 2001 年 3 月到 2007 年,在不到 7 年的时间里累计被引次数已达 152 次(图 3-9-24),引用半衰期为 3 年,这表明该文发表后受到了同行的持续关注,对 2001 年后的超导研究有较大的影响。

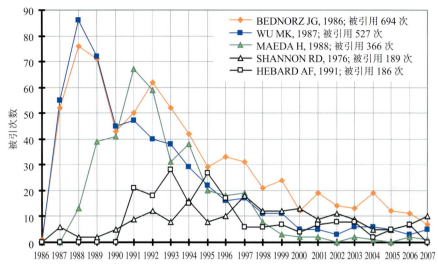

图 3-9-23　被引频次前 5 位的论文在各年的被引情况(1986—2007)

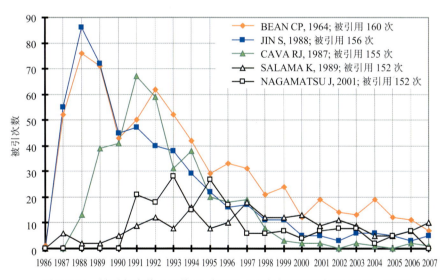

图 3-9-24　被引频次前 6 至前 10 位的论文在各年的被引情况(1986—2007)

(1)超导材料知识基础与研究主题分析

1)2003—2007 年超导研究前沿的探测

我们以 2003—2007 年的 2408 条文献数据，利用 CiteSpace 绘制出跨度为 5 年的文献共引网络图谱。当三组阈值分别设为([4;4;20)、(4;3;15)和(4;4;20)时,可获得较为理想的聚类结果。同一被引文献在各年都有可能被引用且满足设定的阈值,在剔除重复的文献节点后,这一图谱由共被引文献 291 篇、共被引关系线 1050 条构成。发表于不同年代的 291 篇共被引文献在这一跨度为 5 年的共被引图谱中形成了大小不等的聚类共 40 个。根据各文献节点的聚集情况及相关文献的研究内容,这一共引网络可粗略地划分出 9 个主要的知识群(见图 3-9-25)。需要说明的是,知识群 9 在图谱成图过程中同时受到知识群 4 和知识群 7 的牵制,使这一知识群聚类的节点在图谱中的位置显得比其他知识群聚类的节点位置更为分散。通过对这些节点文献内容的分析,我们发现它们大多是关于铈系超导体的研究,因此我们将这些看似零散的节点归为一个知识群。

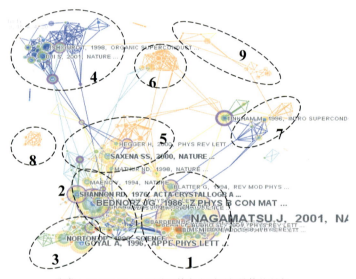

聚类 1:MgB2、MgB2 型及硼掺杂金刚石超导体的研究
聚类 2:其他金属铜氧化物超导体及超导微观理论的研究
聚类 3:钇系铜基氧化物超导体的研究
聚类 4:有机超导体的研究
聚类 5:非铜基氧化物超导体的研究

图 3-9-25　2003—2007 年超导研究共引网络图谱

　　CiteSpace 可视化软件在输出图谱的同时,也提供了反映图谱中节点文献被引频次出现急剧变化(abrupt change)的突现值。根据这些数据并结合高突现值文献在 2003 年至 2007 年被引用量分布曲线(citetation history)的走势,剔除在 2006 年和 2007 年被引频次急剧下降的文献, 我们集中分析作为超导研究领域中潜在研究前沿的知识基础的 7 篇文献(见表 3-9-18),它们分属于 2 个不同的知识群,被引峰值都出现在 2006 年。需要说明的是,论文的发表到论文被录入 ISI 的数据库之间存在着一个时滞,论文在 2007 年被引用的信息可能不完整,因此,我们侧重于以 2006 年的被引量来甄别潜在研究前

表 3-9-18　2003—2007 年超导研究潜在研究前沿的知识基础

序号	知识群	编号	论文篇名	第一作者
1	1	1	Dependence of the Superconducting Transition Temperature on the Doping Level in Single-Crystalline Diamond Films 在单晶金刚石膜中超导转变温度对掺杂程度的依赖	BUSTARRET E
2		2	Three-Dimensional MgB2-Type Superconductivity in Hole-Doped Diamond 3 维 MgB2 型空穴掺杂金刚石的超导电性	BOERI L
3		3	Superconductivity in Boron-Doped Diamond 硼掺杂金刚石的超导电性	LEE KW
4		4	Role of the Dopant in the Superconductivity of Diamond 掺杂在金刚石超导电性中的作用	BLASE X
5		5	Electron-phonon coupling in a boron-doped diamond superconductor 硼掺杂金刚石超导体中的电声子耦合	XIANG HJ
6	3	1	Metalorganic deposition of YBCO films for second-generation high-temperature superconductor wires 适用于制造第二代钇-钡-铜-氧高温超导线材的金属有机物沉积法	RUPICH MW
7		2	Chemical solution routes to single-crystal thin films 单晶薄膜的化学溶液沉积法的制备过程	LANGE FF

沿的知识基础。

　　2）知识群 1 中的突现文献及其施引论文的分析

　　在表 3-9-19 中属于知识群 1 的突现文献有 5 篇同时刊载于美国 Physical Review

表 3-9-19　知识群 1 中的 5 篇突现文献的施引论文

年	施引论文篇名及其核心词	引用的突现文献				
		A	B	C	D	E
2005	Origin of the metallic properties of heavily boron-doped superconducting diamond 硼 高掺杂 超导 金刚石 金属性能	○	○	○	○	
2005	Superconductivity in boron-doped homoepitaxial（001）-oriented diamond layers 超导 硼 掺杂 单向外延 金刚石 层	○	○	○	○	○
2005	Superconductivity in polycrystalline diamond thin films 超导 多晶 金刚石 膜	○	○	○	○	○
2006	Acoustic and optical phonons in metallic diamond 声子 光子 金属 金刚石	○	○	○	○	○
2006	B-11-NMR study in boron-doped diamond films 核磁共振 硼 掺杂 金刚石 膜	○				
2006	Electronic structure of B-doped diamond：A first-principles study 电子结构 硼 掺杂 金刚石 第一性原理				○	○
2006	High-pressure synthesis and characterization of superconducting boron-doped diamond 高压合成 特性 超导 硼 掺杂 金刚石	○				
2006	Laser-excited photoemission spectroscopy study of superconducting boron-doped diamond 激光激发 光电谱 硼 掺杂 超导 金刚石				○	
2006	Normal and superconducting state properties of B-doped diamond from first-principles 超导 硼 掺杂 金刚石 第一原理				○	○
2006	Scanning tunneling microscopy and spectroscopy studies of superconducting boron-doped diamond films 扫描隧道 显微 光谱 超导 硼 掺杂 金刚石 膜				○	○
2006	Soft X-ray angle-resolved photoemission spectroscopy of heavily boron-doped superconducting diamond films 软 X 射线 光电能谱 硼 高掺杂 超导 金刚石 膜	○	○	○	○	○

续表

年	施引论文篇名及其核心词	引用的突现文献				
		A	B	C	D	E
2006	STM/STS study of superconducting diamond 扫描隧道 显微 光谱 超导 金刚石			○		
2006	Strongly correlated impurity band superconductivity in diamond：X-ray spectroscopic evidence 强相关 杂质能带 超导 金刚石 X 射线谱	○	○	○	○	○
2006	Superconducting and normal state properties of heavily hole-doped diamond synthesized at high pressure 超导 性能 空穴 高掺杂 金刚石 高压合成	○	○	○	○	
2006	Superconductivity and low temperature electrical transport in B-doped CVD nanocrystalline diamond 超导 低温 电子输运 硼 掺杂 化学气相沉积 纳米晶 金刚石	○	○			
2006	Superconductivity and mixed-state characteristic of InN films by metal-organic vapor phase epitaxy 超导 混合态 特性 InN 膜 金属有机 气相 外延		○			
2006	Superconductivity in diamond，electron-phonon interaction and the zero-point renormalization of semiconducting gaps 超导 金刚石 电声子相互作用 零点 半导隙 重正化	○	○	○	○	○
2006	Superconductivity in doped cubic silicon 超导 掺杂 立方 硅	○	○	○	○	
2006	The superconductivity in boron-doped polycrystalline diamond thick films 超导 硼 掺杂 多晶 金刚石 膜	○	○		○	
2006	Weak localization-Precursor of unconventional superconductivity in nanocrystalline boron-doped diamond 弱正域 前驱体 非传统 超导 纳米晶 硼 掺杂 金刚石	○				
2007	On unconventional superconductivity in boron-doped diamond 非传统 超导 硼 掺杂 金刚石		○	○		○
2007	An infrared study of the superconducting diamond 超导 金刚石 基础研究	○	○			
2007	Effect of boron on the superconducting transition of heavily doped diamond 硼 高掺杂 超导 金刚石 影响	○	○	○		
2007	Growth of heavily boron-doped polycrystalline superconducting diamond 硼高掺杂 多晶 超导 金刚石	○	○	○		
2007	Highly and heavily boron doped diamond films 硼 高掺杂 金刚石 膜		○	○	○	○
2007	On unconventional superconductivity in boron-doped diamond 硼 掺杂 金刚石 非传统 超导	○				
2007	Scanning tunneling microscopy/spectroscopy on superconducting diamond films 扫描隧道 显微 光谱 超导 金刚石 膜		○	○	○	○
2007	Superconducting properties of homoepitaxial CVD diamond 超导 单向外延 化学 汽相沉积 金刚石		○	○	○	
2007	Theoretical aspects of superconductivity in boron-doped diamond 超导 硼 掺杂 金刚石 理论		○	○	○	
2007	Valence band electronic structures of heavily boron-doped superconducting diamond studied by synchrotron photoemission spectroscopy 价电子带 电子结构 硼 高掺杂 超导 金刚石 同步加速器 光电能谱	○	○	○	○	○

注：A、B、C、D 和 E 分别代表 5 篇突现文献

A = Dependence of the Superconducting Transition Temperature on the Doping Level in Single-Crystalline Diamond Films，2004

B = Three-Dimensional MgB2-Type Superconductivity in Hole-Doped Diamond，2004

C = Superconductivity in Boron-Doped Diamond，2004

D = Role of the Dopant in the Superconductivity of Diamond，2004

E = Electron-phonon coupling in a boron-doped diamond superconductor，2004

Letters 2004 年 12 月出版的第 23 期。E. Bustarret 等 7 位科学家在论文 *Dependence of the Superconducting Transition Temperature on the Doping Level in Single-Crystalline Diamond Films*（单晶金刚石膜超导转变温度对掺杂程度的依赖）中，报道了硼掺杂金刚石膜随着硼浓度在一定范围内的提高，其超导转变温度相应会提高 0 到 2.1K。L. Boeri 等 3 位科学家在论文 *Three-Dimensional MgB2-Type Superconductivity in Hole-Doped Diamond*（3 维 MgB2 型空穴掺杂金刚石的超导电性）中证实，当时发现的硼掺杂金刚石在 4K 时的超导电性是由于电声子耦合引起的，电声子耦合与 MgB2 超导体中的电声子耦合是相同的。K.W. Lee 和 W.E. Pickett 在 *Superconductivity in Boron-Doped Diamond*（硼掺杂金刚石的超导电性）中则分析了硼掺杂金刚石的超导转变温度低于 MgB2 超导转变温度的原因。X. Blase 等 3 位科学家在论文 *Role of the Dopant in the Superconductivity of Diamond*（掺杂在金刚石超导电性中的作用）中进一步指出了硼杂质在金刚石超导体中的作用是非传统的，电声子耦合势特别大，超导转变温度受制于在费米水平上的态密度值。同年 12 月，中国科学技术大学的 5 位科学家的论文 *Electron-phonon coupling in a boron-doped diamond superconductor*（硼掺杂金刚石超导体中的电声子耦合）在美国 Physical Review B 辑上发表，他们证实了硼掺杂金刚石是一种声子激发超导体，涉及硼振动的光声子模式在电声子耦合中起着重要的作用。这 5 篇论文所探讨的问题都与硼掺杂金刚石超导体密切相关。

知识群 1 中的这 5 篇突现文献构成了潜在研究前沿的知识基础，而它们的施引论文则包含了更多且更为明确的关于前沿的信息。表 3-9-19 中列出了引用这 5 篇文献的 30 篇论文，其中 2005 年发表的施引论文为 3 篇，2006 年迅速增长到 17 篇，2007 年为 10 篇。考虑到这 5 篇突现文献均发表于 2004 年 12 月，以及着手新的研究到成果公开发表的周期，这些引用量已在一定程度让说明了这几篇文献的突现性质。

在总共 30 篇施引论文中，这 5 篇突现文献同时共被引的情况有 10 次，其中 4 篇同时共被引的情况出现了 9 次，这表明 5 篇突现文献之间有着很强的内在联系。同时，在 30 篇施引文献的篇名中，"硼"、"掺杂"、"超导"和"金刚石"分别出现了 19、21、26 和 28 次，说明引用这 5 篇突现文献的论文也与硼掺杂金刚石超导体密切相关。根据内容的不同，它们的施引论文大体可分为两大类，一是对硼掺杂金刚石超导体的超导机制及物理现象进行研究，这一类理论成果占据了大多数；二是关于硼掺杂金刚石超导膜／层的性能及制备研究，这一类成果只占少数。从这些施引论文的篇名、摘要和结论看，对硼掺杂金刚石超导体的理论研究还有待进一步展开，而要使硼掺杂金刚石超导体具有实用性，则还有更多的研究工作需要进行。综合以上的分析，我们认为，硼掺杂金刚石超导体的研究是超导研究中的一个潜在的前沿。

3）知识群 3 中的突现文献及其施引文献的分析

在许多不同的化学溶液中，无机的单晶外延薄膜可以在单晶基底上生长。1996 年 8

月,Science 刊载了美国科学家 F.F. Lange 的论文 *Chemical solution routes to single-crystal thin films*(单晶薄膜的化学溶液沉积法的制备过程)。对制备薄膜的化学溶液沉积法进行回顾之后,该文探讨了对薄膜开裂问题的控制途径和许多前体合成为亚稳定的晶体结构的原因、多晶薄膜转化为单晶薄膜的不同机制以及直接在基底上合成单晶薄膜的水热外延生长法。

金属有机沉积法(Metalorganic deposition,MOD)是低成本高速度制造第二代高温钇 - 钡 - 铜 - 氧超导线材的工艺。2004 年 8 月,M.W. Rupich 等 5 位科学家在美国材料研究学会 (Materials Research Society,MRS) 的会刊 MRS Bulletin 发表了 *Metalorganic deposition of YBCO films for second-generation high-temperature superconductor wires* (用于第二代钇 - 钡 - 铜 - 氧膜高温超导体线材的金属有机沉积工艺)一文,描述了金属有机沉积工艺的 4 个主要步骤,强调了应用该工艺生产高质量线材应特别注意的问题并概括了采用这一工艺生产的线材所具有的性能。

这两篇突现文献在 2003—2007 年共被引文献聚类图谱中都是属于知识群 3 的节点文献,它们分别被 13 篇和 12 篇论文所引用(表 3-9-20 和表 3-9-21)。虽然共被引只有

表 3-9-20　Chemical solution routes to single-crystal thin films 的施引论文

年	施引论文篇名及核心词
2004	Chemical solution techniques for epitaxial growth of oxide buffer and YBa2Cu3O7 films 化学溶液 技术 外延生长 氧化物 缓冲层 钇-钡-铜-氧 薄膜
2005	Epitaxial solution deposition of YBa2Cu3O7-delta-coated conductors 外延 溶液 沉积 钇-钡-铜-氧 镀膜 导体
2005	Epitaxial growth of solution-based rare-earth niobate, RE3NbO7, films on biaxially textured Ni-W substrates 外延生长 溶液 稀土 铌 铌-氧 双轴 织构 镍-钨基底
2006	Deposition of rare earth tantalate buffers on textured Ni-W substrates for YBCO coated conductor using chemical solution deposition approach 沉积 稀土 钽酸盐 缓冲 织构 镍钨 基底 钇-钡-铜-氧 导体 化学溶液沉积法
2006	Additive Patterning of conductors and superconductors by solution stamping nanolithography 导体 超导体 溶液 纳米光刻
2006	Precursor evolution and nucleation mechanism of YBa2Cu3Ox films by TFA metal-organic decomposition 前驱体 演变 成核机制 钇-钡-铜-氧 膜 三氟乙酸 金属有机 分解
2006	Characterisation of YBa2Cu3O6 + x, films grown by the trifluoro-acetate metal organic decomposition route by infrared spectroscopy 特性 钇-钡-铜-氧 膜 生长 三氟乙酸盐 金属有机 分解 远红外 光谱
2006	Studies of solution deposited cerium oxide thin films on textured Ni-alloy substrates for YBCO superconductor 溶液沉积 铈 氧化物 薄膜 织构 镍合金 基底 钇-钡-铜-氧 超导体
2006	Processing dependence of texture, and critical properties of YBa2Cu3O7-delta films on RABiTS substrates by a non-fluorine MOD method 轧制辅助 工艺 依赖 织构 临界性能 钇-钡-铜-氧 膜 基底 非氟 金属有机沉积
2006	Smooth stress relief of trifluoroacetate metal-organic solutions for YBa2Cu3O7 film growth 应力释放 三氟乙酸盐 金属有机 溶液 钇-钡-铜-氧 膜 生长
2007	Detailed investigations on La2Zr2O7 buffer layers for YBCO-coated conductors prepared by chemical solution deposition 镧-锆-氧 缓冲层 钇-钡-铜-氧 镀膜 导体 制备 化学溶液沉积
2007	Formation of high-quality, epitaxial La2Zr2O7 layers on biaxially textured substrates by slot-die coating of chemical solution precursors 形成 高质量 外延 镧-锆-氧 层 双轴 织构 基底 化学溶液 前驱体

表 3-9-21　Metalorganic deposition of YBCO films for second-generation high-temperature superconductor wires 的施引论文

年	施引论文篇名及核心词
2005	Assessment of chemical solution synthesis and properties of Gd2Zr2O7 thin films as buffer layers for second-generation high-temperature superconductor wires 评估 化学溶液合成 钆锆氧 性能 薄膜 缓冲层 第二代高温超导 线材
2005	Combined synchrotron x-ray diffraction and micro-Raman for following in situ the growth of solution-deposited YBa2Cu3O7 thin films 同步加速器 X 射线 衍射 微拉曼 原位 生长 溶液沉积 钇-钡-铜-氧 薄膜
2005	Evidence for extensive grain boundary meander and overgrowth of substrate grain boundaries in high critical current density ex situ YBa2Cu3O7-x coated conductors 扩展 晶界 弯曲 过生长 基底 临界电流密度 异位 钇-钡-铜-氧 导体
2006	Grain orientations and grain boundary networks of YBa2Cu3O7-delta films deposited by metalorganic and pulsed laser deposition on biaxially textured Ni-W substrates 晶粒取向 晶界 网络 钇-钡-铜-氧 膜 沉积 金属有机 脉冲激光 双轴
2006	Precursor evolution and nucleation mechanism of YBa2Cu3Ox films by TFA metal-organic decomposition 前驱体 演变 成核机制 钇-钡-铜-氧 膜 三氟乙酸 金属有机 分解
2006	Interface control in all metalorganic deposited coated conductors：Influence on critical currents 界面控制 金属有机 沉积 导体 临界电流
2006	Solution-processed lanthanum zirconium oxide as a barrier layer for high I-c-coated conductors 溶液工艺 镧-锌 氧化物 缓冲层 临界电流 导体
2006	Oxygen loading in second-generation high-temperature superconductor tapes 氧加载 第二代高温超导 带材
2006	X-ray and neutron powder diffraction studies of（Ba1-xSrx）Y2CuO5 X 射线 中子 粉末 衍射 钇-钡-铜-氧 锶-钡-铜-氧
2007	Formation of nanoparticles and defects in YBa2Cu3O7-delta prepared by the metal organic deposition process 形成 纳米颗粒 缺陷 钇-钡-铜-氧 制备 金属有机 沉积 工艺
2007	Thickness control of solution deposited YBCO superconducting films by use of organic polymeric additives 厚度控制 溶液沉积 钇-钡-铜-氧 超导 膜 有机聚合物 添加剂
2007	Local epitaxy of YBa2Cu3Ox on polycrystalline Ni measured by x-ray microdiffraction 正域 外延 钇-钡-铜-氧 多晶 镍 X 射线 衍射
2007	Large-area quantification of BaCeO3 formation during processing of metalorganic-deposition-derived YBCO films 大面积 量化 钡-铈-氧 形成 工艺 金属有机 沉积 钇-钡-铜-氧

1 次,但它们都涉及超导材料的制备和生产的方法。这些施引论文主要就制备 / 生产工艺的理论问题、工艺的改进和制成品性能及其影响因素展开研究,其中以与工艺有关的理论问题的研究居多。由于高温超导现象的微观机制和理论仍在探索之中,在满足高温超导材料的应用需求上,除了要进一步深入认识高温超导现象,还需要面对应用需求,开展与高温超导材料的生产有直接的理论研究,亦即,由应用引起的技术研究。相比较而言,M.W. Rupich 等 5 位科学家的文章具有更强的应用研究的性质。在 Rupich 对制造高温钇 - 钡 - 铜 - 氧超导线材的 MOD 工艺做了系统的回顾之后,其施引论文仍以与工艺相关的理论研究为主,这正反映了应用需求对技术研究的引致关系。基于超导研究的发展现状,我们认为,MOD 工艺的"低成本"和"高速度"是相对而言的,要满足社会对超

导材料的现实的和潜在的需求还必须对高温超导材料的生产技术进行广泛而深入的研究,即高温超导材料的生产技术是超导研究领域中的一个潜在的研究前沿。

(2)超导材料研究前沿演化分析

为了探测 2003—2007 年各年度的研究前沿,我们按表 3-9-2 中的阈值分别做出各年的共被引文献图谱,即该年研究前沿的知识基础。根据构成知识基础的各文献,可检索出当年发表的且引用了这些文献的研究论文,进而可计算出它们的引文耦合系数 I。通过对高 I 值施引论文的篇名、摘要进行人工判读和分析,必要时分析具体被引用的内容和论文的结论,从而归纳出其中的共性并最终判断各年超导研究的前沿。研究前沿的探测则利用 CiteSpace 图谱中的突现色标和文献的被引历史,找出 2003—2007 年内突现的文献。通过判读和分析施引论文的篇名、摘要,归纳出施引论文中心问题并在此基础上推测出研究前沿。

1)2007 年研究前沿的探测

2007 年的共被引图谱阈值为 (4;4;20),由 129 个文献节点和 341 条共引连线构成,可划分出 9 个聚类(见图 3-9-26)。

与聚类 1 对应的研究前沿为聚类 1,共有 18 篇共被引文献(见表 3-9-22),包括约瑟夫森(B.D. Josephson)1962 年提出、后来被称为"约瑟夫森效应"并因此而获得 1973

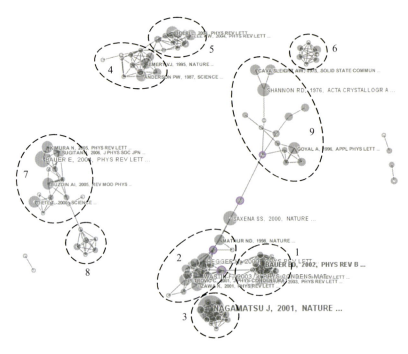

图 3-9-26　2007 年超导研究共被引聚类

表 3-9-22　2007 年共被引聚类 1 中的节点文献

序号	文献标题	知识基础的主题
1	Effects of lattice disorder in the UCu5-xPdx system 在 UCu5-xPdx 系统中的晶格畸变效应	
2	Time-reversal symmetry-breaking superconductivity in heavy-fermion PrOs4Sb12 detected by muon-spin relaxation 在重费米子 PrOs4Sb12 时间反演的对称破缺超导电性	
3	Multiple superconducting phases in new heavy fermion superconductor PrOs4Sb12 在新的重费米子超导体中的多重超导相	
4	Probing the superconducting gap symmetry of PrOs4Sb12：A penetration depth study PrOs4Sb12 超导隙对称的探测：穿透深度的研究	
5	Evidence for unconventional strong-coupling superconductivity in PrOs4Sb12：An Sb nuclear quadrupole resonance study PrOs4Sb12 中非传统的强耦合超导电性的证据	
6	Crystal field potential of PrOs4Sb12：Consequences for superconductivity 为获得超导电性的 PrOs4Sb12 的晶体场势	
7	Superconductivity and the high-field ordered phase in the heavy-fermion compound PrOs4Sb12 重费米子复合物 PrOs4Sb12 的超导电性及其高场有序相	
8	Fermi surface of the heavy-fermion superconductor PrOs4Sb12 重费米子超导体 PrOs4Sb12 的费米表面	PrOs4Sb12 及其他填充式钙钛矿结构超导体的微观物理现象的研究
9	Superconductivity and the high-field ordered phase in the heavy-fermion compound PrOs4Sb12 重费米子复合物 PrOs4Sb12 的超导电性及其高场有序相	
10	Introduction to Superconductivity 超导论	
11	Superconductivity of filled skutterudites LaRu4As12 and PrRu4As12 填充式钙钛矿化合物 LaRu4As12 和 PrRu4As12 的超导电性	
12	Crystal electric fields for cubic point groups 立方点群的晶电场	
13	Muon Spin Relaxation and Isotropic Pairing in Superconducting PrOs4Sb12 PrOs4Sb12 超导的 μ 子自旋弛豫和各向同性配对	
14	Superconducting and Magnetic Properties of Filled Skutterudite Compounds RERu 4Sb 12（RE＝La，Ce，Pr，Nd and Eu）填充式钙钛矿化合物 RERu 4Sb 12 的超导电性和磁性（RE 代表镧；铈；镨；钕和铕）	
15	Electric field effect in atomically thin carbon films 原子尺度碳膜中的电场效应	
16	Subharmonic energy-gap structure in superconducting constrictions 超导约束中的次谐波能隙	
17	Possible new effects in superconductive tunnelling 可能的新的超导隧道效应	
18	Construction of a microscopic model for f-electron systems on the basis of a j-j coupling scheme 基于 j-j 耦合图像的 f 电子系统的显微模型的建立	

年诺贝尔物理学奖的研究论文，以及秋光纯 2001 年发现 MgB2 超导电性的论文。在这些文献中，被引频次最高的文献研究的是 UCu5-xPdx 超导体中的晶格畸变效应，其余文献则围绕着填充式钙钛矿化合物超导体 PrOs4Sb12，对超导相、超导能隙、超导电子对、晶体场势等方面分别进行了探讨，从而成为了一个以超导体 PrOs4Sb12 为主，对 PrOs4Sb12 及其他填充式钙钛矿结构超导体的微观物理现象进行理论研究的知识

基础。

聚类 1 的施引论文共计 43 篇,引文耦合系数大于 20% 的论文为 12 篇(表 3-9-23),其中耦合系数最高的论文探讨了镨基填充式钙钛矿化合物超导体中的电子强相关现象。其他十余篇论文除了以 PrOs4Sb12 为主对超导微观机制进行进一步的研究,还以对 PrOs4Sb12 的研究为基础,将研究向其他镨基或非镨基填充式钙钛矿化合物超导体拓展,超导体的组元也由镨 - 锇 - 锑扩展为镨 - 钌 - 锑、镧 - 锇 - 锑、镨 - 镧 - 锇 - 锑、镧 - 铁 - 锑和铈 - 铁 - 锑。由此,我们认为,与共被引聚类 1 对应的研究前沿是填充式钙钛矿结构 PrOs4Sb12 超导体微观物理现象和超导电性的研究。

表 3-9-23 2007 年共被引聚类 1 的主要施引论文

序号	论文标题	研究前沿
1	Strongly correlated electron phenomena in Pr-based filled skutterudite compounds 镨基填充式钙钛矿化合物中的强相关电子现象	
2	Time reversal symmetry breaking in superconducting (Pr, La) Os4Sb12 and Pr (Os, Ru)(4)Sb-12 (Pr, La)Os4Sb12 和 Pr(Os, Ru)(4)Sb-12 在超导态中的时间反演对称性破缺	
3	Superconducting gap nodes in PrOs4Sb12 PrOs4Sb12 中的超导隙节点	
4	Upper critical field and vortex lattice in triplet superconductivity in PrOs4Sb12 三重态超导体中 PrOs4Sb12 的上临界磁场和磁通点阵	
5	Superconductivity of PrOs4Sb12 at pressures to 10GPa 10 吉帕压力下 PrOs4Sb12 的超导电性	
6	Superconductivity in PrOs4Sb12: On the double transition and multiband effects PrOs4Sb12 的超导电性:论双能跃迁和多带效应	填充式钙钛矿结构 PrOs4Sb12 超导体微观物理现象和超导电性的研究
7	Microscopic aspects of multipole properties of filled skutterudites 填充式钙钛矿化合物多极性的微观方面	
8	Knight shift measurements in the superconducting state of Pr1-xLaxOs4Sb12 (x = 0.4) probed by mu SR Pr1-xLaxOs4Sb12 (x = 0.4) 在超导态时的奈特位移测量	
9	Specific heat properties of filled skutterudite compound PrRu4As12 填充式钙钛矿化合物 PrRu4As12 的特殊热性能	
10	Sb nuclear spin-lattice relaxation rate in filled skutterudite superconductor PrOs4Sb12 在填充式钙钛矿超导体 PrOs4Sb12 中锑核的自旋晶格弛豫速度	
11	Bipolar supercurrent in graphene 石墨中的双极超导电流	
12	Band energy and thermoelectricity of filled skutterudites LaFe4Sb12 and CeFe4Sb12 填充式钙钛矿化合物 LaFe4Sb12 和 CeFe4Sb12 的带能及热电学	

采用上述的分析方法,我们依次推断出与聚类 2 至聚类 9 相对应的研究前沿,受本文篇幅所限,我们不再逐一说明 2007 年其余各研究前沿的分析过程,而将各聚类知识基础的主题及分析结果列于表 3-9-24 中。

从图谱中可以看出,聚类 7 的文献节点的共被引连线比较少,且可以进一步细分为两个小聚类。因此这一聚类的施引文献对整个聚类 7 的引文耦合系数偏低,从它的主要施引文献中我们可以归纳出两个关系不大的主题："超导体磁性问题及铁磁体 - 超导体界面研究"和"非对称超导体及其非对称问题研究"。聚类 9 的节点文献也有较低的关联度,它们主要的探讨问题是钇 - 钡 - 铜 - 氧超导体的制备方法以及对其超导电性能的研究。聚类 9 引文耦合系数最高的施引论文 (I=0.47) 探讨的则是在制备 Bi2Sr2Ca2Cu3O10 或 Pb2Sr2Ca2Cu3O10 超导体的冷却过程中超导相与冷却速度的关系问题,其他十余篇主要施引论文的耦合系数在 0.33 到 0.2 之间,它们主要涉及 YBa2Cu3O 超导体及缓冲层的的制造工艺研究。因此我们认为,聚类 9 对应的研究前沿为"钇 -123 铜基氧化物超导体及缓冲层的制造工艺研究"。

表 3-9-24　2007 年超导研究的前沿及其知识基础

聚类序号	知识群号	文献数量	知识基础的主题	对应的研究前沿
1	6	14	对超导体 PrOs4Sb12 超导机制的理论研究	填充式钙钛矿结构 PrOs4Sb12 超导体微观物理现象和超导电性的研究
2	5	16	铈-115 和钚-115 超导体超导电性及超导机制的研究	钚-115、铈-115 及其他超导体的费米学研究
3	1	13	MgB2 及其线材超导电性的研究	MgB2 超导体线材和带材的制造工艺及其性能的研究
4	2	12	超导体微观物理现象及超导微观理论的研究	铋-2212 超导体的微观物理现象及超导基础理论的研究
5	1	10	硼掺杂金刚石超导体的超导电性及超导机制的研究	硼掺杂金刚石超导体的超导电性、结构及其超导机制的研究
6	8	7	对铋系铜基氧化物超导体的掺杂研究	对(铋,铅)-2212 超导体的掺杂及超导电性研究
7	9	16	对铈系超导体的超导电性、铁磁体-超导体界面的研究	超导体磁性问题及铁磁体-超导体界面研究、非对称超导体及其非对称问题的理论研究
8	7	6	超导机制的量子动力学研究	超导量子理论的研究
9	3	15	钇-123 双轴织构超导体的超导电性及制造工艺的研究	钇-123 铜基氧化物超导体及缓冲层的制造工艺研究

2)2003—2007 年各年度研究前沿的演变

用同样的方法分别对 2003—2007 年每年的科学前沿进行了探测,现将 2003 年到 2007 年各年度的研究前沿按所属的知识群绘制成表 3-9-25,我们可以比较直观地看到各知识群中的研究前沿随着时间而出现的分化和融合,这为我们探测超导研究的未来发展趋势提供了有一定价值的线索。

不同于金属氧化物超导体,MgB2 是一种结构简单的无机化合物,制备工艺比较简单,且镁和硼在自然界中的资源蕴藏量比较丰富,因此 2001 年 MgB2 超导电性的发现立即引起了科学界的关注。2003 年,知识群 1 以 MgB2 的超导机制和 MgB2 超导材料的制造工艺研究为前沿,到 2007 年,研究前沿已完全表现为应用技术的研究。2004 年 4

表 3-9-25　2003—2007 年超导研究知识群各年研究前沿的演进

知识群号	2003 年	2004 年	2005 年	2006 年	2007 年
1	MgB2 超导机制的理论研究及 MgB2 超导体的制造工艺研究	MgB2 超导体的微观结构及 MgB2 超导体制造工艺的研究	/	1. MgB2 超导电性的研究及其制备工艺及导体性能研究；2. 硼掺杂金刚石及其超导电性的研究	1. MgB2 超导体线材和带材的制造工艺及其性能的研究；2. 硼掺杂金刚石超导体的超导电性、结构及其超导机制的研究
2	1. 铋-2212 高温超导体微观物理现象的研究；2. 钌系铜基氧化物物理现象、晶体结构及超导电性的研究	铜基氧化物高温超导体微观物理现象及超导机制的理论研究	/	1. 铜氧超导体的微观物理现象及超导机制的研究；2. 金属氧化物超导体在制备方面的理论问题和超导电性的研究	铋-2212 超导体的微观物理现象及超导基础理论的研究
3	/	双轴织构钇-123 和镝-123 高温超导体的制造工艺及导体性能研究	1. 钇-123 超导体的制造工艺研究及其晶研究；2. 高温超导体带材的织构银基底制造工艺研究；3. 钇-123 和钇-211 型超导体结晶过程及制造工艺的研究	钇-123 双轴织构超导体及其缓冲层的制造工艺研究	钇-123 铜基氧化物超导体及缓冲层的制造工艺研究
4	1. BETS 和 MDT-TSF 有机超导体、超导电性性及超导机制的研究；2. κ 型（BEDT-TTF）类有机超导体的物理现象及显微结构的研究；3. TMTSF 类有机超导体微观物理现象的研究	TTF、BETS、TMTSF 等几类有机导体超导电性研究	有机超导体及其超导机制的研究	/	/
5	/	钌基氧化物超导体物理现象的研究	/	超导体中磁性和超导电性相互关系的研究	铈-115、钸-115 及其他超导体的费米学研究
6	/	/	/	/	填充式钙钛矿结构 PrOs4Sb12 超导体微观物理现象和超导电性的研究
7	超导现象量子理论的研究	/	/	超导量子理论的研究	超导量子理论的研究
8	/	/	/	/	对（铋,铅）-2212 超导体的掺杂及超导电性研究
9	/	/	/	/	超导体磁性问题及铁磁体-超导体界面研究、非对称超导体及其非对称问题的理论研究

月,俄罗斯的艾奇莫夫(E.A. Ekimov)等七位科学家在 Nature 上发表论文,通报了硼掺杂金刚石超导电性的研究成果。由于金刚石一向被认为是电绝缘体,且硬度极高,导热性比铜好,具有特殊的结构和共价键,因此这一发现立即引起了学术界的关注。2006 和 2007 年,从知识群 1 中就分化出硼掺杂金刚石超导体的研究前沿。

知识群 2、3、5 和 6 均起源于 1986 年铜基金属氧化物高温超导体的研究。知识群 2 以铋、钇铜基氧化物为主线,侧重于超导体微观物理现象及超导机制的研究。2006 年,知识群 2 分化出一个研究前沿,除了继续研究铜基氧化物外,横向扩展到对铌基、钇基、钴基氧化物,组元也扩展为钾、钙、锶、铊等金属元素。知识群 3 则侧重于钇-123 铜基氧化物高温超导线材、带材的制造工艺研究,包括基底和缓冲层制造工艺的研究。这一知识群中 4 年的研究前沿沿着超导体制造工艺→基底制造工艺与结晶过程→缓冲层制造工艺的路径演变,表现出系统的、很强的应用取向。知识群 5、6 和纯理论研究的知识群 7、以非铜氧化物超导体为研究对象的知识群 9,反映了科学家们从不同的角度,以不同的载体去探寻高温超导现象的理论解释。研究的动力既来自人类认识自然的需要,也来自超导物理学、超导电子学、超导材料学等基础学科发展的需要,同时也来自应用需要向基础研究的延伸。

知识群 4 在 2006 和 2007 年均未探测到研究前沿,我们估计有机超导体的研究正处于一个低谷期。知识群 8 虽然也以铋系铜基氧化物为研究对象,但与知识群 2 的文献没有大于 4 次(2007 年共被引网络 cc 阈值)共被引关系,是一个相对独立的研究前沿。

3.9.3 核心技术层次:形状记忆材料、压电材料

在此我们分析两个核心技术领域:形状记忆材料与压电材料。其检索方式为主题检索,时间跨度为 1999 年至 2008 年,文献形式为英语论文。其中形状记忆材料检索词为 "shape memory material*"、"SMA"、"shape memory alloy*",再以材料类学科进行精炼,共录得有效文献 2450 篇,其中属于中国发表的文献为 601 篇;同样的方法,以 "piezo-electric*" 为主题检索词,共录得文献 3864 篇,中国发表的文献为 918 篇。

3.9.3.1 形状记忆材料领域的知识图谱分析

(1)文献计量分析

以 SCI 数据库收录的论文为基础, 分别进行 TS= "shape memory alloy*"、TS="shape memory material*"、TS="SMA" 的主题检索,时间选取 1999—2008 年 10 年的时间段,文献类型为 Article,语言选择英语,对检索出来的三部分进行逻辑或合并,再进行材料学科的精炼,最后选取的数据样本数量为 2450。其中,中国论文的数量为 641 篇。

利用上述数据对形状记忆材料的文献年度分布进行了统计,见图 3-9-27。

由图 3-9-28 可知,中国在形状记忆材料领域的发文量,远远领先与其他国家,比美

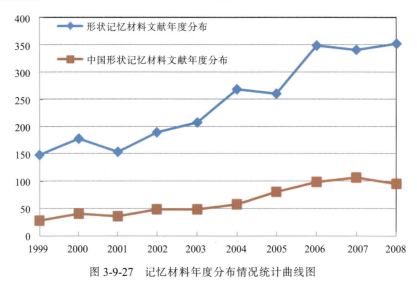

图 3-9-27　记忆材料年度分布情况统计曲线图

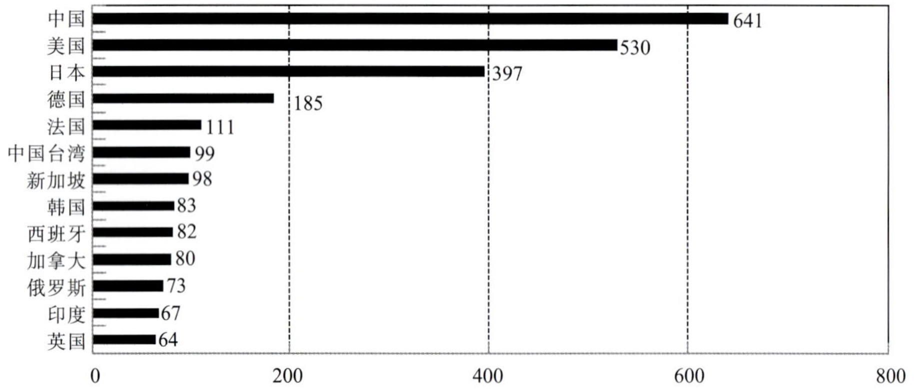

图 3-9-28　形状记忆材料文献国家分布

国多近 100 篇,发文量超过 200 篇的国家为中国(641)、美国(530)、日本(397)。对排名前 13 位国家的 H 指数进行比较(见表 3-9-26),2450 篇文献的 H 指数为 54,中国以 64 排在第一位,并超过了整体的 H 指数。另外,美国、日本、德国、法国等几个发文量排名靠前的国家论文被引次数也很高,论文质量相对较高,此外,俄罗斯虽然发文量处于 11 位,但 H 指数为 22,说明该国的论文被引频次也很高,这几个国家在形状记忆材料领域的相关研究处于领先地位。

(2) 形状记忆材料领域知识基础与研究前沿分析

利用上述数据和 citespaceII 软件,生成形状记忆材料知识图谱(见图 3-9-29)。

从图 3-9-29 中可以看出,形状记忆材料共形成四个知识群。通过解读其中的节点

内容,可以得到其研究主题,从而有助于认识该领域的结构。各知识群主题如下:

知识群 A,研究主题为以 TiNi 形状记忆合金的机理为主,并涉及到其在医学上的应用。

知识群 B,研究主题为铁锰硅形状记忆合金的物理性能。

知识群 C,主要是针对磁致形状记忆合金展开研究。

知识群 D,侧重于做为医学材料的NTi 形状记忆合金在表面处理与防腐。

在图谱中,除知识群 B 外,其他知识群在近几年都呈现发展的态势,这一点可以从各知识群中连线颜色清楚地看出来,这也说明知识群 A、C、D 的研究主题在一定程度上代表了形状记忆材料的研究前

表 3-9-26　形状记忆材料文献国家 H 指数

序号	国　家	H 指数
1	中国	64
2	美国	44
3	日本	32
4	德国	29
5	法国	17
6	中国台湾	15
7	新加坡	18
8	韩国	12
9	西班牙	18
10	加拿大	16
11	俄罗斯	22
12	印度	10
13	英国	12

沿。它们除了传统的 NiTi 合金外,还向铁基材料与磁致形变材料扩展。另外,由于形状记忆合金在医学上的应用,也引发了对其表面处理与防腐的研究。

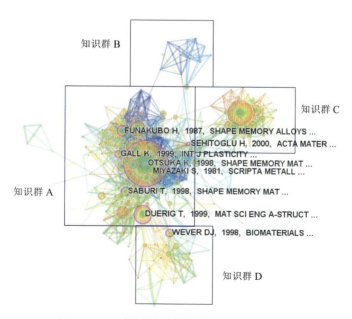

图 3-9-29　形状记忆材料领域共引知识图谱

3.9.3.2 压电材料的知识图谱分析

(1)压电材料领域的文献计量分析

在 Web of Science 数据库中选择的检索式为 TS= (" piezoelectric")，即在论文的题名、摘要、关键词中检索压电材料。数据库选择 SCI-E，即 Science Citation Index Expanded 数据库，检索的时间段选择为 1999 年至 2008 年,得到 3864 条检索记录。

图 3-9-30 反映了压电材料领域近十年间的论文年度分布情况。1999 年的论文数量为 339 篇,2004 年发表论文数达到 371 篇,2008 年的论文数量为 592 篇。

图 3-9-31 为压电材料论文在国家和地区间的分布情况。美国在压电领域发表论文 972 篇,占到总发文量的 25.2%,中国大陆发表 918 篇,占到总发文量的 23.8%,位居世界第 2,仅中国和美国两个国家的发文量就接近总发文量的一半。发表论文数量在 100 到 200 篇的国家 / 地区有加拿大、俄罗斯、新加坡、法国、中国台湾、英国和印度。论文数

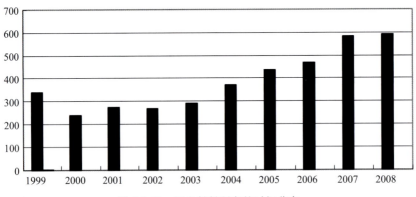

图 3-9-30　压电材料研究的时间分布

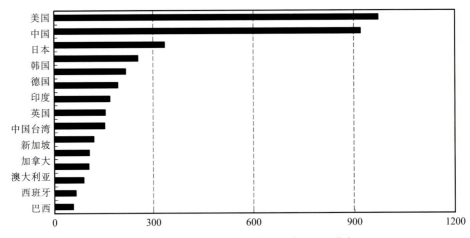

图 3-9-31　压电材料领域研究的国家 / 地区分布

量在 200 到 400 篇的国家有德国、韩国、日本。

图 3-9-32 为压电材料论文在研究机构间的分布状况。在压电材料领域发表论文最多的机构是宾州州立大学,发表 150 篇论文。其次是中国科学院,发表 127 篇。清华大学发表 108 篇,位列第 3。其他机构的发表论文数量与这三个机构相差较远,都在 100 篇及以下。位居前列的机构有香港理工大学、印度理工大学、南洋理工大学、国立汉城大学、台湾成功大学、哈尔滨工业大学、佐治亚理工大学、日本东北大学、弗吉尼亚理工学院、悉尼大学、国立新加坡大学、马里兰大学、浙江大学、中船重工、武汉理工大学、西安交通大学。

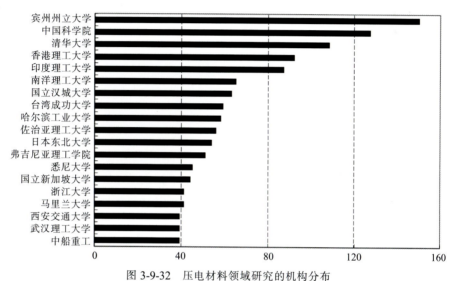

图 3-9-32 压电材料领域研究的机构分布

(2) 压电材料领域的研究前沿分析

在 CiteSpace 中选择文献共被引分析的时间为 1999—2008 年,得到图 3-9-33 所示。根据这些点在网络中的位置进行适当的叠加归并,形成若干主要知识群,即知识群 A 到知识群 F。

通过总结各知识群中的节点内容,可以得到其研究主题。下面为各知识群主题总结:

知识群 A,研究主题为纳米带或线等压电驱动装置。

知识群 B,主要研究铁电、压电陶瓷材料。

知识群 C,主要研究含铅压电陶瓷材料与铁电压电材料。

知识群 D,主要涉及到压电材料在复合材料中的应用与破碎机理。

知识群 E,主要研究各种压电陶瓷的性能。

知识群 F,主要研究 III-V 族氮化物的压电特性以及其在激光器中的应用。

由图 3-9-33 还以清晰看到知识群 1 与 2 是最近才形成的知识群,它们的研究主题

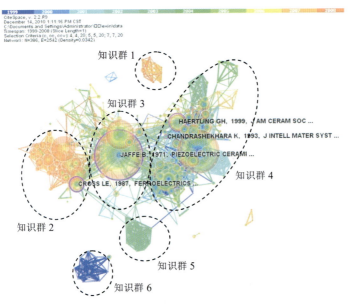

图 3-9-33　压电材料领域共被知识图谱

在一定程度上代表了压电材料领域的研究前沿。其中知识群 1 的主题与纳米材料密切相关,这与纳米科学技术的发展是相一致的,也说明压电材料领域在向纳米层次扩展。

第四章 中国在技术科学领域的研究和作用

4.1 中国科学家在信息技术科学领域

4.1.1 中国科学家在信息技术科学领域的研究状况

(1)中国科学家的整体发文数量

从信息科学总体数据,即 2007 年 JCR 影响因子排名前 50 名的期刊载文中,检索得到通讯地址包含中国(China)的论文(仅包括 Article)为 914 篇。其时间分布如图 4-1 所示,从 1999 年到 2008 年逐年稳步增加,在 2005 年到 2006 年间是发展最快的,从 1999 年的 22 篇上升到 188 篇,十年间翻了 7.5 倍;从在顶级期刊的发文量来看,我国信息技术研究发展迅速。

(2)主要中国科研机构统计

从发文机构来看(见图 4-2),信息技术的基础性研究主要还是集中于高等院校,企业的论文几乎没有,只有微软亚洲研究院占据一席。其中清华大学排在榜首位置,中科院紧随其后,五所香港大学虽然没有排在最前面,但是他们在人工智能领域的实力不俗。

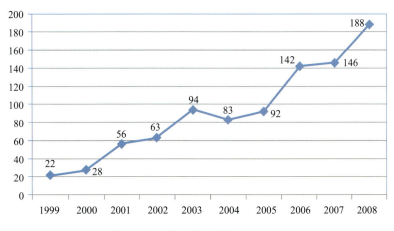

图 4-1 中国科学家在信息技术科学领域的发文数量(1999—2008)

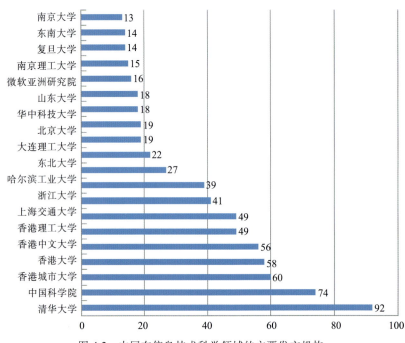

图 4-2　中国在信息技术科学领域的主要发文机构

4.1.2　中国科学家在信息技术科学领域的图谱分析

（1）中国科学家的论文被引情况

从发文质量的指标来看（见表 4-1），我国学者在信息技术领域的发文质量也很高，篇均被引已经达到 10 次以上，并且有一批高质量论文，其中被引大于 100 的有 11 篇，累计大于 50 的有 43 篇，大于 10 次的有 244 篇。

（2）文献共被引知识图谱（中国科学家的主要研究前沿）

应用 Citespace 可视化软件，选取阈值为 Top 80，数据为 1999—2008 年中国科学家在信息技术领域的 Top50 期刊发表的 914 篇文献及其引文，绘制文献共被引图谱，并且删去图谱中的离散节点，生成聚类得到的图谱如图 4-3 所示。图中红色字体为应用

表 4-1　中国科学家在信息技术科学领域发表论文的被引情况

指标	数量	指标	数量
论文数量	914	被引次数超过 100	11
被引总计	9747	被引次数 50—99	32
篇均被引次数	10.66	被引次数 10—49	201

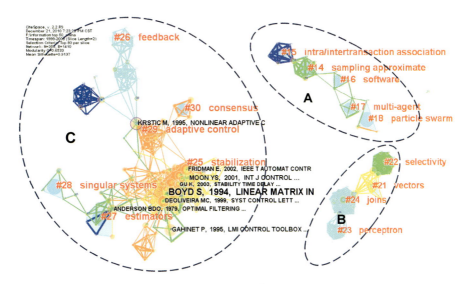

图4-3 中国科学家在信息技术科学领域的文献共被引知识图谱

TF/IDF 文本挖掘算法得到的聚类标签。

　　根据图4-3中的几何距离和文本的语义关系,合并为三个大的知识群A、B、C(如表4-2所示)。其中知识群A是计算机技术与智能技术,包括粒子群优化(particle swarm)、多主体系统(multi-agent system)、样本近似(sampling approximate)、数据挖掘(data minning)等内容;知识群B是信号处理技术,包括 Skyline 查询(skyline query)、时间参数化(time-parameterized)、感知器(perceptron)等等;知识群C是最大的知识群,主要是控制理论与控制系统,并按照控制理论分为多个分支,包括H无穷控制(h-infinity control)、神经网络控制(neural-network)、自适应控制(adaptive control)、分布控制(distributed control)等等。

　　图4-4是中国科学家在信息技术科学领域高水平期刊载文的时间线引文图谱,图谱系统地展示出中国科学家在该领域研究热点的演化过程。图谱可见,1979年 Anderson BDO 关于优化滤波的文章较早进入中国科学家的视野,得到很高的引用频次,并起到中介的作用(具有较高中介中心性),此后,中国科学家在信息技术领域尤其是控制理论的研究大步进入国际舞台。从引文的演进来看中国科学家的参考文献主要集中在20世纪90年代,关于自适应控制、鲁棒控制等控制理论方法的研究 (如 Boyd S,1994、Krstic M,1995 等引文节点), 进而控制理论与控制方法的研究成为中国科学家在世界信息技术领域的主阵地。1993年 Agrawal R 关于大规模数据规则的研究受到了中国科学家的关注,同时数据挖掘、模式识别、人工智能等主题论文也开始在国际高水平期刊大量发表,成为中国科学家在信息技术领域的重要前沿之一。

表 4-2　中国科学家在信息技术科学领域知识图谱的自动聚类标识术语

知识群	聚类 ID	平均年份	聚类标签（TF/IDF）
A	14	1995	sampling approximate; frequent itemset; association rules; perspective; data mining
	15	1993	intra/intertransaction association rules; multidimensional context; association rules; data mining
	16	1998	software; agents; internet; satisfaction
	17	1998	multi-agent; multi-agent system; collaborative design; scheduling
	18	2000	particle swarm; optimization; learning; algorithm
B	21	1994	vectors; skyline query; maxima; ultimidimensional access methods; branch
	22	1998	selectivity; spatio-temporal; cost models; selectivity estimation; time-parameterized
	23	1990	perceptron; focal liver tumour; logarithmic; artificial neural networks; logarithmic cooling schedule
	24	1992	joins; spatial joins; r-trees; databases; retrieval
C	25	1996	stabilization; linear matrix inequality; h-infinity control; delay-dependent; robust stability
	26	1989	feedback; output feedback; neural-network; robust pole assignment
	27	1987	estimators; information fusion; wiener state estimators; polynomial equations; modern time-series analysis method
	28	1986	singular systems; singular system; discrete singular systems; state; discrete
	29	1996	adaptive control; nonlinear systems; controller-design; power integrator; unmodeled dynamics
	30	2001	consensus; distributed control; topologies

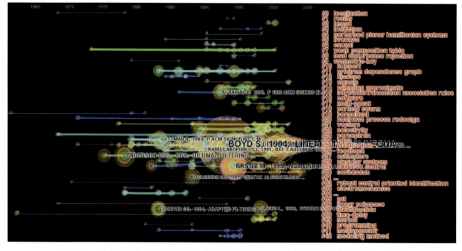

图 4-4　中国科学家在信息技术科学领域的文献共被引时间线知识图谱

4.1.3　小结

本节主要数据来源为 1999 年到 2008 年中国科学家在世界信息技术领域 50 个顶级期刊(2007 年 JCR 的影响因子排名前 50 位)上发表的 914 篇 Article 类型学术论文。通过对这些文献的计量分析发现：我国信息技术的科学文献无论是数量和质量，在 1999—2008 这十年间都有非常明显的进步，高质量的论文(被引频次大于 10)也已经有一定增加，达到 244 篇；但是我国的信息技术研究仍然以高校和中科院为主，企事业单位参与不积极；在国际发表的论文大部分集中于控制理论与控制科学领域，对于其他领域的研究尤其是虚拟现实、智能感知等前沿技术领域的研究不多，并且缺少能够引领一个新领域的开创性文章。

4.2　中国科学家在生物技术科学领域

4.2.1　中国科学家在生物技术科学领域的研究状况

(1)数据来源

数据来源：首先，选取美国 ISI 的期刊引证报告(2009)JCR 中的"生物技术与应用微生物学"学科，即 Biotechnology&Applied Microbiology；而后选取该领域被 SCI 数据库收录的期刊影响因子居前 20 位的 20 种期刊，按期刊影响因子排序，如表 4-3。

在 SCI 数据库中检索 2000—2009 年期间上述 20 种期刊中国作者发表的科

表 4-3　2009 年 JCR 报告的国际生物技术的影响因子前 20 名期刊

排序	刊名	影响因子	ISSN	被引总数
1	nature biotechnology	29.495	1087-0156	31564
2	nature reviews drug discovery	29.059	1474-1776	12276
3	genome research	11.342	1088-9051	22094
4	biotechnology advances	8.250	0734-9750	2788
5	current opinion in biotechnology	7.820	0958-1669	7126
6	stem cells	7.747	1066-5099	12969
7	briefings in bioinformatics	7.329	1467-5463	2898
8	mutation research-reviews in mutation research	7.097	1383-5742	2030
9	trends in biotechnology	6.909	0167-7799	8118
10	genome biology	6.626	1474-760X	12688

续表

排序	刊名	影响因子	ISSN	被引总数
11	molecular therapy	6.239	1525-0016	9418
12	nanomedicine	5.982	1743-5889	931
13	biosensors & bioelectronics	5.429	0956-5663	14196
14	bioinformatics	4.926	1367-4803	36932
15	biofuels bioproducts & biorefining-biofpr	4.885	1932-104X	327
16	gene therapy	4.745	0969-7128	9279
17	plant biotechnology journal	4.732	1467-7644	1617
18	metabolic engineering	4.725	1096-7176	1425
19	tissue engineering	4.582	1076-3279	8882
20	biofouling	4.415	0892-7014	1540

学文献，即检索式为 "出版物名称 = (nature biotechnology OR nature reviews drug discovery OR genome research OR biotechnology advances OR current opinion in biotechnology OR stem cells OR briefings in bioinformatics OR mutation research-reviews in mutation research OR trends in biotechnology OR genome biology OR molecular therapy OR nanomedicine OR biosensors & bioelectronics OR bioinformatics OR biofuels bioproducts & biorefining-biofpr OR gene therapy OR plant biotechnology journal OR metabolic engineering OR tissue engineering OR biofouling) AND 国家 =(China)"，入库时间 =2000-2009，数据库 =SCI-EXPANDED，共得到 1594 篇中国作者发表的科学文献。

(2) 中国科学家的整体发文数量

图 4-5 显示，2000—2009 年间，中国科学家在生物技术科学领域的发文数量 1594 篇，整体呈现明显的增长趋势。2000 年仅有 21 篇文献，2004 年增长到 108 篇，比 2000 年增长了 4 倍，2006 年激增到 374 篇，比 2000 年增长了 17 倍。中国科学家在生物技术科学领域顶级期刊发文数量增长的趋势，反映了中国科学家在国际生物技术科学领域积极的学术发展成就。

(3) 主要中国科研机构统计

图 4-6 显示，中国在生物技术科学领域的主要发文机构发文量超过 20 篇的共有 22 个高产机构。其中，中国科学院是中国在生物技术科学领域发文最多的学术机构，发文数量为 287 篇；排在 2—5 位的分别是浙江大学(78 篇)、南京大学(67 篇)、清华大学(65 篇)、北京大学(64 篇)、香港大学(62 篇)。

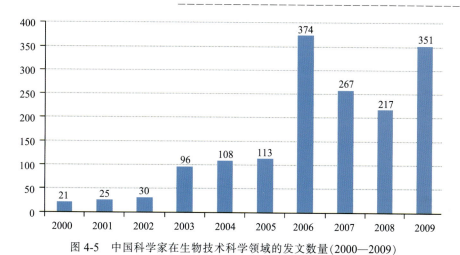

图 4-5　中国科学家在生物技术科学领域的发文数量(2000—2009)

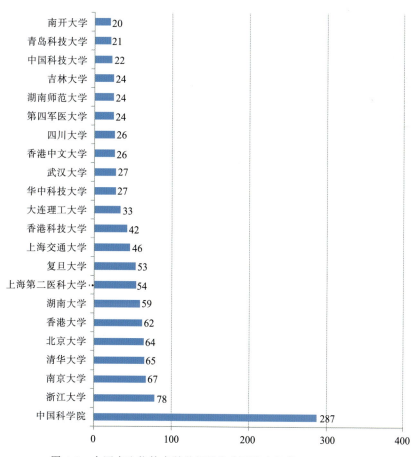

图 4-6　中国在生物技术科学领域的主要发文机构(2000—2009)

4.2.2　中国科学家在生物技术科学领域的作用

（1）中国科学家的论文被引情况

表 4-4 显示,2000—2009 年间, 中国科学家在生物技术科学领域共发表论文 1594 篇,被引频次总计 25500 次,篇均被引次数为 16.00 次;其中被引次数超过 100 次的有 24 篇,被引次数 50—99 次之间的为 75 篇,被引次数 10—49 次之间的为 579 次。其中被引频次最高的 10 篇文献如表 4-5 所示。

表 4-4　中国科学家在生物技术科学领域发表论文的被引情况(2000—2009)

指标	数量	指标	数量
论文数量	1594	被引次数超过 100	24
被引总计	25500	被引次数 50—99	75
篇均被引次数	16.00	被引次数 10—49	579

表 4-5　中国科学家在生物技术科学领域被引频次最高的 10 篇文献(2000—2009)

序号	被引频次	论文信息
1	581	标题：The MicroArray Quality Control（MAQC）project shows inter- and intraplatform reproducibility of gene expression measurements 作者：Shi LM, Reid LH, Jones WD, et al. 来源出版物：NATURE BIOTECHNOLOGY 卷：24 期：9 页：1151—1161 出版年：SEP 2006
2	368	标题：Support vector machine approach for protein subcellular localization prediction 作者：Hua SJ, Sun ZR 来源出版物：BIOINFORMATICS 卷：17 期：8 页：721—728 出版年：AUG 2001
3	350	标题：Mapping short DNA sequencing reads and calling variants using mapping quality scores 作者：Li H, Ruan J, Durbin R 来源出版物：GENOME RESEARCH 卷：18 期：11 页：1851—1858 出版年：NOV 2008
4	346	标题：In vivo molecular and cellular imaging with quantum dots 作者：Gao XH, Yang LL, Petros JA, et al. 来源出版物：CURRENT OPINION IN BIOTECHNOLOGY 卷：16 期：1 页：63—72 出版年：FEB 2005
5	216	标题：The HUPOPSI's Molecular Interaction format - a community standard for the representation of protein interaction data 作者：Hermjakob H, Montecchi-Palazzi L, Bader G, et al. 来源出版物：NATURE BIOTECHNOLOGY 卷：22 期：2 页：177—183 出版年：FEB 2004

序号	被引频次	论文信息
6	175	标题：An information-based sequence distance and its application to whole mitochondrial genome phylogeny 作者：Li M, Badger JH, Chen X, et al. 来源出版物：BIOINFORMATICS 卷：17 期：2 页：149—154 出版年：FEB 2001
7	173	标题：Reconstruction of metabolic networks from genome data and analysis of their global structure for various organisms 作者：Ma HW, Zeng AP 来源出版物：BIOINFORMATICS 卷：19 期：2 页：270—277 出版年：JAN 22 2003
8	164	标题：SOAP: short oligonucleotide alignment program 作者：Li RQ, Li YR, Kristiansen K, et al. 来源出版物：BIOINFORMATICS 卷：24 期：5 页：713—714 出版年：MAR 1 2008
9	157	标题：Performance comparison of one-color and two-color platforms within the MicroArray Quality Control（MAQC）project 作者：Patterson TA, Lobenhofer EK, Fulmer-Smentek SB, et al. 来源出版物：NATURE BIOTECHNOLOGY 卷：24 期：9 页：1140—1150 出版年：SEP 2006
10	154	标题：The direct electron transfer of glucose oxidase and glucose biosensor based on carbon nanotubes/chitosan matrix 作者：Liu Y, Wang MK, Zhao F, et al. 来源出版物：BIOSENSORS & BIOELECTRONICS 卷：21 期：6 页：984—988 出版年：DEC 15 2005

（2）文献共被引知识图谱（反映中国科学家的主要研究前沿）

在科学研究文献呈指数增长、科学出版物日益繁荣的时代，对研究者来说一件重要的事情就是确定本研究领域重要的高水平的文献，即核心文献。目前，国际上运用的最有效的确定核心文献的方法，就是科学文献的引证分析方法。

采用文献共被引分析方法，利用 CiteSpace，对中国科学家在生物技术科学领域的1594 篇文献的47496 篇引文进行共被引分析，绘制了图 4-7 所示的网络中心性知识图谱。

中国科学家在生物技术科学领域的时间线知识图谱（图 4-8），除了右侧清晰地显示出每一聚类标签外，图谱的主体部分具体显示出了每一聚类技术的兴起、发展过程。图谱中显示，第六聚类的关于"沙门氏菌"的主题研究发展时间比较长；而第三类的关于"核酸适体的电化学发光生物传感器"技术研究，则是最近几年兴起的一个热点研究领域。

（3）关键词知识图谱（反映中国科学家的主要研究前沿）

利用文献题录中的关键词，并借助 Citespace 软件，来确定中国科学家的主要研究

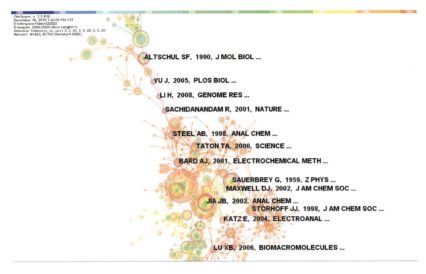

图 4-7　中国科学家在生物技术科学领域的文献共被引知识图谱(中心性网络)

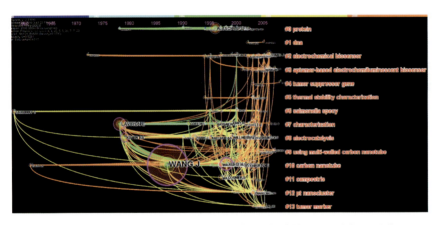

图 4-8　中国科学家在生物技术科学领域的文献共被引时间线知识图谱

前沿。关键词在一篇文章中所占的篇幅虽然不大,往往只有三、五个,但却是文章的核心与精髓,是文章主题的高度概括和凝练,因此对文章的关键词进行分析,频次高的关键词常被用来确定一个研究领域的热点问题。

　　将 1594 篇主题文献数据输入 Citespace 软件中,选择使用关键路径算法,网络节点确定为关键词(keywords),选择 TOP30,运行 Citespace 软件,生成图 4-9 所示的中国科学家的主要研究前沿知识图谱。

　　图 4-9 显示,蛋白质固定化(immobilization)技术、生物传感器技术(biosensor)、生物连接技术(attachment)、基因表达(gene expression)、细胞(cell)、生物薄膜(films)等科

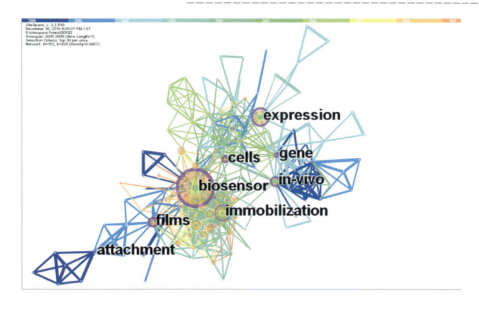

图 4-9　中国科学家在生物技术科学领域的主要研究前沿知识图谱

技领域,是中国科学家在生物技术科学领域研究的主要前沿热点。

4.3　中国科学家在能源技术科学领域

4.3.1　中国科学家在能源技术科学领域的研究状况

(1)中国科学家的整体发文数量

基于 SCI-E 收录的数据,检索得到中国科学家在能源技术科学领域发表论文数量为504 篇。第一篇文章于 1994 年发表,直至 2000 年,中国学者发表的能源技术的相关论文才逐渐增多,2009 年到达最大值 161 篇,几乎是 20 年来的三分之一。(见图 4-10)

(2)主要中国科研机构统计

中国科学家在能源技术科学领域中主要发文机构为中国科学院(52 篇);接下来依次是清华大学(43 篇)、华北电力大学(32 篇)、香港大学(23 篇)、天津大学(19 篇)等。除香港大学外,香港地区还有香港理工大学和香港城市大学,分别发文 14 篇和 7 篇。(见图 4-11)

4.3.2　中国科学家在能源技术科学领域的作用

(1) 中国科学家的论文被引情况

由表 4-6 可见,504 篇论文共被引 1753 次,篇均被引 3.49 次;此外,被引在 100 次

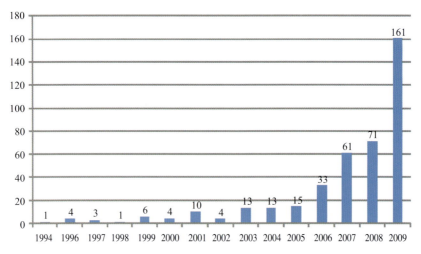

图 4-10 中国科学家在能源技术科学领域的发文数量(1994—2009)

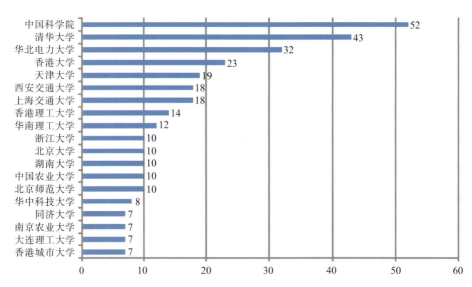

图 4-11 中国在能源技术科学领域的主要发文机构

表 4-6 中国科学家在能源技术科学领域发表论文的被引情况

指标	数量	指标	数量
论文数量	504	被引次数超过100	2
被引总计	1753	被引次数11—99	44
篇均被引次数	3.49	被引次数1—10	456

以上的文章仅有两篇。这说明中国科学家在能源技术科学领域还有较大的提升空间。

（2）文献共被引知识图谱（反映中国科学家的主要研究前沿）

运用 CiteSpace 软件，对这 504 篇文章进行文献共被引分析，得到中国科学家在能源技术科学领域的文献共被引网络图谱（见图 4-12）和时间线图谱（见图 4-13）。表 4-7 介绍了各聚类的基本内容，结合这些聚类内容和图谱中的几何距离，可以将图谱及文献内容合并为 7 个知识群。

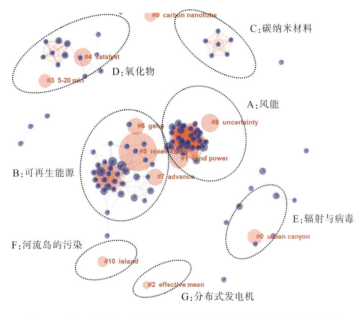

图 4-12　中国科学家在能源技术科学领域的文献共被引知识图谱

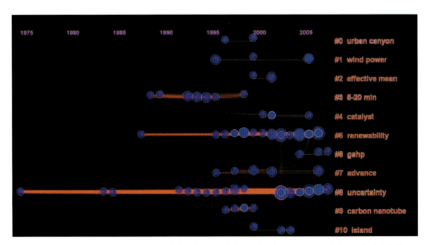

图 4-13　中国科学家在能源技术科学领域的文献共被引时间线知识聚类图谱

表 4-7　中国科学家在能源技术科学领域的聚类图谱聚类标识

聚类	平均年份	聚类标识
0	1998	urban canyon 城市峡谷；ptebu modelptebu 模型；bipv 光伏建筑一体化；air temperature 空气温度；pv module 光伏模块
1	2002	wind power 风力发电；power system 电源系统；battery bank 电池的银行；power generation system 发电系统
2	2001	effective mean 有效手段；encouraging voluntary commitment 鼓励自愿承诺；qualitative evaluation 定性评价；sufficient incentive 足够的激励；non-renewable energy resource 非再生能源资源
3	1993	5—20min 5—20 分钟；degrees c 摄氏度；microalgal cell 微藻细胞；low temperature 低温；main thermal degradation 主要热降解
4	2002	catalyst 催化剂；microalgae 微藻；bio-ethano l 生物乙醇；bio-oil 生物油；ethanol 乙醇
5	2002	renewability 可再生性；corn 玉米；proportion 比例；local energy source 当地的能源来源；province 省
6	2006	gshp 地源热泵；gshp system 地源热泵系统；seawater 海水；own character 自己的性格；research subject 研究课题
7	2000	advance 提前；energy-related environmental management 与能源相关的环境管理；advanced technology strategy 先进的技术战略；carbon emission 碳排放量
8	2000	uncertainty 不确定；linear programming 线性规划；ilp 指令级并行；capacity-expansion plan 能力扩建计划；multiple uncertainty 多的不确定性
9	1998	carbon nanotube 碳纳米管；nanofiber 纳米纤维；hydrogen 氢气；hydro 水电；proton exchange membrane fuel 质子交换膜燃料
10	2002	island 岛；grid 网格；intentional islanding 故意孤岛；research progres 研究；current mode 电流模式

知识群 A：风能

风能是一种丰富、近乎无尽、广泛分布、洁净且能缓和温室效应的能源。风能利用形式主要是将大气运动时所具有的动能转化为其他形式的能量。中国科学家日益重视风能的利用，以减少对不可再生能源的需求。

知识群 B：可再生能源

随着能源危机的出现，人们开始发现可再生能源的重要性。由于近年来非可再生能源供给日益紧张，中国科学家开始把研究目光投在可持续发展的可再生能源。可再生能源又称新能源，是具有自我恢复原有特性，并可持续利用的一次能源。包括太阳能、水能、生物质能、氢能、风能、波浪能以及海洋表面与深层之间的热循环等。

知识群 C：碳纳米材料

近年来，中国碳纳米技术的研究相当活跃，多种多样的纳米碳结晶层出不穷。2000年德国和美国科学家还制备出由 20 个碳原子组成的空心笼状分子。根据理论推算，这种包含 20 个碳原子是由正五边形构成的，C60 分子是富勒烯式结构分子中最小的一种，考虑到原子间结合的角度、力度等问题，人们一直认为这类分子很不稳定，难以存在。德、美科学家制出了 C60 笼状分子为材料学领域解决了一个重要的研究课题。碳纳米材料中纳米碳纤维、纳米碳管等新型碳材料具有许多优异的物理和化学特性，被广泛地应用于诸多领域。

知识群 D：氧化物

在能源技术领域，氧化物不仅可以用作催化氧化剂，亦可用于生物制氢、生物燃料电池技术，用处相当广泛，是一项持续被关注的领域。

知识群 E：辐射与病毒

在一些传统能源的利用中，污染一直是各国政府需要解决的首要问题。而核能作为可再生能源，虽然是洁净能源，但一旦造成核泄漏，辐射与病毒的传播也是相当快速的，这是中国乃至全世界科学家不能忽视的问题。

知识群 F：河流岛屿污染

石油开采、运输、装卸、加工和使用过程中，常会发生泄漏和排放石油引起的污染，而这又主要发生在海洋上。石油漂浮在海面上，迅速扩散形成油膜，可通过扩散、蒸发、溶解、乳化、光降解以及生物降解和吸收等进行迁移、转化。因而防污治污逐渐成为中国科学家在能源领域研究的焦点。

知识群 G：分布式发电机

分布式能发电的优势在于可以充分开发利用各种可用的分散存在的能源(包括本地可方便获取的化石类燃料和可再生能源)，并提高能源的利用效率。分布式电源通常接入中压或低压配电系统，并会对配电系统产生广泛而深远的影响。

（3）关键词共现知识图谱(反映中国科学家的主要研究热点)

高频关键词能源代表科学家在某一领域内的研究热点和前沿。从图 4-14 和图 4-15 可以看到，中国的科学家更注重可再生能源的开发，在生物智能、太阳能、风能方面研究卓越。在开发能源的基础上也逐渐开始关注能源效率与利用的问题。此外，从表 4-8 中的高频词和表 4-9 中的聚类标识词也可以看到中国科学家在能源技术科学领域的研究热点。

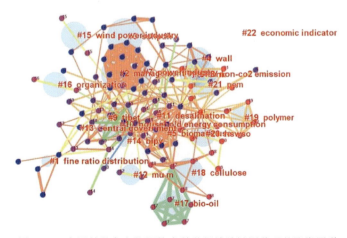

图 4-14　中国科学家在能源技术科学领域关键词共现的聚类图谱

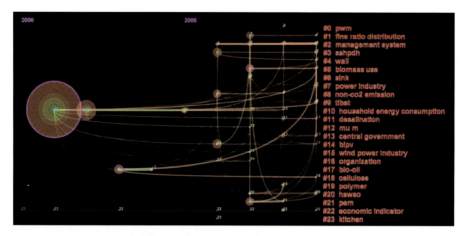

图 4-15　中国科学家在能源技术科学领域的关键词共现时间线知识图谱

表 4-8　中国科学家在能源技术领域研究的高频词(频次≥7)

频次	中心性	年份	词	释义
98	0.23	2001	renewable energy	可再生能源
37	0.77	2001	china	中国
17	0.16	2000	biomass	生物质
17	0.08	2004	simulation	模拟
17	0	2004	solar energy	太阳能
15	0.41	2004	energy	能源
13	0.16	2004	performance	性能
13	0	2002	systems	系统
13	0.37	2005	system	系统
12	0	2004	sustainable development	可持续发展
10	0	2003	model	模型
9	0	2003	energy consumption	能源消耗
9	0	2004	wind power	风电
9	0	2003	hydrogen	氢
8	0.08	2004	biomass energy	生物质能源
8	0	2006	policy	政策
8	0	2005	energy efficiency	能源效率
7	0	2008	wind energy	风能
7	0	2006	optimization	优化
7	0	2006	efficiency	效率
7	0	2007	management	管理

表 4-9　中国科学家在能源技术科学领域知识图谱的自动聚类标识

聚类	平均年份	聚类标识
0	2008	pwm 脉宽调制；transformer 变压器；iron los 铁洛杉矶；iron 铁 losse；electrical machine 电机
1	2008	fine ratio distribution 比例分配；mppt 最大功率跟踪；energy powe 发电厂；gas turbine 燃气轮机；mppt control MPPT 控制
2	2008	management system 管理制度；energy management system 能源管理制度；risk 风险；capacity-expansion plan 能力扩建计划
3	2008	heat pump unit 热泵机组；bhdh；seawater 海水
4	2009	wall 墙；pcm wall 中成药墙；pcm 中成药；charging proces 充电；envelope 信封
5	2008	biomass use 生物质的使用；major energy source 主要能量来源；local energy source availability 当地能源供应；noncommercial energy 非商业能源；total rural energy consumption 农村能源总消费量
6	2007	sink 汇；scenario 方案；share 份额；renewable-resource-management project 再生资源管理项目；acidification 酸化
7	2009	power industry 电力行业；foreign leading country 国外领先的国家；good commercial prospect 具有良好的商业前景；large resource potential 资源潜力大
8	2007	non-co2 emission 非二氧化碳的排放量；sequestration 封存；land-use change 土地利用变化；multi-objective 多目标；hybrid pv-wind power system 混合光伏风力发电系统
9	2009	tibet 西藏；renewable energy industry 可再生能源产业；energy industry development 能源产业的发展；financial crisis 金融危机；traditional use 传统应用
10	2004	household energy consumption 家用能源消耗；household 家庭；air pollutant 空气污染物；otal energy supply 能源供应总量；household biogas digester 户用沼气池
11	2008	desalination 海水淡化；water source 水源；household 家庭；renewability 可再生性；
12	2007	mu m 亩米；pm10 可吸入颗粒物；particle size 粒子的大小；chlorine 氯；alkali 碱
13	2008	central government 中央政府；largests developing country；发展中国家；application practice statu 应用；inappropriate energy structure 不适当的能源结构
14	2006	bipv 光伏；roof 屋面；solarwall 太阳墙；cooling power 制冷功率；air-gap 气隙
15	2007	wind power industry 风力发电；power industry 电力行业；wind power resource 风力发电资源；wind energy resource 风能资源；kilowatt 千瓦
16	2006	organization 组织；agricultural production 农业生产；forest 森林；chinese society 中国社会
17	2003	bio-oil 生物油；fast pyrolysis 快速热解；microalga 微藻；pyrolysis 热解
18	2009	cellulose 纤维素；pretreatment 预处理；rice straw 稻草；hydrolysis 水解；altiplano 高原
19	2008	polymer 聚合物；polythiophene 噻吩；fullerene 富勒烯；bulk heterojunction 异质接面；(photovoltaic cell 阳能电池
20	2008	hswso；hswso model hswso 模型；hybrid solar-wind power generation system 混合太阳能风力发电系统；naphthalene 萘；power generation system 发电系统
21	2007	pem 害；electrolyzer 电解槽；hydrogen production 产氢 hydrogen yield 氢气产量；pem electrolyzer 质子交换膜电解槽
22	2005	economic indicator 经济指标；monitoring system；监测系统 data-processing method 数据处理方法；resin 树脂；bio-diesel 生物柴油
23	2006	kitchen 厨房；sludge 污泥；sewage sludge 污水污泥；methane content 甲烷含量；

4.3.3 中外能源科学研究前沿比较及差异

(1) 能源利用的中外比较

在对能源技术研究文献共被引网络图谱分析中，我们看到，国际上能源技术的关注点是碳化物排放、能源对环境的影响、复合能源与可再生能源，这些归根结底是对能源效率的重视。1995 年，世界能源委员会把"能源效率"定义为"减少提供同等能源服务的能源投入"。"能源服务"的涵义是能源的使用并不是它自身的终结，而是为满足人们需要提供服务的一种投入。一个国家的综合能源效率指标是增加单位 GDP 的能源需求，即单位产值能耗。

中国的科学家更注重可再生能源的开发，在生物智能、太阳能、风能方面研究卓越。在开发能源的基础上也逐渐开始关注能源效率与利用的问题，以及石油污染的防污治污、核泄漏后的辐射问题等。

(2) 核心技术的中外差异

在对能源领域重点和前沿技术层次的科学计量与知识图谱分析可以看到，国际上领先的重点能源技术分别是氢能、燃料电池以及核能技术。氢能研究上的前沿技术是生物制氢、电解水制氢等；燃料电池的前沿技术是固体氧化物燃料电池和生物燃料电池等；核能的前沿技术是核反应堆技术。

中国在能源技术方面的领先技术是核能、生物智能、太阳能、风能发电，并在碳纳米材料、分布式电子堆等技术上处于国际领先的地位。

4.4 中国科学家在先进制造技术科学领域

本节通过中国科学家在先进制造领域的整体发文状况、中国发文机构的分布方面，初步了解一下当前中国先进制造领域的研究现状，尤其是技术领域的发展状况、主要科研力量的分布情况。进而通过中国科学家在先进制造领域的文献共被引分析，研究了先进制造领域的研究前沿分布，辅之以时间线分析，较详细了解中国在先进制造领域的研究发展脉络。

4.4.1 中国科学家在先进制造领域的研究状况

(1) 中国科学家的整体发文数量

基于 SCI-E 数据，检索得到中国科学家在先进制造领域（包括极端制造技术领域、智能服务机器人技术领域、重大产品与寿命预测技术领域三大子领域）发表论文数量为 540 篇（以第一作者统计）。如图 4-16 所示，先进制造领域的论文是逐年增长的（2008 年的论文量是截止 12 月 24 日），1999 年之前共发文 8 篇；之后从 1999 年的 7 篇到 2004

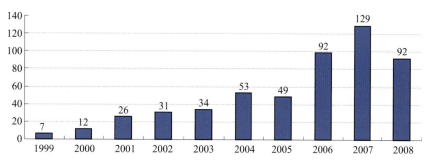

图 4-16　中国科学家在先进制造领域的发文数量(1997—2008)

年的 53 篇,这 6 年基本保持比较平缓的线性增长,2005 年略有回落,然而从 2006 年开始又有一个涨幅 100% 的增长,到 2007 年的增长率也很大。这说明这 10 年先进制造领域的研究不断升温（尤其是 2006 年开始,《国家中长期科学和技术发展规划纲要(2006—2020)》的实施无疑起了极大的支撑与促进作用）,已经成为当前科学技术领域的研究热点。

(2)主要中国科研机构统计

在前 21 所高产出的中国机构中(见图 4-17),发表先进制造论文最多的机构是哈尔滨工业大学,为 48 篇;其次为中国科学院,47 篇。不过,中国科学院包含多个分支机构,而这 47 篇论文所涵盖的机构就包括中国科学院化学研究所(ICCAS)、中国科学院理化研究所、中国科学院沈阳材料科学国家实验室、中国科学院物理研究所、中国科学院力学研究所、中国科学院上海微系统与信息技术研究所、中国科学院长春应用化学研究

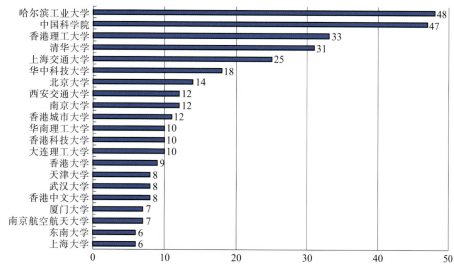

图 4-17　中国在先进制造领域的主要发文机构

所、中国科学院电子学研究所、中国科学院传感技术国家重点实验室等多个分支机构。香港理工大学以 33 篇的发文量排在第三位。上海交通大学和华中科技大学表现不俗，各为 25 篇和 18 篇。北京大学作为中国最知名高等学府发文量并不突出，只有 14 篇。香港地区共有 5 所高校发文数量位列 21 所机构中，除了香港理工大学，还有香港城市大学(11 篇)、香港科技大学(10 篇)、香港大学(9 篇)和香港中文大学(8 篇)。另外，除中国科学院外，其他 20 所高产机构均为高等学校，这充分说明了高等学校在先进制造领域基础研究和应用研究方面的主力军地位。

4.4.2　中国科学家在先进制造领域的作用

(1)中国科学家的论文被引情况

540 篇文献总共被引用 1678 次，其中篇均被引为 3.11 次。相对而言，我国科学家在先进制造领域的论文影响力比较高。尽管如此，高被引的文献篇数比较少。其中，被引次数超过 100 次的没有，而达到 50—99 次的论文，仅有 2 篇；在 10—49 次的论文有 53 篇；而在 1—10 次的论文较多，为 170 次。(见表 4-10)

表 4-10　中国科学家在先进制造领域发表论文的被引情况

指标	数量	指标	数量
论文数量	540	被引次数 50—99	2
被引总计	1678	被引次数 10—49	53
篇均被引次数	3.11	被引次数 1—10	170

(2)文献共被引知识图谱

采用 CiteSpaceII 软件设定前 10% 作为输出阈值，得到共引图谱(如图 4-18 所示)，图中每一个节点都代表着一篇被引用的文献，节点向外延伸的不同颜色的圆圈描述了该被引文献在不同年份的引文时间序列，该圆圈的厚度与相同年份的引文量成正比。两个节点间的连线表示两篇文献共同被引，而该连线的颜色是由引文的时间决定的。由于该文献共被引是个高度不连通网络图，故此处提取了其中的最大两个连通子图(也是仅有的两个跨年度跨领域连通子图)。

在中国科学家发表先进制造领域技术论文的文献共被引知识图谱中，被引次数最多的两个人(同时也是中国科学家)分别是香港理工大学土木及结构工程学系的 LI Z.X 与 CHAN T.H.T。他们二人以实时在线健康监测数据为基础，建立了一种用于现有大桥桥面疲劳寿命评估和寿命预测的方法，并于 2001 年合著发表了 *Fatigue Analysis and Life Prediction of Bridges with Structural Health Monitoring Data-Part I: Methodology and Strategy*。在该论文中，作者以两个模型(疲劳损伤模型和结构模型)为基础工具，运用上述方法，借助连续损伤力学(CDM)理论，通过分析大桥应变数据(该数据由网上健康监

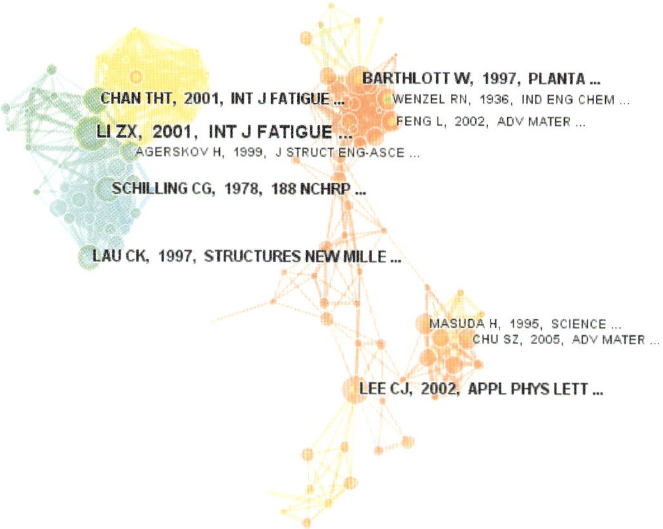

图 4-18　中国科学家在先进制造领域的文献共被引知识图谱

测系统提供），来评估大桥桥面的疲劳损伤和服务寿命。此外，LI Z.X 与 CHAN T.H.T 二人将 Palmgren-Miner 定律进行了修正，修正后的定律能比较大桥的疲劳损伤和服务寿命的预测评估结果。这二位学者的研究成果代表了当前中国在桥梁疲劳预测方面（属于重大产品与设施寿命预测技术领域）的发展水平。

Agerskov H 与他人于 1999 年合著论文 *Fatigu in Steel Highway Bridges under Random Loading*，该论文主要论述了变化载荷下钢铁公路桥的疲劳损伤累积问题。Agerskov H 认为，焊接连接物的疲劳寿命可根据实践经验数据和断裂力学分析做出预测。Agerskov H 等人的研究结果表明，无论从断裂理论分析角度还是实证分析角度，Miner 定律在钢铁大桥设计和疲劳预测方面都是不保守的，应用 Miner 定律获得的预测结果的正确性依赖于大桥实际负重载荷的张力和拉力。

1978 年，Schilling C.G 等人在 NCHRP（美国国家公路研究计划署）188 号报告 *Fatigue of Welded Steel Bridge Members Under Variable-Amplitude Loadings* 中公布了一系列新发现。这些新发现建立在广泛的实验调查基础上，探索了变幅载荷下普通桥梁上焊接型钢梁的疲劳问题。在 AASHTO（美国国家公路与运输协会标准）主持的公路测试等活动中，对贴板钢梁大桥出现疲劳断裂现象的主要关注点集中在影响公路桥预期寿命的因素上。疲劳寿命的关键因素包括所用材料、建筑质量以及承载变化情况。Schilling C.G 等人的工作以调查公路桥承载变化并分析为主，先要获取大桥焊接组件在变幅条件下随机样本的疲劳数据，接着根据恒幅数据预测变幅条件下的疲劳损伤。Schilling C.G 等人的报告建立在大量实际项目中恒幅和变幅疲劳测试数据的基础之上, 在这些项目中他们对不同材料钢梁的小样本集进行分析。Schilling C.G 等人的研究结果为 AASHTO 隶属公司改进公路桥参数标准提供了极好的参考。

Masuda H, 日本东京都立大学化工学院的教授, 其论文 *Ordered metal nanohole arrays made by a two-step replication of honeycomb structures of anodic alumina* 发表于期刊 Science 上, 在 Google Scholar 中的引用次数高达 1415 次。该文献提出了一种用于制造高度有序的金属纳米孔阵列方法, 该方法是通过两步复制阳极多孔氧化铝的蜂窝结构来实现的。多孔氧化铝的阴极孔结构预备形成后, 含金属的阳极结构随之形成。这个金属孔洞阵列具有统一的、排列紧密如蜂巢般的结构, 每个孔洞直径近似 70 纳米, 约 1—3 毫米厚度。由于这类结构的纹理型表面, 因此, 以黄金为例, 具有这类结构的黄金比散黄金能泛出显著不同的颜色。

Chu S.Z 等人在 *Fabrication of Ideally Ordered Nanoporous Alumina Films and Integrated Alumina Nanotubule Arrays by High-Field Anodization* 中介绍了一种制造高度有序纳米孔铝膜与具有六角形截面的整合氧化铝纳米管阵列的高效方法。通过使用硫酸溶液的微弧氧化结构, 可以将高效自组织铝膜的生产时间由数天缩短至数小时。该方法省时、高效、节约成本, 适合应用于纳米科技的诸多应用领域。

Neinhuis C 和 Barthlott W 在 1997 年合著发表论文 *Characterization and distribution of water-repellent, self-cleaning plant surfaces*。他们认为植物的微起伏状表面主要由于角质层蜡类晶体形成的, 这种类晶体能适应不同的外界环境, 并产生有效的抗水性, 减少污浊粒子的附着。基于显微镜下叶面平滑 (Fagus sylvatica L., Gnetum gnemon L., Heliconia densiflora Verlot, Magnolia grandiflora L 等提出) 和粗糙的抗水植物 (Brassica oleracea L., Colocasia esculenta Schott., Mutisia decurrens Cav., Nelumbo nucifera Gaertn.等提出) 的实验数据, Neinhuis C 和 Barthlott W 首次发现, 叶片表面的粗糙性、减少粒子附着和抗水性之间具有相互依赖关系, 这种依赖关系是许多生物体表自我清洁机制的关键。植物经常由于人为因素受到污染, 当被大量粒子污尘附着后, 就会受到洒水或喷雾等人工装置的清洗。由于叶片表面的抗水特性, 无论多大的水流都会被分散成小水滴, 从而将污尘完全带走。荷花叶片由于其在这方面的显著特征, 因此这种机理被称为“荷花效应”。

早在 1936 年, Wenzel R.N 就提出, 物质 (如轻质织物或针织物) 的防水性通常取决于其材质的气孔率, 防水性发挥效力的程度受气孔大小的限制, 因为当压强足够的条件下, 织物表面的水流会穿透表面膜从而将织物浸湿。Wenzel R.N 在 *Resistance of Solid Surfaces to Wetting by Water* 中概述了以往“固体表面润湿作用”理论及其在 1936 年时期的科技应用。Wenzel R.N 认为, 由于液体表面的光滑特性, 液液交界或液气交界面的几何表面和实际表面几乎等同; 但由于固体表面存在粗糙特性, 因此固体的几何表面与实际表面相差很大。Wenzel R.N 基于这种假设提出了固体表面比率 r 即 roughness factor, 粗糙因子 r- 的概念, 并将其计算定义为固体的实际表面积与几何表面积之比率。

Wenzel R.N 在论文中绘制了表面所受力间的向量关系图,给出了表面有效粘合张力的计算公式。Wenzel R.N 提到了 Lee A.R(1936)的研究结果,Lee 认为与粘合某一平滑表面相比,用粘合剂粘合某一表面潮湿的固体要更费力气。Wenzel R.N 采用倾斜板实验方法,以水晶石蜡等固体蜡或类蜡物质为实验观察对象,得出一系列重要观测结果:一,不同倾斜角度下得到的表面接触力不同, 连续从同一物体上采集的数据比同时从不同物体上采集的数据要恒定,室温对此无影响;二,根据从不同蜡或类蜡物质上采集的数据,不同蜡固态化过程的温度变化显著不同;三,某些蜡能从溶剂中合成。Wenzel R.N 最终总结出,固体表面润湿作用受固体润湿后表面的粗糙性影响;倾斜角度会影响固体(如蜡物质)表面的接触力大小;纤维物质的单位区域内拥有大数目的实际表面,这一特性有效地增加纤维物质的防水性功效,等等。

2002 年,Feng L 等人在 ADVANCED MATERIALS 上合作发表论文 *Super-Hydrophobic Surfaces: From Natural to Artificial*。超疏水表面研究(尤其是水解触角大于150 度的超疏水)是基础研究和实际应用研究中都颇受关注的问题,对荷花与繁叶植物的研究结果证明,兼具水解触角大与摩擦角小特性的超疏水表面通常具有微纳结构,而且这种微结构表面能影响表面水滴移动的路径。Feng L 等从这些自然界现象中汲取经验,建构一种人工纳米纤维,并开发出一种均质碳纳米管(ACNT)薄膜。

Lee C.J 等人研究了从构造均衡的氧化锌纳米线中垂直发射出的场电,这类纳米线可在低达 550 摄氏度的条件下蒸镀制造成。Lee C.J 等人于 2002 年发表在 APPLIED PHYSICS LETTERS 上的论文 *Field Emission from Well-Aligned Zinc Oxide Nanowires Grown at Low Temperature* 中提出, 高纯度氧化锌纳米线能显示出单晶纤维锌矿状结构。在电流密度为 0.1 mA/cm² 的条件下,大约 6.0V/mm 的电压强度能对这种线产生刺激。当这种线在平面显示器中被用作场发射器时,在 11.0 V/mm 偏磁场强度下,从中发射 1 mA/cm² 电流密度即可提供充足光强度。这种形成于 550 摄氏度低温下的构造均衡的氧化锌纳米线能够应用于玻璃焊封的平面显示器中充当光源。

中国科学家先进制造领域发文的文献共被引网络一共分为 70 聚类,保留后的连通子图共有 9 个聚类(见图 4-19 和图 4-20),此处结合文献聚类后的标引(施引文献描述词概述表示)进一步将共合并为六个知识群(1—6)(见表 4-11)。这六个知识群根据其所属领域又可划归为两大领域:重大产品与设施寿命预测技术领域(知识群 1)和极端制造技术领域(知识群 2—6)。

知识群 1——聚类 #28—31:大桥健康监测与疲劳预测

在大桥健康监测及疲劳寿命预测等相关研究方面,中国(香港)科学家已然成为领头人,在理论研究方面更被中国广大桥梁研究科学家所认可。在这个聚类的 17 个节点中,15 篇都是署名 Li Z.X 或 Chan T.H.T 的论著,其中包括对著名的青马大桥、南京长江大桥的疲劳寿命分析和预测。这两人的研究工作很多是以在线健康监测数据为基础,

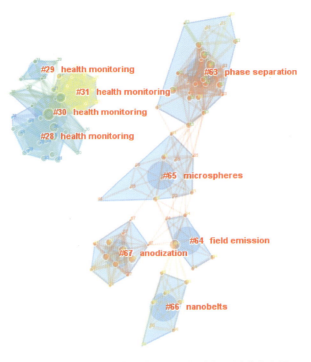

图 4-19　中国科学家在先进制造领域知识图谱的聚类

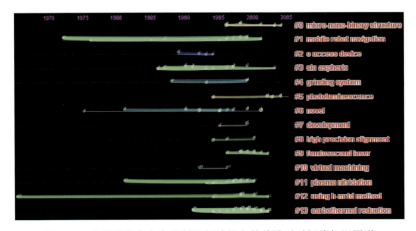

图 4-20　中国科学家在先进制造领域的文献共被引时间线知识图谱

通过使用各种方法与模型,对目前大桥桥面载重受力、大桥构件(如钢铁桥梁、桥面、大桥粘合连接物等)的大量检测数据进行分析,通过计算机模拟大桥的疲劳损伤状况、导致大桥疲劳损伤产生的因素以及造成疲劳加速的各种客观条件,从而预测大桥的疲劳损伤程度、大桥的疲劳寿命和大桥的使用寿命等。

表 4-11　中国科学家在先进制造领域主要知识群情况

主要知识群	知识群主要内容	高被引作者	知识群中节点数
1 Health Monitoring	大桥及其组件健康检测与疲劳损伤寿命预测	Li Z. X 与 Chan T. H. T；Agerskov H；Schilling C. G	17
2 Phase Separation(63)	表面粗糙度对防水性等的影响、人工超琉水表面的制造工艺	Barthlott W；Wenzel R. N；Feng L	10
3 Microspheres(65)	微球体研究		11
4 Field Emission(64)	纳米材料的场电发射特性及其应用	Lee C. J	6
5 Anodization(67)	金属(如氧化铝)纳米管阵列的改进、制造与应用	Masuda H；Chu S. Z	8
6 Nanobelts(66)	纳米带研究		5

知识群 2——聚类 #63：超琉水工艺与防水性仿生研究

中国科学家在这个研究领域的关注热点主要是探索不同的生产超琉水表面相关物质的工艺方法等方面。Ma Y 研究了从水接触角小于九十度的 PMMA 中制造超琉水的方法；Li Y 研究了由层次性微球体构成的超琉水仿生表面；Qi H.J 则探索了某种碳氟化合物的形态学特征；Tan S.X 提出了在大气条件下使用聚苯乙烯构造超琉水聚合物表面的工艺；Liu Y 提出了一种在微波等条件下制造超琉水 Cds 膜的方法。此外，还有一些科学家研究了合成硅膜表面的超琉水性、超琉水表面在快速擦洗下的稳定性、以及如何制成具有二元微纳结构的仿生超琉水外壳等仿生工艺。

知识群 3——聚类 #64：纳米材料场电发射研究

中国科学家对纳米材料场发射研究开始于 2006 年。在这个聚类中，中国科学家的研究方向集中在研究不同生产工艺下各种纳米材料的场发射特性。Hu J.S 研究了六角形截面硅化铝纳米棒的合成工艺，并探讨了这种物质的场发射特性；Lu F 研究了硫化锌纳米带的制造工艺和场发射特性；Chen J 的研究认为，在热液合成法中生成的氧化铝纳米棒具有强场发射效应；Wei A 同样研究了热液法生成的氧化锌纳米材料的场发射性质，只不过对象换成了氧化锌纳米注射器；Wang W.W 研究了使用热蒸发工艺制造的氧化铝纳米线的场发射特性；Yu L.G 则采用一种简单的方式合成一种氧化铜纳米晶体，并研究了它的场发射特性。

知识群 4——聚类 #67：金属(氧化铝)纳米管制造工艺

中国科学家在纳米材料制造工艺的研究也是集中在 2006 年以后，研究的内容基本集中在如何在不同条件下制造更有序的氧化铝纳米管，以及制造纳米膜的各种工艺。Yao Z.W 研究了基于强场氧化铝的多孔纳米金属膜的制造工艺；Sun Q.W 研究了一种特殊的氧化铝的制造；Ding L 则通过控制氧化铝晶体的形态解决了将六角形截面的纳米棒转化生成有序多孔纳米膜；其他还有通过控制温度、制造规模、电极等因素解决纳米管纳米膜的制造等研究。

知识群 5——聚类 #66：纳米带研究

中国科学家在该领域的研究同样始于 2006 年之后。Zeng B.Q 研究了碳外壳硅纳米管的场发射问题；Hu J.S 研究了六角形截面硅化铝纳米棒的合成工艺；Yang L.W 观察研究了磁盘中氧化锌自生的六层对称式复杂微结构；Lu F 研究了硫化锌纳米带的制造工艺和场发射特性；Zhu R 则研究了由合成式微纳材料构造的悬臂共鸣传感器的生产工艺。

在"重大产品与设施寿命预测技术"领域受到中国科学家关注的最早的文献是 1945 年 Miner Ma 的 *Cumulative Damadge in Fatigue*。这篇元老级的论文中提出了著名的帕姆格伦 - 迈因纳定理、积累疲劳损伤的基本概念和相关法则，因而成为文献共被引聚类中被引次数最多的节点。

4.4.3　中外先进制造领域研究前沿比较及差异

在大桥健康监测及疲劳寿命预测等相关研究方面，中国(香港)科学家已然成为领头人，在理论研究方面更被中国广大桥梁研究科学家所认可。在这个聚类的 17 个节点中，15 篇都是署名 Li Z.X 或 Chan T.H.T 的论著，其中包括对著名的青马大桥、南京长江大桥的疲劳寿命分析和预测。

在超疏水工艺与防水性仿生研究方面，国外相应的研究前沿主要描述掺杂技术、气相沉积、溶液凝胶、等离子刻蚀、等离子沉积、碳纳米管阵列排布等技术，影响到了超流水表面的粗糙度和微观构造，从而使得材料的超硫水性能不稳定。如 Erbil HY 发表于 2003 年的 *Transformation of a simple plastic into a superhydrophobic surface*、Neinhuis C 和 Barthlott W 发表于 1997 年的 *Characterization and distribution of water-repellent, self-cleaning plant surfaces* 和 2002 年 Feng L 等发表在 ADVANCED MATERIAL 上的 *Super-hydrophobic surfaces: from nature to artificial*。Erbil HY 针对超琉水制造工艺和耗费时间的缺陷在文献中描述了一种通过使用聚丙烯和溶剂等配置的超硫水涂层方法，该方法不仅省时，而且费用低廉。Neinhuis C 和 Barthlott W 通过实验发现植物表面的粗糙度和防水性与该植物表面是否抗粘、是否有自净功能有着密切的关系；Feng L 等人则从受自然界启发，以纳米纤维聚合物构造了人工超硫水表面，并制造了不同模式的碳纳米管阵列薄膜。中国科学家在这个研究领域的关注热点主要是探索不同的生产超琉水表面相关物质的工艺方法等方面，以及研究合成硅膜表面的超琉水性、超琉水表面在快速擦洗下的稳定性、以及如何制成具有二元微纳结构的仿生超琉水外壳等仿生工艺。

在微球体研究方面，国外相关研究主要有 Lee C.J 等人于 2002 年发表在 APPLIED PHYSICS LETTERS 上的论文 *Field Emission from Well-Aligned Zinc Oxide Nanowires Grown at Low Temperature*。在国内，Zhou X.F 研究了由氧化锌粒子构成的规则微纳结构的超琉水表面或超亲水表面的特性等等。

在金属(氧化铝)纳米管制造工艺等相关研究领域，国外在此方面相应的研究前沿主要是关于纳米材料的前沿技术及其应用的研究,标志该被引文献集的聚类关键词有纳米压痕(nanoindentation)、阳极处理(anodization)、纳米模具(nano molding)、微型机扑 (miniature robot) 等等。代表性的文献主要有 Masuda H 的 *Ordered metal nanohole arrays made by a two-step replication of honeycomb structures of anodic alumina*,以及 Chu S.Z 等人的文献 *Fabrication of Ideally Ordered Nanoporous Alumina Films and Integrated Alumina Nanotubule Arrays by High-Field Anodization*。中国科学家在纳米材料制造工艺的研究内容基本集中在如何在不同条件下制造更有序的氧化铝纳米管,以及制造纳米膜的各种工艺,此外还有通过控制温度、制造规模、电极等因素解决纳米管纳米膜的制造等研究。

4.5 中国科学家在海洋技术科学领域

在 SCI-E、SSCI 两个数据库里,数据检索式设定为"TI=(marine or ocean* or offshore or sea or maritime) and CU=china",1998 年至 2008 年间的数据。文献语言选择"All languages",文献格式选择"Article",得到 3655 条文献数据。

4.5.1 中国科学家在海洋技术科学领域的研究状况

(1)中国科学家的整体发文数量

图 4-21 反映了 1998 年以来中国科学家在海洋技术科学领域每年的发文数量,呈现明显的指数增长分布。2008 年发表论文为 632 篇,为发文量最高峰。

(2)主要中国科研机构统计

中国科学院是中国海洋技术科学的主要研究机构,发表论文 1191 篇。其次是中国海洋大学(包括其前身青岛海洋大学),发表论文共计 617 篇,国家海洋管理局发表论文236 篇位居第三。其他发表文章较多的机构还有同济大学、北京大学、厦门大学等。(见

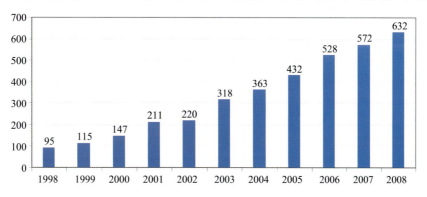

图 4-21 中国科学家在海洋技术科学领域的发文数量(1998—2008)

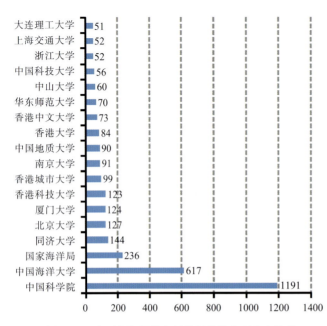

图 4-22　中国在海洋技术科学领域的主要发文机构

图 4-22）

（1）中国科学家的论文被引情况

中国科学家发表的 3655 篇论文共计被引 28205 次，篇均被引次数为 7.72。其中被引次数超过 100 次的论文有 7 篇，被引次数在 50 到 99 次之间的有 46 篇，被引次数在 10 到 49 次之间的有 436 篇。（见表 4-12）

（2）文献共被引知识图谱

在 CiteSpace 中对这 3141 篇中国科学家发表的论文进行文献共被引分析，选择的分析时间段为 1998 年至 2008 年，阈值为 top 50，即选择每一时间段被引次数最高的 50 篇文献进入共被引网络。

在图 4-23 中，利用 CiteSpace 的聚类标签生成技术，可以得到每个聚类的聚类标签。表 4-13 给出的是被引频次不低于 6 次的聚类的聚类标签列表。

通过对共被引图谱的观察和解读，得到以下七个知识群（见图 4-24）。

知识群 A：纤毛原生动物

知识群 A 位于整个文献共被引知识图谱的左侧位置，主要是研究纤毛原生动物。纤毛原生动物是海洋浮游生物的一类。我国具有丰富的海洋纤毛虫种群，但该类群在历次海岸带资源调查中均为缺项，许多生境（如海洋底栖）中的纤毛虫研究仍为空白。对于纤毛类动物的研究，对于解答有关生命起源与进化、核质关系以及微型生物的物种概念等基本生物学问题提供独特的研究材料。

表 4-12　中国科学家在环境技术科学领域发表论文的被引情况

指标	数量	指标	数量
论文数量	3655	被引次数超过 100	7
被引总计	28205	被引次数 50—99	46
篇均被引次数	7.72	被引次数 10—49	436

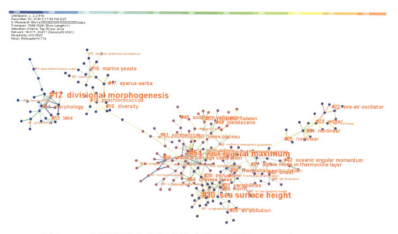

图 4-23　中国科学家在海洋技术科学领域知识图谱的聚类标签

表 4-13　中国科学家在海洋技术科学领域知识图谱的自动聚类标识术语

聚类	频次	Tf * IDF 算法	对数似然率算法
51	11	（15.03）palaeoclimate；（15.03）highlands；（15.03）queensland；（13.06）palaeovegetation；（11.09）living planktonic-foraminifera	last glacial maximum（45.75，1.0E-4）；highlands（45.75，1.0E-4）；palaeoclimate（45.75，1.0E-4）；
30	10	（9.44）eddies；（9.11）meandering；（9.11）mode thermohaline front；（7.92）p-vector method；（7.92）atlas	sea surface height（22.38，1.0E-4）；topex/poseidon altimetry（19.37，1.0E-4）；eddies（19.37，1.0E-4）；
12	9	（13.57）morphogenesis；（13.42）jankowski；（13.15）morphology；（12.93）ciliophora；（12.49）divisional morphogenesis	divisional morphogenesis（31.08，1.0E-4）；morphology（27.66，1.0E-4）；revision（24.85，1.0E-4）；
37	8	（9.81）temperature anomaly；（9.81）dipole mode in thermocline layer；（9.81）empirical orthogonal function；（8.94）tropical indian ocean；（8.41）angular momentum	dipole mode in thermocline layer（24.26，1.0E-4）；empirical orthogonal function（24.26，1.0E-4）；tropical indian ocean（24.26，1.0E-4）；
15	8	（19.96）inulin；（18.29）marine yeast；（17.77）marine yeasts；（17.21）inulinase；（17.21）exoinulinase	marine yeasts（57.92，1.0E-4）；exoinulinase（57.92，1.0E-4）；marxianus var. bulgaricus（45.03，1.0E-4）；
35	7	（7.92）fresh water flux；（7.64）thermohaline circulation；（7.4）thermohaline；（7.21）air-sea coupling；（7.21）mixed boundary-conditions	thermohaline circulation（48.59，1.0E-4）；fresh water flux（20.18，1.0E-4）；mixed boundary-conditions（16.37，1.0E-4）；
28	7	（6.7）radiolarians；（6.3）absolute velocity；（5.98）variabilities；（5.92）intrusion；（5.44）radiolarian	intrusion（26.23，1.0E-4）；north（22.51，1.0E-4）；absolute velocity（22.51，1.0E-4）；
19	7	（8.88）hybridization；（8.76）polychaete；（8.38）barnacle；（8.31）bacterial community；（7.92）feedback and feedforward controller	diversity（23.26，1.0E-4）；polychaete hydroids-elegans（18.85，1.0E-4）；pore water pressure（18.05，1.0E-4）；

续表

聚类	频次	Tf * IDF算法	对数似然率算法
75	6	(18.19) ships; (16.3) dinoflagellates; (16.3) paleomagnetism; (16.3) harmful species; (16.3) ice load	paleomagnetism (75.21, 1.0E-4); acoustic attenuation (37.56, 1.0E-4); stratigraphy tropics (37.56, 1.0E-4);
74	6	(18.76) graphite-furnace; (18.76) absorption spectrometry; (15.03) continuous flow; (15.03) pre-reduction; (15.03) hydride generation	absorption spectrometry (122, 1.0E-4); graphite-furnace (122, 1.0E-4); atomic fluorescence spectrometry (60.65, 1.0E-4);
62	6	(8.31) xisha trough; (7.21) hexachlorocyclohexane isomers; (7.21) moho interface; (7.21) ocean bottom hydrophone (obh); (7.21) enantiomers	taiwan (16.52, 1.0E-4); extension (15.66, 1.0E-4); asia (15.24, 1.0E-4);
56	6	(7.21) radiocarbon age calibration; (6.74) rise; (6.7) sea-level rise; (6.3) deglaciation; (6.07) holocene	radiocarbon age calibration (16.3, 1.0E-4); palaeoceanography (14.59, 0.0010); foraminifers (10.04, 0.0050);
54	6	(7.92) kuroshio extension; (7.92) climate records; (7.81) chinese loess; (7.21) 900 ka; (7.21) abrupt variations	chinese loess (24.84, 1.0E-4); last glaciation (17.2, 1.0E-4); ice-core (17.2, 1.0E-4);
42	6	(14.42) angular momentum; (13.54) polar motion; (12.29) atmospheric angular momentum; (12.29) oceanic angular momentum; (12.11) excitation	oceanic angular momentum (78.66, 1.0E-4); length (70.05, 1.0E-4); rotation (61.49, 1.0E-4);
26	6	(9.11) kelvin waves; (7.92) tropospheric ozone; (6.7) kelvin wave; (6.7) ozone; (5.57) tide	air-pollution (10.95, 0.0010); 3d model (10.95, 0.0010); kelvin waves (10.95, 0.0010);
13	6	(11.64) pleuronema; (10.99) morphology; (10.98) ciliate; (10.6) pseudocohnilembus; (10) marine ciliate	lake (40.64, 1.0E-4); ciliate (38.62, 1.0E-4); marine ciliates (32.27, 1.0E-4);

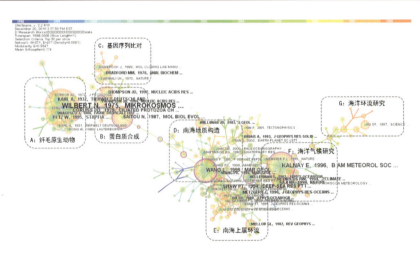

图 4-24　中国科学家在海洋技术科学领域知识图谱的聚类

知识群 B：蛋白质合成过程

知识群 B 主要是关于蛋白质合成过程的研究。蛋白质出现后，最简单的生命也随着诞生了。海洋是生物的摇篮，因此在海洋领域，对蛋白质合成的研究成了研究生物进化和形成的一个重要领域。

知识群 C：基因序列比对分析

知识群 C 主要是关于生物信息学方面的研究，比如序列比对和遗传分析。序列比对方法常用于研究由共同祖先进化而来的序列，特别是如蛋白质序列或 DNA 序列等生物序列。

知识群 D：南中国海的地质构造

知识群 D 主要是关于南中国海在古世纪的地质构造和演变。研究南中国的地质构造和成因，有利于南海资源的勘测和开采。

知识群 E：南中国海上层环流

在知识群 E 中，主要是关于南中国海上层环流的研究。南海是太平洋中季风环流最发达的海域，南中国海的环流现象受到科学家广泛关注。

知识群 F：海洋气候

知识群 F 主要是关于海洋气候的研究，比如海表温度和海洋大气动力学方面的研究。

知识群 G：海洋环流

知识群 G 和知识群 F 类似，都是关于海洋环流和海洋气候方面的研究。

通过对中国科学家海洋技术研究的七个知识群可以看出，中国科学家在海洋技术科学领域的研究主要集中在海洋生物和海洋气候两个领域。在海洋生物方面，主要关注纤毛生物、蛋白质合成和基因序列比对等领域；在海洋气候领域，主要研究海洋环流、气候、地质构造等问题，并且主要以南中国海为研究对象。

(3)时间线知识图谱

图 4-25 是中国科学家在海洋技术科学领域的时间线知识图谱分析结果。从图中可以看到，聚类 8、9、10 等关于纤毛虫的研究，是研究历史较长的一个研究领域，但是我们发现在最近 10 年的有分量的成果开始减少。而在热带海洋气候(见聚类 37 等)和大陆架(见聚类 51 等)研究领域，近十年来出现了比较多的重要的研究成果，可以看作我国科学家当前关注的前沿问题。

4.5.3　中外海洋科学研究前沿比较及差异

通过前面两节的分析，并对比当前海洋科学领域的主要发展趋势，可以看出中国科学家对海洋技术科学方面的研究成果在数量上呈现直线上升的趋势，但在被引频次上还有待进一步提高，还需要在更为国际化的期刊上和更为国际化的研究课题上发挥影响。

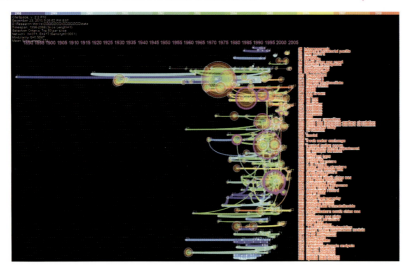

图 4-25　中国科学家在海洋技术科学领域的时间线知识图谱

　　与国外海洋科学研究的现状进行对比,中国科学家关注问题还比较窄,主要集中在海洋生物研究和海洋气候研究。在研究方法上较多地借鉴了国外的研究成果,这体现在对国外科学家的研究成果的大量引用上。中国科学家自身获得的引用并不多。

　　从中国科学家的研究现状与十一五规划对于我国海洋学科的要求来看,中国科学家当前的研究现状和我国提出的海洋科学发展战略还不尽吻合。中国科学家有责任更多地关注技术和工程层面的研究,提高海洋科学研究的整体实力和综合实力。

4.6　中国科学家在空天技术科学领域

4.6.1　中国科学家在空天技术科学领域的研究状况

　　在 SCI-E 数据库里检索 1999 年至 2009 年间中国科学家发表的空天技术科学的数据,一共得到 346 条文献。

　　(1)中国科学家的整体时间统计

　　由以前的研究可以看出,我国的空天研究在发文在国际上处于第 9 位。由图 4-26 可看出, 我国空天研究者在国际上发表的论文数从 2000—2009 年基本没什么规律,前三年都没有超过 10 篇,2003—2005 年也不超过 20 篇, 到 2007 年有了飞快的增长,一下超过了 100 篇,到 2008 年稍有下降,2009 年又大幅下滑。

　　(2)主要中国科研机构统计

　　由图 4-27 可看到中国在空天技术科学领域的主要发文机构。可以看到哈尔滨工业

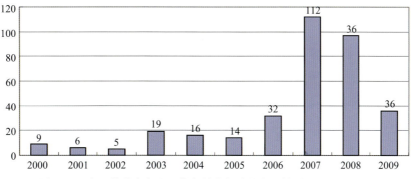

图 4-26 中国科学家在空天技术科学领域的发文数量(2000—2009)

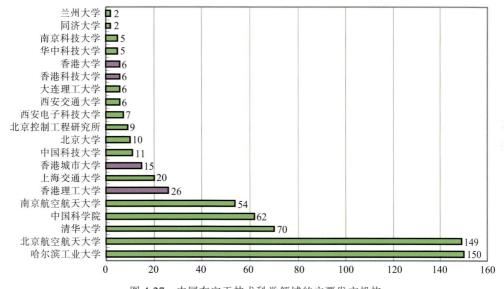

图 4-27 中国在空天技术科学领域的主要发文机构

大学和北京航空航天大学两者基本上持平,比其他机构有明显的优势。清华大学、中国科学院以及南京航空航天排在第二梯队。香港的几所大学也是榜上有名。

4.6.2 中国科学家在空天技术科学领域的作用

(1) 中国科学家的论文被引情况

由表 4-14 可以看出,346 篇文献,被引总计 593 次,篇均被引频次 1.72 次,如果再除以 10 年的话,那就是年均 0.1 次,这个比例真的不高。也可看到,没有被引超过 50 次的文献,超过 10 次的仅有 14 篇。由此可以看出,我国空天技术虽然发文占世界第九,可是被引情况却不乐观,造成影响的论文太少,几乎没有经典文献。这与我国空天大国

表 4-14　中国科学家在空天技术科学领域发表论文的被引情况

指标	数量	指标	数量篇数
论文数量	346	被引次数超过 100	0
被引总计	593	被引次数 50—99	0
篇均被引次数	1.72	被引次数 10—49	15

的实际情况不太相符,造成这种原因的情况也许是因为空天技术有很多保密内容,没有公开发表的结果。

（2）文献共被引知识图谱

在 CiteSpace 2. 2. R10 中,选择"cited References"进行文献共引分析（DCA）。与文献检索时间段相对应,时间尺度设定为 2000 至 2009 年,其间设置为 5 个时间分区,即每两年为一个时间分区。经多次试验,阈值 TOP20 可获得较为理想的聚类结果。运行结果显示 96 个网络节点和 216 条共引连线。节点间的连线表征文献节点间存在共被引关系。

图 4-28 是利用 CiteSpace 软件中的数据挖掘算法（Tf/Idf、LLR）对文献进行聚类以及聚类标识的结果。根据图 4-28 中的图谱网络结构、图 4-29、图 4-30 及表 4-15 中的聚类结果及标识词,对主题相近的聚类按照其在网络中的位置进行适当的叠加归并,形成若干

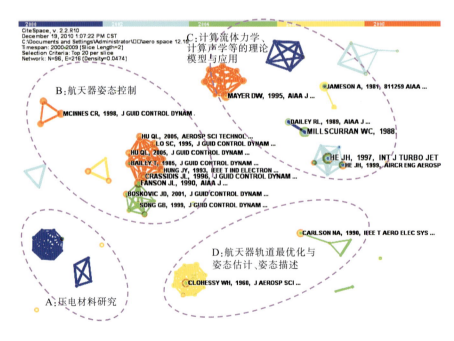

图 4-28　中国科学家在空天技术科学领域的文献共被引知识图谱

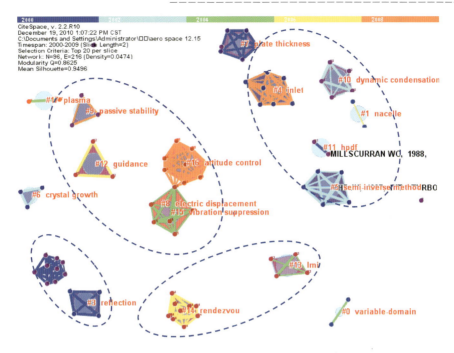

图 4-29 中国科学家在空天技术科学领域知识图谱的聚类

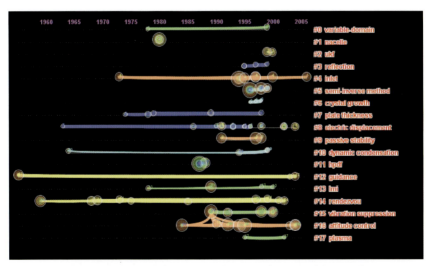

图 4-30 中国科学家在空天技术科学领域的时间线知识图谱

主要知识群，即知识群 A 到知识群 D。

知识群 A：压电材料研究

知识群 A 主要是关于压电材料的研究。

表 4-15　中国科学家在空天技术科学领域知识图谱的自动聚类标识术语

聚类号	平均年份	Label（TFIDF）	Label（LLR）	所属知识群
8	1994	electric displacement/电位移；traction/牵引；formulation/制定；piezoelectric laminate/压电层板；bottom/底部	closed-form solution/封闭性式解；asymptotic expansiontechnique/渐进展开技术；edge/边缘	知识群 B
14	1983	rendezvou/会合 chaser；genetic algorithm/遗传算法；nondominated sorting genetic algorithm/非支配排序遗传算法；homing rendezvous mission/寻会合使命	Chaser；approach/方法；flight/飞行	知识群 D
4	1995	inlet/进口；unstart/不启动；hypersonic inlet/超声速进气道；support vector/支持向量；classification criterion/分类标准	hypersonic inlet/超声速进气道；unstart/不启动；inlet/进口	知识群 C
16	1996	attitude control/姿态控制；vibration suppression/振动抑制；vibration/振动；attitude control system/姿态控制系统；vibration control/振动控制	active vibration suppression/主动振动抑制；flexible spacecraft/柔性航天器；variable structure control/变结构控制	知识群 B
5	1999	semi-inverse method/半反推法；variational principle/变分原理；identification/辨认；lagrange multiplier/拉格朗日乘数；generalized variational principle/广义变分原理	turbulence model/湍流模型；internal flow/内部流动；variational principle/变分原理	知识群 C
15	1995	vibration suppression/振动抑制；flexible spacecraft/柔性航天器；vibration/振动；pzt/压电陶瓷；thruster/火箭推进器	flexible spacecraft/柔性航天器；attitude maneuver/姿态控制；active vibration suppression/主动振动抑制	知识群 B
7	1984	plate thickness/钢板厚度；bias row/偏差行；acoustic reactance/声抗；orifice/孔；bias flow speed/偏流速度	acoustic reactance/声抗；plate thickness/钢板厚度；bias row/偏差行	知识群 C
10	1991	dynamic condensation/动力缩聚；iteration/迭代；dynamic condensation matrix/动力缩聚矩阵；numerical example/算例；eigenvalue/特征值	dynamic condensation matrix/动力缩聚矩阵；freedom/自由；numerical example/算例	知识群 C
3	1997	reflection/反射；wave/波动；incident wave/入射波；inversion/反转；harmonic wave/谐波	incident wave/入射波；reflection/发射；harmonic wave/谐波	知识群 A
13	1992	Lmi/本地管理接口；h-infinity/H 无限大；lmis/线性矩阵不等式；pole/极点；filtering problem/滤波问题	lmis/线性矩阵不等式；regional pole assignment/区域几点配置；h-infinity/H 无限大	知识群 D
6	1998	crystal growth/晶体生长；temperature profile/温度曲线；velocity profile/流速剖面；high temperature solution/高温溶液 gravity/重力	space/空间；high temperature solution/高温溶液；ground/地面	未划分
9	1996	passive stability/无源稳定性；saileraft orbit/轨道；stability criteria/稳定性准则	orbit/轨道；saileraft passive stability design/无源稳定性设计	知识群 B

续表

聚类号	平均年份	Label（TFIDF）	Label（LLR）	所属知识群
12	1988	guidance/指导；dg guidance/危险品的指导；flight control system/飞行控制系统；pid controller/PID 控制器；guidance problem/指导问题	flight control system/飞行控制系统；development/发展；missile guidance/导弹制导	知识群 B
0	1989	variable-domain/可变域；free boundary/自由边界；design point/设计点；airfoil/机翼；flow field/流场	airfoil/机翼；design point/设计点；flow field/流场	知识群 C
1	1981	nacelle/机舱；grid/格子；block/阻塞；flowfield/流场；complex transport aircraft/复杂的运输机	flow/流；flowfield/流场；numerical method/数值方法	知识群 C
2	2000	ukf/无迹卡尔曼滤波；kalman filter/卡尔曼滤波 stc/；stc algorithm/沙特电信算法；unscented kalman filter/无迹卡尔曼滤波	ukf/无迹卡尔曼滤波；stc algorithm/沙特电信算法；range rate/率范围	知识群 B
11	1988	hpdf/精细算法；expression/表达；modal method/模态法；precision/精细	incomplete truncated modal method/不完全截断模态法；hpdf method/hpdf 精细算法；many eigenvector derivative/许多特征向量导数	知识群 C
17	1999	plasma/等离子；kapton/聚酰亚胺胶带（俗称金手指）；sck5；erosion/侵蚀	sck5；atomic-oxygen flux/原子氧通量	未划分

Rao SS 与 Sunar M 于 1994 年对压电及其在干扰传感和柔性结构控制使用做了一项调查,二人在 1999 年发表了著作《通过压电材料技术的柔性结构传感和控制的最新进展》,对压电材料对柔性结构的传感和干扰做了系统的论述,因此,成为压电领域的经典文献。Crawley EF 从 1987 年起就开始研究压电制导器与智能结构的关系,1994 年的《航天的智能结构:技术综述和评估》一文中对航天智能结构的压电技术做了技术综述和评估。压电元件在智能结构中具有广泛应用前景,受到国内外研究人员的高度关注,在航天、航空等高新技术领域的应用日益广泛(见表 4-16)。

知识群 B:航天器的姿态控制

知识群 B 中主要是关于航天器姿态控制的研究,涉及柔性航天器的姿态控制等技

表 4-16 空天研究知识群 A 中主要节点及注释

知识群 A 中的主要节点	注释
1. Batra RC, Liang XQ, Yang JS. The vibration of a simply supported rectangular elastic plate due to piezoelectric actuators［J］. International Journal of Solids and Structures. 1996, 33(11): 1597—1618.	一个简支矩形弹性板振动由于压电致动器
2. Rao SS, Sunar M. Piezoelectricity and its use in disturbance sensing and control of flexible structures: a survey［J］. Applied Mechanics Reviews. 1994, 47: 113.	压电及其在干扰传感和柔性结构控制使用:一项调查
3. Crawley EF. Intelligent structures for aerospace: a technology overview and assessment［J］. AIAA journal. 1994, 32(8): 1689—1699.	航天的智能结构:技术综述和评估

术问题的研究以及有关太阳帆的研究(见表 4-17)。

主动控制技术一直都是航天器研究的前沿热点问题。在 Hyland DC, Junkins JL, Longman RW 等人研究大型空间结构的主动控制技术的基础上,Hu QL, Ma GF 于 2005 年发表了《柔性航天器姿态控制中的振动抑制》以及《柔性航天器姿态控制中的变结构控制和主动振动抑制》,Bo kovic JD, Li SM, Mehra RK 等人则研究了航天器控制输入饱

表 4-17　空天研究知识群 B 中主要节点及注释

知识群 B 中的主要节点	注释
1. Fanson JL, Caughey TK. Positive position feedback control for large space structures[J]. AIAA journal. 1990, 28(4): 717—724.	大型空间结构的正位置反馈控制
2. Crassidis JL, Markley FL. Sliding mode control using modified Rodrigues parameters[J]. Journal of Guidance control and dynamics. 1996, 19(6): 1381—1382.	利用修正罗德里格参数滑模控制
3. Hu QL, Ma GF. Vibration suppression of flexible spacecraft during attitude maneuvers[J]. Journal of Guidance, Control, and Dynamics. 2005, 28(2): 377—380.	柔性航天器姿态控制中的振动抑制
4. Hu Q, Ma G. Variable structure control and active vibration suppression of flexible spacecraft during attitude maneuver [J]. Aerospace Science and Technology. 2005, 9(4): 307—317.	柔性航天器姿态控制中的变结构控制和主动振动抑制
5. Hung JY, Gao W, Hung JC. Variable structure control of nonlinear systems[J]. IEEE Trans. Industrial Electronics. 1993, 40: 45—55.	非线性系统的变结构控制
6. Bo kovic JD, Li SM, Mehra RK. Robust tracking control design for spacecraft under control input saturation[J]. J. Guid. Control Dyn ∗ 4. 2004, 27(4): 627—633.	航天器控制输入饱和下的鲁棒性追踪控制设计
7. Bo kovic JD, Li SM, Mehra RK. Robust adaptive variable structure control of spacecraft under control input saturation[J]. J. Guid. Control Dyn. 2001, 24(1): 14—22.	航天器控制输入饱和下鲁棒自适应变结构控制
8. Hyland DC, Junkins JL, Longman RW. Active control technology for large space structures[J]. Journal of Guidance, Control, and Dynamics. 1993, 16(5): 801—821.	大型空间结构的主动控制技术
9. Song G, Agrawal BN. Vibration suppression of flexible spacecraft during attitude control[J]. Acta Astronautica. 2001, 49(2): 73—83.	柔性航天器姿态控制中的振动抑制
10. Song G, Buck NV, Agrawal BN. Spacecraft vibration reduction using pulse—width pulse—frequency modulated input shaper [J]. Journal of Guidance, Control, and Dynamics. 1999, 22(3): 433—440.	使用脉冲宽度脉冲频率调制输入成型机的航天器减振
11. Ariff O, Zbikowski R, Tsourdos A et al. Differential geometric guidance based on the involute of the target's trajectory[J]. Journal of Guidance control and dynamics. 2005, 28(5): 990.	目标渐开线的轨迹的微分几何上指导
12. McInnes CR. Artificial Lagrange points for a non-perfect solar sail[J]. Journal of Guidance, Control and Dynamics. 1999, 22(1): 185—187.	非完美的太阳帆的人工拉格朗日点
13. McInnes CR, Simmons JFL. Solar sail halo orbits. I-Heliocentric case. II-Geocentric case[J]. Journal of Spacecraft and Rockets. 1992, 29: 466—479.	太阳帆的 halo 轨道:1 日心案 2 地心案
14. McInnes CR. Mission applications for high performance solar sails. In; 1998; 1998.	高性能太阳帆任务应用

和下的鲁棒性追踪控制设计以及自适应并结构的控制,对航天器的姿态控制问题做了深入的探讨。

随着微电子技术、材料科学、空间技术的飞速发展,太阳帆已经得到了世界各国的广泛关注。在前文已经提及,这里就不再赘述。CR McInnes 在研究了非完美的太阳帆的人工拉格朗日点、太阳帆的 halo 轨道、高性能太阳帆任务应用之后,于 1999 年发表了《太阳帆:应用技术、动力和任务》,系统地介绍了太阳帆的有关技术、动力和任务等。太阳帆在深空探测任务中有广阔的应用前景,必将对空间技术的发展和宇宙的探索产生深远的影响。太阳帆的关键技术有以下 4 个方面:轻量化、储存、展开技术与结构控制。

知识群 C:计算流体力学、计算声学等的理论模型与应用

知识群 C 中主要节点都是关于计算流体力学以及计算声学等理论模型与应用(见表 4-18)。

泰姆(CKW Tam)为计算气动声学作出了很大的贡献。其《计算气动声学的 DRP 有限差分方法》突破了传统的计算流体力学计算定常流的低阶模式,而用了高阶有限差分格式直接计算各种流。他还研究了在非均匀平均流中直接计算光和流的辐射和流出的边界条件,运用特征相关关系,通过欧拉方程和普通纳维斯托方程获得的边界的一个新的公式。

知识群中也有 A Jameson,其 1981 年发表的《运用 Runge-Kutta 时步法通过有限元方法的欧拉方程的数值解》一文中提出了把有限元离散与三阶耗散设计、Runge Kutta 时序格式相结合,产生了对解决任意几何领域欧拉方程解的一个有效方法,成为经典文献。这个方法用一个 O 网来决定机翼的定常跨音速流。这篇论文运用时步法有限体积方法的欧拉方程的数值模拟,也是对欧拉方程数值解的一个初步尝试,随后掀起了各种对欧拉方程数值方法改进的热潮。这些改进的欧拉方程的解为航行器设计的计算空气动力学、计算流体力学的最优化研究提供了深厚的基础。

He JH 也利用流体力学广义变分的原理提出了半反推法以及提出一些非线性分析的方法。

知识群 D:航空器轨道最优化与姿态估计、姿态描述

知识群 D 中的研究是关于航空器姿态最优化与姿态估计与姿态描述的(见表 4-19)。

WH Clohessy 等人 1960 写的论文《人造卫星交会的末端控制系统》,是整个知识群 D 的基础,为以后的航空器姿态问题研究提供了早期的探索。TE Carter1998 年提出的空间交会末端研究的状态转移矩阵以距离速率控制算法和全方位距离速率控制算法,对基础构造的末端交会控制模式具有普遍的应用意义。这些算法适用于多种多样的交会任务,包括在大椭圆轨道上的飞船交会。受控运动轨迹平稳、形态可选,而控制和推进

表 4-18 空天研究知识群 C 中主要节点及注释

知识群 C 中的主要节点	注释
1. He JH. Semillinverse method of establishing generalized variational principles for fluid mechanics with emphasis on turbomachinery aerodynamics[J]. International Journal of Turbo and Jet Engines. 1997, 14: 23—28.	叶轮机械气动强调为流体力学广义变分原理的半反推法的建立
2. He JH. Variational iteration method—a kind of non-linear analytical technique: some examples[J]. International Journal of Non-Linear Mechanics. 1999, 34 (4): 699—708.	一类非线性分析技术的变分迭代法:一些例子
3. He JH. A coupling method of a homotopy technique and a perturbation technique for non-linear problems[J]. International Journal of Non-Linear Mechanics. 2000, 35(1): 37—43.	一个同伦技术耦合方法和一个非线性问题摄动法
4. Kirsch U. Improved stiffness-based first-order approximations for structural optimization[J]. AIAA journal. 1995, 33(1).	改进刚度的一阶逼近结构优化
5. Chen SH, Yang XW. Extended Kirsch combined method for eigenvalue reanalysis [J]. AIAA journal. 2000, 38(5): 927—930.	特征值重分析的基尔希相结合方法扩展
6. Chen SH, Yang XW, Wu BS. Static displacement reanalysis of structures using perturbation and Padé approximation[J]. Communications in Numerical Methods in Engineering. 2000, 16(2): 75—82.	运用微扰和 Padé 的逼近结构静态位移的重分析
7. Guyan RJ. Reduction of stiffness and mass matrices[J]. AIAA journal. 1965, 3 (2): 380.	减少刚度和质量矩阵
8. Mayer DW, Paynter GC. Prediction of supersonic inlet unstart caused by freestream disturbances[J]. AIAA journal. 1995, 33(2): 266—275.	超音速进气道不起动造成 freestream 干扰预测
9. Zha GC, Knight D, Smith D et al. Numerical simulation of high-speed civil transport inlet operability with angle of attack[J]. AIAA journal. 1998, 36(7): 1223—1229.	有攻角高速民用运输进口的可操作性的数值模拟
10. Tam CKW, Dong Z. Radiation and outflow boundary conditions for direct computation of acoustic and flow disturbances in a nonuniform mean flow[J]. Journal of Computational Acoustics. 1996, 4(2): 175—201.	在非均匀平均流中直接计算光和流的辐射和流出的边界条件
11. Fung KY, Man RSO, Davis S. Implicit high-order compact algorithm for computational acoustics[J]. AIAA journal. 1996, 34(10): 2029—2037.	计算声学的隐式高阶紧致算法
12. Jameson A, Schmidt W, Turkel E. Numerical solutions of the Euler equations by finite volume methods using Runge—Kutta time—stepping schemes[J]. AIAA paper. 1981, 81: 1259.	运用 Runge-Kutta 时步法通过有限元方法的欧拉方程的数值解

系统本身简单易行、计算机仿真效果很好。

　　Anderson BDO 于 1979 年就探讨了最优滤波的问题，这为以后滤波的研究打下了坚实的基础。现在,卡尔曼滤波被广泛应用于航天器姿态估计中。不少学者继续研究滤波设计的方法和用途,如 Geromel JC 提出了滤波设计的 LMI 方法,不断丰富着姿态估计的成果。Betts JT 等人则提出了稀疏非线性优化算法,并对尾迹优化算法进行了细致的综述。

表 4-19　空天研究知识群 D 中主要节点及注释

知识群 D 中的主要节点	注释
1. Anderson BDO, Moore JB, Barratt J. Optimal filtering[J]. 1979.	最优滤波
2. Geromel JC. LMI approaches to the mixed H2/H∞ filtering design for discrete time uncertain systems[J]. IEEE Trans. Aerospace and Electronic Systems. 2001, 37(1): 292—296.	离散时间不确定系统的混合滤波设计的 LMI 方法
1. Clohessy WH, Wiltshire RS. Terminal guidance system for satellite rendezvous[J]. Journal of the Aerospace Sciences. 1960, 27(9): 653—658.	人造卫星交会的末端控制系统
3. Betts JT, Frank PD. A sparse nonlinear optimization algorithm[J]. Journal of Optimization Theory and Applications. 1994, 82(3): 519—541.	稀疏非线性优化算法
4. Betts JT. Survey of numerical methods for trajectory optimization[J]. Journal of Guidance control and dynamics. 1998, 21(2): 193—207.	尾迹优化的数值算法综述
5. Prussing JE, Chiu JH. Optimal multiple-impulse time-fixed rendezvous between circular orbits[J]. Journal of Guidance, Control, and Dynamics. 1986, 9(1): 17—22.	圆轨道间最优多脉冲时间固定交会
6. Gross LR, Prussing JE. Optimal multiple-impulse direct ascent fixed-time rendezvous[J]. AIAA journal. 1974, 12(7): 885—889.	最优多脉冲直接上升固定时间交会

4.7　中国科学家在激光技术科学领域

4.7.1　中国科学家在激光技术科学领域的研究状况

在 SCI-E 数据库里主题检索 1998 年至 2008 年间激光技术科学的数据。检索式设定为 "TI=laser and CU=china"。文献语言选择 "All languages"，文献格式选择 "Article"，得到 7985 条文献数据，即中国科学家在激光技术科学领域发表论文数量为 7985 篇。

(1) 中国科学家的整体时间统计

由以前的研究可以看出，我国的激光研究发文在国际上处于第三位，仅次于美国和日本。由图 4-31 可看出，我国激光研究者在国际上发表的论文数从 1998—2008 年逐年稳步增长，已经由 1998 年的 278 篇，涨到 2008 年的 1290 篇，平均每年增长 100 篇。

(2) 主要中国科研机构统计

由图 4-32 可看到中国在激光技术科学领域的主要发文机构。显而易见，中国科学院占了绝对优势，发文 2064 篇，平均每年 200 篇左右。这是因为中国科学院有很多与激光研究相关的研究所，他们构成了激光研究的主要队伍。华中科技大学、山东大学、清华大学、香港理工大学、复旦大学都发文在 300 篇以上。由此，可知中国大学是激光研究的重要力量。

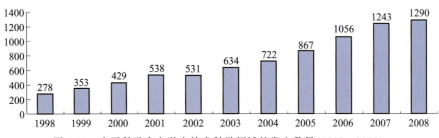

图 4-31　中国科学家在激光技术科学领域的发文数量(1998—2008)

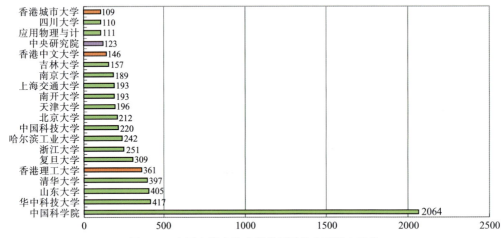

图 4-32　中国在激光技术科学领域的主要发文机构

4.7.2　中国科学家在激光技术科学领域的作用

(1)中国科学家的论文被引情况

由表 4-20 可以看出,7985 篇文献,被引总计 52847 次,篇均被引 6.62 次,年均 0.6 次,这个比例并不高。也可看到被引超过 100 次的只有 14 篇,而被引 10—49 次的则有 1606 篇,剩下的 7000 多篇基本算是没被引。

由此可以看出,我国虽然发文占世界第三,可是被引情况却不乐观,年均超过 4 次 的达不到总数的 1%,造成影响的论文太少,经典文献寥寥无几。

表 4-20　中国科学家在激光技术科学领域发表论文的被引情况

指标	数量	指标	数量篇数
论文数量	7985	被引次数超过 100	14
被引总计	52,847	被引次数 50—99	47
篇均被引次数	6.62	被引次数 10—49	1606

(2)文献共被引知识图谱(反映中国科学家的主要研究前沿)

在 CiteSpace 软件中,选择"cited References"进行文献共引分析(DCA)。与文献检索时间段相对应,时间尺度设定为 1998 至 2008 年,其间设置为 11 个时间分区,即每一年为一个时间分区。经多次试验,阈值 TOP20 可获得较为理想的聚类结果。运行结果显示 154 个网络节点和 291 条共引连线。节点间的连线表征文献节点间存在共被引关系。

图 4-33 以及表 4-21 是利用 CiteSpace 软件中的数据挖掘算法(Tf/Idf、LLR)对文献进行聚类以及聚类标识的结果。根据图 4-33 中的图谱网络结构、图 4-34、图 4-35 的时间线图谱中的聚类结果和表 4-21 中的标识词,对主题相近的聚类按照其在网络中的位置进行适当的叠加归并,形成若干主要知识群,即知识群 A 到知识群 E。

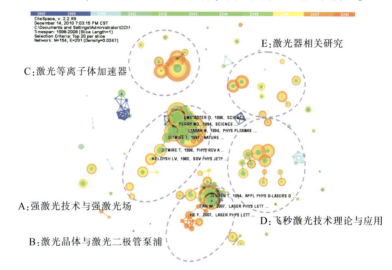

图 4-33　中国科学家在激光技术科学领域的文献共被引知识图谱

表 4-21　中国科学家在激光技术科学领域知识图谱的自动聚类标识术语

聚类号	平均年份	Label (TFIDF)	Label (LLR)	所属知识群
17	1993	pulsed laser/脉冲激光;thin film/薄膜;la0/la0;specy/坐标;haracterization/特征描述	laser/激光;la0/la0;spectrometric characterization/光谱测定的特征描述	知识群 A
11	1992	ultraintense stationary laser beam/超强激光束固定;condition/状态;electron capture/电子捕获;acceleration/加速;intense laser beam/强激光束	electron capture/电子捕获;vacuum/真空;ultraintense stationary laser beam/超强激光束固定	知识群 A
14	1998	diode-laser-array/二极管激光阵列;single crystal/单晶;lowly nd/第二低;wcwnd;diode-laser-array end-pumped intracavity/激光二极管阵列端面泵浦腔内	ktp green laser/KTP 晶体绿光激光器;growth/增长;gdvo4 laser/GdVO4 晶体激光器	知识群 B

续表

聚类号	平均年份	Label（TFIDF）	Label（LLR）	所属知识群
13	1994	solid target/固体目标；hot electron/热电子；short relativistic laser pulse/激光短脉冲相对论；fast electron/快电子；interaction/相互作用	solid target/固体目标；hot electron/热电子；front/前部	知识群A
18	1999	two-color laser field/双色激光场；classical dynamic/经典动态；hydrogen/氢；field/领域；intense laser field/强激光场	intense laser field/强激光场；ionization/电离；theoretical model/理论模型	知识群C
9	1996	copper vapor laser/铜蒸气激光；genetic algorithm/遗传算法；black center/黑中心；copper-vapor laser/铜蒸气激光；large-bore copper vapor laser/大口径铜蒸气激光	copper vapor laser/铜蒸气激光；genetic algorithm/遗传算法；black center/黑中心	知识群D
10	1991	nanosecond laser/纳秒激光；cluster/集群；cluster-assisted multiple ionization/群集辅助多次电离；atomic cluster/原子集群；wavelength dependence/波长依赖	nanosecond laser/纳秒激光；cluster/集群；cluster-assisted multiple ionization/群集辅助多次电离；wavelength dependence/波长依赖	知识群A
15	2007	nm laser/纳米激光器；khz/千赫；composite crystal laser/复合晶体激光器；yvo4 laser/YVO4激光器；q-switched nd	nm laser/纳米激光器；khz/千赫；yvo4 laser/ YVO4 激光器；composite crystal laser/复合晶体激光器；q-switched nd	知识群B
25	1997	laser-induced damage/激光损伤；conduction-band electron/导带电子；photon absorption/光子吸收；optical material/光学材料；absorption/吸收	laser-induced damage/激光损伤；conduction-band electron/导带电子；photon absorption/光子吸收	知识群C
26	1990	quantum noise reduction/量子降噪；inversion/反转；noise/噪声；cascade/级联；dynamic quantum noise reduction/量子动态降噪	inversion/反转；dynamic quantum noise reduction/量子动态降噪；sub-poissonian quantum-beat laser/亚泊松量子激光打	无
3	1992	reaction/反作用；infrared spectra/红外光谱；functional calculation/计算功能；nitrogen atom/氮原子；molecule/分子	reaction/反作用；infrared spectra/红外光谱；density/密度	无
12	2004	powerful terahertz emission/强大的太赫兹辐射；inhomogeneous plasma/不均匀等离子体；laser wake field/激光尾场；acceleration/加速度；plasma/等离子	powerful terahertz emission/强大的太赫兹辐射；inhomogeneous plasma/不均匀等离子体；laser wake field/激光尾场	知识群A
16	2004	gdvo4 solid-state laser/gdvo4 晶体固态激光器；lamgal1o19 lasing/lamgal1o19 lasing；gdvo4；c-cut nd；vo4	gdvo4 solid-state laser/GdVO4 晶体固态激光器；lamgal1o19 lasing；amgal1o19 lasing；gdvo4 laser/gdvo4 激光	知识群B
23	1996	glasse/杯子；space-selective valence state manipulation/空间选择性价态的操纵；transition metal ion/过渡金属离子；rear surface/稀有表面；silica glas/二氧化硅玻璃	glasse/杯子；space-selective valence state manipulation/空间选择性价态的操纵；transition metal ion/过渡金属离子	知识群C

聚类号	平均年份	Label（TFIDF）	Label（LLR）	所属知识群
0	1996	clad ni-cr-al coating/包镍铬铝涂层；aluminium alloy/铝合金；wear resistance/耐磨性；wear/磨损；microstructure/微观结构	aluminium alloy/包镍铬铝涂层；wear resistance/耐磨性 amorphous structure/无定形结构	无
1	2002		near-diffraction/近衍射；tunable single-longitude-mode tm/可调谐单经度模式商标；room temperature/室温	无
2	1996	bo3；ca4yo；growth/增益；ca4gd0；stark energy level/能量水平	bo3；crystal/晶体；ca4yo	无
4	2000	microchip laser/微片激光器；intracavity frequency doubling/腔内倍频；pump/泵；vo4；end-pumped nd 端泵浦 Nd	intracavity frequency doubling/腔内倍频；double-end-pumped 11-w nd/双端泵浦 11 瓦特；red radiation/红色辐射	知识群 B
5	2000	yag/YAG 激光	mode-locked diode-pumped nd/锁模二极管泵浦 Nd；co-doped nd/共掺次；locking nd/锁定	知识群 B
6	1972	iterative treatment/迭代处理；high-frequency laser field/高频激光场；energetic ati spectra/精力充沛的 ATI 谱；two-color interference effect/双色干扰效应；spectra/谱	atom/原子；iterative treatment/迭代处理 high-frequency laser field/高频激光场	无
7	2002	plasma channel/等离子体通道；air/空气；filamentation/丝；propagation/繁殖；control/控制	air/空气；plasma channel/等离子体通道；femtosecond laser pulse/飞秒激光脉冲	知识群 C
8	1962	yb-doped yttrium orthovanadate crystal/掺镱钒酸钇晶体；dy crystal/dy 晶体；raman spectra/拉曼光谱；yellow laser potential/黄激光潜力；monoclinic gdca4o/单斜 gdca4o	yb-doped yttrium orthovanadate crystal/掺镱钒酸钇晶体；dy crystal/dy 晶体；raman spectra/拉曼光谱	知识群 E
19	1998	methane/甲烷；dissociation/离解；coulomb explosion/库仑爆炸；intense femtosecond laser field/飞秒强激光场 field/领域	methane/甲烷；dissociation/离解；coulomb explosion/库仑爆炸	无
21	2000	fiber ring laser/光纤环形激光器；erbium-doped fiber ring laser/掺铒光纤环形激光器	f-p semiconductor modulator/的 F-P 半导体调制器；erbium-doped fiber ring laser/掺铒光纤环形激光器；dual-band multiwavelength erbium-doped fiber laser source/双频多波长掺铒光纤激光光源	知识群 E
20	1999	saturable absorber/饱和吸收；q-switched/intracavity-frequency-doubling nd/开关内腔倍频次；cavity/腔；ktp green laser/KTP 晶体绿光激光器；ktp/ktp	saturable absorber/饱和吸收；q-switched intracavity-frequency-doubling nd/开关内腔倍频次；beal2o4 laser/激光	知识群 D
22	1996	single-mode laser/单模激光器	single-mode laser model/单模激光器；general laser intensity langevin equation/一般的激光强度 Langevin 方程；new mechanism/新机制	知识群 E

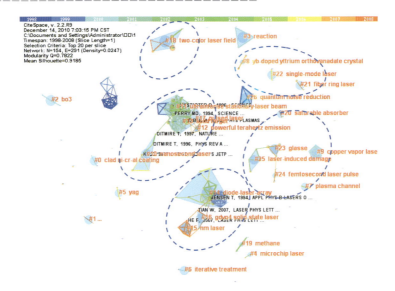

图 4-34　中国科学家在激光技术科学领域知识图谱的聚类

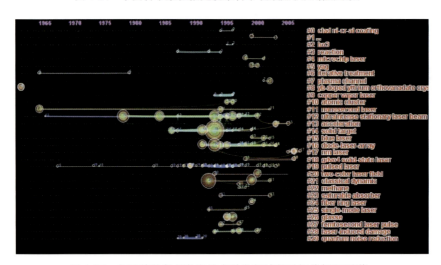

图 4-35　中国科学家在激光技术科学领域的时间线知识图谱

知识群 A：强激光技术与强激光场

知识群 A 主要是关于强激光技术与强激光场的研究(见表 4-22)。中心性最大的节点是 Tabak M1994 年发表的《超能激光器的点火与高增益》，文中提出的"快点火"惯性约束核聚变(ICF)方案是近年来提出的激光聚变点火的一种好方式，其特点是将靶丸的压缩过程和点火过程分离。第一步由通常的多束激光对称辐照靶丸以获得高密度，然后再用单束超短脉冲强激光(Petawatt)加热芯部实现点火。强激光技术发展迅速，开辟

表 4-22　激光研究知识群 A 中主要节点及注释

知识群 A 中的主要节点	注释
1. Tabak M, Hammer J, Glinsky ME et al. Ignition and high gain with ultrapowerful lasers[J]. Physics of Plasmas. 1994, 1(5): 1626—1634	超能激光器的点火与高增益
2. Perry MD, Mourou G. Terawatt to petawatt subpicosecond lasers[J]. Science. 1994, 264(5161): 917—924.	从太瓦到拍瓦的亚皮秒激光器
3. Ditmire T, Donnelly T, Rubenchik AM et al. Interaction of intense laser pulses with atomic clusters[J]. Physical Review A. 1996, 53(5): 3379—3402.	带原子团簇高功率激光脉冲的相互作用
4. Ditmire T, Tisch JWG, Springate E et al. High-energy ions produced in explosions of superheated atomic clusters[J]. nature. 1997, 386: 54—61.	过热原子团簇爆炸生产的高能量离子
5. Umstadter D, Chen SY, Maksimchuk A et al. Nonlinear optics in relativistic plasmas and laser wake field acceleration of electrons[J]. SCIENCE. 1996, 273: 472—474.	相对论等离子体和激光尾场加速电子的非线性光学
6. Keldysh LV. Ionization in the field of a strong electromagnetic wave[J]. Soviet Physics JETP. 1965, 20(5): 1307—1314.	一个强大的电磁波场的电离
7. Mourou GA, Tajima T, Bulanov SV. Optics in the relativistic regime[J]. Reviews of Modern Physics. 2006, 78(2): 309—371.	相对制度下的光学
8. Wang PX, Ho YK, Yuan XQ et al. Vacuum electron acceleration by an intense laser[J]. Applied Physics Letters. 2001, 78: 2253.	强激光场的真空电子加速
9. Wilks SC, Kruer WL, Tabak M et al. Absorption of ultra-intense laser pulses[J]. Physical review letters. 1992, 69(9): 1383—1386.	吸收超强激光脉冲
10. Brabec T, Krausz F. Intense few-cycle laser fields: Frontiers of nonlinear optics [J]. Reviews of Modern Physics. 2000, 72(2): 545—591.	强周期激光场：非线性光学前沿
11. Hartemann FV, Fochs SN, Le Sage GP et al. Nonlinear ponderomotive scattering of relativistic electrons by an intense laser field at focus[J]. Physical Review E. 1995, 51(5): 4833—4843.	强激光场中相对论电子在焦点的非线性散射
12. Lewenstein M, Balcou P, Ivanov MY et al. Theory of high-harmonic generation by low-frequency laser fields[J]. Physical Review A. 1994, 49(3): 2117—2132.	低频激光场高次谐波产生的理论
13. Baltu ka A, Udem T, Uiberacker M et al. Attosecond control of electronic processes by intense light fields[J]. nature. 2003, 421(6923): 611—615.	强光场的电子过程的阿秒控制
14. Sansone G, Benedetti E, Calegari F et al. Isolated single-cycle attosecond pulses [J]. Science. 2006, 314(5798): 443.	隔离单周期阿秒脉冲

了崭新而广阔的研究领域和应用前景,不过其中尚有许多问题急待进一步解决。

20 世纪 80 年代中期发展起来的啁啾脉冲放大(CPA)技术与先进的高功率激光技术及优良的激光增益介质相结合,把激光峰值输出功率提高了几个数量级,出现了输出拍瓦级(1015 W)皮秒(10^{-12} s)和飞秒(10^{-15} s)脉冲的固体激光装置,聚焦峰值功率密度达到 1020—1022 W/cm²。Perry MD 等人于 1994 年在 Science 上发表论文《从太瓦到拍瓦的亚皮秒激光器》，较早提出了拍瓦的概念。在美国 LLNL 实验室的帮助下，美国德克萨斯大学高密度激光研究中心的 Texas Petawatt 激光装置 2008 年 3 月 31 日输出拍瓦脉冲。Texas Petawatt 是 1999 年 LLNL 的 Petawatt 激光装置拆除后在美国境内建成的第一个这种类型的激光装置。按照该中心 Todd Ditmire 的说法，Texas Petawatt 能够输出 190J 能量，输出脉冲的脉宽为 170fs，是目前世界上正在运行的激光器中输出功率最高的拍瓦激光装置。

德克萨斯州高能量激光科学研究中心的 Ditmire 也是强激光技术研究的代表人物，他于 1997 年发表关于《过热原子团簇爆炸生产的高能量离子》一文。他说 LLNL 是 Texas Petawatt 项目最主要的合作伙伴。来自 LLNL 国家点火装置的科学家们帮助德州大学的技术小组开发了大部分关键元件，LLNL 的工作人员也对项目的管理提供了很多指导意见。Texas Petawatt 的主放大器是来自 LLNL 已经关闭的 NOVA 激光装置，压缩 Texas Petawatt 脉冲的大口径光栅也由 LLNL 提供。

激光与物质相互作用的物理过程中，激光功率密度起主导作用，不同光强对应不同的物理学领域。如此高的激光功率密度能够在实验室中产生前所未有的极端物态条件，即超强电场、超强磁场和超高压强等，从而开创了崭新的强场物理领域，推动了相关学科的交叉融合，形成了多个前沿研究方向，如粒子加速、强辐射源、先进光源、阿秒物理、快点火聚变、超热物质、激光核物理、超快过程诊断、激光天体物理、非线性量子电动力学(QED)等，在材料科学、生命科学和医学等领域中也极具应用价值。

Lewenstein M 等人 1994 年发表的《低频率激光场产生高谐波的理论》，Brabec T 的《强周期激光场：非线性光学前沿》，Hartemann FV 的《强激光场中相对论电子在焦点的非线性散射》，这些有关强激光场的研究都是非线性光学的代表作品，也成为研究非线性光学的理论前沿。同时，中国学者 Wang PX 等人发表的《强激光场的真空电子加速》，Wilks SC 等人的《吸收超强激光脉冲》，Baltu ka A 在 Nature 发表的《强光场的电子过程的阿秒控制》，Sansone G 等人 2006 年发表在 Science 上的《隔离单周期阿秒脉冲》都展示了强激光技术和强激光场的前沿。

知识群 B：激光晶体与激光二极管泵浦

知识群 B 中主要是有关激光晶体制造二极管激光泵浦的光谱特性和激光特性以及相关的一些研究(见表 4-23)。

掺钕钒酸钇(Nd:YVO4)晶体是一种性能优良的激光晶体，适于制造激光二极管泵浦特别是中低功率的激光器。与 Nd:YAG 相比，Nd:YVO4 对泵浦光有较高的吸收系数和更大的受激发射截面。激光二极管泵浦的 Nd:YVO4 晶体与 LBO、BBO、KTP 等高非线性系数的晶体配合使用，能够达到较好的倍频转换效率，可以制成输出近红外、绿色、蓝色到紫外线等类型的全固态激光器。现在 Nd:YVO4 激光器已在机械、材料加工、波谱学、晶片检验、显示器、医学检测、激光印刷、数据存储等多个领域得到广泛的应用。而

表 4-23　激光研究知识群 B 中主要节点及注释

知识群 B 中的主要节点	注释
1. Jensen T, Ostroumov VG, Meyn JP et al. Spectroscopic characterization and laser performance of diode-laser-pumped：GdVO 4[J]. Applied Physics B：Lasers and Optics. 1994, 58(5)：373—379.	Nd：GdVO4 激光二极管泵浦的光谱特性和激光性能
2. He F, Huang L, Gong M et al. Stable acousto-optics Q-switched Nd：YVO4 laser at 500 kHz[J]. Laser Physics Letters. 2007, 4(7)：511—514.	500 kHz 下的稳定的声光 Q 调 Nd：YVO4 激光器
3. Tian W, Wang C, Wang G et al. Performance of diode-pumped passively Q-switched mode-locking Nd：GdVO4/KTP green laser with Cr4 +：YAG[J]. Laser Physics Letters. 2007, 4(3)：196—199.	被动调 Q 锁模 Nd：GdVO4/KTP green laser with Cr4 +：YAG 的二极管泵浦性能
4. Studenikin PA, Zagumennyi AI, Zavartsev YD et al. GdVO4 as a new medium for solid-state lasers：some optical and thermal properties of crystals doped with Cd3 +, Tm3 +, and Er3 + ions[J]. Quantum Electronics. 1995, 25(12)：1162—1165.	GdVO4 晶体作为固态激光器的新介质：掺杂 CD3 +、铥3 + 和 Er3 + 离子晶体某些光学和热与性能
5. Kajava TT, Gaeta AL. Q switching of a diode-pumped Nd：YAG laser with GaAs [J]. Optics letters. 1996, 21(16)：1244—1246.	调 Q 的二极管泵浦 Nd：YAG 激光与砷化镓
6. Wyss CP, Lüthy W, Weber HP et al. Performance of a diode—pumped 5 W Nd3 +：GdVO4 microchip laser at 1. 06 μm[J]. Applied Physics B：Lasers and Optics. 1999, 68(4)：659—661.	1. 06 微米 5 瓦的 Nd3 +：GdVO4 晶体微片激光器二极管泵浦性能
7. Hnninger C, Paschotta R, Morier-Genoud F et al. Q-switching stability limits of continuous-wave passive mode locking[J]. Journal of the Optical Society of America B. 1999, 16(1)：46—56.	连续波被动锁定模式极限的调 Q 稳定性
8. Zhang H, Liu J, Wang J et al. Characterization of the laser crystal Nd：GdVO < sub > 4 </sub >[J]. JOSA B. 2002, 19(1)：18—27.	Nd：GdVO < sub > 4 </sub >激光晶体的特征
9. Czeranowsky C, Heumann E, Huber G. All-solid-state continuous-wave frequency-doubled Nd：YAG BiBO laser with 2. 8-W output power at 473 nm [J]. Optics letters. 2003, 28(6)：432—434.	在 473 nm 时的 2.8 W 输出功率全固态连续波倍频 Nd：YAG BiBO 激光器
10. Zhang HJ, Meng XL, Zhu L et al. Investigations on the growth and laser properties of Nd：GdVO4 single crystal[J]. Crystal Research and Technology. 1998, 33(5)：801—806.	对 Nd：GdVO4 单晶晶体的激光生长和特性的观测
11. Zeller P, Peuser P. Efficient, multiwatt, continuous-wave laser operation on the ^4F_ (3/2)—^4I_ (9/2) transitions of Nd：YVO_4 and Nd：YAG[J]. Optics letters. 2000, 25(1)：34—36.	Nd：YVO_4 和 Nd：YAG 的高效、多瓦、连续波的转换
12. Liu Y, Sun L, Qiu H et al. Bidirectional operation and gyroscopic properties of passively mode-locked Nd：YVO4 ring laser[J]. Laser Physics Letters. 2007, 4 (3)：187—190.	被动锁模 Nd：YVO4 晶体圆环激光器的双向操作和陀螺属性
13. Yang J, Fu Q, Liu J et al. Experiments of a diode-pumped Nd：GdVO4/LT-GaAs Q-switched and mode-locked laser[J]. Laser Physics Letters. 2007, 4 (1)：20—22.	二极管泵浦 NdGdVO4/LT-GaAs 调 Q 和锁模激光器的实验
14. Lu C, Gong M, Liu Q et al. 16. 4 W laser output at 1. 34 μm with twin Nd：YVO4 crystals and double - end - pumping structure[J]. Laser Physics Letters. 2008, 5(1)：21—24.	1. 34 微米的双 Nd：YVO4 晶体和双端泵浦结构的 16. 4 W 激光输出器
15. Zheng J, Zhao S, Chen L. Laser-diode end-pumped passively Q-switched intracavity doubling Nd：YVO/KTP laser with Cr：YAG saturable absorber[J]. Optical Engineering. 2002, 41：1970.	双 Nd：铬钒酸钇/ KTP 激光 Cr：YAG 饱和吸收的激光二极管端面泵浦被动调 Q 内腔
16. Orlovich VA, Burakevich VN, Grabtchikov AS et al. Continuous - wave intracavity Raman generation in PbWO4 crystal in the Nd：YVO4 laser[J]. Laser Physics Letters. 2006, 3(2)：71—74.	钨酸铅晶体的 Nd：YVO4 激光器中连续内腔拉曼波的产生
17. Zavadilova A, Kube ek V, Diels JC. Picosecond optical parametric oscillator pumped synchronously, intracavity, by a mode - locked Nd：YVO4 laser[J]. Laser Physics Letters. 2007, 4(2)：103—108.	锁模的 Nd：YVO4 激光器同步，腔内，皮秒抽运光多量振荡器

且 Nd:YVO4 二极管泵浦固态激光器正在迅速取代传统的水冷离子激光器和灯泵浦激光器的市场,尤其是在小型化和单纵模输出方面。

　　Nd.YAG 或 Nd:Y3Al5O12,Neodymium-doped Yttrium Aluminium Garnet 的英文简称,中文称之为钇铝石榴石晶体、钇铝石榴石晶体为其激活物质,体内之 Nd 原子含量为 0.6—1.1%,属固体激光,可激发脉冲激光或连续式激光,发射之激光为红外线波长 1.064μm。Nd.YAG 激活物质晶体使用之泵浦灯管主要为氪气(krypton)或氙气(Xenon)灯管。泵浦灯的发射光谱是一个宽带连续谱,但仅少数固定的光谱峰被 Nd 离子吸收,所以泵浦灯仅利用了很少部分的光谱能量,大部分没被吸收的光谱能量转换成热能,所以能量的使用率偏低。

　　Nd:YVO4 与 Nd:YAG 比较的优势:在 808nm 左右的泵浦带宽,约为 Nd:YAG 的 5 倍。在 1064nm 处的受激发射截面是 Nd:YAG 的 3 倍;光损伤阈低,高斜率效率;轴晶体,输出为线偏振。

　　中国学者在这个领域取得了丰硕的成果,如清华大学的学者 He F 等人 2007 年发表的《500 kHz 下的稳定的声光 Q 调 Nd: YVO4 激光器》,山东师范大学的 Tian W 等人发表的《被动调 Q 锁模 Nd: GdVO4/KTP green laser with Cr4+: YAG 的二极管泵浦性能》都在网络中处于比较中心的地位,近年来在国际上也很有影响。

知识群 C: 激光等离子体加速器

　　知识群 C 中主要是关于激光等离子体物理的研究。主要是研究激光等离子体与物体的相互作用(见表 4-24)。

表 4-24　激光研究知识群 C 中主要节点及注释

知识群 B 中的主要节点	注释
1. Corkum PB. Plasma perspective on strong field multiphoton ionization [J]. Physical Review Letters. 1993, 71(13): 1994—1997.	强激光场多光子点离的等离子体展望
2. Sheng ZM, Mima K, Sentoku Y et al. Stochastic heating and acceleration of electrons in colliding laser fields in plasma[J]. Physical review letters. 2002, 88(5): 55004.	随机加热和加速电子激光在等离子体中的碰撞
3. Kruer WL. The physics of laser plasma interactions: Westview Pr; 2003.	激光等离子体相互作用的物理
4. Gahn C, Tsakiris GD, Pukhov A et al. Multi-MeV electron beam generation by direct laser acceleration in high-density plasma channels [J]. Physical review letters. 1999, 83(23): 4772—4775.	激光直接加速高密度等离子体通道的多兆电子伏的电子束的产生
5. Gibbon P, Bell AR. Collisionless absorption in sharp-edged plasmas[J]. Physical review letters. 1992, 68(10): 1535—1538.	锋利等离子体的碰撞吸收
6. Mangles SPD, Murphy CD, Najmudin Z et al. Monoenergetic beams of relativistic electrons from intense laser—plasma interactions[J]. nature. 2004, 431(7008): 535—538.	来自强激光等离子体相互作用的相对论电子单能光束
7. Clark EL, Krushelnick K, Davies JR et al. Measurements of energetic proton transport through magnetized plasma from intense laser interactions with solids[J]. Physical review letters. 2000, 84(4): 670—673	强激光与固体相互作用的磁化等离子体高能质子转移测量
8. Faure J, Glinec Y, Pukhov A et al. A laser-plasma accelerator producing monoenergetic electron beams[J]. nature. 2004, 431(7008): 541—544.	一种产生单能电子束的激光等离子体加速器

激光与材料相互作用的研究是一项极其复杂而有趣的课题。激光和材料相互作用过程的研究还涉及许多学科领域,包括激光物理、传热学、等离子体物理学、非线性光学、热力学、气体动力学、流体力学、材料力学、固体物理学、固体材料的光学性质等方面。自从激光尾波场加速电子方案提出以来,经过二十多年的理论和实验研究,人们在激光尾波场加速方面已经取得了重大进步,相继在电子束能量、电子单色性等束流性能上取得重大突破。特别是在 2004 年对电子束的单色性研究取得重大突破,国际上几个著名实验室相继报道了准单能电子束产生的实验观测,掀起了激光尾波场研究的新高潮。在一场展示激光尾场加速器(Laser-Wakefield Accelerator)潜力的演示会上,美国能源部(Department of Energy)下属的伯克利劳伦斯国家实验室(Lawrence Berkeley National Laboratory)的科学家们以及牛津大学(Oxford University)的合作者们成功地在 3.3 厘米的距离上将电子束加速到 1GeV 以上。而由激光脉冲产生的等离子体波中的电场强度则可以达到每米一千亿伏,这足以使得伯克利实验小组以及他们在牛津的合作者们在仅为斯坦福直线加速器十万分之一的距离上获得其五十分之一的能量,这个差别是非常巨大的。伯克利实验室加速器和聚变研究部 (Accelerator and Fusion Research Division)的 Wim Leemans 说这仅仅是第一步。激光尾流加速器能够达到几十亿电子伏特每米的场强,这一成果将会导致更小的高能物理实验装置以及超亮的自由电子激射器出现。

Mangles SPD 等人 2004 年在 Nature 上发表了《来自强激光等离子相互作用的相对论电子单能光束》,从相对论的机制出发,提出了高强度、大能量密度以及高重复频率的超强激光科学的等离子体电子单能光束的产生。Clark EL 等人则提出了强激光与固体相互作用的磁化等离子体高能质子转移测量方法。Faure J 则在 2004 年的 Nature 上介绍了一种产生单能电子束的激光等离子体加速器。

知识群 D:飞秒激光技术相关研究

知识群 D 是关于飞秒激光的研究(见表 4-25)。

如前节所提到的,自 20 世纪 80 年代飞秒激光器在美国问世,飞秒激光技术得到了迅猛发展。由于飞秒激光具有很高的峰值功率、脉冲极短等特性,已被广泛用于物理、化学、生物学、光电子学等领域并得到了飞速的发展。日本的 Davis KM 等人 1996 发表了论文《飞秒激光加工在玻璃材料写入波导》,Lenzner M 等人 1998 年研究了介质中的飞秒激光破坏,Braun A 等人于 1995 年研究了空气中高峰值功率飞秒激光脉冲的自沟道效应,Keller 等人则从自启动飞秒锁模铷玻璃激光器腔内可饱和吸收器的使用方面研究了飞秒激光技术,这些研究都大大丰富了飞秒激光的研究。中国学者 Jia TQ 等人也对飞秒激光烧蚀原理做了深入的研究。

知识群 E:激光器相关研究

知识群 E 中的大部分论文是关于各种激光器的,有光纤激光器,也有单模激光器,以及中红外激光器(见表 4-26)。

表 4-25 激光研究知识群 D 中主要节点及注释

知识群 D 中的主要节点	注释
1. Davis KM, Miura K, Sugimoto N 等. Writing waveguides in glass with a femtosecond laser[J]. Optics Letters. 1996, 21(21): 1729—1731.	飞秒激光加工在玻璃材料写入波导
2. Stuart BC, Feit MD, Rubenchik AM et al. Laser-induced damage in dielectrics with nanosecond to subpicosecond pulses[J]. Physical review letters. 1995, 74 (12): 2248—2251.	纳秒到皮秒脉冲介质中的激光诱导损害
3. Lenzner M, Krüger J, Sartania S et al. Femtosecond optical breakdown in dielectrics[J]. Physical review letters. 1998, 80(18): 4076—4079.	介质中的飞秒激光破坏
4. Braun A, Korn G, Liu X et al. Self-channeling of high-peak-power femtosecond laser pulses in air[J]. Optics letters. 1995, 20(1): 73—75.	空气中高峰值功率飞秒激光脉冲的自沟道效应
5. Keller U, Chiu TH, Ferguson JF. Self-starting femtosecond mode—locked Nd: glass laser that uses intracavity saturable absorbers[J]. Optics letters. 1993, 18 (13): 1077.	自启动飞秒锁模钕玻璃激光腔内可饱和吸收器的使用
6. Singh RK, Narayan J. Pulsed-laser evaporation technique for deposition of thin films: Physics and theoretical model[J]. Physical Review B. 1990, 41(13): 8843—8859.	薄膜沉积的脉冲激光蒸汽技术:物理和理论模型
7. Jia TQ, Xu ZZ, Li RX et al. Mechanisms in fs-laser ablation in fused silica[J]. Journal of Applied Physics. 2004, 95: 5166.	石英飞秒激光烧蚀原理

表 4-26 激光研究知识群 E 中主要节点及注释

知识群 E 中的主要节点	注释
Zhu SQ. Steady-state analysis of a single-model laser of additive and multiplicative noise[J]. Phys Rev A. 1993, 47(3): 2405—2408.	单模激光的加性和乘性噪声的稳态分析
Scholle K, Heumann E, Huber G. Single mode Tm and Tm, Ho: LuAG lasers for LIDAR applications[J]. Laser Physics Letters. 2004, 1(6): 285—290.	单模的 Tm 和 Tm, Ho: LuAG 激光器对 LIDAR 的应用
Dong XP, Li S, Chiang KS et al. Multiwavelength erbium-doped fibre laser based on a high-birefringence fibre loop mirror[J]. Electronics Letters. 2002, 36(19): 1609—1610.	基于高双折射光纤环镜的多波长掺铒光纤激光器
Jeong Y, Sahu J, Payne D et al. Ytterbium-doped large-core fiber laser with 1.36 kW continuous-wave output power[J]. Optics Express. 2004, 12(25): 6088—6092.	以 1.36 千瓦的连续波输出功率掺镱大核光纤激光器
Budni PA, Pomeranz LA, Lemons ML et al. Efficient mid-infrared laser using 1.9-μm-pumped Ho: YAG and ZnGeP_2 optical parametric oscillators[J]. Journal of the Optical Society of America B. 2000, 17(5): 723—728.	使用 1.9 微米泵浦 Ho: YAG 和 ZnGeP_2 光参量振荡器的高效的中红外激光器
Fu ZW, Zhou MF, Qin QZ. Temporal and spatial TaO emission generated from UV laser ablation of Ta and Ta2O5 in oxygen ambient[J]. Applied Physics A Materials Science & Processing. 1997, 65(4—5): 445—449.	来自氧环境紫外线激光烧蚀钽和钽 2O5 产生 TaO 的时空道排放
Qin QZ, Han ZH, Dang HJ. An angle-resolved time-of-flight mass spectrometric study of pulsed laser ablated TaO[J]. Journal of Applied Physics. 1998, 83: 6082.	一个脉冲激光烧蚀 TaO 光谱研究
Liang GY, Wong TT. Microstructure and character of laser remelting of plasma sprayed coating (Ni-Cr-B-Si) on Al-Si alloy[J]. Surface and Coatings Technology. 1997, 89(1—2): 121—126.	铝硅合金等离子喷涂涂层 (镍铬硼硅) 激光重熔的微结构和特征

光纤激光器是指用掺稀土元素玻璃光纤作为增益介质的激光器,可在光纤放大器的基础上开发出来,在泵浦光的作用下光纤内极易形成高功率密度,造成激光工作物质的激光能级"粒子数反转",当适当加入正反馈回路(构成谐振腔)便可形成激光振荡输出。

输出激光模式既是单纵模又是单横模的激光器。单纵模是指谐振腔内只有单一纵模(单一频率)进行振荡;单横模又称基横模,是指光强在光横截面上的分布为高斯分布。获得单纵模的主要方法有:1.短腔长法,缩短谐振腔长使纵模间隔大于增益曲线;2.色散腔法,在谐振腔内加入棱镜或光栅构成色散腔,使只有某一特定频率的纵模能够振荡;3.标准具法,在谐振腔内插入一参数合适的标准具,使只有单一纵模能通过标准具振荡;4.滤光片法,在腔内插入一双折射滤光片,使通过滤光片的光频率间隔大于增益线宽。获得单横模的主要方法是采取适当措施抑制高阶横模,保证谐振腔内只有基横模能够振荡。例如在腔内加入小孔光栏,减小腔费涅尔数,用直角棱镜代替腔全反镜,采用非稳腔或临界腔,使用软边光栏或软边反射镜等。单模激光器的优点是没有模式竞争,激光的稳定性、相干性和光束质量都很好。

4.7.3　中外激光科学研究前沿比较及差异

由前面知识图谱的聚类分析可知,国际与中国的激光技术研究都形成了一定的聚类,这里我们暂且把他们看做研究的前沿,表4-27分别列出了这些前沿。仔细分析可以看出,我国与国际研究既有相似性,也有差别。

相似性:可以看出,与国际相比,我国的科学家的也是从理论到实际展开的。比如(1)都研究了激光场,非线性光学;(2)都对激光二极管有相应的研究;(3)也都研究了激光器,国际上主要研究了光纤激光器,我们也对各种激光器,包括对光纤激光器、单模激光器、中红外激光器有所研究;(4)都研究了一些激光加工的技术,国际上研究的比较全面,而我国研究的重点则在飞秒激光。不同点:(1)国际上比较重视理论研究,而我国则比较重视应用研究;(2)国际上研究的比较全面,我国则研究的比较具体,如都是激光二极管的研究,我国注意研究激光晶体,大部分研究都很有指向性;(3)国际上比较重视量

表4-27　中外激光科学研究前沿比较

国际前沿	中国前沿
激光加工的理论与技术	飞秒激光理论与应用
量子级联激光器	激光等离子加速器
光纤激光器	各种激光器
非线性光学及激光场	强激光技术与强激光场
激光二极管	激光晶体与激光二极管泵浦

子级联激光器的研究,而我国学者则比较注意激光等离子加速器。

4.8 中国科学家在环境技术科学领域

4.8.1 中国科学家在环境技术科学领域的研究状况

(1)中国科学家的整体发文数量

在 SCI 数据库中,以 TS=environ* and CU=china 为检索式,进一步 refine 选择 environment science,检索得到中国科学家在环境技术科学领域发表论文数量为 3141 篇。

图 4-36 反映了 1997 年以来中国科学家在环境技术科学领域每年的发文数量,呈现明显的指数增长分布。2008 年发表论文为 749 篇。

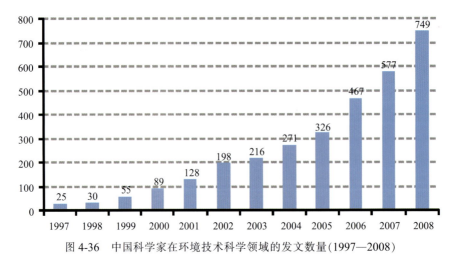

图 4-36 中国科学家在环境技术科学领域的发文数量(1997—2008)

(2)主要中国科研机构统计

中国科学院是中国环境技术科学的主要研究机构,发表论文 1033 篇。其次是北京大学,发表论文 157 篇。浙江大学发表 133 篇,南京大学发表 125 篇(见图 4-37)。

4.8.2 中国科学家在环境技术科学领域的作用

(1)中国科学家的论文被引情况

中国科学家发表的 3141 篇论文共计被引 33783 次,篇均被引次数为 10.76。其中被引次数超过 100 次的论文有 17 篇,被引次数在 50 到 99 次之间的有 72 篇,被引次数在 10 到 49 次之间的有 958 篇(见表 4-28)。

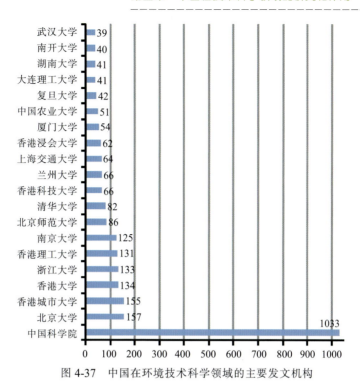

图 4-37　中国在环境技术科学领域的主要发文机构

表 4-28　中国科学家在环境技术科学领域发表论文的被引情况

指标	数量	指标	数量
论文数量	3141	被引次数超过 100	17
被引总计	33783	被引次数 50—99	72
篇均被引次数	10.76	被引次数 10—49	958

(2)文献共被引知识图谱

在 CiteSpace 中对这 3141 篇中国科学家发表的论文进行文献共被引分析，选择的分析时间段为 1998 年至 2008 年，阈值为 top 0.5%，即选择每一时间段被引次数最高的 0.5%文献进入共被引网络。

结合图 4-38 的自动聚类结果，将图 4-39 中的文献共被引知识图谱划分成 7 个主要知识群，分别是知识群 A：持久性有机污染物、知识群 B：环境激素、知识群 C：水污染、知识群 D：生态环境、知识群 E：重金属污染、知识群 F：空气污染与死亡率、知识群 G：内分泌干扰物质。自动聚类标识术语见表 4-29。

知识群 A：持久性有机污染物

知识群 A 位于整个文献共被引知识图谱的中心位置，包含了大部分的文献节点。

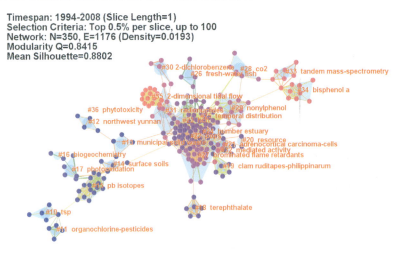

图 4-38　中国科学家在环境技术科学领域知识图谱的聚类

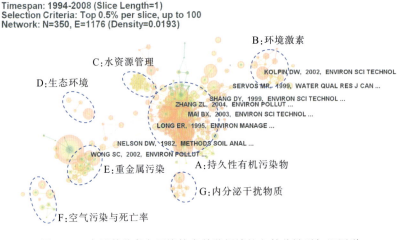

图 4-39　中国科学家在环境技术科学领域的文献共被引知识图谱

知识群 A 主要涉及对中国海洋中持久性有机污染物的研究,包括多环芳烃、多溴化联苯醚、多氯联苯与有机氯杀虫剂等。而表 4-29 中的自动聚类标识术语有 POPS(持久性有机污染物)、brominated flame retardants(溴阻燃剂)等等。

知识群 B:环境激素

知识群 B 主要是关于环境激素的研究,其中 bisphenol A(双酚 A)是自动聚类的标识词语。

环境激素类化合物可干扰人类和野生动物正常内分泌功能, 严重影响人类及野生动物健康和安全。环境激素种类繁多,普遍存在于生活和工作环境中。其中,双酚 A(

表 4-29　中国科学家在环境技术科学领域知识图谱的自动聚类标识术语

聚类	聚类标识	聚类	聚类标识
10	Tsp 总悬浮颗粒；size distribution 尺寸分布；nanoparticles 纳米粒子	21	adrenocortical carcinoma-cells 肾上腺皮质癌细胞；steroidogenesis 类固醇生成；human breast-milk 人乳
11	organochlorine-pesticides 有机氯杀虫剂；breath 呼吸；transthyretin indoor air pollution	22	Pops 持久性有机污染物；mussel watch 贻贝观察；seafood product 海鲜
12	northwest yunnan 云南西北；conversion 转换；non-timber forest products 非木材林产品	23	Hch 六六六；organic matter 有机物；fraser valley 弗雷泽河谷
13	municipal solid waste 城市固体垃圾；input-output 投入产出；wood frog 树蛙	27	fresh-water fish 淡水鱼；sulfur 硫磺；endocrine disruptors 内分泌干扰
15	pb isotopes 铅同位素；hemisphere 半球；metaanalysis 元分析	30	nonylphenol 壬基苯酚；ethoxylates 乙氧基化物；fish-tissues 鱼组织
16	Biogeochemistry 生物地球化学；herbicide 除草剂；glutathione-peroxidase 谷胱甘肽	31	2-dichlorobenzene 二氯苯；cooking 烹饪；hydrogen-sulfide 氢硫化物
17	Photooxidation 光致氧化；mobility 移动性；emission factors 排放系数	32	Radionuclides 放射性核素；translocation 迁移；uptake 吸收
18	Terephthalate 对苯二酸酯；n-butyl phthalate 邻苯二甲酸二正丁酯；biodegradation 生物降解	33	mediated activity 仲裁行为；cell-lines 细胞系；medaka oryzias-latipes 青鳉鱼
19	clam ruditapes-philippinarum 移植底播菲律宾蛤仔；mytilus-edulis 紫贻贝；zinc uptake 锌吸收	34	tandem mass-spectrometry 串联质谱；antibiotics 抗生素；pharmaceuticals and personal care products（ppcps）药品和个人护理产品
20	resource 资源；recovery 恢复；field 领域	36	2-dimensional tidal flow 二维潮汐流；pearl-river estuary 珠江三角洲；expert-system 专家系统

BPA）是应用最广泛的化学工业品之一，而且世界范围内 BPA 使用量未来几年仍处于上升趋势。

知识群 C：水资源管理

知识群 C 主要是关于水资源管理及水体污染治理的研究。其中香港理工大学的周国荣教授是知识群 C 中的一个主要作者，发表的论文有 12 篇之多。

知识群 D：生态环境

知识群 D 主要是关于中国生态环境的研究。包括清华大学刘建国等人发表在 Nature 期刊上的"全球化下的中国环境"、中科院昆明植物所许建初等发表的关于云南省西北地区的生物多样性影响分析等。

知识群 E：重金属污染

在知识群 E 中，主要是关于土壤重金属污染的研究。

知识群 F：空气污染与死亡率

知识群 F 主要是关于空气污染与死亡率的研究。其中 Dockery 等发表于 1993 年的论文分析了美国 6 个城市的空气污染与死亡率的关系，Pope 等发表于 1995 年的论文分析了美国成年人的死亡率与空气污染的关联。

知识群 G：内分泌干扰物质

知识群 G 主要是关于内分泌干扰物质的研究，包括对酞酸二丁酯、酞酸二甲酯等的研究。

（3）时间线知识图谱

图 4-40 是中国科学家在环境技术科学领域的时间线知识图谱分析结果。从图中可以看到，聚类 22：POPS（持久性有机污染物）、聚类 23：HCH（六六六）、聚类 24：number estuary（河口）、聚类 27：brominated flame retardants（修阻燃剂）是近年来中国科学家在环境技术科学领域的研究前沿，而这几个聚类都是与持久性有机污染物的治理密切相关。

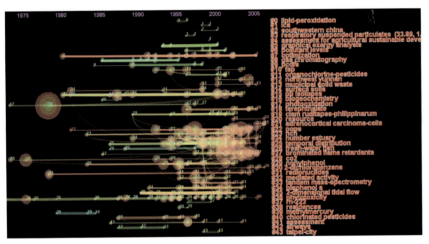

图 4-40　中国科学家在环境技术科学领域的时间线知识图谱

4.8.3　中外环境技术科学研究前沿比较及差异

从中外环境技术科学的文献共被引知识图谱比较结果来看，中国科学家在环境技术科学领域的研究前沿主要集中在持久性有机污染物、环境激素、土壤重金属污染等，这些研究主题与国外的研究前沿基本保持一致。

中外研究的差异性在于：中国科学家的研究更加侧重应用性的研究，而国外在理论性的研究方面更多一些，包括很多重要的基础性的和创新性的理论均是如此。中国科学家的研究文献主要涉及到，应用国际上的理论、方法和技术模型，对国内某些地区（例如珠江三角洲、北京市等）的实证性研究。

4.9　中国科学家在新材料技术科学领域

4.9.1　中国科学家在新材料技术科学领域的研究状况

(1)中国科学家的整体发文数量

在 SCI 数据库中，检索得到中国科学家在新材料技术科学领域发表论文数量为 622 篇。

图 4-41 反映了 1999 年以来中国科学家在新材料技术科学领域每年的发文数量，2008 年发表论文为 116 篇。

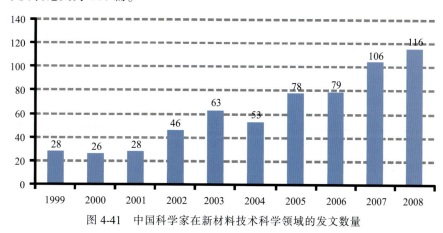

图 4-41　中国科学家在新材料技术科学领域的发文数量

(2)主要中国科研机构统计

从图 4-42 可以看到,中国科学院发表论文 217 篇。其次是清华大学,发表论文 64 篇。中国科学技术大学发表 43 篇,吉林大学和南京大学均发表 40 篇。

4.9.2　中国科学家在新材料技术科学领域的作用

(1)中国科学家的论文被引情况

中国科学家发表的 622 篇论文共计被引 31539 次,篇均被引 50.17 次。其中被引次数超过 100 次的论文有 84 篇,被引次数在 50 到 99 次之间的有 132 篇,被引次数在 10 到 49 次之间的有 406 篇(见表 4-30)。

(2)文献共被引知识图谱

在 CiteSpace 中对这 622 篇中国科学家发表的论文进行文献共被引分析,选择的分析时间段为 1999 年至 2008 年,阈值为选择为 Top 1%,即每一时间段被引次数最高的 1%进入文献共被引网络进行知识图谱分析。

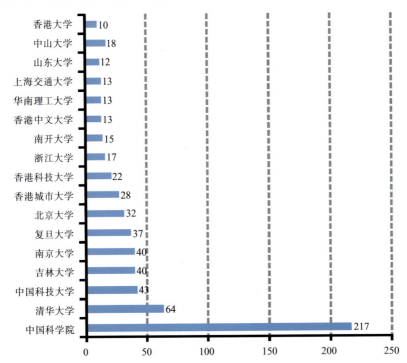

图 4-42　中国科学家在新材料技术科学领域的主要发文机构

表 4-30　中国科学家在新材料技术科学领域发表论文的被引情况

指标	数量	指标	数量
论文数量	622	被引次数超过 100	84
被引总计	31539	被引次数 50—99	132
篇均被引次数	50.17	被引次数 10—49	406

结合图 4-43 和表 4-31 的自动聚类结果,将图 4-44 中的文献共被引知识图谱划分成 5 个主要知识群,分别是知识群 A:白色有机电致发光材料、知识群 B:磷光发射、知识群 C:单晶微纳材料与微纳器件、知识群 D:一维纳米材料、知识群 E:仿生超疏水材料。

知识群 A:白色有机电致发光材料

知识群 A 主要是关于白色有机电致发光材料的研究。包括 D'Andrade B 发表于 2004 年的关于半导体照明的白色有机发光装置的论文,Gong X 等关于高分子半导体混纺的电致磷光性能的论文等。

知识群 B:磷光发射

知识群 B 是关于磷光发射的研究。有机发光二级管(OLED)在全彩色平板显示和固态白光照明等领域有着很好的应用前景,关于磷光发射的研究目前也是先进材料领

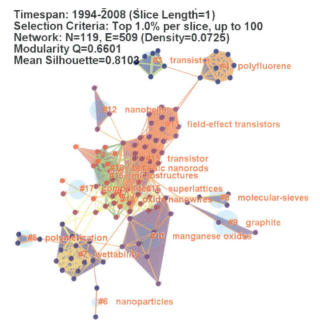

Timespan: 1994-2008 (Slice Length=1)
Selection Criteria: Top 1.0% per slice, up to 100
Network: N=119, E=509 (Density=0.0725)
Modularity Q=0.6601
Mean Silhouette=0.8103

图 4-43　中国科学家在新材料技术科学领域知识图谱的聚类

表 4-31　中国科学家在新材料技术科学领域知识图谱的自动聚类标识术语

聚类	聚类标识	聚类	聚类标识
3	Electronics 电子设备；cdte nanocrystals 碲化镉纳米晶体；electrophosphorescent devices 磷光电致白光器件	11	field-effect transistors 场效应晶体管；nanoribbons 纳米带；phototransistors 光电晶体管
4	poly（n-vinylcarbazole）聚乙烯；polyfluorene 聚莘；moieties 份额	12	semiconducting oxide nanobelts 半导体氧化纳米带；zno nanowires 氧化锌纳米线；au electrodes 原子单位电极
5	Membrane 膜；conducting polymers 导电聚合物；polypyrrole 聚吡咯	13	single-crystalline nanoribbons 单晶纳米带；indium-phosphide nanowires 铟磷酯纳米线；thiacyanine dye molecules
6	gold nanoparticles 金纳米粒子；neurodegenerative disease 神经变性疾病；poly（acrylonitrile）氰乙烯	14	vapor transport 水汽输运；oxide nanowires 氧化纳米线；nanoparticle arrays 纳米粒子阵列
7	Nanoparticles 纳米粒子；films 薄膜；nanotubes 碳纳米管	15	monodisperse fept nanoparticles 单分散铁铂纳米粒子；coercivity 矫顽磁性；waveguides 波导
8	Precursors 前驱材料；sol-gel materials 溶胶凝胶材料；molecular-sieves 分子筛	16	Wires 电线；growth 增长；si 硅
9	walled carbon nanotubes 单（多）壁碳纳米管；transparent conductors 透明导体	17	Constant 常量；epoxy matrix 环氧矩阵；nanotube composites 纳米管复合材料
10	manganese oxides 氧化锰；morphosynthesis 形貌控制合成；nanosphere lithography 纳米球光刻	18	nitride nanorods 氮化纳米棒；diamond 金刚石；beta-sic nanorods/β 碳化硅纳米棒

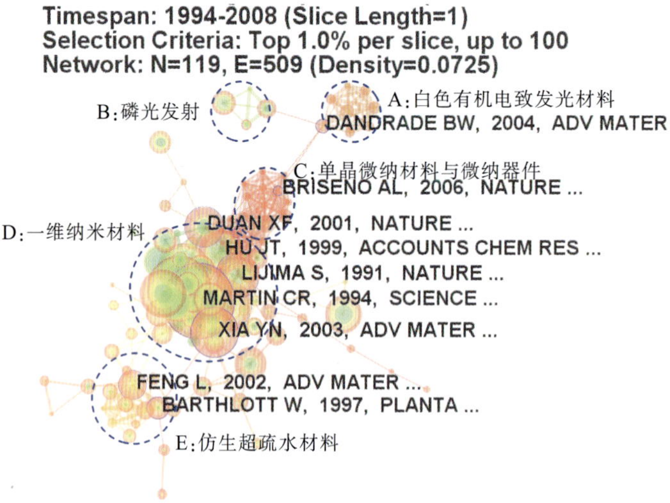

Timespan: 1994-2008 (Slice Length=1)
Selection Criteria: Top 1.0% per slice, up to 100
Network: N=119, E=509 (Density=0.0725)

B:磷光发射

A:白色有机电致发光材料
DANDRADE BW, 2004, ADV MATER

C:单晶微纳材料与微纳器件
BRISENO AL, 2006, NATURE ...

D:一维纳米材料

DUAN XF, 2001, NATURE ...
HU JT, 1999, ACCOUNTS CHEM RES ...
LI JIMA S, 1991, NATURE ...
MARTIN CR, 1994, SCIENCE ...
XIA YN, 2003, ADV MATER ...

FENG L, 2002, ADV MATER ...
BARTHLOTT W, 1997, PLANTA ...

E:仿生超疏水材料

图 4-44　中国科学家在新材料技术科学领域的文献共被引知识图谱

域的研究热点和研究前沿。

知识群 C:单晶微纳材料与微纳器件

科学家们正在为计算机显示屏、射频识别标签、传感器和人们尚未想到的装置研制有机柔性电子元件。这种元件的实际应用到目前为止几乎没有,因为它们的电学性能与传统电子元件相比很差。然而,就电荷载体的移动性而言,由有机单晶做成的场效应晶体管性能非常高。使用单晶装置的障碍是,它们必须一个一个地手工制作。Briseno A 发表在 Nature 杂志上的论文提出一种通过在干净硅表面或柔性塑料上用单晶直接做成图案来制造大阵列、高性能晶体管装置的方法,该新方法即使在明显弯曲之后也能保持场效应晶体管的高性能。

有机半导体材料具有质轻价廉、柔性以及分子构形和材料性能可人为设计等优点而受到人们的重视,被用于场效应晶体管,发光二极管和太阳能电池等分子电子学领域的研究中。其中,有机场效应晶体管是有机半导体应用的一个重要方面,能够被用于高稳定性、低能耗的数字互补对称电路,而且其具有的柔性特征使之可以被用作下一代柔性显示和照明设备等的驱动电路,具有广阔的应用前景。传统的有机场效应晶体管多采用有机薄膜作为半导体层传输电荷,但是有机薄膜中存在大量晶界和无序缺陷,这些缺陷在电荷传输时很容易束缚和散射电荷, 降低器件性能。有机单晶中分子高度有序排列,不存在晶界和无序缺陷,能够有效提高器件的性能,是获得高性能光电器件的最佳选择之一,同时还能够反映材料本征性质,近年来受到人们的广泛关注。然而,有机晶体通常难于长大,多数以微纳晶的形式存在,因此,如果能直接在微纳晶的基础上构筑器件,开展研究,不仅能克服有机单晶难于长大的缺点,实现对材料的高效表征,同时也必将促进有机晶体和微纳光电子器件的融合,推动纳米分子电子学的发展。

在知识群 C 中,中科院化学所的汤庆鑫是主要作者,其发表的数篇论文都集中在此知识群中。其关于酞菁单晶微纳材料与微纳光电器件的研究曾获得 2009 年的全国百篇优秀博士论文。

知识群 D:一维纳米材料

一维纳米材料的合成组装及其物性的测量是制约其在纳米原型器件制作与应用中的关键。利用宏观条件的调控来实现对微观的纳米的控制组装就成为制约纳米原型器件制备与性能测试的关键。从文献来看,这方面的组装主要分为两类,一类是利用宏观场力(如电场,磁场)对纳米线进行组装,另一类则是利用模板的空间限域效应来进行组装。其中段镶锋等发表于 2001 年的论文即是关于一维纳米材料的电场驱动组装的研究。

知识群 E:仿生超疏水材料

知识群 E 主要是关于仿生超疏水材料的研究。近年来,随着纳米技术的发展,科研人员利用疏水材料构筑微纳米结构或在微纳结构表面修饰低表面能化学物质可以赋予材料表面超疏水性能。尽管微纳结构可以极大地增强表面与水滴的接触角,但未必能消除水的粘滞。一方面,某些粘滞力可控的超疏水表面在特定领域发挥作用,可作为"机械手"用于微液滴的无损输运;另一方面,非粘性超疏水表面显示出各种优异的性能,可用于材料表面的自清洁和减阻。因此,纳米结构的制备及表面粘附调控问题已成为超疏水材料研究领域的热点课题。

(3)时间线知识图谱

图 4-45 是中国科学家在新材料技术科学领域的时间线知识图谱分析结果。从图中可以看到,聚类 11:field-effect transistors(场效应晶体管)、聚类 12:nanobelts(纳米带)、

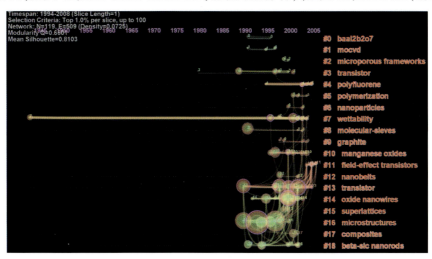

图 4-45　中国科学家在新材料技术科学领域的时间线知识图谱

聚类 13:transistor(晶体管)、聚类 18:beta-sic nanorods(β 碳化硅纳米棒)是近年来中国科学家在新材料技术科学领域的研究前沿,这几个聚类都是与纳米材料密切相关的。

4.9.3　中外新材料技术科学研究前沿比较及差异

从中外新材料技术科学研究的文献共被引图谱的比较来看,中国在新材料技术科学的主要研究领域,例如在白色有机电致发光材料、微纳材料、仿生超疏水材料等领域都能紧跟国际研究前沿,这些领域同时也是国际上的研究热点。

第五章 促进前沿技术创新的技术科学强国战略

中国共产党"十七大"报告①明确指出,作为国家发展战略的核心,自主创新和创新型国家建设无疑是中国经济和社会发展的关键动力②。胡锦涛主席在 2010 年的两院院士大会上进一步指出,"要注重推动基础研究和高技术前沿探索,重视可能发生革命性变革的科技方向,重视交叉综合性科技领域和新兴前沿方向的前瞻布局,积极推动主流学科走到世界前列、重要战略高技术领域实现跨越,加快实现前沿跟踪和自主创新相结合的历史性转变。"③,将促进前沿技术自主创新提高到战略高度。如何将这种战略思想落实到实处,胡锦涛主席早在 2006 年的两院院士大会上就曾指出,"要高度重视技术科学的发展和工程实践能力的培养,提高把科技成果转化为工程应用的能力",这是继 1957 年毛泽东主席关于领导干部要学习马克思主义、学习技术科学、学习自然科学的号召④之后,中央领导再次把"技术科学"放在突出的位置。中央领导同志对前沿技术自主创新及对技术科学的高度重视,促进了本项目的研究,为贯彻落实国家的战略方针,加快技术科学发展,发挥技术科学及前沿技术增强自主创新能力、建设创新型国家的作用,提供战略性的建议。

5.1 引领技术自主创新的技术科学战略构想

提高自主创新能力,对于我国经济发展和国家安全具有重要的战略意义。美国兰德公司在上世纪 80 年代就提出"一个国家没有经济独立,就没有政治独立,这个说法已经不够了,现在是没有技术独立,就没有经济上、政治上的独立"。世界上已经"独立"的国家不少,其规律是在政治和经济上真正独立的,必然是在技术上独立。否则,如果在技术

---

① "高举中国特色社会主义伟大旗帜为夺取全面建设小康社会新胜利而奋斗——在中国共产党第十七次全国代表大会上的报告",新华社北京 2007 年 10 月 24 日电。http://news.xinhuanet.com/newscenter/2007-10/24/content_6938568.htm.

② 陈劲,柳卸林.自主创新与国家强盛——建设中国特色的创新型国家中的若干问题与对策研究.北京:科学出版社,2008 年 6 月.

③ 胡锦涛在中国科学院第十五次院士大会、中国工程院第十次院士大会上的讲话.《人民日报》,2010 年 6 月 8 日,第 2 版.

④ 《毛泽东选集》第 5 卷,人民出版社 1977 年版,第 479 页.

上依然依附于人,就难以摆脱受制于人的局面,政治和经济上的独立也要大打折扣。然而要实现技术上的完全独立,非自主创新不可,而技术科学是提升技术自主创新能力的重要载体。技术科学的学科地位,决定了技术科学不仅具有一般科学的广泛社会功能,而且具有引领前沿技术、促进自主创新、支撑工程教育,推动生产力发展的独特战略功能,对于实施科教兴国战略和人才强国战略,建设创新型国家有着不可估量的作用。其引领自主创新的功能主要体现在四个方面,即理论导向的应用研究和应用导向的基础研究相结合的原创发明与原始创新;基于技术科学的关键技术创新与工程技术的集成创新;基于技术科学和工程科技的引进消化吸收再创新;以技术科学反哺基础科学的战略技术储备与潜在创新。基于此,我们提出引领技术自主创新的技术科学战略构想。

所谓技术科学强国战略,就是高度重视技术科学的发展,充分发挥技术科学的自主创新功能,建设创新型强大国家,也就是在为了增强自主创新能力,建设创新型强国而采取的诸多举措中,对技术科学发展的重视应该放在更高的位置。这里试图借助科学计量学的研究成果,对此加以探讨。有关国际科学学研究文献高频关键词共现网络分析(1995-2004)由于反映了国际高水平作者群的整体研究成果,因此对于构建技术科学的强国战略能够提供非常有益的启示与借鉴。

用社会网络分析方法,对1995年至2004年SCI数据库6种国际科学学类期刊发表的4800篇论文进行计量研究[①],绘制出高频关键词共现网络图谱(图5-1)。由此图可以看出由"科学、技术、知识、创新"为核心的知识群与三个次级知识群的共现关系:一是由远景(37),公司(38),产品(49),能力(73)等知识元组成的知识群d;二是由美国(29),竞争(47),全球化(57),国际化(66)组成的知识群e;三是由合作(21),协作(33),指标(5),增长(25),政策(28)、生物技术(35)、溢出(43)构成的知识群f。

依据这幅知识图谱核心知识群与三个次级知识群的关系和内容,结合我国国情,可以从

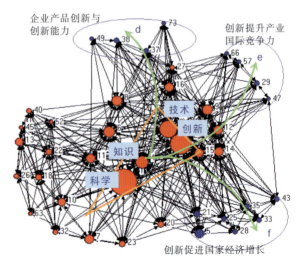

图 5-1　国际科学学共词网络:"科学—技术—创新"
战略金三角核心知识群与三个次级知识群

d- 企业产品创新能力与愿景;e- 全球化条件下产业国际竞争力;
f- 创新促进国家经济增长

---

① 刘则渊. 科学学理论体系建构的思考[J]. 科学学研究,2006,24(1):1—11.

如下四个层面来构建技术科学的强国战略：

(1)在核心战略层面上，把以知识为纽带的"科学—技术—创新"金三角作为技术科学强国战略的核心

知识图谱上的核心知识群，表明近10年来国际科学学界始终把以知识为纽带的"科学、技术、创新"战略金三角作为研究的核心主题，把以科学技术知识为基础的创新活动作为研究的重点。这种对基于科学技术知识的创新活动的探索，与前述从科学技术象限模型和层次模型的视角分析技术科学的创新功能，可谓异曲同工。由此也说明推进基于科学技术知识的创新活动，高度重视和大力发展技术科学，并以技术科学引领前沿技术的自主创新功能，是技术科学强国战略的核心与前提。

(2)在企业战略层面上，着力推进基于技术科学的工程技术层次或产业技术层次上的产品创新战略

从知识图谱上的知识群d看，强国战略要落实到企业战略上，而企业发展最终体现在工程技术层次上的产品创新，但是对于大型企业或企业集团来说，没有必要的技术科学引领，就没有前沿技术的产品持续创新。为此，大型企业或企业集团应当确认并真正成为市场主体、技术创新主体和科技投入主体，建立和完善以产品创新为龙头、以前沿技术为引导、以核心能力建设为基础，以发展愿景为目标，产学研相结合的企业技术创新体系；一般企业主要通过产学研合作模式，从高校和科研机构来获得对产品持续创新的技术科学引领与工程技术支撑。

(3)在国家战略层面上，确立优先发展技术科学引领工程技术、反哺基础科学，着力自主创新的科学技术战略与政策

要加大研究开发投入，协调整个科学技术领域的合理布局，优先发展技术科学、引领并大力发展工程科学、反哺并适度发展基础科学；广泛普及技术科学和工程技术，造就技术科学人才、工程技术人才和高素质技术工人，加强工程实践能力的培养；要通过技术科学持续提升自主创新能力和劳动者素质，来提高经济增长质量；要加强国内国际科学合作与技术协作，借助国际技术转移和国际产业结构转换的机会，充分利用国际科技资源与知识溢出效应；要建设和完善以企业为主体，以市场为导向，产学研相结合的国家创新体系，把中国建设成为创新型国家，进而成为世界经济强国和科技强国。

(4)在全球战略层面上，推进基于技术科学及工程科学的产业技术创新战略与产业国际竞争战略

面对全球化条件下的国际竞争格局，靠单个企业和个别产业是不成的，必须在技术科学与工程科学的基础上，培育和支持不断提升自主创新能力与国际竞争力的企业群和产业群。要通过基于技术科学的工程技术集成创新、产业技术集成创新和一系列技术创新集群，支撑产业集群的自主创新与竞争优势。从图5-1上次级知识群e的内容看，在国际经济技术的激烈竞争中，尤其要处理好与美国为代表的发达国家的关系，为我国

自主创新,和平发展,争取良好的国际和平环境。

　　基于上述构建技术创新强国战略的四个层次,依据技术科学的基本特征和战略功能,提出三点重要战略举措。首先,明确确立技术科学的战略地位,建设基于技术科学的国家发现 - 创新体系,以切实提升国家的自主创新能力;其次,正确地认识当今的科技时代及科技发展趋势,努力实现基于会聚技术的前沿技术融合创新;最后,加强技术科学的教育、培训与普及,造就技术科学人才,实现技术科学强国战略。

5.2　建设基于技术科学的国家发现—创新体系

　　众所周知,世界各国和地区为提升创新能力及国际竞争力,比以往任何时候都重视技术创新工作,并把建设国家及区域创新体系,作为重大的战略举措。然而,国家及区域创新体系, 乃是上世纪 80 年代经济学家对当时日本技术创新政策与经验的总结和升华。它强调并突出创新在科学技术向现实生产力转化中的关键作用、企业的主体地位和政府的政策导向;但明显弱化了创新的科学源泉、发现基础与知识储备,忽视了在国家及区域创新体系和产业创新联盟中产、学、研之间必要的社会分工,缺失高校、科研院所新知识与新技术的持续支撑。事实上,提高国家和地区、产业与企业的自主创新能力,应当建立在基础科学和技术科学的发现基础上,实现科学发现与技术创新的一体化。

(1) 借鉴 E-Science 与 CDI 的研发方式变革

　　英国于 2001—2002 财年启动 e-Science 研究计划, 该计划的目标是通过应对由不断增加的大量科学数据处理、传输、存储及可视化等带来的重大挑战,以及通过允许在关键科学领域进行全球合作,来提高英国科学和工程领域的生产率及其有效性,目的在于使英国的研究人员在网格(Grid)技术的开发利用中处于世界领先地位,使之有能力参与下一代信息产品标准的研发与制定,有能力解决各相关学科所涉及的问题,有能力参与全球竞争。e- 科学的研究模式后来被引入社会科学和人文科学领域,导致 e- 社会科学和 e- 人文科学的出现[1][2][3][4],使之成为覆盖自然科学、技术科学、社会科学和人文科学各

① Fielding, N. Qualitative research and E-Social Science: Appraising the Potential. Report submitted to ESRC,2003.

② Steve Woolgar. Social Shaping Perspectives on e-Science and e-Social Science: the case for research support. A consultative study for the Economic and Social Research Council (ESRC).2003. http://www.sbs.ox.ac.uk/NR/rdonlyres/04164366-448C 49B3-B359-FC55CC4A5BD6/879/ Esocial Science.pdf.2009.03.13.

③ K. Ahmad 1,T. Taskaya-Temizel1,etc. Financial Information Grid-an ESRC e-Social Science Pilot. http://www. allhands. org.uk/ submissions/papers/144.pdf;2009.06.08.

④ T. Blanke, S. Dunn, M. Hedges.The arts and humanities e-Science initiative in the UK. IEEE e-Humanities Workshop: call for papers. 2009.12.09-11. http://www.clarin.eu/news/ieee-e-humanities-workshop-call-for-papers. 2009. 06.08.

个科学部门的研究活动方式。这是一场多学科、全方位的研发方式的革命性变革。

在英国创立的 e- 科学和 e- 社会科学方兴未艾之际，美国国家科学基金会 (NSF)于 2007 年推出了雄心勃勃的五年项目研究计划《赛博支持的发现与创新》(Cyber-Enabled Discovery and Innovation, CDI)，旨在通过计算思维的创新与进步来创造革命性的科学和工程研究成果，这些成果预计会引起人们认识范式的转变，深入认识广泛的科学、工程现象和社会技术创新对于创造新财富、提高国民生活质量的强大功能。CDI 项目拟定以计算思维为核心，围绕"从数据到知识、了解系统复杂性、构建虚拟组织"三个专题领域或跨领域开展雄心勃勃的、变革性的、多学科的研究，以达到"赛博实现的发现与创新"的目的。

尽管英国提出的"e-Science"更侧重于基于网格技术的信息化科学研究的环境和平台，美国提出的"CDI"更侧重于通过计算思维，实现科学发现与创新。尽管侧重点不同，但它们的根本目的都是要倡导在网格技术和计算思维的基石上，转变人们的思维方式和认识范式，改革传统的发现模式与创新模式。赛博空间这个词是由 Gibson 在 1984 年出版的科幻小说《精神漫游者(Neuromancer) 》中首次定义和使用，表示全球计算机网络世界，该网络世界连接了这世界所有的人、机器和信息资源[①]。现代信息科学技术，尤其是网络技术的发展，使得科幻小说中的赛博空间已成为现实，它正引起科学技术活动方式及其相关知识领域异乎寻常的重大变革。新兴学科充分利用现代信息技术强大的数据信息和知识处理能力，有力地促进科学研究的发展，同时科学研究也越来越依赖于所谓数据驱动和信息驱动[②]。为了适应科学研究中数据的海量增长和信息处理过程高度复杂的趋势，信息技术自身也在不断发展，网格计算也应运而生。在网络环境下，信息传播已经变得极为通畅，因而在赛博空间中留存着大量的负载着信息的数据，它们以零散的杂乱的方式存在，如何进行海量数据的存储与处理，将其有序化，挖掘出新的知识，成为当代极富有挑战性和趣味性的工作。由于网络的存在，网格技术的发展，使得虚拟组织的存在成为现实，更重要的是它使得跨地域、跨组织的科技合作成为可能，如何将概念化的国家创新系统落实到具体的并可操作的层面，基于网格技术的网络无疑提供了一个最为现实的平台，尤其是计算思维的发展，为各种创新资源的有效整合提供了途径。如何建设这样的平台，确保产—学—研—政的有效协作，最终实现创新成为目前迫切需要解决的问题。当前蓬勃发展的 e- 科学和 e- 社会科学，魅力无限的计算思维，NSF 拟定的号称独一无二的雄心勃勃计划——赛博实现的发现与创新(CDI)，新兴的诠释性

---

① 龚建华,林　珲. 虚拟地理环境[M]. 北京:高等教育出版社,2001.

② Kirk D. Borne. Data -Driven Discovery through e -Science Technologies［A］. Proceedings of the 2nd IEEE International Conference on Space Mission Challenges for Information Technolog［C］. Washington,DC,USA:IEEE Computer Society,2006:251—256.

与计算性的科学发现理论,等等①,对于改变传统的科研思维、科研方式具有革命性的意义,对于国家创新体系的建设具有重大的实践指导意义。

(2)建设国家网络支持的发现—创新体系

发端于英美的 e- 科学与 CDI,与其说是科研项目计划,不如说是创造了"e- 科学"、"赛博实现的发现与创新"这样全新的革命性概念,并倡导在网格技术或计算思维的基石上,转变人们的思维方式与认识范式,改革传统的发现模式与创新模式。尽管创新体系的提出已有多年,但其实践当中的不尽人意,使得国际组织和一些学者一直力图加以修正与完善,甚至另辟新路。经合组织(OECD)提出在知识的生产、传播和应用的基础上,重构如何改进国家创新体系,并试图在其成员国倡导国家创新体系,以增强各成员国的竞争力。美国学者埃茨柯瓦茨(Henry Etzkowitz)率先注意到了大学(Academia)—产业(Industry)—政府(State)三方相互作用关系的重要性,提出了创新活动的三螺旋模型。1996 年,他与荷兰阿姆斯特丹大学的雷德斯朵夫(Loet Leydesdorff)共同努力,进一步发展了三螺旋理论。他们希冀以创新三螺旋模型取代源自于日本、发祥于欧洲的国家创新体系。不过,对于发达国家高度自由的市场经济下技术创新活动中政府缺位的状况,大学—产业—政府三螺旋创新理论强调政府作用,有其合理性。但在中国,无论是经济体制的根本转型,还是政府职能的重大转变,都不宜把政府放在与企业、大学等同的创新主体和市场主体地位上。

当前,我国借鉴了发达国家这些技术创新理论与经验,正在加强建设国家创新体系,大力提高自主创新能力,把我国建设成为创新型国家。为达此目标,正拟订在现有国家科技计划的基础上,实施国家技术创新工程。现在我们比以往任何时候都要重视技术创新工作,然而就提高自主创新能力的视角而言,工程与产业的自主创新,应当建立在基础科学和技术科学的发现基础上,实现科学发现与技术创新的一体化。我们大力倡导高校、科研院所参加产业技术创新联盟,并一竿子插到底,参与产业和企业技术及产品创新全过程,这明显忽视了产、学、研的分工,实际上削弱了高校、科研院所的新知识与新技术支撑。

因此,我们有必要借鉴英美 e- 科学与 CDI 创造的关于网络环境下推进科学发现与技术创新一体化的新鲜经验,深化和拓宽 OECD 倡导的、现有先天不足的国家创新体系,对我国正在建设发展的国家创新体系进行必要的调整,构建国家网络支持的发现 - 创新体系(National Cyber-enabled Discovery - Innovation System,NCDIS)。这里仅就国家网络支持的发现—创新体系的初步构想,提出若干要点:

——以专供研发为目标,研制和建设以网格技术为基础的国家网络基础设施;

——统一建设包含学术论文、专利文献与科研报告的网络版国家知识数据库;

——调整国家科技计划,设立国家基于知识的科学发现与技术创新项目计划;

——推动建立科学发现与技术创新分工而统一的大学—科研机构—产业知识联盟;

---

① 刘则渊,陈超美,侯海燕,王贤文.迈向科学学大变革的时代[J].科学学与科学技术管理,2009(07):5—12.

——鼓励构建项目引领的跨地区、跨部门、跨学科的各类知识联盟的虚拟组织；

——高度重视和加强技术科学在科学发现和技术创新一体化中的桥梁作用；

——继续加强应用导向的基础科学研究，形成科学发现引领技术创新的格局；

为此，我们应当大力探索和广泛普及基于文献的科学发现理论[①]，基于知识的创新理论，e- 科学和 CDI 的理念，以及计算思维的方法和工具，提高对国家网络支持的发现—创新体系(NCDIS)的认识。NCDIS 并不是撇开国家创新体系另搞一套，而是对国家创新体系的丰富、深化、完善与发展。它不独是建设创新型国家的重大举措，而且是实现科技强国目标的必由之路。

(3) 专利共被引展现的发现—创新模式

基于以上的分析，我们应该基于新巴斯德象限的科技政策范式，借鉴英美 e- 科学与 CDI 创造的关于网络环境下推进科学发现与技术创新一体化的新鲜经验，深化和拓宽目前国家及区域创新体系的内涵，构建网络支持的国家及区域发现—创新体系(Cyber-enabled National and Regional Discovery - Innovation System)[②]。下面以太阳能专利引用论文 / 专利的共被引分析为例阐释这一发现—创新模式。

图 5-2 是由"太阳能"专利引用论文而形成的论文—专利共被引网络知识图谱，由于图谱中的节点表示被专利引用的科学论文，因而，形成的知识群所蕴含的知识单元，表现了从科学研究到应用技术研究的知识转移，也就是说，专利技术从科学论文中吸取了部分研究成果，作为了应用技术发展的科学知识基础。

图 5-3 是由"太阳能"专利引用专利而形成的专利 - 专利共被引网络知识图谱，图谱显示大部分专利技术群彼此相连，形成了一个巨大的连通组，只有少数几个聚类分布在边缘成为"孤岛"。

通过对比可以发现，图 5-2 中显示的论文—专利共被引网络，其形成的聚类知识群分布以图中间最大的一个聚类连通组为核心，四周分散着众多知识群。一方面，从每个知识群的研究主题可以看出，科学论文的研究领域主要以材料的类型、属性、机理等为研究目标，在很大程度上体现出了基础研究的特征。因此，针对不同类型材料的专利技术，引用论文的研究主题也比较集中，较少出现研究不同类型光伏材料的论文同时被某项专利引用的情况。而另一方面，在最大的聚类连通组中，同时包含了与纳米导线、纳米半导体等相关的研究论文，从这个角度讲，应用技术在对科学研究某些知识成果的继承上，也表现出了一定的共性特征，这一点与专利—专利共被引网络有一定的相似之处。

---

① Chaomei Chen, Yue Chen, Mark Horowitz, Haiyan Hou, Zeyuan Liu, Don Pellegrino. Towards an explanatory and computational theory of scientific discovery[J]. Journal of Informetrics,2009, 3(3):191—209.

② 刘则渊,王贤文,陈超美,侯海燕. 网络时代科研方式的重大变革——兼论国家网络支持的发现—创新体系的构想[C]. 2010 年全国科学技术学暨科学学与学科建设两委联合年会论文集,南京,2010,04:1—7.

图 5-2　论文—专利共被引网络知识图谱

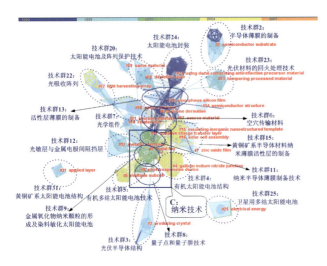

图 5-3　专利—专利共被引网络知识图谱

在图 5-3 专利—专利共被引网络中,大部分的聚类技术群形成了一个巨大的连通组,不同研究主题的技术群之间一般会通过某条路径相连接,知识在不同的技术群之间产生了流动。这种情况表明,应用技术在一定程度上具有极强的共性特征,例如在太阳能电池领域,虽然所使用的光伏材料具有本质的区别,但在某些方面,比如半导体结构的形成、材料的制备方法、纳米技术的应用等方面,可以相互借鉴,融会贯通。其中,具有较高的中介中心性、并且能够组成跨技术群共被引连接的专利文献,经常会体现出较强的所谓"共性技术"特征。

对于"共性技术(Generic Technology)",国际上有着不同的定义,一般认为,共性技术是在很多领域内已经或未来可能被广泛采用、其研发成果可共享并对一个产业或多个产业产生深刻影响的一类技术[①]。从定义中不难看出共性技术的两个主要特征:一是具有很强的外部性,可以在多个行业得到应用;二是具有巨大的经济效益和社会效益。以代表第三代太阳能电池的纳米半导体技术为例,在专利文献形成的共被引网络中,纳米技术贯穿于不同类型半导体材料的研究,如"染料敏化纳米晶电池"、"黄铜矿系半导体材料纳米薄膜的制备"等,甚至出现了以纳米技术为共同研究主题的技术群,如"纳米半导体薄膜的制备"、"量子点和量子阱技术"

---

① 李纪珍.产业共性技术供给体系[M].北京:中国金融出版社,2004.

等,这些聚类之间联系极为紧密,彰显出纳米技术作为一项共性技术,对当前整个太阳能电池领域发展所起到的关键作用。

同时,通过对论文—专利和专利—专利两种共被引网络的对比分析也可以发现,由科学论文与技术专利所表现出的科学研究与应用技术研究之间的知识关联也是比较密切的,特别是在"制备工艺"、"半导体结构"等研究领域,技术科学研究与应用技术研究在一定程度上体现出了相似性和同步性,这也印证了前文所提到的"科技象限模型"中,"新巴斯德象限"与"爱迪生象限"的紧密关系。

此外,上述分析结果还集中体现出了技术发展过程中的范式形成、积累、变革以及新范式产生的过程。如果在某一研究领域,大量专利同时引用相似研究主题的科学论文和技术专利,那么就形成了科学知识与技术知识同时向应用技术研究输入并累积的效果,从而促进了技术研究领域新范式的形成。这一过程从本章的分析结果"纳米技术在半导体材料研究的出现—纳米技术的扩散—第三代纳米太阳能电池的形成"得到了有力的说明(如图 5-4)。

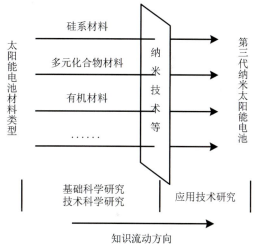

图 5-4　太阳能电池领域纳米技术研究范式的形成

5.3　实现"发现—创新"一体化的三螺旋模式

1990 年代初之前,国际学术界主要关注的是大学—产业、大学—政府、产业—政府双螺旋关系的研究。如代表了大学—产业密切关系的麻省理工学院模式、斯坦福—硅谷模式等。随着大学—产业关系研究的深入,纽约州立大学 Henry Etzkowitz 率先注意到了大学—产业—政府三方相互作用关系的重要性,提出了创新活动的三螺旋模型。1996年,他与荷兰阿姆斯特丹大学的 Loet Leydesdorff 共同努力,在阿姆斯特丹召开了第一次国际三螺旋研讨会。其后,两人进一步探讨了三螺旋创新系统模型的一系列问题[1][2],并多次举办三螺旋理论国际会议,深化了对国家创新系统的认识,甚至有取代国家创新

---

① Henry Etzkowitz, Loet Leydesdorff. Universities and the global knowledge economy: a triple helix of university-industry-government relations. Pinter.1997.

② Henry Etzkowitz, Loet Leydesdorff. The dynamics of innovation: from national systems and "Mode 2" to a triple helix of university-industry-government relations [J]. Research Policy, 2000, 29(2—3):109—123.

系统模型之势。随着知识经济与信息技术的发展,结合中国国情的自主创新体系,需要对 Etzkowitz 三螺旋创新模式进行丰富和深化。

(1) 产学研三螺旋创新模型的知识图谱

科学计量学中新兴的科学知识图谱方法,可以用来整合国际高水平作者群的研究成果,往往得到单个作者意想不到的结果,对于追踪世界科学技术前沿、研究与制定科学技术政策,能够提供非常有益的启示与借鉴,甚至可以起到辅助决策作用。对国际权威期刊《科学计量学(Scientometrics)》在 1995 年至 2007 年 4 月 2 日期间所发表的含有"专利"主题词的 112 篇论文进行计量研究,绘出 36 个高频关键词的共词网络知识图谱(图 5-5)。

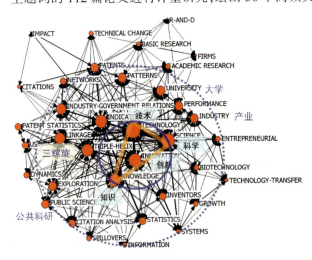

图 5-5　国际专利计量研究前沿高频关键词
共现网络(1995—2007.4)①
小圈:以创新为核心的"科学—技术—知识"战略金三角
大圈:"大学—产业—科研(政府)"三螺旋创新体系

图 5-5 显示出有关专利的计量研究,以"科学—技术—知识—创新"核心知识群作为研究的主题。在核心知识群的外圈各个关键词较为弥散,未形成显著的知识群,但大致形成了反映专利计量特点的两个次级知识群:左上部为支撑专利发明的科学、技术、研发、理论研究、基础研究等关键词;右下部则为显示专利应用结果的创新、产业、技术转移、绩效、溢出效应、经济增长等关键词。

尤其值得注意的另一个特点:居于中心位置的关键词"三螺旋",与周边的大学、产业、产业—政府关系等关键词相联系,大致体现了三螺旋理论的创立者亨利·埃茨科威兹(Henry Etzkowitz)关于大学—产业—政府(简称官产学)三螺旋创新模式的思想②。但是,我们发现图谱左下的一个关键词"公共科学",它逐渐受到科学界的关注,开始探对公共科学与技术的关系③,公共科学在创新中的作用④。这在客观上预示着三螺旋结构可以变换为"大学、公共科研、产业"三者的关

---

① 栾春娟,王续琨,刘则渊. 专利计量研究的国际前沿的计量分析[J]. 科学学研究,2008,26(2):334—338.

② 亨利·埃茨科威兹.三螺旋[M].周春彦,译.北京:东方出版社,2005.6.

③ Narin. F.1; Hamilton K.S.; Olivastro D. The increasing linkage between US technology and public science[J]. Research Policy, 1997,26(3): 317—330.

④ McMillan, G. Steven; Narin, Francis; Deeds, David L. An analysis of the critical role of public science in innovation: the case of biotechnology[J]. Research Policy, 2000, 29(1): 1—8.

系,也为我们重组"产业、大学、科研所"(简称产学研)三螺旋创新模型提供了佐证。

在专利计量研究的网络图谱上,以创新为核心的知识群小圈与"产业、大学、科研所"三螺旋大圈相互作用,一方面意味着基于科学技术知识的创新活动,要通过"产业、大学、科研所"三螺旋创新体系来实现;另一方面说明产学研三螺旋创新模式,本质上是建立在人类知识活动系统的基础之上的,是科学技术知识的创造、传播、应用的互动链条带动产学研之间的创新活动螺旋式上升。

(2) 基于知识活动系统的三螺旋模型

考虑到三螺旋模型的技术创新功能,我们认为,坚持和实施基于新巴斯德象限的科技政策范式,可以进一步把三螺旋模型作为促进科技创新与产业化的基本对策,以实现"发现—创新"一体化。为此,对三螺旋创新系统模型,做如下结构调整与重构:把由知识生产、知识传播和知识应用构成的知识活动系统,与产学研合作创新的理论联系起来,与国家创新体系的组织网络和制度网络统一起来, 将原来的大学—产业—政府关系三螺旋即官产学联合创新的三螺旋结构, 重构为政府政策导向下的科研所—大学—产业关系三螺旋即产学研联合创新的三螺旋结构(图 5-6)。

这是一个在国家的政策导向和制度安排下,科研所的知识生产创造、大学的知识传播育人、企业的知识应用转化所组成的知识活动系统为载体的三螺旋国家创新体系,以达到促进科技成果转化,增强科技自主创新能力、实现科技产业化的目标。这种重构一方面突出了产学研共同体作为创新主体,强调政府作为制定与实施创新政策的作用,而避免了政府成为创新主体而造成角色错位,另一方面突现了知识生产(研)、知识育人(学)、知识应用(产)三个环节之间的互动联结,三者又各自独立构成三个螺旋的上升机制与发展进程。尽管基于知识活动系统的三螺旋模型更符合科技研究、开发、创新的实际,但在近 20 年的实践过程中,尽管政府高度重视并提出一系列的战略措施,但执行结果仍更多地流于概念和形式。究其原因,仅靠政府的政策、知识活动系统中的各主体协作意识的提高这些软要素是不足以实现官—产—学—研的真正协作, 必须要有硬要素去支撑才可实现, 英国的 e-Science 和美国的 CDI 提供了很好的示范作用,在信息时代,必须要加强信息基础设施建设, 将三螺旋模型建构在网络、信息、计算思维

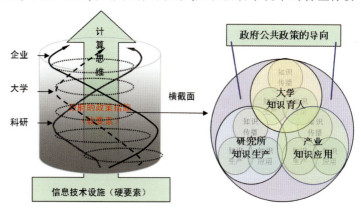

图 5-6　基于知识活动系统的三螺旋模型

基础上,才可将三螺旋的模型落于实处。由于知识活动系统与其各个子系统呈现自相似、全息性特征,因此基于动态的知识活动系统的产学研三螺旋创新模型,能够将复杂的新巴斯德象限上的高科技研发特征展现出来。从这个角度看,产学研三螺旋创新模型是研究开发象限模型基于技术科学的技术创新活动,向科技成果产业化方向的延伸与拓展。

5.4 推进基于会聚技术的前沿技术融合创新

实施基于技术科学的前沿技术创新战略,不独限于一门技术科学的前沿技术领域,而且要着眼于当代各门技术科学及其前沿技术交叉融合的新态势。21 世纪初出现的纳米尺度上会聚科学技术,为此提供了极其生动的案例。

2001 年 12 月,美国商务部、国家科学基金会和国家科技委员会纳米科学工程与技术分委会在华盛顿联合发起了一次由科学家、政府官员等各界顶级人物参加的圆桌会议,会议就"提升人类技能的会聚技术"议题进行研讨,首次提出了"NBIC 会聚技术"的概念,它是指当时迅速发展的四大科技领域的协同与融合,即:纳米科学与技术、生物技术和生物医学(包括基因工程)、信息技术(包括高级计算和通信)、认知科学(包括认知神经科学)[①]。"NBIC 会聚技术"代表着研究与开发新的前沿领域,其发展将显著改善人类生命质量,提升和扩展人的技能,这四大前沿技术的融合还将缔造全新的研究思路和全新的经济模式,将大大提高整个社会的创新能力和国家的生产力水平,从而增强国家的竞争力,也将对国家安全提供更强有力的保障[②]。

(1) NBIC 会聚技术的兴起

尽管"NBIC 会聚技术"的概念是在 2001 年正式提出来的,但有关"会聚技术"的研究却早已有之(早期的文章所提到的会聚技术,指的是技术融合,并不是特指基于 NBIC 的会聚技术),我们在 WoS 中以 ts="converg* technolog*" or ts="nbic*" or ts="nano-bio-info-cogn*" 为检索式进行主题检索,共检索到 237 篇文献记录,其年度分布情况如图 5-7 所示,2001 年以后,较为统一的"NBIC 会聚技术"的研究逐渐兴盛,到 2007 年论文发表数量达到顶峰,但每年的被引频次仍逐年上涨,说明"NBIC 会聚技术"仍备受当今学术界的关注。

以"nano* info* biol* cogn*"为检索式在 Aureka 专利分析系统中共检索到 19170 条专利记录,合并同族专利后获得 6708 条表征"NBIC 会聚技术"的专利记录,2001 年以来发表 6313 条,并呈现逐年增加的态势(图 5-8)。

---

① MC ROCO. Science and technology integration for increased human potential and societal outcomes. Annals of the New York Academy of Sciences, 2004,1013(5):1—16.

② 米黑尔·罗科,威廉·班布里奇编.蔡曙山,王志栋,周允程等译.聚合四大科技,提高人类能力[M].北京:清华大学出版社,2010.

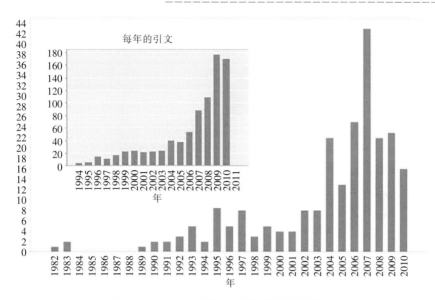

图 5-7　NBIC 会聚技术文献记录的年度分布

表征科学的文献记录发展态势和表征技术的专利记录发展态势,都明确地表明"NBIC 会聚技术"正在形成为一个新的研究领域,它的形成是人类科学技术发展的必然。科学和技术原本是按各自的传统独立发展,但自近代科学诞生以来,这种已形成几千年的平行轨迹开始发生改变。第一次工业革命时期,技术起主导作用,并催生了热力学的诞生;第二次工业革命时期,科学成

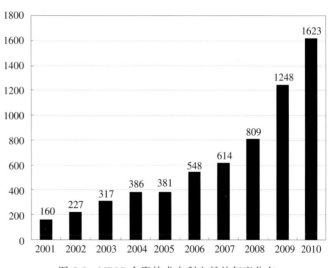

图 5-8　NBIC 会聚技术专利文献的年度分布

为了先导,它催生了发电机和电动机;而第三次工业革命以后,科学技术便逐渐呈现一体化趋势,二者互相推进,转化周期逐渐缩短,直至一些研究领域使我们难以区分是科学还是技术,如激光、纳米、信息等领域。时至今日,科学各领域的发展,使得科学作为一个整体已不再是支离破碎,人们有足够的知识不再"盲人摸象","科学的统一性基于自然的单一性"已经得到科学的确证,Web of Science 中大量 multidisciplinary 的存在足以证明人

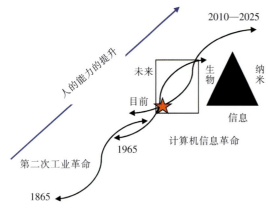

图 5-9　计算机通信技术革命与纳米生物
信息技术革命交叠的变革时代

们对科学统一性的认识,而这将导致基于此的技术融合,因而,当前逐渐兴起的"会聚技术"就不足为奇了。美国企业研究所的 Newt Gingrich 提出我们正在经历计算机通信革命和刚刚起步的纳米生物信息技术革命,所表现出来的技术成长 S 曲线将会重叠,我们正在进入这个重叠期①(图 5-9),而这个重叠期的技术特征便是纳米科技、信息科技和生物科技的融合。技术带来的是人的能力提升,以往的技术已经大大延伸了人的体力,如今已开始对人类智力的开发及

提升,以"探索脑和神经系统产生心智的过程和活动"的认知科学自然成为伴之而生的新兴学科。因而,"NBIC 会聚技术"的兴起是必然的,它将给我们带来了新的大一统、大科学、以人为本的整体科技发展观,这种发展观将以学科的融合为基础,通过技术会聚,以人类和社会可持续发展为目的,实现人类自身和社会的进步。

(2) 纳米尺度上的会聚科学与技术

以 WoS 中检索到的 237 篇 NBIC 文献记录为分析对象, 利用 CiteSpace②绘制出"主题词—关键词—学科门类"混合图谱(图 5-10)。

WoS 的学科分类是按照期刊的学科属性划分的, 图 5-10 中凸显出"Multidisciplinary Sciences (多学科)"、"Materials Science (材料科学)"、"Chemistry (化学)"及"Management(管理学)"等与"NBIC 会聚技术"研究密切相关的学科,其中尤其值得关注的是"多学科"。所谓"Multidisciplinary Sciences"是指不同学科的兼容与并包,有交叉有合并,图谱暗示会聚技术以多学科科学为前提,通过材料科学这一典型的多学科科学基础,进而形成了 NBIC 会聚技术。图 5-10 中凸显出的五个主题关键词,恰好形成了以"converging technologies(会聚技术)"为核心的"NBIC"四面体,它表明会聚技术是特定技术与认知科学思想的融合,而特定技术在当代表发现为纳米技术、生物技术和信息技术,从这种意义上,也可成为"NBIC 会聚科技"。图上出现多个 convergence 主题词和标识词,说明会聚技术是可通过多种途径来实现,它与管理学、社会学和伦理学等息息相

---

① 米黑尔.罗科,威廉.班布里奇编.蔡曙山,王志栋,周允程等译.聚合四大科技,提高人类能力[M].北京:清华大学出版社,2010.第 56 页.

② Chen, C. et al. (2010) The structure and dynamics of co-citation clusters: A multiple-perspective co-citation analysis. Journal of the American Society for Information Science and Technology.

关，但这不等于"会聚技术"成为一般的多学科科学。

图 5-10 右侧显示出与"converging technologies"主题词联系最为紧密的学科词是"material science（材料科学）"和"Nanotechnology（纳米技术）"关键词（主题词），表明如今逐渐兴起的"会聚技术"是基于纳米尺度的。"纳米"是介乎 1—400 个原子之间的空间测量，它表明人们对于物质世界的控制从牛顿的宏观物理层次开始进入具有量子特性的分子原子世界，在这个世界中，新工具新技术将会创造出强大的力量，强大到"至少与宇航或计算机一样强大"①。

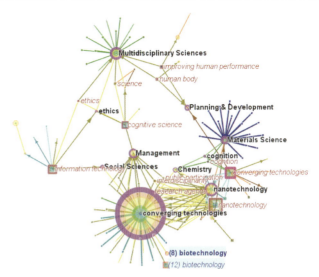

图 5-10　"NBIC 会聚技术"的"主题词—关键词—学科门类"知识图谱

* 图谱中的圆圈代表关键词和学科门类，方形代表从题目、摘要、关键词中提取出的主题词

以"nanotechnology"为主题检索词，在 Patentics 专利系统中共检索到的 10312 项专利形成的专利地图（图 5-11）围绕着"纳米技术"形成的七大主题群，分别为"生物应用"、"生物医药"、"物理科学"、"物理化学"、"nano lett《纳米快报》"、"先进材料"、"电化学批量制造"。纳米科技加深了人类对生物学的理解和应用，因为所有的生物活动都是在分子层面上发生的，纳米工具为扩大人们对生物的认识及其应用起到了巨大的作用，图谱中显现的"生物应用"、"生物医药"两大主题专利群是极好的佐证。纳米技术将带来材料技术的突破，图谱中显示的"先进材料"、"电化学批量制造"说明纳米技术不仅会带来制作材料的新方式，还会改变材料的重量、承压的能力以及其它的性能。图谱中虚线圈中出现的三个主题群说明了纳米技术的科学基础，即"物理科学"、"物理化学"和"nano lett《纳米快报》"，《纳米快报》(Nano Letters)杂志是美国化学会创办的期刊，目前已是国际物理、化学和纳米学科权威期刊，许多生物学家也非常推崇该期刊，主要报导纳米科学与纳米技术领域内的最新基础研究成果，影响因子为 9.627，是纳米科学与纳米技术研究领域四十六种期刊中文章被引用率最高的期刊。纳米世界的特性符合量子测不准原则，因而没有计算机和信息技术提供计算及控制技术是难以认识和实

---

① 米黑尔.罗科，威廉.班布里奇编.蔡曙山，王志栋，周允程等译.聚合四大科技，提高人类能力[M].北京：清华大学出版社，2010，第 56 页.

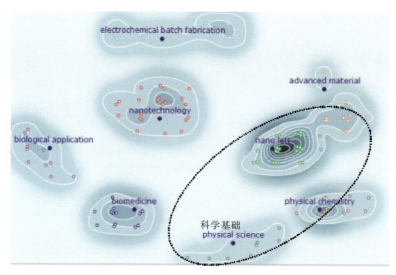

图 5-11　纳米科技的专利地图

践的。因而,在纳米尺度上的"纳米技术"、"生物技术"与"信息技术"的协同融合,将会引导我们开发新的知识、新的技术,创造出计算机通信技术革命与纳米生物信息技术革命交叠的 S 曲线。

　　以 "nano* biol* info* cogn*" 为检索词在 Aureka 专利分析系统中检索到 6432 条"NBIC 会聚技术"专利绘制出专利地图(图 5-12),图谱显示目前"NBIC 会聚技术"主要集中于分子生物医学领域,是基于纳米尺度,以提升人的能力为宗旨的。

　　NBIC 会聚科技的兴起与发展,给予我们提供一个重要启示。它们目前虽然只是我国中长期科技规划中 8 大前沿技术中几个领域的交汇融合, 但预示着在纳米尺度上的多学科技术会聚,不仅是生物技术、信息技术与认知科学的会聚,还可能拓展到其他前沿技术更多领域。人们已经看到人类物质文明的三大要素技术——材料技术、能源技术和信息技术,已开始与生物技术领域相互交叉融合,形成新的生物材料技术、生物能源技术和生物信息技术。而今纳米技术与生物信息技术、生物材料技术之间会聚融合已初现端倪,因此推断在纳米尺度上与新的生物材料技术、生物能源技术和生物信息技术进行更广阔的多学科交叉融合,继 NBIC 之后,出现 NBMC、NBEC,甚至出现 NBIME(纳米—生物—信息—材料—能源)大会聚科技,也许不再是梦想了。

5.5　造就技术科学与科技转化型人才

　　伴随 19 世纪科学革命引发技术革命,科学发现导致技术创新,先后主要在德国和美国产生了"科学家—工程师—企业家"或"科学家—发明家—企业家"集成式风格的

图 5-12　"NBIC 汇聚技术"专利地图

图释：Compounds substituted hydrogen：化合物替代氢；Compounds pharmaceutical novel：化合物制药；Virus infection treating：病毒感染治疗；Immune responses vaccine：疫苗的免疫反应；Polymers active include：聚合物活性嵌入；Detection sample protein：检测样品蛋白质；System apparatus includes：系统设备包括；Cell stem generating：细胞阀杆生成；Peptides binding affinity：肽亲和力；Modulating identifying activity：调制识别活动；Cancer treating treatment：癌症治疗；Encoding polypeptides nucleic acid：编码多肽核酸；Acid nucleic sequence：酸性核酸序列；Diseases treatment Alzheimer disease：阿尔茨海默病的治疗；Disorders treatment disease：失调症疾病治疗；Antibodies bind human：人类抗体；Antibodies human chain：人类链抗体；Polypeptide binding thereof：多肽结合物

科技转化型人才。如西门子 (德，Siemens，Ernst Wernr von，1861—1892)、克虏伯 (德，Krupp，Fridrich，1787—1826)、蔡斯 (德，Zeiss，Carl，1816—1888)、爱迪生 (美，Edison，Thomas Alva，1847—1931)、贝尔(美，Bell，Alexander Graham，1847—1922)和马可尼(英、意，Marconi，Marchese Guglielmo，1874—1937) 等。他们与 17 世纪帕斯卡 (法，Pascal，Blaise，1623—1662)、笛卡儿(法，Descartes，1596—1650)和莱布尼茨(德，Leibniz，Gottfried Wilhelm，1646—1716)等人那种"科学家—数学家—哲学家"复合型人才风格显著不同，反映出 19 世纪科学、技术与经济日趋密切结合的时代新特征[①]。W.西门子、爱迪

---

① 刘则渊. 科技人才战略:造就转化型人才[J]. 华夏星火，1996,(12).

生等作为科学家,虽然掌握电磁理论等基础科学,但他们的科学技术成就主要不是基础科学,而是基于技术科学的技术发明与创新。这与技术科学首先在德国萌发诞生,之后在美国蓬勃兴起密切相关。进入20世纪正是技术科学这一中介性科学的迅速发展,进一步促进了基础科学—技术科学—工程技术的一体化。

具有象征意义的是,冯·卡门(Theodore von Karman)通过把普朗特(Ludwig Prandtl)开创的应用力学从德国带到美国,也把源于德国的技术科学思想传播到美国。在一定意义上,是冯·卡门为代表的一代技术科学奇才,开创了美国航空航天时代。这也是钱学森1955年从美国回到祖国后,不遗余力地倡导技术科学的时代背景。正如我国科技事业重要领导人张劲夫所说:"钱学森在冯·卡门这一思想的影响下,总结二战中雷达、原子弹等提高综合国力的经验,从中看到了技术科学是一个国家从贫穷走向富强的关键。这一学科的主要之点是,摒弃过去科学和技术分离发展的弊端,在科学和技术之间架起一座桥梁,把科研成果和工程经验结合在一起,使之变成机器,如火车、汽车、飞机等现实的生产力和战斗力,这就是技术科学。技术科学思想通过冯·卡门带到了美国加州理工学院,钱学森进一步发展了这一思想。"①

到了21世纪的今日,我们要坚持技术科学强国之路,就要大力发展技术科学,大力造就技术科学人才,特别是具有技术科学功底的"科学家—发明家"转化型人才。这类人才对于开辟技术科学新领域,引领技术科学最前沿至关重要。

纳米技术之父斯莫利(Richard Smalley,1943—2005),彰显了新世纪卓越的"科学家—发明家"范例。Smalley于1985年在Nature上发表的"C60:Buckminsterfullerence"经典文献,直至今日(2010.12.10)被引频次高达4982次(图5-13(a)),其年度分布显示出该文仍显示出较高的影响度,影响相当深远。作为发明家,Smalley共发明专利42项(DII检索),被引932次(图5-13(b)),其年度分布表明发明家Smalley的专利作为核心

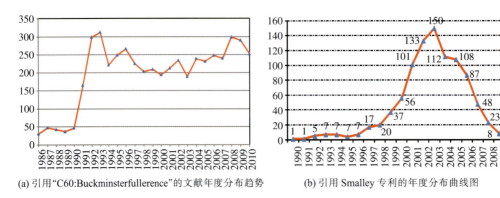

(a) 引用"C60:Buckminsterfullerence"的文献年度分布趋势　　(b) 引用Smalley专利的年度分布曲线图

图5-13　Smalley科学及技术影响的趋势

① 张劲夫.让科学精神永放光芒——读《钱学森手稿》有感[J].复杂系统与复杂性科学,2006(2):77—81.

技术,在 21 世纪初亦产生了巨大影响。但由于技术生命周期规律的存在,这种技术影响已日渐衰退,这是很正常的。

以 4982 篇文章和 932 项专利记录为计量基础,分别进行文献共被引分析和专利共被引分析(图 5-14),可以反映出 Smalley 作为"科学家—发明家"的特质。

图 5-14(a)反应出以 C60 理论为基础的理论进展,也可反映出作为科学家的 Smalley 的学术影响主要体现在 8 个领域:富勒烯及其派生物在生物化学领域中的应用,如富勒烯羧酸,富勒烯派生物在抑制艾滋病毒蛋白酶活性方面的模型建构与应用(#0);富勒烯掺杂金属粒子后的超导性能(#1);富勒烯族(Cn,n=60、70、80、90、94……)的基本物理化学性能(#2);从原子分子层面对富勒烯进行研究,涉及到原子分子间的能量分布和交换,所用分析工具为高斯量子化学软件包,包括从富勒烯到碳纳米管的研究(#3);富勒烯族成员的稳定性研究(#4);用计算材料学的方法对富勒烯进行力学分析(#5);石墨烯,包括其物理化学性能,如石墨烯中无质量狄拉克费密子的二维气体性、石墨烯有生长及原子尺寸碳薄膜的电场效应等(#6);碳纳米管,侧重于碳纳米管的制备(#7)。图谱中显示出的颜色变化体现出了由富勒烯引发的研究主题演化过程。#0,#1 和 #2 属于富勒烯引发的早期研究,主要集中在对富勒烯的各项物理化学性能的研究,侧重于富勒烯族。进入 2000 年后,又形成了聚类 #3,#4,#5,#6 和 #7 五个主要研究主题。其中由 #3 又分别引发出 #4 和 #5,表明相关研究由对富勒烯原子层面的能量交换与分布开始转向对富勒烯的稳定性和原子分子层面的力学分析。另外,在 #3 中还出现了有关碳纳米管的研究,这又导致了对碳纳米管制备的研究,在 #7 的基础上,又加入了石墨烯的制备研究。上述分析表明在发现富勒烯后,其所引发的相关研究呈现出一条从基础研究到应用研究的过程,也即基础科学至技术科学的过程。

图 5-14(b)揭示了由碳纳米管所引发的技术发明演变进程。形成于 2001—2003 年的聚类 #0,是研究碳纳米管的制备及其化学属性的,它是后期聚类 #1、聚类 #2 和聚类

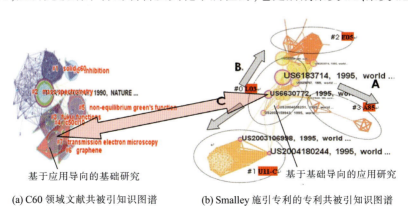

(a) C60 领域文献共被引知识图谱   (b) Smalley 施引专利的专利共被引知识图谱

图 5-14　基于 C60 文献和 Smalley 施引专利的文献共被引和专利共被引图谱

#3 的研究基础。以聚类 #0 为研究基础,衍生出了后来的研究主题 #1、#2 和 #3。其中,形成于 2004—2006 年间的主题 #1 是关于半导体设备制造的相关研究,之后再到 2007—2009 年期间,聚类 #0 的研究转向于主题 #2 和主题 #3。在这后续的 3 个主题的发展过程中,Smalley 的专利都起到了重要的连通作用,如:连通主题 #1 的 US2003106998、连通主题 #2 的 US6790425 和 US2004040834、连通主题 #3 的 US7105596。在此期间,也有其他一些重要的专利在引导技术的发展方面起到了重要的作用,如 Fisher A 的 US6203814、Christopher 的 US6630772 等技术。

进一步研究发现专利中高被引的文献大多集中于文献共被引图谱中的 #7 中,即"碳纳米管制备",而与这些高被引文献共被引的专利都集中于专利共被引图谱中的 #0 中,即"碳纳米管的制备及其化学属性"。这恰好对应于新巴斯德象限中实现"应用导向的基础研究与基础理论背景的应用研究二者结合"的"技术科学",也体现出了 Smalley 作为"科学家 - 发明家"技术科学型人才的特征。Smalley 发现了富勒烯,在引领了碳纳米管的诞生之后,进一步关注于碳纳米管的制备之中,并就制备的方法、生成的产品等方面,申请了多项发明专利。之后,Smalley 在 2000 年成立了一家名为碳基纳米技术的公司,将其纳米相关的技术发明推广向商业领域,并为此被世人称之为"纳米之父"、"纳米技术推广之父"等。

综上所述,Smalley 作为一名科学家、一名发明家和一位商业领军人才,其所引发的相关研究呈现出一条从科学研究走向技术发明,再从技术发明到工程应用的发展路线,亦即科学到技术、技术至工程应用的走向,堪称当代"科学家—发明家—企业家"集成式科技转化型人才的杰出代表。

通过对 Smalley 的科学技术成果的计量分析,我们认为高等教育管理部门须明确确立技术科学在理工科教育中的地位,改革高等工程教育,完善技术科学课程体系,加强技术科学教育,加速培养技术科学人才。目前,我国从全面素质教育的高度,对高等工程教育与工程专业课程体系进行改革,在加强基础理论,扩大专业面,强化创新实践和文化素质教育等方面取得很大进展。但从技术科学教育的角度看,我国工程教育中技术科学课程比较薄弱,社会技术课或 STS 课程甚为欠缺,技术实验课与实践环节尤为缺失。技术科学实验对于培养工科人才与工程师的发明创造能力、工程应用能力、技术创新能力具有重要的作用,要加强与技术科学各类课程相应的实验课教学和实践环节,加强对工科人才的实验技能培养与工程技术实践的训练。依托技术科学研发体系,培养造就一批具有世界前沿水平的技术科学家。

第六章　实施技术科学强国
战略的主要对策

所谓技术科学强国战略,就是高度重视技术科学的发展,充分发挥技术科学对我国增强自主创新能力,建设创新型国家、科技强国和经济强国的战略作用。为此,依据技术科学的基本特征和战略功能,提出实施技术科学强国战略的几项政策性建议:

6.1　明确确立技术科学的战略地位,制定和实施技术科学发展战略

《国家中长期科技发展规划纲要》指出,今后 15 年科技工作的指导方针是:自主创新,重点跨越,支撑发展,引领未来。自主创新,就是从增强国家创新能力出发,加强原始创新、集成创新和引进消化吸收再创新。重点跨越,就是坚持有所为、有所不为,选择具有一定基础和优势、关系国计民生和国家安全的关键领域,集中力量、重点突破,实现跨越式发展。支撑发展,就是从现实的紧迫需求出发,着力突破重大关键、共性技术,支撑经济社会的持续协调发展。引领未来,就是着眼长远,超前部署前沿技术和基础研究,创造新的市场需求,培育新兴产业,引领未来经济社会的发展。这一方针是我国半个多世纪科技发展实践经验的概括总结,是面向未来、实现中华民族伟大复兴的重要抉择。因此,我们建议国家有关部门适时制定《技术科学发展战略规划》,重新确立技术科学在国家科学技术发展、提升自主创新能力中的战略地位,明确技术科学的学科定位,确定技术科学发展的重点学科、前沿领域和实施办法,纳入到国家科技规划和各项科技计划中加以落实。

1. 加强技术科学战略研究与规划工作,抓新思路,保证政策与制度方面稳定和持续。加大投入和政策引导,充分吸取我国研制"两弹一星"的宝贵经验,推动竞争与合作,致力发展引领未来经济社会可持续发展的先进技术科学,坚持技术科学基础研究、前沿研究、产业化应用研究、公益性软技术科学研究协调发展。

2. 重视技术科学基础研究,不断发掘资源、能源、生态环境、人口健康、经济社会、国家社会生态安全和区域发展的科学规律,为自主创新能力的发展不断提供新的知识支持。技术科学的各个层面的研究领域中,基础性技术科学研究是龙头,因为它既是发展新兴产业的带头兵,又为基础产业现代化所必需;技术科学基础研究的成果也应该着重体现在这方面。我们应当在这里找到突破口,首先抓住那些关系国家安全和长远战略意

义，不可能由个别部门或市场支持，又必须依靠本国力量解决的关键项目或共性问题，以它们为支撑把技术科学的各个方面带动起来，同时又分层次地保持一定的储备以适应快速变化的形势。

3. 加强技术科学前沿研究，致力科学原创、促进自主关键核心技术创新和重大系统集成创新，大幅提升技术创新的源头供给，促进产业转化，为在全球经济竞争合作中取得主动地位，为生态环境保护修复、国家安全、人民康乐幸福，为全面实现科学、和谐、持续发展提供有力的技术支撑。在技术科学领域的几个重要前沿领域迎头赶上乃至超过当时的国际先进水平。把基点建立在适应当前国内外最高的科学和技术水平上。低水平重复实际上是产业界外延性发展在科学研究方面的表现，应当切实避免。这就要求在发展技术科学前沿领域时，也必须贯彻"有所为，有所不为"的原则。前瞻部署信息技术、生物技术、可再生能源与先进核能、纳米与先进材料、先进制造、人口健康与医药、空天海洋、生态环保等相关前沿技术科学研究与创新。

4. 技术科学发展战略应当充分注意到不同门类和层次科学和技术的交叉渗透这一当前科学和技术发展的总趋势。尽早进入重要的新兴的综合性领域，如生物科学和技术，纳米科学和技术，MEMS 等，特别要着力为它们开辟新的、更为广阔的应用前景。

5. 在科学技术上我们仍然是发展中国家，以高技术促成基础产业的现代化应当在发展战略中占有重要的位置。科学技术成果向产业和市场转换的速度和规模日益增加，这种情况在技术科学的应用研究领域里尤为突出。因此应用类型的研究，在技术科学发展战略中也应占有重要的位置。

6. 把国家重大建设工程作为发展技术科学、提升自主创新能力的重要载体。通过国家重大建设工程的实施，消化吸收一批先进技术，攻克一批事关国家战略利益的关键技术，研制一批具有自主知识产权的重大装备和关键产品。

7. 坚持国际交流合作与自主创新相协调。增强国家自主创新能力，必须充分利用对外开放的有利条件，扩大多种形式的国际和地区科技合作与交流。建立规范的国际技术科学合作项目管理制度，广泛利用国际资源，实施技术科学研发国际合作项目，大力推进自主创新能力建设的国际交流与合作。

8. 实施知识产权战略，保护知识产权，维护权利人利益。这不仅是我国完善市场经济体制、促进自主创新的需要，也是树立国际信用、开展国际合作的需要。

9. 实施技术标准战略，将形成技术标准作为国家科技计划的重要目标。政府主管部门、行业协会等要加强对重要技术标准制定的指导协调，并优先采用。推动技术法规和技术标准体系建设，促使标准制定与科研、开发、设计、制造相结合，保证标准的先进性和效能性。引导产学研各方面共同推进国家重要技术标准的研究、制定及优先采用。积极参与国际标准的制定，推动我国技术标准成为国际标准。加强技术性贸易措施体系建设。

到 2020 年,我国科学技术发展的总体目标是:自主创新能力显著增强,科技促进经济社会发展和保障国家安全的能力显著增强,为全面建设小康社会提供强有力的支撑;基础科学和前沿技术研究综合实力显著增强,取得一批在世界具有重大影响的科学技术成果,进入创新型国家行列,为在本世纪中叶成为世界科技强国奠定基础。我国要在激烈的国际竞争中掌握主动权,就必须依靠发展技术科学,提高自主创新能力,在若干重要领域掌握一批核心技术,拥有一批自主知识产权,造就一批具有国际竞争力的企业。源于应用基础的原始创新、集成技术创新和引进技术的消化吸收再创新,离不开技术科学;当代高科技研究的发展,离不开技术科学;加速科技成果转为工程应用,更离不开技术科学;总之,必须把依靠发展技术科学提高自主创新能力作为国家战略,贯彻到现代化建设的各个方面,贯彻到各个产业、行业和地区,大幅度提高国家竞争力。

院士观点:

现代科学技术体系的横向结构包括基础科学、技术科学、工程技术三个部门[1],三个部门同时并进,相互影响,相互提携,绝不能有一面偏废[2]。技术科学在"基础科学-技术科学-工程技术"层次结构中处于中介地位。

——钱学森院士

在我国,如果技术科学不发展,不可能有大量的自主知识产权和创新,也不能与国际市场相竞争,很难走在世界前列。[3]

——师昌绪院士

美国政府战后通过多种渠道,大量向技术科学类型的科研项目投资,建立多个以国家目标导向的国家实验室和科研中心。20 世纪的实践表明,技术科学是一个十分广阔的科学实践领域,它取得了许多重大的成就,它对科学发展、社会进步和国民经济建设产生了重大而深远的影响。……"技术科学一定要为国家的经济和国防建设以及社会发展服务,这种服务不是简单地解决工程技术提出的问题,而是要致力于创造性地带动工程技术的发展,也就是要走在工程技术的前面,提出新观点、新方法、新概念和新途径,同时推进科学的进展。所以说技术科学是科学,不是工程技术的"尾巴"。它建立在基础科学最新成就的基础上,不断地吸纳数学科学以及其它各种自然科学里的最新进展,为工程技术创造新的方法、新的途径和新的领域。此外,工程技术的要求往往是多方面、综

---

[1] 钱学森.现代科学技术的特点和体系结构.论系统工程(增订本).长沙:湖南科学出版社,1998.

[2] 钱学森.论技术科学.科学通报,1957,4:97—104.

[3] 师昌绪.技术科学在社会经济发展中的作用与地位.技术科学发展与展望——院士论技术科学.济南:山东教育出版社,2002:48.

合性的,因此要注意技术科学的多学科性质和跨学科性质。技术科学并不能代替工程技术,工程技术自己能够解决的问题不需要技术科学来解决,如果把两者混同起来,那技术科学就没有真正尽到自己的责任"①。……技术科学因其桥梁作用,在实现国家目标方面扮演着不可缺少的必要角色。因此,在国家的计划和规划中,需要根据技术科学的特点,分别给技术科学的基础研究,高技术应用研究和基础产业现代化研究以足够的重视和发展空间,并分别制定相应的政策。技术科学发展战略报告要有高的起点,要站在国内外当前最高的科学技术水平上,确定我们的战略目标。另外,需要把战略目标定得宏观一些,集中一些。选出少数几条重大的、战略性的、前瞻性的、能体现国家目标的、有吸引力的大项目,并用它们带动技术科学的整体发展。②

——郑哲敏院士

技术是根据基础科学和技术科学的理论与实践经验开发出来的。科学技术是有科学基础的技术,有工程、农业、医药方面的,与技术科学是不同的。目前我国往往以科学概括科学技术,科学家包括工程师、农艺师、医药师,重科学、轻技术,对振兴经济和社会是不利的。还有把技术科学与工程科学技术混淆,有人认为是相同的,不利于技术科学和工程科学技术的发展。中国科学院把技术科学与工程科学并列,也是不适宜的。③……(回顾国家技术科学发展规划制定的历程时指出)1956年,国务院科学技术规划委员会制定《十二年科学技术远景发展规划》,以任务带学科,共55项任务。周培源建议制定《基础科学远景发展规划》,作为规划的第56项任务。《十二年科学技术远景发展规划》得到国务院批准。1959年,在张光斗院士的建议、中国科学院技术科学部严济慈主任支持下制定了《技术科学远景发展规划》,也得到国务院批准,作为《十二年科学技术远景发展规划》的一部分。1959年,国务院成立国家科学技术委员会,设有各基础科学学科组和技术科学学科组,制定每年计划和检查执行情况。60年代,《技术科学远景发展规划》曾进行两次修订,并检查规划执行情况。1966年国家宣布《十二年科学技术远景发展规划》提前完成。"文化大革命"中,停止了活动。1978年,在国家科学技术委员会领导下,张光斗院士等组织再制定《1978至1985年全国技术科学发展规划纲要(草案)》,执行2年,就中止了。

——张光斗院士

我们的中长期发展规划,还是偏基础,对技术科学的重视不足。因此我们建议国家有关部门为技术科学重新制定《技术科学发展战略规划》,重新确立技术科学在国家科学技

---

① 郑哲敏.钱学森的技术科学思想与力学所的建设和发展.

② 郑哲敏.论技术科学和技术科学发展战略.技术科学发展与展望——院士论技术科学.济南:山东教育出版社,2002:73—87.

③ 张光斗.试论技术科学与科学技术.http://www.cae.cn/expadvs/content.jsp?id=1201

术发展、提升自主创新能力中的战略地位,赋予技术科学作为一个独立部门所应有的独立的战略规划、独立的管理部门、独立的资金投入计划、独立的人才培养与分配制度。

——郭雷院士

6.2　调整国家科技计划,适时设立国家技术科学与工程科学基金

当前,国家已经确定多项科技计划,包括国家自然科学基金、国家重大基础研究计划("973"计划)、高技术研究发展计划("863"计划)、科技支撑计划、重大专项等,这些计划所支持的项目也覆盖了技术科学相应的研究领域。特别是,"973"计划项目定位面向国家重大需求的基础科学研究,目前以农业、资源环境、能源、材料、信息、人口与健康、综合交叉和重大前沿等领域为目标,这些应用导向的基础研究和技术科学范畴完全一致,"973"计划支持的大部分项目属于技术科学研究的重大课题。我们建议,进一步明确技术科学的地位,确保这些计划能更全面恰当地覆盖应该得到国家支持的技术科学的重要领域。我们提议设立国家技术科学研究计划,并适时成立"国家技术和工程科学基金会"。"国家技术和工程科学基金会"可以和地方政府联合,以地方政府为主,设立地方的科技基金,围绕区域性社会、经济、科技发展的重大问题,引导社会科技资源支持技术科学研究,引导全国技术科学家根据国家、区域发展战略需求开展创新研究。"国家技术和工程科学基金会"还可以在各个行业设立"技术科学行业联合研究基金",支持行业内企业联合开展技术科学项目攻关,以解决行业或企业的技术科学难题,支持面向行业的关键、共性技术的推广应用。

6.2.1　设立国家技术科学研究计划

建议设立国家技术科学研究计划,按照胡锦涛同志在 2006 年 6 月 5 日两院院士大会上强调指出高度重视技术科学的发展的时间,可简称"665"计划。由国家财政拨款,以重点支持市场机制不能有效解决的、关系国家利益和安全的基础研究、前沿技术研究、社会公益研究、重大共性关键技术研究等技术科学问题。

国家技术科学研究计划将根据国家发展科学技术的方针、政策和规划,有效运用国家技术科学基金,支持技术科学研究,发挥导向作用,发现和培养技术科学人才,促进科学技术进步和经济社会协调发展。其职责是:制定和实施支持技术科学研究和培养技术科学人才的资助计划,受理项目申请,组织专家评审,管理资助项目,促进科研资源的有效配置,营造有利于创新的良好环境;协同国家科学技术行政主管部门制定国家发展技术科学研究的方针、政策和规划,对国家发展技术科学的重大问题提供咨询;接受国务院及有关部门委托开展相关工作,联合有关机构开展资助活动;同其他国家或地区的政府科学技术管理部门、资助机构和学术组织建立联系并开展国际合作;承办国务院交办

的其他事项。

院士观点：

基础科学研究的经费要国家投入,在目前情况下,技术科学研究的经费也要国家投入。

——师昌绪院士

由于技术科学着重的是生产前的预先研究工作,而且为了不断实现创新,它需要从更广泛的角度上探讨实现生产变革的新途径,因此它与当前生产往往有一定的距离。另外,技术科学探讨的问题在不同的应用领域里面有共性,其成果的应用往往超出某一特定的应用领域。因此,技术科学中基础研究、具有重大国家目标的研究经费应当主要来自国家的财政拨款,这是世界上普遍的做法,我国也不例外。在一些国家,技术科学的某些研究得到产业部门和企业的支持,但那都限于技术科学中最靠近产品和生产技术这一端,绝非技术科学的总体,更不是其中探索性强的那部分。[①]

——郑哲敏院士

建议国家重视技术科学研究的同时不要盲目模仿国外发展模式。目前国际上最流行的技术科学发展模式就是将技术科学推向企业,由企业支持技术科学的研究。美国著名的贝尔实验室,即最典型的例子。然而,由于技术科学投入大、周期长,不能为企业直接创造经济效益,因此许多企业很容易放弃对技术科学的研究。我国在发展技术科学方面不应模仿美国贝尔实验室。中国的企业对市场经济尚不完全熟悉,发展亦不够壮大与完备,尚没有意识到未来深层次发展的潜在需求,因此,可以通过国家行为,在科研机构及高等院校中集中力量开展技术科学研究。[②]

——王越院士

6.2.2 适时设立国家技术和工程科学基金委员会,设立技术科学专项基金,形成多元化的技术科学投入体系

科技投入和科技基础条件平台,是科技创新的物质基础,是科技持续发展的重要前提和根本保障。今天的科技投入,就是对未来国家竞争力的投资。改革开放以来,我国科技投入不断增长,但与我国科技事业的大发展和全面建设小康社会的重大需求相比,与发达国家和新兴工业化国家相比,我国科技投入的总量和强度仍显不足,投入结构不尽合理,科技基础条件薄弱。当今发达国家和新兴工业化国家,都把增加科技投入作为提

---

① 郑哲敏.论技术科学和技术科学发展战略.技术科学发展与展望——院士论技术科学.济南:山东教育出版社,2002:73—87.

② 王越.以国家为主发展技术科学.领导决策信息.

高国家竞争力的战略举措。我国必须审时度势,大幅度增加技术科学研究的投入,为增强国家自主创新能力和核心竞争力提供必要的保障。

建议组建国家技术科学基金委员会,设立国家技术科学专项基金。形成以国家重大需求为牵引,国家技术科学专项基金为主导,与地方政府联合资助、行业、企业和高校联合承担技术科学研究项目的多元化、多渠道、多层次的技术科学投入体系。

发挥财政投资的导向作用,积极探索政府资金引导社会资本投入的有效机制。把提高自主创新能力作为推进结构调整和提高国家竞争力的中心环节,遵循技术科学发展规律,调整和优化投入结构,加大对基础研究和社会公益类技术科学研究的稳定投入力度。提高经费使用效益。加强对技术科学基础研究、前沿技术研究、社会公益研究以及基础条件和技术科学普及的支持。实行分类管理,建立有利于促进自主创新的国家技术科学基金计划管理模式。

加大国家财政对基础性、公益性和战略性技术科学研究的投入,主要用于对共性技术和关键性技术研发的支持,鼓励技术科学基础研究和前沿探索类项目进行自由探索,突出原始创新,提高科技的持续创新能力;应用开发及产业化类科技计划要面向市场,促进重点产业领域设立技术科学行业联合研究基金,突出集成创新,以企业为实施主体,加大对企业自主创新的财政资金支持力度,要综合运用无偿资助、贷款贴息、风险投资等多种投入方式,引导和支持企业和高校或行业技术科学研究中心联合承担技术科学研究项目,重点解决经济社会发展中的重大科技需求问题,提高科技的支撑能力。

建立和完善适应科学研究规律和科技工作特点的科技经费管理制度,按照国家预算管理的规定,提高财政资金使用的规范性、安全性和有效性。提高国家科技计划管理的公开性、透明度和公正性,逐步建立财政科技经费的预算绩效评价体系,建立健全相应的评估和监督管理机制。

6.2.3　加强国家现有科技计划项目对技术科学投入

国家已经设立了很多科技和教育发展计划和相应的资金投入渠道,它们也覆盖了技术科学相当的研究领域。特别是"973"支持的大部分是技术科学领域,但是,它没有覆盖必须覆盖的技术科学领域,并且强调支持重大项目,而自然科学基金会的工程与材料学部、信息学部、力学学科等的支持也覆盖了相当部分的技术科学领域。尽管如此,对技术科学的特点仍然需要强调。

国家科技计划是政府组织科技创新活动的基本形式,主要包括国家科技计划、部门(行业)科技计划和地方科技计划等。作为科技计划的主体,国家科技计划要围绕促进自主创新,落实《纲要》提出的目标和任务。对现有的国家科技计划体系进行必要的改革和调整后,"十一五"国家科技计划体系主要由基本计划和重大专项构成:基本计划是国家财政稳定持续支持科技创新活动的基本形式,包括基础研究计划、科技攻关计划、高技术研究发展计划、科技基础条件平台建设计划、政策引导类科技计划等;重大专项是体现国家战略目标,由政府支持并组织实施的重大战略产品开发、关键共性技术攻关或重大工程建设,通过重大专项的实施,在若干重点领域集中突破,实现科技创新的局部跨越式发展。

陈祖煜院士指出,在国家现有的计划项目当中,技术科学的投入非常令人担忧,一是投入经费比例太小;二是单一,除了重大项目如"973","863"外,基础性的问题、小的问题没人解决;三是蛮干,浪费极大。水利项目每年国家投入 2000 多个亿,这么大投入一分科研投入都没有。水电方面国家电力公司自己有一部分科研经费,但是国家除了几个大项目之外,水利水电方面的科研经费少的可怜。

在现有的国家计划项目当中提到的应用基础研究应该明确地改为技术科学研究,原有的应用基础研究的提法,导致实际的研究结果不是偏应用,就是偏基础,中间这部分研究还是没人做,没有解决技术科学中真正的实际问题。因此建议在现有国家科技计划项目中加强对技术科学的支持力度,明确提出支持技术科学,加强战略研究和规划。

建议围绕有利于促进自主创新,各国家科技计划应进一步明确定位和支持重点。基础研究计划要突出原始创新,由国家自然科学基金和 973 计划构成,主要定位分别为自由探索性基础研究和国家目标导向的战略性基础研究。973 定位面向国家重大需求的基础科学研究,与技术科学的定位是一致的,但没有用技术科学这个概念统领。其中 6 个领域:农业、生物、医药卫生、能源、环境、信息、人口与健康。很多技术科学的领域未被纳入,虽然最近增加了前沿领域和交叉领域,但没有明确提出支持技术科学。建议 973 项目增加技术科学领域,明确提出重点支持技术科学的基础研究工作。

建议将科技攻关计划改为产业共性技术科学攻关计划,加强对国民经济和社会发展的全面支撑作用,加强集成创新,突出公益技术科学研究和产业关键共性技术开发。

高技术研究发展计划(863 计划)以发展高技术、实现产业化为目标,进一步强调自主创新,突出战略性、前瞻性和前沿性,重点加强前沿技术科学研究开发。罗沛霖院士指出,当前,以改进农业、环境、能源、材料、医疗保健等为目标的"973"项目和"863"项目很大程度上属于技术科学研究的范畴,因此在经费支持、组织形式、评价标准等方面需要充分体现技术科学的特点。

国家科技计划目标的确立及重大项目的确定,要充分听取行业的意见。发挥行业在促进自主创新中的作用。把征集行业科技需求和重大项目建议,作为科技计划管理的一个重要环节和措施。有效集成行业的资源,加大对行业共性技术的支持力度,充分发挥行业在攻关计划项目和 863 计划重大项目中的组织实施作用。加强行业的监督作用,推进国家科技计划的有效实施。在有关国家科技计划中设立行业引导项目,由行业负责管理和实施,重点支持行业科技发展中的前瞻性和创新性的技术储备、应急反应和基础性工作等,提高行业科技发展的持续创新能力。

提高地方科技的自主创新能力,加强对地方科技工作的指导,强化地方科技管理部门的职责,充分发挥其在科技计划项目管理中的统筹协调作用,支持有条件的地方组织实施国家重大科技项目和共建实验研究基地,充分发挥地方资源优势。落实国家区域发展战略,加大对区域科技创新活动的支持力度,统筹区域科技协调发展,在有关国家科技计划中设立区域引导项目,主要由地方负责管理和实施,提高区域的自主创新能力。有效集成中央和地方的科技资源,加大科技成果转化及产业化的支持力度,促进区域经济发展。加强对县(市)科技信息平台等科技基础条件建设的支持力度,增强县(市)科技服务和支撑能力。

加大国家科技计划对企业技术创新的支持。建立与企业的信息沟通机制,充分听取企业的技术创新需求,反映国家产业技术发展方向。应用及产业化类国家科技计划项目的立项要充分听取企业的意见,项目的评审要更多地吸纳企业同行专家参与。加大对企业自主创新活动的支持,鼓励企业参与国家科技计划项目的实施。对于重大专项和基本计划中有产业化前景的重大项目,优先支持有条件的企业集团、企业联盟牵头承担,或由企业与高等学校、科研院所联合承担,建立以企业为主体、产学研联合的项目实施新机制。

支持大型骨干企业的技术创新基地建设。加大对大型骨干企业技术创新基地建设的支持,鼓励并支持有条件的企业独立或联合科研院所、高等院校等建立国家工程中心、科技成果产业化基地等,建设一批企业的研发中心,打造企业技术创新和产业化平台。加大现有研究开发基地与企业的结合,建立面向企业开放和共享的有效机制,提高企业的自主创新能力。

搭建科技型中小企业的创新平台。支持科技型中小企业参与国家科技计划项目的实施,鼓励科技型中小企业整合科技资源,进行技术合作开发,增强科技型中小企业的自主创新能力。国家政策引导类计划要向科技型中小企业倾斜,加大对科技型中小企业创新创业的支持力度。支持生产力促进中心、科技孵化器等中介机构的建设,建设一批服务于科技型中小企业的创新服务平台,形成有利于科技型中小企业成长和创新的新机制和环境。

6.2.4 设立国家与地方政府技术科学联合基金

发挥科学基金导向和协调作用,设立国家自然科学基金委员会与地方政府技术科学联合基金,引导社会科技资源支持技术科学基础研究。联合基金面向国家和社会发展需求,充分利用科技平台和基础研究设施的功能,鼓励科研人员结合我国国民经济和社会可持续发展中的关键技术科学问题,开展创新性基础研究,从而带动我国相关领域、区域和行业的自主创新能力建设。创立技术科学联合基金,该基金的建立,将开辟国家基金与地方政府合作的新机制。双发共同出资,围绕地方区域性社会、经济、科技发展的重大问题,面向全国,自由申请,引导全国技术科学家在特定领域的科学前沿,根据国家、区域发展战略需求开展自由探索和创新研究。

联合基金工作的开展,不但有利于地方政府吸引、培养和聚集国内外高层次人才,增强技术和人才储备,提升自主创新能力和国际竞争力,它对技术科学基础研究工作的作用和意义更为深远,联合基金中一个技术科学问题的解决,对区域的经济社会发展会起到推动作用,但它最终解决的不仅仅是区域的发展问题,从长远看,它推动的是全国技术科学基础研究乃至全球技术科学基础研究的发展。

6.2.5 设立技术科学行业联合研究基金

建议鼓励各个行业与国家自然科学基金委员会建立"技术科学行业联合研究基金",支持行业内企业联合开展技术科学项目攻关,以解决行业或企业工程建设和生产经营中涉及的技术科学难题,支持面向行业的关键、共性技术的推广应用。

技术科学行业联合研究基金应重点支持产业竞争前技术的研究开发和推广应用,重点加大电子信息、生物、制造业信息化、新材料、环保、节能等关键技术的推广应用,促进传统产业的改造升级。加强技术工程化平台、产业化示范基地和中间试验基地建设。各行各业工程实施过程中因循旧的标准和规范导致的损失和浪费非常严重,因此技术科学行业联合研究基金要在在行业技术标准、规程、规范的修订和改善上给与投入。

为贯彻执行我国"经济建设必须依靠科学技术、科学技术必须面向经济建设"的科技总方针,解决经济和社会发展中的关键科学技术问题,促进科学技术向生产力的转化,国家自然科学基金委员会分别与宝钢集团、中国节能投资公司和黄河水利委员会设立了"钢铁研究联合基金"、"节能环保研究联合基金"、"黄河研究联合基金"、"雅砻江联合研究基金"等专项基金,涉及金属材料、冶金、工程热物理与能源、机械、电工和水利等技术科学研究领域。我们建议国家自然科学基金继续加强对技术科学领域联合研究基金的设立工作。

院士观点:

曾指出,在一些国家,技术科学中最靠近产品和生产技术的一端主要得到产业部门和企业的支持。目前我们国家的现状是各个行业内部产品原型及原型工艺的发展重复得很厉害,应当组织起来,联合攻关。各个行业应该有基金支持行业的基础问题、面上问题研究。重大项目由国家技术科学基金支持,基础问题、面上问题研究由行业基金支持,像机械部行业基金。

——郑哲敏院士

应该制定有效的政策措施,用政策激励企业从基本建设经费中拿出一部分作为科研经费支持技术科学的发展,这部分国家给予免税。在现有的国家财政投入中,主要用于支持公益性科研任务较重的行业部门,组织开展本行业应急性、培育性、基础性科研工作的的公益性行业科研经费,也应向"技术科学行业联合研究基金"倾斜。

——陈祖煜院士

6.3　健全国家技术科学的研发体系,加强自主创新基础能力建设

建立健全技术科学的社会建制与研发体系,是加强技术科学支撑的自主创新基础能力建设的重要内容。建议在国家自主创新支撑体系的科学布局中,根据国家重大战略需求,在新兴、前沿、交叉领域和具有我国特色和优势的领域,依托具有较强研究开发和技术辐射能力的转制科研机构或大企业,集成高等院校、科研院所等相关力量,加强建设和增加一批特定或综合的技术科学学科的国家研究机构(国家重点实验室和/或国家实验室),开展技术科学前沿研究,形成国家技术科学研发体系。各产业部门,应以行业的共性技术和核心技术为重点,建立自己的行业技术科学研发中心;在重点产业领域建设大企业集团技术科学研发中心;鼓励科研院所、高等院校、大型企业集团与海外研究开发机构联合建立国际技术科学研发中心,大力推进自主创新能力建设的国际交流与合作。

为了彻底改善这种认识模糊、管理混乱的局面,我们建议探索建立适应技术科学特点的管理模式和运行机制,集中力量,统一管理,切实推动自主创新能力的提升。

院士观点:

在科技界内部对技术科学的认识也是模糊的,一个极端是按基础科学的标准来规划和指导技术科学,以传统基础科学的组织方式组织技术科学研究。突出表现为许多有应用目标的国家项目,指标模糊,主要参加人无应用欲望,计划分散,队伍分散,经费分散,项目负责人无力统帅,经常劳而无功。另一个极端则是把技术科学研究统统当作工程和生产问题,干脆把研究工作撂在一旁,产品常年不能过关,引进、落后、再引进在某些领域几乎成为打不破的恶性循环。

——郑哲敏院士

6.3.1　建设国家技术科学研究实验体系,加强自主创新基础能力建设

国家自主创新支撑体系由国家重大科技基础设施、实验室体系、工程中心、企业技术中心等构成。当前,我国还存在一些亟待解决的问题。主要表现在:国家自主创新支撑体系的统筹规划和科学布局有待加强;科学、健全、高效的建设、运行、管理机制急需完善,公共科技设施的开放共享和产业研发设施建设中如何充分发挥市场机制的作用问

题有待进一步解决；产业共性技术供给能力相对薄弱，企业的自主创新能力仍显不足，企业创新主体的作用有待进一步发挥。面对国际竞争更加激烈、科技发展日新月异的形势和经济、社会发展与国防建设的迫切需求，总体上看，我国自主创新基础能力建设还不适应建设创新型国家的要求，不适应把握新一轮科技革命及其引发的产业革命机遇的要求，不适应日趋激烈的国际竞争的要求。

我们建议在国家自主创新支撑体系的科学布局中，加强技术科学的地位和作用，根据国家重大战略需求，在新兴前沿交叉领域和具有我国特色和优势的领域，依托具有较强研究开发和技术辐射能力的转制科研机构或大企业，集成高等院校、科研院所等相关力量，支持建设和加强一批家技术科学研究中心和国家技术科学实验室，形成国家技术科学研发体系。以提高自主创新能力为主线，围绕《纲要》确定的重点任务和重大科技专项，集中必要资源、瞄准有限目标、突出重点，在加快高技术产业发展、节约资源能源及提高开发利用效率、促进农业产业结构调整升级和提升装备制造业核心竞争力四个重点领域，从产业技术原始创新、集成创新和引进消化吸收再创新三个层面，加强技术科学研发基础支撑平台建设。新建一批国家技术科学研究中心，提升我国产业技术原始创新能力；新建一批国家技术科学实验室，提升我国战略产业和主导产业技术集成创新能力；鼓励有关部门、地方结合自身特点和发展需求，加强一批部门、地方重点实验室。促进管理体制和运行机制的创新，形成具有较高国际知名度和影响力的技术科学研究实验体系。对现有的行业技术开发中心、国家实验室、国家重点实验室与国家工程研究中心的性质与方向进行调整，向技术科学倾斜。

6.3.2　建设国家高新技术科学研究中心和国家高新技术科学实验室

以加快信息、生命科学、空间、海洋、纳米及新材料等战略领域高技术产业发展，推进国民经济信息化进程，培育产业核心竞争力为目标，在核心电子器件、高端通用芯片、集成电路和软件、下一代网络、新一代无线移动通信、先进计算、信息安全、重大新药创制、重大传染病防治、现代中药等领域，建设若干设施先进、规模效益明显、创新能力强、开放程度高的、支撑产业核心技术研发的国家高新技术科学研究中心和国家高新技术科学实验室。强化战略高技术研究的支撑条件，进一步增强科技引领经济和社会发展的能力。

6.3.3　建设国家产业共性技术科学研究中心和国家产业共性技术科学实验室

以缓解资源、能源瓶颈制约及减少环境污染，保障可持续发展为目标，在油气及矿产资源勘探与采收、煤炭高效安全开采与洁净转化、特高压输变电与电力系统安全、可再生能源、先进冶金工程、水体污染控制与治理、水资源综合利用等领域，建设若干共性、关键性技术开发、试验的国家产业共性技术科学研究中心和国家产业共性技术科学实验室。主要进行产业关键共性技术研发，加强基础技术科学研究、提升原始创新能力，增强集成创新能力,提升产业结构调整的支撑和带动能力。

6.3.4　建设国家农业技术科学研究中心和国家农业技术科学实验室

以促进农业产业结构调整升级,推进现代农业和农村经济持续、稳定、健康发展为目标,在农业优良品种选育、农业资源高效利用、农产品深加工与食品安全等领域,建设若干国家农业技术科学研究中心和国家农业技术科学实验室。

6.3.5　建设国家重点工程技术科学研究中心和国家重点工程技术科学实验室

建设国家重点工程技术科学研究中心和国家重点工程技术科学实验室,把国家重大建设工程作为发展技术科学、提升自主创新能力的重要载体,通过国家重大建设工程的实施,消化吸收一批先进技术,攻克一批事关国家战略利益的关键技术,研制一批具有自主知识产权的重大装备和关键产品。

以振兴装备制造业,实现由制造业大国向制造业强国转变为目标,在轨道交通、船舶与海洋工程、节能与新能源汽车、高档数控机床与基础制造、大型清洁火电与核电、大型飞机、新材料等领域,建设若干重要装备设计、系统集成和先进制造工艺开发、试验的国家重点工程技术科学研究中心和国家重点工程技术科学实验室。以促进引进消化吸收再创新能力取得重大突破,增强在重大技术装备研制和重点工程设计等方面引进技术消化吸收和再创新的研究试验能力,大幅提高对重点工程和重大任务的保障能力。

6.3.6　设立行业技术科学研发中心

目前我国技术科学发展当中的一个现实的问题是行业共性技术没有归口管理单位,因而也得不到资金支持。行业内部最了解本部门规律。行业技术还是需要国家支持。

行业技术科学研发中心负责研究制定本行业技术科学发展规划、计划和行业技术标准;负责重大技术科学项目的组织论证与立项审批,负责监督、协调重大技术科学项目的执行;承担本行业部门的技术勤务工作;统筹协调从事本行业领域先期技术探索与研究、学科及专业发展和人才培养等活动的高等学校或研究机构的研究发展工作指导行业所属的企业,进行技术开发与科技成果转化、试验与生产;负责提出行业技术应用需求和应用发展思路,开发应用领域。工业部门的技术科学研发中心,还要承担本专业的远景新技术的发展和复杂高深的新产品的初始发展,也要承担一部分较大系统工程的研究、发展、设计。运行部门的技术科学研发中心,要研究发展运行体制、运行技术。[①]

---

① 罗沛霖.从科学技术体系的形成探讨我国科学技术体制改革.技术科学发展与展望——院士论技术科学.济南:山东教育出版社,2002:70—71.

院士观点：

各产业部门,应建立自己的行业技术科学研发中心。凡目前没有的,应当迅速建立起来。它们都应当承担和本部门业务有关的应用基础科学的研究,管理者、研发人员、生产者、使用者一体化,共同参与行业共性技术项目攻关,明确地担负起支持技术科学发展的责任。

——罗沛霖院士

6.3.7　建设企业集团技术科学研发中心

鼓励和引导社会资本加大投入,以提高企业自主创新能力,强化其技术创新和科技投入主体地位为目标,充分发挥市场机制作用,根据国民经济发展的战略需求和产业技术政策,在重点产业领域建设大企业集团技术科学研发中心,以企业投资为主,建设与产业发展相适应、代表产业领先水平、自主创新、有利于广泛吸引国内外优秀人才的企业集团技术科学研发中心,培育和提升企业和产业核心竞争力。以产学研相结合为主要形式,与各个层次的技术科学研究机构加强合作,以企业为主体进行产学研联合攻关,根据国家战略需求和产业发展要求,以形成自主知识产权为目标,产生一批对经济、社会和科技等发展具有重大意义的发明创造。

国家应在专利申请、标准制定、国际贸易和合作等方面重点支持一批国家认定的企业集团技术科学研发中心的建设,鼓励和支持企业技术科学研发中心围绕国家重点工程、重大新产品研发和产业技术升级,加强自主创新基础设施建设,建立相关配套的研发设计支撑体系,提高关键技术与装备的引进技术消化吸收再创新能力;围绕重要资源开发、节能降耗、清洁生产、发展循环经济等方面的需要,建设相关自主创新基础设施,促进可持续发展。大力推进省市和行业认定企业技术科学研发中心建设,培育一批具有较强自主创新能力和自主品牌的优势企业,发挥其示范和导向作用,促进经济增长方式的转变。

6.3.8　设立海外联合技术科学研发中心,扩大国际和地区技术科学合作与交流

增强国家自主创新能力,必须充分利用对外开放的有利条件,扩大多种形式的国际和地区科技合作与交流。鼓励科研院所、高等院校、大型企业集团与海外研究开发机构建立联合技术科学研发中心,鼓励和支持在海外设立技术科学联合研究开发机构或产业化基地,鼓励跨国公司在华设立技术科学研究开发机构。

依托海外联合技术科学研究中心,广泛利用国际资源,支持在双边、多边科技合作协议框架下,建立规范的国际技术科学合作项目管理制度,实施技术科学研发国际合作项目,大力推进自主创新能力建设的国际交流与合作。建立培训制度,提高我国技术科

学家参与国际学术交流的能力,积极主动参与国际大科学工程和国际学术组织,支持我国技术科学家在重要国际技术科学学术组织中担任领导职务。创造良好环境,吸引海外高层次人才参与海外联合技术科学研发中心的建设和运行。

6.3.9　加强知识产权管理

进一步完善国家知识产权制度,营造尊重和保护知识产权的法治环境,促进全社会知识产权意识和国家知识产权管理水平的提高,加大知识产权保护力度,依法严厉打击侵犯知识产权的各种行为。同时,要建立对企业并购、技术交易等重大经济活动知识产权特别审查机制,避免自主知识产权流失。防止滥用知识产权而对正常的市场竞争机制造成不正当的限制,阻碍科技创新和科技成果的推广应用。将知识产权管理纳入科技管理全过程,充分利用知识产权制度提高我国科技创新水平。强化科技人员和科技管理人员的知识产权意识,推动企业、科研院所、高等院校重视和加强知识产权管理。充分发挥行业协会在保护知识产权方面的重要作用。建立健全有利于知识产权保护的从业资格制度和社会信用制度。

加强国家科技计划项目知识产权的管理和保护。开展重点领域知识产权态势分析,建立国家科技计划项目的专利查新制度,并把它作为立项的重要依据。突出自主创新,把创造知识产权和技术标准作为国家科技计划项目实施的重要目标。加强国家科技计划形成的知识产权管理和保护,科技计划项目经费可用于支持重大成果国内外发明专利的申请和保护。

6.4　改革与调整科技成果评价体系和指标,正确合理评价技术科学成果

改革现有的科技成果评价和奖励制度,正确认识创新和完美的关系,建立一套适应技术科学特点的成果评价体系;针对技术科学基础研究,前沿与高技术应用研究,技术方针政策、标准规范及计量等软技术科学研究,以及面向市场的基础产业现代化应用研究和试验开发等等,设立不同的评价制度和指标体系,按照技术科学的性质侧重工程技术共性规律、原理与学术价值、应用前景与潜在经济价值进行评价。合理的评价标准必然会激励广大技术科学工作者更加努力地工作,推动基础性及公益性的技术科学研究,推动引进技术的消化吸收再创新。

技术科学基础研究致力于解决有共性的重大产业技术的原理和方法,如传统的技术科学,工程力学、机械学、电工学、热工学、电子学、核工学等等,既没有什么新的科学发现,只是观察物理现象、进行测量,也不会产生直接的经济效益,但可以总结出广泛适用的技术科学原理、方法、标准与规范,这种研究在国外可以获得大量资助,一些国外已经研制出来的技术比如超临界汽轮机,对我们严格保密,仅卖给我们产品,我们做这方

面的技术攻关项目，如果严格按照原有的审查标准来看，最后的成果不会发现新的理论，这些新的理论国外已经发现了只不过不发表，这时候要求发表大批的论文，会导致泄露我们辛苦研究出来的核心技术科学成果。在自动控制界，科技进步奖其中一个奖项就是发表了一批论文，有一套理论，另外找几个工厂盖个印，证明产生了直接的经济效益，严格推敲这些理论是否被这些工厂实际应用了，就会发现可能只用了很少的一点点，或者根本没有得到应用。

重大技术的原理方法，对于后发国家对引进技术的消化吸收再创新尤其重要，在国内也应该获得大力支持，但是由于技术科学基础研究投入大、周期长，不能为企业直接创造经济效益，因此技术科学的基础研究应该以获得可以广泛适用的技术科学原理、方法、标准与规范为评价重点，避免过于苛刻的量化考核指标，防止出现急功近利和短期行为。

对于技术科学的前沿和高峰性研究，如当代"863计划"中的学科，材料科学、航空航天、生物工程、信息技术、微电子技术、能源技术等等，是当代国际竞争的焦点，应以是否在技术科学发展的主流方向上取得一批具有重大影响的创新成果并达到世界先进水平为评价重点。

针对面向市场的基础产业现代化应用研究和试验开发等创新活动，应以获得自主知识产权及其对产业竞争力的贡献为评价重点。应改革国家现有科技奖励制度，突出政府科技奖励的重点，大大减少技术科学领域以论文发表数量为指标的奖项，在面向市场的基础产业现代化应用研究和试验开发等领域应该注重专利数量。

目前国务院设立的国家科学技术奖包括：国家最高科学技术奖；国家自然科学奖；国家技术发明奖；国家科学技术进步奖；中华人民共和国国际科学技术合作奖。其中针对自然科学有专门设立的国家自然科学奖，针对工程技术创新，有专设的国家技术发明奖。而针对技术科学基础研究，以及技术方针政策、标准规范及计量等软技术科学研究，却没有专门的国家级奖项。

2007年诺贝尔化学奖表彰的是表面化学的突破性研究。这个领域对化工产业影响巨大，物质接触表面发生的化学反应对工业生产运作至关重要。同时，表面化学研究有助于我们理解各种不同的过程，比如为何铁会生锈，燃料电池如何发挥作用以及我们汽车中加入的催化剂如何工作。表面化学研究甚至可以解释臭氧层的破坏。此外，半导体产业的发展与表面化学研究也是息息相关。

2007年诺贝尔物理学奖授予来自法国国家科学研究中心的物理学家艾尔伯·费尔(Albert Fert)和来自德国尤利希研究中心的物理学家皮特·克鲁伯格(Peter Grünberg)，以表彰他们发现巨磁电阻(Giant Magnetoresistance)效应的贡献。1988年，艾尔伯·费尔和皮特·克鲁伯格分别独立发现了一种全新的物理学现象——巨磁电阻效应(GMR)，磁场的微弱变化会导致巨磁阻系统电阻的剧烈变化。值得注意的是，巨磁阻系统是从硬盘读取数据的完美工具,因为读取过程中磁存储的数据必须转变成电流,而流出读取头的电流强度就代表了 0 和 1。此后不久,科学家和工程师开始探索将巨磁阻效应用于读取头。1997 年,首个基于巨磁阻效应的读取头开始进入市场,很快成为一项标准技术。即便是今天最先进的读取技术也没有摆脱巨磁阻技术的影响。

2007 年诺贝尔物理奖、化学奖的获奖成果,基本上属于技术科学成果。我们建议国家最高科学技术奖和科学技术进步奖也对技术科学研究给予倾斜,重点奖励在技术科学基础研究、前沿研究和应用开发领域,以及技术方针政策、标准规范及计量等软技术科学研究中做出特殊贡献者,推动广大技术科学工作者向基础性及公益性研究方向倾斜,基础性及公益性的技术科学研究对于引进技术的消化吸收再创新是非常重要的基石。

院士观点:

目前发达国家开始进入知识经济时代,大力发展高新技术和创造高新技术企业。我国必须迎接挑战,也发展高新技术和创造高新技术企业,但是要有所选择,有所为,有所不为。必须注意到我国基础企业的科技和生产力转化需要大力发展。所以我国技术科学的发展,要有高新技术企业方向的,还要有重视基础企业方向的。

——师昌绪院士

对中国技术科学应该给与更多的重视。这里面尤其要重视重大技术的原理方法等基础性研究,对于后发国家在引进技术的过程中要搞清原理和方法很重要,这不是通过公开论文和课本所能得到的。

——钱学森院士

在贯彻实施科教兴国和可持续发展战略的过程中,有很多涉及技术方针、政策、规划、技术途径的优化问题需要解决,特别要研究江总书记所提出的"有所为,有所不为"的问题,如高速列车采取车轮式还是磁浮式,其中有大量的科技问题需要进行综合分析研究,有些还必须进行科学实验进行论证,这是属于技术科学最高层次的领域。在技术方针政策的实施中,还有大量的属于公益性及法制性的基础设施和规范问题,如保证质量安全等所需的测试方法的研究及设备的建立,技术标准规范及计量和安全、可靠性系统的建立等,这些问题有许多需要同系统工程和优化等科学密切结合来解决,属于技术科学中十分重要的软科学[①],这种公益性的技术方针政策、标准规范及计量等软技术科学研究应以满足公众需求和产生的社会效益为评价重点。

——王大珩院士

"一定要看发表文章数量、一定要看排名先后"的科研评价体系,已经严重阻碍了

---

① 王大珩 技术科学工作者的使命.技术科学发展与展望——院士论技术科学.济南:山东教育出版社,2002:36—45.

青年科技工作者的成长,过于苛刻的量化考核指标让他们无法正常进行科研。他说:"青年科技工作者的浮躁,不光是他们个人的问题,而是管理者的问题,是评价体制的问题,必须尽快进行调整和改革。"

——陈宜瑜院士

6.5 加强技术科学的教育、改革高等工程教育

建议高等教育管理部门明确确立技术科学在理工科教育中的地位,改革高等工程教育,完善技术科学课程体系,加强技术科学教育,加速培养技术科学人才。

技术科学不仅是一门科学,而且还是一种观点、一种文化。我们应该把技术科学的思想融入到当代理工科教育体系中,认真学习胡锦涛关于技术科学的论述和钱学森的技术科学思想,充分认识技术科学的重要性,加快培养造就一批具有世界前沿水平的技术科学高级专家,重新确立技术科学在理工科教育中的重要地位和作用,支持企业培养和吸引技术科学人才,加大吸引留学和海外高层次技术科学人才工作力度,构建有利于技术科学人才成长的文化环境,加强技术科学人才的培养与队伍建设。

技术科学课程,包括相应的实验和工程试验课程,是沟通基础理论课与工程专业课之间的桥梁,有助于培养工程实践能力、技术创新能力、科技成果向工程应用的转化能力。扎实的一门技术科学课程的基础,就能使学生在多门工程学科中举一反三。深刻认识技术科学教育在理工科大学教育改革中的重要地位,有助于重新认识理工科大学人才培养目标:所谓加强基础理论、扩大专业口径,通常强调加强人文科学和自然科学的基础,但是,对理工科大学的教育来说,还应该充分强调在技术科学层次上加强基础。技术科学基础的加强必然扩大了培养口径,有助于培养和造就技术科学基础好、工程应用能力强的科技转化型人才。

众所周知,现代高等工程教育的课程体系包括基础理论课、工程专业课,二者之间的技术基础课,以及人文社会科学课。技术基础课通常指的就是技术科学课。如果从工程技术活动的知识体系与结构考虑(图6-1),可以相应地引出高等工程教育的一般课程体系与结构(图6-2)。

显然,仅用"技术基础课"的概念并不能涵盖在基础理论课和工程专业课之间的技术科学课程,实际上技术科学

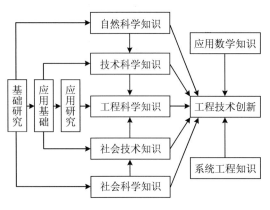

图 6-1 工程技术活动的知识体系与学科结构

课程是一个多系列的课程体系。为了对技术科学课程体系做深入具体地分析，有必要进一步考察现代技术科学的体系结构。现代技术科学除了基于以自然科学理论、作为工程科学共性基础的普通技术科学外，还涵盖着广泛的科学学科领域。20 世纪中叶以来由于现代科学技术的整体化而形成了一系列交叉科学：一是横跨自然科学和社会科学的系统科学、复杂性科学等方法性的横向科学；二是以多学科方法研究综合对象的城市科学、环境科学、能源科学等综合科学；三是由自然科学、技术科学与社会科学相互交叉渗透形成的社会技术科学。"无论是横向科学、综合科学，还是社会技术科学，它们都是以技术科学为纽带的横跨自然科学和社会科学的大交叉科学；从其结构的核心

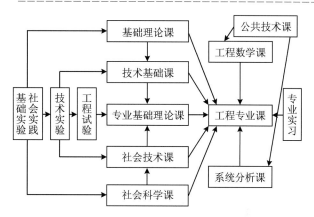

图 6-2 高等工程教育中的技术科学课程体系与结构

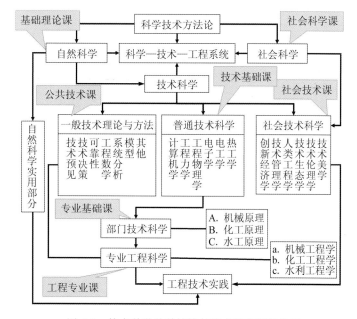

图 6-3 技术科学学科结构与技术科学课程体系

层次看，也可以说它们基本上属于技术科学的范畴"[1]。这为改革高等工程教育中技术科学的课程设置提供了重要依据。

无论是从现代技术科学的学科结构角度，还是从国内外工科院校工程专业的课程设置现状，我们都可以将技术科学课程体系大致分为如下四个系列的课程(图 6-3)：

---

① 刘则渊,程耿东.论技术科学的创新功能与强国战略[A].刘则渊,王续琨主编.中国科学学术科技管理研究年鉴:科学·技术·发展(2006/2007 年卷)[M].大连:大连理工大学出版社,2008.

493

(1) 公共技术课：为各个工科专业提供普遍适用的一般技术理论、方法与工具的方法性横向科学类系列课程。如画法几何与制图、计算机基础、工程数学与算法语言、系统分析(运筹学)、可靠性分析、技术预见等课程。除了计算机基础这门课外，这些课程的学科性质都属于技术科学的范畴，但并不都来源于自然科学理论。

(2) 技术基础课：源于自然科学基础理论、为许多工科专业提供具有共性的技术基础的普通技术科学类系列课程。如应用力学、电工学、电子学、热工学或工程热物理等课程。技术基础课与上述公共技术课的主要区别，在于前者的学科性质属于普通技术科学，不仅以自然科学理论为基础，而且既是某门专业工程学科的基础，又是其他某些工程学科的共同基础，但普适性不及公共技术课。

(3) 专业基础课：与自然科学理论有联系、为某门类工程专业提供直接基础与技术原理的部门技术科学类系列课程。如机械工程各专业的机械原理、化学工程各专业的化工原理、金属材料工程各专业的金属学原理或金属物理等课程。这类专业基础课具有基础性与专业性的双重特点，与工程专业课没有严格的界限，其学科性质尽管接近工程科学，但仍然属于技术科学的范畴。

(4) 社会技术课：由自然科学、技术科学和社会科学交叉渗透而形成的社会技术科学类系列课程。如工程经济学与创新经济学、技术伦理学、科技管理学、人体工程学、技术生态学、技术美学等学科的课程。为适应"科学、技术与社会学科"(science, technology and society studies，简称 STS 研究或 STS 学科)的兴起与发展，这类社会技术科学系列课程也包含被称为 STS 教育中的 STS 跨学科课程，如"数学与社会"、"力学与社会"、"物理与社会"、"化学与社会"、"地质学与社会"和"计算机文化"等一类课程。

为了充分发挥技术科学在理工科大学中造就高水平科学人才与工程人才的重要作用，深化高等工程教育体制与课程体系改革、完善和加强技术科学课程体系建设是非常必要的。特别是技术科学实验对于培养工科人才与工程师的发明创造能力、工程应用能力、技术创新能力的重要作用，因此尤其要加强与技术科学各类课程相应的实验课教学和实践环节，加强对工科人才的实验技能培养与工程技术实践的训练。

院士观点：

在理工科教育方面，我们还没有从 20 世纪 50 年代理工分家的影响解脱出来，培养的学生搞研究的多数不重视应用，一个课题可以一搞十年、几十年不见应用。在许多研究所里情况也好不了多少。50 年来以凝聚态物理为基础，国际上发现了那么多的特性，发明了那么多的元器件，与此同时，我们仅仅把它当作传统的基础研究，贡献相形见绌。如果多一点技术科学思想作指导，多一点应用的的观点，情况会不会好一点？这是很值得我们深思的。

——郑哲敏院士

6.5.1　依托技术科学研发体系，培养造就一批具有世界前沿水平的高级技术科学专家

建议以各级技术科学研究中心为技术科学研究基地，领导培养研究生和技术科学人才的工作，提出有关技术科学家的学术评价、任命职称以及科学奖励的意见；依托国家技术科学研发中心和实验室、行业技术科学研发中心、企业集团技术科学研究中心等技术科学研发体系，通过国家科技计划的实施，促进中青年技术科学学术带头人的成长，培养一批从事技术科学研究的专门人才，形成良好的技术科学学术研究环境，同时为重大研究方向的开展奠定坚实的基础，促进我国技术科学与高技术产业发展。

依托技术科学重大科研项目以及国际学术交流与合作项目，加大学科带头人的培养力度，积极推进创新团队建设。注重发现和培养一批战略技术科学家、科技管理专家。对核心技术领域的高级技术科学专家要实行特殊政策。进一步破除科学研究中的论资排辈和急功近利现象，抓紧培养造就一批中青年高级专家。改进和完善职称制度、院士制度、政府特殊津贴制度、博士后制度等高层次人才制度，进一步形成培养选拔高级专家的制度体系，使大批优秀拔尖人才得以脱颖而出。

在有关国家科技计划中设立技术科学人才专项资金，加大对自主创新人才的支持力度。支持技术科学基础研究人才、技术科学应用创新人才、公益性技术科学研究人才、跨学科复合型人才、优秀创新团队的成长。提高科技计划项目的人员费用支出比例，鼓励技术科学人才的流动与交流。建立科学的人才评价指标体系，鼓励和支持青年技术科学人才、海外留学技术科学人才等参与国家科技计划项目。把人才培养和基地建设作为项目论证和考核的重要指标。加强发展与改革的结合，优先支持改革取得实质成效的科研院所和企业，以及国家技术科学研发中心和实验室、行业技术科学研发中心、企业集团技术科学研究中心等技术科学科研基地承担国家科技计划项目任务。加强项目实施与能力建设的有机衔接，通过国家科技计划的实施，造就一支创新队伍，建设一批创新基地，提高科技持续创新能力。

通过实施国家高层次自主创新基础能力建设人才培养工程，依托国家技术科学研究中心、国家技术科学实验室、国家重点工程技术科学实验室、国家工程实验室、国家工程中心等基础设施，吸引和凝聚高水平技术科学人才，坚持自主创新基础设施建设与吸引和凝聚高层次创新人才相结合，积极营造开放、合作的创新氛围，为技术科学人才充分发挥聪明才智提供用武之地。加强科技设施建设与国家重大科技计划的衔接，以设施建设为条件，以重大科技项目为支撑，加速培养一批代表国家水平的技术科学顶尖人才，在实践中造就我国在各学科、各产业技术领域自主创新的领军人物、精锐团队。

院士观点：

由于技术科学研究漫长而艰巨,需要后继有人,需要有一部分青年人继续从事技术科学研究。然而,据了解,目前一些科研机构中从事技术科学研究工作的科研人员偏少,尤其是青年人奇缺,一些刚毕业的研究生更愿意直接为企业服务而不愿从事技术科学研究。因此,除了国家正确引导之外,还需在分配制度上进行改革。在按劳分配的社会中,收入高意味着对其价值及社会地位的肯定。提高在高等院校、科研机构从事技术科学研究人员的收入,让他们过体面的小康生活,解除后顾之忧,专心致志地进行研究工作本不该成为问题。现在少数高校已对有关岗位给予补贴,希望这是一个良好的开端。

——王越院士

6.5.2 重新确立技术科学在理工科教育中的地位及作用,推动大学与企业和科研院所全面合作,联合培养技术科学人才

建议国家教育部门落实胡锦涛主席的殷切期望,认识技术科学在造就科技转化型、创新型人才,培养技术科学素养和工程实践能力的重要作用,重新确立技术科学在理工科教育、教学、课程体系的重要地位。深化教育改革,提高工程技术教育质量和水平,为社会提供充足的创新人力资源。

大学是我国培养高层次创新人才的重要基地,是我国技术科学基础研究和高技术领域原始创新的主力军之一,是解决国民经济重大科技问题、实现技术转移、成果转化的生力军。我国已经形成了一批规模适当、学科综合和人才汇聚的高水平大学,要充分发挥其在科技创新方面的重要作用。

积极支持大学在技术科学基础研究、前沿技术研究、社会公益研究等领域的原始创新。鼓励、推动大学与企业和科研院所进行全面合作,加强科技创新与人才培养的有机结合,鼓励科研院所与高等院校合作培养技术科学研究型人才。支持研究生参与或承担技术科学科研项目,鼓励本科生投入科研工作,在创新实践中培养他们的探索兴趣和科学精神。高等院校要适应国家科技发展战略和市场对创新人才的需求,及时合理地设置一些交叉学科、新兴学科并调整技术科学专业结构。加强职业教育、继续教育中技术科学基础理论与工程实践能力的培养,培养适应经济社会发展需求的各类实用技术专业人才。

进一步加快大学内部管理体制的改革步伐,优化大学内部的教育结构,技术科学课程体系应包括:公共技术课(画法几何与制图、计算机基础等);技术基础课(热工学、电工学、电子学);专业基础课(机械原理、化工原理);社会技术课(技术伦理学、人体工程学、技术美学);并通过技术科学实验课和工程实践课,加强与技术科学各类课程相应的实验课教学与技术训练,培养技术科学人才、工科人才与工程师的发明创造能力、工程应用能力、技术创新能力。

加快大学重点学科和科技创新平台建设,培养和汇聚一批具有国际领先水平的学

科带头人,建设一支学风优良、富有创新精神和国际竞争力的高校教师队伍。建立科学合理的综合评价体系,建立有利于提高创新人才培养质量和创新能力,人尽其才、人才辈出的运行机制。构建技术交流与技术交易信息平台,对国家大学科技园、科技企业孵化基地、生产力促进中心、技术转移中心等科技中介服务机构开展的技术开发与服务活动给予政策扶持。

院士观点:

我们国家理工科教育存在的问题在于比较重视基础研究,但是缺乏应用。大学教育趋向于理科化,工科不受重视,科研论文很多,但是真正有用的比较少。

——郑哲敏院士

根据技术科学的特点,从事技术科学的科技人员,特别是学科带头人要具备以下条件:在深厚学科的基础上,要具备经济观点和一定的实践经验,否则就会脱离现实,美好的目标无法实现。对那些从事应用基础学科的研究人员来说,如研究传热学、材料性能的探索等,最主要还是潜心地开展深入研究,不宜过早地考虑应用前景,就像目前材料科学前沿课题,如纳米材料、C60及纳米管,过早地把应用放在最重要的位置就难以深入下去。从事技术科学的科技工作者,除了一般所要求的德智体美以外,要重视群体观念的培养,因为技术科学成果本身往往是集体研究与开发的结果,而得到应用,涉及面就更为广泛,没有牢固的群体观念和奉献精神,很难达到成果转化的目的。从事技术科学的人要不断学习,掌握国内外动态,因为技术科学发展很快,不但本领域不断发展,而且新领域也不断增加;不同学科的交叉,各种技术的相互融合,不加紧学习,就会落后,跟不上时代。

——师昌绪院士

6.5.3　支持企业培养和吸引技术科学人才

国家鼓励企业聘用高层次技术科学人才和培养优秀技术科学人才,并给予政策支持。鼓励和引导科研院所和高等院校的技术科学研究人员进入市场创新创业。允许高等院校和科研院所的技术科学研究人员到企业兼职进行技术开发。引导高等院校技术科学专业毕业生到企业就业。鼓励企业与高等院校和科研院所共同培养技术科学人才,多方式、多渠道培养企业高层次工程技术人才。允许国有高新技术企业对技术骨干和管理骨干实施期权等激励政策,探索建立知识、技术、管理等要素参与分配的具体办法。支持企业吸引和招聘外籍技术科学家和工程师。

6.5.4　加大吸引留学和海外高层次技术科学人才工作力度

制定和实施吸引优秀留学技术科学人才回国工作和为国服务计划,重点吸引高层次人才和紧缺人才。采取多种方式,建立符合技术科学留学人员特点的引才机制。加大对高层次留学人才回国的资助力度。大力加强留学人员创业基地建设。健全留学人才为国服务的政策措施。加大高层次创新人才公开招聘力度。实验室主任、重点科研机构学术带头人以及其他高级科研岗位,逐步实行海内外公开招聘。实行有吸引力的政策措施,吸引海外高层次优秀技术科学人才和团队来华工作。

6.5.5　高度重视技术科学知识的传播与普及

一个国家的经济实力、创新能力和综合国力,归根结底取决于全民族的科学文化素养和思想道德素养,取决于劳动者的整体素质。开展科学传播和科学普及,提高公众科学素养和公众理解科学的程度,就是其中的重要方面。我们应当深刻领会毛泽东同志关于领导干部要学习技术科学的号召,深刻领会胡锦涛同志关于要高度重视技术科学发展的观点,提高对技术科学普及重要性的认识。鉴于技术科学的重要地位和作用,我们必须高度重视技术科学的传播和普及,把普及技术科学知识纳入到科普工作中,把技术科学基本知识,与自然科学基础知识和工农业适用技术作为科普活动同等重要的内容;特别是在科技管理队伍和技术工人队伍中要加强技术科技知识的普及,以适应现代管理与现代产业的高度科学化的要求。

6.6　推进九大技术科学领域的前沿技术发展对策

温故方能知新,了解历史才能期盼未来。本研究从情报学视角,尝试运用科学计量学方法,揭示并探析了九大技术科学领域的前沿与热点领域,在技术科学强国战略框架下,试图提出推进这九大技术科学领域的前沿技术发展对策,为实施技术科学强国战略提供支持。

6.6.1　信息技术科学领域

胡锦涛总书记在 2010 年 6 月 7 日两院院士大会上指出,要抓住新一代信息网络技术发展的机遇,创新信息产业技术,以信息化带动工业化。而国家"十二五"规划中也明确了战略新兴产业是未来的重点扶持对象,其中新一代信息技术又是重中之重。因此,信息技术科学作为信息科学与信息产业的桥梁和纽带,信息技术科学的发展担负着艰巨的任务和巨大的挑战,并且迎来了前所未有的机遇。应当在正确认识信息技术内在关系的基础上,大力发展信息技术科学;面向社会经济需求,发展重点优势领域;加强理论前沿研究,提升核心技术。

(1)正确认识技术科学、前沿技术与核心技术之间的关系

在对信息技术科学整体领域的知识图谱研究中,我们发现技术科学,尤其是方法性

的技术,在信息技术科学发展演变过程中发挥着重要的基础性作用。从图3-1-5中可以看到,信息科学技术中发表于影响因子前50位期刊的论文,多以技术方法为主。这些理论方法如机器学习、智能计算等为虚拟现实、自组织网络、智能感知三个技术前沿,提供了理论基础与技术保障。而反之三个技术前沿的研究又促进了技术科学的发展,他们之间构成了一个信息反馈系统。综合信息技术科学总体和三个前沿技术的图谱分析来看,人工智能的研究是智能感知、虚拟现实和自组织网络的基础理论,人工智能的研究为三大技术提供了理论方法的支撑,可以说是信息科学核心技术,人工智能研究的发展是信息技术深化、丰富的前提条件。因此,必须在正确认识技术科学、前沿技术和核心技术的基础上,大力发展技术科学,尤其是核心技术。

(2)面向社会经济需求,发展重点优势领域

信息技术科学作为一项基础性、应用性、交叉性很强的学科,渗透到科学技术的诸多领域,在信息时代起着重要的先导作用。从科学计量分析来看,近十年来我国信息技术科学得到了迅猛发展,但是在很多领域,尤其是虚拟现实等前沿技术科学领域还有较大差距。因此,信息技术科学的发展应当面向国家社会经济发展的重要需求,发展优势学科领域。例如图谱3-1-30显示出,我国在控制理论等领域具备不错的基础,所以要认清发展态势,把握发展机遇,优先发展优势学科。

(3)加强理论前沿研究,提升核心技术

信息技术科学作为一门具有战略意义的重要学科,受到世界各国的普遍重视,尤其是美国具有雄厚的研究基础,从图谱来看无论是信息技术科学总体、三个前沿技术领域还是核心技术领域都处于绝对领先的优势地位。因此,应该通过引进、合作、自主的方式,把握国际前沿,加强理论研究,打造一批高水平的研究团队,产出一批高水平的研究论文,占领信息技术科学理论高峰,提升信息技术科学的核心技术。

6.6.2　生物技术科学领域

作为一个方兴未艾的领域,生物科学与工程研究已经预示出美好的理论与应用前景,吸引了全世界众多科学家投入其中。本研究的计量结果表明,当代国际生物科学与工程前沿与热点领域中存在三个分别主要以"DNA与蛋白质研究"、"基因组计划相关研究"、"组织工程与再生医学"等为主题目标的知识群。这三个知识群所代表的主流学术领域,主要归属于可称为新巴斯德象限的技术科学与工程科学的范畴,既有以应用导向的基础研究,也有以理论为基础的应用研究。也就是说,当前国际生物科学与工程前沿与热点领域的研究主要集中在技术科学与工程科学的范畴中,这也为我国实施自主创新策略应以技术科学与工程科学为战略基点的思路以一定的启迪。若了解一下与《国家中长期科学与技术发展规划纲要》有关生物科学与工程部分的内容,就会发现本项研究结果与纲要相关内容的相当一致性。更确切地说,本项研究作为科学计量学的一项研

究成果对纲要内容是一个辅助性的佐证，表明我国生物科学与工程领域正在追踪国际相应工程技术前沿，无论是在整体的战略布局方面，还是在主要的优先发展主题的选择方面，都已瞄准在当代国际生物科学与工程的发展前沿与热点上。本项研究只是为更具体的方向选择与布局上落实规划纲要的相关内容，攻占国际生物科学与工程前沿的制高点提供了可供决策参考的线索。

(1) 继续关注并追赶美日强国

通过运用专利计量方法，对世界生物技术领域专利计量分析，得出世界知识产权组织是 2007 年受理专利申请比例最高的知识产权机构，说明各国都非常重视生物技术的全球战略，注重生物技术专利的国际保护。同时，美国、日本、中国大陆和欧盟是专利申请分布的前四强国家(地区)，尤其是美国和日本，遥遥领先，其生物技术专利申请比例均达到全球五分之一，一定程度上说明了美国和日本生物技术在世界的霸主地位。中国大陆生物技术专利申请比例达到 12%，说明中国大陆生物技术发展迅猛，跟世界强国差距比较小。

(2) 加强产学研三螺旋创新网络建设

生物技术领域专利 10 强的高产机构主要分布于美国、欧盟、日本、中国和印度。生物技术领域专利高产的企业，一般都具有悠久的发展历史和强大的研发实力，注重技术创新与产品创新，不断为满足和提高人们生活质量的需要和对美的追求而打造新品牌，推出新产品。中国唯一一家突围前 10 强的高产机构是浙江大学。通过进一步分析发现，中国大陆生物技术领域专利相当一部分集中在高等院校而非企业，因此，如何加快中国大陆高校生物技术专利产业化是中国政府急需关注和解决的重要问题。

(3) 关注 NBIC 会聚技术的进展

世界生物技术专利活动的五大热点领域主要集中在生物技术领域、农业技术领域和仪器—测量—测试技术领域，反映了当今世界生物技术、通信技术、纳米制造技术、人工智能技术(即 NIBC)等高技术领域的融合发展趋势。

(4) 加强工业生物技术、干细胞领域和药物分子设计的技术研发

通过对近 10 年来国际工业生物技术的研究前沿进行了知识计量分析。研究结果表明，国际工业生物技术研究前沿的研究主题主要涉及极端微生物、代谢工程与建立模型、生物工业制药、环境治理、功能基因组学与代谢工程、生物能源、微生物基因组学与生物信息学、生物催化等方面。工业生物技术是当前生物技术研究中极为活跃的一个领域，具有十分远大的潜在经济、社会、生态效益。因此，从多种角度对其发展前景，进行预测、分析，具有非常重大的价值与意义。通过对近 10 年来基于干细胞的人体组织工程技术进行可视化分析的研究结果表明，基于干细胞的人体组织工程技术这一领域的研究主题主要分为四个知识群：干细胞分化与移植、骨髓干细胞与组织工程、各类干细胞在人体组织中的作用、组织工程技术应用，并对每一知识群的重点文献进行了相应的解

读。基于干细胞的人体组织工程技术是当前生物技术研究中极为重要的一个领域,它是新世纪生物和医学技术领域可能取得革命性突破的项目。因此,对其进行多角度的研究具有非常重要的意义。通过对药物分子设计这一领域的文献分析结果表明,这一领域分为四个聚类:分子及分子对接、分子检测、药物发现和分子设计规则,并对其一一作了相应的分析。进入 21 世纪以来,世界范围内对此领域科研投入加大,但是总量上看,美国科研产量名列第一,并遥遥领先其他国家。希望国内也加大相应的投入和研究,在药物分子设计的前沿领域赶超欧美发达国家。

6.6.3　先进能源技术科学领域

我国当前正处在经济和社会快速发展的机遇期,能源作为经济增长的主要物质基础,在我国经济和社会的可持续发展过程中占有重要的位置。应该全面重新考虑能源发展战略和能源技术的重点研究领域,节约能源,构建节约型社会;优化能源结构,提高能源效率,充分发挥不可再生能源的利用率;增加投入,促进能源技术创新,加快关键技术领域的课题攻关;大力发展农村能源,促进可再生能源在能源消费中所占的比重。从国际能源技术研究的前沿热点领域来看,我国应鼓励发展清洁高效能源,保护环境,促进能源、经济和社会的协调可持续发展。

(1) 优化调整能源结构

共被引网络图谱中出现了突现词"能源结构",说明调整能源结构问题不仅是我国能源发展的首要和战略问题,也是国际社会能源发展研究的一个重要课题。要提高能源的利用效率,促进有限的能源更好地为经济发展提供物质保障,就必须要大力转变能源消费方式,优化能源结构。就我国当前发展的情况来看,能源消费以煤炭为主,应大力发展洁净煤技术,提高煤炭的使用效率,保护环境。同时大力开发石油和天然气使用技术,调整和优化三者之间的结构关系,实现能源供给和消费的多元化,将能源得到有效合理的配置和利用。

(2) 大力发展农村能源

我国是农业大国,国家提出了建设社会主义新农村。其中农村能源结构的调整和利用是建设新农村的重要组成部分。农村能源主要是指农村地区因地制宜,就近开发利用的能源。主要包括太阳能、风能和地热能和生物燃气等,这些能源都属于可再生能源,清洁环保。不仅有利于环境的可持续发展,也是我国能源发展的重要储备。

(3) 掌握高端能源技术

能源系统是一个非线性复杂系统,社会进步、经济发展、科技进步和宏观政策都将直接影响能源系统的效率。相反,能源供求也直接影响经济、社会和环境的综合发展。能源与经济、环境之间存在相互推动而又相互制约的关系。根据前文的国际能源技术可视化图谱,经过分析我们得到:美国以其雄厚的财力做后盾,为提高能源技术水平提供支持,使美国的能源技术水平一直处于世界最前沿;欧盟在全面推进一体化进程的同时,在能源技术尤其是可再生能源技术的研究越来越密切;中国作为国际能源技术领域新崛起的一极,在核能技术的研究处在世界前沿。氢能和燃料电池技术日益受到发达国家的关注和支持,被认为是连接现代化石能源时代和未来可再生能源或核能时代的桥梁,开始成为能源战略和技术竞争的制高点。虽然我国现阶段缺乏实现氢能经济的基础和技术,但我们应该尽快组织研究队伍开展氢能经济的研究探讨进而实现对该项技术领域的掌握。尽快实现氢能专项,分期分批地对所涉及到的科学问题以及技术问题进行逐一的系统的研究。立足于化石能源制氢的基础上,完善化石能源的高效制氢技术和二氧化碳回收技术;开展洁净煤技术和可再生能源制氢的基础研究。在世界经济飞速发展的今天,国家的发展越来越依赖于对能源的需求,而能源却不是取之不尽用之不竭的,只有掌握最高端的能源技术,才能使国家在国际舞台上立于不败之地。

(4) 建设新能源体系

能源是国民经济发展的重要基础,也是人们生产和生活的重要物质基础保障。随着我国经济的持续快速发展,能源问题已经成为制约经济与社会发展的"瓶颈"之一。目前,我国面临着能源结构不尽合理,能源利用效率低下,能源安全保障程度较差,能源与资源、环境和社会发展的矛盾日益突出,以及能源管理体制亟待理顺等一系列问题。新能源体系的建立是一个庞大的系统工程,涉及到社会的方方面面。政策要扶植,技术要过关,市场要培育。三方面是要相互作用,相互依存,缺一不可。要理顺三方面的关系,使新能源体系能够服务大众,应形成以政府为龙头,研究部门提供技术支持和服务,企业做示范的格局,紧密联系共同宣传以及开发市场,使普通大众认识和接受氢能,最终使氢能—燃料电池—核能等新能源可再生能源走进千家万户,造福全世界人民。

6.6.4　先进制造技术科学领域

先进制造技术,作为制造技术中最前沿的技术领域,是国家制造业在全球市场的竞争力的重要保证和主要依托。在制造业方面,我国当前正处于融入全球化国际市场的关键阶段,并逐渐向信息化、极限化和绿色化的方向发展。为此我们要发展现代产业体系,大力推进信息化与工业化融合,促进工业由大变强,振兴装备制造业,淘汰落后生产能力;提升高新技术产业,发展极端制造、智能服务机器人、重大产品与设施寿命预测等制造技术产业;加强先进制造中基础技术基础产业的建设,加快发展现代制造产业和服务业;加快封装技术、复合材料应用、微纳技术、强磁场技术、机器人感知系统等的开发。

(1) 发展现代产业体系

科学技术日新月异,蓬勃兴起的技术革命,推动了社会和经济的发展。通过高新技术和先进适用技术改造提升传统产业,促进传统产业结构优化升级,提高其技术和装备水平,为发展先进制造技术及实现产业化提供了重要保障和基础条件。以信息技术、极端制造技术、绿色技术等为代表的高新技术在传统产业中的广泛推广应用,推动传统产业的高技术化,为传统产业的生存和发展注入了新的活力,从而必将极大地带动传统产业的整体提升,进一步完善我国的现代产业体系,增强我国制造业的国际竞争力。正如前文先进制造技术领域的研究前沿中所述,我国要注重封装技术、复合材料应用、微纳技术、强磁场技术、设施疲劳分析技术、移动机器人等前沿技术与传统产业的融合提升。

(2) 提升高新技术产业

极端制造、智能服务机器人、重大产品与设施寿命预测作为我国《国家中长期科学和技术发展规划纲要(2006—2020)》中先进制造技术的三大前沿技术,在引领我国高新技术产业发展方面具有不可替代的作用。发展机器人感知系统技术、微机电系统等,将提高设备的自动化水平;发展移动服务机器人技术、封装技术等,将提高制造自动化、柔性化和集成化水平;发展与应用纳米技术、激光技术、强磁场技术等,重点推行并行工程、敏捷制造、绿色制造等先进制造方式;研究开发新工艺,推广新型纳米光电技术、疲劳预测技术等,将提高制造效率和产品质量。

(3) 加强基础技术基础产业的建设

纳米材料、纳米技术作为极端制造中的基础技术,在发展纳米光电技术、纳米生物应用、纳米光机电系统、智能服务机器人制造等方面具有重要的作用;智能感知技术,是移动服务机器人、可视助残服务机器人等发展的基础技术;封装技术、疲劳损伤分析等,是现代装备制造业的基础研究。尽管传统产业在今后相当长时期内仍将是我国国民经济发展的主体,但是现代制造产业和服务业的发展是当前世界发展的大势所趋,故加强先进制造技术中基础技术基础产业的建设将很快成为促进经济增长的重要力量, 也会成为实现我国现代化的重要基础。

6.6.5　海洋技术科学领域

中国是一个海洋大国, 有 3.2 万千米的海岸线和 299.7 万平方公里的海洋面积。在海洋技术科学领域,中国也具有与此比较相衬的地位和实力。坚持走自主创新的技术科学强国之路,继续保持中国在海洋技术科学领域的优势,紧跟美国、欧洲和日本等海洋技术科学强国的研究前沿,扩大在海洋技术科学的核心领域的研究投入和研究产出,是中国海洋技术科学研究工作者当前的任务和使命。

(1) 坚持海洋科学研究和海洋技术进步共同发展的策略

海洋科学是科学也是技术,海洋科学的发展离不开相关技术手段的支持。海洋监测技术手段的发展是海洋环境和海洋气候研究的技术前提, 深海采样技术是深海生物和深海沉积物研究的技术前提。反过来,海洋科学的发展又会为技术手段提出需求,并为技术手段的发展指出方向。正是随着海洋科学研究的不断深入,才对海洋技术的发展提出了更高的要求。因此,海洋科学和海洋技术的共同发展是促进我国海洋科学繁荣必须坚持的策略之一。

(2)坚持海洋立体监测与海洋综合开发共同发展的策略

一方面海洋是地球取之不尽用之不竭的资源宝库,另一方面我们对海洋的认识还相对有限。作为地球生命的发源地和摇篮,我们对海洋的开发不能是盲目的无序的,而应该在科学可持续的前提下对海洋资源进行开发利用,这就要求我们必须坚持海洋综合开发和海洋立体监测共同发展的策略,以海洋的立体监测为前提,海洋的综合开发为导向,进一步加深和丰富对海洋的认识,为海洋资源的开发利用做好准备。

(3)坚持卫星遥感技术和深海采样技术共同发展的策略

对海洋的立体监测,既要包括卫星遥感技术的应用,也包括深海采样技术的应用。要采取上天入地式的海洋科学综合开发和监测手段,全方位、多角度的对海洋环境、海洋生态进行观测。通过对海洋季风、洋流、海洋颜色、海表温度、浮游生物、底栖生物和海洋沉积物的全方位监测,获得对海洋环境的综合信息,为海洋科学的全面发展和均衡发展铺平道路。

6.6.6 空天技术科学领域

20世纪50年代新中国刚刚成立不久,航空航天事业的发展就受到党和国家的高度重视。1956年制定的《科技发展远景规划纲要》,把火箭与推进技术列入七个重点项目之一。50多年来,我国的航空航天事业飞速发展,获得巨大成就。国家航天局公布的《中国航天白皮书》宣布:今后10年或稍后一些时期,我国将大力发展能够长期稳定运行的对地观测卫星体系;建立自主经营的卫星广播通信系统、导航定位卫星系统;建立新型科学探测与技术试验卫星体系;进一步发展载人航天技术、空间实验室、月球探测及深空探测技术、载人航天和天地往返运输系统、天/地一体化信息系统。军用航天(各类侦察、通信、导航卫星和其他航天器)、空天作战武器等在重大需求推动下也必将有很大发展。《国家中长期科学和技术发展规划纲要(2006—2020)年》也提到,空天技术将是未来国家重点发展的前沿技术之一,具有巨大的应用价值。

(1)了解空天技术全局,瞄准热点前沿技术

通过科学计量和知识图谱的研究,我们可以了解到我国研究在国际上的地位和目前国际航空航天研究前沿有:空气动力学领域中的一些基础理论和方法如可压缩湍流的超声速湍流、复杂流动的湍流模式理论;非定常流动分离和漩涡;高超声速飞行器和各种可重复使用航天器的研究;力、热、电磁多场耦合和气动、隐身协同优化;非线性流固耦合现象分析、计算和试验方法;军民用的飞行器,如军用的第四代战斗机、民用的亚音速客机;航天技术如载人航天、重返月球、火星探索等;一些先进的算法;还有新出现的领域,如研究人在航空航天中的行为等,以及与航空航天相关的复合材料、燃料、信息

技术、运输技术、系统工程和最优化等。根据我国《国家中长期科学和技术发展规划纲要(2006—2020年)》提到了要有利于发展军民两用技术,提高国家安全保障能力,同时16个重大专项中确定了载人航天与探月工程;"面向国家重大战略需求的基础研究"中的航空航天重大力学问题包括了重点研究高超声速推进系统及超高速碰撞力学问题,多维动力系统及复杂运动控制理论,可压缩湍流理论,高温气体热力学,磁流体及等离子体动力学,微流体与微系统动力学,新材料结构力学等。可以看出,我国的航空航天工程的前沿和国际前沿很接近,在国际航空航天领域的研究也处于国际领先地位。

(2)加强学科的交流融合,大力发展技术科学

现代的航空航天范围已扩大到包括载人或不载人的飞行、航空学、航天学及其工程实践的广泛内容。航空学和航天学主要包括:空气动力学、大气层飞行动力学、航天动力学、飞行器结构力学、推进原理、自动控制理论、航空电子学、空间电子学和航空航天医学等。这些新学科是基础学科和技术科学与航空航天工程结合而形成的,如航空电子学和空间电子学既是电子学的分支学科,又是研制航空航天电子系统和设备的技术科学。航空航天工程包括飞行器及其部件的研究、设计、制造、试验和应用。人在大气层中飞行活动的研究已发展成为飞行科学。大型航空航天活动需要有庞大的地面保障系统,它是航空航天工程的重要组成部分。人在航空航天特殊环境中所遇到的各种生理、心理问题以及飞行员、航天员的选拔和训练,是航空航天医学研究的内容;为了保障人的飞行安全和救生,还需要研究各种防护装置和生命保障系统。研究大气飞行环境和空间飞行环境,对于飞行器的设计、保障飞行安全都具有重要意义。航空技术将运用微电子技术、计算机、新材料、新工艺和新能源来发展性能更优良的产品。航空器将进一步向一体化、综合化、信息化的方向发展。新动力、新气动布局、新材料、新技术的应用将大大改善飞机的性能。飞机的载重能力、机动性、适应性和经济性都将有新的突破。航天技术将进入大规模开发和利用近地空间的新阶段。直接为国民经济和人民生活服务的各种应用卫星正向高性能、多用途的方向发展,以获取更大的经济和社会效益,使航天活动进一步商业化。航天活动将为解决人类面临的能源、生态、环境和人口等问题开辟多种新途径。可见,航空航天工程领域更需要学科之间的交流融合,更需要进一步发展相关的技术科学。

(3)积极推进产业化进程,带动国民经济增长

航空航天技术通过新技术、新产品、新材料、新工艺以及新的管理方式向国民经济的其他部门转移,带动相关产业的发展,产生十分可观的间接经济效益。航天技术与其他科学技术相结合开创了许多新的商业途径,产生了巨大的经济和社会效益。最典型的例子是卫星通信,这种方式具有距离远、容量大、质量好、可靠性高和灵活机动的特点,已经成为现代通信的重要手段。卫星导航技术除军事用途外,利用其全天候、全球和高精度的优势,广泛地用于船舶导航、海洋调查、海上石油钻探、大地测绘和搜索驾救等民用领域。气象卫星提供的高精度气象预报,对预防台风、暴雨等自然灾害有着非常积极

的作用,有助于国民经济的健康发展。航空航天产业要立足国家工业基础,加强与大工业系统的顶层衔接,着力构建开放式发展格局,提高资源配置效率。加快军转民步伐,推动民用飞机、民用航天等传统优势产业发展,发挥技术优势,引导技术同源或工艺相近的节能环保、新材料、高端装备制造等新兴产业发展,促进产业经济与地方经济融合发展,夯实产业基础,壮大产业规模,实现可持续发展。

6.6.7 激光技术科学领域

我国激光技术的研究起步较早,经过 50 多年的艰苦努力,我国激光技术研究获得重大突破,激光产业也从无到有,成为我国科学界最活跃的领域之一。尤其是国家在"六五"到"九五"科技攻关计划中对激光技术给予有力支持,对激光制造技术的发展起到了重要的推动作用,培养出了一支具有较高素质的研究队伍,取得了一批有水平的研究成果,形成了我国在激光标记和激光表面强化技术方面的特色。涌现出一批生产激光制造设备的科技型企业,为激光技术的应用推广和产业化打下了良好基础。2003—2004 年国家中长期科技发展战略研究中,将激光技术定义为战略支撑技术,即激光是国家的高新技术产业、科技前沿和国防建设的战略支撑技术。在《国家中长期科学和技术发展规划纲要(2006—2020 年)》中,进一步将激光定位为国家八大前沿技术之一。

(1)培育激光领域核心技术

通过科学计量和知识图谱的研究,我们可以了解到我国研究在国际上的地位和目前国际激光研究前沿。可以看出,激光领域非常庞杂,我国激光的发表数量排在前三位,在激光领域有很强的研究实力。通过对这些前沿和热点领域的研究,我们可以与我国的激光技术相比较,找出与国际研究的不同,更好的开展我们自己的研究。美国硅谷之所以成功,不仅由于它具有巨大的微电子和光电子产业,更重要的是它有自己的微电子和光电子核心技术,以自己的发明和创造支撑着巨大的微电子和光电子产业。激光技术领域研究特别繁杂,但也有自身的特点,我们不可能在所有领域都取得进展,因此,要抓住激光技术领域的核心领域进行研究,争取发挥我国自身的研究特长,形成我国自身研究的核心竞争力。我们国家激光技术的发展,必须培育自己的核心技术。在这点上,可采取两种途径:一是某些产品可引进技术或生产设备迅速实现产业化,加强配套制造设备的生产能力,以此培育核心技术;二是在自身所具备的核心技术的基础上,开发新产品,形成新产业,同时注重引进、消化和吸收,发展自己的制造设备,并继续研发自己的核心技术。

(2)推动激光技术与其他技术的融合

21 世纪知识经济占主导地位,大力发展高新技术是迎接知识经济时代到来的必然选择。目前全球业界公认的发展最快的、应用日趋广泛的最重要的高新技术就是光电技术,他必将成为 21 世纪的支柱产业。而在光电技术中,其基础技术之一就是激光技术。21 世纪的激光技术与产业的发展将支撑并推进高速、宽带、海量的光通信以及网络通信,并将引发一场照明技术革命,小巧、可靠、寿命长、节能半导体(LED)将主导市场,此外将推出品种繁多的光电子消费类产品 (如 VCD、DVD、数码相机、新型彩电、掌上电脑电子产品、智能手机、手持音响播放设备、摄影、投影和成像、办公自动化光电设备如激光打印、传真和复印等) 以及新型的信息显示技术产品 (如 CRT、LCD 及 PDP、FED、OEL 平板显示器等)并进入人们的日常生活中。激光产品已成为现代武器的"眼睛"和"神经",光电子军事装备将改变 21 世纪战争的格局。激光技术与众多新兴学科相结合,更加贴近人们的日常生活。未来激光技术将围绕普及、提高、交叉三个方面加快发展。首先,在更多、更广的领域实现应用,从硬 X 射线到太赫兹的整个光波段,随着各种激光器及相关技术研发的成熟和商品化,激光在科学研究、人民生活、国民经济等方面都会有新的成就。其次,激光将跃上更新更高的台阶,在功率提升、波长延伸、能量与速递增长等方面创新研发水平。另外,激光技术将在物理、化学、材料、生物、医疗、农业、信息技术等领域得到广泛的交叉学科应用,成为科技前沿发展的"锐器"。

(3) 促进激光技术的产业化进程

激光技术与众多新兴学科相结合,将更加贴近人们的日常生活,而激光器研究向固态化方向发展,半导体激光器和半导体泵浦固体激光器成为激光加工设备的主导方向,整个激光产业界并购将盛行,各公司力争成为行业巨头,激光产品也将在工业生产、交通运输、通讯、信息处理、医疗卫生、军事及文化教育等领域得到更深入的应用,进而提高这些行业的自主创新能力,适应全球化的发展潮流,形成新的经济增长点。要加强激光面向行业的关键、共性技术的推广应用。制定有效的政策措施,支持产业竞争前技术的研究开发和推广应用,重点加大电子信息、生物、制造业信息化、新材料、环保、节能等关键技术的推广应用,促进传统产业的改造升级。加强技术工程化平台、产业化示范基地和中间试验基地建设。目前,全国共有 5 个国家级激光技术研究中心,10 多个研究机构,有 21 个省、市生产和销售激光产品,常年有定型产品生产和销售、并形成一定规模的单位有 200 多家。目前国内激光企业主要集中在湖北、北京、江苏、上海、和广东(含深圳、珠海特区)等经济发达省市。已基本形成以上述省市为主体的华中、环渤海湾、长江三角洲、珠江三角洲四大激光产业群,激光晶体、关键元器件、配套件、激光器、激光系统、应用开发、公共服务平台已形成较完整的激光产业链。这无疑也将给国内激光产业创造更大的发展空间。

6.6.8　环境技术科学领域

改革开放以来,中国的环境学科建设和环境科学技术发展已经走过 30 余年的发展历程,目前正处于迅速发展阶段,但是综观中国环境科学发展现状,与国外比较还存在着很大差距,一套成熟、完整并与国际接轨的环境学科体系还未构建起来;并且,在我国经济建设巨大成就的背后,我们在环境方面付出了巨大的代价,作出了很大牺牲。因此,在新的历史时期,如何解决我国当前面临结构型、复合型和压缩型的环境问题,就必须加大环境投资力度,重点研究和构建适用新时期下的环境学科体系建设。由于我国环境科学技术起步较晚,基础薄弱,再加上环境学科涉及面广泛,同其他学科交叉很多,因此,探索环境科学技术的发展规律,加强环境学科研究,构建一套系统、完整的环境学科体系,以适用和促进整个社会经济的可持续发展,就成为当前及今后一段时期我国环境科技管理部门和广大环境科技工作的需待研究和解决的一项重大课题。

(1) 加强持久性有机污染物的研究

持久性有机污染物(Persistent Organic Pollutants,简称 POPs) 指的是持久存在于环境中,具有很长的半衰期,且能通过食物网积聚,并对人类健康及环境造成不利影响的有机化学物质。持久有机污染物 PoPs 结构稳定,对化学反应、生物效应等各种作用具有很强的抵抗能力,高脂溶性并能通过食物链产生生物富集,对环境产生长久的污染,因而是一个新的全球性环境问题,已经引起了全世界的广泛关注。虽然现在许多发达国家已不断减少具有持久性和生物富集性化学品的使用, 由于中国对 PoPs 的认识相对较晚,关于 PoPs 污染的基础研究和应用研究基础都比较薄弱,研究的广度和深度都落后于西方发达国家,国内对 POPs 污染、危害及其治理的研究仍处于起步阶段,因而引起大家广泛的关注。

(2) 有效推进电子废弃物处理

今后几年将进入家用电器更新换代的高峰期, 如何有效地回收和处理大量的废旧电子产品,使其不对环境和人民健康造成危害,是当前我们面临的一个重要而紧迫的课题。逐步建立健全中国的废旧电子产品回收利用体系,对于保护中国环境和促进经济的健康发展都将起到极大的促进作用。

(3) 关注环境变化对生态的影响

环境变化,尤其是气候环境的变化对生态系统的影响,是国际上近年来的研究热点。全球变暖现已成了不争的事实。IPCC 在第四次全球气候变化的评估报告中明确指出:气候系统变暖是毋庸置疑的,目前从全球平均气温和海温上升、大范围积雪和冰融化、全球平均海平面上升的观测中可以看出气候系统变暖是明显的。未来一段时间,在环境变化影响的研究方面,全球变暖对物种分布、物候响应、气候变暖环境下的对应策略方面仍旧是值得科学工作者关注的研究热点。

6.6.9 新材料技术科学领域

新材料涉及的领域众多,本文共研究了包括功能材料、智能材料、能源材料、超导材料等在内的几种新材料领域。信息技术时代的到来,使得国家和企业对于新功能性材料的领域的需求也在不断加大,如何进行新材料领域的自主创新,如果从政府和企业的角度对新材料领域的自主创新和研发对策进行研究, 是我国将来的一段时间里需要主要把握的重点。其中,无机非金属新材料领域是其重要的一个组成部分。"十二五"期间,我国无机非金属新材料应围绕功能材料确定发展重点。主要包括以下几个方面:

(1) 无机非金属新材料

我国特种陶瓷工业目前已具有很强的尖端特陶材料的研制开发能力,工业生产具有相当规模,基本满足我国各行业生产和生活所需。但是应该看到,与世界科技发达国家相比,仍有较大差距,特别是在特种陶瓷的应用开发上,在生产技术水平上以及在产业化上落后较多。由于特种陶瓷应用领域广阔,我国各行业都在根据自身需要开发生产各类特陶产品。主要有军工系统,电子系统,建材系统,轻工系统,机械系统,冶金系统等,各系统所属高校、研究院(所)、企业均从事相关特陶材料及产品的科研开发与生产,为我国特陶产业的发展创造了物质基础,技术条件和应用市场。

从目前情况看,先进陶瓷元件的研制与生产主要集中在美国和日本这两个工业发达国家。美国的专利倾向于在基础知识上的创新,日本专利则倾向于在现有技术基础上的改进以期有更多的工程应用前景。美国和日本竞相把先进陶瓷作为新型工程材料来发展,目标是把陶瓷的特性如高硬度、高耐磨性、耐高温性与抗腐蚀性和钢的延展性结合起来。

高温、高压陶瓷过滤技术是近20年来国际热气体净化领域最主要发展净化技术,也是目前先进燃煤发电净化系统必选操作单元和煤化工领域高温煤气化净化系统首选操作单元。这种高温、高压热气体净化技术和大型高温、高压陶瓷热气体净化装置目前只有美国和德国等少数国家可以掌握。国内煤气化领域应用的高温、高压陶瓷热气体净化装置基本依赖进口,为此,近年来已花费数亿美元外汇。在国内开展相关技术研究,研制、开发其关键技术和装备,实现关键部件及其大型装置国产化,可以打破国外对该项技术及产品垄断性,提升行业技术水平。这对更好地发展国内洁净煤事业,实现国内已经启动的先进燃煤发电系统和高温煤气化技术中高温、高压热气体粒子净化装置的国产化,满足能源新材料中硅行业高温、高压气体飞灰过滤需要等方面意义重大。

(2) 人工晶体

进入21世纪,飞速发展的科学技术特别是信息技术、生物技术和纳米科技对社会和经济发展起着日益重要的作用,但是从产业规模来看,信息技术无疑将成为21世纪的主导产业,鉴于光和电的组合是全球信息构架的基本科技,电子和光电子材料作为信息技术的基础材料,人工晶体仍将在其中起着中心作用。

我国在人工晶体材料领域具有传统优势:在紫外深紫外非线性光学晶体材料和人工微结构非线性光学晶体材料研究方面在国际上保持领先地位,数种重要的非线性光学晶体材料是由我国科学家发明的,并拥有自主知识产权;多种人工晶体的生长技术居国际先进水平,一些重要晶体满足了国内重大工程需求,一批高技术晶体已成为产品,在国际上享有盛誉,但晶体后加工技术是我国的薄弱环节,目前主要以晶体坯料或半成品形式出口,产值和效益还有很大发展潜力;在全固态激光器件和应用研究方面基本与国外同步,中、小功率绿光全固态激光器已经形成批量生产能力。

随着国际竞争的日趋激烈,我国在新材料研究技术领域仍存在前瞻性新材料和具有自主知识产权的材料研发能力不足的问题,急需加大创新力度,加快发展速度,获得更多的自主知识产权。未来一段时间,在新材料领域的研究方面,生物材料、复合材料、纳米材料等功能材料、智能材料、能源材料等,仍旧是值得科学工作者关注的研究热点。此外,虽然近年来我国的新材料领域研究取得了较快的进展,但与国外相比,有不小差距。在当今世界科技飞速发展的时代和背景下,我国新材料领域的自主创新研究必将迎来其发展的新阶段。

后　记

本书各部分的执笔人：

第一部分：刘则渊、侯海燕、Hildrun Kretschmer、陈悦、陈立新

第二部分：刘则渊、侯海燕、陈悦

第三、四部分：

> 信息技术科学小组：林德明、郭涵宁、钟镇、尹丽春、王和平
>
> 生物技术科学小组：栾春娟、姜春林、许振亮、杜维滨、李江波
>
> 能源技术科学小组：朱晓宇、侯剑华、王贤文
>
> 先进制造技术科学小组：丁堃、刘盛博、杨莹、高继平、刘宇、陈玉光、王小晓
>
> 海洋技术科学小组：葛莉、侯海燕、胡志刚
>
> 空天技术科学小组：梁永霞、杨中楷、刘倩楠、栾春娟
>
> 激光技术科学小组：杨中楷、梁永霞
>
> 环境技术科学小组：王贤文、朱晓宇
>
> 新材料技术科学小组：滕立、严建新、朱晓宇、李瑛、邢黎黎、肖剑杰、梁帅、
> 高继平、郭涵宁

第五部分：陈悦、刘则渊

第六部分：侯海燕、陈悦、刘则渊、王贤文

本书的技术指导：陈超美

本书的汇总人：刘则渊、陈悦、侯海燕

在此，对所有参与本书编写的人员表示真诚的感谢！